中国国家标准汇编

2012年修订-24

中国标准出版社　编

中国标准出版社

北　京

图书在版编目(CIP)数据

中国国家标准汇编:2012年修订.24/中国标准出版社编.—北京:中国标准出版社,2013.9
ISBN 978-7-5066-7256-6

Ⅰ.①中… Ⅱ.①中… Ⅲ.①国家标准-汇编-中国-2012 Ⅳ.①T-652.1

中国版本图书馆CIP数据核字(2013)第186464号

中国标准出版社出版发行
北京市朝阳区和平里西街甲2号(100013)
北京市西城区三里河北街16号(100045)

网址 www.spc.net.cn
总编室:(010)64275323 发行中心:(010)51780235
读者服务部:(010)68523946
中国标准出版社秦皇岛印刷厂印刷
各地新华书店经销
*
开本 880×1230 1/16 印张 36.5 字数 1122千字
2013年9月第一版 2013年9月第一次印刷
*
定价 220.00 元

出 版 说 明

1.《中国国家标准汇编》是一部大型综合性国家标准全集。自1983年起，按国家标准顺序号以精装本、平装本两种装帧形式陆续分册汇编出版。它在一定程度上反映了我国建国以来标准化事业发展的基本情况和主要成就，是各级标准化管理机构，工矿企事业单位，农林牧副渔系统，科研、设计、教学等部门必不可少的工具书。

2.《中国国家标准汇编》收入我国每年正式发布的全部国家标准，分为"制定"卷和"修订"卷两种编辑版本。

"制定"卷收入上一年度我国发布的、新制定的国家标准，顺延前年度标准编号分成若干分册，封面和书脊上注明"20××年制定"字样及分册号，分册号一直连续。各分册中的标准是按照标准编号顺序连续排列的，如有标准顺序号缺号的，除特殊情况注明外，暂为空号。

"修订"卷收入上一年度我国发布的、被修订的国家标准，视篇幅分设若干分册，但与"制定"卷分册号无关联，仅在封面和书脊上注明"20××年修订-1,-2,-3,……"字样。"修订"卷各分册中的标准，仍按标准编号顺序排列(但不连续)；如有遗漏的，均在当年最后一分册中补齐。需提请读者注意的是，个别非顺延前年度标准编号的新制定的国家标准没有收入在"制定"卷中，而是收入在"修订"卷中。

读者配套购买《中国国家标准汇编》"制定"卷和"修订"卷则可收齐由我社出版的上一年度我国制定和修订的全部国家标准。

3. 由于读者需求的变化，自1996年起，《中国国家标准汇编》仅出版精装本。

4. 2012年我国制修订国家标准共2 101项。本分册为"2012年修订-24"，收入新制修订的国家标准20项。

中国标准出版社

2013年7月

出版说明

目　　录

目　　录

ICS 77.120.99
H 65

中华人民共和国国家标准

GB/T 20165—2012
代替 GB/T 20165—2006

稀土抛光粉

Rare earth polishing powder

2012-11-05 发布　　2013-05-01 实施

中华人民共和国国家质量监督检验检疫总局
中国国家标准化管理委员会　发布

前　言

本标准按照 GB/T 1.1—2009 给出的规则起草。

本标准代替 GB/T 20165—2006《稀土抛光粉》。

本标准与 GB/T 20165—2006 相比，主要变化如下：

——修改了“抛蚀量”的术语，增加了“划伤率”术语；

——删除了“相对抛光率”术语及要求；

——增加了产品牌号“206088D”；

——调整了中心粒径值；

——增加了最大粒径和研磨效果的要求；

——增加了“物相组成”；

——修改了悬浮液 pH 值的要求；

——修改了外观要求；

——修改了包装要求；

——删除了对使用说明书的要求。

本标准由全国稀土标准化技术委员会(SAC/TC 229)归口。

本标准负责起草单位：包头天骄清美稀土抛光粉有限公司。

本标准参加起草单位：永州皓志稀土材料有限公司。

本标准主要起草人：谢兵、刘致文、崔凌霄、许义勤、杨国胜、于长江、谢喜明。

本标准所代替标准的历次版本发布情况为：

——GB/T 20165—2006。

稀　土　抛　光　粉

1　范围

本标准规定了稀土抛光粉的要求、试验方法、检验规则及标志、包装、运输、贮存及质量证明书。

本标准适用于以铈基稀土化合物为原料，经化学法加工制得具有特定物相和一定抛光性能的粉末状产品，主要用于电视、电脑等显示器及显示屏的玻璃基板、光学玻璃元件、玻璃眼镜片、集成电路基板、玛瑙、水晶、玉石、石英等的表面抛光处理。

2　规范性引用文件

下列文件对于本文件的应用是必不可少的。凡是注日期的引用文件，仅注日期的版本适用于本文件。凡是不注日期的引用文件，其最新版本(包括所有的修改单)适用于本文件。

GB/T 8170　数值修约规则与极限数值的表示和判定

GB/T 12690.2　稀土金属及其氧化物中非稀土杂质化学分析方法　重量法测定稀土氧化物中灼减量

GB/T 12690.3　稀土金属及其氧化物中非稀土杂质化学分析方法　重量法测定稀土氧化物中水分量

GB/T 14634.5　灯用稀土三基色荧光粉试验方法　第5部分：密度的测定

GB/T 14635　稀土金属及其化合物化学分析方法

GB/T 20166.1　稀土抛光粉化学分析方法　氧化铈量的测定　滴定法

GB/T 20166.2　稀土抛光粉化学分析方法　氟量的测定　离子选择性电极法

GB/T 20167　稀土抛光粉物理性能试验方法　抛蚀量和划痕的测定　重量法

GB/T 20170.1　稀土金属及其化合物物理性能测试方法　稀土化合物粒度分布的测定

3　术语和定义

下列术语和定义适用于本文件。

3.1

抛蚀量　burnishing mass

在规定的测试条件下，达到一定的效果下，被测稀土抛光粉试样对SF-5玻璃片在单位时间、单位面积的抛蚀量(F)。

$$F=\frac{m_0-m_1}{s\times t} \qquad \cdots\cdots(1)$$

式中：

F ——抛蚀量，单位为毫克每平方厘米每分钟[$mg/(cm^2 \cdot min)$]；

m_0 ——研磨前玻璃片的总重量，单位为毫克(mg)；

m_1 ——研磨后玻璃片的总重量，单位为毫克(mg)；

s ——玻璃片的总表面积，单位为平方厘米(cm^2)；

t ——研磨时间，单位为分钟(min)。

3.2

划伤率　scratch rate

在高能卤素灯下观察，若被磨 SF-5 玻璃片上的划痕正、反面都反光且划痕的长度大于或等于玻璃片的半径，则认为该玻璃片存在划痕，存在划痕的玻璃片数与总的被磨玻璃片数的比值称划伤率(K)。

$$K(\%)=\frac{n_k}{n}\times 100 \qquad \cdots\cdots(2)$$

式中：

n_k ——研磨后存在划痕的玻璃片数；

n ——被研磨玻璃片的总数。

4　要求

4.1　理化性能

产品的理化性能应符合表 1 的规定。如需方有特殊要求，可由供需双方协商确定。

表 1

理化性能			产品牌号			
			206088A	206088B	206088C	206088D
化学成分(质量分数)/%	REO		≥88	≥88	≥88	≥88
	CeO_2/REO		≥50	≥50	≥50	≥50
	F		≤7.0	≤7.0	≤7.0	≤7.0
	灼减		≤2.0	≤2.0	≤2.0	≤2.0
	水分		≤1.0	≤1.0	≤1.0	≤1.0
物理性能	中心粒径($D[V,50]$)/μm		0.6～1.2	0.7～1.4	0.8～2.0	≤3.5
	最大粒径($D[V,100]$)/μm		≤5.5	≤8.0	≤16.0	≤37.0
	真密度/(g/cm^3)		6.0±1.0	6.0±1.0	6.0±1.0	6.0±1.0
	研磨效果	抛蚀量[$mg/(cm^2\cdot min)$]	≥0.1	≥0.15	≥0.15	≥0.15
		划伤率/(%)	0	≤10	≤50	—
物相组成	基体	CeO_2	含有基体或含有基体和其他物相中的一种或两种			
	其他物相	REF_3、REOF				

4.2　比放射性

产品的总 α 放射性比活度不大于 800 Bq/kg。

4.3　悬浮液 pH 值

产品分散悬浮液浓度为 100 g/L 时，pH 值不大于 8。

4.4　外观

产品外观应为均一的棕红色、乳白色或白色粉体，无可见夹杂物。

5 试验方法

5.1 化学成分

5.1.1 REO 的分析方法按 GB/T 14635 的规定进行。

5.1.2 CeO_2、F 量的分析方法分别按 GB/T 20166.1、GB/T 20166.2 的规定进行。

5.1.3 灼减、水分的分析方法分别按 GB/T 12690.2、GB/T 12690.3 的规定进行。

5.2 物理性能

5.2.1 中心粒径（$D[V,50]$）、最大粒径（$D[V,100]$）测试方法按 GB/T 20170.1 的规定进行。

5.2.2 真密度的测试方法按 GB/T 14634.5 的规定进行。

5.2.3 抛蚀量和划伤率的测定方法按 GB/T 20167 的规定进行。

5.3 数值修约

按 GB/T 8170 的规定进行。

5.4 物相组成

由 X 衍射仪检测。

5.5 比放射性

按生产方现行方法执行。

5.6 pH 值的测定

按供需双方约定的方法进行。

5.7 外观

由目视检测。

6 检验规则

6.1 检查和验收

6.1.1 产品应由供方技术监督部门进行检验，保证产品质量符合本标准的规定，并填写产品质量证明书。

6.1.2 需方应对收到的产品按本标准的规定进行检验。如果检验结果与本标准的规定不符时，应在收到产品之日起两个月内向供方提出，由供需双方协商解决。如需仲裁，仲裁取样在需方共同进行。

6.2 组批

产品应成批检验，每批应由同一牌号的产品组成。

6.3 检验项目

每批产品应进行化学成分、物理性能检验。其他检验项目可由供需双方协商进行。

6.4 仲裁取样和制样

6.4.1 产品的取样按表 2 的规定进行。

表 2

每批件数	1	2～5	6～10	11～20	21～40	41～60
取样件数	1	2	3	4	5	6

6.4.2 从每件随意袋中取样不少于 100 g（抛蚀量和划伤率仲裁取样可酌情增加）。将取得的样品经充分混匀后，以四分法缩分至试样所需量。装入清洁干燥的塑料样品袋中封口。

6.5 检验结果判定

每批产品的检验项目结果与本标准规定不符时，应从该产品中取双倍试样对不合格项目进行重复试验，若仍有结果不合格，则判该批产品为不合格。

外观检验结果与本标准不符时，应直接判定该产品为不合格品。

7 标志、包装、运输、贮存及质量证明书

7.1 标志

产品外包装上应注明：

a） 产品名称；

b） 供方名称、地址、邮编、电话；

c） 注册商标；

d） 产品牌号；

e） 批号；

f） 本标准编号；

g） 净重、毛重；

h） 生产或出厂日期。

7.2 包装

产品内包装为塑料袋，每袋净重分别为 1 kg、5 kg、20 kg；外包装为纸袋、箱或桶，每件净重 20 kg 或 25 kg。如需方有特殊要求，可由供需双方协商确定。

7.3 运输和贮存

产品应存放在清洁干燥处；运输时严防雨淋受潮。

7.4 质量证明书

每批产品应附质量证明书，其上注明：

a） 供方名称、地址、邮编、电话、传真；

b） 产品名称、牌号；

c） 批号；

d） 净重、件数；

e） 分析检验结果和技术监督部门印记；

f） 本标准编号；

g） 生产或出厂日期。

ICS 77.120.99
H 14

中华人民共和国国家标准

GB/T 20166.1—2012
代替 GB/T 20166.1—2006

稀土抛光粉化学分析方法 第1部分:氧化铈量的测定 滴定法

Chemical analysis methods of rare earth polishing powder—Part 1: Determination of cerium oxide content—Titrimetry

2012-11-05 发布　　　　2013-05-01 实施

中华人民共和国国家质量监督检验检疫总局
中国国家标准化管理委员会　发布

前　言

GB/T 20166《稀土抛光粉化学分析方法》共分 2 个部分：

——第 1 部分：氧化铈量的测定　滴定法；

——第 2 部分：氟量的测定　离子选择性电极法。

本部分为第 1 部分。

本部分是按照 GB/T 1.1—2009 给出的规则起草的。

本部分代替 GB/T 20166.1—2006《稀土抛光粉化学分析方法　氧化铈量的测定　滴定法》。

本部分与 GB/T 20166.1—2006 相比主要变化如下：

——删除了方法原理中的“在尿素存在下，用亚砷酸钠-亚硝酸钠还原三价锰”；

——删除了试剂尿素和亚砷酸钠-亚硝酸钠；

——取消了测定步骤中尿素和亚砷酸钠-亚硝酸钠的使用。

本部分由全国稀土标准化技术委员会(SAC/TC 229)归口。

本部分负责起草单位：包头天骄清美稀土抛光粉有限公司。

本部分参加起草单位：包头稀土研究院、北京有色金属研究院。

本部分主要起草人：谢兵、刘致文、崔凌霄、李宝莹、黄仲汉、韩秀芳、渠利娜、郭昱、王素梅。

本部分所代替标准的历次版本发布情况为：

——GB/T 20166.1—2006。

稀土抛光粉化学分析方法
第1部分：氧化铈量的测定
滴定法

1 范围

GB/T 20166 的本部分规定了以铈基稀土为主的稀土抛光粉中氧化铈量的测定方法。

本部分适用于以铈基稀土为主的稀土抛光粉中氧化铈量的测定。测定范围为40%～99%。

2 方法原理

试料经磷酸溶解，用高氯酸将三价铈氧化为四价铈，于1 mol/L硫酸介质中，以苯代邻氨基苯甲酸为指示剂，用硫酸亚铁铵标准溶液滴定至终点。

3 试剂

3.1 磷酸(ρ1.69)。

3.2 高氯酸(ρ1.5)。

3.3 硫酸(ρ1.84)。

3.4 硫酸(1 mol/L)。

3.5 硫磷混酸：70 mL水中加入15 mL磷酸(3.1)和15 mL硫酸(3.3)，混均。

3.6 硫酸高铈溶液{$c[Ce(SO_4)_2] \approx 0.02$ mol/L}：称取3.32 g无水硫酸高铈于250 mL烧杯中，加100 mL硫酸(3.4)溶解，移入500 mL容量瓶中，以硫酸(3.4)稀释至刻度，混均。

3.7 重铬酸钾标准溶液$\left[c\left(\frac{1}{6}K_2Cr_2O_7\right)=0.02\ \text{mol/L}\right]$：称取0.980 6 g经110 ℃～130 ℃烘干2 h的重铬酸钾(基准物质)，于250 mL烧杯中，加100 mL水溶解，移入1 000 mL容量瓶中，用水稀释至刻度，混均。

3.8 硫酸亚铁铵标准溶液$[c(Fe^{2+})] \approx 0.02$ mol/L：

3.8.1 配制：称取9 g硫酸亚铁铵$[(NH_4)_2Fe(SO_4)_2 \cdot 6H_2O]$于500 mL烧杯中，加硫酸(3.4)溶解，移入1 000 mL容量瓶中，用硫酸(3.4)稀释至刻度，混均。

3.8.2 标定：移取20.00 mL硫酸亚铁铵标准溶液(3.8.1)3份，分别置于3个250 mL的锥形瓶中，加10 mL硫磷混酸(3.5)，加水至100 mL，加4滴二苯胺磺酸钠溶液(3.9)，用重铬酸钾标准溶液(3.7)滴定至蓝紫色不退为终点。

3.8.3 按式(1)计算$c(Fe^{2+})$标准溶液的摩尔浓度(mol/L)：

$$c(Fe^{2+}) = \frac{c\left(\frac{1}{6}K_2Cr_2O_7\right)V_1}{V} \qquad \cdots\cdots(1)$$

式中：

$c\left(\frac{1}{6}K_2Cr_2O_7\right)$——重铬酸钾标准溶液物质的量浓度，单位为摩尔每升(mol/L)；

V_1 ——消耗重铬酸钾标准溶液的体积，单位为毫升(mL)；

V ——移取硫酸亚铁铵标准溶液的体积，单位为毫升(mL)。

3.9 二苯胺磺酸钠溶液(5 g/L)：称取 0.5 g 二苯胺磺酸钠，溶于 100 mL 水中，混均。

3.10 苯代邻氨基苯甲酸溶液(2 g/L)：称取 0.2 g 苯代邻氨基苯甲酸，0.2 g 无水碳酸钠，溶于 100 mL 水中，混均。

4 试样

将试样在 105 ℃～110 ℃的干燥箱中干燥 1.5 h，在干燥器中冷却至室温。

5 分析步骤

5.1 试料

称取 0.1 g(精确到 0.000 1 g)试料。

5.2 测定次数

称取 2 份试料平行测定，取其平均值。

5.3 空白试验

移取 10.00 mL 硫酸高铈溶液(3.6)于 250 mL 锥形瓶中，加 10 mL 磷酸(3.1)，80 mL 硫酸(3.4)，按 5.4.2 进行操作，至终点后，再移入 10.00 mL 硫酸高铈溶液(3.6)，用硫酸亚铁铵标准溶液(3.8)滴定至亮绿色为终点。其两次滴定溶液体积之差，即为空白值。

5.4 测定

5.4.1 将试料(5.1)小心置于 250 mL 锥形瓶中，用少量水润湿试料，加 10 mL 磷酸(3.1)，3 mL 高氯酸(3.2)，在低温电热板上加热溶解，待高氯酸冒烟，剧烈反应后，液面平静，取下，稍冷。加入 80 mL 硫酸溶液(3.4)，冷水浴中冷却至室温。

5.4.2 加 2 滴苯代邻氨基苯甲酸溶液(3.10)为指示剂，用硫酸亚铁铵标准溶液(3.8)滴定至亮绿色为终点。

6 分析结果的计算与表述

按式(2)计算二氧化铈的质量分数(%)：

$$w(CeO_2)=\frac{c(Fe^{2+})\cdot(V_2-V_0)\times 172.12\times 10^{-3}}{m}\times 100 \qquad \cdots\cdots\cdots\cdots(2)$$

式中：

$c(Fe^{2+})$ ——硫酸亚铁铵标准溶液物质的量浓度，单位为摩尔每升(mol/L)；

V_2 ——消耗硫酸亚铁铵标准溶液的体积，单位为毫升(mL)；

V_0 ——空白试验中消耗硫酸亚铁铵标准溶液的体积，单位为毫升(mL)；

172.12 ——氧化铈的相对摩尔质量，单位为克每摩尔(g/mol)；

m ——试料的质量，单位为克(g)。

7 精密度

7.1 重复性

在重复性条件下获得的两次独立测试结果的测定值，在以下给出的平均值范围内，这两个测试结果的绝对差值不超过重复性限(r)，超过重复性限(r)的情况不超过5%，重复性限(r)按表1数据采用线性内插法求得。

表 1

二氧化铈含量(质量分数)/%	重复性限(r)/%
57.19	0.30
85.94	0.39
注：重复性限(r)为2.8 × Sr，Sr 为重复性标准差。	

7.2 允许差

实验室之间分析结果的差值应不大于表2所列允许差。

表 2

二氧化铈含量(质量分数)/%	允许差/%
40～65	0.5
>65～90	0.7
>90～99	0.9

8 质量保证和控制

每周用自制的控制标样(如有国家级或行业级标样时，应首先使用)校核一次本部分分析方法的有效性。当过程失控时，应找出原因，纠正错误，重新进行校核。

ICS 77.120.99
H 14

中华人民共和国国家标准

GB/T 20166.2—2012
代替 GB/T 20166.2—2006

稀土抛光粉化学分析方法 第2部分:氟量的测定 离子选择性电极法

Chemical analysis methods of rare earth polishing powder—
Part 2: Determination fluorine content—
Ion selective electrode analysis

2012-11-05 发布　　2013-05-01 实施

中华人民共和国国家质量监督检验检疫总局
中国国家标准化管理委员会　发布

前　言

GB/T 20166《稀土抛光粉化学分析方法》共分 2 个部分：

——第 1 部分：氧化铈量的测定　滴定法；

——第 2 部分：氟量的测定　离子选择性电极法。

本部分为第 2 部分。

本部分是按照 GB/T 1.1—2009 给出的规则起草的。

本部分代替 GB/T 20166.2—2006《稀土抛光粉化学分析方法　氟量的测定　离子选择性电极法》。

本部分与 GB/T 20166.2—2006 相比主要变化为：

——按照 GB/T 1.1—2009 给出的规则，对文本格式进行编辑性修改。

本部分由全国稀土标准化技术委员会(SAC/TC 229)归口。

本部分负责起草单位：包头天骄清美稀土抛光粉有限公司。

本部分参加起草单位：包头稀土研究院、甘肃稀土新材料股份有限公司。

本部分主要起草人：谢兵、刘致文、崔凌霄、李宝莹、黄仲汉、贾艳玲、许义勤、陈新华、刘春、李佳、李崇山。

本部分所代替标准的历次版本发布情况为：

——GB/T 20166.2—2006。

稀土抛光粉化学分析方法
第2部分:氟量的测定
离子选择性电极法

1 范围

GB/T 20166 的本部分规定了以铈基稀土为主的稀土抛光粉中氟量的测定方法。

本部分适用于以铈基稀土为主的稀土抛光粉中氟量的测定。测定范围为0.01%～10.0%。

2 方法原理

试样经碱熔融后浸出过滤,使氟与铁、稀土等氢氧化物沉淀分离,在pH值为6.5～7.0的溶液中,以氟离子选择性电极为指示电极,饱和甘汞电极为参比电极,测量两电极间的平衡电位值,求得氟含量。

3 试剂

3.1 无水碳酸钠。

3.2 过氧化钠。

3.3 氢氧化钠溶液(10 g/L)。

3.4 二次去离子交换水。

3.5 盐酸(2.5 mol/L)。

3.6 柠檬酸钠缓冲液(pH值6.5～7.0):称取294 g柠檬酸钠于1 000 mL烧杯中,加入900 mL水溶解,在酸度计上用盐酸(3.5)和氢氧化钠溶液(3.3)调节pH值为6.5～7.0,移入1 000 mL容量瓶中,用水稀释至刻度,混匀,立即保存于塑料瓶中。

3.7 氟离子标准贮存溶液:称取2.210 1 g优级纯氟化钠(120 ℃干燥至恒重)于250 mL塑料瓶中,加水溶解后移入1 000 mL容量瓶中,用水稀释至刻度,混匀,立即保存于塑料瓶中,此溶液1 mL含1 mg氟。

3.7.1 氟离子标准溶液:移取50.00 mL氟标准贮存溶液(3.7)于500 mL容量瓶中,用水稀释至刻度,混匀,立即保存于塑料瓶中,此溶液1 mL含100 μg氟。

3.7.2 氟离子标准溶液:移取5.00 mL氟标准贮存溶液(3.7)于500 mL容量瓶中,用水稀释至刻度,混匀,立即保存于塑料瓶中,此溶液1 mL含10 μg氟。

3.8 溴甲酚绿指示剂(1 g/L的乙醇-水溶液):称取0.1 g溴甲酚绿溶于20 mL乙醇中,以水稀释至100 mL,混匀。

4 仪器

4.1 酸度计。

4.2 电位测量仪,精度0.1 mV。

4.3 氟离子选择性电极:氟离子检测限应不大于2.5×10^{-4} mg/mL,电极在使用前应在10^{-3} mol/L

氟化钠溶液中浸泡 1 h,使之活化,然后以水洗至洗液含氟不大于 10^{-5} mg/mL 后方能进行测定。

4.4 饱和甘汞电极。

5 试样

将试样于 105 ℃～110 ℃干燥 1.5 h,在干燥器中冷却至室温。

6 分析步骤

6.1 试料

按表 1 称取试料。

表 1

氟含量(质量分数)/%	称取试料量/g	定容体积/mL	分取体积/mL
0.01～0.10	1.000 0	250.00	10.00
>0.10～1.00	0.500 0	250.00	5.00
>1.00～5.00	0.250 0	250.00	2.00
>5.00～10.0	0.150 0	250.00	2.00

6.2 空白试验

随同试料做空白试验。

6.3 测定次数

称取 2 份试料进行平行测定,取其平均值。

6.4 测定

6.4.1 将试料置于盛有 1 g 无水碳酸钠(3.1)、1 g 过氧化钠(3.2)的 30 mL 镍坩埚中,再加 1 g 过氧化钠(3.2)、3 g 无水碳酸钠(3.1)。在低温电热板上烘去水分,盖上坩埚盖。将坩埚及试料放入 700 ℃的马弗炉中熔融 6 min～8 min,取出稍冷,连同坩埚一起置于预先盛有 100 mL 沸水的塑料瓶中,洗净坩埚及盖,移入 200 mL 容量瓶中,流水冷却至室温,以水稀至刻度,摇匀。用中速定量滤纸干过滤于 100 mL干燥的塑料烧杯中。

6.4.2 按表 1 移取适量体积的试液(6.4.1)于 50 mL 的容量瓶中,加水约至 20 mL,加 1 滴溴甲酚绿指示剂(3.8),以盐酸(3.5)调溶液至黄色,再用氢氧化钠溶液(3.3)调溶液至蓝色,然后加入 15 mL 柠檬酸钠缓冲液(3.6),以水稀释至刻度,摇匀。将此溶液全部倒入 50 mL 干燥的塑料烧杯中,加入磁力搅拌转子,放在电磁搅拌器上,启动搅拌器。插入氟离子选择性电极(4.3)和饱和甘汞电极(4.4),待其读数稳定,电极电位每分钟的变化不大于 0.2 mV 时,读取电位值。

6.4.3 在工作曲线上查出氟离子的微克数,计算样品中的氟含量。

6.5 氟离子标准工作曲线的绘制

6.5.1 移取 0.50 mL、1.00 mL、2.50 mL、5.00 mL 氟离子标准溶液(3.7.2)和 0.50 mL、1.00 mL、1.50 mL、2.00 mL、2.50 mL、3.00 mL 氟离子标准溶液(3.7.1),分别置于一组 50 mL 的容量瓶中,移

取与试料液(6.4.2)相同体积的试料空白溶液(6.2)于 50 mL 容量瓶中,以下按 6.4.2 步骤操作。按氟浓度由低到高的次序与试料同时进行测定。

6.5.2 在半对数坐标纸上,以氟离子浓度为横坐标,以相应的平衡电位值为纵坐标,绘制标准工作曲线。

7 分析结果的计算与表述

按式(1)计算氟的质量分数 $w(F)$(%):

$$w(\mathrm{F}) = \frac{m_1 \cdot V \times 10^{-6}}{m \cdot V_1} \times 100 \quad \cdots\cdots(1)$$

式中:

m_1——从标准曲线上查得氟量,单位为微克(μg);

V——试液总体积,单位为毫升(mL);

m——试料质量,单位为克(g);

V_1——分取试液体积,单位为毫升(mL)。

8 精密度

8.1 重复性

在重复性条件下获得的两次独立测试结果的测定值,在以下给出的平均值范围内,这两个测试结果的绝对差值不超过重复性限(r),超过重复性限(r)的情况不超过 5%,重复性限(r)按表 2 数据采用线性内插法求得。

表 2

氟含量(质量分数)/%	重复性限(r)/%
4.16	0.30
4.39	0.39

注:重复性限(r)为 2.8 × Sr,Sr 为重复性标准差。

8.2 允许差

实验室之间分析结果的差值应不大于表 3 所列允许差。

表 3

氟含量(质量分数)/%	允许差/%
0.01~0.1	0.005
>0.1~1.0	0.05
>1.0~5.0	0.40
>5.0~10.0	0.80

9 质量保证与控制

每周用自制的控制标样(如有国家级或行业级标样时,应首先使用)校核一次本部分分析方法的有效性。当过程失控时,应找出原因,纠正错误,重新进行校核。

ICS 77.120.99
H 14

中华人民共和国国家标准

GB/T 20167—2012
代替 GB/T 20167—2006

稀土抛光粉物理性能测试方法 抛蚀量和划痕的测定 重量法

Physical test method of rare earth polishing powder—Determination of burnishing mass and scratch—Gravimetry

2012-11-05 发布　　2013-05-01 实施

中华人民共和国国家质量监督检验检疫总局
中国国家标准化管理委员会　发布

前　　言

本标准是按照 GB/T 1.1—2009 给出的规则起草的。

本标准代替 GB/T 20167—2006《稀土抛光粉物理性能测试方法　抛蚀量的测定　重量法》。

本标准与 GB/T 20167—2006 相比，主要技术变化如下：

——缩小了抛蚀量的测定范围；

——增加了划痕的测定，以划伤率来衡量，增加了"划伤率"术语及计算公式；

——变更了研磨设备，由原来的横摆平面抛光机改为双面研磨机。

本标准由全国稀土标准化技术委员会(SAC/TC 229)归口。

本标准负责起草单位：包头天骄清美稀土抛光粉有限公司。

本标准参加起草单位：包头稀土研究院、甘肃稀土集团有限责任公司。

本标准主要起草人：谢兵、刘致文、崔凌霄、许义勤、郭建霞、马相琴、王清香、郝茜。

本标准所代替标准的历次版本发布情况为：

——GB/T 20167—2006。

稀土抛光粉物理性能测试方法
抛蚀量和划痕的测定
重量法

1 范围

本标准规定了用双面研磨机测定稀土抛光粉的抛蚀量和划痕的方法。

本标准适用于以铈基稀土为主的稀土抛光粉抛蚀量和划伤率的测定。测定范围分别为:抛蚀量 0.05 mg/(cm² · min) ~ 0.25 mg/(cm² · min)、划伤率 0%~100%。

2 方法原理

试样于纯水混均后开启研磨机,通过泥浆泵使试样浆经过研磨机循环流动,称量研磨前、后玻璃片的重量,计算出抛蚀量。在高能卤素灯下观察玻璃片划伤片数,计算出划伤率。

3 术语和定义

下列术语和定义适用于本文件。

3.1

抛蚀量 burnishing mass

在规定的测试条件下,在达到规定效果的前提下,被测稀土抛光粉试样对 SF-5 玻璃片在单位时间、单位面积的抛削量,单位为毫克每平方厘米每分钟[mg/(cm² · min)]。

3.2

划伤率 scratch rate

在高能卤素灯下观察,若被磨 SF-5 玻璃片上的划痕正、反面都反光且划痕的长度大于或等于玻璃片的半径,则认为该玻璃片存在划痕,存在划痕的玻璃片数与总的被磨玻璃片数的比值称划伤率。

4 主要材料和试剂

4.1 聚氨脂研磨垫:厚度 2 mm~3 mm。

4.2 玻璃片:SF-5 型,厚 0.50 cm,直径 4.00 cm,无麻点、开口气泡、破点破边、面形平整。

4.3 去离子水。

5 设备

5.1 研磨机:双面研磨机,速度可调,自动搅拌打浆、浆液自动循环。

5.2 分析天平,精度 0.000 1 g。

5.3 玻璃片表面检测装置:高能卤素灯。

5.4 超声波清洗机。

5.5　干燥箱。

6　测定步骤

6.1　工作条件

6.1.1　研磨垫：裁取与研磨机下转盘尺寸一致的研磨垫，与下转盘粘好、压平。

6.1.2　限定研磨机转速：17 r/min。

6.1.3　工作时间：45 min。

6.1.4　被磨玻璃片：20 片。

6.1.5　抛光粉浆液：1.25 kg 抛光粉、5 L 去离子水；自动搅拌、循环。

6.2　操作步骤

6.2.1　将 1.25 kg 试样加入盛有 2.5 L 去离子水并带有泥浆泵的容器中，再加入 2.5 L 去离子水。

6.2.2　将 20 片清洁干燥并已称重的玻璃片放入游轮内，放好上定盘。

6.2.3　手动开启泥浆泵，打浆 10 s 后开启研磨机，按设定好的时间、转速运行（自动挡运行）。

6.2.4　研磨一段时间后取下玻璃片清洗，并在超声波清洗机内清洗 5 min，干燥后称重、在高能卤素灯下观察。

6.2.5　按式（1）计算抛蚀量 F：

$$F=\frac{m_0-m_1}{s\times t} \qquad \cdots\cdots(1)$$

式中：

F ——抛蚀量，单位为毫克每平方厘米每分钟[mg/(cm² · min)]；

m_0——研磨前玻璃片的总重量，单位为毫克(mg)；

m_1——研磨后玻璃片的总重量，单位为毫克(mg)；

s ——玻璃片的总表面积，单位为平方厘米(cm^2)；

t ——研磨时间，单位为分钟(min)。

6.2.6　按式（2）计算划伤率 K：

$$K(\%)=\frac{nk}{n}\times 100 \qquad \cdots\cdots(2)$$

式中：

K ——划伤率，%；

nk——研磨后存在划痕的玻璃片数；

n ——被研磨玻璃片的总数。

7　精密度

7.1　重复性

在重复性条件下获得的两次独立测试结果的测定值，在以下给出的平均值范围内，这两个测试结果的绝对差值不超过重复性限(r)，超过重复性限(r)的情况不超过 5%。抛蚀量与划伤率的重复性限(r)分别按表 1、表 2 数据采用线性内插法求得。

表 1

抛蚀量/[mg/(cm^2·min)]	重复性限(*r*)/[mg/(cm^2·min)]
0.05～0.10	0.01
＞0.10～0.20	0.03
＞0.20～0.25	0.03
注：重复性限(*r*)为 2.8×*Sr*，*Sr* 为重复性标准差。	

表 2

划伤率/%	重复性限(*r*)/%
0	0
＞0～10	0
＞10～50	0.77
注：重复性限(*r*)为 2.8×*Sr*，*Sr* 为重复性标准差。	

7.2 允许差

抛蚀量与划伤率的实验室之间分析结果的差值分别应不大于表 3、表 4 所列允许差。

表 3

抛蚀量/[mg/(cm^2·min)]	允许差/[mg/(cm^2·min)]
0.050～0.100	0.025
＞0.100～0.200	0.005
＞0.200～0.25	0.01

表 4

划伤率/%	允许差/%
0	0
＞0～10	5
＞10～50	10

ICS 31.200
L 55

中华人民共和国国家标准

GB/T 20296—2012/IEC TR 61352:2006
代替 GB/T 20296—2006

集成电路记忆法与符号

Mnemonics and symbols for integrated circuits

(IEC TR 61352:2006,IDT)

2012-12-31 发布 2013-07-01 实施

中华人民共和国国家质量监督检验检疫总局
中国国家标准化管理委员会 发布

前　言

本标准按照 GB/T 1.1—2009 给出的规则起草。

本标准代替 GB/T 20296—2006《集成电路记忆法与符号》。

本标准与 GB/T 20296—2006 相比主要变化如下：

——全文中符号编号的表述改为新版 GB/T 4728 的表述方式；

——增加了第 2 章规范性引用文件；

——将正文中 GB/T 4728.13 改为：模拟，GB/T 4728.12 改为：二进制逻辑；

——将 IEC 821 改为：IEC 60821；

——将 CCITT 改为：ITU-T；

——在第 3 章的限定符号 X/Y 或 X//Y 说明中删除了二进制逻辑，限定符号 X+Y、X−Y、$\frac{X}{Y}$、XY 及第 4 章中标记 H 的说明里将模拟二字去掉。

本标准等同采用 IEC TR 61352:2006《集成电路记忆法与符号》。

本标准对 IEC TR 61352:2006《集成电路记忆法与符号》进行了编辑性修改。

本标准由全国电气信息结构、文件编制和图形符号标准化技术委员会(SAC/TC 27)提出并归口。

本标准负责起草单位：工业和信息化部电子技术标准化研究院、中国航空规划建设发展有限公司、合肥瑞齐信息科技有限公司、中机生产力促进中心、中国建筑标准化研究院。

本标准主要起草人：徐云驰、陈泽毅、张深广、高永梅、徐玲献。

本标准所代替标准的历次版本发布情况为：

——GB/T 20296—2006。

集成电路记忆法与符号

1 范围

本标准规定了使用器件的符号及记忆法宜与限定符号一致。预计达到两个目的，即：

——对白盒子符号，给出标准名称；

——对灰盒子符号，希望限制可能变化的范围。

白盒子符号：符号中元件的功能行为完全由标准化方法描述的符号，相关的规则和解释可在二进制逻辑元件符号及应用注释，模拟元件符号，应用注释中找到。

灰盒子符号：符号中元件的功能行为，通常由于其复杂性，有些用非白盒子符号所用的方法，特别是由参照的支持文件描述的符号；相关的规则和解释可在符号和应用注释中找到。

本标准提出了白盒子符号和灰盒子符号的概念，便于设计者的应用。本标准适用于集成电路的设计。

第 3 章中，第二列字母是 W，表明相关的标记可用于白盒子符号以及灰盒子符号中。第二列是字母 G，意味着有关的标记只能用于灰盒子符号中，或只能用于方框间的白盒子符号中（如作为“电源关掉”的附加信息）。

在用字母 m 的地方，m 应按每种情况的要求用相关的值、标识数字、循环长度、位数或顺序数代替。m1×m2 出现的地方，m1 应用字数、m2 应用每字的位数代替，见符号。

2 规范性引用文件

下列文件对于本文件的应用是必不可少的。凡是注日期的引用文件，仅注日期的版本适用于本文件。凡是不注日期的引用文件，其最新版本（包括所有的修改单）适用于本文件。

GB/T 4728（所有部分） 电气简图用图形符号[IEC 60617（所有部分）]

IEC 60821 VME 总线 1 字节至 4 字节数据用微处理系统总线（VMEbus—Microprocessor system bus for 1 byte to 4 byte data）

ITU-T V.24 数据终端设备（DTE）和数据电路端接设备（DCE）间的接口电路定义表[List of definitions for interchange circuits between data terminal equipment (DTE) and data circuit-terminating equipment (DCE)]

3 功能记忆法和符号

下面为元件功能的通用限定符号（GQS）和标记，只给出了部分数学函数（如 cot、exp 等并未给出）。

限定符号	W/G	说明
∞	W	无穷增益 (Infinite gain)
▷	W	放大器 (Amplifier)
∩	W	模拟（相对于数字）[Analogue (in contrast with digital)]
#	W	数字（相对于模拟）[Digital (in contrast with analogue)]
∩/#	W	模拟/数字转换器 (Analogue-to digital convertor)
#/∩	W	数字/模拟转换器 (Digital-to-analogue convertor)
//	W	电隔离（代替“/”）[Galvanic isolation (instead of single/)]

限定符号	W/G	说明
Σ	W	加法器 (Adder)
∬	W	滞后元件 (Element with hysteresis)
Φ	G	灰盒子 (Gray box)
ꞁ˥	W	可再触发单稳单元 (Monostable element,retriggerable)
μC	G	微型计算机、微控制器(见 MUC)(Micro computer;micro controller)(see MUC)
μP	G	微处理器 (见 MUP) (Micro processor)(see MUP)
Π	W	乘法器 (Multiplier)
∫	W	模拟:积分器 (Analogue:integrator)
d/dt	W	模拟:微分器 (Analogue:differentiator)
fφ-COMP	W	频率-相位比较器 (Frequency-phase comparator)
φ-COMP	W	相位比较器 (Phase comparator)
≥1	W	或元件 (OR element)
≥m	W	逻辑阈值元件 (Logic threshold element)
>n/2	W	多数元件 (Majority element)
! G	W	同步启动非稳态元件 (Astable element,synchronously starting)
! G!	W	同步启动、完成最后一个脉冲后停止的非稳元件 (Astable element,synchronously starting,stopping after completing the last pulse)
&	W	与元件 (AND element)
1	W	缓冲器 (无专门放大的)[Buffer (without special amplification)]
1 ꞁ˥	W	非重复触发单稳元件 (Monostable element,non-retriggerable)
2k	W	偶数元件 (EVEN element)
2k+1	W	奇数元件 (ODD element)
=	W	逻辑恒等元件 (Logic identity element)
=1	W	异或元件 (Exclusive OR element)
=m	W	等于 m 元件 (m and only m element)
ADC	W	模拟/数字转换器 (推荐用∩/#)[Analogue-to-digital converter (∩/# is preferred)]
ALU	W	算术逻辑单元 (Arithmetic logic unit)
ART	W	异步接收/发射器 (Asynchronous receiver/transmitter)
ASCII	W	美国信息交换标准代码 (American standard. code for information interchange)
BAM	G	总线仲裁模块 (Bus arbitration module)
BAUDOT	W	博多码 (Baudot code)
BBUC	G	备份电池控制器 (Battery back-up controller)
BCD	W	二进制编码 (的)十进制 (Binary coded decimal)
BCR	G	条形码阅读器:成批卡阅读器 (Bar code reader;batch-card reader)
BCRC	G	条形码阅读器控制器;成批卡阅读控制器 (Bar-code reader controller;batch-card reader controller)
BIM	G	总线中断模块 (Bus interrupter module)
BIN	W	二进制 (Binary)
BTC	G	总线流量控制器 (Bus traffic controller)
CAMm1×m2	W	内容可寻址存储器 (Content-addressable memory)

限定符号	W/G	说明
CCO	G	电流控制振荡器（Current-controlled oscillator）
CCD	G	电荷耦合器（Charge-coupled device）
CHG	G	字符发生器（Character generator）
CIA	G	（高级）通信接口适配器[（Advanced）Communication interface Adapter]
CIRG	G	循环寄存器（Circulating register）
CLKGEN	G	时钟发生器（Clock generator）
mCMPL	W	m-补码，如：2CMPL＝2 的补码（m-Complement，e. g.，2CMPL ＝ two's complement）
CODEC	G	编码/解码器（Coder/decoder）
COMP	W	幅值比较器（Magnitude comparator）
CPG	W	先行进位发生器（进位，传播和生成）[Look ahead carry generator（carry. propagate and generate）]
CPROC	G	协处理器（Co-processor）
CPT	G	计算机（Computer）
CPU	G	中央处理单元（Central processing unit）
CRC	G	循环冗余校验器（Cyclic-redundancy checker）
CRG	G	控制寄存器（Control register）
CRTC	G	阴极射线管控制器（Cathode-ray tube controller）
CTRDIVm	W	计数器（循环长度 m）[Counter（cycle length m）]
CTRm	W	计数器（循环长度 2^m）[Counter（cycle length 2^m）]
DAC	W	数字/模拟转换器（推荐用#/∩）[Digital：to-analogue convertor（#/∩ is preferred）]
DEC	W	十进制（Decimal，1-of-10）
DENC	G	数据加密转换器（Data-encryption convertor）
DESU	G	数据加密标准单元（在 DES 算法之后）[Data-encryption-standard unit（following DES algorithm）]
DLC	G	（高级）数据链接控制器[（Advanced or high level）data-link Controller]
DMAC	G	直接存储器访问控制器（Direct-memory-access controller）
DMAI	G	直接存储器访问接口（Direct-memory-access interface）
DPRAM	G	双端随机存取存储器（Dual-port random-access memory）
DPY	W	显示元件（Display element）
DRAMm1×m2	G	动态随机存取存储器（Dynamic random-access memory）
DRAMC	G	动态 RAM 控制器（Dynamic-RAM controller）
DRG	G	数据寄存器（Data register）
DTMF	G	双音多频器件（Dual tone multi frequency device）
DSP	G	数字信号处理器（Digital signal processor）
DSRGm	G	动态移位寄存器（Dynamic shift register）
DX	W	多路输出选择器（Demultiplexer）
EBCDIC	W	扩展二进制编码（的）十进制信息代码（Extended binary coded decimal information code）
EDCU	G	错误检测与校正单元（Error detection and correction unit）

限定符号	W/G	说明
EEPROMm1×m2	G	电可擦除可编程只读存储器(Electrically erasable programmable read-only memory)
EPLD	G	可擦除可编程逻辑器件(Erasable programmable logic device)
EEPLD	G	电可擦除可编程逻辑器件(Electrically erasable programmable logic device)
EPROMm1×m2	G	可擦除可编程只读存储器(Erasable programmable read-only memory)
EXP	W	模拟:指数函数(Analogue:Exponential function)
EX3	W	余3码(Excess 3)
EX3GR	G	余3格雷码(Excess 3 Gray)
fCOMP	W	频率比较器(Frequency comparator)
FDC	G	软盘控制器(Floppy-disk controller)
FIFOm1×m2	W	先进先出存储器(First-in first-out memory)
FLL	G	频率锁定回路元件(Frequency-locked loop element)
FPCP	G	浮点协处理器(Floating-point co-processor)
FPGA	G	场可编程门阵列(推荐用PLD)[Field-programmable gate array (preferred: PLD)]
FPLA	G	场可编程逻辑阵列(推荐用PLD)[Field-programmable logic array (preferred:PLD)]
FPP	G	浮点处理器(Floating-point processor)
FRAM	G	铁电随机访问存储器(Ferro-electrical random-access memory)
FSK	G	频率移位键元件(Frequency-shift keying element)
f/U	W	模拟:频率-电压转换器(Analogue:Frequency-to-Voltage convertor)
f/V	W	模拟:频率-电压转换器(Analogue:Frequency-to-Voltage convertor)
G	W	发生器、振荡器、非稳单元(Generator,oscillator,astable element)
GPIB	G	通用接口总线元件(General purpose interface bus element)
G!	W	完成最后一个脉冲后停止的非稳元件(General purpose interface bus element completing the last pulse)
HDC	G	硬盘控制器(Hard-disk controller)
HEX	W	十六进制(Hexadecimal,1 of 16)
HPIB	G	惠普仪器总线协议(Hewlett Packard Instrument bus protocol)
HPRI	W	最高优先级编码器(Highest-priority,highest priority Encoder)
I=0	W	电源打开时,内部0态的双稳元件(Bistable element with internal O-state at power on)
I=1	W	电源打开时,内部1态的双稳元件(Bistable element with internal 1-state at power on)
IEC	G	IEC协议(IEC protocol)
IEEE	G	IEEE协议(IEEE protocol)
INTGEN	G	中断发生器(Interrupt generator)
ISDN	G	综合业务数字网协议(如与C:控制器组合)[Integrated Service Digital Network protocol (in combinations with,e.g.,C:controller)]
ISO-7	G	ISO七位码(ISO 7-bit code)
ISO-8	G	ISO八位码(ISO 8-bit code)

限定符号	W/G	说明
LANC	G	局域网控制器（Local area network controller）
LIFOm1×m2	G	后进先出存储器（Last-in first-out memory）
Log	W	模拟:对数函数（Analogue:Logarithmic function）
MANCH	G	曼彻斯特代码（Manchester code）
MARG	G	存储地址寄存器（Memory address register）
MCRG	G	微码寄存器（Microcode register）
MDC	G	多磁盘控制器（Multiple-disk controller）
MDX	W	多路转换/多路信号分离器（Multiplexer/demultiplexer）
MFP	G	多功能外部元件（Multi-function peripheral element）
MMU	G	存储器管理单元（Memory management unit）
MODEM	G	调制解调器（Modulator/demodulator）
MPCC	G	多协议通讯控制器（Multi-protocol communication controller）
MPU	G	主处理单元（微处理单元用 μP）[Main processing unit (for micro processing unit use μP)]
MUC	G	微型计算机（推荐用:μC)[Micro computer (preferred:μC)]
MUP	G	微处理单元（推荐用:μP)[Micro-processor (preferred:μP)]
MUX	W	多路转换器（数字)[Multiplexer (digital)]
NAC	G	网络结构控制器（Network architecture controller）
NVRAM	W	非易失 RAM（Non-volatile RAM）
OCT	W	八进制（Octal,1 of 8）
OTP	G	可一次编程（作为前缀)[One-time programmable (as a prefix)]
OTPROM	G	可一次编程 ROM（One-time programmable ROM）
P-Q	W	二进制逻辑:减法器（数字)[Binary logic:Subtractor (digital only)]
PCI	G	可编程通讯接口（Programmable communication interface）
PG	G	多项式发生器（Polynomial generator）
PGA	G	可编程门阵列（推荐用 PLD)[Programmable gate array (preferred:PLD)]
PGC	G	多项式发生器和检查器（Polynomial generator and checker）
PIO	G	并行 I/O 元件（Parallel I/O element）
PIPOm	G	并行进并行出寄存器（Parallel-in parallel-out register）
PIPOm1×m2	G	并行进并行出储存器（Parallel-in parallel-out memory）
PISOm	G	并行进串行出寄存器（Parallel-in serial-out register）
PISOm1×m2	G	并行进串行出存储器（Parallel-in serial-out memory）
PIT	G	可编程相隔定时器（Programmable interval timer）
PLA	G	可编程逻辑阵列（推荐用:PLD)[Programmable logic array (preferred:PLD)]
PLD	G	可编程逻辑器件（Programmable logic device）
PLL	G	锁相环元件/单元（Phase-locked loop element/unit）
PPI	G	可编程外部设备接口（Programmable peripherical interface）
PRI	G	优先编码器（Priority encoder）
PROC	G	处理器（Processor）
PROMm1×m2	W	可编程只读存储器（Programmable read-only memory）
PSK	G	相位移位键入元件/单元（Phase-shift keying element/unit）

限定符号	W/G	说明
PSRAM	G	伪静态随机访问存储器（Pseudo-static random-access memory）
RAMm1×m2	W	随机访问存储器（默认：静态）[Random-access memory (by default:static)]
REG	G	寄存器（组合中推荐用：RG）[Register (in combinations preferred:RG)]
ROMm1×m2	W	只读存储器（Read-only memory）
RS232	G	RS232 协议（RS232 protocol）
RS366	G	RS366 协议（RS366 protocol）
RS422	G	RS422 协议（RS422 protocol）
RS423	G	RS423 协议（RS423 protocol）
RTCLK	G	实时时钟（Real-time clock）
RTX	G	接收/发射器（Receiver/transmitter）
RX	G	接收器（Receiver）
SAR	G	逐次近似寄存器（Successive approximation register）
SCC	G	串行通信控制器（Serial communication controller）
SCSI	G	小型计算机系统接口控制器（Small computer system interface controller）
mSEG	W	m-段编码，如：7SEG＝7-段编码（m-Segment code，e. g. 7SEG ＝7-segment code）
SEL	G	选择器（推荐用：MUX）[Selector (preferred:MUX)]
SH	W	采样和保持元件（Sample-and-hold element）
SIO	G	串行 I/O 元件（Serial I/O element）
SIPOm	G	串行进并行出寄存器（Serial-in parallel-out register）
SIPOm1×m2	G	串行进并行出存储器（Serial-in parallel-out memory）
SISOm	G	串行进串行出寄存器（Serial-in serial-out register）
SISOm1×m2	G	串行进串行出存储器（Serial-in serial-out memory）
SLAC	G	用户线音频处理电路（Subscriber-line audioprocessing circuit）
SLIC	G	用户线接口电路（Subscriber-line interface circuit）
SRGm	W	移位寄存器（Shift register）
SSIO	G	同步串行 I/O 元件（Synchronous serial I/O element）
STRG	G	状态寄存器（Status register）
SYNC	G	同步器；同步（作前缀时用：S，如：SDLC，SSIO）[Synchronizer；synchronous (as a prefix:S,e. g. ,SDLC,SSIO)]
TIMER	G	定时器（Timer）
TRX	G	收发器；发射器＋接收器；异频雷达收发机（Transceiver；transmitter ＋ receiver；Transponder）
TX	G	发射器（Transmitter）
UART	G	通用异步接收/发射器（推荐用：SIO）[Universal asynchronous receiver/transmitter (preferred:SIO)]
U/f	W	模拟：电压频率转换器（Analogue：Voltage-to-frequency convertor）
USART	G	通用同步/异步接收/发射器（推荐用：SIO）[Universal sync/async receiver/transmitter (preferred:SIO)]
USCC	G	通用串行通信控制器（推荐用：SCC）[Universal serial communication controller (preferred:SCC)]

限定符号	W/G	说明
USRT	G	通用同步接收/发射器（推荐用：SSIO）[Universal synchronous receiver/transmitter(preferred:SSIO)]
V.24	G	V.24 协议（模拟为 V.28 等）[Follows V.24 protocol (analogous for V.28 etc.)]
VCO	G	电压控制振荡器（Voltage-controlled oscillator）
VDG	G	视频显示发生器（Video display generator）
VFC	G	电压频率转换器（推荐用 V/f）[Voltage-to-frequency convertor (V/f is preferred)]
VFO	G	变频振荡器（Variable-frequency oscillator）
VRAM	G	视频 RAM（Video RAM）
VSP	G	视频信号处理器（Video signal processor）
V/f	W	电压频率转换器（Voltage-to-frequency convertor）
WORM	G	一次写，多次读（Write once,read many times）
X.21	G	X.21 协议（X21 protocol）
X.25	G	X.25 协议（X25 protocol）
X+Y	W	加法器（模拟信号）[Adder (analogue only)]
X−Y	W	减法器（模拟信号）[Subtractor (analogue only)]
$\frac{X}{Y}$	W	除法器（模拟信号）[Divider (analogue only)]
X/Y 或 X//Y	W	信号转换器，电平转换器或代码转换器（数字信号）[Signal converter,level converter or code converter (digital)]
XO	G	晶体振荡器（Crystal oscillator）
XTCO	G	晶体温度控制振荡器（Crystal temperature-controlled oscillator）
XY	W	乘法器（模拟信号）[Multiplier (analogue)]

4 与输入和输出相关的记忆法和限定符号

为区别输入和输出，终端功能的标记后面可跟 I 或 O，如，CASI：级联输入；CASO：级联输出。当终端交替用作输入和输出时用 I/O，如：BUS I/O 为总线输入和输出。

标记符号	W/G	说明
→m	W	移位输入，从左到右或从上到下（Shifting input,left to right or top to bottom）
←m	W	移位输入，从右到左或从下到上（Shifting input,right to left or bottom to top）
!	W	相关存储器比较输出（Compare output of associative memory）
?	W	相关存储器查询输入（Query input of associative memory）
“1”	W	固定模式输入（Fixed-mode input）
+m	W	向上计数输入（Counting-up input）
−m	W	向下计数输入（Counting-down input）
ΣCY	G	进位总和（Sum carry）
ΣEV	G	偶数总和（Sum even）
ΣODD	G	奇数总和（Sum odd）
* REF	W	基准输入或输出，“*”由基准量符号如 U,I,f 代替（Reference input or output; * to be replaced by the symbol for the reference quantity,e.g.,U,I,f）

标记符号	W/G	说明
A	W	受调幅输入决定的输入或输出（Input or output affected by an Am- Input）
A*	W	调节终端：A* 由 ADJ 代替，或"*"由下面的指示之一代替：B，CL，f，H，m，OFS，P，SR，SYM，T，U，V，WF，Z，φ 或 ϕ。（Adjustment terminal；A* to be replaced by ADJ，or "*" to be replaced by one of the following indications：B，CL，f，H，m，OFS，P，SR，SYM，T，U，V，WF，Z，φ 或 ϕ）
Am	W	二进制逻辑：地址输入（与地址相关）[Binary logic：Address input（with ADDRESS dependency）]
	W	模拟：增益调节（这里"m"不应被代替）[Analogue：Gain adjust（here the "m" should not be replaced）]
Aφ	W	模拟：调节相位（Analogue：Adjust phase）
AB	W	模拟：调节偏差（Analogue：Adjust bias）
AC	G	交流电源电压（a. c. supply voltage）
ACC	G	接受；被接受（Accept；accepted）
ACG	G	寻址命令组（Addressed command group）
ACK	G	确认收到（Acknowledge）
ACL	W	模拟：调节电流限制（Analogue：Adjust current limit）
ACRS	G	接收器准备完毕状态（Acceptor-ready state）
ACT	G	激励（Activate）
AD	G	地址和数据（Address and data）
AdB	W	模拟：调节衰减（Analogue：Adjust attenuation）
ADJ	W	模拟：调节（Analogue：Adjust）
ADR	G	地址（Address）
ADS	G	接收数据状态（Accept-data state）
Af	W	模拟：调节频率（Analogue：Adjust frequency）
AGR	G	访问同意（Access granted）
AH	W	模拟：调节滞后（Analogue：Adjust hysteresis）
	G	接收器信息交换（Acceptor handshake）
AIS	G	接收器空闲状态（Acceptor-idle state）
ALC	G	地址锁存器（Address-latch）
ALE	G	地址锁存启动（Address-latch enable）
ALI	G	报警禁止（Alarm Inhibit）
ALME	G	报警启动（Alarm enable）
ANA	G	模拟（Analogue）
ANRS	G	接收器非准备状态（Acceptor-not-ready state）
AOFS	W	模拟：调节偏移（Analogue：Adjust offset）
AP	W	模拟：调节功率（Analogue：Adjust power）
APRS	G	肯定轮询响应状态（Affirmative poll response state）
ARDY	G	异步准备（Asynchronous ready）
ARG	G	地址寄存器（Address register）
ARQ	G	访问请求（Access request）
ASL	G	斜率调节（Slope adjustment）
ASR	W	模拟：调节斜率（Analogue：Adjust slew rate）
ASTR	G	地址选通脉冲（Address strobe）

标记符号	W/G	说明
ASYM	W	模拟:调节对称(Analogue:Adjust symmetry)
ASYN	G	异步(Asynchronously)
AT	W	模拟:调节温度(Analogue:Adjust temperature)
ATTN	G	引起注意信号(Attention)
AU	W	模拟:调节电压(Analogue:Adjust voltage)
AV	G	可用(Available)
	W	模拟:调节电压(如果混淆,推荐用 AU)[Analogue:Adjust voltage (if confusing,AU is preferred)]
AVMA	G	前置(早期)VMA 信号[Advanced (early) VMA signal]
AWF	W	模拟:调节波形(Analogue:Adjust waveform)
AWNS	G	接收器等待新循环状态(Acceptor-wait-for-new-cycle state)
AX	G	地址,X 坐标(Address,x-coordinate)
AY	G	地址,Y 坐标(Address,y-coordinate)
AZ	W	模拟:调节阻抗(Analogue:Adjust impedance)
BACK	G	总线确认(IEC 60821)[Bus acknowledge (IEC 60821)]
BAL	G	平衡(Balance)
BAV	G	总线可用(Bus available)
BCL	G	总线清零(Bus clear)
BCR	G	缓冲计数器复位(Buffer counter reset)
BCSEL	G	缓冲器芯片选择(Buffer chip select)
BDA	G	总线数据地址(Bus data address)
BEN	G	总线启动(Bus enable)
BFE	G	缓冲器启动(Buffer enable)
BG	W	借位发生输入或输出(Borrow-generate input or output)
BGACK	G	总线准许确认(IEC 60821)[Bus grant acknowledge (IEC 60821)]
BGRQ	G	总线准许请求(IEC 60821)[Bus grant request (IEC 821)]
BI	W	借位输入(Borrow-in input)
BIACK	G	总线中断确认(IEC 60821)[Bus interrupt acknowledge (IEC 60821)]
BIAS	W	偏差(Bias)
BIRQ	G	总线中断请求(IEC 60821)[Bus interrupt request (IEC 60821)]
BIP	G	双极(Bipolar)
BIT	G	位(二进制数字)[Bit (Binary digit)]
BLNK	G	空(Blank,blanking)
BLK	G	信息块(Block)
BO	W	借位输出(Borrow-out output)
BOFS	G	双极偏移(Bipolar offset)
BP	W	借位传播输入或输出(Borrow-propagate input or output)
BR	G	转移指令(Branch)
BRC	G	波特率时钟(Baud rate clock)
BRDG	G	桥(Bridge)
BRP	G	总线回复(Bus reply)
BRQ	G	总线请求(IEC 60821)[Bus request (IEC 60821)]
BRY	G	缓冲器准备(Buffer ready)

标记符号	W/G	说明
BS	G	引导程序 (Bootstrap)
BST	G	总线状态 (Bus status)
BSYN	G	总线同步 (Bus synchronize)
BUF	G	缓冲器 (Buffer)
BUS	G	总线 (Bus)
BUSY	G	无空闲 (Busy)
BYTE	G	字节 (Byte)
BY	G	字节 (仅用于组合中)[Byte (in combinations only)]
BYAV	G	可用字节 (Byte available)
BYP	G	旁路 (Bypass)
BYSEL	G	字节选择 (Byte select)
Cm	W	控制输入 (与"控制"相关)[Control input (with CONTROL dependency)]
CACS	G	控制器激活状态 (Controller-active state)
CADS	G	控制器寻址确定状态 (Controller-addressed state)
CAR	G	进位 (组合中也用:C)[Carry (in combination also:C)]
CAS	G	列地址选通 (Column address strobe)
CASC	G	级联 (Cascade)
CASCFB	G	级联反馈 (Cascade feedback)
CAWS	G	控制器有效等待状态 (Controller-active wait-state)
CC	G	条件码,状态码 (Condition code)
CD	G	代码 (用于组合中)[Code (in combinations)]
CDSEL	G	代码选择 (Code select)
CE	G	芯片启动 (推荐:FEN,EN 功能输入)[Chip enable (preferred:FEN,function EN input)]
Cf (x)	W	频率补偿;x 用被补偿的特性或数量的指标代替 (Frequency compensation; x to be replaced by indication of property or quantity for which should be compensated)
CG	W	进位发生输入或输出 (Carry-generate input or output)
CH	G	通道 (Channel)
CHB	G	色度偏移 (Chroma bias)
CHK	G	检查 (Check)
CHSEL	G	通道选择 (Channel select)
CI	W	进位输入 (Carry-in input)
CIC	G	计数器增加 (Counter increment)
CIDS	G	控制器空闲状态 (Controller-idle state)
CIH	G	时钟抑制 (Clock inhibit)
CINT	W	内部补偿电容 (Internal capacitance,subsidiary)
CKE	G	时钟启动 (Clock enable)
CLA	G	先行进位 (Carry look ahead)
CLC	G	计数器清零 (推荐用:CT=0)[Clear counter (preferred:CT= 0)]
CLK	G	时钟 (Clock)
CLR	G	清零 (Clear)
CLSEL	G	时钟选择 (Clock select)

标记符号	W/G	说明
CMD	G	指令（Command）
CMP	G	比较（Compare）
CMPL	G	补偿（见第2章mCMPL）[Complement（see for mCMPL chapter 2）]
CMR	G	计数器主复位（Counter master reset）
CNT	G	计数（Count）
CNV	G	转换（Convert）
CO	W	进位输出，行波进位输出（Carry-out output；ripple carry output）
COFS	G	补偿偏移（Compensate offset）
COL	G	列（Column）
COLL	G	冲突（Collision）
COM	G	公共（Common）
CORR	G	正确的，校正过的（Correct，corrected）
CP	G	进位传播输入或输出（Carry-propagate input or output）
CPD	G	进位预计（Carry predict）
CPG	G	进位传播和生成（Carry propagate and generate）
CPN	W	补偿（Compensate）
CPPS	G	控制器并行轮询状态（Controller parallel poll state）
CPWS	G	控制器并行轮询等待状态（Controller parallel poll wait state）
CR	G	控制寄存器（Control register）
CRC	G	循环冗余校验（Cyclic redundancy check）
CS	G	电流传感（模拟）（推荐用ISNS）[Current sense（analogue）（ISNS is preferred）]
CS	G	芯片选择（Chip select）
CSB	G	控制选通脉冲（Control strobe）
CSBS	G	控制器待机状态（Controller-stand-by state）
CSEL	G	芯片选择（Chip select）
CSL	G	列选择行（Column select lines）
CSNS	G	控制器服务非请求状态（Controller service not requested state）
CSRS	G	控制器服务请求状态（Controller service requested state）
CSWS	G	控制器同步等待状态（Controller synchronous wait state）
CT*	W	内容输出（见GB/T 4728 S01539）[Content output（see IEC 60617 S01539）]
CT=m	W	内容输入（Content input）
CTD	G	向下计数（Count down）
CTRL	G	控制、控制器（Control，controller）
CTRS	G	控制器传输状态（Controller transfer state）
CTS	G	清零以准备发送（CCITT V.24，RS232C）[Clear to send（CCITT V.24，RS232C）]
CTT	G	条件试验（Conditional test）
CTU	G	向上计数（Count up）
CU	G	电流（用于组合中）[Current（in combinations）]
CURR	G	电流（组合中也用CU）[Current（in combinations also CU）]
CUST	G	电流状态，当前状态（Current status；present status）
CX	W	外部电容器（External capacitor）

标记符号	W/G	说明
CYC	G	周期、周期的{组合中也用 CY[Cycle,cyclic (in combinations also CY)]}
CY	G	周期、周期的（用于组合中）[Cycle,cyclic (in combinations)]
D	G	数据（仅用于组合中）[Data (in combinations only)]
mD	W	数据输入（和 CONTROL 相关）[Data input (with CONTROL dependency)]
DACC	G	数据接收（Data accepted）
DACK	G	数据确认（Data acknowledge）
DATA	G	数据（组合中:D)[Data (in combinations:D)]
DB	G	数据总线（Data bus）
DBE	G	数据总线启动（Data bus enable）
DBG	G	器件总线许可（Device bus grant）
DBR	G	器件总线请求（Device bus request）
DBY	G	数据字节（Data byte）
DC	G	直流电源电压（DC supply voltage）
DCAS	G	器件消除带电状态（Device clear active state）
DCD	G	数据载体探测（ITU-T V. 24,RS232C)[Data carrier detect (ITU-T V. 24, RS232C)]
DCIS	G	器件清零空闲状态（Device clear idle state）
DCL	G	器件消除（Device clear）
DDR	G	数据方向（Data direction）
DEC	G	解码（Decode）
DECR	G	递减、减少（Decrement;decrease）
DECRY	G	解密（Decrypt）
DEN	G	数据可用（Data enable）
DET	G	探测、探测器（Detect;detector）
DEV	G	器件（Device）
DEVSEL	G	器件选择（Device select）
DI	G	数据输入（Data in）
DIE	G	数据输入启动（Data in enable）
DIO	G	数据输入/输出（Data in/out）
DIR	G	方向（Direction）
DIS	G	不可用（Disable）
DIV	G	除、除法器（Divide;divider）
DLY	G	延迟（Delay）
DMA	G	直接存储器访问（Direct memory access）
DMAACK	G	DMA 请求确认（DMA request acknowledge）
DMAG	G	DMA 许可（DMA grant）
DMARQ	G	DMA 请求（DMA request）
DO	G	数据输出（Data out）
DOE	G	数据输出启动（Data out enable）
DP	G	小数点（Decimal point）
DPE	G	数据端口可用（Data port enable）
DPTR	G	数据指针（Data pointer）
DPY	G	显示（Display）

标记符号	W/G	说明
DRDY	G	数据准备 (Data ready)
DRE	G	数据接收启动 (Data recieve enable)
DRG	G	数据寄存器 (Data register)
DRQ	G	数据请求 (Data request)
DRV	G	驱动、驱动器 (Drive;driver)
DSTR	G	数据选通脉冲 (Data strobe)
DSK	G	磁盘 (Disk)
DSEL	G	数据选择 (Data select)
DSR	G	数据集准备 (ITU-T V. 24,RS232C)[Data set ready (ITU-T V. 24,RS232C)]
DST	G	目标地 (Destination)
DTA	G	数据传输确认 (Data transfer acknowledge)
DTAS	G	器件触发带电状态 (Device trigger active state)
DTC	G	停滞时间控制 (Dead time control)
DTE	G	数据发射启动 (Data transmit enable)
DTIS	G	器件触发空闲状态 (Device trigger idle state)
DTR	G	数据终端准备 (ITU-T V. 24,RS232C)[Data terminal ready (ITU-T V. 24,RS232C)]
DV	G	数据有效 (Data valid)
DWN	G	向下 (Down)
DYE	G	显示启动 (Display enable)
E	G	启动、使能 (用于组合中)[Enable (in combinations)]
	W	扩展输入;扩展输出 (Extension input;extender output)
ECLK	G	启动时钟 (Enable clock)
ECR	G	错误控制寄存器 (Error control register)
ECS	G	启动当前状态 (Enable current status)
EDS	G	错误探测支持 (Error detection support)
EFL	G	启动标志 (Enable flag)
ELOP	G	基本运算 (Elementary operation)
EN	W	使能输入 (组合中也用 E)[Enable input (in combination also E)]
ENC	G	编码、编码器 (Encode,encoder)
ENCRY	G	加密 (Encrypt)
END	G	结束 (End)
ENLG	G	启动下一级组 (Enable next level group)
ENm	W	使能关联 (ENABLE dependency)
ENP	G	启动预补偿 (Enable precompensation)
EOC	G	转换结束 (End of convert)
EOF	G	文档结束 (End of file)
EOL	G	行结束 (End of line)
EOP	G	处理结束 (End of process)
EOS	G	字符串结束 (End of string)
EOT	G	发射结束 (End of transmission)
ERR	G	错误 (Error)
ERS	G	擦除 (Erase)

标记符号	W/G	说明
ERW	G	错词 (Error word)
ETF	G	空标志 (Empty flag)
ETLG	G	启动本级组 (Enable this level group)
ETY	G	空 (Empty)
EV	G	偶 (Even)
EVT	G	事件 (Event)
EXT	G	外部 (External)
fREF	G	频率基准 (Frequency reference)
FB	G	首位 (First bit)
FBK	G	反馈 (Feedback)
FBY	G	首字节 (First byte)
FDT	G	标志探测 (Flag detection)
FEN	G	功能启动 (Function enable)
FERR	G	分帧错误 (Framing error)
FF	G	全标志 (Full flag)
FILT	G	滤波 (Filter)
FIR	G	快速中断请求 (Fast interrupt request)
FL	G	首位负载 (First load)
FLD	G	场 (Field)
FLG	G	标志 (Flag)
FLT	G	故障 (Fault)
FLX	G	外部标志 (External flag)
FRM	G	帧 (Frame)
FSC	G	场同步 (Field sync)
FSEL	G	功能选择 (Function select)
FW	G	向前 (Forward)
GEN	G	发生 (Generate)
GENR	G	总复位 (General reset)
GET	G	组执行触发 (Group execute trigger)
Gm	W	与关联 (AND dependency)
GOON	G	继续 (Go on)
GRT	G	许可、被许可 (Grant;granted)
GTL	G	去本地 (Go to local)
GTS	G	去准备 (Go to standby)
H	W	保持 (用于模拟电路)[Hold (in analogue circuits)]
	G	水平 (用于组合中)[Horizontal (in combinations)]
HACK	G	保持确认 (Hold acknowledge)
HBC	G	主机总线控制 (Host bus control)
HBY	G	高阶字节 (High order byte)
HDR	G	字头方向 (Head direction)
HER	G	阻塞错误 (Hamming error)
HLT	G	停止 (Halt)
HLD	G	保持 (数字信号)[Hold (digital)]

标记符号	W/G	说明
HOR	G	水平（组合中也用 H）[Horizontal (in combination also H)]
HRG	G	保持寄存器（Holding register）
HSYN	G	水平同步（Horizontal sync）
HYS	G	滞后（Hysteresis）
I	W	电流（Current）
I^2C	G	IC 之间的总线协议（Inter-IC bus protocol）
IACK	G	中断确认（Interrupt acknowledge）
ICL	G	接口清零（Interface clear）
ID	G	识别、标识（Identify;identification）
IDX	G	指数（Index）
IFD	G	中频去耦（Intermediate frequency decoupling）
ILC	G	输入锁存器（Input latch）
ILG	G	中断逻辑（Interrupt logic）
IMR	G	中间寄存器（Intermediate register）
IN	G	输入（In）
INC	G	初始进位（Initial carry）
INCR	G	增加、增强（Increment,increase）
IND	G	指示（Indicate）
INH	G	禁止（Inhibit）
INIT	G	初始化（Initialisation）
INOP	G	不能操作（Inoperable）
INT	G	中断（Interrupt）
INTE	G	中断启动（Interrupt enable）
IOACK	G	输入/输出确认（Input/output acknowledge）
IORD	G	输入/输出读（Input/output read）
IORQ	G	输入/输出请求（Input/output request）
IOS	G	输入溢出状态（Input overflow status）
IOW	G	输入/输出写（Input/output write）
IP	G	输入端口（Input port）
IPL	G	中断优先级（Interrupt priority level）
IRA	G	中断请求地址（Interrupt request address）
IREF	W	电流基准（Current reference）
IRP	G	中断请求奇偶错误（Interrupt request parity error）
IRQ	G	中断请求（Interrupt request）
IRR	G	中断请求准备完毕（Interrupt request ready）
ISS	G	输入标记状态（Input sign status）
IZS	G	输入零状态（Input zero status）
J	W	J-输入{双稳元件[J-input (of a bistable element)]}
K	W	K-输入{双稳元件[K-input (of a bistable element)]}
KBD	G	键盘（Keyboard）
KEY	G	键（Key）
L	G	本地（Local）
LACS	G	听者激活状态（Listener active state）

标记符号	W/G	说明
LADS	G	听者寻址状态(Listener addressed state)
LAG	G	听地址组(Listen address group)
LBY	G	低阶字节(Low order byte)
LC	G	锁存器控制(Latch control)
LCH	G	锁存器(Latch)
LD	G	负载(Load)
LDTACK	G	本地数据传输确认(Local data transfer acknowledge)
LEN	G	锁存器启动(Latch enable)
LFT	G	左(Left)
LIACK	G	本地中断确认(Local interrupt acknowledge)
LIC	G	最后指令循环(Last instruction cycle)
LIM	G	限制(Limit)
LIRQ	G	本地中断请求(Local interrupt request)
LIS	G	听者空闲状态(Listener idle state)
LLBY	G	装载低位字节(Load lower byte)
LN	G	行(Line)
LOC	G	定位(Location)
LOCK	G	锁定(Lock)
LON	G	只听(Listen only)
LP	G	本地脉冲(Local pulse)
LPAS	G	听者初始寻址确定状态(Listener primary addressed state)
LPE	G	局部轮询启动(Local poll enable)
LPIS	G	听者初始空闲状态(Listener primary idle state)
LR	G	逻辑基准(Logical reference)
LRC	G	纵向冗余校验(Longitudinal redundancy check)
LS	G	本地存储(Local storage)
LSB	G	最低有效位(Least significant bit)
LSBY	G	最低有效字节(若不会混淆,可用 LSB)[Least significant byte(LSB if no confusion is likely)]
LSEL	G	锁存器选择(Latch select)
LSTB	G	锁存器选通脉冲(Latch strobe)
LST	G	本地状态(Local state)
LT	G	光测试、灯测试(Light test,lamp test)
LTN	G	听(Listen)
LUBY	G	装载高位字节(Load upper byte)
LUN	G	本地不听(Local unlisten)
LVL	G	等级(Level)
LWLS	G	本地保护状态(Local with lockout state)
LZ	G	逻辑零(Logical zero)
Mm	W	方式相关(MODE dependency)
MA	G	存储器地址(Memory address)
MAG	G	量值(Magnitude)
MARG	G	存储器地址寄存器(Memory address register)

标记符号	W/G	说明
MAX	G	最大值 (Maximum)
MAXCNT	G	最大计数 (Maximum count)
MCRG	G	微码寄存器 (Microcode register)
MCY	G	机械周期 (Machine cycle)
MD	G	模式 (Mode)
MEM	G	存储器启动 (Memory enable)
MIC	G	送话器 (Microphone)
MIN	G	最小 (Minimum)
MISO	G	主进,从出 (Master in,slave out)
MLA	G	我的听地址 (My listen address)
MMPER	G	主存储器奇偶错误 (Main memory parity error)
MOD	G	变址数、模数 (Modifier;modulo)
MOSI	G	主出、从进 (Master out,slave in)
MR	G	主复位 (Master reset)
MRD	G	存储器读 (Memory read)
MRG	G	存储器寄存器 (Memory register)
MRQ	G	存储器请求 (Memory request)
MRY	G	存储器准备完毕 (Memory ready)
MSA	G	我的第二地址 (My secondary address)
MSB	G	最高有效位 (Most significant bit)
MSBY	G	最高有效字节 (若不会混淆,可用 MSB)[Most significant byte (MSB if no confusion is likely)]
MSG	G	报文 (Message)
MSK	G	掩码 (Mask)
MST	G	主 (Master)
MSYN	G	主同步化 (Master synchronization)
MTA	G	我的广播地址 (My talk address)
MTCH	G	匹配 (Match)
MTR	G	电动机 (Motor)
MUTE	G	静音 (Mute)
MWR	G	存储器写 (Memory write)
Nm	W	"非"关联 (NEGATE dependency)
NACK	G	否定确认 (Negative acknowledge)
NBYA	G	新字节可用 (New byte available)
NDV	G	标准器件 (Normalize device)
NEG	G	负 (Negative)
NMI	G	非屏蔽中断 (Non-maskable Interrupt)
NODE	G	节点 (Node)
NOP	G	不操作 (No operation)
NPRS	G	负轮询响应状态 (Negative poll response state)
NRFD	G	未准备好接收数据 (Not ready for data)
NRZ	G	不归零 (Non-return to zero)
NULBY	G	空字节 (Null byte)

标记符号	W/G	说明
OAV	G	输出可用 (Output available)
ODD	G	奇 (Odd)
OEN	G	输出启动 (Output enable)
OFF	G	关断 (Off)
OFL	G	溢出 (Overflow)
OFS	G	偏移 (Offset)
OLC	G	输出锁存器 (Output latch)
ON	G	打开 (On)
OP	G	输出端口 (Output port)
OPB	G	操作位 (Operation bit)
OPE	G	可操作 (Operable)
OPRG	G	操作寄存器 (Operation register)
OPT	G	操作 (Operation)
OSA	G	其他第二地址 (Other secondary address)
OSC	G	振荡器 (Oscillator)
OUT	G	输出 (Out,output)
OVR	G	超限 (Overrun)
OVRERR	G	超限错误 (Overrun error)
P	W	操作数 (数字)[Operand (digital)]
PACS	G	并行轮询地址确认状态 (Parallel poll addressed to confirm State)
PAM	G	脉冲幅度调制 (Pulse amplitude modulation)
PAR	G	奇偶校验 (组合中也用 P,如:PCHK)[Parity (in combinations also P,e. g. , PCHK)]
PC	G	程序计数器 (Program counter)
PCG	G	初始命令组 (Primary command group)
PCH	G	预充电 (Precharge)
PCI	G	程序控制中断 (Program controlled interrupt)
PCM	G	脉冲编码调制 (Pulse code modulation)
PCS	G	外部设备芯片选择 (Peripheral chip select)
PCY	G	外部设备周期 (Peripheral cycle)
PDN	G	电源关掉 (Power down)
PER	G	奇偶校验错误 (Parity error)
PF	G	预取 (Pre-fetch)
PGM	G	程序 (Program)
Pm	W	操作数输入或输出 (数字)[Operand input or output (digital)]
POL	G	极性 (Polarity)
PON	G	电源打开 (Power on)
POS	G	正的,位置 (Positive,position)
PP	G	并行轮询 (Parallel poll)
PPAS	G	并行轮询活动状态 (Parallel poll active state)
PPC	G	并行轮询配置 (Parallel poll configure)
PPD	G	禁止并行轮询 (Parallel poll disable)
PPE	G	并行轮询启动 (Parallel poll enable)

标记符号	W/G	说明
PPIS	G	并行轮询空闲状态（Parallel poll idle state）
PPM	G	脉冲位置调制（Pulse position modulation）
PPON	G	处理器电源打开（Processor power on）
PPRES	G	并行轮询响应（Parallel poll response）
PPSS	G	并行轮询准备状态（Parallel poll standby state）
PPU	G	并行轮询解除配置（Parallel poll unconfigure）
PPWR	G	处理器电源（Processor power）
PRCHG	G	预充电（Precharge）
PRI	G	优先级（Priority）
PRL	G	并行（Parallel）
PROC	G	处理（Process）
PROP	G	传播（Propagate）
PRT	G	端口（Port）
PSE	G	程序储存启动（Program store enable）
PSEL	G	端口选择（Port select）
PST	G	程序状态（Program status）
PUCS	G	并行检验非寻址确认状态（Parallel poll unaddressed to confirm state）
PUP	G	上拉（Pull-up）
PWC	G	脉冲宽度控制（Pulse width control）
PWM	G	脉冲宽度调制器（Pulse width，modulator）
PWR	G	电源（组合中用 P）[Power（in combinations：P）]
Q	W	操作数（数字）[Operand（digital）]
Qm	W	操作数（数字）[Operand（digital）]
R	W	复位（Reset）
RAC	G	远程带电、远程激励（Remote active；remote activation）
RAM[GRAPH]	G	图形 RAM（Graphics RAM Graphics RAM）
RAS	G	行地址选通（Row address strobe）
RB	G	脉动消隐输入或输出（Ripple blanking input or output）
RCCLI	G	再循环输入（Recirculate input）
RCINT	G	内部电阻/电容（Internal resistance/capacitance）
RCIR	G	再循环（Recirculate）
RCIRC	G	再循环控制（Recirculate control）
RCX	G	外部补偿电阻（External resistance，subsidiary）
RD	G	读（Read）
RDA	G	读地址（Read address）
RDCK	G	读时钟（Read clock）
RDD	G	读数据（Read data）
RDE	G	读启动（Read enable）
RDG	G	读门（Read gate）
RDL	G	复位延迟（Reset delay）
RDY	G	准备（Ready）
REF	G	基准（Reference）
REFH	G	基准高电位（Reference high）

标记符号	W/G	说明
REJ	G	拒绝(Reject)
REFL	G	基准低电位(Reference low)
REM	G	远程(Remote)
REMS	G	远程状态(Remote state)
REN	G	远程启动(Remote enable)
REQ	G	请求(推荐用 RQ)[Request(RQ is preferred)]
RES	G	复位(推荐用 R)[Reset(R is preferred)]
REST	G	重新启动(Restart)
RETX	G	重新发射(Retransmit)
REV	G	反向(Reverse)
RFB	G	寄存器反馈(Register feed back)
RFD	G	数据准备(Ready for data)
RFSH	G	刷新(Refresh)
RGL	G	校准(Regulated)
RGT	G	右(Right)
RICK	G	脉动时钟输出(Ripple clock output)
RINT	G	内部电阻(Internal resistance)
RM	G	远程(Remote)
Rm	W	复位关联(RESET dependency)
RNG	G	范围(Range)
ROW	G	行(Row)
RPW	G	读脉冲宽度(Read pulse width)
RQ	G	请求(Reques)
RQPP	G	请求并行轮询(Request parallel poll)
RQS	G	请求服务(Request service)
RQSC	G	请求系统控制(Request system control)
RRDIS	G	接收器寄存器不可用(Receiver register disable)
RSH	G	右移位(Right shift)
RSL	G	寄存器选择(Register select)
RTG	G	重复触发器(Retrigger)
RTL	G	返回本地(Return to local)
RTN	G	返回(Return)
RTS	G	请求发送(ITU-T V.24,RS232C)[Request to send(ITU-T V.24,RS232C)]
RTX	C	接收/发射(ITU-T V. 24, RS232C)[Receive/transmit(ITU-T V. 24, RS232C)]
RTZ	G	归零(Return to zero)
RUN	G	运行(Run)
RWA	G	行地址(Row address)
RWC	G	减少写电流(Reduced write current)
RWE	G	读/写启动(Read/write enable)
RWLS	G	关闭状态远程控制(Remote with lockout state)
RWP	G	行预置(Row preset)
RX	W	二进制逻辑:外部电阻器(Binary logic:external resistor)

标记符号	W/G	说明
	G	二进制逻辑:接收器(仅用于组合)[Binary logic:Receiver (in combinations only)]
RXA	G	带电接收器(Receiver active)
RXBE	G	接收缓冲器启动(Receive buffer enable)
RXC	G	接收器时钟(ITU-T V.24,RS232C)[Receiver clock (ITU-T V.24,RS232C)]
RXD	G	接收器数据;接收数据(ITU-T V.24,RS232C)[Receiver data;receive data (ITU-T V.24,RS232C)]
RXDA	G	接收器数据可用(Receiver data available)
RXDR	G	接收数据率(Receive data rate)
RXDSRQ	G	接收器数据服务请求(Receiver data service request)
RXE	G	接收器启动、接收启动(Receiver enable,receive enable)
RXRGD	G	接收器寄存器禁用(Receiver register disable)
RXRY	G	接收器准备(Receiver ready)
RXS	G	接收器串行(Receiver serial)
RXSA	G	接收器状态可用(Receiver status available)
RZ	G	产生零(Result zero)
S	W	设置(Set)
SACK	G	系统确认(System acknowledge)
SC	G	扫描(Scan)
SCAS	G	系统控制激活状态(System control active state)
SCE	G	串行计数启动(Serial count enable)
SCG	G	第二命令组(Secondary command group)
SCI	G	采样时钟输入(Sampling clock input)
SCLK	G	串行时钟(Serial clock)
SD	G	串行数据(Serial data)
SDC	G	串行数据输入/输出时钟(Serial data input/output clock)
SDR	G	串行数据输出请求(Serial data output request)
SDYS	G	源延迟状态(Source delay state)
SE	G	串行扩展(Serial expansion)
SEL	G	选择(仅用于组合)[Select (in combinations only)]
SEN	G	设置启动(Set enable)
SER	G	串行(Serial)
SET	G	集(集,如:器件集,可用 SET,若是设置/复位,推荐用 S)[Set (in the meaning of "a set of" e.g. devices,SET is allowed,in the meaning of set/reset,S is preferred)]
SET9	G	设为 9(推荐用 CT=9)[Set to nine (preferred CT=9)]
SFR	G	同步标志收到(Sync flag received)
SGMO	G	分段输出(显示)[Segment output (display)]
SGNS	G	源发生状态(Source generate state)
SH	G	移位(仅用于组合中)[Shift (in combinations only)]
SHL	G	左移位(最好用←)[Shift left (← is preferred)]
SHR	G	右移位(最好用→)[Shift right (→ is preferred)]
SHS	G	源信息交换(Source handshake)

标记符号	W/G	说明
SIAS	G	系统控制接口清除带电状态(System control interface clear active State)
SIC	G	串行输入控制器(Serial input controller)
SICLR	G	发送接口清零(Send interface clear)
SID	G	串行输入数据(Serial input data)
SIE	G	串行输入启动(Serial input enable)
SIG	G	信号(Signal)
SIIS	G	系统控制接口清除空闲状态(System control interface clear idle State)
SIM	G	模拟(Simulation)
SIMCAR	G	模拟进位(Simulation carry)
SINS	G	系统控制接口清除非触发状态(System control interface clear not active state)
SINT	G	串行中断(Serial interrupt)
SIS	G	源空闲状态(Source idle state)
SIWS	G	源空闲等待状态(Source idle wait state)
SLDS	G	被选器件清零(Selected device clear)
SLV	G	从动(Slave)
Sm	W	置位关联(SET dependency)
SMC	G	模拟进位(Simulation carry)
SNAS	G	系统控制非活动状态(System control not active state)
SNS	G	检测(Sense)
SOAS	G	串行奇数带电状态(Serial odd active state)
SOC	G	转换开始(Start of conversion)
SOD	G	串行输出数据(Serial output data)
SOE	G	串行输出启动(Serial output enable)
SP	G	串行轮询(Serial poll)
SPD	G	快速串行轮询禁用(Serial poll disable,speed)
SPE	G	串行查询启动(Serial poll enable)
SPIS	G	串行轮询空闲状态(Serial poll idle state)
SPMS	G	串行轮询模式状态(Serial poll mode state)
SQ	G	噪声抑制(Squelch)
SRAS	G	系统控制远程启动激活状态(System control remote enable active State)
SREN	G	发送远程控制启动(Send remote enable)
SRIS	G	系统控制远程启动空闲状态(System control remote enable idle State)
SRN	G	系统控制远程启动非激活状态S(System control remote enable not active state)
SRQ	G	服务请求(Service request)
SRQS	G	服务请求状态(Service request state)
ST	G	状态(State;status)
STAB	G	稳定化(Stabilize)
START	G	开始(Start)
STB	G	状态位(Status bit)
STBY	G	状态字节(Status byte)
STDBY	G	准备(Standby)
STGSEL	G	状态组选择(Status group select)

标记符号	W/G	说明
STK	G	堆栈(Stack)
STOP	G	停止(Stop)
STOR	G	存储、贮存(Store;storage)
STR	G	选通脉冲(Strobe)
STRS	G	源传输状态(Source transfer state)
STSTR	G	状态选通脉冲(Status strobe)
STY	G	灵敏度(Sensitivity)
SUM	G	和(Sum)
SW	G	转换(Switch)
SWNS	G	源等待新周期状态(Source wait for new cycle state)
SYM	G	对称(Symmetry)
SYNC	G	同步化、同步(Synchronisation;synchronize;Synchronously)
SYRY	G	同步准备(Synchronous ready)
SYS	G	系统(System)
T	G	(双稳元件的)T-输入;触发器[T-input (of a bistable element);Toggle]
TACS	G	交谈系统激活状态(Talker active state)
TADS	G	交谈系统寻址状态(Talker addressed state)
TAG	G	发言地址组(Talk address group)
TC	G	获取控制(Take control)
TCA	G	获取控制异步(Take control asynchronously)
TCLK	G	测试时钟(Test clock)
TCS	G	获取控制同步(Take control synchronously)
TD	G	阈值探测(Threshold detect)
TDI	G	测试数据入(Test data in)
TDO	G	测试数据出(Test data out)
TERM	G	终端、中止(Terminal;terminate)
TIS	G	交谈系统空闲状态(Talker idle state)
TMS	G	测试模式选择(Test mode select)
TO	G	超时(Time out)
TON	G	仅发言(Talk only)
TP	G	时间脉冲(Time pulse)
TPAS	G	交谈系统初始寻址状态(Talker primary addressed state)
TPIS	G	交谈系统初始空闲状态(Talker primary idle state)
TRIG	G	触发(Trigger)
TRIN	G	三重(Trinary)
TRX	G	收发器 (仅用于组合)[Transceive;transpond (in combinations only)]
TS	G	定时状态(Timing state)
TSC	G	三态控制(Three-state control)
TST	G	测试(Test)
TX	G	发射 (仅用于组合)[Transmit;transmission (in combinations only)]
TXA	G	发射器带电(Transmitter active)
TXB	G	发射暂停(Transmit break)
TXBE	G	发射缓冲器启动(Transmit buffer enable)

标记符号	W/G	说明
TXC	G	发射器时钟（ITU-T V. 24，RS232C）[Transmitter clock（ITU-T V. 24，RS232C）]
TXCL	G	发射控制（Transmit control）
TXD	G	发射数据、发射器数据（ITU-T V. 24，RS232C）[Transmit data；transmitter data（ITU-T V. 24，RS232C7）]
TXDRSQ	G	发射器数据服务请求（Transmitter data service request）
TXE	G	发射启动、发射器启动（Transmit enable，transmitter enable）
TXEY	G	发射器空闲（Transmitter empty）
TXMC	G	发射模式时钟（Transmit mode clock）
TXRY	G	发射器准备（Transmitter ready）
TXS	G	发射器串行（Transmitter serial）
TXSA	G	发射器状态可用（Transmitter status available）
TXUF	G	发射器下溢（Transmitter underflow）
U	W	（电源）电压[（Supply）voltage]
UCG	G	通用命令组（Universal command group）
UNL	G	非听（Unlisten）
UP	G	向上（Up）
UPGM	G	编程电压（Programming voltage）
UREF	W	电压基准、基准电压（Voltage reference；reference voltage）
UTIL	G	实用程序（Utility）
UTRG	G	实用程序寄存器（Utility register）
UTY	G	单位元素（Unity）
V. 10	G	V. 10 信号级（V. 10 signal levels）
V. 11	G	V. 11 信号级（V. 11 signal levels）
V. 24	G	V. 24 信号级（V. 24 signal levels）
V	G	垂直（仅用于组合）[Vertical（in combinations only）]
VAR	G	虚拟地址寄存器（Virtual address register）
VBB	G	偏移电压（Bias voltage）
VCC	G	正电源电压（Positive supply voltage）
VDD	G	漏极电源电压（Drain supply voltage）
VEE	G	负电源电压（Negative supply voltage）
VERT	G	垂直（组合中也用 V）[Vertical（in combinations also V）]
VGG	G	门电源电压（Gate supply voltage）
VID	G	视频（Video）
VIDB	G	视频蓝信号（Video blue signal）
VIDG	G	视频绿信号（Video green signal）
VIDR	G	视频红信号（Video red signal）
VIDY	G	视频 Y 信号（Video Y-signal）
VIRT	G	虚拟（Virtual）
VLD	G	有效（Valid）
Vm	W	或关联（OR dependency）
VMA	G	有效存储地址（Valid memory address）
VPA	G	有效外部设备地址（Valid peripheral address）

标记符号	W/G	说明
VSS	G	源电源电压(Source supply voltage)
VSYN	G	垂直同步(Vertical sync)
VZ	G	齐纳电压(Zener voltage)
W	G	写（仅用于组合)[Write (in combinations only)]
WAIT	G	等待(Wait)
WCLK	G	写时钟(Write clock)
WD	G	字(Word)
WDSEL	G	字选择(Word select)
WPR	G	写保护(Write protect)
WR	G	写(Write)
WRA	G	写地址(Write address)
WRAPA	G	换行提示(Wrap around)
WRC	G	写控制(Write control)
WRD	G	写数据(Write data)
WRE	G	写启动(Write enable)
WRF	G	写故障(Write fault)
WRG	G	写门(Write gate)
WRL	G	左写(Write left)
WRP	G	写预补偿(Write precompensation)
WRR	G	右写(Write right)
X	W	操作数输入或输出（模拟)[Operand input or output (analogue)]
Xm	W	传输关联(TRANSMISSION dependency)
XTAL	W	晶体联接(Crystal,connection for)
XTALINT	W	内部晶体(Internal crystal)
Y	W	操作数输入或输出（模拟)[Operand input or output (analogue)]
Zm	W	互连关联(INTERCONNECTION dependency)
ZERO	G	零(Zero)

ICS 75.060
E 24

中华人民共和国国家标准

GB/T 20368—2012
代替 GB/T 20368—2006

液化天然气(LNG)生产、储存和装运

Production,storage and handling of liquefied natural gas(LNG)

2012-12-31 发布 2013-07-01 实施

中华人民共和国国家质量监督检验检疫总局
中国国家标准化管理委员会 发布

前 言

本标准依据 GB/T 1.1—2009 给出的规则起草。

本标准代替 GB/T 20368—2006《液化天然气(LNG)生产、储存和装运》。本标准与 GB/T 20368—2006 相比的主要技术变化如下：

——删除了关于等同性、追溯性、人员培训、单位制和参考标准等条内容(见 2006 版的 1.2～1.6)；

——增加了规范性引用文件(见第 2 章)；

——增加了“双容罐、全容罐、单容罐、可控制应急、不可燃材料、过量充装、气化器、环境气化器、加热气化器、整体加热气化器、远距离加热气化器、工艺气化器、水容积”等术语和定义，修改了“主管部门、薄膜储罐、预应力混凝土储罐、设计压力、明火设备、火焰蔓延指数、危险流体、拦蓄区、液化天然气、LNG 工厂、模型、转运区”等术语和定义，删除了“桶、解冻、固定长度液位开口接管、重力加速度 G、作业公司、工艺装置、应、宜”等术语和定义(见第 3 章，2006 版的 1.7)；

——增加了本标准的一般规定(见第 4 章)；

——删除了关于对所有组件应说明最大允许工作压力的规定(见 2006 版的 2.1.3)；

——修改了关于拦蓄区容积的规定(见 5.2.2.1，2006 版的 2.2.2.1)；

——增加了关于双容罐和全容罐的规定(见 5.2.2.5～5.2.2.6)；

——修改了关于辐射热距离计算方法或模型的规定，蒸气扩散计算模型的规定(见 5.2.3.2～5.2.3.3，2006 版的 2.2.3.2～2.2.3.3)；

——增加了关于全容罐或双容罐无设计溢出的规定(见 5.2.3.4 表 1，2006 版的表 2.2.3.4)；

——增加了关于容积大于 265 m^3(70 000 gal)的 LNG 双容罐和全容罐布置的规定(见 5.2.4.2)；

——删除了关于整体式加热气化器规定的例外，远距离加热气化器规定的例外(见 2006 版的 5.2.5.2～5.2.5.3)；

——增加了关于其他批准的通风系统的规定(见 5.3.2.1e))；

——删除了关于设计者和制造者资格的规定(见 2006 版的 2.4.1)；

——增加了关于工艺设备安装焊接和铜焊方面的规定(见 6.1.2)；

——增加了关于可燃气体压缩机放散口设置方面的规定(见 6.2.5)；

——增加了关于工艺设备最大允许工作压力证明文件的规定(见 6.4.1)；

——修改了关于管壳式换热器设计和制造要求的规定(见 6.4.3，2006 版的 3.4.3)；

——修改了关于 OBE 和 SSE 两水准地震动的规定(见 7.2.2.2，2006 版的 4.1.3.2)；

——增加了关于储罐设计中洪水荷载的规定(见 7.2.4)；

——增加了关于 OBE 设计应基于弹性反应谱的规定(见 7.3.2.4)；

——删除了关于在设施寿命期内对储罐基础沉降定期监测的规定(见 2006 版的 4.1.7.6)；

——删除了关于混凝土储罐一节范围的规定(见 2006 版的 4.3.1)；

——删除了关于储罐泄放装置基本要求的规定(见 2006 版的 4.7.1a)～b))；

——删除了关于加热气化器、环境气化器、工艺气化器分类的规定(见 2006 版的 5.1.1～5.1.3)；

——删除了关于适用气化器温度范围的规定(见 2006 版的 5.2.1)；

——修改了关于环境气化器配置的规定(见 8.3.3，2006 版的 5.3.4)；

——修改了关于加热气化器配置的的规定(见 8.3.4，2006 版的 5.3.6)；

——增加了关于抗震设计要求的规定(见 9.1.2)；

——修改了关于管道绝热材料的规定(见 9.2.1.3，2006 版的 6.2.1.3)；

——增加了关于现场冷弯管应用的规定(见 9.2.3.3,2006 版的 6.2.3.3);
——删除了关于螺纹连接的规定(见 2006 版的 6.3.1);
——修改了关于管道连接方面银焊的规定(见 9.3.1.6,2006 版的 6.3.2.3);
——修改了关于切断阀设置的规定(见 9.3.2.2~9.3.2.3,2006 版的 6.3.3.2);
——删除了关于切断阀功能的规定(见 2006 版的 6.3.3.4);
——增加了关于电动阀关断时间、周期性转运冷流体管道、转运系统止回阀的规定(见 9.3.2.8~9.3.2.11);
——修改了关于标记材料的规定(见 9.3.4b),2006 版的 6.3.5a)例外);
——修改了关于试压记录保存的规定(见 9.6.2,2006 版的 6.6.2);
——修改了关于直缝焊钢管的规定(见 9.6.3,2006 版的 6.6.3.1);
——修改了关于无损检测记录保存的规定(见 9.6.5.1,2006 版的 6.6.5);
——增加了关于管中管系统的规定(见 9.10);
——修改了关于电气区域划分的规定(见图 2~图 7、表 5,2006 版的图 7.6.2、表 7.6.2);
——修改了密封适应性的规定(见 10.6.3.5,2006 版的 7.6.3.5);
——修改了关于防雷接地的规定(见 10.7.4,2006 版的 7.7.4);
——删除了关于范围、转运设备的规定(见 2006 版的 8.1.2);
——增加了关于警示牌、产品标识、置换的规定(见 11.1.1~11.1.3);
——删除了关于电动阀关断时间、周期性转运冷流体管道、转运系统止回阀的规定(见 2006 版的 8.2.1~8.2.3);
——增加了关于船装卸泊位设计要求、火源、管道(或管线)、紧急关断系统的规定(见 11.4.1~11.4.4);
——增加了关于装卸作业定期测试的规定(见 11.7.7);
——增加了关于船岸通信系统的规定(见 11.8.3~11.8.4);
——增加了关于评价确定其他防火设备和系统的规定(见 12.1.2j));
——删除了关于标准涉及设施的规定(见 2006 版的 9.1.3);
——修改了关于 ESD 系统要求的阀、控制系统和设备的规定(见 12.2.1,2006 版的 9.2.1);
——修改了关于 ESD 系统起动方面的规定(见 12.2.7,2006 版的 9.2.5);
——增加了关于灭火器最小容量和最小排出流量的规定(见 12.5.1.3,12.5.1.5);
——增加了关于安保评估的规定(见 12.8.1);
——删除了关于其他作业的规定(见 2006 版的 9.9);
——修改了关于 LNG 设施系统和设备设计、制造、施工资格的规定(见 13.2.5,2006 版的 10.2.5);
——修改了关于自动产品保存阀设计和安装的规定(见 13.7,2006 版的 10.7);
——修改了关于检验员资格的规定(见 13.9.2,2006 版的 10.9.2);
——修改了关于工厂预制储罐试验的规定(见 13.10.1,2006 版的 10.10.1);
——修改了关于压力测量和控制的规定(见 13.15.3,2006 版的 10.12.4.1);
——删除了关于应急程序中扑灭天然气火灾的规定(见 2006 版的 10.15.3.3e));
——删除了关于装卸作业基本要求方面装卸区火源、管汇标记的规定[见 2006 版 10.15.3.6.1c)~e)];
——修改了关于操作、维护和人员培训的规定(第 14 章,2006 版的第 11 章);
——增加了关于基于风险分析的工厂选址替代标准的资料(见附录 E);
——修改了关于参考文献的编号(见参考文献,2006 版的附录 E);
——删除了关于单位换算的资料(见 2006 版的附录 F)。

本标准使用重新起草法修改采用美国防火协会 NFPA 59A:2009《液化天然气(LNG)生产、储存和装运》。本标准与 NFPA 59A 2009 年版相比,技术性差异及原因如下:

——按 GB/T 1.1—2009 中 7.3 的规定,修改 NFPA 59A:2009 的所有图;

——按 GB/T 1.1—2009 中 7.4 的规定,修改 NFPA 59A:2009 的所有表格;

——在本标准的第 1 章中,按 GB/T 1.1—2009 中 6.2.2 的规定,修改 NFPA 59A:2009 的 1 总则,用 1 范围来代替,删除 NFPA 59A:2009 的 1.2~1.6;

——在本标准的第 2 章中,按 GB/T 1.1—2009 中 6.2.3 的规定,修改 NFPA 59A:2009 的 2 规范性引用文件;

——在本标准的第 3 章中,按 GB/T 1.1—2009 中 6.3.2 的规定,修改 NFPA 59A:2009 的 3 定义,用 3 术语和定义来代替;

——在本标准的第 4 章中,删除 NFPA 59A:2009 的 4.1;

——在本标准的第 5 章中,删除 NFPA 59A:2009 的 5.1;删除 NFPA 59A:2009 的表 5.3.3.2;

——在本标准的第 6 章中,删除 NFPA 59A:2009 的 6.1;

——在本标准的第 7 章中,增加了图 3~图 5、图 7,删除 NFPA 59A:2009 的 7.1;

——在本标准的第 8 章中,删除 NFPA 59A:2009 的 8.1;

——在本标准的第 9 章中,删除 NFPA 59A:2009 的 9.1;

——在本标准的第 10 章中,删除 NFPA 59A:2009 的 10.1;

——在本标准的第 11 章中,删除 NFPA 59A:2009 的 11.1;

——在本标准的第 12 章中,删除 NFPA 59A:2009 的 12.1;

——在本标准的第 13 章中,修改 NFPA 59A:2009 的 13.11;

——在本标准的第 14 章中,删除 NFPA 59A:2009 的 14.1;修改 NFPA 59A:2009 的 14.11;

——附录 F 改为参考文献。

本标准由全国石油天然气标准化技术委员会液化天然气分技术委员会(SAC/TC 355)提出并归口。

本标准负责起草单位:中国石化集团中原石油勘探局勘察设计研究院。

本标准参加起草单位:海工英派尔化学工程公司、河南中原绿能高科有限公司、中海石油气电集团有限责任公司、中国石油天然气华东勘察设计研究院、中山大学。

本标准主要起草人:赵保才、张秀全、连家秀、武学勇、张筱萍、许敏、康平、刘艳刚、许红梅、张孔明、张艳霞、何永明、胡乃科、夏喜林、郭开华、皇甫立霞。

本标准所代替标准的历次版本发布情况为:

——GB/T 20368—2006。

液化天然气(LNG)生产、储存和装运

1 *范围

本标准规定了LNG工厂在选址、设计、施工、安保、操作和维护方面的消防、安全和相关要求。

本标准适用于天然气液化设施,液化天然气(LNG)储存、气化、转运和装卸设施,LNG方面的人员培训,所有LNG设施设计、选址、施工、维护和操作。

本标准不适用于冻土地下储罐、在建筑物内存放或使用的可移动储罐、所有LNG车辆包括LNG车加注。

注1:标准正文中数字或字母后的星号(*),表示该段的解释可在附录A中查到。

注2:除注明外,本标准所用压力均为表压。

2 规范性引用文件

下列文件对于本文件的应用是必不可少的。凡是注日期的引用文件,仅注日期的版本适用于本文件。凡是不注日期的引用文件,其最新版本(包括所有的修改单)适用于本文件。

ACI 301 结构混凝土规范,2005(ACI 301,Specifications for Structural Concrete,2005)

ACI 304R 混凝土测量、搅拌、运输和浇筑指南,2000(ACI 304R,Guide for Measuring,Mixing,Transportation and Placing of Concrete,2000)

ACI 311.4R 混凝土检验导则,2000(ACI 311.4R,Guide for Concrete Inspection,2000)

ACI 318 钢筋混凝土建筑规范要求,2008(ACI 318,Building Code Requirements for Reinforced Structural Concrete and Commentary,2008)

ACI 318R 结构混凝土建筑规范要求,2005(ACI 318R,Building Code Requirements for Structural Concrete,2005)

ACI 350 环境工程混凝土构筑物规范要求,2006(ACI 350,Code Requirements for Environmental Engineering Concrete Structures,2006)

ACI 372R 配有钢丝和股绞丝的预应力混凝土构筑物的设计和施工,2003(ACI 372R,Design and Construction of Circular Wire- and Strand-Wrapped Prestressed Concrete Structures,2003)

ACI 373R 环向钢筋束预应力混凝土构筑物的设计和施工,1997(ACI 373R,Design and Construction of Circular Prestressed Concrete Structures with Circumferential Tendons,1997)

ACI 506.2 喷射混凝土规范,1995(ACI 506.2,Specification for Shotcrete,1995)

API 6D 管线阀门规范,2007(API 6D,Specification for Pipeline Valves,2007)

API 620 大型焊接低压储罐设计与施工,2008(API 620,Design and Construction of Large,Welded,Low-Pressure Storage Tanks,2008)

API 2510 液化石油气(LPG)装置的设计与施工,2001(API 2510,Design and Construction of Liquefied Petroleum Gas (LPG) Installations,2001)

ASCE 7 建筑物和其他构筑物最小设计荷载,2005(ASCE 7,Minimum Design Loads for Buildings and Other Structures,2005)

ASME 锅炉和压力容器规范,2004(ASME Boiler and Pressure Vessel Code,2004)

ASME B31.3 工艺管道,2004(ASME B 31.3,Process Piping,2004)

ASME B31.5　制冷管道，2001（ASME B 31.5，Refrigeration Piping，2001）

ASME B31.8　输气和配气管道系统，2007（ASME B 31.8，Gas Transmission and Distribution Piping Systems，2007）

ASTM A 82　钢筋混凝土用无节钢丝的标准规范，2002（ASTMA82，Standard Specification for SteelWire，Plain，for Concrete Reinforcement，2002）

ASTM A 416　预应力混凝土用无涂层　7 股钢绞线的标准规范，2006（ASTM A 416，Standard Specification for Steel Strand，Uncoated Seven-Wire for Prestressed Concrete，2006）

ASTM A 421　预应力混凝土用无涂层消除应力钢丝的标准规范，2005（ASTM A 421，Standard Specification for Uncoated Stressed-Relieved Steel Wire for Prestressed Concrete，2005）

ASTM A 496　钢筋混凝土用异形钢丝的标准规范，2007（ASTMA 496，Standard Specification for Steel Wire，Deformed，for Concrete Reinforcement，2007）

ASTM A 615　钢筋混凝土用异形和光园钢筋的标准规范，2008（ASTM A 615，Standard Specification for Deformed and Plain Billet-Steel Bars for Concrete Reinforcement，2008）

ASTM A 722　预应力混凝土用无涂层高强度钢筋的标准规范，2007（ASTMA 722，Standard Specification for Uncoated High-Strength Steel Bar for Prestressing Concrete，2007）

ASTM A 821　预应力混凝土储罐用冷拔钢丝的标准规范，2005（ASTMA821，Standard Specification for SteelWire，Hand Drawn for Prestressing Concrete Tanks，2005）

ASTM A 996　钢筋混凝土用轨道钢和轮轴钢异型钢筋的标准规范，2006（ASTM A 996，Standard Specification for Rail-Steel and Axle-Steel Deformed Bars for Concrete Reinforcement，2006）

ASTM A 1008　冷轧碳钢、结构钢、高强度低合金钢和可加工性提高的高强度低合金钢薄板的标准规范，2007（ASTM A 1008，Standard Specification for Steel，Sheet，Cold-Rolled，Carbon，Structural，High-Strength Low-Alloy and High-Strength Low-Alloy with Improved Formability，2007）

ASTM C 33　混凝土骨料的标准规范，2007（ASTM C 33，Standard Specification for Concrete Aggregates，2007）

ASTM E136　750℃时立式管炉中材料特性的标准试验方法，2004（ASTM E 136，Standard Test Method for Behavior of Materials in a Vertical Tube Furnace at 750 ℃，2004）

CGA 341　低温液体绝热货运罐标准，2007（CGA 341，Standard for Insulated Cargo Tank Specification for Cryogenic Liquids，2007）

CGA S-1.3　泄压装置标准　第 3 部分 压缩气体储罐，2005（CGA S-1.3，Pressure Relief Device Standards—Part 3—Compressed Gas Storage Containers，2005）

CSA A23.1　混凝土材料和混凝土施工方法，2004（CSA A23.1，Concrete Materials and Methods of Concrete Construction，2004）

CSA A23.3　混凝土构筑物设计，2004（CSAA23.3，Design of Concrete Structures，2004）

CSA A23.4　建筑和结构混凝土预制件材料和施工/验收规范，2004（CSA A23.4，Precast Concrete—Materials and Construction/Qualification Code for Architectural and Structural Precast Concrete Products，2004）

IEEE/ASTM SI 10　国际单位制使用标准：现代公制，2002（IEEE/ASTM SI 10，Standard for Use of the International System of Units (SI)：The Modern Metric System，2002）

NACE RP 0169　地下或水下金属管道系统的外腐蚀控制，2007（NACE RP 0169，Control of External Corrosion of Underground or Submerged Metallic Piping Systems，2007）

NFPA 10　手提式灭火器标准，2007（NFPA 10，Standard for Portable Fire Extinguishers，2007 edition）

NFPA 11　低倍数、中倍数和高倍数泡沫标准，2005（NFPA 11，Standard for Low-，Medium-，and

High-Expansion Foam,2005 edition)

NFPA 12　二氧化碳灭火系统标准,2008(NFPA 12,Standard on Carbon Dioxide Extinguishing Systems,2008 edition)

NFPA 12A　卤代烷 1301 灭火系统标准,2009(NFPA12A,Standard on Halon 1301 Fire Extinguishing Systems,2009 edition)

NFPA 13　喷淋系统安装标准,2007(NFPA13,Standard for the Installation of Sprinkler Systems,2007 edition)

NFPA 14　立管和水带系统安装标准,2007(NFPA 14,Standard for the Installation of Standpipe and Hose Systems,2007 edition)

NFPA 15　消防用固定喷淋水系统标准,2007(NFPA 15,Standard for Water Spray Fixed Systems for Fire Protection,2007 edition)

NFPA 16　泡沫-水喷洒系统和泡沫-水喷淋系统安装标准,2007(NFPA 16,Standard for the Installation of Foam-Water Sprinkler and Foam-Water Spray Systems,2007 edition)

NFPA 17　干粉灭火系统标准,2009(NFPA 17,Standard for Dry Chemical Extinguishing Systems,2009 edition)

NFPA 20　固定式消防泵安装标准,2007(NFPA 20,Standard for the Installation of Stationary Pumps for Fire Protection,2007 edition)

NFPA 22　私用消防水罐标准,2008(NFPA 22,Standard for Water Tanks for Private Fire Protection,2008 edition)

NFPA 24　私用消防总管及其附件安装标准,2007(NFPA 24,Standard for the Installation of Private Fire Service Mains and Their Appurtenances,2007 edition)

NFPA 30　易燃和可燃液体规范,2008(NFPA 30,Flammable and Combustible Liquids Code,2008 edition)

NFPA 37　固定式内燃机和燃气轮机安装与使用标准,2006(NFPA 37,Standard for the Installation and Use of Stationary Combustion Engines and Gas Turbines,2006 edition)

NFPA 54　国家燃气规范,2009(NFPA 54,National Fuel Gas Code,2009 edition)

NFPA 58　液化石油气规范,2008(NFPA 58,Liquefied Petroleum Gas Code,2008 edition)

NFPA 59　公用液化石油气站规范,2008(NFPA 59,Utility LP-Gas Plant Code,2008 edition)

NFPA 70®　国家电气规范®,2008(NFPA 70®,National Electrical Code®,2008 edition)

NFPA 72®　国家火灾报警规范®,2007(NFPA 72®,National Fire Alarm Code®,2007 edition)

NFPA 101®　人身安全规范®,2009(NFPA 101®,Life Safety Code®,2009 edition)

NFPA 255　建筑材料表面燃烧特性的标准试验方法,2006(NFPA 255,Standard Method of Test of Surface Burning Characteristics of Building Materials,2006 edition)

NFPA 385　易燃和可燃液体槽车标准,2007(NFPA 385,Standard for Tank Vehicles for Flammable and Combustible Liquids,2007 edition)

NFPA 600　企业消防队标准,2005(NFPA 600,Standard on Industrial Fire Brigades,2005 edition)

NFPA 1221　应急通讯系统的安装、维护及使用标准,2007(NFPA1221,Standard for the Installation,Maintenance,and Use of Emergency Services Communications Systems,2007 edition)

NFPA 1901　汽车灭火设备标准,2009(NFPA 1901,Standard for Automotive Fire Apparatus,2009 edition)

NFPA 2001　洁净气体灭火系统标准,2008(NFPA 2001,Standard on Clean Agent Fire Extinguishing Systems,2008 edition)

NFPA 5000®　建筑物施工和安全规范®,2009 (NFPA 5000®,Building Construction and Safety

Code®, 2009 edition)

3 术语和定义

下列术语和定义适用于本文件。

3.1

*批准 approved

主管部门认可。

3.2

*主管部门 authority having jurisdiction

负责审批设备、装置或程序的部门。

3.3

船舶加油 bunkering

向船上的燃料舱或罐加燃料油，供动力设备或辅助设备用。

3.4

槽车 (cargo tank vehicle, tank vehicle)

用于运送液体货物的槽车或拖车。

3.5

组件 components

部件或部件系统，功能同 LNG 工厂的一个单元，包括但不限于管线、工艺设备、储罐、控制装置、拦蓄系统、电气系统、安全设施、防火设备和通信设备。

3.6

储罐 container

用于储存液化天然气的容器。

3.6.1

单容罐 single containment container

单壁罐或双壁罐，仅主容器或内罐设计容纳 LNG。

3.6.2

双容罐 double containment container

一种储罐，其敞口次容器围绕着单容罐，设计容纳由主容器或内罐溢出的 LNG，且次容器与单容罐的间距在 6 m 内。

3.6.3

全容罐 full containment container

储罐的自支撑内罐(或主容器)由独立的自支撑次容器围绕，设计容纳溢出事件中由内罐溢出的 LNG，且次容器由钢或混凝土顶封盖，由内罐溢出的 LNG 引起的过量蒸气从设计的顶部安全阀排出。

3.6.4

冻土地下储罐 frozen ground container

一种储罐，最高液位低于周围自然地坪标高，主要用天然材料如土、石建成，依靠水饱和土石材料的冻结，并采用适当的方法保持其密封性或不渗漏。

3.6.5

薄膜储罐 membrane container

一种储罐，由带绝热层的薄膜金属主容器和混凝土罐组成，联合形成一完整的复合结构用来容纳液体，薄膜上的静压和其他荷载通过承载绝热层转移到混凝土罐上，由罐顶容纳蒸气。

3.6.6

预应力混凝土储罐　prestressed concrete container

一种混凝土储罐，在荷载作用前通过对混凝土中的钢筋张拉使混凝土处于受压状态，以使截面产生预压应力全部或部分抵消由荷载引起的拉应力。

3.7

可控制应急　controllable emergency

操作员行动能使人和财产损害最小化的应急。

3.8

设计压力　design pressure

设备、储罐或压力容器设计中，用于确定最小允许厚度或其部件物理特性的压力。

3.9

防护堤　dike

用于构建拦蓄区的结构。

3.10

失效保护　failsafe

控制设备误操作或能源中断时，能保持安全运行状态的设计特征。

3.11

明火设备　fired equipment

烧燃料的设备。

3.12

火焰蔓延指数　flame spread index

材料的火焰蔓延指数按 NFPA 255 确定。

3.13

危险流体　hazardous fluid

易燃、有毒或有腐蚀性的液体或气体。

3.14

拦蓄区　impounding area

现场用防护堤或利用地形条件圈定的用于容纳事故溢出 LNG 或易燃致冷剂的一个区域。

3.15

液化天然气　liquefied natural gas

一种低温液态流体，主要组分是甲烷，含有少量的乙烷、丙烷、氮或天然气中常见的其他组分。

3.16

LNG 工厂　LNG plant

其组件用来处理、液化、储存或气化天然气的工厂。

3.17

最大允许工作压力　maximum allowable working pressure

在设计温度下，整套设备、储罐或容器顶部允许的最大表压。

3.18

模型　model

用于预测物理现象的数学描述。

3.19

不燃材料　noncombustible material

材料在预期条件下使用时，遇火遇热不着火、不燃烧、不助燃或不释放可燃蒸气。申报通过

ASTM E 136的材料,应为不燃材料。

3.20

停运 out-of-service

组件有目的的停用,包括检修。

3.21

过量充装 overfilling

充装到最大设计液位以上。

3.22

* **转运区 transfer area**

LNG工厂中布置有管道系统的部分,在此LNG、易燃液体或易燃致冷剂被运入或运出工厂,或在此管道接头定期被连接或断开。

3.23

过渡接头 transition joint

一种由两种或两种以上金属材料制作的接头,用于有效连接两种不同材质、不适用焊接等方法连接的管段。

3.24

气化器 vaporizer

用于气化液体的设备。

3.24.1

环境气化器 ambient vaporizer

从天然热源取热的气化器,天然热源如大气、海水或地热水。

3.24.2

加热气化器 heated vaporizer

从燃料的燃烧、电能或废热,如锅炉或内燃机废热,取热的气化器。

3.24.2.1

整体加热气化器 integral heated vaporizer

热源与实际气化换热器为一体的加热气化器(包括浸没燃烧式气化器)。

3.24.2.2

远距离加热气化器 remote heated vaporizer

主热源与实际气化换热器分离,用热媒流体(如水、蒸汽、异戊烷、乙二醇等)作传热介质的加热气化器。

3.24.3

工艺气化器 process vaporizer

从另一个利用LNG冷量的热力或化学过程获取热量的气化器。

3.24.4

水容积 water capacity

在16 ℃(60 ℉)装满罐需要的水量。

4 一般规定

4.1 腐蚀控制审查

4.1.1 从腐蚀控制的观点,组件施工、修理、更换或重大改造前,应由有资质的人员审查设计图和材料规格书,确定涉及的材料不会损害组件或相联组件的安全和可靠性。

4.1.2 涉及下列任一情形的组件修理、更换或重大改造应审查：

a) 原材料规格变化；

b) 因腐蚀失效；

c) 检测表明组件因腐蚀极度恶化。

4.2 控制中心

4.2.1 各LNG工厂，除了遵循第13章外，应有一控制中心，按4.4要求在此监视操作和报警装置。

4.2.2 控制中心应有下列能力和特点：

a) 位置应与其他的LNG 设施隔开或保护不受其影响，以便在可控制应急期间可以运转；

b) 本标准要求的各远距离调节控制系统和各自动关断控制系统应能在控制中心操作；

c) 受控的任何一个组件运转时，各控制中心应有人员值守，除非要从另一个有人值守的控制中心进行控制或设备有自动紧急关断系统；

d) 如果在一个LNG 工厂内不止一个控制中心，各控制中心与其他控制中心间应有多种通信工具；

e) 各控制中心应有一通信设备给工厂内经常有人的其他位置发危险警报。

4.3 电源

4.3.1 电气控制系统、通信设备、应急照明和消防系统至少应有双电源。

4.3.2 备用发电机用作第二电源，应符合下列要求：

a) 其位置应安全或保护不受组件影响，以便在可控制应急期间能使用；

b) 燃料供应应受保护免受危险影响。

4.4 记录

4.4.1 对组件、建筑物、基础和用于容纳LNG和易燃流体的支持系统，各工厂应有施工材料记录。

4.4.2 记录应证实材料性质满足本标准要求。

在组件、建筑物、基础和支持系统寿命期内应保持记录。

5 厂址和平面布置

5.1 *工厂选址原则

5.1.1 工厂选址应考虑以下因素：

a) 应考虑本标准中LNG储罐、易燃致冷剂储罐、易燃液体储罐、构筑物和工厂设备与工厂地界线，及其相互间最小净间距的规定；

b) 应考虑在实际操作的极限内，工厂抗自然力的程度；

c) 应考虑可能影响工厂人员和周围公众安全涉及具体位置的其他因素。评定这些因素时，应对可能发生的事故和在设计或操作中采取的安全措施作出整体评价。

5.1.2 除按第12章人身安全和消防规定以外，应设置全天候畅通的人员应急疏散通道和消防通道。

5.1.3 工厂的场地准备应包括防止溢出的LNG、易燃致冷剂和易燃液体流出厂区措施及地面排水措施。

5.1.4 *应进行场址土壤调查及普查以确定设备的设计基础数据。

5.2 溢出和泄漏控制的主要原则

5.2.1 基本要求

5.2.1.1 为减少储罐中LNG事故排放危及邻近财产或重要工艺设备和构筑物安全的可能性，或进入排水沟的可能性，应按下列任意一种方法采取措施：

a） 根据5.2和5.3的规定，利用自然屏障、防护堤，拦蓄墙或其组合，围绕储罐构成一个拦蓄区；

b） 根据5.2和5.3的规定，利用自然屏障、防护堤、挖沟、拦蓄墙或其组合，围绕储罐构成一个拦蓄区。并根据5.2和5.3的规定，在储罐的周围修建排水系统；

c） 如果储罐为地下式或半地下式，根据5.2和5.3的规定利用挖沟方式构成一个拦蓄区。

5.2.1.2 为使事故溢出和泄漏危及重要构筑物、设备或邻近财产或进入排水沟的可能性减至最少，下列区域应予平整、排水或修拦蓄设施：

a） 工艺区；

b） 气化区；

c） LNG、易燃致冷剂和易燃液体转运区；

d） 紧靠易燃致冷剂和易燃液体储罐周围的区域。

如果为满足5.1.3要求拦蓄区时，应符合5.2和5.3的规定。

5.2.1.3 对于某些装置区，5.1.3、5.2.1.1和5.2.1.2中有关邻近财产或排水沟的规定，变更应征得主管部门同意。所作的改变，不得对生命或财产构成明显的危害或不得违背国家、省和地方的规定。

5.2.1.4 易燃液体和易燃致冷剂储罐，不应设置在LNG储罐拦蓄区内。

5.2.2 拦蓄区容积和排水系统设计

5.2.2.1 LNG储罐拦蓄区最小容积V，包括排水区域的有效容积，并为积雪、其他储罐和设备留有裕量，按下列规定确定：

a） 单个储罐的拦蓄区：

  1） V等于储罐液体最大容积的110%；

  2） 若拦蓄设计承受储罐灾难性失效事件中的水力冲击，V等于储罐液体最大容积的100%；

  3） 若拦蓄高度等于或大于储罐最高液位，V等于储罐液体最大容积的100%。

b） 多个储罐的拦蓄区：

  1） V等于拦蓄区内所有储罐液体最大容积的100%；

  2） 若对因低温或因拦蓄区内一储罐泄漏着火而引起拦蓄区内其他储罐泄漏，在采取了防止措施条件下，V等于拦蓄区内最大储罐液体最大容积的110%。

5.2.2.2 气化区、工艺区或LNG转运区的拦蓄区，最小容积应等于任一事故泄漏源，在10 min内或在主管部门认可的证明监视和停车规定的更短时间内，可能排放到该拦蓄区的LNG、易燃致冷剂和易燃液体的最大体积。

5.2.2.3 禁止设置封闭式LNG排放沟。

例外：用于将溢出LNG快速导流出临界区域的储罐泄流管，若其尺寸按预期液体流量和气化速率选定，应允许封闭。

5.2.2.4 LNG和易燃致冷剂储罐区的防护堤、拦蓄墙和排水系统，应采用夯实土、混凝土、金属或其他材料建造。这些构筑物允许独立于储罐，也允许与储罐构成一体。防护堤、拦蓄墙和排水系统和任何贯穿结构的设计，应能承受拦蓄的LNG或易燃致冷剂的全部静水压头，能承受温度骤冷至被拦蓄液体温度产生的影响，预想火灾和自然力(地震、刮风、下雨等)的影响。如果双壁储罐外壳能满足这些要求，防护堤应为外壳或按5.2.1.1的规定。如果这种外壳的密封性会受到内罐失效模式的影响，则应按5.2.1.1的要求，构筑另外的拦蓄区。

5.2.2.5 双容罐和全容罐的设计和施工，应使次容器壁在溢出和次容器火灾的情形能包容火灾期间的LNG。

a） 在内罐火灾的情形下，次容器壁应保持足够的结构完整性，防止引起主容器损坏和泄漏的坍塌；

b) 储罐设计和施工，在相邻罐的主容器或次容器火灾的情形下，次容器应保持足够的结构完整性，防止引起主容器损坏和泄漏的坍塌。

5.2.2.6 双容罐和全容罐液面下不应有管道接口。

5.2.2.7 易燃液体储罐区的防护堤、拦蓄墙和排水沟，应符合 NFPA 30 的要求。

5.2.2.8 防护堤或拦蓄墙的高度，以及到操作压力等于或小于 100 kPa (15 lbf/in²)储罐的距离，应按图 1 确定。

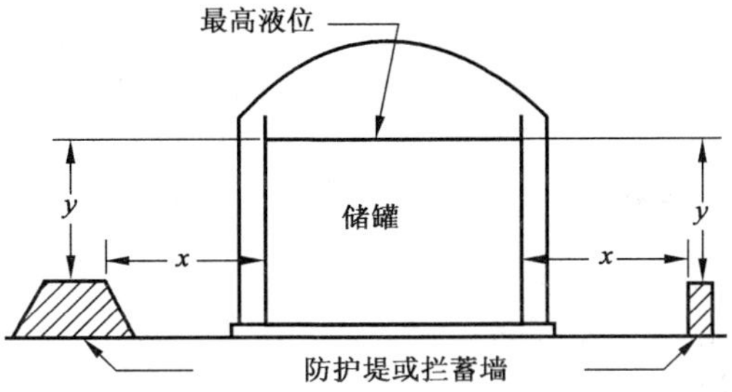

说明：

x——储罐的内壁到防护堤或拦蓄墙最近砌面的距离；

y——储罐中最高液位到防护堤或拦蓄墙顶部的距离。

x 应等于或大于 y 加液面以上蒸气压力的 LNG 当量压头。

例外：当防护堤或拦蓄墙的高度达到或超过最高液位时，x 可为任意值。

图 1 防护堤或拦蓄墙到储罐的距离

5.2.2.9 应制定拦蓄区内雨水和其他水的排水措施。允许使用自动控制排水泵，但所配的自动停泵装置应避免暴露在 LNG 温度下运行。管道、阀门和管件，在发生故障时可能使液体流出拦蓄区，应适应在 LNG 温度条件下持续工作。如果采取自流排水，应采取措施防止 LNG 通过排水系统外流。

5.2.2.10 用于拦蓄设施表面的隔热系统，安装条件下应不燃并适合使用，考虑预期的热应力、机械应力和荷载。如果飘浮危及使用，应采取抑制措施。

5.2.3 拦蓄区的选址

5.2.3.1 5.2.3 的规定不适用于海上终端岸边转运区的拦蓄区。

5.2.3.2 应按下列要求采取措施，使火灾蔓延到建筑红线外造成明显危害的可能性最小：

a) 应采取措施，在风速 0 级、温度 21 ℃(70 ℉)和相对湿度 50%大气条件下，使下列各处热辐射不超过以下极限：
   1) 在建筑红线上，因设计溢出物(如 5.2.3.4 的说明)着火的辐射热流 5 000 W/m²[1 600 Btu/(hr • ft²)]；
   2) 在工厂地界线外，定厂址时确定的 50 人及以上户外集合点的最近点，因 LNG 拦蓄区内(有按 5.2.2.1 确定的 LNG 容积 V)燃烧而产生的辐射热流 5 000 W/m²[1 600 Btu/(hr • ft²)]；
   3) 在工厂地界线外，定厂址时已有的符合 NFPA 101 工厂、学校、医院、拘留所和监狱或居民区建筑物或构筑物最近点，因 LNG 拦蓄区内(有按 5.2.2.1 确定的 LNG 容积 V)燃烧而产生的辐射热流 9 000 W/m²[3 000 Btu/(hr • ft²)]；
   4) 在建筑红线上，因 LNG 拦蓄区内(有按 5.2.2.1 确定的 LNG 容积 V)燃烧而产生的辐射热流 30 000 W/m²[10 000 Btu/(hr • ft²)]。

b) * 热辐射距离计算方法至少应：
   1) 考虑拦蓄区形状、风速风向、湿度和气温。
   2) 适合评价危险规模和条件的试验数据已验证。

3） 提供详细的物理分析和执行过程。

利用的模型应包括下列要求：

——在计算隔离距离时，应使用产生最大隔离距离的风速，基于地区记录数据出现时间小于5%的风速除外。

——在计算隔离距离时，应使用产生最大隔离距离的环境温度和相对湿度，基于地区记录数据出现时间小于5%的值除外。

5.2.3.3 *LNG储罐拦蓄区到建筑红线的距离，在发生5.2.3.4规定的LNG溢出时，应保证建筑红线以外，空气中甲烷的平均浓度不超出爆炸下限的50%，计算模型至少应：

a） 考虑影响LNG蒸气扩散的物理因素，包括但不限于重力传播、热传递、湿度、风速风向、大气稳定度、浮力和地面起伏程度。

b） 适合评价危险规模和条件的试验数据已验证。

c） 主管部门认可。

计算距离应基于下列条件之一：

——风速和大气稳定度同时发生且造成最长的下风向扩散距离，超过出现时间小于10%的距离。

——帕氏大气稳定度，F类，风速2 m/s(4.5 mile/h)。

计算距离应以实际液体特性和来自容器的最大蒸气流率（蒸气形成速率加上液体流入的置换速率）为基础。

允许考虑抑制蒸气和降低可燃蒸气危险措施（如：拦蓄表面隔热，水幕或其他方法）的效果。

使用抑制蒸气和降低可燃蒸气危险措施，如拦蓄表面隔热，水幕或其他方法时，应经核准。

5.2.3.4 设计溢出应按表1确定

表1 设计溢出

设计溢出源	设计溢出条件	设计溢出流量和持续时间
储罐排料口低于液面，无内置切断阀	通过一假定开口的流出量，开口的面积与液位以下满罐时能产生最大流量之排料口的面积相等 多个储罐拦蓄区，取能产生最大流量的储罐	设计溢出流量用式(1)计算持续直到开口处压差为零
储罐排料口低于液面，装有符合9.3.2.4的内置切断阀	事先装满罐通过一假定开口的流出量，开口的面积与液位以下满罐时能产生最大流量之排料口的面积相等	设计溢出流量用式(1)计算持续10 min
有混凝土次容器的全容罐或双容罐	无设计溢出	无
顶部充装储罐，无低于液面排料口	储罐排料泵在满负荷下通过一根管路泵入拦蓄区的最大流量	储罐排料泵在满负荷下通过一根管路泵入拦蓄区的最大流量： (1) 如果监视和停车已证明且主管部门批准，10 min (2) 如监视和停车未批准，则为储罐排空所需时间
气化区、工艺区和转运区的拦蓄区	任一事故泄漏源的泄漏量	10 min，或主管部门认可的证明监视和停车规定的更短时间

设计溢出流量

$$q=\frac{1.06}{10\ 000}d^2\sqrt{h} \qquad \cdots\cdots(1)$$

$$\left[q=\frac{4}{3}d^2\sqrt{h}\right]$$

式中：

q ——液体流量，单位为立方米每分[m^3/min(ft^3/min)]；

d ——低于液面的储罐排料口直径，单位为毫米[mm(in.)]；

h ——满罐时储罐排料口以上液体的高度，单位为米[m(ft)]。

5.2.3.5　LNG储罐拦蓄区的位置应选择在当拦蓄区着火时，其热流量不应引起任何有碍LNG船航行的主要结构损坏。

5.2.3.6　在一个站点总容量等于或小于265 m^3(70 000 gal)的储罐，允许按表2在现场安装，储罐按下列要求装配：

a)　所有接管应配备自动失效保护阀。自动阀应设计成在下列任意条件下关闭：

1)　探测到火；

2)　由管线压降或其他方法测出LNG从储罐流出过多；

3)　发现漏气；

4)　就地操作或远程控制。

例外1：安全阀和仪表连接阀除外。

例外2：进罐的接头允许配置1个自动失效保护阀或2个止回阀。

b)　附件应尽量靠近储罐安装，以便外应变引起附件管道端破坏时，仍能保持附件储罐端的阀门和管道完好。检测设备的类型、数量和位置应符合第9章的要求。

5.2.3.7　从拦蓄液体的最近边缘到建筑红线或到有关法规界定的航道的最近边缘的距离，不应小于15 m(50 ft)。

5.2.4　储罐间距

5.2.4.1　LNG储罐或易燃致冷剂储罐和暴露建筑物之间最小净距离应符合表2。

例外：经主管部门批准，这些设备允许布置在离建筑物或混凝土墙或石墙更近的地方，但离建筑物的门窗、洞至少3 m(10 ft)。

表2　拦蓄区到建筑物和建筑红线的间距

储罐水容积		最小距离			
		从拦蓄区或储罐排水系统边缘到建筑红线		储罐之间	
m^3	gal	m	ft	m	ft
<0.5	<125	0	0	0	0
0.5～1.9	125～500	3	10	1	3
1.9～7.6	501～2 000	4.6	15	1.5	5
7.6～56.8	2 001～15 000	7.6	25	1.5	5
56.8～114	15 001～30 000	15	50	1.5	5
114～265	30 001～70 000	23	75	相邻罐径之和的1/4[至少1.5 m(5 ft)]	
>265	>70 000	0.7倍罐径，但不少于30 m(100 ft)			
注：如果装置有多个储罐总的水容积为1.9 m^3(501 gal)或更大，最小距离应符合本表相应部分，应用总容积而不是每个储罐的容积。如果不止一个装置，装置应至少间隔7.6 m(25 ft)。这类装置相邻储罐间不适用最小距离。					

5.2.4.2 水容积大于265 m^3(70 000 gal)的LNG双容罐和全容罐应与相邻LNG储罐分开布置,使在一个罐或拦蓄区的火灾不会引起相邻罐包容损失。分开布置使相邻储罐的罐顶、壁或其拦蓄材料达不到损失其结构完整性的温度。应采用工程分析方法确定该温度,在分析中包括下列条件:

a) 应进行下列分析:
   1) 储罐包容完全损失的火灾波及到拦蓄区,拦蓄区符合5.2.2.1要求;
   2) 假定完全失去罐顶,在储罐液体整个表面上的火灾。
b) 分析说明下列内容:
   1) 火灾持续时间,火灾辐射热散发特征,在预期大气条件下火灾的自然属性;
   2) 应使用最大分隔距离的大气条件,基于地区记录数据出现时间小于5%的条件除外,使用符合5.2.3.2b)规定的LNG火灾模型;
   3) 主动和被动系统,以降低入射表面的热通量或限制表面温度;
   4) 被分析LNG罐的材料、设计和施工方法。

5.2.4.3 连接多个储罐的隔断阀,其通道至少应留0.9 m(3 ft)的净宽。

5.2.4.4 容积大于0.5 m^3(125 gal)的LNG储罐不应设在室内。

5.2.5 气化器间距

5.2.5.1 使用易燃液体传热的气化器和其一次热源距任何火源应至少15 m(50 ft)。在多组气化器情况下,邻近的气化器或一次热源不应视为火源。

工艺加热器或其他明火设备,如果和气化器联锁不应视为火源,当气化器运行或当气化器管线系统冷却或正在冷却时它们不能运行。

5.2.5.2 整体加热气化器到建筑红线的距离不应小于30 m(100 ft),与下列设施的距离不应小于15 m(50 ft)。

a) 任何拦蓄的LNG、易燃致冷剂或易燃液体或其他事故排放源与拦蓄区之间的运输通道;
b) LNG、易燃液体、易燃致冷剂或可燃气体储罐,这类流体的无明火工艺设备或用于转运这类流体的装卸接头;
c) 控制室、办公室、车间和其他有人的或重要工厂设施。

5.2.5.3 远距离加热气化器的加热器或热源,应满足5.2.5.2的规定。

5.2.5.4 远距离加热气化器,环境气化器和工艺气化器到建筑红线的距离,不应小于30 m(100 ft)。

例外:与容量等于或小于265 m^3(70 000 gal)的LNG储罐连在一起使用的气化器,到建筑红线的距离应按表2的规定,将该气化器视为储罐,容量等于与其相连的最大储罐的容量。

5.2.5.5 气化器之间的净间距,不应小于1.5 m(5 ft)。

5.2.6 工艺设备间距

5.2.6.1 LNG、致冷剂、易燃液体或可燃气体的工艺设备与火源、建筑红线、控制室、办公室、车间和其他有人的设施的距离,不应小于15 m(50 ft)。

例外:如果将控制室设置在有可燃气体压缩机的建筑物中,建筑物结构应符合5.3.1的要求。

5.2.6.2 明火设备和其他火源到任一拦蓄区或储罐排水系统的距离,不应小于15 m(50 ft)。

5.2.7 装卸设施间距

5.2.7.1 LNG管线转运的码头或停泊处,应使进行装卸的船舶与跨越航道的桥之间的距离,不应小于30 m(100 ft)。装卸汇管与桥之间的距离,不应小于61 m(200 ft)。

5.2.7.2 LNG和易燃致冷剂的装卸接头到不受控制的火源、工艺区、储罐、控制室、办公室、车间和其他有人的或重要工厂设施的距离,不应小于15 m(50 ft)。

例外:这一要求不适用于同转运作业有直接联系设施或设备。

5.3 建筑物和构筑物

5.3.1 供装运LNG、易燃致冷剂和可燃气体的建构筑物，应为非承重墙的轻型不燃建筑。

5.3.2 如果供存放LNG和易燃流体的房屋在不供装运这些流体的建筑物（如控制室，车间等）之内或与其相连，则房屋的公共墙不应超过2个，设计承载静压力不应小于4.8 kPa（100 lbf/ft^2），应无门或其他通孔，耐火等级应不低于1 h。

5.3.2.1 供装运LNG、易燃致冷剂和可燃气体的建筑物或构筑物应按5.3.2.1～5.3.2.3进行通风，最大限度减少可燃气体或蒸气聚集而造成危险。允许的通风方式如下：

a) 连续运行的机械通风系统。

b) 混合重力式通风系统和备用机械通风系统，机械通风系统由可燃气体检测仪在检测到可燃气体时予以启动。

c) 双档机械通风系统，其高速档由可燃气体检测仪在检测到可燃气体时予以启动。

d) 由墙孔或屋顶通风器组合形成的重力式通风系统。如果有地下室或地下楼层，应设置辅助机械通风系统。

e) 其他批准的通风系统。

5.3.2.2 通风量，按房屋面积计，不应小于5 L/(s·m^2)[1 ft^3/(min·ft^2)]。

5.3.2.3 如果蒸气比空气重，应低点通风。

5.3.3 5.3.1和5.3.2未涵盖的建筑物或构筑物，布置应最大限度地减少可燃气体或蒸气进入的可能性，否则应采取其他措施。

5.4 设计者和制造者资格

5.4.1 应对设施组件的制造和验收试验进行监督，保证它们结构完善，并符合本标准的要求。

5.4.2 * 应对土壤进行全面勘察，以确定设施拟建场地的适应性。

5.4.3 LNG设施的设计者、制造者和施工者，应具有设计、制造和施工LNG储罐、低温设备、管道系统、消防设备和设施其他组件的相应资质。

5.5 * 低温设备的土壤保护

LNG储罐基础，冷箱，管道和管架及其他低温装置的设计和施工，应能防止这些设施和设备因土壤冻结或冻胀而受到损坏，应采取相应措施，防止形成破坏力。

5.6 冰雪坠落

应采取措施，保护人员和设备免遭堆积在构筑物高处的冰雪坠落袭击。

5.7 混凝土材料

5.7.1 用于建造LNG储罐的混凝土，应符合7.4的要求。

5.7.2 与LNG正常或定期接触的混凝土结构，应能承受设计荷载、相应环境荷载和预期温度的影响。这类结构应包括但不限于低温设备的基础。他们应符合下列要求：

a) 结构设计应符合7.4.1的有关规定；

b) 材料和施工应符合7.4.2的有关规定。

5.7.3 管架应符合9.4的要求。

5.7.4 其他混凝土结构，应研究可能与LNG接触时受到的影响。这类结构如果与LNG接触会受到损坏，从而产生危险条件或恶化原有危急条件，对其应加以适当保护，尽可能减少与LNG接触产生的影响，或者他们应符合5.7.2a)或b)的要求。

5.7.5 * 非结构用混凝土，如护坡和拦蓄区铺面用混凝土，应符合ACI 304R的要求。根据ACI 350-

2006 附录 G,裂缝控制混凝土配筋至少应为横截面的 0.5%。

5.7.6 对不常与 LNG 接触而又已经突然和 LNG 接触过的混凝土,应在其恢复到大气温度后立即进行检查,且如有必要应进行修补。

5.8 LNG 移动式设备

5.8.1 对调峰或天然气系统维修更换期间服务保障或其他短期用途,在满足下列条件下,允许临时使用 LNG 移动式设备,应满足下列要求:

a) 符合有关规定的 LNG 运输车辆,作为供应储罐;

b) 所有 LNG 移动式设备应至少由一名有经验且经操作安全培训有资质的人员操作,其他人员至少应培训合格;

c) 各作业公司应提供并执行初始培训书面计划,对指定的操作人员和监督员培训:现场使用或装运 LNG 的特性和危险,包括 LNG 的低温、LNG 与空气混合物的可燃性、无味蒸气、蒸发特性、对水和溅水的反应;作业活动的潜在危险;以及如何执行与人员职责相关的应急程序,并应提供详细的 LNG 移动式设备操作指南;

d) 应采取措施最大限度地减少罐中 LNG 事故排放危及邻近财产或重要工艺设备和构筑物或进入地面排水系统的可能性,允许使用活动式或临时围堵工具;

e) 气化器的控制应符合气化器管道、热媒流体管道及储存阀、气化器泄放装置的要求,各加热式气化器应有远距离切断燃料源的设备,该设备也应能就地操作;

f) 设备和操作不应执行净距离规定;

g) 应保证 LNG 设施间距符合规定,如果因提供临时服务占用公共场所或其他场所,规定的间距无法执行,应满足下列附加要求:

   1) 受通行车辆交通影响的设施各边应设置路障;

   2) 只要设施内有 LNG,应有人连续监视作业;

   3) 如果设施或作业妨碍正常车辆交通,除了要求控制人员外,还应有持旗人员值班指挥交通。

h) 应采取合理措施最大限度地减少泄漏点燃事故的可能性;

i) 在关键部位应备有制造商推荐的手提式或推车式气体灭火器,灭火器的配备应按 NFPA 10;

j) 只要现场留有 LNG,应有人值守,并采取措施防止公众进入。

5.8.2 如果应急设备需要加臭,5.2.4.1 规定将不适用于固定系统中有等于或少于 7.6 L(20 gal)可燃加臭剂设备的场所。

6 工艺设备

6.1 安装基本要求

6.1.1 LNG、易燃致冷剂和可燃气体工艺设备安装,应符合下列要求之一:

a) 室外安装,应便于操作,便于人工灭火和便于疏散事故排放液体和气体;

b) 室内安装,应安装在符合 5.3.1 和 5.3.2 要求的建筑物内。

6.1.2 工艺设备焊接和铜焊应符合下列要求:

a) 工艺设备的焊接和铜焊应符合设备设计和施工标准的要求,如果设备没有具体施工标准,焊接和铜焊应符合 b)中的要求;

b) 所有焊接和铜焊作业应执行符合 ASME 锅炉和压力容器规范(2004)第 IX 卷的程序;

c) 所有焊接和铜焊作业人员应符合 ASME 锅炉和压力容器规范(2004)第 IX 卷的要求。

6.2 泵和压缩机

6.2.1 泵和压缩机的材料,应适合设计温度和压力条件。

6.2.2　阀门设置应使各泵或压缩机维修时能隔断。如果泵或离心式压缩机并联安装,各排出管线应设置一个止回阀。

6.2.3　泵和压缩机的出口应设置泄压装置以限制压力达到壳体、下游管线和设备的最大安全工作压力,除非壳体、下游管线和设备按泵和压缩机的最大排出压力设计。

6.2.4　各泵应设置排放口、安全阀或两个都设,防止最大速度冷却时泵壳体承压过高。

6.2.5　可燃气体压缩机应在气体正常逸散的各点设置放散口,放散口应管道引至建筑物外安全排放点。

6.3　易燃致冷剂和易燃液体储存

易燃致冷剂和易燃液体储罐的安装,应符合 NFPA 30、NFPA 58、NFPA 59 和 API 2510;或应符合 5.2 的规定。

6.4　工艺设备

6.4.1　工艺设备的最大允许工作压力应备有证明文件。

6.4.2　锅炉的设计和制造应符合 ASME 锅炉和压力容器规范(2004)第Ⅰ卷。压力容器的设计和制造应符合 ASME 锅炉和压力容器规范(2004)第Ⅷ卷第 1 或 2 篇,并应打印上规范号。

6.4.3　管壳式换热器的设计和制造应符合 ASME 锅炉和压力容器规范(2004)第Ⅷ卷第 1 或 2 篇的规定。

6.4.4　* 单机功率不超过 55 147.7 kW(7 500 HP)的内燃机或燃气轮机的安装,应符合 NFPA 37。

6.4.5　应设置与储罐安全阀分开的蒸发和闪蒸气处理系统,以安全排放工艺设备和 LNG 储罐中产生的蒸气。蒸发气和闪蒸气应安全排放到大气或密闭系统中。蒸发气排放系统应设计成在操作过程中不吸入空气。

6.4.6　如果在任何管道、工艺容器、冷箱或其他设备内可能形成真空,与真空有关设施的设计,应能承受真空。或应采取措施,防止设备内产生真空造成危害。如果导入气体来防止真空,则气体的组分或导入方式不应在系统内形成可燃混合物。

7　固定式 LNG 储罐

7.1　检测

初始使用前,应对储罐进行检测,以确保符合本标准规定的工程设计和材料、制造、组装与测试。应由作业方、工程公司或科研机构、或公共保险或监督公司雇用的检验员检测。检验员应具备有关储罐规范或标准规定的资格和本标准规定的资格。

7.2　设计要求

7.2.1　设计要求

7.2.1.1　应规定最大允许工作压力,包括正常操作压力以上的范围;最大允许真空度。

7.2.1.2　LNG 储罐中那些常与 LNG 接触的零部件和与 LNG 或低温 LNG 蒸气[温度低于−29 ℃(−20 ℉)的蒸气]接触的所有材料,在物理化学性质方面应与 LNG 相适应,并应适宜在−168 ℃(−270 ℉)使用。

7.2.1.3　作为 LNG 储罐组成部分的所有管道系统,应符合第 9 章的规定。这些储罐管道系统应包括储罐内、绝热空间内、真空空间内的所有管道,和附着在或连接到储罐上的直到管线第一个环形外接头的外部管线。这一规定不包括整个位于绝热空间内的惰性气体置换系统。如果是 ASME 储罐,储罐组成部分的所有管道系统，包括内罐和外罐之间的管道，应符合 ASME 锅炉和压力容器规范(2004)第Ⅷ卷，或 ASME B 31.3。对标准的符合情况应标明或附在 ASME 锅炉和压力容器规范(2004)附录 W，“压力容器制造商数据报告”的表格 U-1 中。

7.2.1.4 *所有 LNG 储罐设计应适应顶部和底部灌装，除非有防止分层的其他有效措施。

7.2.1.5 LNG 储罐任何外表面，可能意外接触到因法兰、阀门、密封、或其他非焊接接头处 LNG 或低温蒸气泄漏引起的低温，应设计成适宜低温或予以保护不受低温影响。

7.2.1.6 一个共用防护堤内布置有两个或多个储罐，储罐基础应能承受与 LNG 接触，或应保护避免接触积聚的 LNG 而危及结构整体性。

7.2.1.7 液体的密度，应设为最低储存温度条件下单位体积的实际质量，密度大于 470 kg/m^3 (29.3 lb/ft^3)除外。

7.2.1.8 应制定储罐从装置上拆除的措施。

7.2.2 陆上现场建造储罐的抗震设计

7.2.2.1 LNG 储罐及其拦蓄系统设计中，应考虑地震荷载。对除工厂制造储罐之外的所有装置，应进行现场调查，确定地震动特征和反应谱。进行现场调查时，应收集区域地震和地质资料、预期重现率和已知断层和震源区的最大震级、现场位置及其关系、后源影响、地下条件的特点等。

在调查的基础上，概率最大地震(MCE)的地震动，应是 50 年期内超越概率 2%的地震动(平均复现间隔 2475 年)，属于 a)的例外。利用 MCE 的地震动垂直和水平加速度响应，应建立覆盖预期阻尼比和自振周期的整个范围的反应谱，包括储存 LNG 晃动(对流)模式的基频周期和阻尼比。任何周期 T 的 MCE 反应谱加速度，应选择阻尼最能代表所调查结构的设计谱。

如果信息不可用于扩展垂直反应谱，垂直加速度反应谱的纵座标不应小于水平谱的 2/3。如果信息可用，对应比不应小于 1/2。

a) 概率反应谱纵坐标，50 年期内超越概率 2%的 5%阻尼反应谱，在 0.2 s 或 1 s 内超过 c)的确定性极限对应的纵坐标，MCE 地震动应取下列较小值：
   1) 7.2.2.1 定义的概率 MCE 地震动；
   2) b)的确定性地震动，但不应小于 c)确定性极限地震动。

b) 确定性 MCE 地震动反应谱，应按区域内已知活动断层上特征地震所有周期内 5%阻尼反应谱加速度平均的 150%计算；

c) 确定性极限 MCE 地震动，应采取按 ASCE 7 的规定确定反应谱，对于最能代表布置 LNG 设施现场条件的场地等级，取 $S_s=1.5$ g(短周期 MCE 反应谱加速度图)，取 $S_1=0.6$ g(周期为 1 s 的 MCE 反应谱加速度图)，F_a(短周期场地系数在 0.2 s)和 F_v(长周期场地系数在 1 s)。

7.2.2.2 LNG 储罐及其拦蓄系统，应按操作基准地震(OBE)和安全停运地震(SSE)两水准地震动设计，两水准地震动定义如下：

a) SSE 应由一地震动的反应谱表示，其任何周期 T 的反应谱加速度等于 7.3.2.1 定义的 MCE 地震动反应谱加速度；

b) *OBE 地震动应为 50 年期内超越概率 10%(平均复现间隔 475 年)反应谱加速度表示的地震动。

7.2.2.3 7.2.2.2 确定的两水准地震动，应用于以下结构和系统的抗震设计：

a) LNG 储罐及其拦蓄系统；

b) 系统组件，要求用来隔离 LNG 储罐并保持其安全停车；

c) 构筑物或系统，包括消防系统，其失效将影响 a)或 b)整体性。

7.2.2.4 7.2.2.3a)、b)和 c)标识的构筑物和系统，应设计成在 OBE 期间和以后可继续运行。设计应保证在 SSE 期间和以后主要储罐储存能力不减，并应能隔离和维修 LNG 储罐。OBE 设计应基于弹性反应谱。如果在 OBE 和 SSE 设计中使用衰减因子应验证未降低准则性能。

7.2.2.5 拦蓄系统，至少在空置时应按能承受 SSE 进行设计，在容积按 5.2.2.1 为 V 时应按能承受 OBE 进行设计。在 OBE 和 SSE 发生后，储存能力不减。

7.2.2.6 LNG 储罐应按 OBE 进行设计，并按 SSE 进行应力极限校核，以保证符合 7.2.2.4。OBE 和 SSE 分析应包括液体压力对抗屈曲稳定性的影响。OBE 条件下的应力应符合 7.3 和 7.4 引用标准的规定。SSE 条件下的应力应符合下列极限要求：

a） 对于金属储罐，在受拉条件下，应力不应超过最小屈服值。在受压条件下，应力不应超过屈曲极限。

b） 对于预应力混凝土储罐，由无因子荷载产生的轴向圆周应力，受拉条件下不应超过弯折模量，受压条件下不应超过规定 28 d 耐压强度的 60%。由无因子荷载产生的轴向和弯曲环向力组合而形成的最大纤维应力，受拉条件下不应超过弯折模量，受压条件下不应超过规定 28 d 耐压强度的 69%。假定对一开裂断面，环向拉应力非预应力钢筋加强不应超过屈服应力，预应力钢筋加强不应超过屈服应力的 94%。

c） SSE 之后，储罐恢复充装操作前应将储罐排空检查。

7.2.2.7 LNG 储罐及其附件的设计应结合动态分析，动态分析包括液体晃动和约束液体的影响。在确定储罐的响应时，应包括储罐的挠性和剪切变形。对于不放在基岩上的储罐，应包括土壤与结构的相互作用。对于采用桩帽支撑的储罐，分析中应考虑桩帽系统的挠性。

7.2.3 陆上工厂制造储罐的抗震设计

7.2.3.1 工厂制造的储罐，其设计安装应符合 ASME 锅炉和压力容器规范。储罐的支座系统设计应考虑由下列水平和垂直加速度引起的动作用力：

a） 水平力：

$$V = Z_c \times W \qquad \cdots\cdots(2)$$

式中：

V ——水平力，单位为牛顿(N)；

Z_c ——震动系数，等于 0.60 S_{DS}；

（S_{DS}——最大设计谱加速度，按 ASCE 7 确定，对于最能代表布置 LNG 设施现场条件的场地等级，取重要性因数 I 为 1.0）；

W ——储罐及其罐装物的总质量，单位为千克(kg)。

b） 设计垂直力：

$$P = 2/3 \times Z_c \times W \qquad \cdots\cdots(3)$$

P ——设计垂直力，单位为牛顿(N)；

Z_c——震动系数，等于 0.60 S_{DS}；

W——储罐及其罐装物的总质量，单位为千克(kg)。

该设计方法应仅用于工厂制造的储罐和其支撑系统的自然周期 T 小于 0.06 s。对于自然周期 T 大于 0.06 s 的储罐，设计方法见 7.2.2.1～7.2.2.5。

7.2.3.2 储罐和支座设计应考虑地震力和操作荷载组合，使用储罐或支座设计规范和标准中许用应力增量。

7.2.3.3 1996 年 7 月 1 日前建成的 ASME 储罐，重新装配时应符合 7.2.3 的要求。

7.2.3.4 现场应配备能测量储罐遭受地震动的仪器。

7.2.4 风、洪水和雪荷载

LNG 储罐设计中风荷载、洪水和雪荷载，应采用 ASCE 7 中的方法确定或国家标准规定的值。如果采用概率方法，应按100年一遇。

7.2.5 储罐绝热

7.2.5.1 任何外部绝热层应不可燃，应含有或应是一种防潮材料，应不含水，耐消防水冲刷。如果外壳用于保持松散的绝热层，则外壳应采用钢或混凝土建造。外保护层的火焰蔓延指数不应大于25。

7.2.5.2 内罐和外罐之间的绝热层，应与LNG和天然气相适应，并为不可燃材料。外罐外部着火时，绝热层不应因熔融、塌陷等而使绝热层的导热性明显变差。承重的底部绝热层的设计和安装，应不使热应力和机械应力产生的开裂危及储罐的整体性。

例外：如果装置的材料和设计符合下列内容，内罐和外罐底部(底层)之间所用材料应不要求满足可燃性要求：

a) 材料的火焰蔓延指数不应大于25，且在空气中不应维持持续助燃；
b) 材料的成分应是，从材料任一平面切割出来的表面，火焰蔓延指数不大于25，且不应持续助燃；
c) 应由试验证明，在预计的使用压力和温度下，长期与LNG或天然气接触后，材料的燃烧特性没有明显增加；
d) 应证明，安装条件下材料能接受天然气吹扫。吹扫后天然气残留量少，不应增加材料的可燃性。

7.2.6 充装量

设计操作压力超过100 kPa(15 blf/in^2)的储罐，应配套装置防止储罐装满液体或储罐内压达到放空装置定压时液体没过放空装置入口。

7.2.7 基础

7.2.7.1 *安装LNG储罐的基础，应由有资质的工程师设计，并应按公认的结构工程作法进行施工。在基础设计和施工前，应由有资质的岩土工程师进行地下调查，确定现场下面土层和物理性质。

7.2.7.2 外罐底部应高于地下水位，否则应加以保护，随时避免与地下水接触。与土壤接触的外罐底部材料应是下列之一：

a) 选择腐蚀最小；
b) 有涂层或其他保护使腐蚀最小；
c) *有阴极保护系统。

7.2.7.3 在外罐与土壤接触处，应设置加热系统，以防止0 ℃(32 ℉)等温线进入土壤。该加热系统的设计，应能进行至少每周一次功能和性能监测。在地基中不连续的地方，如底部管道，对这种地带中的加热系统，应格外注意并单独处理。加热系统的设计、选择和安装，应能对加热元件或控制用的温度传感器进行更换。*应采取措施防止导管中积水。

7.2.7.4 如果设计的基础能以空气循环代替加热系统，则外罐底部的材料应适应所接触的温度。

7.2.7.5 应安装一套罐底温度监视系统，根据预定模式测量整个表面温度，监控底部绝热层和罐基础加热系统(如果有)的性能。在罐投入运行6个月后及以后每年、在操作基准地震(OBE)后和在有非正常的冷区域显示后，应用这一系统进行罐底温度测量。

7.3 金属储罐

7.3.1 操作压力等于或小于100 kPa(15 lbf/in^2)的储罐

设计操作压力不超过100 kPa(15 lbf/in^2)的焊接储罐，应符合API 620的要求。应用于LNG，API 620—2008附录Q改动如下：

a) Q-7.6.5中，"25%"应改为"全部"；
b) *Q-7.6.1～Q-7.6.4，应要求对罐壁上所有纵向和横向对焊焊缝进行100%射线探伤；

例外：平底储罐上外壳到底部的焊缝，免除射线探伤要求。

c) API 620—2008 附录 C,C.11 应为强制性要求。

7.3.2 操作压力大于 100 kPa(15 lbf/in²)的储罐

7.3.2.1 应为双壁储罐,内罐装 LNG,内罐和外罐间为绝热层。绝热层中应抽空或置换。

7.3.2.2 内罐应为焊接结构,应符合 ASME 锅炉和压力容器规范(2004)第Ⅷ卷的规定,并应打印 ASME 标记和向国家锅炉和压力容器检验部门或其他压力容器注册机构登记。

a) 在真空绝热的情况下,设计压力应为要求的工作压力、真空允许压力 100 kPa(15 lbf/in²)和 LNG 静压头之和。在非真空绝热的情况下,设计压力应为要求的工作压力和 LNG 静压头之和;

b) 内罐应按内压和液压头、绝热层净压、一个使用期后因罐膨胀引起的绝热层压力、外罐和内罐间置换和操作压力和地震荷载的最大临界荷载组合设计。

7.3.2.3 外罐应为焊接结构。

应使用下列材料:

a) ASME 锅炉和压力容器规范(2004)第Ⅷ卷 UCS 部分的任何碳钢,允许其使用温度等于或高于 ASME 锅炉和压力容器规范(2004)第Ⅱ卷 D 篇表 1A 中的最低允许使用温度。

例外:地下或半地下储罐材料熔点低于 1 093 ℃(2 000 ℉)。

b) 在真空绝热的情况下,外罐设计应按下列任一规定:

1) ASME 锅炉和压力容器规范(2004)第Ⅷ卷 UG-28,UG-29,UG-30,UG-33 部分,使用的外压不小于 100 kPa(15 lbf/in²);

2) CGA 3413.6.2 段。

由扇形板焊接组装的头盖和球形外罐的设计应符合 ASME 锅炉和压力容器规范(2004)第Ⅷ卷 UG-28,UG-29,UG-30,UG-33 部分,使用的外压为 100 kPa(15 lbf/in²)。

c) 对所有组件应标明最大允许工作压力。

d) 外罐应配置泄放装置或其他装置以释放内压,排放面积至少应是内罐水容积的 0.003 4 cm²/kg(0.000 24 in²/lb),但该面积不应超过 2 000 cm²(300 in²)。该装置工作压力应不超过外罐内部设计压力、内罐外部设计压力或 172 kPa(25 lbf/in²)的较小值。

e) 应设置隔热层防止外罐降到其设计温度以下。

f) 鞍座和支腿的设计应符合公认的结构工程作法,应考虑装运荷载、安装荷载、地震荷载、风荷载和热荷载。

g) 储罐基础和支座应按耐火等级不低于 2 h 进行防护,如所用隔热材料达到这个要求,应防止隔热材料被消防水流冲掉。

7.3.2.4 应采用缓冲垫和荷载环等,使支撑系统的应力集中最小化。应力计算中应包括内罐的膨胀和收缩。支撑系统的设计应使传递到内罐和外罐的应力在允许极限内。

7.3.2.5 内外罐之间和绝热空间内的管道,应按内罐的最大允许工作应力加上热应力进行设计。在绝热空间内不允许有波纹管。

管材应适宜在 −172 ℃(−278 ℉)下使用,按 ASME 锅炉和压力容器规范确定。外罐外部的液体管线不得为铝管、铜管或铜合金管,除非保护使之耐火 2 h。允许使用过渡接头。

7.3.2.6 内罐应同心地支撑在外罐内,采用的金属或非金属支撑系统应能承受下列二者中的最大荷载:

a) 对于装运荷载,支撑系统应按内罐的空载质量乘以将遇到的最大重力加速度 G 值设计;

b) 对于操作荷载,支撑系统应按内罐和罐内液体的最大总质量设计,并应考虑相应的地震系数。罐内液体的质量,应按操作温度范围内给定的液体的最大密度计算,但最小密度大于 470 kg/m³(29.3 lb/ft³)的除外。

7.3.2.7 支承构件允许设计应力，应稍小于室温条件下抗拉强度的1/3或屈服强度的5/8。对有螺纹的构件，应采用螺纹根部的最小面积。

7.4 混凝土储罐

7.4.1 预应力储罐结构

7.4.1.1 混凝土储罐的设计，应符合ACI 318。

7.4.1.2 正常设计中考虑的允许应力应以室温最小强度值为依据。

7.4.1.3 *设计条件下，混凝土中碳钢配筋暴露于LNG温度时，拉应力(不考虑直接温度和收缩效应)应限制在表3所列允许应力范围：

表3 钢筋允许应力

钢筋规格	最大允许应力	
	MPa	lbf/in²
ASTM A 615		
#4及更小	82.7	12 000
#5,#6,#7	68.9	10 000
#8及更大	55.2	8 000
CSA G 30.18		
#10及更小	82.7	12 000
#15,#20	68.9	10 000
#25及更大	55.2	8 000

7.4.1.4 按7.4.2.4规定，无应力加强用钢筋或股绞丝，应用下列最大允许应力设计：

a) 裂纹控制用——207 MPa(30 000 lbf/in²)；

b) 其他用——552 MPa(80 000 lbf/in²)。

7.4.1.5 应考虑升温过程中由回填约束作用于储罐的各种外力。

7.4.2 接触LNG温度的材料

7.4.2.1 混凝土应符合以下标准的要求：

a) ACI 304R和ACI 318；或

b) CSA A23.1，CSA A23.3，CSA A23.4。

应进行预计低温条件下的混凝土抗压强度试验和混凝土收缩系数试验，除非试验前已有这些性能试验数据。

7.4.2.2 混凝土骨料应符合ASTM C 33或CAN/CSA A23.1。骨料应密实，应具有可靠的物理化学性质，从而提供高强度、经久耐用的混凝土。

7.4.2.3 气动砂浆应符合ACI 506.2。

7.4.2.4 预应力混凝土用高抗拉强度构件，应满足下列标准的要求：

a) ASTM A 416，ASTM A 421，ASTM A 722，ASTM A 821；或

b) CSA G 279。

应采用适宜在LNG温度条件下使用的任何材料。混凝土中钢筋弯钩用材料，应适宜在LNG温度条件下使用。

7.4.2.5 混凝土用钢筋，应符合 ACI 318。

例外：不允许使用 ASTM A 996 规定的材料。

在加拿大，混凝土用钢筋，应符合 ASTM A 82，ASTM A 496，CSA G30.18。

7.4.2.6 加入预应力混凝土中起组合作用的非结构金属层，在正常操作期间将直接与 LNG 接触，应视为 API 620—2008 附录 Q 中规定"主要组件"或"次要组件"类金属，对组合截面施加预应力，以便在任何设计荷载条件下不会产生明显的拉应力。

7.4.2.7 加入预应力混凝土中起组合作用的非结构金属层，主要用作内部绝热储罐防水层，应视为 API 620—2008 附录 Q 中规定的"主要组件"或"次要组件"类金属，或应符合 ASTM A 1008 要求。对组合截面施加预应力，以便在任何设计荷载条件下不会产生明显的拉应力。

7.4.3 施工、检验和试验

7.4.3.1 混凝土 LNG 储罐的施工，应符合以下标准和出版物的要求：

a) ACI 318R，ACI 301—2005 第 9 节，ACI 372R 和 ACI 373R；或

b) CSA A23.3。

7.4.3.2 混凝土 LNG 储罐的检验，应符合 ACI 311.4R 和 7.6 的规定。

7.4.3.3 金属构件的施工和检验，应符合 API 620—2008 附录 Q 的规定。

7.4.3.4 用于建造 LNG 混凝土储罐的其他材料，使用前应检查和试验合格。

7.5 LNG 储罐的标记

7.5.1 各储罐应在易接近的地方加上耐腐蚀铭牌进行标识，标出下列内容：

a) 制造商名称和制造日期；

b) 公称液体容积，m^3(barrel，gal)；

c) 罐顶甲烷气的设计压力；

d) 储存液体的最大允许密度；

e) 储罐中可充装储存液体的最高液位；

f) 储罐中可充装试压用水(如果可应用)的最高液位；

g) 储罐设计所依据的最低温度，℃或℉。

7.5.2 对储罐的所有开口，应标出其开口功能，在结霜情况下，应能看得见标记。

7.6 LNG 储罐的试验

7.6.1 对于设计压力小于等于 103 kPa(15 lbf/in^2)的储罐，没有单独指明应用的施工规范时，设计应提供基于 API 620 规定的试验程序。

7.6.2 对于设计压力大于 103 kPa(15 lbf/in^2)的储罐，应按下列规定试验：

a) 工厂预制储罐，应在运到安装现场以前由制造商进行压力试验；

b) 内罐的试验，应符合 ASME 锅炉和压力容器规范。外罐应进行泄漏试验。管道应按 9.6 进行试验；

c) 储罐及连接管线在充装 LNG 以前应进行泄漏试验。

7.6.3 在验收试验完成后，不应在 LNG 储罐上进行焊接。在以下情况下，应要求采用相应方法对修补或修改部分进行重新试验：修补或修改使构件受到影响而要求重新试验，和为证实修补或修改是否满足要求而要求重新试验。

例外 1：鞍板和支架允许现场焊接。

例外 2：修补或修改符合储罐制造时所遵循的规范或标准，允许现场焊接。

7.7 储罐的置换和冷却

LNG 储罐投入使用之前,应按程序进行置换和冷却。

7.8 泄放装置

7.8.1 所有储罐应按制造标准或规范配备压力和真空泄放装置。

7.8.2 泄放装置应直接通往大气。如果储罐遇到大于设计真空度的条件,应按以下规定安装真空解除装置:

a) 应用手动全开式隔断阀把 LNG 储罐的各压力和真空安全阀与储罐隔开,以便检修和其他作业。隔断阀应锁定或铅封在全开位置。储罐上应安装足够数量的压力和真空安全阀,以便隔开和检修单个安全阀时保持要求的泄放能力。只要求安装一个泄放装置时,可用一个全开式三通阀连到安全阀,备用口连到罐上,或者在储罐上安装两个独立的安全阀(各有一个阀)。

b) 不应同时关闭一个以上的隔断阀。

c) 安全阀排放火炬或放空管的设计和安装,应防止水、冰、雪或其他异物聚集,并应垂直向上排放。

7.8.3 泄放装置尺寸选择:

7.8.3.1 泄压装置能力选择依据:

a) 与火焰接触;

b) 操作失常,如控制装置失灵;

c) 设备故障和误操作引起的其他情况;

d) 充装时置换的蒸气;

e) 充装期间因充装或不同组分产品混合产生的闪蒸气;

f) 冷冻失效;

g) 从泵回流输入热;

h) 大气压降低。

7.8.3.2 泄压装置的尺寸,应按最大的一次事故的排放量或按合理和可能的事故组合排放量来选择。

7.8.3.3 * 最小泄放能力 kg/h(lb/in^2),应不低于 24 h 内排出满罐容量的 3%。

7.8.4 真空解除装置尺寸选择:

7.8.4.1 真空解除装置能力选择依据:

a) 按最大流量抽取液体或蒸气;

b) 大气压升高;

c) 过冷液体进入使蒸气空间压力降低。

7.8.4.2 真空解除装置的尺寸,应按最大的一次事故的排量或按合理和可能的组合事故排量,低于因罐装物最低正常吸热产生的气化量来选择。不允许考虑气体再压缩或蒸气补充系统的真空解除能力。

7.8.5 暴露于火:

7.8.5.1 与火焰接触要求的压力泄放能力应按式(4)计算:

$$H = 71\ 000FA^{0.82} + H_n \qquad [H = 34\ 500FA^{0.82} + H_n] \tag{4}$$

式中:

H ——总热流量,单位为瓦[W(Btu/h)];

F ——环境因子(按表 4);

A ——储罐与火焰接触的湿表面积,单位为平方米[m^2(ft^2)];

H_n——冷罐的正常漏热量，单位为瓦[W(Btu/h)]。

7.8.5.2 对于大型储罐，与火焰接触的湿表面积应为地面以上至 9.15 m(30 ft)高度的面积。

表 4 环境因子

依据部位	F 因子
储罐本体	1.0
用水设施	1.0
降压和倒空设施	1.0
地下储罐	0
绝热或热防护	$F=\frac{U(904-T_f)}{71\ 000}$ $[F=\frac{U(1\ 660-T_f)}{34\ 500}]$
注：U 是绝热系统的总传热系数 W/(m² · ℃)[Btu/(hr · ft² · ℉)]，用从 T_f 到 904 ℃(1 660 ℉)温度范围内的平均值。T_f 是在放空条件下容器内介质温度，℃(℉)。	

7.8.5.3 绝热层应能防止消防水流冲掉，应不可燃，而且在 538 ℃(1 000 ℉)的温度下不会分解。

7.8.5.4 压力泄放阀的泄放能力由式(5)决定：

$$W=H/L \tag{5}$$

式中：

W ——在泄放条件下产品蒸气的泄放能力，单位为克每秒[g/s(lb/h)]；

H ——总热流量，单位为瓦[W(Btu/h)]；

L ——储存液体在泄放压力及温度下的气化潜热，单位为焦每克[J/g(Btu/lb)]。

泄放能力 W 确定后，当量气体流量按式(6)计算：

$$Q_a=0.93W\frac{\sqrt{TZ}}{\sqrt{M}} \tag{6}$$

$$[Q_a=3.93W\frac{\sqrt{TZ}}{\sqrt{M}}]$$

式中：

Q_a——当量气体流量，单位为立方米每小时[m³/h(ft³/h)]，在 15 ℃(60 ℉)时和 101 kPa[14.7 lbf/in²(a)]的压力下；

T ——在泄放条件下产品蒸气的绝对温度，单位为开[K(°R)]；

Z ——在泄放条件下产品蒸气的压缩因子；

M——产品蒸气的相对分子质量。

8 气化设施

8.1 气化器的分类

8.1.1 如果环境气化器天然热源温度超过 100 ℃(212 ℉)，此气化器应视为远距离加热气化器。

8.1.2 如果环境气化器天然热源与实际气化换热器分离，且在热源与气化换热器之间使用可控制的传热介质循环，此气化器应视为远距离加热气化器，并适用加热气化器的有关规定。

8.2 设计及施工用材料

8.2.1 *气化器设计、制造和检验，应符合ASME锅炉和压力容器规范(2004)第Ⅷ卷。

8.2.2 气化器换热器设计工作压力至少应等于LNG泵的最大排出压力或供给换热器的加压储罐系统压力，取其较大值。

8.3 气化器管道、热媒流体管道和储存阀

8.3.1 对并联气化器，各气化器进口和出口应有隔断阀。

8.3.2 各气化器出口阀及出口阀上游的管道组件和安全阀的设计温度至少应为LNG温度[−162 ℃(−260 ℉)]。

8.3.3 应用两个进口阀隔离停运的并联气化器。应采取安全措施处置两阀之间或其他双截断排放(DBB)系统聚集的LNG或天然气。

8.3.4 加热气化器的LNG管线上应设置一个切断阀，离气化器至少15 m(50 ft)。如果气化器安装在建筑物内，切断阀安装应离该建筑物至少15 m(50 ft)。切断阀应为储罐切断阀或其他阀。

8.3.5 各加热气化器上应配备一个就地和远程控制的热源切断装置。

8.3.5.1 如果加热气化器距离热源15 m以上，远程切断应离气化器至少15 m。

8.3.5.2 如果加热气化器距离热源不到15 m，在LNG进液管道上应有一自动切断阀，自动切断阀距气化器至少3 m，且应能在下列任一情形时切断：

a) 管道失压(流量过大)；

b) *设置在该区域的仪表检测到火灾；

c) 气化器出现低温。

8.3.5.3 有人值守的设施，应在离气化器至少15 m(50 ft)的位置远距离操作阀。

8.3.6 安装在LNG储罐15 m(50 ft)内的任何环境气化器或加热气化器，其进液管线上应配备自动切断阀。

8.3.6.1 自动切断阀的位置应离气化器至少3 m(10 ft)，且应能在下列任一情形时切断：

a) 管道失压(流量过大)；

b) 紧靠气化器监测到异常温度(火灾)；

c) 气化器的出口管道上出现低温。

8.3.6.2 有人值守的设施，应在离气化器至少15 m(50 ft)的位置远距离操作阀。

8.3.7 应设置自动化设备，防止排出LNG，或气化气体温度高于或低于管道系统的设计温度。该自动化设备应独立于其他流量控制系统，而且应包括紧急情况专用的管线阀。

8.3.8 远距离加热气化器如果使用了易燃的热媒流体，热媒流体系统的冷管道和热管道上应装切断阀。切断阀的控制点应离气化器至少15 m(50 ft)。

8.4 气化器泄放装置

8.4.1 各气化器应设置安全阀，按下列任一要求选型：

a) 加热气化器或工艺气化器的安全阀泄放能力，在不允许压力高于气化器最大允许工作压力10%情况下，应为气化器额定天然气流量的110%；

b) 环境气化器的安全阀泄放能力，在不允许压力高于气化器最大允许工作压力10%情况下，应为气化器额定天然气流量的150%(按标准操作条件的规定)。

8.4.2 如果未把安全阀设计成耐高温型的，则安全阀应设置在正常操作中不会感受到温度超过60 ℃(140 ℉)的地方。

8.5 燃烧的空气供应

整体加热气化器或远距离加热气化器的一次热源，运行所需要的燃烧空气应取自全封闭构筑物或建筑物外。

8.6 燃烧的产物

整体加热气化器或远距离加热气化器的一次热源，安装在建筑物内应采取措施防止燃烧的有害产物聚集。

9 管道系统和组件

9.1 基本要求

9.1.1 所有管道系统应遵循 ASME B31.3。

9.1.1.1 对易燃液体和可燃气体管道系统和组件，应遵循本章的附加规定。

9.1.1.2 燃料气系统应遵循 NFPA 54 或 ASME B31.3 的规定。

9.1.2 抗震设计要求：

9.1.2.1 LNG 设施的所有管道应分成下列三个地震类别：

a) Ⅰ类——由 LNG 储罐支撑的管道，储罐到紧急关断阀之间的管道和消防水管道。
b) Ⅱ类——可燃气体或 LNG 工艺管道。
c) Ⅲ类——不包括在Ⅰ类和Ⅱ类中的其他管道。

9.1.2.2 管道分类应符合下列要求：

a) Ⅰ类——所有Ⅰ类管道应按 OBE 和 SSE 事件设计。对 OBE 设计，不应使用响应修正。
b) Ⅱ类——所有Ⅱ类管道应根据 ASCE 7 进行抗震设计。响应修正因子 Rp 最大取 6。重要性因数 Ip 取值 1.5。
c) Ⅲ类——所有Ⅲ类管道应根据 ASCE 7 进行抗震设计。响应修正因子 Rp 最大取 6。重要性因数 Ip 取值 1.0。

9.1.2.3 管道分析应使用当量静态分析或动态分析，符合 ASCE 7 的要求。OBE，SSE 和设计地震荷载应与其他荷载组合使用 ASCE 7 的荷载组合方法。管道应力分析模型中应包括管道支座在约束方向的刚度，如果不是刚性支座刚度按下列准则确定：

a) 大于等于 0.3 m(12 in)的管道支架：支架在约束方向的最小刚度 1 797 kg/mm(100 kips/in)。
b) 小于 0.3 m(12 in)的管道支架：支架在约束方向的最小刚度 179.7 kg/mm(10 kips/in)。

9.1.3 * 管道系统和组件设计应考虑系统所承受的热循环引起的疲劳影响。

9.1.4 管道冷热补偿应按 ASME B31.3—2004 中 319 的规定处理。

9.2 施工材料

9.2.1 总则

9.2.1.1 选用的所有管材、包括垫片和丝扣油，应与装运的液体和气体相容，适宜在整个温度范围内使用。管道材料的温度限制应遵循 ASME B31.3。

9.2.1.2 所有的管道，紧急状态暴露于溢出 LNG 或致冷剂低温或溢出物着火高温，可能导致管道失效明显加剧紧急状态，应符合下列要求之一：

a) 制造材料既能承受正常的操作温度，又能承受紧急状态下的极端温度；
b) 通过绝热层或其他方式延迟极端温度导致的失效，直到作业者采取措施；

c) 紧急状态经受溢出物着火高温管道，能隔离开并中止流动。

9.2.1.3 管道绝热材料，需用在减轻火灾暴露的区域，按照NFPA255进行测试，其最大火焰蔓延指数应为25，且应在各种紧急状态下，如暴露在火焰、热、冷或水中，保持所需的任何属性。

9.2.2 管道

9.2.2.1 不应采用炉热搭焊或炉热对焊。

9.2.2.2 使用直缝焊或螺旋焊管道(焊接时带或不带填充金属)，焊接和热影响区应符合ASME B31.3—2004中323.22。

9.2.2.3 螺纹管至少应是Sch 80。

9.2.2.4 储罐、冷箱或其他主要绝热设备外壳或夹套上的液体管道，其失效会造成大量的易燃流体释放，不得用铝、铜、铜合金或其他熔点低于1 093 ℃(2 000 ℉)的材料制成。

9.2.2.5 过渡接头：

a) 过渡接头应保护防火；

b) 做了防火保护的液体管道、装载臂和软管，不要求防火保护。

9.2.2.6 不应使用铸铁、可锻铸铁及球墨铸铁管道。

9.2.3 管件

9.2.3.1 螺纹接头至少应是Sch 80。

9.2.3.2 不应使用铸铁、可锻铸铁和球墨铸铁管件。

9.2.3.3 管道弯管应满足ASME B31.3—2004中332的有关规定。现场冷弯管不允许应用于300系列不锈钢或其他低温组件，仪表管除外。

9.2.3.4 丝堵应使用至少是Sch 80无缝钢管制成的实心堵头或死堵。

9.2.3.5 压合接头不得用于低于－29 ℃(－20 ℉)的场合。

例外：接头满足ASME B31.3—2004中315的要求。

9.2.4 阀

9.2.4.1 除了符合ASME B31.3—2004中307之外，阀门应符合ASME B31.5，ASME B31.8或API 6D。

9.2.4.2 不应使用铸铁、可锻铸铁及球墨铸铁阀门。

9.3 安装

9.3.1 管道连接

9.3.1.1 公称直径为50 mm(2 in)或更小的管道连接应为螺纹、焊接或法兰。

9.3.1.2 公称直径大于50 mm(2 in)的管道连接应为焊接或法兰。

9.3.1.3 公称直径小于100 mm(4 in)允许使用螺纹接头，但应采用特殊的装备或组件连接，确保接头不会承受到由于疲劳产生的应力。

9.3.1.4 应尽可能地少用螺纹接口和法兰接口，且只用在必要的地方，例如管材改变或接仪表处，以及维护要求采用这样接口。

9.3.1.5 采用螺纹接口时，应采用焊接或其他经试验验证的方式来密封。下列接口除外：

a) 仪表接口，焊接热将引起仪表损坏；

b) 焊接处妨碍维修通道；

c) 焊接密封不现实的材料过渡段。

9.3.1.6 在不同的金属之间应采用法兰或其他经试验验证的过渡连接技术连接。

9.3.1.7 可能暴露于火的垫片应耐火。

9.3.2 阀

9.3.2.1 加长阀帽阀应用填料密封，安装的位置防止冻结引起泄漏或误动作。如果安装在低温管道上的加长阀帽向上偏离正垂线超过45°，应证明安装在这样的位置上正常操作条件下不会泄漏和冻结。

9.3.2.2 在容器和储罐的接口上应设切断阀，下列情况除外。

a) 安全阀的接口，符合ASME锅炉和压力容器规范(2004)第Ⅷ卷第1篇UG-125(d)及附录M，M-5的有关规定；

b) 液位报警器的接口，ASME储罐按10.1.1.3或13.15.2的要求设置；

c) 连接盲板或封堵的接口。

9.3.2.3 隔断阀应尽可能靠近容器、储罐安装，且应在拦蓄区内。

9.3.2.4 在设计和安装内部阀件时，应使因外部管道应变而造成透过管嘴的失效不影响阀座密封。

9.3.2.5 除了执行9.3.2.2的规定外，对于储罐上公称直径大于25 mm(1 in)的接口，且通过该接口液体可能溢出，在该接口上至少应配备下列一种设施：

a) 一个遇火时自动关的阀门；

b) 一个远距离控制、快关的阀门，除了运行期间外，该阀应处于关状态；

c) 充装接口上一个止回阀。

9.3.2.6 阀及阀的控制器应能在结冰的条件下操作。

9.3.2.7 200 mm(8 in)或更大的紧急切断阀应配备动力执行机构和手动操作机构。

9.3.2.8 * 如果安装电动隔离阀，关闭时间不应产生能引起管线或设备失效的水击。

9.3.2.9 关闭不应引起导致管道失效的管道应力。

9.3.2.10 用于周期性转运冷流体的管道系统，应设转运前预冷的手段。

9.3.2.11 转运系统中应安装止回阀防止回流，位置应尽可能靠近出现回流的连接点。

9.3.3 焊接

9.3.3.1 焊工的资格和能力，应符合ASME B31.3—2004中328.2和本标准9.3.3.2。

9.3.3.2 在焊接冲击试验的材料时，应选择合格的焊接程序，使管道材料的低温性能损害最小。

9.3.3.3 在把附件焊到超薄的管道上时，选择的焊接程序和技术应使烧穿的危险最小。

9.3.3.4 不允许采用气焊。

9.3.4 管道标记

管道标记应符合下列要求：

a) 标记应采用与基材相容的材料来作，或用一圆底、低应力的冲模打印；

b) * 厚度小于6.35 mm(1/4 in)的材料不应打印标记；

c) 不应采用对管道有腐蚀性的材料做标记材料。

9.4 管架

9.4.1 管架，包括用来支撑管道的绝热系统，应耐火、耐溢出的冷流体或加以保护。

9.4.2 冷管道的管架在设计时应使其传热量最小。

9.4.3 支撑元件的设计应遵循ASME B31.3—2004中321的规定。

9.5 * 管道标识

管道应该用有颜色的代码、油漆或标签标识。

9.6 管道的检查与试验

9.6.1 试压

试压应根据 ASME B31.3—2004 中 345 的规定进行。为了避免可能的脆裂失效，碳钢和低合金钢管应在高于它们的脆性转变温度的温度下进行试压。

9.6.2 试压记录保存

每次试验期间的压力、试验介质温度及环境温度记录应保存。

9.6.3 焊接管道试验

9.6.3.1 操作温度低于－29 ℃(－20 ℉)的直缝焊钢管应符合下列要求：

a) 设计压力应低于轧钢厂的试验压力的 2/3 或随后工厂或现场的水压试验压力；

b) 直焊缝或螺旋焊缝应经过 100％射线或超声波检测。

9.6.3.2 所有的环形对焊应全部进行射线或超声波检测。

a) 排液管或放散管，操作压力所产生的环向应力低于最低屈服应力 20％的情况，如果已经过 ASME B31.3—2004 中 344.2 规定的外观检查，不应要求无损检测；

b) 操作温度高于－29 ℃(－20 ℉)的压力钢管，每天焊接的环形对焊接口的 30％应按 ASME B31.3 进行无损检测。

9.6.3.3 所有承插焊和填充焊应全部进行液体渗透或磁粉检测。

9.6.3.4 分支连结的全穿透坡口焊(如在 ASME B31.3—2004 中 328.5.4 所要求的)应按照下列方法之一进行检测：

a) 按 ASME B31.3—2004 中 344.7 的要求进行随焊检测。当焊接全部完成之后，应进行液体渗透或磁粉检测；

b) 根据设计要求或检查员特别授权采用射线或者超声检测。

9.6.4 检测标准

9.6.4.1 有关无损检测的方法、对缺陷的限制、授权检查员的资格及进行检测的人员应符合 ASME B31.3—2004 中 340、342 和 344。

9.6.4.2 禁止采用 ASME B31.3—2004 中 341.4.1 允许随焊检测代替透视或超声波检测。

9.6.5 检测记录保存

9.6.5.1 本标准和 ASME B31.3—2004 中 345.2.7 和 343 各自要求的检测记录和书面程序，应在管道系统的寿命期内始终保存，或保存到进行重新检测时为止。

9.6.5.2 ASME B31.3—2004 中 341.4.1(c)和 341.4.3(d)及 346 要求的，有关材料、组件和热处理的记录及证书，应在系统的寿命期内始终保存。

9.7 管道系统置换

9.7.1 * 系统应置换出空气或其他气体。

9.7.2 应设置放空短管和扫线头，以利于置换所有工艺和可燃气体管道。

9.8 安全与减压阀

9.8.1 减压安全装置布置应使管道或附件失效的可能性最小。调整安全阀定压的设备应密封。

9.8.2 为防止任一段被阀隔断的液体或冷蒸气管道受热超压，应安装热膨胀安全阀：

a) 热膨胀安全阀应设定在等于或低于它所保护的管道的设计压力排放；

b) 热膨胀安全阀排放应引至对人员和其他装备危险最小的方向。

9.9 腐蚀控制

9.9.1 *地下和水下管道的保护和维护原则应符合 NACE RP 0169。

9.9.2 在储存、施工、制造、试验和使用的过程中，应保护奥氏体不锈钢和铝合金，使腐蚀性大气和工业品引起的腐蚀和点蚀减到最小。不应使用对管道或管道组件有腐蚀性的带子和其他包装材料。如果绝热材料会引起铝或不锈钢腐蚀，应使用缓蚀剂或防水层。

9.10 管中管系统

9.10.1 低温管道的设计应满足下列要求：

a) 地震、岩土方面，安装和无故障执行功能方面；

b) 动载和静载条件的定义和规定；

c) 内管和外管之间最大相对移动的规定。

9.10.2 内管组件设计和制造应符合 ASME B31.3 的要求，并应规定检测等级。

9.10.3 外管组件设计和制造应符合 ASME B31.3 的要求。

9.10.4 真空夹套功能。如果外套作为真空夹套系统，外套的失效不应损坏内管。在全包容管道系统中，如果外套作为次包容系统，外套设计应承受和输送全部内管产品。

9.10.5 环形空间和内管支架系统设计应使热传导和热损失最小：

a) 环形空间内的所有组件选择应使绝热系统的长期退化最小；

b) 如果有真空等级，应指定。

9.10.6 如果管中管有真空夹套，应制定措施允许检定真空等级和再运用真空的方法。如果管中管不是真空夹套，应制定措施允许惰性气体在环形空间内循环。应制定温度监测措施：

a) 如果管中管是真空夹套管，应监测真空夹套的外肤温度；

b) 如果管中管不是真空夹套，应监测环形空间内温度；

c) 地上设施应接受目视检查。

9.10.7 接头。机械连接器设计应保持连接管段上的热、结构和安装条件。

9.10.8 膨胀节应按最大位移设计，制造应符合 EJMA《膨胀节标准》。应确定膨胀节的设计寿命。

9.10.9 内管和环形空间在操作环境应视为不腐蚀。外管应按 NACE 标准设计或防护，缓解潜在腐蚀。

10 仪表及电气设备

10.1 液位计

10.1.1 LNG 储罐

10.1.1.1 LNG 储罐应配备两套独立的液位计。液位计应能适应液体密度的变化。

10.1.1.2 液位计设计和安装应使其更换不影响储罐操作。

10.1.1.3 储罐中应配备两个独立的高液位报警器，可以是液位计的一部分。报警点的设置应让作业者有充分的时间来中止液流，避免液位超出最大允许充装高度，且报警器应安装在充装作业者能听见的位置。在 10.1.1.4 中所要求的高液位液流切断装置不应代替这一报警器。

10.1.1.4 LNG 储罐应配备独立于其他仪表的高液位液流切断装置。

10.1.2 致冷剂和易燃工艺流体储罐

10.1.2.1 各储罐应配备液位计。
10.1.2.2 如果储罐有可能充装过量,应按10.1.1.3的要求配备高液位报警器。
10.1.2.3 10.1.1.4要求的高液位液流切断装置应适用于易燃致冷剂设施。

10.2 压力表

各储罐应配备一台压力表,取压点应高于最高液位。

10.3 真空表

在有真空夹套的设备上,应配备仪表或接口以便检查在环形空间中的绝对压力。

10.4 温度计

10.4.1 现场装配的储罐上应配备温度计,以便在储罐投用时辅助温度控制,或作为检查和校准液位计的一种手段。
10.4.2 在气化器上应配备温度指示器,监测LNG、气化气及热媒流体的进、出口温度,以确保传热面的效率。
10.4.3 低温容器和设备的基础,可能受到土壤结冰或霜冻的不利影响,应配备温度监测系统。

10.5 紧急关断

液化、储存和气化设备的仪表设计,在仪表供电或供风发生故障时,应能让系统进到并保持在失效保护状态,直到操作人员采取适当措施重启或保护系统。

10.6 电气设备

10.6.1 电气设备和配线的类别和设置应符合NFPA 70关于危险区域的有关规定。
10.6.2 *在表5所规定的分区内设置的固定电气设备和配线应符合表5和图2～图7中的有关要求,并符合NFPA 70中关于危险区域的有关规定。

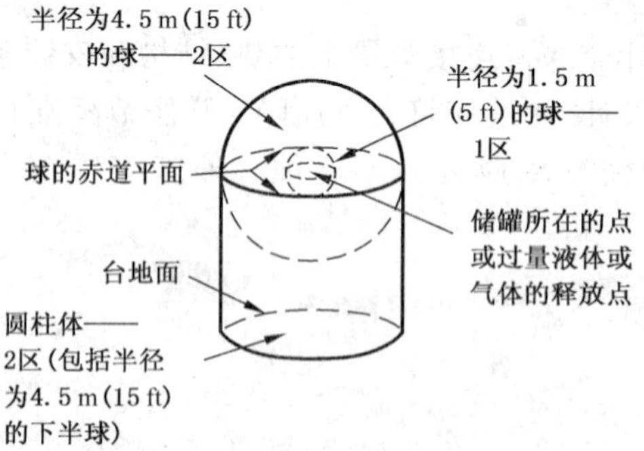

图2 储罐四周划分区域的范围

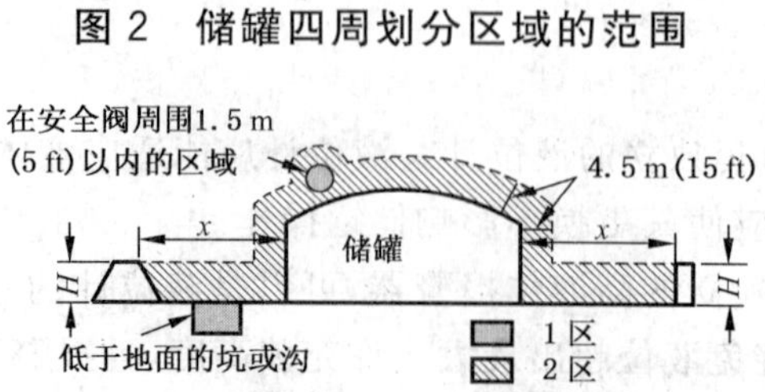

图3 堤高小于从储罐到堤的距离(*H* 小于 *x*)

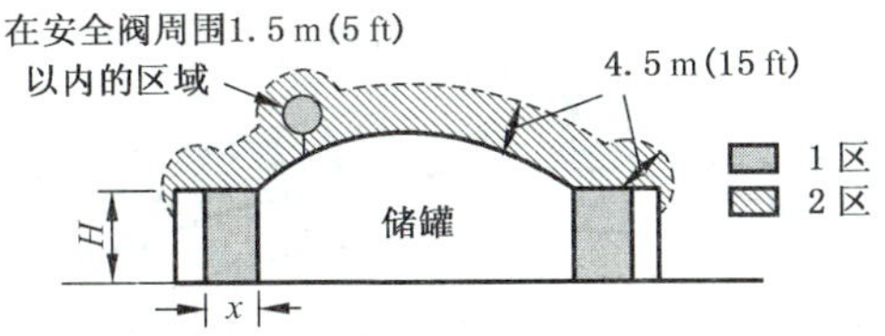

图 4　堤高大于从储罐到堤的距离(H 大于 x)

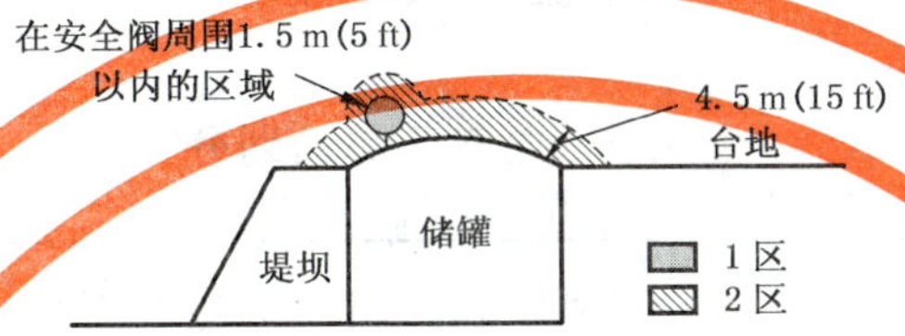

图 5　储罐中的液面低于地面或堤坝的顶部

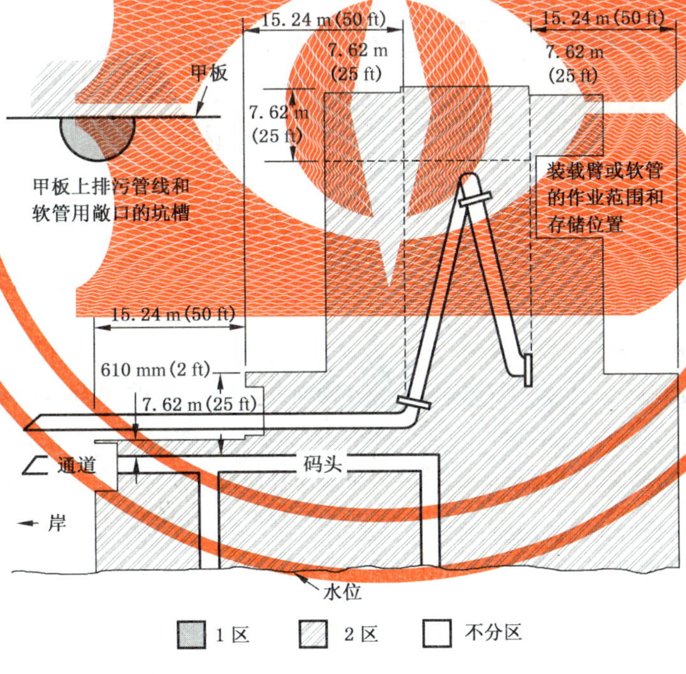

注 1："蒸气源"是装载臂(或软管)外侧法兰接口的作业范围和存储位置。

注 2：与船相邻的泊位区到下列范围为 2 区：

a)　码头侧所有方向距容纳货舱的船体水平 7.6 m(25 ft)。

b)　从货舱最高位置水平面到以上 7.6 m(25 ft)。

注 3：其他位置可根据需要进行分类，按泊位上存在的其他来源的易燃液体，或其他规定。

图 6　海运终端装运 LNG 的场所划分

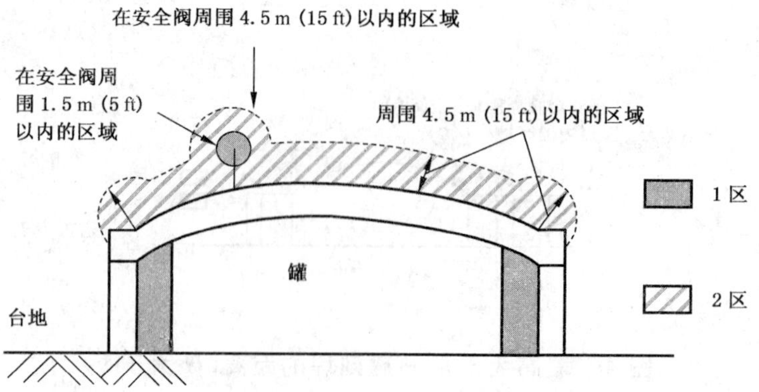

图7 全容罐的场所划分

表5 电气区域的划分

部分	场所	D组，分级[a]	分区范围[b]
A	LNG储罐，其内部带真空隔层	2	整个储罐的内部。
B	LNG储罐区		
	室内	1	整个房间
	室外，地上储罐(非小储罐)[c]	1	在高堤和罐壁之间的开阔区，高堤的高度应超出从堤到罐壁之间的距离(见图4)
		2	从罐壁和罐顶向外沿各方向4.5 m(15 ft)以内，另加上低堤内部或拦蓄区直到堤或拦蓄墙的高度为止(见图3)
	室外，地下储罐	1	罐壁与四周的坡或堤之间的开阔区(见图5)
		2	从罐顶或边缘起沿各方向4.5 m(15 ft)以内(见图5)
C	无明火LNG工艺区，包括泵、压缩机、换热器、管道、容器接口，小储罐等		
	有适当通风的室内[d]	2	整个房间及未用气密墙隔开的任何相邻房间，以及墙或房顶通风排气口、天窗以外4.5 m(15 ft)。
	在露天的室外或在坡地上	2	从此设备算起沿各方向的4.5 m(15 ft)以内，以及此球的水平赤道面与地面之间的圆柱体(见图2)
D	1区或2区内或相邻的坑、沟或洼地	1	整个坑、沟或洼地
E	安全阀的出口	1	从排出点算起沿各方向1.5 m(5 ft)以内
		2	从排出点算起沿各方向1.5 m(5 ft)以外，4.5 m(15 ft)以内
F	运行中的排气口、排水管的出口		
	带有适当通风[d]的室内	1	从排出点算起的1.5 m(5 ft)以内
		2	从墙或顶盖的通风排气口、天窗算起沿各方向1.5 m(5 ft)以外4.5 m(15 ft)以内
	在露天的室外或在坡地上	1	从排出点算起的1.5 m(5 ft)以内
		2	从排出点算起沿各方向1.5 m(5 ft)以外4.5 m(15 ft)以内

表 5（续）

部分	场　所	D 组，分级[a]	分区范围[b]
G	槽车及储罐的装卸区[e]		
	带有适当通风[d] 的室内	1	从转运点算起沿各方向的 1.5 m(5 ft)以内
		2	1.5 m(5 ft)以外和整个房间内以及墙或房顶通风排气口、天窗以外沿各方向的 4.5 m(15 ft)以内
	室外的开阔地或坡地上	1	从转运点算起沿各方向的 1.5 m(5 ft)以内
		2	从转运点算起沿各方向的 1.5 m(5 ft)以外 4.5 m(15 ft)以内，以及此球的水平赤道面与地面之间的圆柱体(见图 2)
H	在 10.6.3,10.6.4 和 10.6.5 中规定的电气密封及通风	2	从设备算起沿各方向的 4.5 m(15 ft)以内，以及此球的水平赤道面与地面之间的圆柱体中
I	码头装卸区见图 6		

[a] 参阅第 500 款——“危险的(分级)地点”见 NFPA 70 中关于级、组和分区的定义。在本标准中所包括的设施内的绝大部分可燃蒸气或气体被归于 D 组。乙烯被归在 C 组中，大多数供危险地点使用的电器设备均可适用于这两个组别。

[b] 此分区不应延伸到未断开的墙壁、顶蓬或结实气密的分隔壁之外。

[c] 小储罐是指便携式的及容量小于 760 L(200 gal)的储罐。

[d] 若按照本规范的要求提供通风，这类通风就被认为是适当的。

[e] 在为危险区域的范围分类时，应考虑到在被槽车在卸载点污染的区域内通风情况变化的可能，而这种变化又可能对连接点有影响。

例外：电气设备设计，满足下列条件时，LNG 储罐内部不应按分类要求执行：

a) 在储罐置换空气前，电气设备断开或闭塞；

b) 当允许空气进入储罐之前，电气设备断开或闭塞；

c) 当储罐内的压力被减低到大气压力时，在电气系统的设计和操作上使此设备自动断开。

10.6.3 在易燃液体系统和电气配线系统之间，包括工艺仪表的接口，整个阀执行机构、基础的加热线圈，罐装泵及风机，应加以密封或隔离以防止易燃液体进入电气设备。

10.6.3.1 按 10.6.3 所设计的各种密封、隔离或其他方式应能防止易燃液体沿着配管、串接管和电缆流动。

10.6.3.2 在易燃液体系统和电气配管配线之间，应设置主密封。主密封失灵会使易燃液体通向另一部分配管或配线，为防止主密封失灵允许采取辅助密封、隔离或其他手段。

10.6.3.3 主密封部位设计应能承受操作条件。辅助密封或隔离及连接应能承受主密封失效时的温度和压力，另有可靠手段能做到这一点者除外。

10.6.3.4 装置有辅助密封时，在主密封与辅助密封之间应与大气保持良好地通风。在潜液泵所用的双联一体的主密封体系里，也要做到类似的要求。

10.6.3.5 在 10.6.3,10.6.4 和 10.6.5 内所规定的密封不适用 NFPA 70 对配管密封的要求。

10.6.4 在设置了主密封之后，仍然要设置排液、通风或其他装置，以便检测易燃流体是否存在及是否有泄漏。

10.6.5 在可燃气体-空气混合物被点燃时，通风管道系统应尽量减少人员及设备损失的可能性。

10.7 电气接地和连接

10.7.1 *总则:应提供电气接地和连接保护措施。

10.7.2 槽车或船舶装卸,金属软管搭扣成对扣牢,就无需再提供静电保护。

10.7.3 *如果装卸系统中可能有杂散电流存在或采用外加电流(例如阴极保护),应采取防止点火火花的保护措施。

10.7.4 *基础不导电的储罐,应设置防雷接地极。

11 LNG和致冷剂的转运

11.1 基本要求

11.1.1 在装卸区应设置“禁止吸烟”的警示牌。

11.1.2 当在同一地点装卸多种产品时,装载臂、软管及汇管应标识或标记,以表明各系统处理哪种或哪几种产品。

11.1.3 LNG、致冷剂、易燃液体及可燃气体转运系统在操作维护需要置换时,应满足14.8.2的要求。

11.2 管道系统

各转运系统末端应安装切断阀。

11.3 泵和压缩机的控制

11.3.1 泵和压缩机除就地控制外,还应设便于接近的远距离控制装置紧急切断泵和压缩机,远距离控制装置与设备间距至少7.6 m(25 ft)。

11.3.2 远距离装卸区设置的槽车或船舶装卸泵和压缩机,应在装卸区及泵和压缩机的位置设停车控制。

11.3.3 在船舶上的控制装置应符合11.3.2规定。

11.3.4 在装卸区应设置信号灯,显示远离装卸区设置的泵和压缩机的启停状态。

11.4 船舶装卸

11.4.1 泊位设计要求

11.4.1.1 突堤式、顺岸式、高桩式和栈桥式码头的设计应综合考虑下列因素:

a) 波浪特性;
b) 风的特性;
c) 主流向;
d) 潮汐范围;
e) 泊位和进港航道的水深;
f) 靠泊期间最大允许吸能量和防冲面板上最大表面压力;
g) 靠船墩布置;
h) 靠船速度;
i) 靠船角度;
j) 拖船最低需求,包括马力;
k) 装卸臂的安全工作包络范围;
l) 系缆墩的布置。

11.4.2 火源

11.4.2.1 在转运过程中，装卸区不允许出现任何火源，如焊接、明火及非标电气设备。

11.4.2.2 在装卸区应设置“禁止吸烟”警示牌并强制执行。

11.4.2.3 LNG 或可燃流体通过管道系统转运的过程中，散装货轮或其他非 LNG 专用船不应进入转运接头点 30 m(100 ft)以内。

11.4.3 管道(管线)

11.4.3.1 码头或平台上的管道不应受通行车辆或其他可能的原因损坏。

11.4.3.2 水下管道应保护不受通行船舶的损坏，管道经过的水路应按有关法规设置标志。

11.4.3.3 装卸汇管上应设隔离阀及液体和气体回流管线用排放口接头，以便软管和装卸臂断开连接之前能封隔、排空、泵出和泄压。且应符合下列要求：

a) 液体隔离阀及口径不小于 200 mm(8 in)的气体切断阀应能手动操作和电动操作；

b) 电动阀应能就地关闭和在离汇管区至少 15 m(50 ft)的远距离控制站关闭；

c) 电动阀断电若不自动故障关，应保护阀的执行机构、阀 15 m(50 ft)内的电源，火灾时至少防护 10 min，防止造成操作中断；

d) 阀应设在软管或装卸臂与汇管的接口处；

e) 排放口或放空口应通向安全的区域排放。

11.4.3.4 除汇管上的切断阀外，每条气体回流管线和液体转运管线还应设一个易接近的切断阀，布置在码头附近的岸上。且应符合下列要求：

a) 当有多条管道时，切断阀应集中布置；

b) 应标识阀门功能；

c) 不小于 200 mm(8 in)的阀门应设电动执行机构；

d) 阀门应能手动操作。

11.4.3.5 仅用于卸船的液体管线上，应在汇管上邻近汇管隔离阀的地方设一个止回阀。

11.4.3.6 用来装船的海上终端应设一条气相回流管线，与船上的气相回流管线接头相连。

11.4.4 *紧急关断系统

各船 LNG 转运系统应设紧急关断系统，应具有下列功能：

a) 手动激活；

b) LNG 转运系统组件顺序关断。

11.5 槽车装卸设施

11.5.1 应由经批准的槽车进行运输。

11.5.2 未经有关部门批准的槽车应遵循下列标准：

a) LNG 槽车——CGA 341；

b) LPG 槽车——NFPA 58；

c) 易燃液体槽车——NFPA 385。

11.5.3 框架结构应采用不燃材料。

11.5.4 槽车装卸区应有足够的面积，车辆不必做过多的移动或转向。

11.5.5 转运管道、泵和压缩机应以围栏保护，不会因车辆的移动而受损。

11.5.6 装卸汇管上应设隔离阀及液体和气相回流管线用排放口接头，以便软管和装卸臂断开连接之前能封隔、排空、泵出和减压。

11.5.7 排放口和放空口应通向安全的区域排放。

11.5.8 各液体和气体管道应设一个紧急切断阀，与装卸区距离不小于 7.6 m(25 ft)，不大于 30 m (100 ft)处。

11.5.8.1 紧急切断阀在紧急情况时应易于接近。

11.5.8.2 应在通向多个装卸区的总管上安装一个紧急切断阀。

11.5.8.3 如果装卸区离收发的储罐间距少于 7.6 m(25 ft)，应在离装卸区 7.6 m～30 m(25 ft～100 ft)处，安装一个远距离操作的阀。

11.5.9 仅用于卸车的液体管线上，在汇管上邻近汇管隔离阀的地方应设一个止回阀。

11.6 管线装卸

11.6.1 转运系统连接管线系统的所有接点上，应设置隔离阀。

11.6.2 管道系统设计应不超出温度和压力极限。

11.6.3 在装卸区应设置"禁止吸烟"警示牌。

11.6.4 同一地点装卸多种产品，装载臂、软管及汇管应标识或标志，以表明各个系统处理的产品。

11.6.5 应设排放或放空接头，以便装卸臂和软管在脱开之前能排空和泄压。

11.6.6 如果在安全区域排放，辅助倒罐时气体或液体允许向大气排放。

11.7 软管和装载臂

11.7.1 软管和装卸臂应按装卸系统的操作温度和最高操作压力进行设计。

11.7.2 软管在使用前应得到批准，设计爆裂压力不应低于工作压力的 5 倍。

11.7.3 操作温度低于－51 ℃(－60 ℉)，应使用柔性金属软管及旋转接头。

11.7.4 用于海上装卸的装卸臂应配备报警装置，装卸臂达到伸展极限时报警。

11.7.5 选择平衡配重时应考虑未绝热软管和装载臂上结冰时能正常操作。

11.7.6 软管应至少每年检测一次，检测压力为泵的最大压力或安全阀的设定压力。且每次使用前应进行外观检查。

11.7.7 装卸船作业应按照主管部门的要求定期测试。

11.8 通讯和照明

11.8.1 装卸地点应配备通讯手段，以便作业者能与协助装卸的人员联络。

11.8.2 夜间转运 LNG 的设施在转运区应有照明。

11.8.3 LNG 船转运区应设一个船岸通信系统和一个独立的应急船岸通信系统。

11.8.4 11.8.3 要求的通信系统，在船上和终端内都应连续监测。

12 防火、安全和安保

12.1 *基本要求

12.1.1 *所有 LNG 设施应有防火措施。防火措施的程度应由基于防火工程原则、当地条件分析和设施内的危险、暴露建筑物或其他财产的评价确定。

12.1.2 *评价至少应确定以下内容：

a) 检测和控制明火、LNG、易燃致冷剂、可燃气体泄漏和溢出需要的设备类型、数量和地点；

b) 检测和控制潜在的非工艺和电气着火需要的设备类型、数量和地点；

c) 为保护设备和结构免受暴露明火的影响的必要的方法；

d) 消防水系统的要求；

e) * 灭火和其他消防设施；

f) 应纳入紧急关断(ESD)系统的设备和工艺，包括子系统的分析，以及当火灾时特殊储罐或设备泄压的必要性；

g) 需要自动起动紧急关断系统或其子系统的传感器类型和地点；

h) 当应急时厂内人员的个人作用和责任和外部响应人员的作用；

i) * 厂内人员个人所需防护设备、专门培训和资格，按 NFPA 600 明确其有关应急责任；

j) 其他防火设备和系统。

12.2 紧急关断系统

12.2.1 各 LNG 设施应有紧急关断(ESD)系统，隔离或关断 LNG、易燃液体、易燃致冷剂或可燃气体来源并关断继续运行将加剧或延长事故的设备。

12.2.2 紧急关断系统要求的阀门、控制系统和设备，若为满足本标准的其他要求需要有多项功能时，不要求重复安装。阀门、控制系统和设备应满足 ESD 系统的要求。

12.2.3 如果关停设备引起危险或导致设备的重大机械伤害，在易燃和可燃液体继续泄放影响可控时，应从 ESD 系统中取消该设备及辅机的关断功能。

12.2.4 ESD 系统应具有失效保护设计，否则应安装、布置或保护使控制系统故障或事故时失效的可能最小。

12.2.5 没有失效保护设计的 ESD 系统，被控制设备 15 m(50 ft)以内的所有组件，应按下述方法之一防护：

a) 安装在或布置在不可能暴露于火的地方；

b) 暴露在火中时，至少保护 10 min 不失效。

12.2.6 标明应急控制点和操作规程的作业指南应显著地张贴在装置区。

12.2.7 手动控制器应位于事故时能到达的区域，至少离所保护设备 15 m(50 ft)，并应显著地标示其设计功能。

12.3 火气探测

12.3.1 对潜在可燃气体聚集、LNG 或易燃致冷剂溢出和火灾的区域，包括封闭的建筑物，应按12.1.1评价要求进行监测。

12.3.2 可燃气体检测

12.3.2.1 当工厂不是常年有人值守时，低温或可燃气体检测系统应在厂内经常有人的地方发出警报。

12.3.2.2 可燃气体检测系统应在测到气体和蒸气不高于爆炸下限的 25%时，发出声光警报。

12.3.3 火焰探测

12.3.3.1 当工厂不是常年有人值守时，火焰探测器应在厂内经常有人的地方发出警报。

12.3.3.2 如按 12.1.1 评价要求确定，火焰探测器应能起动部分 ESD 系统。

12.3.4 探测系统应按 NFPA 72 进行设计、安装和维护。

12.4 消防水系统

12.4.1 为保护建筑物暴露面、冷却储罐、设备和管道，并控制未点燃的泄漏和溢出，应设置一套供水、配水系统。

例外：如按 12.1.1 评价确定，不需要用水或不可能用水时。

12.4.2 消防水系统应同时向包括消防水炮的固定消防设施供水，应按厂区一次最大预期火灾的设计用水量和压力，并加上 63 L/s(1 000 gal/min)裕量进行设计，对于移动式水枪的延续供水时间，不少于 2 h。

12.5 灭火和其他消防设备

12.5.1 *用于气体灭火的手提或推车式灭火器应依据制造商推荐。

12.5.1.1 手提或推车式灭火器配置在 LNG 设施和槽车上的关键位置。

12.5.1.2 手提或推车式灭火器应按 NFPA 10 进行配置和维护。

12.5.1.3 手提式干粉灭火器最小容量应 9 kg(20 lb)或更大,最小排出流量应为 0.45 kg/s(1 lb/s)。

12.5.1.4 如果装置危险区存在 A 类火灾危险,宜选择碳酸氢钾型干粉灭火器。

12.5.1.5 推车式干粉灭火器最小容量应 56.7 kg(125 lb)或更大,最小排出流量应为 0.9 kg/s(2 lb/s)。

12.5.2 配置的消防车和消防拖车不应用于其他目的。

12.5.3 消防车应符合 NFPA 1901 中的适用部分。

12.5.4 驶进工厂的汽车应至少配备 1 台手提干粉灭火器,其容量不少于 8.2 kg(18 lb)。

12.6 消防设备的维护

设施作业者应对所有工厂消防设备制订并实施维护计划。

12.7 人员安全

12.7.1 *应配置不受暴露于 LNG 影响的防护工作服,并应置于设施易接近处。

12.7.2 参加应急活动的职工,应配备必要的防护服和设备,并按 NFPA 600 进行培训。

12.7.3 应编制书面程序,避免职工进入受限空间或危险区的危险。

12.7.4 *应至少配备 3 台手持可燃气体指示器。

12.8 安保

12.8.1 安保评估。应对液化天然气设施涉及的危险、威胁、脆弱性和后果进行安保评估。

12.8.2 设施作业者应配备一套控制进出的安保系统,以防止未经许可人员擅自进入。

12.8.3 LNG 设施应有保护,包括栅栏、围墙或天然屏障,围绕工厂下列主要组件:

a) LNG 储罐;
b) 易燃致冷剂储罐;
c) 易燃液体储罐;
d) 其他危险物品储存场地;
e) 室外工艺设备场地;
f) 工艺或控制设备车间;
g) 陆上装卸设施。

12.8.4 LNG 设施应围成一个或多个独立的场地。当围场面积超过 116 m^2(1 250 ft^2)时,至少应设 2 个出口,以便在紧急情况时,人员能迅速撤离。

12.8.5 LNG 设施的保护围墙附近和有必要保证设施安全的其他区域应配备照明。

13 采用固定式 ASME 储罐的选择要求

13.1 概述

本章提供对按 ASME 锅炉和压力容器规范建造的,使用容积 379 m^3(100 000 US gal)及以下储罐的 LNG 设施的安装、设计、制造和布置地点的要求。最大罐区容量为 1 060 m^3(280 000 US gal)。

13.2 基本要求

13.2.1 场地准备应包括在工厂地产界限内,预留 LNG 溢出及地表水排放场地。

13.2.2 应确保应急服务设备能全天候地进入现场。

13.2.3 无人值守设施的储存和转运设备应予保护免受损害。

13.2.4 标明应急控制点和操作规程的作业指南应显著地设置在设施区。

13.2.5 LNG 设施设备的设计者、制造者、施工者,应具有相应资格。

13.2.6 转运 LNG 设施夜间在转运区应有照明。

13.2.7 对所有带压单元都要标明最大允许工作压力。

13.3 储罐

13.3.1 所有 LNG 储罐的管道,包括内罐和外罐之间的管道,应符合 ASME 锅炉和压力容器规范(2004)第Ⅷ卷或 ASME B 31.3。

13.3.2 符合 13.3.1 要求的情况应写在或附在 ASME 锅炉和压力容器规范(2004)附录 W 表 U-1“压力容器制造商数据报告”中。

13.3.3 内罐和外罐之间和绝热空间内的管道应按内罐的最大允许工作压力设计,并附加热应力裕量。

13.3.4 绝热空间内不得使用波纹管。

13.3.5 储罐应为双壁结构,内罐储存 LNG,其周围的隔热层包在外罐内。

13.3.6 内罐为焊接结构,应符合 ASME 锅炉和压力容器规范(2004)第Ⅷ卷,并加盖 ASME 印章和向国家锅炉和压力容器检验部门或其他压力容器注册机构登记。

13.3.7 内罐的支座设计应考虑运输、地震和操作荷载。

13.3.8 支座系统应能承受内罐的膨胀和收缩,设计应使传递到内罐和外罐上的应力在允许极限内。

13.3.9 外罐应为焊接结构

a) ASME 锅炉和压力容器规范(2004)第Ⅷ卷 UCS 部分的任何碳钢,允许其使用温度等于或高于 ASME 锅炉和压力容器规范(2004)第Ⅱ卷 D 篇表 1A 中的最低允许使用温度;

b) 地下储罐或半地下储罐材料熔点低于 1 093 ℃(2 000 ℉)。

13.3.10 在真空绝热的情况下,外罐的设计应按下列规定:

a) ASME 锅炉和压力容器规范(2004)第Ⅷ卷 UG-28,UG-29,UG-30,UG-33 部分,使用的外压不超过 100 kPa(15 lbf/in^2);

b) CGA 341 中 3.6.2。

13.3.11 用扇形板焊接组装的封头和球形外罐的设计应符合 ASME 锅炉和压力容器规范(2004)第Ⅷ卷 UG-28,UG-29,UG-30,UG-33 部分,使用的外压不超过 100 kPa(15 lbf/in^2)。

13.3.12 外罐应配置泄放装置或其他装置以释放内压。

13.3.12.1 对内罐水容量,单位质量的泄放面积至少应是的 0.003 4 cm^2/kg(0.000 24 in^2/lb),但总泄放面积不应超过 2 000 cm^2(300 in^2)。

13.3.12.2 泄放装置工作压力应不超过外罐设计内压、内罐设计外压或 172 kPa(25 lbf/in^2)中的最小值。

13.3.13 应设置隔热层防止外罐温度降到其设计温度以下。

13.3.14 抗震设计

13.3.14.1 工厂预制的储罐,其设计和建造应符合 ASME 锅炉和压力容器规范。储罐的支座系统设计应考虑由下列水平和垂直加速度引起的动荷载作用力:

水平力:

$$V = Z_c \times W \qquad (7)$$

式中：

V——水平力；

Z_c——震动系数，等于 0.60 S_{DS}；

（S_{DS}——最大设计谱加速度，按 ASCE 7 规定，对于 LNG 设施所在区域的场地等级，取重要性因数 I 为 1.0）；

W——储罐及其罐装物的总质量。

设计垂直力：

$$P = 2/3 \times Z_c \times W \quad \cdots\cdots(8)$$

式中：

P——设计垂直力。

13.3.14.2 13.3.14.1 规定的设计方法应仅用于工厂预制储罐及其支座系统的自然周期 T 小于 0.06 s。如果自然周期 T 为 0.06 s 或更大，应用 7.2.2.1 和 7.2.2.2 的规定。

13.3.14.3 储罐及其支座的设计应使用规范和标准中许用应力增量的方法，考虑地震荷载和操作荷载组合。

13.3.14.4 1996 年 7 月 1 日前建成的 ASME 储罐，重新安装时应符合本节的要求。

13.3.15 各储罐应在方便的位置设置铭牌，按 ASME 锅炉和压力容器规范的要求标注信息及以下内容：

a) 制造商名称和制造日期；

b) 公称容积；

c) 罐顶设计压力；

d) 最大允许液体比重；

e) 最高充装液位；

f) 最低设计温度。

13.3.16 储罐的所有开口应标识。

13.4 储罐充装

储罐设计操作压力超过 100 kPa(15 lbf/in^2)，应配套装置防止储罐装满液体或储罐内压达到泄放装置定压时，液体没过泄放装置入口。

13.5 储罐基础和支座

13.5.1 LNG 储罐基础的设计和施工应符合 NFPA 5000。

13.5.2 鞍座和支腿的设计应包括装运荷载、安装荷载、风荷载和热荷载。

13.5.3 储罐基础和支座的耐火等级应不低于 2 h，并应耐消防水冲刷。

13.5.4 布置在洪水泛滥地区 LNG 储罐应进行防护，防止 LNG 泄露或在洪水泛滥时储罐飘浮。

13.6 储罐安装

13.6.1 等于或小于 3.8 m^3(1 000 gal)的 LNG 储罐按以下规定设置：

a) 等于或小于 0.47 m^3(125 gal)，距建筑红线 0 m(0 ft)；

b) 大于 0.47 m^3(125 gal)，等于或小于 3.8 m^3(1 000 gal)，距建筑红线 3 m(10 ft)。

13.6.2 地上和半地下大于 3.8 m^3(1 000 gal)储罐，从拦蓄区或储罐排水系统边缘到建筑红线的最小距离，储罐间的最小距离，应符合表 6。

例外：经主管部门批准，这些设备允许布置在离建筑物或混凝土墙或石墙更近的地方，但离建筑物的门窗、洞至少 3 m(10 ft)。

表 6　地上和半地下 LNG 储罐和建筑物的距离

储罐水容积		从拦蓄区或储罐排水系统边缘到办公区及建筑红线的最小距离		储罐之间的最小距离	
m^3	gal	m	ft	m	ft
3.8～7.6	1 000～2 000	4.6	15	1.5	5
7.6～56.8	2 001～15 000	7.6	25	1.5	5
56.8～114	15 001～30 000	15	50	1.5	5
114～265	30 001～70 000	23	75	相邻罐径之和的 1/4 [至少 1.5 m(5 ft)]	
>265	>70 000	0.7 倍罐径,至少 30 m(100 ft)			

13.6.3　地下 LNG 储罐应按表 7 安装。

表 7　地下 LNG 储罐和建筑物的距离

储罐的水容积		离建筑物及相邻建筑红线的最小距离		储罐之间的距离	
m^3	gal	m	ft	m	ft
56.8	<15 000	4.6	15	4.6	15
56.8～114	15 000～30 000	7.6	25	4.6	15
114～380	30 001～100 000	12.2	40	4.6	15

13.6.4　地下或半地下储罐应设绝热层以防止土壤渗水层的温度降到 0℃(32 ℉)以下。在使用加热系统的地方,所设置的加热元件或温度探头应易于更换。

13.6.5　* 与土壤接触的所有地下或半地下元件应采用耐腐蚀材料或采取防腐蚀措施。

13.6.6　连接多个储罐的隔断阀,其通道至少应留 0.9 m(3 ft)的净宽。

13.6.7　容积大于 0.5 m^3(125 gal)的 LNG 储罐不应设在室内。

13.6.8　转运点离下列各对象的距离不应小于 7.6 m(25 ft):

a)　与 LNG 设施无关的最近的重要建筑物;

b)　相邻建筑红线。

13.6.9　LNG 储罐及附属设备不应位于 600 V 以上架空线路断落后可能触及的地方。

13.7　自动产品保存阀

13.7.1　除了放空阀和仪表接口,所有液体及蒸气接口应配备失效后自动处于保护状态的产品保存阀。

13.7.2　自动产品保存阀在下列情况发生时应自动地处于关闭状态:

a)　检测出火警或暴露在火焰下;

b)　LNG 从容器中不受控制的流出;

c)　就地或远距离手动操作。

13.7.3　只让流体流入储罐的接口应串联两个止回阀或一个自动失效保护产品保存阀。

13.7.4　附件应尽量靠近储罐安装,以便外应变引起的破坏发生在附件管道端,保持附件储罐端的阀门和管道完好。

13.8　LNG 溢出的围堵

13.8.1　应通过拦蓄设施(堤)、地形或其他方式把溢出的 LNG 引到安全的地方,应防止 LNG 流入下水道、排水沟、水渠或任何有盖板的沟渠中。

13.8.2 易燃液体储罐不应设在LNG储罐拦蓄区内。

13.8.3 地上或半地下LNG储罐拦蓄区应具有最小的容积V,它包括排水区域的有效容积,并为积雪、其他储罐和设备留有裕量。它应符合下列标准:

a) 多个储罐的拦蓄区,对因低温或因拦蓄区内一储罐泄漏着火而引起拦蓄区内其他储罐泄漏,在采取了防止措施条件下,V等于拦蓄区内最大储罐的总容积;

b) 多个储罐的拦蓄区,对因低温或因拦蓄区内一储罐泄漏着火而引起拦蓄区内其他储罐泄漏,在未采取防止措施条件下,V等于拦蓄区内所有储罐的总容积。

13.8.4 应在拦蓄区内设计雨水和其他水的排放设施。允许使用自动控制排水泵,但所配的自动停泵装置应避免暴露在LNG温度下运行。管道、阀门和管件,在发生故障时可能使液体流出拦蓄区,应适应在LNG温度条件下持续工作。如果采取自流排放,应采取措施防止LNG通过排水系统外流。

13.9 检验

13.9.1 储罐在初次试车前应进行检验,以确保符合工程设计要求和本标准的材料、建造、组装与测试规定。

13.9.2 检验员应具备储罐相关规范或标准规定的资格和本标准规定的资格。

13.10 LNG储罐的工厂试验

13.10.1 工厂预制储罐,外罐应进行渗漏试验。

13.10.2 内罐和外罐外部第一个接口之间的管道应按照ASME B31.3的要求进行试验。

13.11 LNG储罐的装运

在装运的过程中,储罐的内部惰性气体压力应至少60 kPa(10 lbf/in^2)。

13.12 LNG储罐的现场试验

13.12.1 在充装LNG以前,储罐及连接管线应进行渗漏试验。

13.12.2 在完成验收试验之后,LNG储罐不应进行任何现场焊接。

13.13 储罐焊接

13.13.1 现场焊接应仅在鞍板或支架上施焊。

13.13.2 维修或改造焊接应符合储罐建造标准和规范。

13.13.3 维修或改造后,复验测试所影响到的元件和必要证明改装和修理适当,应采用适当的方式进行复验。

13.14 管道

13.14.1 作为LNG储罐一部分的管道或装运低温或易燃液体储罐的附属设施应当符合ASME B31.3的要求,并应执行下列要求:

a) 不应使用F类管道、螺纹焊管道、炉热对焊钢制管道;

b) 所有的焊接或铜焊应由符合ASME锅炉和压力容器规范(2004)第Ⅸ卷要求的有资质人员实施;

c) 不准许采用气焊;

d) 铜焊填充金属的熔点应超过538 ℃(1 000 ℉);

e) 低于−29 ℃(−20 ℉)的环境中使用的所有管道应由奥氏体不锈钢制成;

f) 除垫片、阀座和填料外,所有管道和管道组件的最低熔点应为 816 ℃(1 500 ℉);
g) 铝应仅用在气化器产品保存阀的下游;
h) 在可能感受到温度低于 −29 ℃(−20 ℉)的地方不准使用压合接头,除非该接头符合 ASME B31.3—2004 中 315 的规定;
i) 不准许使用销钉连接支线管道;
j) 加长阀盖阀可用于所有低温液体的地方。在安装时应注意不要使阀盖偏离正垂直方向 45°以上。

13.14.2 应当规定检测管道的水平。

13.15 储罐仪表

13.15.1 总则

在设计 LNG 设施所使用的仪表时,应考虑当供电或仪表风一旦中断,系统应能进到并保持在失效保护状态直到操作人员采取适当措施重启或保护系统。

13.15.2 液位计

LNG 储罐应按下列要求配备液位计:

a) 容积大于等于 3.8 m^3(1 000 gal)的 LNG 储罐应配备两套独立的液位计,应有一套能从满罐到空罐连续测量的液位计,而且能在不妨碍储罐作业的情况下维护或进行更换;
b) 容积小于 3.8 m^3(1 000 gal)的 LNG 储罐应配备一套固定长度汲取管式或其他形式的液位计。

13.15.3 压力测量和控制

13.15.3.1 各储罐应配备一压力表,取压点应在最高液位以上,并应有永久性标记标明该储罐所容许的最大工作压力(MAWP)。

13.15.3.2 真空夹套应配备压力表或有接口与压力表相连,以便检查夹套空间压力。

13.15.3.3 安全泄压阀的大小应能适应因误操作、蒸气排放、因泵回流和火灾引起的闪蒸等情况所引发的各种工况。

13.15.4 泄压阀应直接通向大气。

13.15.5 泄压阀的大小应符合 7.8.3 的规定或 CGA S-1.3 中的规定。

13.15.6 LNG 内罐的泄压阀应通过一个手动的全开截止阀与此罐隔离。

13.15.6.1 截止阀应锁定或铅封开。

13.15.6.2 泄压阀的安装应能使各安全阀能在维护或测试时被单独隔离,而且保持在 7.8.3 中所规定的全部泄放能力。

13.15.6.3 如果只需要装一个泄压阀,应在安全阀以下安装一个全开的三通阀,代替各减压安全阀以下的单独的阀门。

13.15.7 在安全泄压阀下的隔断阀应锁定或铅封开。未经授权不应打开或关闭它。

13.15.8 安全泄压阀排放火炬或放空管设计和安装,应防止其中滞留水、冰、雪或其他外部杂物。如果是直接向大气中排放,则应垂直向上排放。

13.16 防火及安全

应遵守下列各条提出的要求:12.1,12.3,12.4,12.5,12.6 和 12.7,12.8.2 和 12.8.3。

13.17 燃气检测器

一个开着的便携式可燃气体检测器应随时可用。

13.18 操作与维护

根据对类似设施的经验和知识以及将运行设施的条件，应为各设施准备一份书面的操作、维护和培训程序。

13.18.1 基本操作要求。各设施应符合下列要求：

a) 有关于操作、维护和培训的书面程序；

b) 工厂设备的图纸符合最新的情况，并标明在安装后所做的全部修改；

c) 根据操作条件或设施要求修订本计划和程序；

d) 制订一份书面应急预案；

e) 与地方有关部门建立联系，如公安消防部门或市政部门，报送应急预案并说明紧急情况下他们的作用；

f) 分析并记载所有与安全有关的误操作和事故，以确定它们的原因并防止可能再次发生。

13.18.2 操作程序手册

13.18.2.1 各设施应有一份书面的操作程序手册，包括下列过程：

a) 指导设施全部组件正常启动和停机程序，其中包括 LNG 设施初次启动程序，确保全部组件操作圆满；

b) 置换和惰性化组件；

c) 冷却组件；

d) 确保各控制系统在设计所规定的限度内正常调节运行过程；

e) 维持气化速率、温度和压力，使气化操作在气化器及下游管道的设计范围内运行；

f) 发现并确认任何异常情况的存在，并指出对这些情况的响应；

g) 在修理的过程中，无论设备是否运行，都要确保人员和财产的安全；

h) 确保危险流体的安全转运；

i) 确保 LNG 工厂内安全；

j) 通过观察和听取有人值守控制中心发出的警报，并通过定期计划安排的检查监视操作过程；

k) 每周一次监测基础加热系统。

13.18.2.2 手册应方便操作和维护人员。

13.18.2.3 手册应根据设备和程序的变化及时地加以更新。

13.18.2.4 操作手册应包括冷却程序，确保下列要求：

a) 各设施应有程序来确保各组件系统冷却过程受控，承受低温的组件限制在一个速度和分布模式，使有膨胀或收缩的设备其热应力在降温的过程中保持在设计范围内；

b) 各设施应有程序来检查受控的低温管道法兰、阀和密封，在冷却稳定的过程中及稳定之后是否泄漏。

13.18.2.5 应建立置换程序，确保在 LNG 工厂中所有可能积累可燃混合物的组件在退出运行后或投入运行前进行置换，使工厂的管道和设备内可燃混合物最少。

13.18.2.6 操作手册应包括适用于所有转运作业的装卸作业程序，包括下列内容：

a) 有效的书面操作程序，应包括所有转运作业和在紧急与正常情况下的操作程序；

b) 书面操作程序应及时更新，适合所有转运作业人员使用；

c) 在转运之前，应先读取仪表读数或确定存货量，以确保接收的储罐不会过量充装；

d) 在转运作业的过程中，应检查液位；

e) 在使用之前应先检查转运系统以确保阀门处于正确的位置；

f) 在转运作业中要经常观察温度、压力条件是否适当。

13.18.2.7 对槽车转运 LNG 设施，操作手册应有包括下列内容的槽车装卸程序：

a） 在槽车装卸过程中，LNG 设施 7.6 m(25 lbf/in²)以内或离蒸气比空气重的致冷剂 15 m(50 ft)以内，应禁止一切有轨或无轨车辆行驶；

b） 在连接槽车之前，应先检查槽车并设置刹车装置、变速器和油门处于正确的位置，根据要求设置警示灯或信号；

c） 在转运完成前或槽车脱扣之前，警示信号和灯光不应移开或重新设置；

d） 除非转运作业要求，否则车辆发动机应熄火；

e） 装卸联接前，车轮下设置刹车块；

f） 只有在槽车与管道脱扣而且放出的蒸气散尽后，车辆的发动机才能启动；

g） 在把 LNG 装入非 LNG 专用的槽车之前，应检查储罐中的氧含量；

h） 对于 LNG 专用的槽车，如果储罐中没有正压，则应测试氧含量；

i） 如果槽车罐中的氧体积含量超过 2%，就不应装车，而应置换到氧体积含量低于 2%。

13.18.3 应急程序

13.18.3.1 应急事件的类型至少应包括可预见的误操作、一部分设施结构坍塌、人为失误、自然力和设施附近活动。包括下列内容：

a） 可控制应急的响应程序，包括通知有关人员、使用适合处理此事件的设备，并切断或隔断此设备的各个部分，以及其他可行的程序，以确保能迅速地切断气体及液体的溢出，或尽可能减少溢出；

b） 识别不可控制应急和采取行动的程序应尽可能地减少设施人员及周围公众的人身伤害；

c） 紧急情况通告程序，发生紧急情况时，应及时向地方有关部门紧急通报此紧急事故，包括可能需要从该设施附近撤离人员；

d） 与地方有关部门在应急疏散方案准备中合作的适当程序，在应急事件中保护公众的必要步骤。

13.18.3.2 * 应急情况下联系地方官员，程序和步骤中应包括就下列问题呈报地方有关部门的方式：

a） 整个设施防火设备的数量和位置；

b） 设施潜在危险；

c） 设施通讯及应急控制能力；

d） 各应急的状况。

13.18.4 每个设备需要根据相关经验、类似设备的知识和设备的维护条件编写维护程序。

13.18.4.1 各作业者应根据要求定期地对 LNG 工厂中运行的每个组件及支持系统进行检查或测试或两方面都进行，以确定设备的维护符合生产商的要求及以下要求：

a） 各组件的支持系统或基础应至少每年检查一次，以确保支持系统和基础可靠；

b） 在设施中的各应急电源应每月检测一次以确保其操作，每年运行一次，以确保应有的性能；

c） 只有单套安全装置的组件，其安全装置因维护或修理而退出运行，各作业公司应确保该组件也退出运行；

d） 当已退出运行的组件操作可能引起危险时，设施作业者应将“不准动”或类似字样的标志附在控制此组件的装置上，或应锁定该组件；

e） 隔离安全阀或真空解除阀的截止阀应锁定或铅封开，未经授权不应动它们；

f） 在各 LNG 的储罐上，应每次关一个隔离安全阀或真空解除阀的截止阀。

13.18.4.2 维护手册：

13.18.4.2.1 各设施作业者应准备一份书面手册，列出其 LNG 工厂各组件检查和维护的程序。

13.18.4.2.2 设施组件的维护手册应包含下列内容：

a） 13.18.4.1 中提到的检查和测试进行方式及频率；

b） 描述 a)规定的活动之外，按照标准维护该设施必要的其他活动；

c） 在运行的组件上进行维修时，应执行为了确保人身及财产安全所要求执行的全部程序。

13.18.4.2.3 各设施作业者应执行符合设施组件书面手册的维护程序。

13.18.4.3 设备维护：

13.18.4.3.1 各设施作业者应保持设施干净，地面上不留垃圾、残屑和其他可能引起着火危险的材料。

13.18.4.3.2 各设施作业者应确保设施各组件防止冰和其他的外来材料可能妨碍其性能。

13.18.4.3.3 各设施作业者应维护设施的草坪，使其不产生着火危险。

13.18.4.3.4 各设施作业者应确保其设施内消防道路畅通，并在各种气候条件下进行合理维护。

13.18.4.4 对设施各组件的修理，应确保达到下列目的：

a) 按照本标准的要求，维持组件的完整性；
b) 组件以安全方式运行；
c) 在修理期间保证人身及财产安全。

13.18.4.5 各设施作业者应确保退出运行 30 d 或以上的控制系统，在恢复运行之前应测试以确保其在正常运转状态。

a) 各设施的作业者应确保在本节中所规定的检查与测试是按规定的时间间隔进行的；
b) 季节性使用的控制系统在各季节使用之前应进行检查与测试；
c) 在该设施中用作消防系统一部分的控制系统应按防火规范的要求进行检查和测试。也应执行下列要求：
   1) 应按照 NFPA 72 及 NFPA 1221 维护监测设备；
   2) 如有需要，应按照 NFPA 13，NFPA 14，NFPA 15，NFPA 20，NFPA 22 和 NFPA 24 中的规定维护消防供水系统；
   3) 适宜天然气火灾的手提式或推车式的灭火器，特别是干式化学灭火器应设在 LNG 设施及槽车处的关键位置供随时取用。这些灭火器应按照 ANSI/NFPA 10 进行维护；
   4) 所设置的固定式灭火器及其他消防设备应按照 NFPA 11，NFPA 12，NFPA 12A，NFPA 16 和 NFPA 17 中的规定进行维护；
d) 安全阀检查和定压测试应至少每年一次，间隔不超过 30 个月，以确保各安全阀在正常设定值排放；
e) LNG 储罐的外表面应按维护手册检查和测试下列内容：
   1) 内罐渗漏；
   2) 绝热层的坚固性；
   3) 罐基础的加热装置以确保其结构完整性及罐的安全性不受影响；
f) LNG 储存工厂，特别是储罐及其基础在每次较大的气象扰动之后，应进行外部检查，以确保工厂结构完整性完好。

13.18.4.6 腐蚀控制：如果进行腐蚀控制，各设施作业者应确保满足控制系统、检查和测试的要求。

13.18.4.7 维护记录：

a) 各设施作业者应保存每次执行维护活动时的数据与作业类别的记录；
b) 维护记录应在该设施的服务期内保存。

13.18.5 培训

13.18.5.1 各设施作业者应开发、实施并保持书面培训计划，在下列方面培训适当的设施人员：

a) 按照程序手册中的规定，执行在本设施应急程序中相关的职责，并提供现场急救；
b) 专职维护、操作及监督员，按下列内容进行：
   1) 在设施进行的基本操作；
   2) LNG 的特性及潜在的危险，在操作和维护设施中所涉及的其他的危险流体，包括由于接触到 LNG 或冷的致冷剂冻伤后所引发的一系列危险；
   3) 按照操作与维护手册的要求，履行设施维护和操作职责的方法；

4）按13.18.4提及的LNG转运程序；

5）防火，包括熟悉设施的火灾控制计划、消防、设施火灾的潜在因素，设施火灾的类型、规模、及可能的后果等；

6）为了维护设施安全，掌握个人所需求助的情况。

13.18.5.2 各设施作业者应开发、执行和保存一份书面计划，使设施人员及时了解设施各系统功能、防火和安全。

13.18.5.3 在13.18.5.2中提及的计划，应定期培训提高人员的素质，间隔不应超过2年。

13.18.5.4 各设施作业者应保存设施雇员培训记录。记录在雇员中止在设施工作之后还应保存至少2年。

13.18.5.5 各设施作业者应确保下列内容：

a）设施人员接受了13.18.5中提及的实用培训；

b）设施人员有与他们指定职责相关的经验。

13.18.5.6 没有完成13.18.5中提及的培训或不具备相应经验的人，应接受经过培训人员管理。

14 操作、维护和人员培训

14.1 基本要求

14.1.1 作业公司应根据LNG工厂运行的经验和现状，制定操作、维护和人员培训程序文件。

14.1.2 作业公司应满足下列要求：

a）操作、维护和人员培训程序；

b）保持工厂设备最新图纸、图表和记录；

c）操作条件或工厂设备变动时，修改方案和程序；

d）依据14.3.2的要求，确保部件冷却；

e）建立应急预案文件；

f）联系当地公安消防或市政管理部门，报送应急预案并说明他们在紧急情况下的职责；

g）*分析并记录与安全有关的情况，确定其原因并避免再次发生。

14.2 操作程序手册

14.2.1 按照操作程序手册，操作LNG工厂所有部件。

14.2.2 操作程序手册工厂人员应能获取，且应常备在操作控制中心。

14.2.3 当设备或程序有变更时，操作程序手册应更新。

14.3 操作手册内容

14.3.1 操作手册应包括工厂所有部件的启动及停机程序，包括首次启动，以确保所有部件正常运行。

14.3.2 操作手册应包括置换、惰化和冷却部件的程序。

14.3.2.1 操作程序应确保作业公司操控的低温部件系统的冷却过程被限制在一定的温降速度和温度分布之内，保证设备在膨胀或收缩时热应力不超过设计范围。

14.3.2.2 作业公司操控的低温管道系统在冷却及稳定之后，应对其法兰、阀门和密封处进行泄漏检测。

14.3.3 操作手册应包括控制系统调节程序，确保其工作在设计范围之内。

14.3.4 有液化设施的LNG工厂，操作手册应包括下列设备的操作程序，维持其温度、液位、压力、压差及流速：

a）锅炉；

b) 透平机和其他原动机；

c) 泵、压缩机及膨胀机；

d) 净化和再生设备；

e) 在设计范围内冷箱中的设备。

14.3.5 操作手册应包括下列程序：

a) 维持气化的速率、温度和压力，使气化的天然气在气化器及下游管道的设计范围内；

b) 确定运行监视的异常情况，以及工厂的响应措施；

c) 安全转运 LNG 和危险流体，包括防止储罐过量充装；

d) 安保。

14.3.6 操作手册应包括运行监视程序。

14.3.6.1 *应由有人值守的控制中心进行运行监视，通过视听报警，并按照 14.2 书面操作程序要求的时间间隔进行检查，每周至少一次。

14.3.6.2 外罐底部与土壤接触处的加热系统应每周至少检查一次，确保 0℃(32 ℉)等温线未进入土壤。

14.3.6.3 任何沉降超过设计预期时，应调查并按要求调整。

14.3.7 检查记录：

14.3.7.1 各 LNG 工厂按操作手册要求应保存每次检查、测试及调查的记录。

14.3.7.2 记录应保存至少 5 年。

14.3.8 应急程序：

14.3.8.1 操作手册应包括应急程序。

14.3.8.2 应急程序至少应包括预期的误动作、部分 LNG 工厂结构坍塌、人为失误、自然力破坏、工厂附近活动等导致的紧急事故。

14.3.8.3 应急程序应包括但不限于下列应对可控紧急事故的措施：

a) 通知相关人员；

b) 使用处理相应紧急事故的合适设备；

c) 切断或隔离设备各部分；

d) 可迅速切断或最大限度减少气体和液体泄漏溢出的其他措施。

14.3.8.4 应急程序应包括识别不可控紧急事故，采取相应措施实现下列目标：

a) 尽可能减小对 LNG 工厂人员和周边公众的危害；

b) 迅速通报当地有关部门，包括可能要求疏散 LNG 工厂附近人员。

14.3.8.5 应急程序应与当地部门疏散方案协调，提供应对紧急事件保护公众的必要步骤，包括：

a) LNG 工厂内消防设备的数量与位置；

b) LNG 工厂的潜在危险；

c) LNG 工厂的通讯与应急控制能力；

d) 紧急事故状况。

14.3.8.6 应急程序应包括未点燃泄漏气体的处理程序。

14.3.8.7 作业公司应确保 LNG 工厂中收集可燃混合物的部件在使用前后置换干净。

14.3.9 所有管中管组件的检查程序，包括真空程度，应具体并表明符合安装条件。

14.4 维护手册

14.4.1 作业公司对 LNG 工厂中确定需要检查和维护的部件，应制定检查维护要求的程序方案文件。

14.4.2 维护手册涵盖的维修程序，在修理过程中，无论设备运行与否，应确保人员和财产的安全。

14.4.3 LNG 工厂部件维护手册应包括：

a） 检查和测试的执行方式和频率；

b） a)规定之外符合本标准要求的其他维护作业；

c） 对运行中部件进行维修，应遵循所有程序，以保证人员和财产安全。

14.4.4 LNG工厂所有部件的检查和维护作业应遵循维护方案文件。

14.4.5 作业公司应对维护方案要求的LNG工厂部件及支持系统进行定期检查或测试，或两者都进行。

14.4.6 操作停运部件可能引起危险的，应在部件的控制装置上标明“禁止操作”或类似字样的标签，或锁定该部件。

14.4.7 套管部件维护和修理程序，包括真空程度，应具体并表明符合安装条件。

14.4.8 基础：

14.4.8.1 各个组件的支持系统或基础应至少每年检查一次。

14.4.8.2 如果发现基础无法支持相应部件，应对其进行维修。

14.4.9 应急电源。LNG工厂应急电源应每月进行检测，以确保其可使用。应急电源的年度检测应考虑启动和使用应急电源的其他设备同时运行时的功率。

14.4.10 拦蓄设施表面的绝热层，应每年检查。

14.4.11 LNG和制冷剂的传输软管应在最大的泵压或安全阀设定条件下进行测试，每年至少一次。在每次使用前应对软管进行目测，防止破损或缺陷。

14.4.12 船舶装卸操作应按相关监管部门的要求进行定期检查。

14.5 装卸船舶

14.5.1 LNG装卸部门应制定在传输区内或附近可能发生的潜在事故的应急预案。

14.5.1.1 应急预案包括：

a） 消防设备和系统及其操作程序，包括注明所有应急设施的位置图；

b） LNG泄漏响应程序，包括当地应急响应机构的联系信息；

c） 船舶起锚应急响应程序，包括紧急拖索（如防火索等）；

d） 特定泊位预期紧急事故的拖船需求；

e） 当地监管部门、医院、消防部门及其他应急响应机构的电话号码。

14.5.1.2 应向船舶操作人员说明14.5.1的要求，维护停离泊安全。

14.5.1.3 应设置警示标志和路障，表明传输作业在进行中。

14.5.2 应按11.5.4对所有靠岸船舶制定具体的系泊方案。

14.5.2.1 船舶应以安全和有效的方式系泊。

14.5.3 LNG终端作业者在开始传输前，应书面确认满足13.18.2.6的要求。

14.5.3.1 确认文件可被岸上LNG装卸部门检查。

14.5.4 LNG传输前，装卸部门应进行下列操作：

a） 检查传输过程中使用的管道和设备，更换损坏和无法使用的部件；

b） 记录压力、温度和容积，确保船上储罐传输安全；

c） 审查传输作业顺序并获得船舶作业认可；

d） 审查传输速率并获得船舶作业认可；

e） 审查指派的传输操作人员职责、位置、时间并获得船舶作业认可；

f） 审查应急手册的应急响应程序；

g） 审查传输过程中船岸值班人员的联络方式（如专用通信频道）并获得船舶作业认可；

h） 确保船舶在泊位限制内传输而不会超过装卸臂的正常作业范围；

i） 确保传输系统部件对齐，在设定位置传输LNG；

j) 核实船上气液相管道、装卸臂和岸上管道系统中氧气已被置换；
k) 确保设置警示牌，表明 LNG 传输作业在进行中；
l) 核实 LNG 传输区内无火源；
m) 确保人员在操作手册要求的岗位上；
n) 测试传感、报警、紧急关断和通讯系统，确保可以使用。

14.5.5 在 14.5.4 要求的传输前检查合格后，应在合格声明文本上签字，方可开始 LNG 传输作业。

a) 船上和岸上 LNG 传输负责人各保留一份签署的合格声明副本，岸上副本应在传输作业完成后保存 30 d；
b) 合格声明应包含：
   1) 岸上 LNG 传输部门和船舶名称；
   2) 传输作业开始及结束日期和时间；
   3) 岸上传输部门负责人的签名、日期和时间，传输作业准备就绪；
   4) 每次交接班负责人的签名、交接班日期和时间；
   5) 岸上传输部门负责人的签名、日期和时间，传输作业完成。

14.5.6 *传输过程操作：

14.5.6.1 传输过程中，桥墩与码头装卸管汇 30 m(100 ft)以内严禁车辆行驶。

14.5.6.2 用警示牌或路障表明传输作业在进行中。

14.5.6.3 *船上应设置两个独立出口，包括一个紧急出口；

14.5.6.4 船舶储备品(包括氮气)传输中，负责人员不应同时负责 LNG 的传输。

14.5.7 船舶加油作业：

14.5.7.1 船舶加油作业应符合船舶或终端监管部门规定的要求。

14.5.7.2 在船舶加油作业中，应要求：

a) 加油作业负责人不应同时负责 LNG 的传输；
b) 没有监管部门批准，任何船舶不可停靠在 LNG 船旁；

14.5.8 传输前准备：

14.5.8.1 传输前，船舶传输和陆上终端负责人应各自检查相关设备，确保传输设备处于良好工作状态。

14.5.8.2 按 14.5.8.1 要求完成检查后，船上和陆上的负责人员应会晤并确定传输程序，核实船岸联系，审查应急响应程序。

14.5.9 法兰：

14.5.9.1 装卸臂装卸作业时，所有法兰孔须有螺栓连接。

14.5.9.2 不参与装卸作业的装卸臂须有盲板。

14.5.9.3 作业前应检查所有接口密闭不漏。

14.5.10 装卸臂作业前应进行置换，传输完成后装卸臂应彻底排空。

14.5.11 装卸臂连接或断开时应在常压条件下操作。

14.5.12 应在船上和岸上终端连续监测 11.8.3 要求的通讯系统。

14.6 LNG 产品传输

14.6.1 在 LNG 大规模传输时，LNG 组成或其温度和密度应与大型固定储罐内已有 LNG 兼容。

14.6.2 组成或温度和密度不相容时，应采取防措施，避免分层和快速蒸发引起翻滚。

14.6.3 设置混合喷嘴或搅拌系统，确保防止翻滚。

14.6.4 传输过程中，至少一位有资质人员始终在场。

14.6.5 传输过程中，在装卸现场不允许有任何火源，如焊接、明火和低等级电气设备。

14.7 LNG 和制冷剂装卸操作

14.7.1 基本要求：

14.7.1.1 *装卸作业时，至少一位有资质人员始终在场。

14.7.1.2 书面程序：

a) 书面程序应涵盖所有传输操作，应有正常程序和应急程序；

b) 书面程序应持续更新，并确保传输作业负责人员能获取。

14.7.1.3 传输过程中，在装卸现场不允许有任何火源，如焊接、明火和低等级电气设备。

14.7.1.4 在装卸区应设置“禁止吸烟”警示牌。

14.7.1.5 在装卸多种产品时，同一地点的装卸臂，软管及管汇应标记或标识，标明各系统处理的产品。

14.7.1.6 传输前，应取仪表读数或确定存量，确保接收储罐不过量充装，传输过程中应检测液位。

14.7.1.7 使用前应检查传输系统，确保阀门处于正确位置。

14.7.1.8 开始时应缓慢进行传输操作，一旦温度和压力有异常，应立即停止传输，查明原因并予以纠正。

14.7.1.9 传输过程中应始终监视温度和压力。

14.7.2 槽车装卸过程中，LNG 设施 7.6 m(25 ft)以内或重气制冷剂 15 m(50 ft)以内，严禁列车或车辆行驶。

14.7.2.1 在槽车连接前，应检查槽车刹车装置、拖挂装置和开关处于正确位置，并根据要求设置警示标识和警示灯。

14.7.2.2 在传输完成或槽车脱开之前，警示标识和警示灯不允许移走或重设。

14.7.2.3 除非传输作业要求，槽车发动机应熄火。

14.7.2.4 连接装卸前，应制动车辆并在车轮下放置刹车块。

14.7.2.5 发动机应在槽车脱开和蒸气散尽后启动。

14.7.2.6 氧含量：

a) 非专用槽车装入 LNG 前，应测试其储罐中氧含量；

b) 若储罐内体积氧含量超过 2%，则不可用于装载，应置换使体积氧含量低于 2%；

c) 对于专用 LNG 槽车，若储罐内非正压，则应测试氧含量。

14.7.2.7 装卸前槽车应停在正确位置，装卸完后无需倒车即可驶出装卸区。

14.7.2.8 槽车通过顶部装载时，在顶部接口打开前管道电屏蔽或接地。

14.7.3 装卸地点应配备通讯设备，以便能与在远程装卸作业人员联系。

14.8 *其他操作

14.8.1 释压放气时，应尽可能减少人员和设备暴露于可燃气体中。

14.8.2 置换：

14.8.2.1 应在储罐的设计温度范围内置换气体或液体。

14.8.2.2 应在储罐的设计压力范围内进行置换。

14.8.2.3 应采用安全的方式置换管道系统中的空气或天然气。(见 9.7)

14.8.3 *储罐置换程序：

14.8.3.1 正常操作中不应停运 LNG 储罐。

14.8.3.2 置换时应制定详细程序。

14.8.3.3 有经验且经过培训的人员方可进行储罐置换。

14.8.3.4 LNG 储罐投入使用前，应按书面置换程序用惰性气体置换储罐内空气。

14.8.3.5 *储罐停运前，应按照书面置换程序用惰性气体置换储罐内天然气。

14.8.3.6　置换过程中，储罐内的氧含量应用氧分析仪监测。

14.9　现场后勤工作

14.9.1　作业公司应做到：

a）保持 LNG 工厂清洁，地面无垃圾、残屑和其他可能引起着火的材料；

b）控制外来污染，避免结冰，维持 LNG 工厂各部件安全运行；

c）维护 LNG 工厂草坪，使其不产生着火危险；

d）确保 LNG 工厂内消防通道畅通，在任何气候条件下得到适当维护。

14.9.2　LNG 工厂部件维修应按下列要求进行：

a）按照本标准要求，维护部件的完整性；

b）部件以安全方式运行；

c）在维修作业中维护人员和财产安全。

14.10　控制系统及其检查和测试

14.10.1　作业公司在恢复停运 30 d 或以上的控制系统运行前应进行测试，以确保正常工作。

14.10.2　作业公司应在本节规定的时间和间隔内进行检查和测试。

14.10.3　季节性使用的控制系统，每季度使用前应进行检查和测试。

14.10.4　LNG 工厂中任何消防系统的控制部分都应按照适用的防火规范进行检查和测试，并遵循下列要求：

a）监测设备应按照 ANSI/NFPA 72 及 NFPA 1221 的规定进行维护；

b）消防水系统应按照 ANSI/NFPA 13，NFPA 14，NFPA 15，NFPA 20，NFPA 22 和 NFPA 24 的规定进行维护；

c）*适合天然气火灾的手提式或推车式灭火器，特别是干式化学灭火器应按第 12 章的要求设在 LNG 储罐设施及槽车处的关键位置，供随时取用，这些灭火器应按照 ANSI/NFPA 10 进行维护；

d）固定式灭火器及其他消防设备应按照 ANSI/NFPA 11，NFPA 12，NFPA 12A，NFPA 16，NFPA 17 及 NFPA 2001 中的规定进行维护。

14.10.5　对于 14.10.3 和 14.10.4 中未提及的控制系统，应每年检查和测试一次，检测间隔不得超过 15 个月。

14.10.6　固定式 LNG 储罐的安全阀应每两年检查和测试一次。

14.10.7　其他所有防护危险流体的安全阀应随机抽查并测试设定值，间隔不应超过 5 年 3 个月。

14.10.7.1　隔压阀或真空释放阀的截止阀应锁定或铅封。

14.10.7.2　未经授权，禁止操作截止阀。

14.10.7.3　LNG 储罐上截止阀，每次仅可关闭一个。

14.10.7.4　由单一安全器件控制的部件，器件因维护或修理而停运时，部件也应停运，除非有替代方法保障安全。

14.10.8　对下列项目应按维护手册要求检测和试验 LNG 储罐外表面：

a）内罐泄漏；

b）绝热层有效性；

c）储罐基础加热，确保储罐结构完整性或安全性不受影响。

14.10.9　LNG 储存站，尤其在每次气象影响后，应对储罐及其基础进行外部检查，确保整体结构未受到损坏。

14.10.10　如果出现地质或气象潜在危险，应完成：

a） 尽快关闭工厂；

b） 应找出并确认可能存在的损害及其性质和范围；

c） 运行安全恢复前，工厂生产不得恢复。

14.11 腐蚀控制

14.11.1 LNG 工厂中金属部件寿命期内的完整性和可靠性可能受到腐蚀影响，作业公司应确保：

a） 防腐符合 9.9；

b） 定期维护程序内的检查、更换和修理，应与 14.4 维护手册要求一致。

14.11.2 作业公司应使 LNG 工厂内各部件免遭电流干扰，使其影响最小。

14.11.3 外加电流电源的安装与维护，应不对 LNG 工厂的通讯和控制系统产生干扰。

14.11.4 * 作业公司应监视 9.9 要求的腐蚀控制。

14.11.4.1 对地下或水下部件，应至少每年检查一次阴极保护，间隔不超过 15 个月，确保符合采用的腐蚀控制标准。

14.11.4.2 对阴极保护的整流器或外加电流系统，应每年至少检查 6 次，间隔不超过 2.5 个月，确保正常工作。

14.11.4.3 对干扰接头应至少每年检查一次，间隔不超过 15 个月。

14.11.4.4 对外露受大气腐蚀的部件应进行检查，间隔不超过 3 年。

14.11.4.5 防止有涂层或缓蚀剂部件内腐蚀，应在最易发生腐蚀的部位设置内腐蚀监测器件，如挂片或探头。

14.11.4.6 内腐蚀监测器件应至少每年检查 2 次，间隔不超过 7.5 个月。

14.11.5 在 LNG 工厂寿命期内，不会受到内腐蚀影响的组件可免于 14.11 的要求。

14.11.6 作业公司一旦通过检查或其他方式发现 LNG 工厂有未受控制的腐蚀，应采取必要控制措施和腐蚀监测。

14.12 记录

14.12.1 作业公司应保存 LNG 工厂各部件 5 年内维护记录，包括各部件每次实施维护的日期和类型，部件停运和投入使用的日期。

14.12.2 上述记录应凭有效证件可在工作日内获取。

14.12.3 作业公司人员应保存每次根据本标准要求进行测试或检测记录，记录应足够详细，证明 LNG 工厂寿命期内腐蚀控制措施适当。

14.12.4 作业公司应保存 LNG 工厂每个雇员的培训记录。保存期限应不少于雇员离职后 2 年。

14.13 人员培训

14.13.1 对从事船运 LNG 传输人员的培训应包括：(1)LNG 传输程序，包括终端运营商指定的有经验人员监督的操作训练；(2)14.5.1 要求的应急响应程序。

14.13.1.1 协助 LNG 传输操作的培训时间应满足本规定要求。

14.13.1.2 从事海上 LNG 传输作业人员应熟悉传输程序的各项内容，包括潜在危害及应急程序。

14.13.1.3 岸上 LNG 传输作业人员应按 14.13.2.1 的要求进行培训，满足下列要求：

a） 至少 48 h 的 LNG 传输工作经验；

b） 了解 LNG 危险性；

c） 熟悉第 11 章的传输规定；

d） 了解终端操作和应急手册的程序。

14.13.2 运行的 LNG 工厂应有书面培训方案，指导工厂全体人员的培训。

14.13.2.1　培训方案应包括长期维护、操作和监督人员培训，内容如下：

a）LNG 工厂基本作业；

b）LNG 及工厂操作和维护作业涉及的其他危险性流体特性和潜在危害，包括因接触低温 LNG 或制冷剂导致的严重冻伤危害；

c）LNG 工厂操作程序手册与维护中要求的方法和应履行的职责；

d）LNG 传输程序；

e）熟悉消防要求，包括 LNG 工厂火灾控制方案、LNG 火灾潜在原因、火灾类型、规模及可能后果；

f）为维护 LNG 工厂安全，掌握和了解必要的个人求助方式。

14.13.2.2　LNG 工厂全体人员应满足：

a）14.13.2.1 要求的培训；

b）具备与其职责相应的经验。

14.13.2.3　未接受或完成 14.13.2.1 要求的培训，应接受有经验人员的管理。

14.13.3　进修：

14.13.3.1　接受过 14.13.1 和 14.13.2 要求培训的人员，应至少每两年进修一次相同科目。

14.13.3.2　在有资质人员监督下进行的实际装卸作业，应满足 14.13.1 实践培训的进修要求。

附　录　A
（资料性附录）
条文说明

A.1　范围

本标准规定了设计、安装和安全运行液化天然气(LNG)设施的基本要求和标准。它为施工和安全运行LNG生产、储存和装运设备的有关人员提供指南。这并不是一本设计手册，正确使用必须有足够工程判断力。

在足够低的温度，天然气会液化。在大气压下，当温度下降到约−162 ℃(−260 ℉)时，天然气能被液化。

当从储罐中排放到大气，LNG将气化并释放气体。在环境的温度下，气体的体积大约是液体的600倍。一般而言，在温度低于大约−112 ℃(−170 ℉)时，气体比环境温度为15.6 ℃(60 ℉)的空气重。但随着温度的上升，它就变得比空气轻。

注1：−162 ℃(−260 ℉)的温度是对甲烷。如果有其他组分，见液化天然气(LNG)的定义。

注2：使用LNG作汽车燃料的资料，请参阅NFPA 52。

A.2　术语和定义

A.2.1　对于3.1.1批准，国家主管部门不批准、检查或证明任何施工、程序、设备或材料，也不批准和评价测试实验室。为了决定某项安装、过程、设备或器材能否被接受，主管部门可以根据国家标准或其他适当的标准进行检验。如果没有这类标准，上述主管部门可要求正确的安装、程序或使用证据。主管部门也可参考与产品评价有关的组织列举或标明的作法，然后确定这里所列举的生产遵守的适当标准。

A.2.2　对于3.1.2主管部门，短语“authority having jurisdiction”在文献中广泛使用，这是因为管辖和审批机关在履行他们的职责时差别很大。只要把公共安全放在首位，主管部门可以是国家、省和地方或其他地区的部门或个人，例如消防队长、消防执行官，消防部门、劳动部门或卫生部门的领导人，建筑官员；电气检查员；或其他有法定权力的人。为了进行投保，保险检查部门、火灾保险率评定局或其他保险公司代理人也可以被认为是“主管部门”。在很多情况下，财产所有人或他指定的代理人就承担主管部门的作用。在政府官员或部门公务员可以是主管部门。

A.2.3　对于3.1.22的规定，转运区不包括产品取样装置或工厂永久管道。

A.3　厂址和平面布置

A.3.1　对于5.1的规定，在工厂选址中宜考虑以下因素：

a)　应考虑本标准中LNG储罐、易燃致冷剂储罐、易燃液体储罐、构筑物和工厂设备与工厂地界线，及其相互间最小净间距的规定；

b)　应考虑在实际操作的极限内，工厂抗自然力的程度；

c)　应考虑可能影响工厂人员和周围公众安全涉及具体位置的其他因素。

评定这些因素时，应对可能发生的事故和在设计或操作中采取的安全措施作出整体评价。

A.3.2　对于5.1.4的规定，厂址应避开洪水危害区。发洪水时，出入工厂可能受限制。如不可避免深入洪水灾害地区，应调查尽量减少水灾暴露和破坏站场和设施的措施。洪水荷载见ASCE 7的规定。

构筑物,包括罐和容器,设计和建造必须防止在洪水期间漂浮、坍塌、永久横移和包容损失。

A.3.3 对于5.2.3.2b)的规定,可用于减缓热辐射影响的方法包括:

a) 影响LNG的燃烧率;

b) 降低LNG火灾的规模;

c) 降低火灾的辐射热发射特性;

d) 阻碍从火到暴露对象的辐射热传递;

e) 其他被认可的方法。

有几个模型可供选择以确定热辐射距离。这些包括:

1) 天然气研究院GRI报告0176,“LNGFIRE:LNG火灾的热辐射模型,”这也是作为GRI生产“LNGFIRE Ⅲ”的计算机模型,或考虑相同物理因素并已在5.2.3.2中所列的实验测试数据验证的替代模型。

2) 美国DOT报告“LNG设施火灾频谱评估,模型和在风险评估的考虑”描述了大面积LNG池火模型,根据美国DOT合同DTRS56-04-T-005,2006年12月,和相关的计算机规范,包括烟雾影响的池火模型(PoFMISE)开发。

这些引用仅供参考。有关这些软件模型的信息还没有得到独立核实,软件也没有NFPA或任何其技术委员会的认可或认证。

A.3.4 对于5.2.3.3的规定,GRI报告0242描述了一个用于计算空气中甲烷浓度的模型,“用DEGADIS稠密气体扩散模型预测LNG蒸气扩散。”

A.3.5 对于5.4.2的规定,详情请参阅ASCE 56和API 620附录C。

A.3.6 对于5.5的规定,水结冰引起的土位移可分成两类:(1)水就地结冰使湿土体积膨胀;(2)水向正结冰的地带迁移且形成的冰凸镜持续地增大,引起冰举现象。

A.3.7 对于5.7.5的规定,护坡和拦蓄区铺面是附带的非结构混凝土的应用实例。

A.4 工艺设备

对于6.4.4的规定,关于单机容量超过5 514.7 kW(7 500马力)的内燃机和燃气涡轮机的资料,请参阅NFPA 850。

A.5 固定式LNG储罐

A.5.1 对于7.2.1.4的规定,防止分层的措施见14.6。

A.5.2 对于7.2.2.2b)的规定,操作基准地震(OBE)地震动不需超过50年期内超越概率10%的5%阻尼加速度反应谱表示的地震动。

A.5.3 对于7.2.7.1的规定,地基处理设计和储罐安装宜采用具体场地条件,如洪水、风荷载和地震荷载。由加拿大地质技术协会出版的《加拿大基础工程手册》,ASCE 56和API 620附录C可作为这一调查的指南。

A.5.4 对于7.2.7.2c)的规定,给现有的外罐底部增设一个阴极保护系统可能是不切实际的。这是因为对于罐或工厂的地基或照明电路保护系统而言,罐底是一个导电整体。接地使阴极保护系统失效。

A.5.5 对于7.2.7.3的规定,导管里积聚的湿气能导致导管和加热元件电流腐蚀或其他形式损坏。

A.5.6 对于7.3.1b)的规定,API 620定义的检查指的是放射照相检查或超声波检查。

A.5.7 对于7.4.1.3的规定,表3所列最大允许应力,依照ASTM A615及CSA G30.18。

A.5.8 对于7.8.3.3的规定,对于双壁、珍珠岩绝热的储罐,最小泄放能力可作为安全阀选型的控制标准。

A.5.9 对于7.8.5.3的规定，确定绝热层是否能经得起实际使用的灭火设备的冲击，及确定暴露于火时通过绝热层传热速率是使用者的职责。

A.6 气化设施

A.6.1 对于8.2.1的规定，因为气化器操作温度范围是－162 ℃～37.7 ℃(－260 ℉～100 ℉)，ASME锅炉和压力容器规范(2004)第Ⅰ卷PVG部分的规定不适用。
A.6.2 对于8.3.5.2b)的规定，探测器能探测火灾的红外(IR)和紫外(UV)发射特性。

A.7 管道系统和组件

A.7.1 对于9.1.3的规定，在管道、装置、阀门和设备之间产生的壁厚变化应特殊考虑。
A.7.2 对于9.3.2.8的规定，如果出现过大的应力，应采取延长阀门关闭时间或其他措施把应力降到安全水平。
A.7.3 对于9.3.4b)的规定，在一些条件下，含碳或重金属的标记材料会引起铝腐蚀。含有氯化物或硫化物的标记材料会引起一些不锈钢腐蚀。
A.7.4 对于9.5的规定，关于标识管道系统的信息，请参阅ASME A13.1。
A.7.5 对于9.7.1的规定，ASME B31.8 841.275段可用作指南。
A.7.6 对于9.9.1的规定，美国联邦法规第49专题第192部分，第一小部分包括防腐要求。

A.8 仪表及电气设备

A.8.1 对于10.6.2的规定，在危险区域划分里，宜考虑在卸车点槽车的测定点位可能变化，以及变化对连接点造成的影响。
A.8.2 对于10.7.1的规定，关于电气接地和连接的信息，请参阅NFPA 77—2007中5.2和6.1.3及NFPA 70。
A.8.3 对于10.7.3的规定，有关杂散电流的信息，请参阅API RP 2003。
A.8.4 对于10.7.4的规定，关于防雷保护的信息，请参阅NFPA 780和API RP 2003。

A.9 LNG和致冷剂的转运

对于11.4.4的规定，紧急关断系统是装置ESD系统的一部分，或是一个独立的ESD系统，特别在转运操作中。

A.10 防火、安全和安保

A.10.1 对于12.1的规定，关于灭火系统的信息，请参阅：

NFPA 10　手提式灭火器标准
NFPA 11　低倍数、中倍数和高倍数泡沫标准
NFPA 12　二氧化碳灭火系统标准
NFPA 12A　卤代烷1301灭火系统标准
NFPA 13　喷淋系统安装标准
NFPA 14　立管、室内消防栓和水带系统安装标准

NFPA 15 消防用固定喷淋水系统标准

NFPA 16 泡沫-水喷洒系统和泡沫-水喷雾系统安装标准

NFPA 17 干粉灭火系统标准

NFPA 20 固定式消防泵安装标准

NFPA 22 私用消防水罐标准

NFPA 24 私用消防总管及其附件安装标准

NFPA 25 水基消防系统的检查、测试与维护标准

NFPA 68 爆燃通风指南

NFPA 69 防爆系统标准

NFPA 72 国家火灾报警规范®

NFPA 750 水雾消防系统标准

NFPA 1961 水龙带标准

NFPA 1962 带接口及水枪的水龙带保养、使用、操作测试标准

NFPA 1963 水龙带接头标准

NFPA 2001 洁净气体灭火系统标准

A.10.2 对于12.1.1的规定，本标准中涉及的LNG设施在尺寸、设计、位置等各方面，排除广泛应用到所有设施的详细防火条款。

A.10.3 对于12.1.2的规定，评价宜提出所有潜在的火灾危险，至少包括下列内容：

a) 储罐安全阀；

b) 拦蓄区；

c) LNG导流沟和集液池；

d) 槽车转运区；

e) 处理区、液化区和气化区；

f) 控制室和控制站。

A.10.4 对于12.1.2e)的规定，需要固定管/喷嘴干式化学剂灭火系统可为处理区、气化区、转运区和罐放空立管。推荐对天然气火灾有效的碳酸氢钾型干式化学剂。

A.10.5 对于12.1.2i)的规定，在本标准中不要求设立工厂消防队。若工厂决定设立消防队，关于防护设备和训练可参阅NFPA 600。

A.10.6 对于12.5.1的规定，一般最好是利用干式化学灭火器。固定式灭火器和其他类型火灾控制系统，防范按12.2.1确定的特殊灾害。

A.10.7 对于12.7.1的规定，日常液体转运作业中的防护服应包括防低温手套、护目镜、面罩和连身衣或长袖防护衫。

A.10.8 对于12.7.4的规定，在工艺设备中的天然气、LNG和烃类致冷剂通常都是无臭味的，不能靠嗅觉检测它们存在。当要求第三个检测仪备用时，两个便携式的检测仪宜可用于监视。配备一台备用的检测仪以备主检测仪失灵，同时如果两台主检测仪读数不同，也可用作校验手段。

A.11 固定式ASME储罐

A.11.1 对于13.6.5的规定，有关腐蚀控制的信息，请参阅NACE RP 0169。

A.11.2 对于13.18.3.2的规定，可燃气体引起的火灾一旦被扑灭，会造成可燃气体的积聚，引起爆炸，构成伤害。通常，阻止可燃气体引起的火灾的最好方法是切断可燃气体源，因为燃料缺乏会使火灾消灭。当控制设备一旦包围在火中，或设备、构筑物受到破坏导致失去控制，需及时扑灭火灾。这时，应立即采取控制可燃气体的措施，防止可燃气体的积聚引起爆炸。

A.12 操作、维护和人员培训

A.12.1 对于14.1.2g)的规定，根据美国运输部按美国联邦法规专题49专题(49 CFR)193部分的判断，LNG工厂有一个与安全有关的误操作的定义，在49 CFR 191内。

A.12.2 对于14.3.6.1的规定，如果一个LNG设施设计在无人操作，推荐把警报线接到邻近最近有人的公司设施内，以指示异常压力、温度或其他有问题的征候。

A.12.3 对于14.5.6的规定，关于码头作业的信息，请参阅NFPA 30。

A.12.4 对于14.5.6.3的规定，船上救生用的工具(如救生艇)能满足紧急逃生的需要。

A.12.5 对于14.7.1.1的规定，当天然气间歇排放或紧急排放时，快速直接向上排放是安全的。杠杆操作的安全阀经常在这种情况下使用。经当地批准，可设置火炬进行燃放。

A.12.6 对于14.8的规定，当天然气间歇排放或紧急排放时，快速直接向上排放是安全的。杠杆操作的安全阀经常在这种情况下使用。经当地批准，可设置火炬进行燃放。

A.12.7 对于14.8.3的规定，关于大型储罐置换有几个参考文献，请参阅美国天然气协会的文献《置换，原理和实践做法》。

A.12.8 对于14.8.3.5的规定，多种绝热材料如果长期暴露在天然气或甲烷内，可能会在它的孔隙或裂缝的空间中滞留可观的天然气。

A.12.9 对于14.10.4c)的规定，通常干式化学灭火器推荐用于气体火灾。

A.12.10 对于14.11.4的规定，API RP 651提供了使用阴极保护的指南。

附　录　B
（资料性附录）
LNG 工厂的抗震设计

B.1　引言

附录 B 的目的是提供选择与使用操作基准地震(OBE)和安全停运地震(SSE)地震水准的资料。这两个地震水准构成了本标准的要求部分。标准用于设计 LNG 储罐、隔离储罐并保证它处在安全停运条件需要的系统组件，以及任何发生故障可能影响上述储罐和组件完整性的构筑物或系统。

当计算与这两种地震水准相关的横向力和剪力时，用重要性因子 $I=1.0$。这是因为，重要性因子在 ASCE 7 和 ICC《国际建筑规范(IBC)》被定义为"占用重要因素"，应用于更广泛的建筑物和构筑物类型。它们不适用于本标准，本标准处理的是一些相对范围比较窄且定义明确的构筑物(LNG 主容器及其拦蓄系统)。设计者在使用本标准时应依靠这些事实，即这些结构物的"重要性"和它们的"占用类别"已经被计算进去。如在 OBE 和 SSE 的定义以及 7.3.2 条规定和性能标准中所反应出的一样。

B.2　操作基准地震(OBE)

操作基准地震是指设施在其设计寿命期内可承受的可能发生的地震。按照常规工程程序和标准，设施所有元件应设计成能承受这一事件，因此，设备将保持运行。

OBE 被定义为 50 年期限内超越概率 10%(重现间隔 475 年)的地震动。对于设计而言，这种地震动由设计反应谱所表示。设计反应谱应覆盖自然周期的合适范围和阻尼比。

B.3　安全停运地震(SSE)

B.3.1　按在 ASCE 7 中定义，SSE 是"最大考虑地震(MCE)的地震动"。对于大多数位置，在活动断层附近的除外，MCE 是 50 年期内超越概率 2%的地震动。相应的设计反应谱大于 ASCE 7 中定义的"设计地震"反应谱 50%(ASCE 7 中"设计地震"表示用于设计保护生命建筑物的地震动，尽管这些建筑物允许承受一些可容许的损害)。在本标准中，设施设计保存 LNG 并防止关键设施在 SSE 事件中出现灾难性故障。常规工程程序通常未考虑的塑性变形、明显的有限位移及变形，都可能出现。设施不要求在 SSE 后保持运行。在 SSE 后，希望对设施进行检查和必要时修理。本标准的规定等同于 ASCE 7 中地震组 Ⅲ 结构。

B.3.2　选择和使用 SSE 的目的是在非常低概率地震事件中，提供最低水准的公共安全。公认达到可接受的公共安全要求的概率水准因项目而异，它取决于诸如设施所在位置和当地人口密度等因素。希望业主灵活达到所需的公共安全水准。

B.3.3　SSE 水准的地震荷载是用来对特定组件进行极限校核。规定的 SSE 是必须用于分析的地震动最低水准。实际的地震动水准是由业主给定的，而且是与其他因素结合起来使用的，比如地点、场地、拦蓄系统的类型、危险控制，以及当地的气候条件和物理特性。这些因素必须足以确保公共安全达到立法当局满意的程度。推荐进行风险分析研究。在 SSE 地震荷载下，LNG 储罐的主要组件允许达到在 7.3.2.6 所规定的应力极限。承受这种水准荷载的 LNG 储罐必须能继续存满 LNG。

B.3.4　拦蓄系统设计至少是在空载时能承受 SSE 水准荷载，而在载有按 5.3.2.1 确定的容积 V 时能承受 OBE 水准荷载。基本的原理是在 SSE 之后，LNG 储罐可能会出故障，但周围的拦蓄系统必须仍保持完好，余震时能容纳 LNG 储罐储存量。假设余震后的强度可用 OBE 表示。

B.3.5 凡是失效之后可能会影响到 LNG 储罐完整性的系统或组件，以及隔离储罐并保证它处在安全停运状态需要的拦蓄系统或系统组件，必须设计承受 SSE。

B.3.6 要求作业公司在工厂安装能测量地震动的仪器。在地震之后，如果地震动大于或等于设计 OBE 地震动，建议设施的作业者让 LNG 储罐退出作业并检查它们或证明储罐组件没有承受超出储罐 OBE 应力水准和设计标准的荷载。例如，若地震中 LNG 储罐不全满，计算可证实储罐 OBE 应力水准未超过。

B.4 设计反应谱

利用在 B.2 及 B.3.1 中所分别定义的 OBE 及 SSE 地震动，必须设立竖向和水平方向的设计反应谱。它们应覆盖预期阻尼比及自振周期的整个范围，其中包括储存 LNG 晃动（对流）模式的基频周期和阻尼比。

B.5 其他地震荷载

B.5.1 由工厂预制的 LNG 储罐及有限的工艺设备组成的小型 LNG 工厂应按地震荷载进行设计，使用 ASCE 7 中规定的地震动。或作结构响应分析，或按 7.2.3.1 定义最大设计反应谱加速度 S_{DS} 取放大因子 0.6 来确定容器或管道荷载。

B.5.2 所有其他的构筑物、建筑物和工艺设备必须按照 ASCE 7 中的地震荷载来进行设计。

附　录　C
（资料性附录）
安　保

C.1　概述

本附录转载自美国联邦法规 49 CFR 193,J 段附录 J。这里所有的参考文献都可以在 49 CFR 193 中找到。

C.1.1　193.2901 范围

本段描述 LNG 工厂的安保要求。但这些要求不适用于未装 LNG 的已建 LNG 工厂。

C.1.2　193.2903 安保程序

为各 LNG 工厂安保,各作业公司应准备且遵循一份或多份书面程序手册。按照 193.2017 程序必须在厂里有效,而且至少包括下列内容:

a)　按照 193.2913 规定安保检查和巡逻的说明及时间表;
b)　LNG 工厂内的安保人员的岗位与职责;
c)　与各安保人员岗位或职责相关的任务简述;
d)　对各项活动的指示,包括对厂内适当人员及执法人员在涉及安保活动时的通知;
e)　确定某人允许进出 LNG 工厂的方法;
f)　全体进入工厂和正在厂内人员的正面标识,包括至少象胸卡一样有效的方法;
g)　与当地执法人员的联系,通知他们按本节规定的当前安保程序。

C.1.3　193.2905 保护围栏

a)　保护围栏必须围绕下列设施:
　　1)　储罐;
　　2)　拦蓄系统;
　　3)　防潮层;
　　4)　货车转运系统;
　　5)　处理、液化和气化设备;
　　6)　控制室和控制站;
　　7)　控制系统;
　　8)　防火设备;
　　9)　安保通讯系统;以及
　　10)　备用电源。

此保护围栏可以是一个或多个围栏,围着单个的或多个设施。

b)　保护围栏之外的地面标高按不会损坏此围栏的有效性评分。
c)　保护围栏不可靠近外形可能被用来破坏安保的设施,如树、杆、建筑物等。
d)　各保护围栏必须至少提供两个出入口,出入口布置使紧急撤离的距离最短。
e)　所有出入口如果不是连续值守就必须锁起来。正常操作期间,一个出入口可只由作业公司书面指定的人开锁。在紧急状态,必须为保护围栏内的所有设施人员准备一快速有效的工具以打开围栏的各出入口。

C.1.4 193.2907 保护围栏建设

a) 各保护围栏都必须有足够的强度和阻挡未经准许接近封闭设施的结构；

b) 保护围栏内开口或在保护围栏下面，必须由格栅、建筑物的门或顶保护，且以足够的强度扣紧，使保护围栏的完整性不因任何开口减弱。

C.1.5 193.2909 安保通讯

必须提供一种方式，使：

a) 在安保监督员与执法人员之间有便捷的通讯；以及

b) 在安保值班人员与控制室和控制站之间有直接的通讯。

C.1.6 193.2911 安保照明

如果没有为193.2913中安保监视配备安保预警系统，193.2905a)中所列设施周围区域和各保护围栏必须有照明，在日落与日出之间最小照明强度不低于2.2 lux(0.2 ft烛光)。

C.1.7 193.2913 安保监视

必须监视各保护围栏和193.2905a)中所列设施周围区域的编外人员。必须通过目测观察监视，按照193.2903a)中安保程序内的时间表，或通过安保预警系统监视，连续地向有人的位置发送数据。在储存能力小于40 000 m^3(250 000 bbl)的LNG工厂内，只有必要监视保护围栏。

C.1.8 193.2915 备用电源

必须为对193.2911与193.2913中要求的安保照明、安保监视和预警系统提供符合193.2445要求的备用电源。

C.1.9 193.2917 警示标志

a) 警示标志必须沿各保护围栏醒目地间隔布置，以便在夜间从合理使用的路接近围栏在30 m (100 ft)距离就可认出这一标志；

b) 标志必须至少是与背景形成鲜明对比色的下列内容："不准非法侵入"或类似含义的字样。

附 录 D
（资料性附录）
培 训

D.1 概述

本附录转载自美国联邦法规 49 CFR 193,H 段。这里所有的参考文献都可以在 49 CFR 193 中找到。它适用于 LNG 工厂。

D.1.1 193.2701 范围

在本节中描述对人员资格及培训方面的要求。

D.1.2 193.2703 设计与制作

为了设计与制作各组件,各作业公司应使用:

a) 设计方面,通过设计类似组件方面的培训或经历证明有能力的人员;

b) 制造方面,通过制造类似组件方面的培训或经历证明有能力的人员。

D.1.3 193.2705 建设、安装、检查与测试

a) 从事建设、安装、检查与测试的监督者和其他人员,必须通过使用方法和设备方面的适当培训或相关经验及业绩,证明他们有能力满意地完成指定职责;

b) 各作业公司必须定期判断执行 193.2307 中职责的检查员执行他们指定职责是否满意。

D.1.4 193.2707 操作与维护

a) 对操作与维护各组件,各作业公司应只使用证明有能力执行他们指定职责的人员,通过:
   1) 顺利完成 193.2713 和 193.2717 要求的培训;与
   2) 指定操作或维护职责方面的相关经历;以及
   3) 指定职责熟练程度测试合格。

b) 未达到 a)中要求的人员,当符合要求的人员在场和指导时,可操作或维护某一组件。

c) 193.260 5 中腐蚀控制程序,包括设计、安装、操作和维护阴极保护系统,必须由有腐蚀控制工艺方面的经历和通过培训有资格的人员执行,或在其指导下执行。

D.1.5 193.2709 安保

从事安保的人员执行他们指定职责,必须通过顺利完成 193.2715 中要求的培训取得资格。

D.1.6 193.2711 人员健康

各作业公司应遵循一份书面计划以验证在 LNG 工厂内从事操作、维护、安保、或防火等指定职责的人员都不存在任何有损履行其指定职责的身体条件。计划设计检测直观身体缺陷,如身体残疾或受伤,和需要专业检查发现的问题两方面。

D.1.7 193.2713 培训:操作与维护

a) 各作业公司应提出并执行一份初始培训书面计划,以指导:

1) 全体专职维护、操作和监督员，在本设施中使用或处理的 LNG 和其他易燃流体的特性和危险性，包括关于 LNG 低温、与空气混合后的易燃性，无臭的蒸气、蒸发的特点，以及与水和水喷雾的反应；在操作与维护活动中所涉及的潜在危险；和执行 193.2503 和 193.260 5中与他们指定职责相关的操作与维护程序；
2) 所有人员，执行 193.2509 中与他们指定职责相关的应急程序；进行现场急救；和
3) 全体操作人员及适当的监督员，了解设施操作方面的详细说明，包括控制、功能和操作程序，和了解 193.2513 中提供的 LNG 转运程序。

b) 继续教育书面计划执行间隔应不超过 2 年，以巩固他们在初始培训计划中所获得的知识与技能。

D.1.8 193.2715 培训：安保

a) LNG 工厂负责安保的人员，必须按照一份初始培训书面计划培训：
1) 识别安保方面的纰漏；
2) 执行 193.2903 中与他们指定职责相关的安保程序；
3) 为了有效地执行所指定的职责，熟悉厂内的基本操作和应急程序；以及
4) 识别需要安保支援的条件。

b) 继续教育书面计划执行间隔应不超过 2 年，以巩固他们在初始培训计划中所获得的知识与技能。

D.1.9 193.2717 培训：防火

a) LNG 工厂的所有维护和操作人员，包括他们的直接监督者，必须按照一份初始培训书面计划培训，包括工厂消防训练，以便：
1) 了解和遵循 193.2805 b)中防火程序；
2) 了解 193.2805a)中确定的火灾潜在原因和区域；
3) 了解 193.2817a)中确定的火灾的类别、规模、和预计后果；以及
4) 了解并能根据 193.2809 中制定的程序和正确使用 193.2817 中配备的设备执行他们指定的火灾控制职责。

b) 继续教育书面计划，包括工厂消防训练，执行间隔应不超过 2 年，以巩固他们在 a)中的教育中所获得的知识与技能。

c) 工厂消防训练必须给人员传教经验，履行其由 193.2509 要求的火灾应急程序内职责。

D.1.10 193.2719 培训：记录

a) 各作业公司应系统地保持记录，这些记录——
1) 提供本节要求的培训计划已执行的证据；
2) 提供人员已培训过并满意地完成了所要求培训项目的证据。

b) 人员在 LNG 工厂不再继续指定职责后，记录必须保存 1 年。

附 录 E
（资料性附录）
基于风险分析的工厂选址替代标准

E.1 应用

本附录为工厂选址提供了替代要求。

E.2 基本要求

LNG 工厂设计和选址不应对周边人员，设施和财产造成不可接受的风险。应按本附录要求进行 LNG 工厂的风险评估。当 LNG 工厂被改造或其他条件改变时，要重新进行风险评估。应按本附录要求对周边人员、设施和财产风险进行再评估，确保不超过可接受的范围。再评估至少每 3 年进行一次，或按照监管部门的要求进行。

E.3 厂址和溢出泄漏控制

E.3.1 溢出/泄漏

E.3.1.1 从传输管道、储罐、气化器及厂内其他易损设备中泄漏的 LNG，其泄漏情形和扩散范围用危险和可操作性（HAZOP）分析等技术手段予以明确。另外，泄漏扩散的范围应包含 5.2.3.4 中确定的设计溢出。也应包含可能对建筑红线以外区域造成显著影响的大规模泄漏。

E.3.1.2 对于 E.3.1.1 溢出/泄漏的年度发生概率及后果，用下列任一（或全部）资料进行估算：

a） 历史数据；

b） 设备故障数据、人为故障数据；

c） HAZOP 研究；

d） 专家组意见；

e） 工程评价。

E.3.1.3 泄漏率（以及与时间相关的多个泄漏率）、泄漏总体积或质量，按 E.3.1.1 中各泄漏情形予以确定。

E.3.1.4 泄漏可能导致多种危险（LNG 遇明火即刻点燃的池火、喷射火；短时间内大量蒸气遇明火导致的火球；蒸气扩散未即刻遇明火，在空气中扩散时延后遇明火形成的火灾等），发生的各类事故应按条件概率进行评估。

E.4 风险评估

对厂界外人员和构筑物风险，应按下列要求评估：

a） 确定各类风险发生的频率，并按表 E.1 对事件发生的年概率划分；

b） 按 E.5 和 E.6 规定的程序和标准计算危险距离和区域，并按表 E.2 对后果分类；

c） 按表 E.3 所示的风险级矩阵，评估设施整体风险等级。

表 E.1 事件发生的年概率划分

概率等级	每年发生频率
1	$>10^{-1}$
2	$10^{-2}\sim10^{-1}$
3	$10^{-3}\sim10^{-2}$
4	$10^{-4}\sim10^{-3}$
5	$10^{-5}\sim10^{-4}$
6	$10^{-6}\sim10^{-5}$
7	$<10^{-6}$

表 E.2 按照遭受伤害人数的后果分类

后果类别	1	2	3	4	5
受伤人数	>100	11～100	2～10	1	<0.1

表 E.3 风险可接受性矩阵

年累积频率		后果类别				
类别	范围	5	4	3	2	1
1	$>10^{-1}$	AR	NA	NA	NA	NA
2	$10^{-2}\sim10^{-1}$	AR	AR	NA	NA	NA
3	$10^{-3}\sim10^{-2}$	A	AR	AR	NA	NA
4	$10^{-4}\sim10^{-3}$	A	A	AR	AR	NA
5	$10^{-5}\sim10^{-4}$	A	A	A	AR	AR
6	$10^{-6}\sim10^{-5}$	A	A	A	A	AR
7	$<10^{-6}$	A	A	A	A	A
A：可接受风险。 AR：可接受由监管部门审查并结合可能附加的安全措施和减灾措施。 NA：不可接受风险。						

E.5 LNG 火灾辐射热危险评估

LNG 池火、火球、喷射火及其他 E.3.1.1 中提及的泄漏被点燃的火灾，其辐射热对人体和构筑物的危害应使用已在公开发表的科学文献中建立的方法和程序进行确定，或使用监管部门认可的方法。评估和计算应以下列方式进行：

a) 使用在 5.2.3.2 中规定的风速，周围环境条件及其发生的概率；

b) 辐射热在大气介质中的吸收和散射，以及由天然障碍物、构筑物和建筑物间的阴影遮蔽作用引起的辐射热通量削弱；

c) 使用表 E.4 中规定的辐射热危险准则；

d) 对等于或超过表 E.4 中规定的暴露等级，估计受伤害的总人数，按照表 E.2 对后果分类；

e) 计算危险距离和区域包括主动和被动减缓措施的影响；

f) 使用暴露皮肤和防护服的热性质，按 E.5 规定评估人体皮肤辐射热通量等级；

g) 使用建筑物和/或结构部件的热性质和材料性质，评估暴露于火灾辐射热的结构完整性；

h) 对不同火灾的辐射热通量危害后果和发生概率分类，确定 E.4 整体风险等级；

i) 记录采用减缓措施对相应参数的影响和减缓设施成功运行的概率，或用 e)计算的结果。使用的减缓设施或程序应获得批准。

表 E.4 工厂边界外允许辐射热通量和剂量不包括太阳热辐射

暴露	损害条件	最大热通量级 kW/m^2	最大修正剂量单位 $(kW/m^2)^{4/3}t$
建设用地线(人员)，对设计溢出[a]点燃的火灾	至少 10 人，在暴露于火的 30 s 内每人身体至少 10% 遭受 2 度皮肤烧伤	5.0	500
在工厂选址时业主地产线外 50 人或更多人的户外集合点最近点处，对拦蓄区[b]内火灾	在建筑物内至少 1 人，在暴露于火的 30 s 内每人身体至少 10% 遭受 2 度皮肤烧伤	5.0	300
建设用地线处(建筑物)，对拦蓄区[b]整体火灾	暴露于 LNG 火灾期间，结构钢强度降低承载能力显著减小	32	N/A

[a] 设计溢出见 5.2.3.4。

[b] 拦蓄区的要求在 5.2.2。

E.6 LNG 蒸气扩散和蒸气火灾危险评估

E.6.1 计算 LNG 溢出产生的蒸气扩散时，应包括可能被点燃的扩散蒸气云团及其内部。蒸气云火灾可能受伤害人数应按以下要求计算。蒸气云团火灾总的风险应用 E.4 规定的方法评估。

E.6.2 5.2.3.4 设计溢出 LNG 的蒸气云扩散计算和 E.4 风险分析的其他程序，应使用已公开发表的科学文献中建立的方法和程序，或用监管部门批准的模型。所用的模型应适用于从储存设备中溢出 LNG 的蒸气扩散。本附录提到的地面危险区域和下风向区域，蒸气扩散危险评估和计算应按下列要求进行：

a) 使用各类风速和气象条件，包括在 5.2.3.2 中规定的，及年发生频率；

b) 包括所有主动和被动蒸气稀释策略、设备、程序，或有助于快速稀释蒸气和减小危险范围的应急响应措施的影响；若考虑主动蒸气稀释策略，须经监管部门批准；

c) 火源点燃扩散蒸气的影响，包括在工厂附近离地面 10 m (33 ft) 区域内足以点燃甲烷-空气混合蒸气云的火源，应利用实地调查或数据进行分类和列举；

d) 使用统计模型确定蒸气云扩散过程中被点燃的可能性，该蒸气云扩散过程中不同时刻的特性利用本节要求的扩散模型计算；

e) 计算终止在蒸气云前端处地面首次出现平均蒸气浓度(空气中甲烷含量)5%或蒸气云点燃时；

f) 标明危险区为切断在下风向点燃处地面 5%浓度等值线围绕的区域，或总的 5%浓度等值线区域取两者较小值，计算时应使用相应于可达到下风向最大距离的溢出和大气条件；

g) 计算 f) 确定的危险可能伤及的人数，即在危险区域内可能受到蒸气火灾热辐射伤害的人数；

用于计算的工厂附近地区人口密度应通过实际调查或查阅国家人口普查数据获得；

h) 在计算蒸气火灾区域内潜在受伤人数时，应评估闪火（LNG 蒸气云着火过程）中有暂时保护功能的遮蔽物或事故减缓环境的影响；对遮蔽保护的计算应依据可接受并经批准的科学模型和程序；

i) 根据不同 LNG 泄漏释放条件下的燃烧危害及相应的发生概率对蒸气云扩散燃烧后果进行分类，确定 E.4 要求的总风险。

参 考 文 献

[1] NFPA 10 手提式灭火器标准,2007(Standard for portable fire extinguishers,2007 edition)

[2] NFPA 11 低倍数、中倍数和高倍数泡沫标准,2005(Standard for low-,medium-,and high-expansion foam,2005 edition)

[3] NFPA 12 二氧化碳灭火系统标准,2008(Standard on carbon dioxide extinguishing systems,2008 edition)

[4] NFPA 12A 卤代烷 1301 灭火系统标准,2009(Standard on halon 1301 fire extinguishing systems,2009 edition)

[5] NFPA 13 喷淋系统安装标准,2007(Standard for the installation of sprinkler systems,2007 edition)

[6] NFPA 14 立管、室内消防栓和水带系统安装标准,2007(Standard for the installation of standpipe and hose systems,2007 edition)

[7] NFPA 15 消防用固定喷淋水系统标准,2007(Standard for water spray fixed systems for fire protection,2007 edition)

[8] NFPA 16 泡沫-水喷洒系统和泡沫-水喷雾系统安装标准,2007(Standard for the installation of foam-water sprinkler and foam-water spray systems,2007 edition)

[9] NFPA 17 干粉灭火系统标准,2009(Standard for dry chemical extinguishing systems,2009 edition)

[10] NFPA 20 固定式消防泵安装标准,2007(Standard for the installation of stationary pumps for fire protection,2007 edition)

[11] NFPA 22 私用消防水罐标准,2008(Standard for water tanks for private fire protection,2008 edition)

[12] NFPA 24 私用消防总管及其附件安装标准,2007(Standard for the installation of private fire service mains and their appurtenances,2007 edition)

[13] NFPA 25 水基消防系统的检查、测试与维护标准,2008(Standard for the inspection,testing,and maintenance of water-based fire protection systems,2008 edition)

[14] NFPA 30 易燃和可燃液体规范,2008(Flammable and combustible liquids code,2008 edition)

[15] NFPA 52 车辆燃料系统规范,2006(Vehicular fuel systems code,2006 edition)

[16] NFPA 68 爆燃通风指南,2007(Standard on explosion protection by deflagration venting,2007 edition)

[17] NFPA 69 防爆系统的标准,2008(Standard on explosion prevention systems,2008 edition)

[18] NFPA 70 国家电气规范®,2008(National electrical code®,2008 edition)

[19] NFPA 72 国家火灾报警规范®,2007(National fire alarm code®,2007 edition)

[20] NFPA 77 防静电推荐做法,2007(Recommended practice on static electricity,2007 edition)

[21] NFPA 600 企业消防队标准,2005(Standard on industrial fire brigades,2005 edition)

[22] NFPA 750 水雾消防系统标准,2006(Standard on water mist fire protection systems,2006 edition)

[23] NFPA 780 防雷系统安装标准,2008(Standard for the installation of lightning protection systems,2008 edition)

[24] NFPA 850 发电厂和高压直流变电站防火推荐作法,2005(Recommended practice for fire protection for electric generating plants and high voltage direct current converter stations,2005 edition)

[25] NFPA 1961 水龙带标准,2007(Standard on fire Hose,2007 edition)

[26] NFPA 1962 带接口及水枪的水龙带保养、使用、操作测试标准,2008(Standard for the inspection,care,and use of fire hose,couplings,and nozzles and the service testing of fire hose,2008 edition)

[27] NFPA 1963 水龙带接头标准,2003(Standard for fire hose connections,2003 edition)

[28] NFPA 2001 洁净气体灭火系统标准,2008(Standard on clean agent fire extinguishing systems,2008 edition)

[29] 置换,原理和实践,1975(Purging,principles and practice,1975)

[30] API 620 大型焊接低压储罐设计与施工,1990(Design and construction of large,welded,low-pressure storage tanks,1990)

[31] API RP651 地上石油储罐的阴极保护,1997(Cathode protection of aboveground petroleum storage tanks,1997)

[32] API RP 2003 静电、闪电和杂散电流火花防护,1991(Protection against ignitions arising out of static,lightning,and stray currents,1991)

[33] ASCE 7 建筑物和其他构筑物最小设计荷载,1993(Minimum design loads for buildings and other structures,1993)

[34] ASCE 56 建筑物基础设计与施工地下调查,1976(Subsurface investigation for design and construction of foundation for buildings,1976)

[35] ASME 锅炉和压力容器规范,1992(Boiler and pressure vessel code,1992)

[36] ASME A13.1 管道系统标识图解,1981(Scheme for the identification of piping systems,1981)

[37] 加拿大基础工程手册,1993(Canadian foundation engineering manual,1993)

[38] GRI 报告 0176 LNGFIRE:LNG 燃烧的热幅射模型,1989(LNGFIRE: A thermal radiation model for LNG fires,1989)

[39] GRI 报告 0242 用 DEGADIS 致密气体扩散模型预测 LNG 蒸气扩散,1989(LNG vapor dispersion prediction with the DEGADIS dense gas dispersion model,1989)

[40] ICC 国际建筑规范(IBC),2003(International building code (IBC),2003)

[41] NACE RP 0169 地下或水下金属管道系统的外腐蚀控制,2002(Control of external corrosion on underground or submerged metallic piping systems,2002)

[42] 联邦法规,专题 29,第 1910.146 部分 允许-需要受限空间,1993 年 1 月 14 日,1993 年 4 月 15 日生效(Permit-required confined spaces,January 14,1993,effective April 15,1993)

[43] 联邦法规,专题 49,第 191 部分,天然气和其他气体的管道输送:年报,事件报告,安全状况报告(Transportation of natural and other gas by pipeline: Annual reports,incident reports,and safety-related condition reports)

[44] 联邦法规,专题 49,第 192 部分,天然气和其他气体的管道输送:最低联邦标准(Transportation of natural and other gas by pipeline: Minimum federal standards)

[45] 联邦法规,专题 49,第 193 部分,液化天然气装置:联邦安全标准(Liquefied natural gas facilities: Federal safety standards)

[46] 美国运输部报告 DTRS56-04-T-0005 LNG 设施火灾谱评价、模型和在风险评价中考虑的事项,2006 年 12 月(Spectrum of fires in an LNG facility assessments,models and consideration in risk evaluations,December 2006)

ICS 65.060.80
B 96

中华人民共和国国家标准

GB/T 20448.1—2012/ISO 8082-1:2009
代替 GB/T 20448—2006

自行式林业机械 滚翻保护结构实验室试验和性能要求 第1部分:通用机械

Self-propelled machinery for forestry—Laboratory tests and performance requirements for roll-over protective structures—Part 1: General machines

(ISO 8082-1:2009,IDT)

2012-05-11 发布　　2012-10-01 实施

中华人民共和国国家质量监督检验检疫总局
中国国家标准化管理委员会　发布

前　言

GB/T 20448《自行式林业机械　滚翻保护结构实验室试验和性能要求》分为两个部分：

——第1部分：通用机械；

——第2部分：旋转平台上安装驾驶室和起重臂的机器。

本部分为GB/T 20448的第1部分。

本部分按照GB/T 1.1—2009给出的规则起草。

本部分代替GB/T 20448—2006《自行式林业机械　滚翻保护结构　实验室试验和性能要求》，与GB/T 20448—2006相比主要技术变化如下：

——修改了标准的中英文名称，由原来的“自行式林业机械　滚翻保护结构　实验室试验和性能要求”改为“自行式林业机械　滚翻保护结构实验室试验和性能要求　第1部分：通用机械”，英文名称相应的由“Self-propelled forestry machinery—Roll-over protective structure—Laboratory tests and performance requirements”改为“Self-propelled machinery for forestry—Laboratory tests and performance requirements for roll-over protective structures—Part 1: General machines”；

——修改了“范围”的内容；

——修改了“规范性引用文件”，将规范性引用文件更新至最新；

——修改了“图1　侧向模拟地平面的确定”的图解（见图1，2006年版图1）；

——修改了“图5　侧向载荷的力—变形曲线”的图解（见图5，2006年版图5）；

——将表6中的表头由“强度”改为“能量”（见表6，2006年版表6）。

本部分使用翻译法等同采用国际标准ISO 8082-1:2009《自行式林业机械　滚翻保护结构实验室试验和性能要求　第1部分：通用机械》。

与本部分中规范性引用的国际文件有一致性对应关系的我国文件如下：

——GB/T 17772—1999　土方机械　保护结构的实验室鉴定　挠曲极限量的规定(idt ISO 3164:1995)；

——GB/T 19365—2012　林业机械　移动式和自行式林业机械　术语、定义和分类(ISO 6814:2009，IDT)。

本部分由国家林业局提出。

本部分由全国林业机械标准化技术委员会(SAC/TC 61)归口。

本部分负责起草单位：国家林业局哈尔滨林业机械研究所、哈尔滨工业大学深圳研究生院。

本部分参加起草单位：福建省晋江市三力机车有限公司、东北林业大学。

本部分主要起草人：马志远、樊滨温、胡定生、李树森。

GB/T 20448于2006年7月首次发布，本次为第一次修订，将其分为了两个部分。

自行式林业机械
滚翻保护结构实验室试验和性能要求
第1部分:通用机械

1 范围

GB/T 20448的本部分规定了在静态载荷作用下,自行式林业机械滚翻保护结构(ROPS)受力变形统一的、可重复验证的评价方法,并规定了在此载荷下,对试验样机的性能要求。它可应用于ISO 6814定义的林业机械,如:集运机、集材机、伐木归堆机、联合作业机、联合伐木机和木材装载机,但不适用于在旋转工作台上装有驾驶室的臂式起重机械(有关这部分内容的论述见ISO 8082-2)。

注:ISO 8082中的要求和试验程序与ISO 3471相同。

2 规范性引用文件

下列文件对于本文件的应用是必不可少的。凡是注日期的引用文件,仅注日期的版本适用于本文件。凡是不注日期的引用文件,其最新版本(包括所有的修改单)适用于本文件。

GB/T 3098.2—2000 紧固件机械性能 螺母 粗牙螺纹(idt ISO 898-2:1992)

ISO 148-1 金属材料 夏比V型缺口摆锤冲击试验 第1部分:试验方法(Metallic materials—Charpy pendulum impact test—Part 1:Test method)

ISO 898-1 碳钢和合金钢紧固件机械性能 第1部分:螺栓、螺钉和螺柱特性分级 粗牙螺纹和细牙螺纹(Mechanical properties of fasteners made of carbon steel and alloy steel—Part 1:Bolts, screws and studs with specified property classes—Coarse thread and fine pitch thread)

ISO 3164 土方机械 保护结构的试验室鉴定 挠曲极限量的规定(Earth-moving machinery—Laboratory evaluations of protective structures—Specifications for deflection-limiting volume)

ISO 6814 自行式林业机械 术语、定义和分类(Machinery for forestry—Mobile and self-propelled machinery—Terms, definitions and classification)

3 术语、定义和符号

下列术语、定义和符号(见表1)适用于本文件。

3.1

滚翻保护结构 roll-over protective structure;ROPS

结构件系统,其主要作用是在机器一旦翻车时降低系着安全带的驾驶员被挤压的可能性。

注:该结构件系统包括所有用来与机架固定的底架、支座、框架、套管、螺栓、销轴、悬挂装置或弹性减震器,但不包括与机架形成一体的安装构件。

3.2

挠曲极限量 deflection-limiting volume;DLV

挠曲极限量是试验用的模型,其体积为ISO 3411所定义的穿戴标准工作服和安全帽,身材高大的男性驾驶员坐姿时的各垂直方向投影的近似值。

3.3

落物保护结构　falling-object protective structure;FOPS

结构件系统,该系统的设计能合理地保护驾驶员免受落物(如树木、石块)的伤害。

3.4

驾驶员保护结构　operator protective structure;OPS

结构件系统,该系统的设计应能将驾驶员受到穿透物(如摇曳的小树、树枝和断裂的绞盘机钢丝绳)伤害的可能性降到最低。

3.5

模拟地平面　simulated ground plane;SGP

林业机械翻车后静止其上的假想平面。

3.5.1

侧向模拟地平面　lateral simulated ground plane;LSGP

林业机械翻车后,机械侧面静止其上的假想平面,该假想平面与通过最外点建立的与挠曲极限量的水平轴线平行的铅垂面成15°角,见图1。

注:侧向模拟地平面是滚翻保护结构不受载荷时建立的,该平面应随受载荷后构件的移动而移动,且始终保持与铅垂面成15°角。

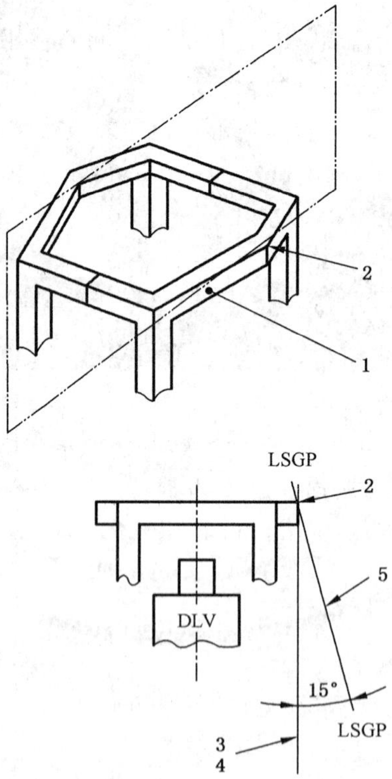

说明:

1——滚翻保护结构(ROPS)的顶部构件,侧向载荷作用处;

2——从构件(1)端部看的最外点;

3——通过线(4)且平行于机器的纵向中心线的垂直平面;

4——通过点(2)的垂直线;

5——侧向模拟地平面。

图1　侧向模拟地平面的确定

3.5.2

垂直模拟地平面　vertical simulated ground plane;VSGP

装有 rollbar ROPS 这种滚翻保护结构的林业机械翻车后，机器顶面朝下静止其上的假想平面，该平面由滚翻保护结构的顶部横梁和可能与其同时着地的机器的前(或后)部分所构成，此时的 ROPS 和机械的着地部分支撑着倒立的机械。

注：垂直模拟地平面随滚翻保护结构的变形而移动。

3.6

机器质量　machine mass

生产商给出的机器最大质量，包括使机器处于正常运转状态下的附属机构和随车工具、滚翻保护结构以及所有油箱和水箱注足时的质量，但不包括其拖曳的设备(如：削片机、植树机、圆盘耙)和任何装载在机器上的货物质量。

表 1　符号

符号	说　明	单位名称	单位符号
U	结构吸收的能量，与机器质量有关	焦耳	J
F	力	牛顿	N
m	机器质量	千克	kg
Δ	滚翻保护结构(ROPS)的变形量	毫米	mm

4　实验室静态测试

警告：本部分规定的某些试验及采用的试验过程可能会引起危险情况的发生。

4.1　装置

固定滚翻保护结构或机架组件与底座相连接的装置应符合以下规定，并为能从侧向、纵向和垂直方向施加载荷提供有利条件。

挠曲极限量及其安装位置应符合 ISO 3164 的有关规定。挠曲极限量应牢固地安装在正常安装驾驶员座椅的相同位置处，并在整个正式试验期间保持其位置不变。对于具有正反两个驾驶位置的机器，挠曲极限量的体积应综合考虑两驾驶位置的间距。

4.2　仪器

试验应配备测量仪器，用于测量对滚翻保护结构所施加的力和滚翻保护结构在力的作用下的变形量，测量仪器的精度等级应符合表 2 的要求。

表 2　仪器精度要求

测量内容	精度[a]
滚翻保护结构的变形	测得最大变形量的±5%
对滚翻保护结构施加的力	测得最大力的±5%
[a] 百分数是测量仪器精度的额定值，而不是需要做补偿超限试验。	

4.3 设备

4.3.1 总则

4.3.1.1 滚翻保护结构与机架的连接

滚翻保护结构应固定在机架或机体上，安装位置应为其正常的工作位置。由于只是为了评价滚翻保护结构的性能，所以并不需要一台完整的机器，机架或机体和滚翻保护结构就可代表一台完整的机器，所有正常可拆下的车窗、仪表板、车门和其他非结构件都应该拆除，使之不影响对滚翻保护结构的评价。

4.3.1.2 滚翻保护结构或机架组件与底座的连接

滚翻保护结构和(或)机架组件应牢固地固定在底座上，这样可使连接构件和底座的零件在试验时变形最小，在施加侧向载荷期间，除了作为支撑的初始连接外，滚翻保护结构和(或)机架组件不应与底座有其他任何形式的连接。

机架与底座的连接点应直接选在接近前桥或后桥支撑处。对于铰接机器，如果评价时需要用到前后两个机架，则铰接处应当锁定，以便两机架处于同一直线上。如果评价时仅用到安装有滚翻保护机构的机架，则连接点应选在或接近机架的两个最末端(见图2)。

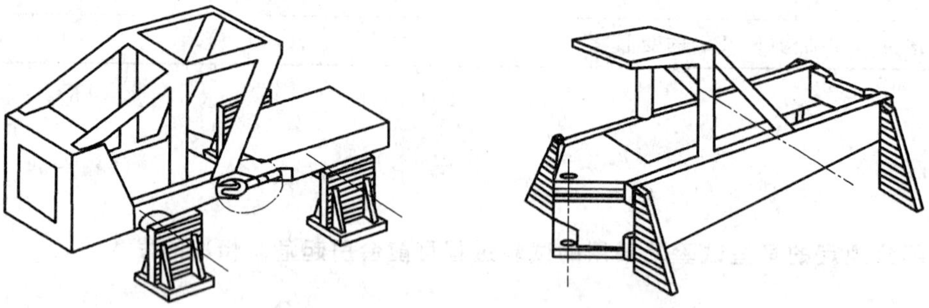

图2 机器与底座的安装

4.3.1.3 减震装置吸能功能的消除

应将减震装置加以固定和(或)改装，使其处于非减震状态。机器上悬挂装置的零部件(橡胶、气、气-油、机械弹簧)可视为减震装置。若滚翻保护结构本身包括悬挂装置或弹性减震装置，则不应对其固定和(或)改装。

4.3.2 垂直加载

对垂直载荷来说，除变形矫正装置外，固定或支撑滚翻保护结构和机架组件的紧固力没有给出限定值。

4.4 试验程序

4.4.1 总则

试验程序应由4.4.2(侧向加载)、4.4.3(垂直加载)和4.4.4(纵向加载)中定义的操作程序组成，并应按其给定的顺序执行。

任一滚翻保护结构和机架组件中构件的破坏性和变形矫正试验应在侧向、垂直和纵向载荷试验期间或之间进行。

注：参考图中给出的是原理图，不要以此来限制载荷分配器的设计。

4.4.2 侧向加载

4.4.2.1 力-变形特性应由滚翻保护结构顶部承受侧向力的主要纵向构件决定。

4.4.2.2 对于具有两个立柱以上的滚翻保护结构，侧向载荷施加应间接地通过载荷分配器进行，该载荷分配器的长度不应大于滚翻保护结构前后两立柱之间水平方向距离 L 的 80%（见图 3）。在处理带有曲线构件的情况下，载荷分配器也可以与滚翻保护结构连接，但其连接不可对滚翻保护结构的强度有任何影响。

说明：

1——承载座；

2——载荷分配器。

注 1：载荷分配器和承载座是防止试件被局部打穿并直接传递力的装置。

注 2：典型布置图，不要求必须遵守。

图 3 四支柱滚翻保护结构系统载荷分配器

4.4.2.3 对所有单支柱和双支柱的滚翻保护结构，初始载荷应由长度 L 和挠曲极限量前后两平面的垂直投影决定。载荷施加点可能不在滚翻保护结构构件长度 $L/3$ 的范围内。如果 $L/3$ 点在挠曲极限量的垂直投影和滚翻保护结构构件之间，则载荷施加点应沿构件移动，直到其落入挠曲极限量的垂直投影内为止（见图 4）。

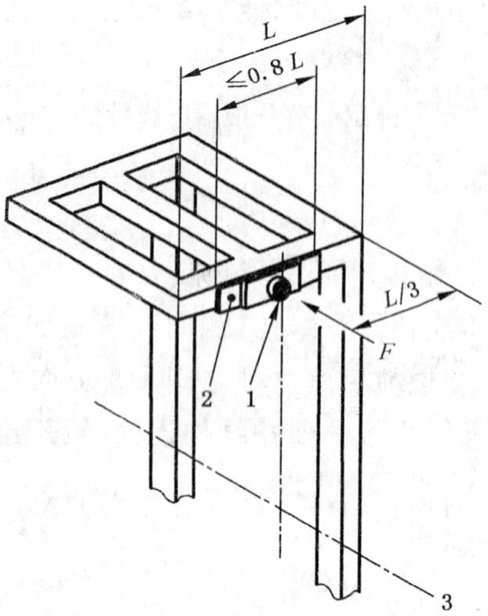

说明：
1——承载座；
2——载荷分配器；
3——挠曲极限量定位轴。

图 4　双支柱滚翻保护结构系统载荷分配装置

4.4.2.4　施加载荷的初始方向应为水平方向，且与通过机器中心线的铅垂面垂直。随着连续不断地施加载荷，可能会引起滚翻保护结构和机架组件的变形，从而导致载荷方向的改变，这是允许的。

4.4.2.5　如果驾驶员座椅偏离机器的纵向中心线，载荷应加在靠近座椅一侧的最外端。对于座椅位于机器纵向中心线的情况，如果滚翻保护结构的安装使得从左右两边加载产生不同的力-变形关系，则载荷应选在对滚翻保护结构和机架组件的要求最为严格的一侧进行加载。

4.4.2.6　当载荷作用点的变形速度不大于 5 mm/s 时，则载荷可认为是静态的。在合成载荷的作用点上，每当变形增量不大于 15 mm 时，力和变形数值应被记录下来，并标在平面坐标图上。继续施加载荷，直到滚翻保护结构获得所要求的力和能量为止。得到的力-变形曲线下的面积就等于能量(见图 5)。用于计算能量的变形应是滚翻保护结构沿着力的作用线的变形。任何用于支撑载荷施加装置的构件变形都不应包括在用于能量计算的变形测量中。

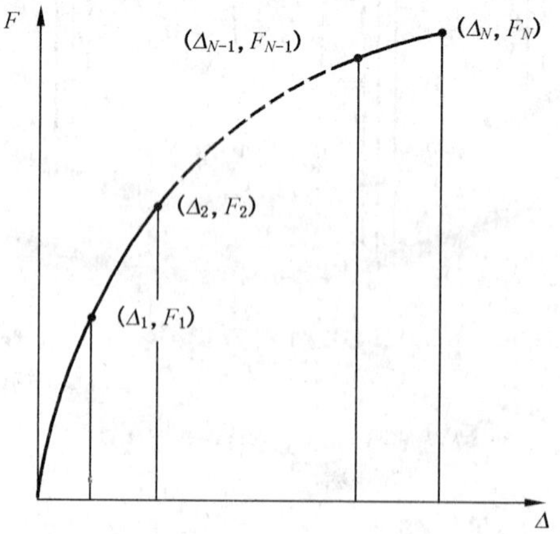

说明：
F——力；
Δ——变形；
U——能量。

$$U=\frac{\Delta_1 F_1}{2}+(\Delta_2-\Delta_1)\frac{F_1+F_2}{2}+\cdots+(\Delta_N-\Delta_{N-1})\frac{F_{N-1}+F_N}{2}$$

图 5　侧向载荷的力-变形曲线

4.4.3 垂直加载

4.4.3.1 卸去侧向载荷后,垂直载荷应施加在安放在滚翻保护结构顶上的宽为 250 mm 的横梁上(见图 6)。

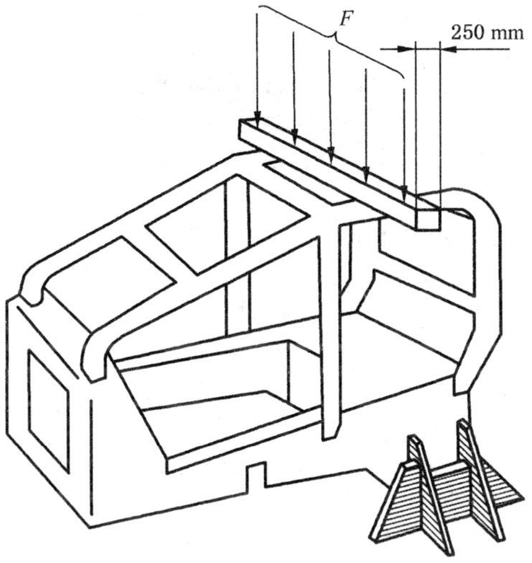

图 6 垂直载荷的分配和加载

4.4.3.2 对于双支柱和多支柱的滚翻保护结构系统,垂直载荷应加在侧向载荷分布的平面上。
4.4.3.3 对于具有正反可换向驾驶位置的机器,载荷的作用点应位于正反两位置换位点的中间。

4.4.4 纵向加载

4.4.4.1 卸去垂直载荷后,纵向载荷应施加在滚翻保护结构顶部构件上,其作用线沿滚翻保护结构的纵向中心线,由于侧向和垂直载荷可能会导致滚翻保护结构的永久性变形,所以作用点应在原确定点变形后的位置上。原点由未进行任何试验的载荷分配器和承载座的位置决定。
4.4.4.2 如果没有后横梁或前横梁,载荷分配器可以横跨滚翻保护结构的整个宽度。在其他所有情况下,载荷分配器分配载荷的宽度不应大于滚翻保护结构宽度 W 的 80%(见图 7)。载荷分配器不应影响直线或曲线型滚翻保护结构的强度。
4.4.4.3 前、后载荷的方向应选在对滚翻保护结构和机架组件的要求最为严格的一侧。载荷的初始方向应为水平方向,且平行于机器原纵向中心线。在决定纵向载荷作用方向时还应考虑如下因素:

a) 滚翻保护结构相对挠曲极限量的位置和滚翻保护结构可能产生的纵向变形对驾驶员受挤压的影响;
b) 机器特性(即机器上可能阻止滚翻保护结构纵向变形的其他结构件)可能会约束滚翻保护结构纵向构件所受载荷的方向;
c) 实践经验指出,在实际翻车时,某特种机器的纵向翻转或翻转倾向可能产生的情况是随着机器绕纵向轴线转动而发生倾斜的。

4.4.4.4 由于变形速度的缓慢,可以认为加载是静态的(见 4.4.2.6),连续加载该载荷,直到滚翻保护结构已经获得所要求的力为止。

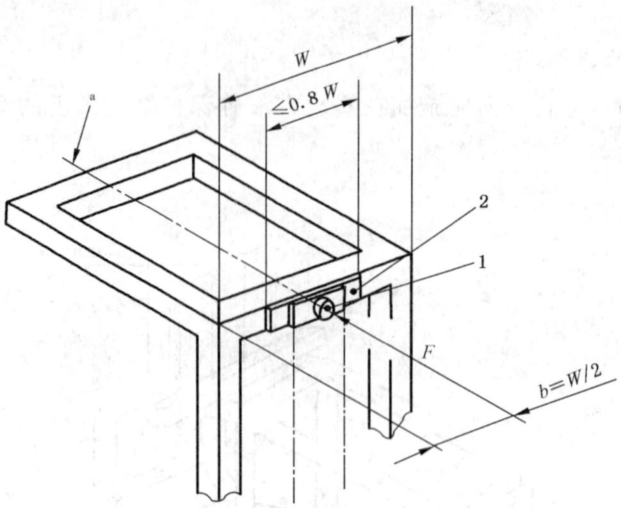

说明：

1——承载座；

2——载荷分配器。

注 1：载荷分配器和承载座是防止试件被局部打穿并直接传递力的装置。

注 2：典型布置图，不要求必须遵守。

[a] 平行于机器的纵向中心线。

图 7 垂直载荷的分配和加载

5 性能要求

5.1 总则

在每次试验期间，滚翻保护结构的任何部分不允许进入驾驶员挠曲极限量内(见 ISO 3164)。对于具有正反可换向驾驶位置的机器，载荷的作用点应位于正反两位置换位点的中间。模拟地平面不得进入滚翻保护结构的变形区域内。

5.2 力、能量和载荷要求

5.2.1 力、能量和载荷要求应满足 ISO 3164 规定的挠曲极限量的变形范围，这些要求与机器质量相关。

5.2.2 侧向载荷要求达到的力应至少满足表 3 中对应的机械类型所规定的数量值。

所要求的力和能量不必同时达到。如果在所要求的能量被满足之前，力已达到或超过所要求的量，则可以减小力，但当能量达到或超过所要求的量时，则力就应达到所要求的量。

表 3 侧向载荷试验期间应达到的最小力

机械的种类	力 F N
轮式林业机械[a]	$F=60\,000\left(\frac{m}{10\,000}\right)^{1.2}$
履带式林业机械	$F=70\,000\left(\frac{m}{10\,000}\right)^{1.2}$
[a] 包括那些能够在橡胶轮胎上安装作为附加设备的履带的机器。	

5.2.3 在进行侧向载荷试验期间，要求吸收的能量应至少达到表 4 中对各类型机械规定的值。

表 4 侧向载荷试验期间的最小吸收能量

机械的种类	能量 U J
轮式林业机械[a]	$U=12\ 500\left(\frac{m}{10\ 000}\right)^{1.25}$
履带式林业机械	$U=13\ 000\left(\frac{m}{10\ 000}\right)^{1.25}$

[a] 包括那些能够在橡胶轮胎上安装作为附加设备的履带的机器。

5.2.4 卸去侧向载荷后，滚翻保护结构和机架组件应承受一个 $20\times m$ 的力，单位为牛顿(N)，持续时间为 5 min 或直到各变形已经停止，力的持续时间应选两者较短的一个。

5.2.5 纵向载荷要求的力应当至少达到表 5 中各类型机械的规定值。

表 5 纵向载荷试验期间应达到的最小力

机械的种类	力 F N
轮式林业机械[a]	$F=48\ 000\left(\frac{m}{10\ 000}\right)^{1.2}$
履带式林业机械	$F=56\ 000\left(\frac{m}{10\ 000}\right)^{1.2}$

[a] 包括那些能够在橡胶轮胎上安装作为附加设备的履带的机器。

5.3 温度和材料要求

5.3.1 总则

试验室评价应该以滚翻保护结构和机架的全部构件的均恒温度为－18 ℃或低于－18 ℃时进行的试验为准。如果试验不是在这一温度下进行的，则应满足 5.3.2 和 5.3.3 中对材料的最低要求。

5.3.2 螺栓和螺母

用来将滚翻保护结构固定在机架上和用来紧固滚翻保护结构构件的螺栓和螺母应具有：

——螺栓性能等级 8.8、9.8 或 10.9 级(见 ISO 898-1)；

——螺母性能等级 8、9 或 10 级(见 GB/T 3098.2—2000)。

5.3.3 冲击强度

滚翻保护结构与主机相连接的固定支座由钢材制造，钢材的性能应符合表 6 所规定的强度要求。

试件应在滚翻保护结构成型和焊接之前从用于制造滚翻保护结构的扁钢、钢管或型钢上沿纵向截取一段。从钢管或型钢上截取试件应从尺寸最大端的中段选取，且不应有焊缝存在(见 ISO 148-1)。

表 6 摆锤式冲击试验 V 形缺口试件冲击强度的最小值

试件规格 mm	能　　量	
	−30 ℃ J	−20 ℃[b] J
10×10[a]	11	27.5
10×9	10	25
10×8	9.5	24
10×7.5[a]	9.5	24
10×7	9	22.5
10×6.7	8.5	21
10×6	8	20
10×5[a]	7.5	19
10×4	7	17.5
10×3.3	6	15
10×3	6	15

[a] 为优先选用尺寸。试件尺寸应和材料允许的最大优先选用尺寸一样。

[b] 温度在−20°时所要求的能量是温度在−30°时规定值的 2.5 倍。其他影响冲击能量强度的因素有轧制方向、屈服强度、晶粒取向和焊接性等，在选用钢材时，应充分考虑这些因素。

6 试验报告

试验报告应按附录 A 填写。

附 录 A
（规范性附录）
试验报告

机器识别

类型：____________________

制造厂：____________________

型号：____________________

机架号：____________________

轮式/履带式机械：____________________

滚翻保护结构的识别

制造厂：____________________

型号：____________________

系列号：____________________

滚翻保护结构编号：____________________

制造厂提供的资料

机器质量：____________________kg

挠曲极限量的位置：____________________

数据要求

侧向作用力：____________________N

侧向载荷能量：____________________J

垂直作用力：____________________N

纵向作用力：____________________N

试验结果

在滚翻保护结构的构件或模拟地平面（如应用）没有进入挠曲极限量内的前提下，下列力和能量达到或超过要求的数值。

侧向加载

能量达到或超过要求后所得到的作用力：____________________N

吸收的能量：____________________J

垂直加载

作用力：____________________N

纵向加载

作用力：____________________N

温度和材料

试验进行时滚翻保护结构和机架的均匀温度____________________℃

（只有温度在－18 ℃以上时，才完成下列工作）

滚翻保护结构的金属构件做成摆锤式冲击试验V形缺口试件的尺寸________mm×________mm

吸收的能量：____________________J

螺母性能等级：____________________

螺栓性能等级：____________________

证明书

按本标准对最大机器质量为________kg的机器进行了试验，已达到了本标准的最低性能要求。机器的最大质量包括的附件、装备和工具如下：

____

____

____

试验日期：____

试验室的名称和地址：____

____

试验工程师姓名：____

日期/试验报告号：____

参 考 文 献

[1] ISO 3411 Earth-moving machinery—Physical dimensions of operators and minimum operator space envelope

[2] ISO 3471 Earth-moving machinery—Roll-over protective structures—Laboratory tests and performance requirements

[3] ISO 8083 Machinery for forestry—Falling-object protective structures (FOPS)—Laboratory tests and performance requirements

[4] ISO 8084 Machinery for forestry—Operator protective structures—Laboratory tests and performance requirements

ICS 65.060.80
B 95

中华人民共和国国家标准

GB/T 20456—2012/ISO 13772:2009
代替 GB/T 20456—2008

林业机械 便携式油锯 被动式锯链制动器性能要求及测试方法

Forestry machinery—Portable chain-saws—Non-manually actuated chain brake performance and test methods

(ISO 13772:2009,Forestry machinery—Portable chain-saws—Non-manually actuated chain brake performance,IDT)

2012-05-11 发布 2012-10-01 实施

中华人民共和国国家质量监督检验检疫总局
中国国家标准化管理委员会 发布

前言

本标准按照 GB/T 1.1—2009 给出的规则起草。

本标准代替 GB/T 20456—2008《林业机械 便携式油锯 被动式锯链制动器性能》，与 GB/T 20456—2008 相比主要技术变化如下：

——修改了标准的中文名称，由“林业机械 便携式油锯 被动式锯链制动器性能”改为“林业机械 便携式油锯 被动式锯链制动器性能要求及测试方法”，英文名称相应的由“Forestry machinery—Portable chain-saws—Non-manually actuated chain brake performance”改为“Forestry machinery—Portable chain-saws—Non-manually actuated chain brake performance and test methods”；

——更新了规范性引用文件；

——“性能要求”中对试验用导板长度进行了重新的规定，删除“表 1 发动机排量与其对应的导板长度”及“油锯应是新的和清洁的，不符合之处应在试验报告中注明”的内容（见第 4 章，2008 年版第 4 章）；

——将图 1 中林用小型油锯与林用大型油锯的排量临界值由原来的“80 cm^3”改为“40 cm^3”（见图 1，2008 年版图 1）；

——“试验装置”中新增对摆臂的“质量和转动惯量”的要求（见 6.2，2008 年版 6.2）；

——“试验的准备”中新增一条试验准备步骤[见第 7 章 c)]；

——“试验的准备”中新增对悬挂点 A 的要求[见第 7 章 f)]。

本标准采用翻译法等同采用国际标准 ISO 13772:2009《林业机械 便携式油锯 被动式锯链制动器性能》。

本标准做了下列编辑性修改：

——删除“7 Preparation a)”中“If no guide bar length has been specified，choose one according to Table 1”。因为“4 Performance requirements”中已经对被动式锯链制动器的性能检测用油锯的导板长度进行了重新要求，并删除了表 1。

与本标准中规范性引用的国际文件有一致性对应关系的我国文件如下：

——GB/T 18960—2012 林业机械 便携式油锯 词汇（ISO 6531:2008，IDT）。

本标准由国家林业局提出。

本标准由全国林业机械标准化技术委员会（SAC/TC 61）归口。

本标准负责起草单位：浙江中马园林机器有限公司。

本标准参加起草单位：浙江三锋实业股份有限公司、国家林业局哈尔滨林业机械研究所、温岭利欧园林机械有限公司。

本标准主要起草人：蒋志、周林、王振东、杨锋、石伟。

本标准于 2006 年 7 月首次发布，2008 年 12 月第一次修订，本次为第二次修订。

林业机械　便携式油锯
被动式锯链制动器性能要求及测试方法

1　范围

本标准规定了林用便携式油锯的被动式锯链制动器(以下简称链制动器)的性能要求和测试方法。

2　规范性引用文件

下列文件对于本文件的应用是必不可少的。凡是注日期的引用文件,仅注日期的版本适用于本文件。凡是不注日期的引用文件,其最新版本(包括所有的修改单)适用于本文件。

ISO 6531　林业机械　便携式油锯　词汇(Machinery for forestry—Portable chain-saws—Vocabulary)

3　术语和定义

ISO 6531 中给出的术语和定义适用于本文件。

4　性能要求

链制动器的性能检测应在正常生产且装有使用说明书中规定的最短及最长的导板的油锯上进行。

在按照第 8 章规定进行测试时,当被测油锯的水平加速度 a_x 和垂直加速度 a_y 的坐标交点分别位于图 1 的 a)、b)或 c)中所规定的临界线下方区域内时,如果链制动器启动,则判定该链制动器性能合格。

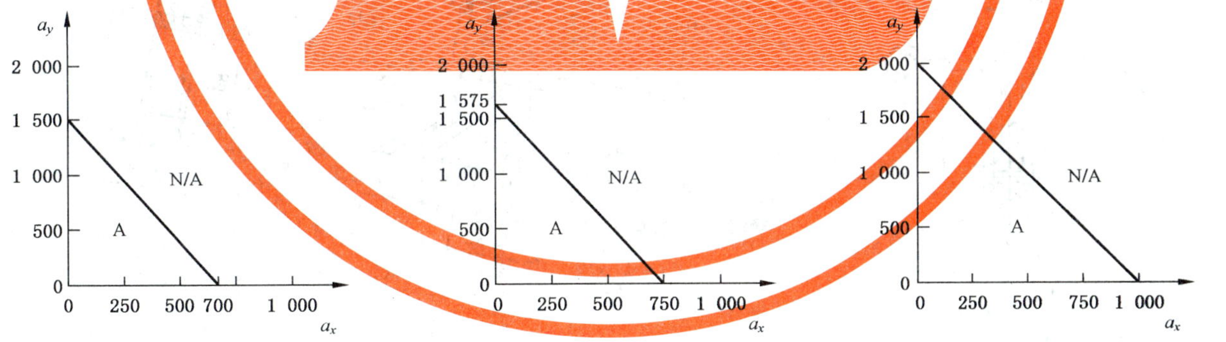

a)　修枝油锯　　b)　林用小型油锯(排量 $D \leqslant 40\ \mathrm{cm}^3$)　　c)　林用大型油锯(排量 $D > 40\ \mathrm{cm}^3$)

说明:

a_x——水平加速度,$\mathrm{m/s^2}$;

a_y——垂直加速度,$\mathrm{m/s^2}$;

A——性能合格区域;

N/A——性能不合格区域。

图 1　链制动器启动的临界值

5　试验原则

油锯应安装在图 2 所示的试验装置上。落块以一定的高度降落至摆臂的一端,并使另一端的油锯反方向加速运动。下落高度应逐渐增加到链制动器启动为止。

单位为毫米

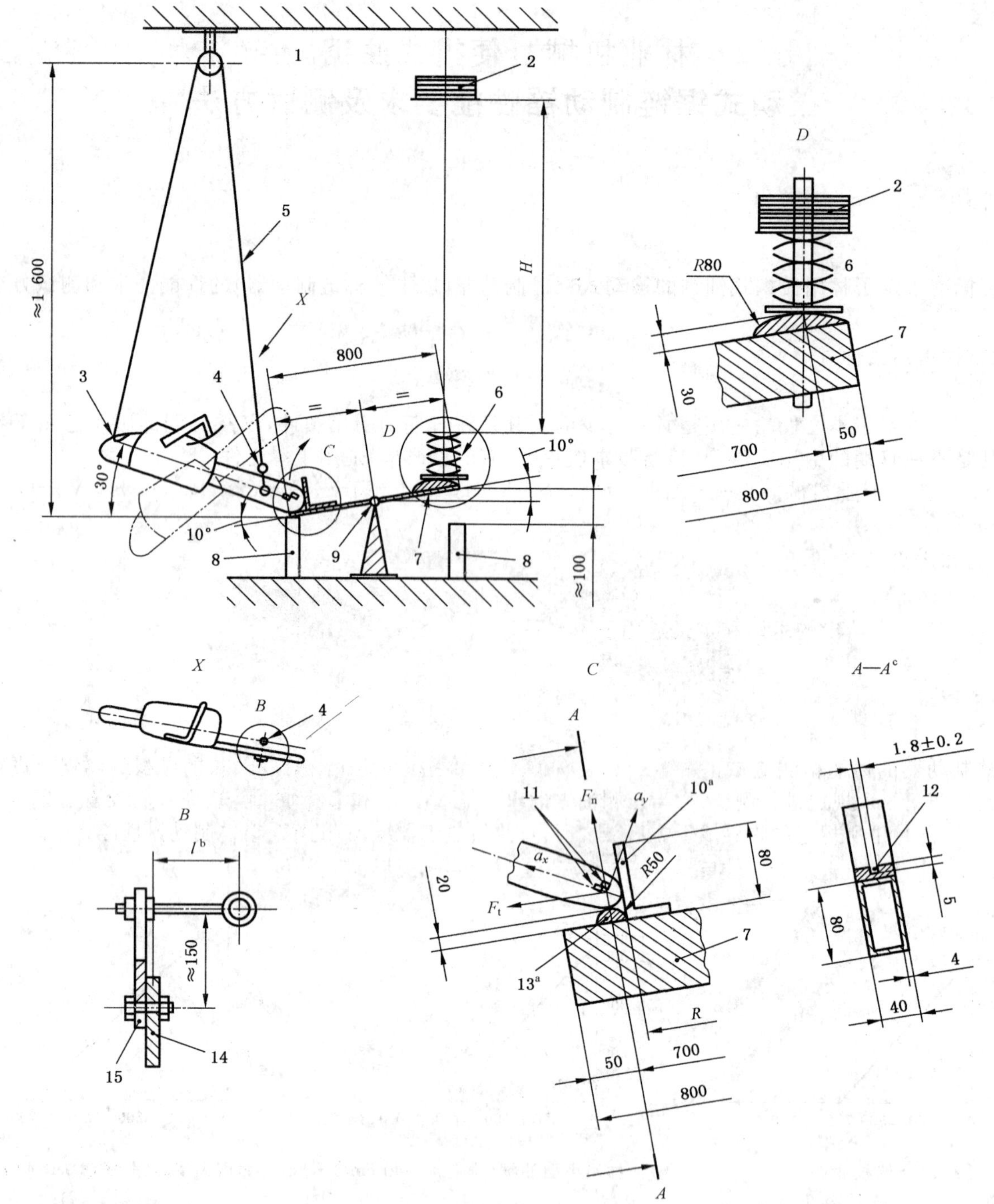

说明：

H——下落高度；

F_n——正压力；

F_t——切向力；

1——纵向和横向可调节的定滑轮；

2——落块；

3——悬挂点 A；

4——悬挂点 B；

5——绳索；

6——弹簧；

7——摆臂；

8——缓冲器；

9——球形铰链；

10——可调角形支座；

11——加速度计；

12——凹槽；

13——铝质垫块；

14——导板；

15——刚性连接臂。

[a] 为使导板前端的导向链轮凸出来的齿顶部分不妨碍链锯被加速，可采用在垫块上开一凹槽和加一角形限位支承座，或拆除导向链轮的方式来消除其影响(详见 *A-A*)。

[b] l 为悬挂点 B 至导板中心平面的距离，其长度可调，保证悬挂点与绳索构成的铅垂面经过油锯的重心。

[c] 为表示清楚略去油锯。

图 2　装有油锯的试验装置

6 试验设备

6.1 加速度测试设备

加速度计总质量(包括固定件,但不包括电缆)应尽可能小,并在任何情况下都不应超过 50 g。

加速度计输出信号的应用性能应符合附录 A 低通滤波器的要求。

安装加速度计时应小心,以保证在两个测试方向频率响应都能达到 300 Hz。涉及加速度计安装的有关规定要求参见 GB/T 14412。如果加速度计附加物的质量增加到等于其自身质量时,对 a_x 和 a_y 没有明显的影响,可以认为频率响应没有被衰减。如果附加物是金属的,那么该附加物应位于加速度计和它的固定件之间;若此附加物是由像黏土或石蜡那样的材料制成的,则该附加物应位于加速度计周围。

测试设备包括加速度计固定件和滤波器,对于频率响应范围在 0 Hz～300 Hz 的加速度计,其精度应在显示值的±5%之内,校准方法参见 GB/T 13823.1。

6.2 试验装置

试验装置的设计原则应如图 2 所示。

试验装置中绳索长度及定滑轮的纵向和横向位置应是可调的。

摆臂由矩型中空钢管制作而成,截面尺寸 80 mm×40 mm×4 mm,质量为 6 700 g±300 g,转动惯量为 0.45 kg·m^2±0.05 kg·m^2。

落重装置应该有一个 15 000 g±20 g 的落块,落块下落高度至少应在 200 mm～1 400 mm 范围内可调节,而且每次调节高度不得超过 10 mm。下落高度的误差应在±2 mm 之内。

为了承受不断增加的负荷,该落重装置中的弹簧刚度应为 640 N/mm±20 N/mm。

注:该弹簧装置可以用相互反向放置的七块板簧(45 mm×22.4 mm×1.75 mm)来获得,该弹簧决定着撞击特性和作用时间长短。模拟反弹的冲击时间大约为 10 ms。

7 试验准备

按以下要求准备油锯试验:

a) 根据产品说明书检查油锯。

b) 预先将油锯的链制动器起动 10 次。例如:当用手握持油锯后手把的同时松开前手把,让油锯下落使其导板头部撞击一坚硬的木质表面。

c) 给锯链安装上合适的导板,将油箱注足燃油,以接近最大功率点转速来锯切软木至耗光整箱燃油。在此过程中制动器不制动。锯切完成后允许不进行锯链清理。应在尽可能少的拆卸和扰动的情况下拆除锯链。试验用导板也应在尽可能少的扰动的情况下拆下,并替换上一个类似的、新的导板。

d) 将锯链张紧装置调到中间位置后,使导板前端尽可能向上翘起以消除其向上的摆动间隙,然后夹紧导板。不安装锯链并且燃油箱应是空的。

e) 安装加速度计,分别测量水平和垂直加速度 a_x 和 a_y。加速度计的中心线应在导板前端半径中心点处交叉,偏差在±2 mm 之内。经过两加速度计重心的两条相互垂直线的交点也应在导板前端半径中心点附近,偏差在±10 mm 之内。加速度计的安装方位如图 2 所示。

f) 应该用绳索通过悬挂点 A 和 B(见图 2)将链锯吊挂在试验装置上,使导板纵向平面的中心线向下倾斜 30°±2°,并且使导板纵向平面与试验装置上摆臂的纵向平面平行。

悬挂点 A 应选择在后手把的抓握部位。对修枝油锯,为满足规定的施加力的要求,需将悬挂点进一步向后移。若确实如此,则可在后手把悬挂点处加上一使其向后倾斜的附加物,该附加物应尽可能轻，且重量不应超过 100 g。

悬挂点 B 应能横向调节，以保证导板平面铅垂，偏差小于±3°。悬挂点 B 的高度应选择适当，即应使固定点 A 和 B 之间的连线高过油锯的重心，以确保链锯吊挂稳定。悬挂点 B 应选择在导板的纵向中心平面内，当施加的正压力 F_n 为 2 N±0.4 N 时，使导板顶端能被顶离铝质垫块，见图 2。

g) 角形支承座应可以调节，以使过摆臂上的垫块与导板头部的接触点与摆臂纵向中心线垂直的直线能经过导板前端半径中心点，其偏差在±1 mm 之内。定滑轮应沿纵向放置，当施加的切向力 F_t 为 2 N±0.4 N 时，使导板顶端能被推离角形支承座，见图 2。

8 试验程序

链制动器靠落块下落过程中产生的加速度启动。

建议以 200 mm 的下落高度为起点，并且以每 100 mm 为一级逐渐增加高度直至该链制动器启动。在第一次启动之后，再以每 20 mm 为一级减小落块下落高度，直到该制动器不能被再次启动为止。然后，在此高度基础上，再增加下落高度 10 mm，在同样条件下重复 5 次试验，如果该制动器 5 次均被启动，则该工况即可被用来测量加速度 a_x 和 a_y，见图 1。

如果在此高度基础上，该制动器没有被启动 5 次，则应再增加下落高度 10 mm，并且再做 5 次试验。直到在该下落高度 5 次试验过程中链制动器均被启动为止。

当最低的下落高度被确定后，在同一工况下分别测量导板前端加速度 a_x 和 a_y 各 5 次，并且计算出平均加速度值。

9 试验报告

试验报告应包括以下内容：

a) 依据标准（如："GB/T 20456—2012"）。

b) 测试日期、地点。

c) 操作者姓名。

d) 油锯信息：

——制造厂家；

——型式、型号及系列号；

——导板型式与长度；

——受试油锯的质量（装有导板、无锯链、燃油），kg；

——链制动器的释放力（参见 GB/T 19387），N。

e) 试验设备描述。

f) 加速度计安装位置说明。

g) 记录导板端头的加速度 a_x 和 a_y，单位 m/s^2。分别计算在链制动器制动的临界状态下的平均加速度 a_{xav} 和 a_{yav}。

附　录　A
（规范性附录）
频率范围和低通滤波器性能

测试加速度 a_x 和 a_y 时所使用的低通滤波器应能满足表 A.1 的要求。图 A.1 给出了在截止频率为 120 Hz 及倍频梯度为 −12 dB 的条件下，低通滤波器频率响应的极限值和理论滤波特征。

表 A.1　滤波器频率及响应的界限值

频率 f Hz	下限值 a_l dB	上限值 a_u dB
$f \leqslant 100$	$a_l = 20\lg[1/\sqrt{1+(f/100)^4}]+1$	$a_u = 20\lg[1/\sqrt{1+(f/140)^4}]+1$
$100 < f \leqslant 255$	$a_l = -\infty$	—
$f > 255$	$a_l = -\infty$	$a_u = -9.8 - 36.54\lg(f/255)$

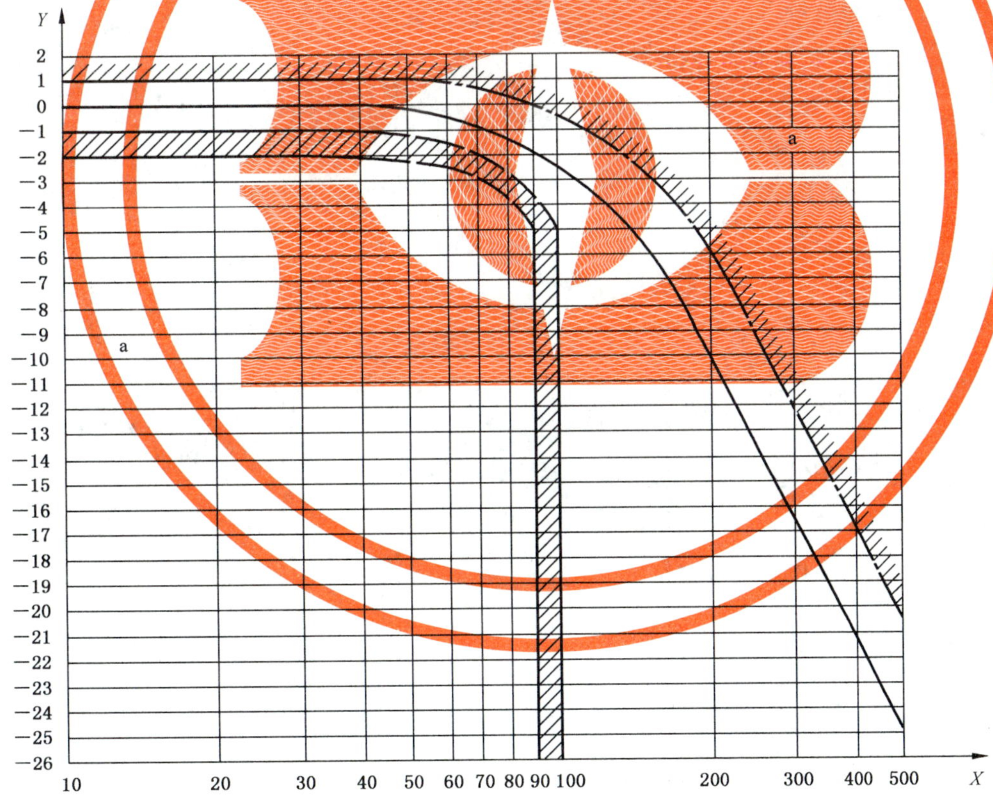

说明：

X——频率，Hz；

Y——衰减值，dB；

a——限制区域。

图 A.1　滤波器频率响应限值

参 考 文 献

[1] ISO 5348 Mechanical vibration and shock—Mechanical mounting of accelerometers

[2] ISO 6535 Portable chain-saws—Chain brake performance

[3] ISO 16063-1 Methods for the calibration of vibration and shock transducers—Part 1: Basic concepts

ICS 73.040
D 20

中华人民共和国国家标准

GB/T 20475.3—2012

煤中有害元素含量分级　第3部分：砷

Classification for content of harmful elements in coal—Part 3：Arsenic

2012-12-31 发布　　2013-10-01 实施

中华人民共和国国家质量监督检验检疫总局
中国国家标准化管理委员会　发布

前　言

本标准按照 GB/T 1.1—2009 给出的规则起草。

本标准由中国煤炭工业协会提出。

本标准由全国煤炭标准化技术委员会(SAC/TC 42)归口。

本标准起草单位:煤炭科学研究总院北京煤化工研究分院。

本标准主要起草人:连进京、白向飞、姜英、傅丛、邵徇。

煤中有害元素含量分级　第3部分：砷

1　范围

本标准规定了煤炭按干燥基砷含量 $w(As_d)$ 范围分级、命名和代号，以及煤炭生产加工和利用中对砷含量的要求。

本标准适用于煤炭勘查、生产加工、销售和利用。

2　规范性引用文件

下列文件对于本文件的应用是必不可少的。凡是注日期的引用文件，仅注日期的版本适用于本文件。凡是不注日期的引用文件，其最新版本（包括所有的修改单）适用于本文件。

GB 474　煤样的制备方法
GB 475　商品煤人工采取方法
GB/T 482　煤层煤样采取方法
GB/T 3058　煤中砷的测定方法
GB/T 19494.1　煤炭机械化采样　第1部分：采样方法
GB/T 19494.2　煤炭机械化采样　第2部分：煤样的制备
MT/T 988　生产煤样采取方法

3　煤中砷含量分级、命名和代号

煤中砷含量分级、命名和代号见表1。

表1　煤中砷含量分级

级别名称	代号	砷含量范围 $w(As_d)/(\mu g/g)$
特低砷煤	As-1	≤4
低砷煤	As-2	>4～25
中砷煤	As-3	>25～80
高砷煤	As-4	>80

4　煤炭生产加工和利用中砷含量的要求

4.1　动力用煤对砷含量的要求

动力用煤中砷含量 $w(As_d)$ 不宜超过 80 μg/g。

4.2　炼焦用煤对砷含量的要求

炼焦用煤中砷含量 $w(As_d)$ 不宜超过 35 μg/g。

4.3 特殊行业用煤对砷含量的要求

特殊行业用煤中砷含量 $w(As_d)$ 不宜超过 4 μg/g。

5 煤样的采取、制备和测定

5.1 煤样采取按照 GB 475、GB/T 482、GB/T 19494.1、MT/T 988 规定执行。

5.2 煤样制备按照 GB 474、GB/T 19494.2 规定执行。

5.3 煤中砷含量测定按照 GB/T 3058 规定执行。

ICS 73.040
D 20

中华人民共和国国家标准

GB/T 20475.4—2012

煤中有害元素含量分级 第4部分:汞

Classification for content of harmful elements in coal—Part 4: Mercury

2012-12-31 发布 2013-10-01 实施

中华人民共和国国家质量监督检验检疫总局
中国国家标准化管理委员会 发布

前　言

本标准按照 GB/T 1.1—2009 给出的规则起草。

本标准由中国煤炭工业协会提出。

本标准由全国煤炭标准化技术委员会(SAC/TC 42)归口。

本标准起草单位:煤炭科学研究总院北京煤化工研究分院。

本标准主要起草人:白向飞、连进京、罗陨飞、姜英、邵徇。

煤中有害元素含量分级　第4部分：汞

1　范围

本标准规定了煤炭按干燥基汞含量 $w(Hg_d)$ 范围分级、命名和代号，以及煤炭生产加工和利用中对汞含量的要求。

本标准适用于煤炭勘查、生产加工、销售和利用。

2　规范性引用文件

下列文件对于本文件的应用是必不可少的。凡是注日期的引用文件，仅注日期的版本适用于本文件。凡是不注日期的引用文件，其最新版本（包括所有的修改单）适用于本文件。

GB 474　煤样的制备方法

GB 475　商品煤人工采取方法

GB/T 482　煤层煤样采取方法

GB/T 16659　煤中汞的测定方法

GB/T 19494.1　煤炭机械化采样　第1部分：采样方法

GB/T 19494.2　煤炭机械化采样　第2部分：煤样的制备

MT/T 988　生产煤样采取方法

3　煤中汞含量分级、命名和代号

煤中汞含量分级、命名和代号见表1。

表1　煤中汞含量分级

级别名称	代号	汞含量范围 $w(Hg_d)/(\mu g/g)$
特低汞煤	Hg-1	≤0.150
低汞煤	Hg-2	>0.150～0.250
中汞煤	Hg-3	>0.250～0.600
高汞煤	Hg-4	>0.600

4　煤炭利用中煤中汞含量要求

4.1　动力用煤对汞含量要求

动力用煤中汞含量 $w(Hg_d)$ 不宜超过 0.600 $\mu g/g$。

4.2　炼焦用煤对汞含量要求

炼焦用煤中汞含量 $w(Hg_d)$ 不宜超过 0.250 $\mu g/g$。

4.3 特殊行业用煤中对汞含量的要求

特殊用煤行业煤中汞含量 $w(Hg_d)$不宜超过 0.150 μg/g。

5 煤样的采取、制备和测定

5.1 煤样采取按照 GB 475、GB/T 482、GB/T 19494.1、MT/T 988 规定执行。

5.2 煤样制备按照 GB 474、GB/T 19494.2 规定执行。

5.3 煤中汞含量测定按照 GB/T 16659 规定执行。

ICS 71.100.40
G 73

中华人民共和国国家标准

GB/T 20856—2012
代替 GB/T 20856—2007

航空器　牛顿型除冰防冰液　Ⅰ型

Aircraft de-icing/anti-icing Newtonian fluids—Type Ⅰ

2012-12-31 发布　　2013-06-01 实施

中华人民共和国国家质量监督检验检疫总局
中国国家标准化管理委员会　发布

前　言

本标准按 GB/T 1.1—2009 给出的规则起草。

本标准代替 GB/T 20856—2007《航空器　牛顿型除冰、防冰液 ISO Ⅰ型》，与 GB/T 20856—2007 相比主要技术变化如下：

——删除了先前版本术语和定义中的部分条款(见 2007 版 3.2、3.3、3.4、3.5)；

——增加了碳刹车材料相容性(见 4.1.1)、非二醇基除冰液(见 4.1.2)、剪切稳定性(见 4.3.4)、泡沫稳定性(见 4.3.5)、道面混凝土抗剥落性(见 4.4.10)、再生二醇的除冰液(见 5.4.2)以及包装(见 6)等条款；

——修改了规范引用文件(见第 2 章，2007 版第 2 章)、组成(见 4.1，2007 版)、环境要求(见 4.4，2007 版)、表面张力(见 4.2.9，2007 版)、黏度(见 4.2.8.1，2007 版)、稳定性(见 4.2.3，2007 版)、防冰性能(见 4.5，2007 版)和空气动力学特性(见 4.2.8.2，2007 版)以及质量保证(见第 5 章，2007 版)等条款。

本标准由中国民用航空局提出。

本标准由中国民航科学技术研究院归口。

本标准起草单位：中国民用航空局第二研究所。

本标准主要起草人：梅拥军、韦勇强、谢麟、周洪、吴斌、苏正良、祝军。

本标准所代替标准的历次版本发布情况为：

——GB/T 20856—2007。

航空器　牛顿型除冰防冰液　Ⅰ型

1　范围

本标准规定了航空器地面除冰、防冰用牛顿流体型除冰防冰液Ⅰ型(以下简称除冰液)的技术要求、质量保证、包装、标志和储存要求。

本标准适用于除冰液的生产和使用。

2　规范性引用文件

下列文件对于本文件的应用是必不可少的。凡是注日期的引用文件,仅注日期的版本适用于本文件。凡是不注日期的引用文件,其最新版本(包括所有的修改单)适用于本文件。

GB/T 6678　化工产品采样总则

GB/T 6680　液体化工产品采样通则

GB/T 7466　水质　总铬的测定

GB/T 7468　水质　总汞的测定　冷原子吸收分光光度法

GB/T 7475　水质　铜、锌、铅、镉的测定　原子吸收分光光谱法

GB/T 7480　水质　硝酸盐氮的测定　酚二磺酸分光光度法

GB/T 7488　水质　五日生化需氧量(BOD_5)的测定　稀释与接种法

GB/T 11891　水质　凯氏氮的测定

GB/T 11893　水质　总磷的测定　钼酸铵分光光度法

GB/T 11897　水质　游离氯和总氯的测定　N,N-二乙基-1,4-苯二胺滴定法

GB/T 11899　水质　硫酸盐的测定　重量法

GB/T 11914　水质　化学需氧量的测定　重铬酸盐法

GB/T 13266　水质　物质对蚤类(大型蚤)　急性毒性测定方法

GB/T 13267　水质　物质对淡水鱼(斑马鱼)　急性毒性测定方法

GB/T 16483　化学品安全技术说明书　内容和项目顺序

AS 5900　SAE AMS 1424 和 SAE AMS 1428 型除冰防冰液空气动力学认证的测试方法标准(Standard test method for aerodynamic acceptance of SAE AMS 1424 and SAE AMS 1428 aircraft ground deicing/anti—Icing fluids)

AS 5901　SAE AMS 1424 和 SAE AMS 1428 型除冰防冰液喷水和高湿度防冰时间测试方法(Water spray and high humidity endurance time test methods for SAE AMS 1424 and SAE AMS 1428 aircraft ground deicing/anti—Icing fluids)

ASTM C 672　暴露于除冰化合物中的混凝土表面抗剥落性试验方法(Scaling resistance of concrete surfaces exposed to deicing chemicals)

ASTM D 93　宾斯基-马丁闭口闪点的试验方法(Flash point by Pensky-Martens closed cup tester)

ASTM D 445　透明和不透明液体的动黏度(动态黏度的计算)(Kinematic viscosity of transparent and opaque liquids (and the calculation of dynamic viscosity))

ASTM D 891　液体化学品的比重试验方法(Specific gravity of liquid industrial chemicals)

ASTM D 1177　发动机防冻液冰点的试验方法(Freezing point of aqueous engine coolants)

ASTM D 1193—1997 试剂水规范

ASTM D 1331 表面活性剂溶液的表面张力与界面张力的试验方法(Surface and interfacial tension of solutions of surface-active agents)

ASTM D 1747 粘性材料折射率的试验方法(Refractive index of viscous materials)

ASTM D 3278 小刻度闭杯装置测定液体闪点的试验方法(Flash point of liquids by small scale closed cup apparatus)

ASTM D 4052 用数字式密度计测定液体密度和相对密度的试验方法(Test method for density and relative density of liquids by digital density meter)

ASTM E 70 用玻璃电极测定水溶液 pH 值的试验方法(pH Of aqueous solutions with the glass electrode)

ASTM F 483 航空器维护用化学品全浸腐蚀试验的试验方法(Total immersion corrosion test for aircraft maintenance chemicals)

ASTM F 484 接触液体或半液体化合物的丙烯酸类塑料应力银纹化的试验方法(Stress crazing of acrylic plastics in contact with liquid or semi-liquid compounds)

ASTM F 485 清洗剂对未涂层航空器表面影响的试验方法(Effects of cleaners on unpainted aircraft surfaces)

ASTM F 502 清洗及维护用化学品对涂层航空器表面影响的试验方法(Effects of cleaning and chemical maintenance materials on painted aircraft surfaces)

ASTM F 519 航空器维护用化学品及电镀工艺的机械氢脆试验(Mechanical hydrogen embrittlement testing of plating processes and aircraft maintenance chemicals)

ASTM F 945 航空器发动机清洗剂对钛合金的应力腐蚀试验(Stress-corrosion of titanium alloys by aircraft engine cleaning materials)

ASTM F 1105 液体溶剂基航空器清洗剂的储存稳定性试验(Preparing aircraft cleaning compounds, liquid type, solvent based for storage stability testing)

ASTM F 1110 夹层腐蚀试验方法(Sandwich Corrosion Test)

ASTM F 1111 航空器维护用化学品对低脆性镀镉层的腐蚀试验方法(Corrosion of low-embrittling cadmium plate by aircraft maintenance chemicals)

3 术语和定义

下列术语和定义适用于本文件。

3.1

牛顿流体 Newtonian fluid

黏度独立于剪切力和剪切时间,流动无屈服应力,流体剪切速率与剪切应力成正比,随应力的施加而立即流动的流体。

4 技术要求

4.1 材料

4.1.1 基本要求

4.1.1.1 除冰液应含冰点降低成分和其他添加剂,在符合本标准的前提下,其成分由制造商决定。除冰液不应增稠。

4.1.1.2 如果以二醇类为冰点降低添加剂，则应加入抑制剂，以降低由于二醇基水溶液与带直流电势的贵金属电极(包括银)发生作用而引起火灾的危险。

4.1.1.3 除冰液宜与碳刹车材料相容。

4.1.2 非二醇基除冰液

含非二醇基冰点降低剂的除冰液应按以下方法进行测试：取两根直径 35 mm，长 15 mm，材质符合 AMS 5886 要求的棒，棒的一端应机械磨平。用 8.5 mm 钻头在棒的磨平端钻出 6.5 mm 深的圆孔，再用 12.5 mm 圆头钻扩孔形成 7 mm 深的凹孔样杯。凹孔样杯表面应采用 600 μm，180 μm 和 6 μm 的金刚砂抛光，再用适当的溶剂清洗去除油污并干燥。分别将待测除冰液和 ASTM D 1193 Ⅳ型水装入两个凹孔样杯，并放入 105 ℃±2 ℃的烘箱中。以 10 ℃/min 的速度升温直至 250 ℃±5 ℃，并保持 15 min±1 min 使液体挥发。然后将两个样杯放入温度设定为 1 040 ℃±10 ℃的高温炉中并保持 120 min±5 min。

取出样杯并冷却到室温。放大 500 倍显微检测样杯，除冰液对样杯的腐蚀程度不应超过 ASTM D 1193 Ⅳ型水。报告中应包括测试后两个样杯的照片，并标明除冰液所用样杯。

4.1.3 外观

用户收到的除冰液应是均相，颜色一致，无结皮、结块以及影响产品使用的其他物质。若除冰液染色，应为橙色。

4.1.4 环保性能

除冰液的制造商应提供下列信息资料：

——化学耗氧量(COD)，按 GB/T 11914 的规定进行测定；

——生化耗氧量(BOD_5)，按 GB/T 7488 的规定进行测定；

——水生生物毒性，按 GB/T 13266 和 GB/T 13267 的规定进行测定；

——硝酸盐含量，按 GB/T 7480 的规定进行测定；

——总凯氏氮含量，按 GB/T 11891 的规定进行测定；

——总磷含量，按 GB/T 11893 的规定进行测定；

——硫含量，按 GB/T 11899 的规定进行测定；

——卤素含量，按 GB/T 11897 的规定进行测定；

——铬含量，按 GB/T 7466 的规定进行测定；

——汞含量，按 GB/T 7468 的规定进行测定；

——铅、镉含量，按 GB/T 7475 的规定进行测定。

4.2 物理特性

4.2.1 闪点

按 ASTM D 93 或 ASTM D 3278 进行测定，除冰液的闪点应不低于 100 ℃。存在异议时，应采用 ASTM D93 测定。

4.2.2 相对密度

按 ASTM D 891 或 ASTM D 4052 进行测定，除冰液的相对密度应在标称值±0.015 范围内。

4.2.3 pH 值

按 ASTM E 70 进行测定，除冰液的 pH 值应在标称值±0.5 范围内。

4.2.4 折光率

按 ASTM D 1747 进行测定，除冰液的折光率应在标称值±0.001 5 范围内。

4.2.5 冰点

按 ASTM D 1177 进行测定，除冰液的冰点应在标称值±3 ℃范围内。需稀释使用的浓缩型除冰液，应用 ASTM D 1193 Ⅳ型水以 1∶1 体积比稀释后测定冰点。并应报告所测试稀释液的折光率。

4.2.6 表面张力

按 ASTM D 1331 进行测定，除冰液的表面张力应在标称值的±10%范围内。

4.2.7 黏度

按 ASTM D 445 进行测定，除冰液在 20 ℃、0 ℃、−10 ℃和−20 ℃下测定的黏度值应在标称值的±5%范围内。

4.3 稳定性

4.3.1 储存稳定性

试验前，应按 ASTM D 445 测定除冰液在 20 ℃的黏度。除冰液应按 ASTM F 1105 进行一次完整的循环试验。循环试验结束后，应重新测试黏度并与初始值比较，结果变化应在−20%～+10%范围内。老化前后的除冰液应按 4.2.3 测定 pH 值，差值应不超过 0.5。老化除冰液和用 ASTM D 1193 Ⅳ型水 1∶1 稀释的老化除冰液中不应有明显的相分离、沉淀或不溶杂质。

4.3.2 热稳定性（加速老化，模拟长期无失水的热储存）

4.3.2.1 测试液为浓缩型除冰液和即用型（不需稀释直接使用）除冰液。

4.3.2.2 分别将 800 mL±10 mL 除冰液装入两个配有密封盖的 1 L 硼硅玻璃瓶中密封。其中一瓶作为参照样室温储存至 4.3.2.3 所述试验结束。将另一瓶放入循环空气烘箱、油浴或水浴中，升温至 80 ℃±2 ℃，放置 30 d。

4.3.2.3 30 d 后，将试瓶从受热环境中取出，检查除冰液中相分离、沉淀或不溶杂质现象。报告相关结果。将除冰液冷却到 20 ℃±2 ℃。将瓶颠倒放正，再反复 3 次，检查除冰液中相分离、沉淀或不溶杂质现象，与参照样进行对比，并报告结果。按 4.2.4 测定老化样和参照样的折光率。若两者之间相差大于 0.002 0，则本试验无效。

4.3.2.4 若试验有效，需稀释使用的浓缩型除冰液，应用 ASTM D 1193 Ⅳ型水以 1∶1 体积比稀释老化样和参照样，并按 4.2.3 测试 pH 值。若为即用型除冰液，则不必稀释，直接按 4.2.3 测试 pH 值。老化样与参照样的差值应不大于 1.0。老化样应按 AS 5901 用一组 3 个试板测试防冰性能（仅喷水防冰试验 WSET），并报告结果。

4.3.3 硬水稳定性

浓缩型和需稀释使用的除冰液应用标准硬水以 1∶1 体积比进行稀释。分别按 4.2.3 和 4.2.4 测定稀释液的 pH 值和折光率。在 95 ℃±2 ℃的温度下，按 4.3.2.2 对稀释液进行热老化试验。30 d 后，将瓶从受热环境中取出，检查老化除冰液的相分离或不溶杂质，报告相关结果。冷却到 20 ℃±2 ℃，将瓶颠倒放正，再反复 3 次，再次检查并报告除冰液中相分离、沉淀或不溶杂质现象。重新测定除冰液的折光率，并报告结果。若老化后的除冰液折光率增加大于 0.002，本试验无效。若折光率符合要求，应检测 pH 值，老化前后样的差值应不大于 0.5。老化样应按 AS 5901 用一组 3 个试板进行防冰性能测试（仅 WSET），并报告结果。

注：标准硬水的组成：在 1 L ASTM D 1193 Ⅳ型水中，溶解 400 mg±5 mg 二水合醋酸钙[$Ca(C_2H_3O_2)_2 \cdot 2H_2O$]或 363 mg±5 mg 一水合醋酸钙[$Ca(C_2H_3O_2)_2 \cdot H_2O$]和 280 mg±5 mg 七水合硫酸镁($MgSO_4 \cdot 7H_2O$)。

4.3.4 剪切稳定性

4.3.4.1 除冰液按 4.3.4.2 剪切，并应在剪切后的 20 min～120 min 内按 4.5.2 进行防冰性能测试。

4.3.4.2 取下 1 L 玻璃混合容器，启动试验搅拌器（Waring 7012G 型，或等效的搅拌器）在 3 000 r/min±100 r/min 下预运转 5 min。将 20 ℃±2 ℃温度下的 500 mL±5 mL 除冰液注入 1 L 的混合容器中，在 3 400 r/min±100 r/min 的速度下搅拌 600 s±10 s。

注：测试前，通过非接触式的光学测速计用 500 mL 水对搅拌器进行校准，以提供 3 400 r/min±100 r/min 的搅拌速度。可将搅拌器置于台架上并延长基座转轴，测量混合容器的转速进行校准。

4.3.5 泡沫稳定性

4.3.5.1 通过连接有预冷装置的冷却台在冷柜中测试除冰液起泡性能。测试前，将除冰液加热并用高速搅拌器剧烈搅拌起泡。

注：AS 5901 中对冷柜和冷却器进行了详细说明。

4.3.5.2 浓缩型和需稀释使用的除冰液测试前应用标准硬水以 1∶1 体积比稀释。即用型除冰液应直接测试。

4.3.5.3 应在温度−10 ℃±0.5 ℃和 0 ℃±0.5 ℃下分别进行两次重复试验。在整个测试过程中，冷柜和冷却器应保持在预定测试温度。进行测试前，冷却器应平衡到所需温度。冷却测试面(槽)的倾斜度应为 10°±0.2°。测试件表面应无可见污点、油迹或瑕疵。同一除冰液测试之间，应用水将冷却测试槽彻底冲洗并干燥。不同除冰液测试之间，应先后用水和乙醇将冷却测试槽彻底冲洗并干燥。

4.3.5.4 将 1 L 玻璃烧杯中的 800 mL±5 mL 除冰液加热到 60 ℃±1 ℃，充分搅拌以防止除冰液暴沸。当除冰液被加热至 60 ℃±1 ℃时，移入带搅拌器的玻璃容器中，按 4.3.4.2 剪切 15 s±1 s。剪切后立即将热除冰液平稳倒入 6 个冷却测试槽。宜保持均匀的前后移动方式，以便泡沫和除冰液尽可能均匀分布在测试面。必要时可通过冷却剂调节温度，使涂布除冰液后的测试面温度恢复时间缩短。让除冰液在冷却器上保持 15 min，同时使冷柜和冷却测试面保持在测试温度。15 min 后，评估并报告所有测试面的泡沫覆盖率。测试中和 15 min 的测试结束时宜对测试面进行拍照，并放入报告。

4.4 材料相容性

4.4.1 试验用溶液

除另有说明，材料相容性试验应使用下列溶液进行测试：

——原液；

——浓缩液与 ASTM D 1193 Ⅳ型水以 1∶1(体积比)组成的稀释液。

4.4.2 夹层腐蚀

按 ASTM F 1110 进行试验，除冰液对试件的腐蚀程度不应超过 ASTM D 1193 Ⅳ型水对照板。

4.4.3 全浸腐蚀

按 ASTM F 483 进行试验，除冰液不应使试件产生明显的腐蚀，也不应使任何试件单位面积质量变化大于表 1 中所列数据。

表1　试件每24 h允许的最大质量变化

试件材料	质量变化/(mg/cm^2)
AMS 4037 铝合金,按 ASTM F 2470 阳极化处理	0.3
AMS 4041 铝合金	0.3
AMS 4049 铝合金	0.3
AMS 4376 镁合金,按 ASTM F 2475 重铬酸盐处理	0.2
AMS 4911 钛合金	0.1
AMS 5045 碳钢	0.8

4.4.4　对低氢脆镀镉钢的影响

按 ASTM F 1111 进行试验,除冰液不应使低氢脆镀镉钢试件每24 h单位面积质量变化大于0.3 mg/cm^2。

4.4.5　抗应力腐蚀

4.4.5.1　按 ASTM F 945 方法 A 进行试验,除冰液不应使 AMS 4911 钛合金试件表面出现裂纹。

4.4.5.2　按 ASTM F 945 方法 A 进行试验,详细报告除冰液和对照液对 AMS 4916 试件的影响。

4.4.6　氢脆

按 ASTM F 519 进行试验,除冰液不应使 1a、1c 或 2a 型试件产生氢脆。如有异议,应采用 1c 型试件。

4.4.7　对透明塑料的影响

4.4.7.1　聚丙烯酸酯塑料

稀释液应为除冰液原液用 ASTM D 1193 Ⅳ型水稀释到制造商建议使用的最高浓度。将加热至65 ℃±2 ℃(149 ℉±4 ℉)的稀释液涂覆于试件,自然冷却到 ASTM F 484 规定的测试温度。按 ASTM F 484 进行试验,测试液不应使 MIL-PRF-25690 拉伸聚丙烯酸酯塑料产生银纹,玷污或变色。

4.4.7.2　聚碳酸酯塑料

浓缩型和需稀释使用的除冰液应用标准硬水稀释到制造商建议的最高浓度。将稀释液或即用液加热至65 ℃±2 ℃,并涂覆于试件,自然冷却到 ASTM F 484 规定的测试温度。按 ASTM F 484 进行试验,对试件外表面加载13.8 MPa(2 000 psi)的拉伸应力,保持30 min±2 min,测试液不应使 AMS-P-83310 聚碳酸酯塑料产生银纹,玷污或变色。

4.4.8　对涂层表面的影响

按 ASTM F 502 进行试验,将加热至65 ℃±2 ℃的除冰液涂覆于温度为22 ℃±1 ℃的涂层表面,除冰液不应使试件产生任何条纹、变色或起泡现象,涂层硬度减小应不超过2个铅笔硬度级。

4.4.9　对无涂层表面的影响

按 ASTM F 485 进行试验,除冰液不应使试件产生需要抛光去除的条纹或污迹。

4.4.10 道面混凝土抗剥落性

按 ASTM C 672 进行试验。采用自来水配制的 25%±1%除冰液溶液替代 ASTM C 672 中规定的氯化钙溶液。

混凝土试件的制备应符合下列要求：

——按 ASTM C 672 规定的空气含量进行引气；

——最小水泥用量为 302 kg/m^3±6 kg/m^3；

——坍落度为 38 mm±13 mm。

1 d 内可进行多次冻融循环，经过 50 次冻融循环后，道面混凝土试件表面剥落程度应不超过 1 级。

4.5 性能

4.5.1 冰点

浓缩型除冰液用 ASTM D 1193 Ⅳ型水以 1∶1 体积比稀释后，按 ASTM D 1177 测定的冰点应不高于−20 ℃。即用型除冰液，按 ASTM D 1177 测定的冰点应不高于−20 ℃。

4.5.2 防冰性能

即用型除冰液应按制造商提供的原液进行测试。

浓缩型除冰液应按下列两种稀释形式进行测试：

——除冰液和标准硬水的体积比为 50∶50；

——制造商推荐使用除冰液的最高浓度与标准硬水的体积比(例如 75∶25)。

试验应在满足 AS 5901 的 4.2 中所列要求的设备中进行。所测试的除冰液在喷水防冰试验(WSET)条件下至少 3 min 不形成结冰沉淀物，在高湿度防冰试验(HHET)条件下至少 20 min 不形成结冰沉淀物。

对于每种类型的测试，通过两组 3 个试件的连续试验，共 6 个试件确定试验结果。

防冰性能测试前，应按 4.3.4.2 对除冰液或稀释液进行剪切处理。

4.5.3 空气动力学特性

应按 AS 5900 高速风洞或低速风洞试验进行测试，验证除冰液具有认可的空气动力学特性。高速风洞试验用于大型运输航空器的除冰液空气动力学特性的测试，低速风洞试验用于小型运输航空器的除冰液空气动力学特性的测试。如果满足 AS 5900 要求，除冰液可用于大型或小型运输喷气式航空器。

测试方式取决于制造商提供的除冰液形式：

a) 仅提供浓缩型除冰液(供稀释使用)。应按 AS 5900 和 AS 5901 中的两种稀释形式对除冰液进行测试。应用 ASTM D 1193 Ⅳ型水进行稀释。两种稀释形式是：

· 除冰液和水的体积比为 50∶50；

· 制造商推荐使用除冰液的最高浓度与水的体积比(例如 75∶25)；

b) 对于即用型除冰液，应按 AS 5900 和 AS 5901 进行测试；

c) 提供两种形式(浓缩型和即用型)。浓缩型应按 a)项要求进行测试。不在测试稀释范围内的即用型除冰液[例如体积比小于 50∶50 或最高浓度大于 a)项的测试样]应按 b)项要求进行测试。

5 质量保证

5.1 检验职责

制造商应提供试验样品，并完成所有规定的试验。用户有权对产品取样和进行必要的验证试验，以确保除冰液产品符合本标准。

5.2 检验类型

5.2.1 验收检验

pH(4.2.3)和折光率(4.2.4)或冰点(4.2.5)为验收检验项目，应对每一批产品进行测试。

5.2.2 定期检验

防冰性能(4.5.2)和空气动力学特性(4.5.3)为定期检验项目，将到或恰好在初始测试的第二周年时应进行测试，随后每四年进行一次。

5.2.3 试生产检验

试生产检验包括所有技术要求，在首次向用户提供除冰液时应进行。当除冰液成分或生产工艺发生改变时应按5.4.2重新认可，用户认为需要验证时也应进行试生产检验。

5.3 抽样和检验

应按照GB/T 6678和GB/T 6680进行抽样。一个批次应是由同批原料以同一连续生产工艺生产的全部除冰液产品，制造商应对每批次进行检验。

验收检验、试生产检验和定期检验应从单一批次中随机抽取足够的样品以完成所有要求的测试。

用户和制造商形成统计抽样计划后，取样应按计划进行，并在报告(5.5)中进行说明。

5.4 批准

5.4.1 在提供除冰液前，样品应获得管理当局的认可。

5.4.2 制造商应采用与被认可的样品相同的配方、生产工艺及检验方法。如果配方或生产工艺发生改变，制造商应通知用户并提供改变条件生产的除冰液样品。在管理当局认可前，不应向用户提供改变工艺生产的除冰液。

若采用再生二醇，制造商应确保用户知情，并进行充分的质量保障和分析以确保与(5.4.2)一致。制造商应报告再生二醇的来源：机场、非机场或两者兼有。质量保障程序或分析结果应提供给用户。再生二醇不应含有任何导致有害影响的污染物。应特别注意有可能导致腐蚀、干扰WSET等防冰性能，或者影响除冰液环境性能的微量污染物的成分和数量。

含有再生二醇的除冰液的定期检验应每两年进行一次。

5.4.3 除非生产方法、原料和处理与初始认可制造商的生产原料和方法完全一致，无论除冰液是在多地点生产还是在获许可的次级承包商处生产，在初次发货前应对新地点生产的除冰液进行所有的测试。除冰液应首先进行空气动力学特性(4.5.3)测试和用一组3个试板进行防冰性能(4.5.2)的喷水试验测试。

5.5 报告

5.5.1 制造商应在初次供货前提供报告，表明产品试验结果符合所有的技术要求。所有测试由认可或有资质的测试机构进行。

5.5.2 进行空气动力学特性(4.5.3)测试的机构,应检测送检样品的折光率(4.2.4),表面张力(4.2.6)和黏度(4.2.7)。

5.5.3 若稀释水体积比不同于1∶1,报告中应明确指出除冰液稀释比率,以及进行防冰性能(4.5.2)和空气动力学特性(4.5.3)测试的浓度。

5.5.4 报告中应包括制造商产品型号、名称、批号、依据标准和数量。

5.5.5 应比较定期检验报告与试生产检验报告的数据。

5.5.6 制造商应向用户提供除冰液的材料安全数据单(MSDS),材料安全数据单的编制应符合GB/T 16483或等同文件的要求。除冰液配方更改或者原料发生任何变化,应对材料安全数据单进行修改。

5.6 重新抽样和重新检验

在5.2规定的检验中,所取样品任何一项不符合要求,应对不合格的样品另外加抽三个样品进行检验。对于WSET或HHET,额外检验次数宜限制为两次。如果任何一个重新检验样品不符合要求,则该批产品应视为不合格。所有的检验结果都应报告。

6 包装、标志和储存

6.1 包装

6.1.1 包装容器上所用材料不应与除冰液发生任何物理、化学作用。

6.1.2 包装容器的大小、形状由制造商根据用户的需求而定。

6.2 标志

6.2.1 包装容器上至少应标明以下内容:

——产品名称、型号;

——商标;

——产品适航批准函证书号;

——生产地址、电话、邮编;

——制造商名称、地址、电话、邮编;

——批号、生产日期;

——数量规格;

——产品采用的标准编号。

6.2.2 包装容器上的标志应清晰、牢固。

6.3 储存

除冰液应储存在通风、干燥、避免阳光直射处,不应挤压,不应与强腐蚀性、易燃易爆物品堆放一起。

ICS 71.100.40
G 73

中华人民共和国国家标准

GB/T 20857—2012
代替 GB/T 20857—2007

航空器 非牛顿型除冰防冰液 Ⅱ、Ⅲ和Ⅳ型

Aircraft de-icing/anti-icing non-Newtonian fluids—Type Ⅱ、Ⅲ and Ⅳ

2012-12-31 发布 2013-06-01 实施

中华人民共和国国家质量监督检验检疫总局
中国国家标准化管理委员会 发布

前　言

本标准按 GB/T 1.1—2009 给出的规则起草。

本标准代替 GB/T 20857—2007《航空器　非牛顿型除冰、防冰液 ISO　Ⅱ型》，与 GB/T 20857—2007 相比主要技术变化如下：

——删除了术语和定义的部分条款(见 2007 版 3.3、3.4、3.5、3.6)、规范性附录(见 2007 版附录 A 和附录 B)；

——增加了碳刹车材料相容性(见 4.1.1)、非二醇基除冰液(见 4.1.2)、起泡性能(见 4.3.9)、冷储存稳定性(见 4.3.10)、包装(见第 6 章)以及水合试验(见附录 A)；

——修改了规范引用文件(见第 2 章，2007 版)、组成(见 4.1，2007 版)、环境要求(见 4.1.4，2007 版)、表面张力(见 4.2.9，2007 版)、稳定性(见 4.2.6，2007 版)、防冰性能(见第 9 章，2007 版)、空气动力学特性(见第 10 章，2007 版)以及质量保证(见第 11 章，2007 版)等条款。

本标准由中国民用航空局提出。

本标准由中国民航科学技术研究院归口。

本标准起草单位：中国民用航空局第二研究所。

本标准主要起草人：王航、周洪、郭强、王晋、钟祖勤、卿红宇、刘雪奇。

本标准所代替标准的历次版本发布情况为：

GB/T 20857—2007。

航空器 非牛顿型除冰防冰液 Ⅱ、Ⅲ和Ⅳ型

1 范围

本标准规定了航空器地面除冰、防冰用非牛顿流体型除冰防冰液Ⅱ、Ⅲ和Ⅳ型(以下简称除冰液)的技术要求、质量保证、包装、标志和储存要求。

本标准适用于除冰液的生产和使用。

2 规范性引用文件

下列文件对于本文件的应用是必不可少的。凡是注日期的引用文件,仅注日期的版本适用于本文件。凡是不注日期的引用文件,其最新版本(包括所有的修改单)适用于本文件。

GB/T 6678 化工产品采样总则

GB/T 6680 液体化工产品采样通则

GB/T 7466 水质 总铬的测定

GB/T 7468 水质 总汞的测定 冷原子吸收分光光度法

GB/T 7475 水质 铜、锌、铅、镉的测定 原子吸收分光光谱法

GB/T 7480 水质 硝酸盐氮的测定 酚二磺酸分光光度法

GB/T 7488 水质 五日生化需氧量(BOD_5)的测定 稀释与接种法

GB/T 11891 水质 凯氏氮的测定

GB/T 11893 水质 总磷的测定 钼酸铵分光光度法

GB/T 11897 水质 游离氯和总氯的测定 N,N-二乙基-1,4-苯二胺滴定法

GB/T 11899 水质 硫酸盐的测定 重量法

GB/T 11914 水质 化学需氧量的测定 重铬酸盐法

GB/T 13266 水质 物质对蚤类(大型蚤) 急性毒性测定方法

GB/T 13267 水质 物质对淡水鱼(斑马鱼) 急性毒性测定方法

GB/T 16483 化学品安全技术说明书 内容和项目顺序

AIR 9968 增稠型航空器除冰防冰液的黏度测试方法(Viscosity test of thickened aircraft deicing/anti-icing fluids)

ARP 5485 SAE ISOⅡ、Ⅲ和Ⅳ型除冰防冰液的防冰保持时间测试方法(Endurance time tests for aircraft deicing/anti-icing fluids SAE types Ⅱ,Ⅲ and Ⅳ)

AS 5900 SAE AMS 1424 和 SAE AMS 1428 型除冰防冰液空气动力学认证的测试方法标准(Standard test method for aerodynamic acceptance for SAE AMS 1424 and SAE AMS 1428 aircraft deicing/anti-icing fluids)

AS 5901 SAE AMS 1424 和 SAE AMS 1428 型除冰防冰液喷水和高湿度防冰时间测试方法(Water spray and high humidity endurance test methods for SAE AMS 1424 and SAE AMS 1428 aircraft deicing/anti-icing fluids)

ASTM C 672 暴露于除冰化合物中的混凝土表面抗剥落性试验方法(Scaling resistance of concrete surfaces exposed to de-icing chemicals)

ASTM D 93 宾斯基-马丁闭口闪点的试验方法(Flash Point by Pensky-Martens closed cup tester)

ASTM D 891 液体化学品的比重试验方法(Specific gravity,apparent,of liquid industrial chemicals)

ASTM D 1177 发动机防冻液的冰点试验方法(Freezing point of aqueous engine coolants)

ASTM D 1193—1997 试剂水规范

ASTM D 1331 表面活性剂溶液的表面张力与界面张力的试验方法(Surface and interfacial tension of solutions of surface-active agents)

ASTM D 1747 粘性材料折射率的试验方法(Refractive index of viscous materials)

ASTM D 2196 旋转(Brookfield)黏度计测定非牛顿材料流变性能的试验方法[Rheological properties of non-newtonian materials by rotational (brookfield type) viscometer]

ASTM D 3278 小刻度闭杯装置测定液体闪点的试验方法(Flash point of liquids by small scale closed cup apparatus)

ASTM D 4052 用数字式密度计测定液体密度和相对密度的试验方法(Density and relative density of liquids by digital density meter)

ASTM E 70 用玻璃电极测定水溶液 pH 的试验方法(pH Of aqueous solutions with the glass electrode)

ASTM F 483 航空器维护用化学品全浸腐蚀试验的试验方法(Total immersion corrosion test for aircraft maintenance chemicals)

ASTM F 484 接触液体或半液体化合物的丙烯酸类塑料应力银纹化的试验方法(Stress crazing of acrylic plastics in contact with liquid or semi-liquid compounds)

ASTM F 485 清洗剂对未涂层航空器表面影响的试验方法(Effects of cleaners on unpainted aircraft surfaces)

ASTM F 502 清洗及维护用化学品对涂层航空器表面影响的试验方法(Effects of cleaning and chemical maintenance materials on painted aircraft surfaces)

ASTM F 519 航空器维护用化学品及电镀工艺的机械氢脆试验(Mechanical hydrogen embrittlement evaluation of plating processes and service environments)

ASTM F 945 航空器发动机清洗剂对钛合金的应力腐蚀试验(Stress corrosion of titanium alloys by aircraft engine cleaning materials)

ASTM F 1105 液体溶剂基航空器清洗剂的储存稳定性试验(Preparing aircraft cleaning compounds,liquid type,temperature-sensitive,or solvent-based,for storage stability testing)

ASTM F 1110 夹层腐蚀试验方法(Sandwich corrosion test)

ASTM F 1111 航空器维护用化学品对低脆性镀镉层腐蚀的试验方法(Corrosion of low-embrittling cadmium plate by aircraft maintenance chemicals)

3 术语和定义

下列术语和定义适用于本文件。

3.1

非牛顿流体 non-Newtonian fluid

在相同温度和设定体积下,采用相同黏度仪和转子,仅改变转子转速进行测试,表现出不同表观黏度的流体。非牛顿流体的剪切应力与剪切速率不成线性关系。

3.2

假塑性 pseudoplastic behavior

表观黏度随转子速度增加而下降,其初始流变性能随剪切应力去除而恢复。

4 技术要求

4.1 材料

4.1.1 基本要求

4.1.1.1 除冰液应含冰点降低成分和其他添加剂,在符合本标准的前提下,其成分由制造商决定。

4.1.1.2 如果以二醇类为冰点降低添加剂,则应加入抑制剂,以降低由于二醇基水溶液与带直流电势的贵金属电极(包括银)发生作用而引起火灾的危险。

4.1.1.3 除冰液宜与碳刹车材料相容。

4.1.2 非二醇基除冰液

含非二醇基冰点降低剂的除冰液应按以下方法进行测试:取两根直径 35 mm,长 15 mm,材质符合 AMS 5886 要求的棒,棒的一端应机械磨平。用 8.5 mm 钻头在棒的磨平端钻出 6.5 mm 深的圆孔,再用 12.5 mm 圆头钻扩孔形成 7 mm 深的凹孔样杯。凹孔样杯表面应采用 600 μm,180 μm 和 6 μm 的金刚砂抛光,再用适当的溶剂清洗去除油污并干燥。分别将待测除冰液和 ASTM D1193 Ⅳ型水装入两个凹孔样杯,并放入 105 ℃±2 ℃的烘箱中。以 10 ℃/min 的速度升温直至 250 ℃±5 ℃,并保持 15 min±1 min 使液体挥发。然后将两个样杯放入温度设定为 1 040 ℃±10 ℃的高温炉中并保持 120 min±5 min。

取出样杯并冷却到室温。放大 500 倍显微检测样杯,除冰液对样杯的腐蚀程度不应超过 ASTM D 1193 Ⅳ型水。报告中应包括测试后两个样杯的照片,并标明除冰液所用样杯。

4.1.3 外观

用户收到的除冰液应是均相、颜色一致,没有结皮、结块以及影响产品使用的其他物质。除冰液可是透明或半透明的。若除冰液染色,则Ⅱ型液应为水白色或淡黄色,Ⅲ型液应为明黄色,Ⅳ型液应为绿色。

4.1.4 环保性能

除冰液的制造商应提供下列信息资料:

——化学耗氧量(COD),按 GB/T 11914 的规定进行测定;

——生化耗氧量(BOD_5),按 GB/T 7488 的规定进行测定;

——水生生物毒性,按 GB/T 13266 和 GB/T 13267 的规定进行测定;

——硝酸盐含量,按 GB/T 7480 的规定进行测定;

——总凯氏氮含量,按 GB/T 11891 的规定进行测定;

——总磷含量,按 GB/T 11893 的规定进行测定;

——硫含量,按 GB/T 11899 的规定进行测定;

——卤素含量,按 GB/T 11897 的规定进行测定;

——铬含量,按 GB/T 7466 的规定进行测定;

汞含量,按 GB/T 7468 的规定进行测定;

——铅、镉含量,按 GB/T 7475 的规定进行测定。

4.2 物理特性

4.2.1 闪点

按 ASTM D 93 或 ASTM D 3278 进行测定,除冰液的闪点应不低于 100 ℃。存在异议时,应采用

ASTM D 93 测定。

4.2.2 相对密度

按 ASTM D 891 或 ASTM D 4052 进行测定,除冰液的相对密度应在标称值±0.015 范围内。

4.2.3 pH 值

按 ASTM E 70 进行测定,除冰液的 pH 值应在标称值±0.5 范围内。

4.2.4 折光率

按 ASTM D 1747 进行测定,除冰液的折光率应在标称值±0.001 5 范围内。

4.2.5 表面张力

按 ASTM D 1331 进行测定,除冰液在 20 ℃±2 ℃的表面张力应在标称值±10%范围内。

4.2.6 冰点

按 ASTM D 1177 进行测定,除冰液原液的冰点应不大于-32 ℃;采用 ASTM D 1193 Ⅳ型水以 1∶1 质量比稀释后的除冰液,冰点应不大于-10 ℃。报告原液和 1∶1 稀释液的冰点。

4.3 稳定性

4.3.1 热稳定性(加速老化,模拟长期无失水的热储存)

4.3.1.1 分别将 800 mL±10 mL 除冰液装入两个配有耐热塑料密封盖的 1 L 硼硅玻璃瓶中密封。其中一瓶作为参照样室温储存至 4.3.1.2 所述试验结束。另一瓶放入循环空气烘箱、油浴或水浴中,升温至 70 ℃±2 ℃,放置 30 d。

4.3.1.2 30 d 后,将瓶从受热环境中取出,检查除冰液中相分离、沉淀或不溶杂质现象。报告相关结果。将除冰液冷却到 20 ℃±2 ℃。将瓶颠倒放正,再反复 3 次,检查除冰液中相分离、沉淀或不溶杂质现象,与参照样进行对比,并报告结果。按 4.2.4 测试老化样和参照样的折光率。若两者之间相差大于 0.002 0,则本试验无效。

4.3.1.3 若试验有效,在 0 ℃±2 ℃按 4.4.3 测试 0.3 r/min 的黏度,按 4.2.3 测试 pH 值。比较并记录老化样与参照样的测试结果,黏度减小应不超过 20%,增加应不超过 10%,pH 值变化应不超过 1.0。老化样应按 AS 5901 用一组 3 个试板测试防冰性能(仅喷水防冰试验 WSET),并报告结果。

4.3.2 暴露在干燥空气中(模拟除冰液通宵暴露于干燥空气后的状态)

4.3.2.1 按 4.3.2.2 进行试验。如果除冰液在减少 20%的初始质量后,超过了 4.3.2.2 中所规定的黏度范围,应按 4.3.2.3 确定暴露模拟干燥环境后除冰液的质量损失百分比和空气动力学特性。同时宜检查连续干燥和水合(4.3.4)试验结果,以确保不能满足 4.3.2.2 黏度要求的除冰液不会产生大量干燥的残余物和(或)凝胶物。

4.3.2.2 除冰液暴露在干燥空气环境中质量减少 20%±1%后,在 20 ℃±2 ℃下,LV1 转子转速为 3.0 r/min 时按 4.4.3 测得的黏度应不超过 500 mPa·s。按下述方法进行试验:

将约 800 mL 除冰液倒入事先称量的 200 mm×200 mm×50 mm 玻璃容器中。将该容器和液体称量,精确到 2 g,记录质量。将盛有液体的容器放置到气温为 23 ℃±3 ℃,相对湿度不大于 50%(30%~45%为宜)的环境中。定期对容器称量,当液体质量低于其初始值的 20%±1%时,将 500 mL±10 mL 该液体倒入 600 mL 烧杯中。冷却到 20 ℃±2 ℃并测定黏度。

4.3.2.3 应测定除冰液在4.3.2.3 a)模拟条件下的质量减少百分比。在该质量减少百分比下，除冰液应符合空气动力学特性要求。按照AS 5900，采用除冰液原液的风洞测试条件，在−5 ℃±2 ℃进行3次空气动力学特性测试。试验步骤为：

a) 在直径10 cm，高度5 mm的培养皿中倒入1 mm厚的除冰液。记录质量，精确到0.02 g。将培养皿放置到相对湿度55%±2%，温度0 ℃±2 ℃，水平风速为4 m/s±0.5 m/s的环境中保持12 h±0.2 h。将培养皿和液体平衡到20 ℃±2 ℃，并记录最终质量。所报告的质量损失百分比应是至少3次培养皿试验的平均值；
b) 将除冰液放入室温下通风柜中，使其达到4.3.2.3 a)模拟条件下的质量减少百分比(±1%)，获得空气动力学特性测试所需数量的除冰液。

4.3.3 干冷空气下干燥[模拟除冰液在机坪、航空器表面(包括空气动力学静态区域)的冷空气干燥]

4.3.3.1 在冷柜中，放置3个水平倾斜2°的试板。在每个板上倾倒100 mL到150 mL的除冰液。将空气和试板温度设定为1 ℃±1 ℃，相对湿度小于40%，空气流以约2.5 m/s的速度在试板表面由上向下流动。保持这样的试验条件直到除冰液被吹干或保持24 h，检查残余物。不应留有凝胶、黏稠胶体、硬固体颗粒或可剥落膜。

4.3.3.2 将试板从冷柜中取出并将其温度升至5 ℃±2 ℃。采用1 L的塑料洗瓶盛500 mL，15 ℃±10 ℃的ASTM D 1193 Ⅳ型水，冲洗每块试板。报告试板冲洗后的外观。不应留有残余物。室温干燥冲洗后的试板，报告其外观。

4.3.4 连续进行干燥和水合(模拟干残留物的形成以及由此形成水合凝胶)

应按附录A测试除冰液并报告结果。所有10次浸泡的水合凝胶质量应不大于4 g。

4.3.5 薄膜热稳定性(模拟加热的机翼前缘干燥)

4.3.5.1 在室温下，分别将40 mL～50 mL的除冰液倾倒在两块152.5 mm×50 mm无涂层的铝或铝合金试板上。5 min后，将试板水平倾斜10°放入恒温95 ℃±2 ℃的烘箱中。60 min±1 min后，取出试板冷却至室温，并进行观察，报告外观。不应留有凝胶、黏稠胶体、硬固体颗粒或可剥落膜。

4.3.5.2 采用1 L的塑料洗瓶盛500 mL，15 ℃±10 ℃的ASTM D 1193 Ⅳ型水，在距试板表面不少于20 cm的位置，冲洗每块试板。报告试板冲洗后的外观。不应留有残余物。室温干燥冲洗后的试板，报告其外观。

4.3.5.3 应在恒温48 ℃±2 ℃的烘箱中按4.3.5.1和4.3.5.2重复试验。报告试验结果。

4.3.6 储存稳定性(模拟储罐储存)

试验前，应按4.4.3在20 ℃±2 ℃下测试除冰液的黏度。除冰液应在不暴露于紫外线的条件下，按ASTM F 1105进行试验。完成本试验后，应重新测试除冰液的黏度并与初始值进行比较。两次黏度值应在4.4.4中确定的范围内。

4.3.7 剪切稳定性

4.3.7.1 除冰液按4.3.7.2剪切，并应在剪切后的20 min～120 min内按4.5进行防冰性能测试。

4.3.7.2 取下1 L玻璃混合容器，启动试验搅拌器(Waring 7012G型，或等效的搅拌器)在3 000 r/min±100 r/min下预运转5 min。将500 mL±5 mL 20 ℃±2 ℃的除冰液注入1 L的混合容器中，在2 000 r/min±100 r/min的速度下搅拌300 s±10 s。

注：测试前，通过非接触式的光学测速计用500 mL水对搅拌器进行校准，以提供2 000 r/min±100 r/min的搅拌速度。可将搅拌器置于台架上并延长基座转轴，测量混合容器的转速进行校准。

4.3.8 硬水稳定性

4.3.8.1 用标准硬水以1∶1体积比稀释的除冰液，按4.3.8.2进行试验。试验结束后液体不应出现不溶沉淀物，其pH值与参照样相差应不大于1.0。若老化样在20 ℃±2 ℃的折光率比参照样增大0.002 0，则由于水分挥发导致本试验无效。试验后的稀释除冰液应按AS 5901用一组3个试板测试防冰性能(仅WSET)，并报告结果。

注：标准硬水的组成：在1 L ASTM D 1193 Ⅳ型水中，溶解400 mg±5 mg二水合醋酸钙([$Ca(C_2H_3O_2)_2 \cdot 2H_2O$]或363 mg±5 mg一水合醋酸钙[$Ca(C_2H_3O_2)_2 \cdot H_2O$]和280 mg±5 mg七水合硫酸镁($MgSO_4 \cdot 7H_2O$)。

4.3.8.2 分别将800 mL±10 mL稀释除冰液装入两个配有耐热塑料密封盖的1 L硼硅玻璃瓶中密封。其中一瓶作为参照样室温储存至4.3.8.3试验结束。另一瓶放入95 ℃±2 ℃循环空气烘箱、油浴或水浴中放置30 d。

4.3.8.3 30 d后，将瓶从受热环境中取出，冷却到20 ℃±2 ℃，检查老化样与参照样相分离、沉淀或不溶杂质现象，并报告结果。将瓶颠倒放正，再反复3次，按4.3.8.1进行检查。

4.3.9 起泡性能

除冰液原液或稀释液使用时，加热到指定使用温度，用除冰(防冰)车系统施加于倾斜表面或曲面(特别是飞机机翼或水平尾翼)，在正常的使用压力和流速下，不应产生不易快速破裂的泡沫，液体表面不应出现雪或半融雪状的泡沫。

4.3.10 冷储存稳定性(模拟在低温和室温循环下除冰液的稳定性)

4.3.10.1 试验前，应目测除冰液样品无不溶沉淀物，报告有关现象。按4.2.3测定pH值，按4.2.4测定折光率。不应摇晃样品，采用配有护套的Brookfield LV黏度仪或等效设备，根据转速选定合适的转子，按4.4.3 ASTM D 2196方法B测定黏度。应在20 ℃±2 ℃下，转子的转速为0.3 r/min测定黏度。报告中应说明所用转子。

4.3.10.2 将2.0 L除冰液装入高度大于22 cm有密封盖的2.5 L容器中(如：高密度聚乙烯容器等)。将该容器放入冰柜中，在−20 ℃±2 ℃保持24 h。24 h后，将容器取出冰柜，在20 ℃±2 ℃放置24 h。将−20 ℃和20 ℃的循环试验重复5次。循环周期见表1。

表1 除冰液循环试验表

第1天	第2天	第3天	第4天	第5天	第6天	第7天	第8天	第9天	第10天
−20 ℃	20 ℃	−20 ℃	20 ℃	−20 ℃	20 ℃	−20 ℃	20 ℃	−20 ℃	20 ℃

4.3.10.3 完成循环试验后，目测除冰液相分离、沉淀或不溶杂质现象。报告观察到的任何现象。平衡到室温后，在除冰液的液面下50 mm处吸取1 L样品。将液体装入另外的一个容器中(标注为上层液体)。从试验容器底部吸取1 L样品，将其装入另外一个容器中(标注为下层液体)。按4.3.10.1，测试上层和下层除冰液样品的pH、折光率和黏度，并与初始值进行比较。

4.4 流变性

4.4.1 基本要求

4.4.1和4.4.2中所规定的特殊流变性能与3.1和3.2定义的非牛顿型、假塑性的增稠型除冰液有关，确保除冰液液膜在相应剪切作用下的流动性。按4.3.2和4.3.3进行测试，暴露于不同环境因素下的除冰液液膜的这种流变性能不应受到削弱(包括持续使用导致的液膜厚度增加或形成凝胶)。所有类型的除冰液应按4.4.3进行测试。

4.4.2 黏度

在空气动力学特性测试(4.6.2)温度范围内,液体应表现出非牛顿流体的流变行为。应按4.4.3测试除冰液原液黏度,其值应在4.4.4规定的范围内。

4.4.3 黏度测试

4.4.3.1 测试前不应晃动除冰液。在20 ℃±2 ℃、0 ℃±2 ℃和以10 ℃为间隔温度递降到制造商确定的最低使用温度下测试。应采用Brookfield LV黏度仪在0.3 r/min、6 r/min和30 r/min转速下测试除冰液的黏度。可采用Brookfield小样适配器或按4.4.3.2测试黏度。如使用小样适配器,应在报告中说明,并应详述转子、容器尺寸、液体体积以及旋转持续时间。存在异议时,应以4.4.3.2方法为准。

4.4.3.2 采用装有护架的Brookfield LV黏度仪,在直径85 mm的600 mL直边大口烧杯中装入大约500 mL或足够量的除冰液,浸没所选转子和护架。不应晃动除冰液,按ASTM D 2196方法B采用合适的转子进行试验。报告内容与4.4.3.1相同。

4.4.4 黏度范围

所有除冰液原液的黏度均应在试生产样品(5.2.3)确定的高黏度和低黏度限度内,并应报告黏度范围。高黏度的试生产样品(5.2.3.2)的黏度应按AIR 9968进行测试,并报告结果。为了控制质量,制造商应确定用户收到的除冰液的典型黏度范围。

4.5 防冰性能

按AS 5901进行喷水防冰试验(WEST)和高湿度防冰试验(HHET)时,在表2所列时间内,按4.3.7.2剪切的除冰液原液形成的液膜应在AS 5901中图1所描述的失效区域内防止结冰沉淀物形成。稀释使用的除冰液,应按75∶25和50∶50的体积比用标准硬水稀释,按4.3.7.2进行剪切后,应具有表2中所列的防冰效果。通过6个试板(每次3个试板的连续2次试验)确认结果。

表2 最低防冰性能

除冰液类型	稀释液	WEST/min	HHET/h
Ⅱ	100∶00	30	4
	75∶25	20	2
	50∶50	5	0.5
Ⅲ	100∶00	20	2
	75∶25	测定并报告	测定并报告
	50∶50	测定并报告	测定并报告
Ⅳ	100∶00	80	8
	75∶25	20	2
	50∶50	5	0.5

4.6 空气动力学特性

4.6.1 剪切或不剪切除冰液的依据

按 4.3.7.2 剪切除冰液后，按 4.4.3 以 6 r/min 和 30 r/min 的转速在 0 ℃±2 ℃测试其表观黏度。若黏度增加大于 15%，则除冰液应在空气动力学测试前进行剪切；若增加小于或等于 15%以及黏度降低，除冰液应以未被剪切状态进行测试。

4.6.2 空气动力学特性测试

应按 AS 5900 高速风洞或低速风洞试验进行测试，验证除冰液具有认可的空气动力学特性。高速风洞试验用于大型运输航空器的除冰液空气动力学特性的测试，低速风洞试验用于小型运输航空器的除冰液空气动力学特性的测试。除冰液原液和按体积比稀释的稀释液(表 2)应在 0 ℃±2 ℃到制造商所建议的最低温度范围内，按 10 ℃的间隔温度递降进行测试。对每一除冰液原液或稀释液，在每个温度下应进行至少 3 次测试。

4.6.3 最高黏度稀释液的测试

4.6.3.1 试生产的除冰液，应确定在不同间隔温度下产生高黏度的稀释比例。对于在每一间隔温度下比原液、75∶25 和 50∶50 稀释液的黏度高 15%以上的任何稀释液，应按 4.6.3.2 进行 AS 5900 方法所述的试验，并表现出认可的空气动力学特性。

4.6.3.2 用 ASTM D 1193 Ⅳ型水以 5%的体积增量配制除冰液的稀释液。应采用 Brookfield LV 黏度仪，小样适配器和合适的转子以 6 r/min 或 30 r/min 在 0 ℃±2 ℃、−10 ℃±2 ℃和−20 ℃±2 ℃下测定黏度，直到随水含量增加稀释液黏度持续出现 3 次下降。应确定每一间隔温度下比原液、75∶25 和 50∶50 稀释液黏度大 15%的任何稀释液。所确定的稀释液应按 AS 5900 方法，采用试生产原液测试所用风速条件，分别在各自温度下进行 3 次测试。

4.6.4 除冰液吹脱能力

应按 AS 5900 进行除冰液吹脱能力的测试和计算。除冰液在试件上初始厚度应为 2 mm。高速风洞试验的所有测试温度下，吹脱率应不小于 74%。低速风洞试验的所有测试温度下，吹脱率应不小于 57%。

4.7 材料相容性

4.7.1 试验用溶液

试验采用下列溶液：

——除冰液原液；

——用 ASTM D 1193 Ⅳ型水 1∶1(质量比)稀释的稀释液。

4.7.2 夹层腐蚀

按 ASTM F 1110 进行试验，除冰液对试件的腐蚀程度不应超过 ASTM D 1193 Ⅳ型水对照板。

4.7.3 全浸腐蚀

按 ASTM F 483 进行试验，除冰液不应使试件产生明显的腐蚀，也不应使试件单位面积的质量变化大于表 3 中所列数据。

表 3 试件每 24 h 允许的最大质量变化

试件材料	质量变化/(mg/cm^2)
AMS 4037 铝合金，按 ASTM F 2470 阳极化处理	0.3
AMS 4041 铝合金	0.3
AMS 4049 铝合金	0.3
AMS 4376 镁合金，按 ASTM F 2475 重铬酸盐处理	0.2
AMS 4911 或 MAM 4911 钛合金	0.1
AMS 5045 碳钢	0.8

4.7.4 对低氢脆镀镉钢的影响

按 ASTM F 1111 进行试验，除冰液不应使低氢脆镀镉钢试件每 24 h 单位面积质量的变化大于0.3 mg/cm^2。

4.7.5 抗应力腐蚀

4.7.5.1 按 ASTM F 945 方法 A 进行试验，除冰液不应使 AMS 4911 钛合金试件表面出现裂纹。

4.7.5.2 按 ASTM F 945 方法 A 进行试验，详细报告除冰液和对照液对 AMS 4916 试件的影响。

4.7.6 氢脆

按 ASTM F 519 进行试验，除冰液不应使 1a、1c 或 2a 型试件产生氢脆。存在异议时，应采用 1c 型试件。

4.7.7 对透明塑料的影响

4.7.7.1 聚丙烯酸酯塑料

按 ASTM F 484 进行试验，加热至 65 ℃±2 ℃的除冰液不应使 MIL-PRF-25690 拉伸聚丙烯酸酯塑料产生银纹、玷污或变色现象。

4.7.7.2 聚碳酸酯塑料

按 ASTM F 484 进行试验，对试件外表面加载 13.8 MPa(2 000 psi)的拉伸应力，保持 30 min±2 min，加热至 65 ℃±2 ℃的除冰液不应使 AMS-P-83310 聚碳酸酯塑料产生银纹、玷污或变色现象。

4.7.8 对涂层表面的影响

按 ASTM F 502 进行试验，将加热至 65 ℃±2 ℃的除冰液涂覆于温度为 22 ℃±1 ℃的涂层表面，除冰液不应使试件产生任何条纹、变色或起泡现象，涂层硬度减小应不超过 2 个铅笔硬度级。

4.7.9 对无涂层表面的影响

按 ASTM F 485 进行试验，除冰液不应使试件产生需要抛光去除的条纹或污迹。

4.7.10 道面混凝土抗剥落性

按 ASTM C 672 进行试验。采用自来水配制的 25%±1%除冰液溶液替代 ASTM C 672 中规定的氯化钙溶液。混凝土试件的制备应符合下列要求：

——按 ASTM C 672 规定的空气含量进行引气；

——最小水泥用量为 302 $kg/m^3 \pm 6\ kg/m^3$；

——坍落度为 38 mm±13 mm。

1 d 内可进行多次冻融循环，经过 50 次冻融循环后，道面混凝土试件表面剥落程度应不超过 1 级。

5 质量保证

5.1 检验职责

制造商应提供试验样品，并完成所有规定的试验。用户有权对产品取样和进行必要的验证试验，以确保除冰液产品符合本标准。

5.2 检验类型

5.2.1 验收检验

pH(4.2.3)、折光率(4.2.4)和 20 ℃±2 ℃或 0 ℃±2 ℃下的黏度(0.3 r/min、6 r/min 和 30 r/min 分别测定)为验收检验项目。应对每一批产品进行测试。

5.2.2 定期检验

防冰性能(4.5)和空气动力学特性(4.6)为定期检验项目，将到或恰好在初始测试的第二周年时应进行测试，随后每两年进行一次。空气动力学特性和防冰性能应由管理当局认可的测试机构进行测试。

5.2.3 试生产检验

5.2.3.1 基本要求

应提供两份试生产除冰液样品，按 5.2.3.1 和 5.2.3.2 进行测试。在首次向用户提供除冰液时应进行试生产检验。当除冰液成分或生产工艺发生改变时应按 5.4.2 重新认可，用户认为需要验证时也应进行试生产检验。

5.2.3.2 高黏度试生产样品

应对高黏度样品进行所有技术要求的测试。应根据空气动力学特性测试(4.6)确定高黏度样品的最大黏度值。将该黏度作为除冰液在机翼上的最大黏度进行报告。

5.2.3.3 低黏度试生产样品

低黏度样品的黏度值应小于高黏度样品，大于或等于供防冰保持时间测试(ARP 5485)的样品黏度。应对低黏度样品进行下列测试：

a) 按 4.4.2 在 20 ℃±2 ℃和 0 ℃±2 ℃下以 0.3 r/min，6 r/min 和 30 r/min 的转速进行黏度测定；

b) 按 4.5 测试喷水防冰性能；

c) 按 AS 5900 测试空气动力学特性。应对除冰液原液测试，由 1 个数据点，3 次试验构成。测试温度应为高黏度样符合空气动力学特性要求的最低温度±1 ℃。

5.3 抽样和检验

应按 GB/T 6678 和 GB/T 6680 抽样。一个批次应是由同批原料以同一连续生产工艺生产的全部除冰液产品，制造商应对每批次进行检验。

用户和制造商形成统计抽样计划后，取样应按计划进行，并在报告(5.5)中说明。

5.4 批准

5.4.1 在提供除冰液前，样品应获得管理当局的认可。

5.4.2 制造商应采用与被认可的样品相同的配方、生产工艺及检验方法。如果配方或生产工艺发生改变，制造商应提供改变条件生产的除冰液样品以供批准。在管理当局认可前，不应向用户提供改变工艺生产的除冰液。

5.4.3 除非生产方法、原料和处理与初始认可制造商的生产原料和方法完全一致，无论除冰液是在多地点生产还是在获许可的次级承包商处生产，在初次发货前应对新地点生产的除冰液进行所有的测试。除冰液应首先通过空气动力学特性测试(4.6)和用一组3个试板进行防冰性能(4.5)测试中的喷水防冰试验。

5.5 报告

5.5.1 制造商应在初次供货前提供报告，表明产品试验结果符合所有的技术要求。被认可的或有资质的测试机构进行定期检验时应确认下列性能：

——黏度(4.4.2)；

——pH(4.2.3)；

——折光率(4.2.4)；

——表面张力(4.2.5)。

5.5.2 报告中应包括制造商产品型号、名称、批号、依据标准和数量。

5.5.3 应比较定期检验报告与试生产测试报告的数据。

5.5.4 制造商应向用户提供除冰液的材料安全数据单(MSDS)，材料安全数据单的编制应符合GB/T 16483或等同文件的要求。除冰液配方更改或者原料发生任何变化时，应对材料安全数据单进行修改。

5.6 重新抽样和重新检验

在5.2规定的检验中，所取样品任何一项不符合要求，应对不合格的样品另外加抽3个样品进行检验。若任何一个重新测试样品不符合要求，则该批产品应视为不合格。所有的检验结果应报告。

6 包装、标志和储存

6.1 包装

6.1.1 包装容器所用材料不应与除冰液发生任何物理、化学作用。

6.1.2 包装容器的大小、形状由制造商根据用户的需求而定。

6.2 标志

6.2.1 包装容器上至少应标明以下内容：

——产品名称、型号；

——商标；

——产品适航批准函证书号；

——生产地址、电话、邮编；

——制造商名称、地址、电话、邮编；

——批号、生产日期；

——数量规格；

——产品采用的标准编号。

6.2.2 包装容器上的标志应清晰、牢固。

6.3 储存

除冰液应储存在通风、干燥、避免阳光直射处，不应挤压，不应与强腐蚀性、易燃易爆物品堆放一起。

附 录 A
（规范性附录）
除冰液连续干燥和水合试验

A.1 范围

A.1.1 本文件规定了Ⅱ、Ⅲ和Ⅳ型除冰液进行多次干燥和水合试验的装置和程序。

A.1.2 本文件以 SI 国际单位为计量单位。

A.2 试验装置要求

测试装置包括：

——测试板：每种除冰液用 3 块试板测试。每块试板应标记以便辨别。试板由 AMS 4037，2024-T3，铝板制成。试板尺寸应为 100 mm(±3 mm)×50 mm(±2 mm)×1 mm，并有一直径为 3 mm±0.5 mm 的孔。孔心距试板短边边缘 12 mm±2 mm；

——Ⅱ、Ⅲ或Ⅳ型除冰液 5 L；

——500 mL 高型大口烧杯，以便试板浸入除冰液中；

——加速干燥的鼓风烘箱；

——天平(精度为 0.000 1 g 和 0.01 g)；

——符合 ASTM D 1193 Ⅳ型的水；

——用于干燥和称量，便于悬挂试板的试验装置(见图 A.1)；

——镊子，用于操作试板和载体；

——浸入装置，可在 2 s 内以正弦速度分布产生 170 mm±10 mm 线性往复移动(见图 A.2 或等效装置)。

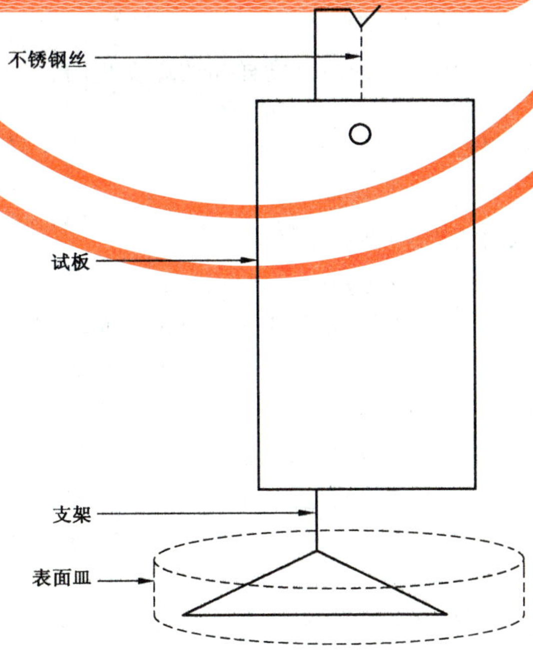

图 A.1 试验装置

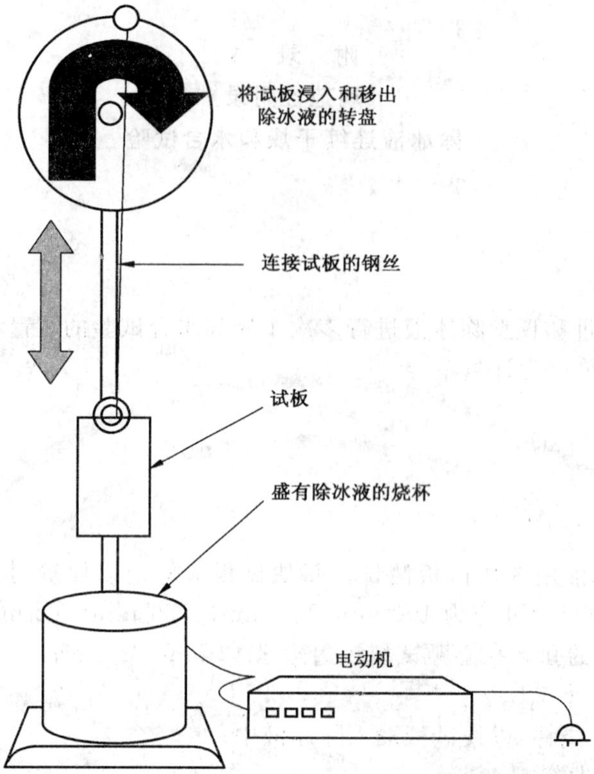

图 A.2 浸入装置

A.3 黏度和折光率检查

在 20 ℃±2 ℃，按 4.4.3 以 0.3 r/min 转速测量除冰液的黏度，按 ASTM D 1747 测量折光率，报告结果。

除冰液原液黏度应与 5.2.3.2 中规定的高黏度样品的黏度相同。

A.4 试验程序

A.4.1 本试验应采用 5.2.3.2 中规定的高黏度样品。

A.4.2 每一液体用 3 个试板进测试。应对每一稀释液进行试验。

A.4.3 每个试板表面应被轻微刻蚀以模拟在役飞机的老化表面。应通过以下方式模拟：将试板浸入浓度为 250 g/L 的氢氧化钠溶液保持 5 min，然后用自来水冲洗；随后应将试板浸入硝酸（浓硝酸按 1∶1 体积比稀释）保持 30 s，然后用自来水冲洗；最后用 ASTM D 1193 Ⅳ型水冲洗并风燥。每次试验均应采用新试板按 A.4.3 进行刻蚀处理，以确保试板表面条件一致。

A.4.4 称量并记录试板和悬挂不锈钢丝的质量（精确至 0.000 1 g）。

A.4.5 将试板完全浸入除冰液原液中。所有的浸入试验都应在盛有测试除冰液的同一烧杯中进行。该操作可手工或用浸泡装置（图 A.2 或等效装置）完成。

A.4.6 应在 4 s 内，缓慢而稳定地将试板从除冰液中取出，悬挂到支架上（见图 A.1）。

A.4.7 滴水 5 min 后，称量试板和悬挂不锈钢丝的质量，精确到 0.01 g，并记录结果。

A.4.8 滴水 30 min 后，称量试板和悬挂不锈钢丝的质量，精确到 0.01 g，并记录结果。

A.4.9 仅应在第一次浸泡后称量湿试板。

A.4.10 将试板垂直悬挂在支架上，放入鼓风烘箱中。支架可与称量的支架形状一致。烘箱温度设置在 30 ℃～35 ℃。应确保试板在干燥过程中不相互接触。

A.4.11 让除冰液完全干燥（一般烘干 24 h）。从烘箱中取出试板。晾置 30 min 使干燥残余物湿度稳定，称量试板和悬挂不锈钢丝的质量，精确到 0.000 1 g，记录结果。

A.4.12 如果在除冰液没有完全干燥前进行 A.4.12 和 A.4.13 中所述的处理，该试验无效。只可留有干燥残余物，并确定试板底部的除冰液完全干透。如有必要延长干燥时间，应记录总的干燥时间。无明显水分且质量不再减少时，认为残余物是干燥的。根据 A.5 所作曲线应相对平稳且没有明显的峰值出现。

A.4.13 按 A.4.5 到 A.4.6 以及 A.4.10 到 A.4.11 的步骤，重复 6 次试验，记录每次时间，累计每个试板的 6 组残余物数据（总共 18 组数据）。

A.4.14 采用浸泡装置（图 A.2 或等效装置），将留有干燥残余物（A.4.12）的试板在 ASTM D 1193 Ⅳ型水中浸泡 30 s±2 s，随后取出并悬挂滴水 60 s±2 s。称量试板和悬挂不锈钢丝的质量，精确到 0.01 g，记录结果，并描述润湿的残余物。

A.4.15 按上述试验，重复 10 次浸泡和称量循环，累计每个样板的 10 组残余物数据（总共 30 组数据）。每个试板的 10 次浸泡均应采用同样的水，但不应将该浸泡水用于别的试板。

A.4.16 除冰液按 75∶25 体积比用 ASTM D 1193 Ⅳ型水稀释，重复 A.3 到 A.4.13 的所有步骤。

A.4.17 除冰液按 50∶50 体积比用 ASTM D 1193 Ⅳ型水稀释，重复 A.3 到 A.4.13 的所有步骤。

A.5 报告测试结果

应以表格和图表的形式报告：

——按 A.4.7 和 A.4.8，最初除冰液浸泡后，经过 5 min 和 30 min 滴水时间的残余除冰液质量（精确到 0.01 g）。

——按 A.4.11 和 A.4.12 所述每个干燥循环后的干燥残余物的质量（精确到 0.000 1 g）。

——按 A.4.13 所述每次浸水后的凝胶残余物的质量（精确到 0.01 g）。

ICS 31.060.70
K 42

中华人民共和国国家标准

GB/T 20993—2012
代替 GB/T 20993—2007

高压直流输电系统用直流滤波电容器及中性母线冲击电容器

DC filter capacitors and neutral bus surge capacitors for HVDC transmission system

2012-06-29 发布　　2012-11-01 实施

中华人民共和国国家质量监督检验检疫总局
中国国家标准化管理委员会　发布

前　言

本标准按照 GB/T 1.1—2009 给出的规则起草。

本标准代替 GB/T 20993—2007《高压直流输电系统用直流滤波电容器》，与 GB/T 20993—2007 相比，主要变化如下：

——增加了中性母线冲击电容器的要求（见第 1 章）；

——将产品的安装地点扩大到包括户内（见第 1 章）；

——将内部熔丝放电试验的试验电压由 $1.2U_N$ 修改为 $1.5U_N$（见第 5.10，2007 版的 2.10）；

——将直流热稳定性试验的试验电压由 $1.3U_d$ 修改为 $1.2U_d$（见第 5.11.2，2007 版的 2.11.2）；

——将极性反转试验的反转时间由 2 min 修改为 10 ms；将电容器应能承受 3 次电压极性反转改为电容器应能承受 3 个循环电压极性反转（见第 5.16，2007 版的 2.16）；

——删除了抗震试验一个特殊试验项目（见第 5.2.3，2007 版的 2.2.4）。

本标准由中国电器工业协会提出。

本标准由全国电力电容器标准化技术委员会（SAC/TC 45）归口。

本标准负责起草单位：西安高压电器研究院有限责任公司。

本标准参加起草单位：西安西电电力电容器有限责任公司、桂林电力电容器有限责任公司、上海思源电力电容器有限公司、浙江省电力试验研究院、机械工业北京电工技术经济研究所、南方电网科学研究院有限责任公司、新东北电气（锦州）电力电容器有限公司、陕西合容电气电容器有限公司、深圳市三和电力科技有限公司、上海库柏电力电容器有限公司、深圳市中沃环华电气科技有限公司、西安 ABB 电力电容器有限公司。

本标准主要起草人：刘菁、房金兰、田恩文、梁琮、贾华、张建平、梁维宏、郭丽平、王崇祜、严焕玲、黄莹、沈文琪、范莺、蔺跃宏、戈兴茹、王耀、王玲海、吕韬、郭银杏、张爱莉、贺满潮、张健夫、王瑜婧、李怀玉。

本标准所代替标准的历次版本发布情况为：

——GB/T 20993—2007。

高压直流输电系统用直流滤波电容器及中性母线冲击电容器

1 范围

本标准规定了高压直流输电系统用直流滤波电容器和中性母线冲击电容器的术语和定义、使用条件、质量要求和试验、设计和结构等方面的基本要求。

本标准适用于高压直流输电(HVDC)换流站直流侧、安装在户内或户外的两类电容器：

a) 直流滤波电容器:安装在直流滤波器 C_1 中的电容器组和电容器单元；

b) 中性母线冲击电容器:安装在换流站直流侧的中性母线与地之间的电容器组和电容器单元。

本标准不适用于直流滤波器 C_2 和 C_3 中的电容器组和电容器单元,其要求参见 GB/T 20994。

2 规范性引用文件

下列文件对于本文件的应用是必不可少的。凡是注日期的引用文件,仅注日期的版本适用于本文件。凡是不注日期的引用文件,其最新版本(包括所有的修改单)适用于本文件。

GB/T 2900.16 电工术语 电力电容器[GB/T 2900.16—1996,neq IEC 60050(436):1990]

GB/T 11024.1 标称电压 1 000 V 以上交流电力系统用并联电容器 第 1 部分:总则(GB/T 11024.1—2010,IEC 60871-1:2005,MOD)

GB/T 11024.4 标称电压 1 kV 以上交流电力系统用并联电容器 第 4 部分:内部熔丝(GB/T 11024.4—2001,idt IEC 60871-4:1996)

GB/T 13498 高压直流输电术语(GB/T 13498—2007,IEC 60633:1998,IDT)

GB/T 16927.1 高电压试验技术 第 1 部分:一般定义及试验要求(GB/T 16927.1—2011,IEC 60060-1:2010,MOD)

GB/T 20994 高压直流输电系统用并联电容器及交流滤波电容器

3 术语、定义和缩略语

3.1 术语和定义

GB/T 2900.16 界定的以及下列术语和定义适用于本文件。

3.1.1

电容器元件(或元件) capacitor element (or element)

由电介质和被它隔开的两个电极所构成的部件。

[GB/T 11024.1—2010,定义 3.1]

3.1.2

电容器单元(或单元) capacitor unit (or unit)

由一个或多个电容器元件组装于同一外壳中并有引出端子的组装体。

[GB/T 11024.1—2010,定义 3.2]

3.1.3

串联段　series section

所有并联连接在一起的电容器单元。

3.1.4

电容器台架　capacitor rack

由支撑构架及安装于其上的一个或多个串联段、绝缘子、电容器连接线所构成的组装体。

3.1.5

电容器组　capacitor bank

由支撑绝缘子或悬式绝缘子及安装在上面的一个或多个电容器台架、台架间的绝缘子、连接线等构成的塔式或悬挂式组装体。

3.1.6

电容器　capacitor

本标准中,"电容器"一词是当不需要特别强调"电容器单元"或"电容器组"的不同含义时的用语。

[GB/T 11024.1—2010,定义 3.4]

3.1.7

滤波电容器　filter capacitor

与其他配件,例如电抗器和电阻器连接在一起,对一种或多种谐波电流提供一低阻抗通道的电容器单元或电容器组。

3.1.8

中性母线冲击电容器　neutral bus surge capacitor

位于中性母线和地之间的电容器,吸收因雷电冲击或其他故障时在该处所产生的能量,且可滤除流经该处的各低次非特征谐波。

3.1.9

额定谐振频率　rated resonance frequency

设计滤波器时所规定的呈现某一给定低阻抗的频率。

3.1.10

直流滤波器　DC filter

与平波电抗器和直流冲击电容器(如有)配合,主要功能是降低高压直流输电线和(或)接地极线路电流或电压波动的滤波器。

[GB/T 13498—2007,定义 9.4]

3.1.11

单调谐滤波器　single-tuned harmonic filter

一种在单一谐振频率下呈现低阻抗的滤波器。

3.1.12

双调谐滤波器　double-tuned harmonic filter

一种在两个谐振频率下呈现低阻抗的滤波器。

3.1.13

三调谐滤波器　triple-tuned harmonic filter

一种在三个谐振频率下呈现低阻抗的滤波器。

3.1.14

电容器组的额定电容　rated capacitance of a capacitor bank

C_{Nb}

设计电容器时所采用的电容器组的电容值,由购买方在技术规范书中给出。

3.1.15

电容器单元的额定电容　rated capacitance of a capacitor unit

C_N

设计电容器时所规定的电容值。

由式(1)给出：

$$C_N = \frac{C_{Nb} \times S}{P} \quad (1)$$

式中：

S——电容器组中的电容器单元串联段数；

P——电容器组中的电容器单元并联数。

3.1.16

电容器组的最大持续直流电压　maximum continuous DC voltage of a bank

U_{DC}

设计电容器时规定的电容器组能够持续运行的最高直流电压。

3.1.17

电容器单元的最大持续直流电压　maximum continuous DC voltage of a unit

U_d

由式(2)给出：

$$U_d = \frac{U_{DC}}{S} \quad (2)$$

式中：

U_{DC}——电容器组的最大持续直流电压；

S　——电容器组中电容器单元的串联段数。

3.1.18

电容器组的额定电压　rated voltage of a bank

U_{Nb}

a) 直流滤波器高压电容器组(C_1)额定电压的确定：

最大连续直流电压加上从1到50次谐波电压峰值的算术和，同时考虑由于电容器套管受污染不同、单个电容器单元温升的差异以及任何其他原因引起的电压不均匀分布。

由式(3)给出：

$$U_{Nb} = kU_{DC} + \sqrt{2}\sum_{n=1}^{50} U_n \quad (3)$$

式中：

U_{DC}——电容器组的最大持续直流电压；

U_n ——第 n 次谐波电压(方均根值)；

k ——直流电压分布不均匀系数，一般取 k=1.05～1.1(户内)，k=1.2～1.3(户外)。

b) 中性母线冲击电容器组额定电压的确定：

由式(4)和式(5)两式计算后取较大值：

$$U_{Nb} = kU_{DC} + \sqrt{2}\sum_{n=1}^{50} U_n \quad (4)$$

$$U_{Nb} = \frac{U_{SIWL}}{2.6} \quad (5)$$

式中：

U_{SIWL}——电容器组的操作冲击耐受水平(峰值)。

注：U_{Nb} 由购买方给出。

3.1.19

电容器单元的额定电压　rated voltage of a unit

U_N

由式(6)给出：

$$U_N = \frac{U_{Nb}}{S} \qquad \cdots\cdots(6)$$

式中：

S——电容器组中电容器单元的串联段数。

3.1.20

电容器组的额定电流　rated current of a bank

I_{Nb}

由式(7)给出：

$$I_{Nb} = \sum_{n=1}^{50} I_n \qquad \cdots\cdots(7)$$

式中：

I_n——第 n 次谐波电流(方均根值)。

3.1.21

电容器单元的额定电流　rated current of a unit

I_N

由式(8)给出：

$$I_N = \frac{I_{Nb}}{P} \qquad \cdots\cdots(8)$$

式中：

P——电容器组中电容器单元的并联数。

3.1.22

电容器组的额定容量　rated output of a bank

Q_{Nb}

电容器组在基波和各次谐波下产生的无功功率之和。

由式(9)给出：

$$Q_{Nb} = \sum_{n=1}^{50} Q_n \qquad \cdots\cdots(9)$$

式中：

Q_n——n 次谐波产生的容量。

3.1.23

电容器单元的均压电阻　grading resistor of a capacitor unit

一种装于电容器单元内部的、用于改善电容器单元直流电压分布的电阻。同时，它还可以用作放电电阻降低电容器单元的剩余电压。

3.1.24

电容器单元的内部熔丝　internal fuse of a capacitor unit

在电容器单元内部和元件相串联的熔丝。

3.1.25

线路端子　line terminal

用来连接到电网导线上的端子。

3.1.26

电容器损耗 capacitor losses

电容器消耗的有功功率。

3.1.27

电容器的损耗角正切 tangent of the loss angle of a capacitor

$\tan\delta$

在规定的正弦交流电压和频率下，电容器的等效串联电阻与容抗之比。

3.1.28

环境空气温度 ambient air temperature

准备安装电容器处的空气温度。

3.1.29

冷却空气温度 cooling air temperature

在稳定状态下，在电容器组的最热区域中两台电容器间外壳最热点连线中点的空气温度。对于大面与地面平行放置的电容器单元，系指垂直于地面的电容器外壳最热点 0.1 m 处的温度。

3.1.30

稳定状态 steady-state condition

在恒定输出和恒定环境空气温度下电容器所达到的热平衡状态。

3.1.31

剩余电压 residual voltage

开断一段时间之后电容器端子间尚残存的电压。

3.2 缩略语

下列缩略语适用于本文件。

SIWL：操作冲击耐受水平(Switching Impulse Withstand Level)

SIPL：操作冲击保护水平(Switching Impulse Protective Level)

LIWL：雷电冲击耐受水平(Lightning Impulse Withstand Level)

4 使用条件

4.1 正常使用条件

本标准给出的要求适用于在下列条件下使用的电容器。

4.1.1 剩余电压

不超过额定电压的 10%。

4.1.2 海拔

不超过 1 000 m。对于大于 1 000 m 的使用环境，应考虑海拔修正。

4.1.3 环境空气温度类别

电容器按温度类别分类，每一类别用一个数字后跟一个字母来表示。数字表示电容器可以运行的最低环境空气温度。字母代表温度变化范围的上限，在表 1 中规定了最高值。温度类别覆盖的温度范围为－50 ℃～＋55 ℃。

表 1 温度范围上限用字母代号

环境温度/℃			
代 号	最 高	24 h 平均最高	年平均最高
A	40	30	20
B	45	35	25
C	50	40	30
D	55	45	35
注：这些温度值可在安装地区的气象温度表中查得。			

电容器可以投入运行的最低环境空气温度应从＋5 ℃，－5 ℃，－25 ℃，－40 ℃，－50 ℃这 5 个优先值中选取。

注：经制造方同意，电容器可以在低于上述下限的温度下使用，但投运必须在等于或高于该极限的温度下进行。

表 1 是以电容器不影响环境空气温度的使用条件(例如户外装置)为前提确定的。

如果电容器影响空气温度，则应加强通风和(或)另选电容器，以保证表 1 中的极限值。在这样的装置中冷却空气温度应不超过表 1 的温度极限值加 5 ℃。

任何最低和最高值的组合均可选作电容器的标准温度类别，例如－40/A 或－5/C。优先的标准温度类别为－40/A，－25/A，－25/B，－5/A 和－5/C。

4.1.4 风速

安装运行地区的风速应不超过 34 m/s。

4.1.5 污秽等级

不超过 c 级。

注：这些字母等级与先前 GB/T 5582—1993 的数字等级不能直接对应，具体参见 GB/T 26218.1 及 GB/T 26218.2。

4.1.6 地震

安装运行地区的地震烈度应不超过 8 度。

4.1.7 覆冰

覆冰厚度：5 mm，10 mm，15 mm。

4.2 非正常使用条件

非正常使用条件由制造方和购买方商定。

5 质量要求和试验

5.1 试验要求

5.1.1 概述

下面给出了对电容器单元的试验要求。

5.1.2 试验条件

除对特殊的试验或测量另有规定外，电容器介质的温度应在+5 ℃～+35 ℃范围内。

当必须进行校正时，使用的参考温度为+20 ℃，但制造方和购买方之间另有协议时除外。

如果电容器在不通电状态下在恒定环境温度中放置了适当长的时间，则可认为电容器的介质温度与环境温度相同。

如果没有其他规定，则无论电容器的额定频率如何，交流试验和测量均可在50 Hz或60 Hz的频率下进行，试验电压的波形和偏差应符合GB/T 16927.1中的要求。

5.1.3 试验总则

耐压试验中任何一个元件损坏，都将视为整台电容器未通过试验；在其他试验中，如果任何一项参数不满足设计要求，都将视为整台电容器未通过该试验。

5.2 试验分类

试验分为：例行试验、型式试验、特殊试验和验收试验。

5.2.1 例行试验

例行试验应由制造方在交货前对每一台电容器进行。如果购买方有要求，则制造方应提供详列这些试验结果的证明书。

例行试验项目如下：

a) 外观检查(见5.3)；

b) 电容测量(见5.4)；

c) 电容器损耗角正切(tanδ)测量(见5.5)；

d) 端子间电压试验(见5.6)；

e) 端子与外壳间交流电压试验(见5.7)；

f) 内部均压电阻测量(见5.8)；

g) 密封性试验(见5.9)；

h) 内部熔丝的放电试验(见5.10)。

上述试验顺序不是强制性的。

5.2.2 型式试验

进行型式试验是为了确定电容器在设计、尺寸、材料和制造方面是否满足本标准中所规定的性能和运行要求。

除非另有规定，每一个拟用来作型式试验的电容器应为经例行试验合格的电容器。

型式试验应对与所供电容器有相同设计的电容器进行，或对在设计和工艺上与所供电容器在可能影响型式试验所要检验的性能方面没有差异的电容器进行。

没有必要在同一电容器单元上进行全部型式试验，可以在具有相同特性的不同单元上进行。

型式试验应由制造方进行，在有要求时，应向购买方提供这些试验结果的证明书。

型式试验项目如下：

a) 热稳定性试验(见5.11)；

b) 端子与外壳间交流电压试验(见5.12)；

c) 端子与外壳间雷电冲击电压试验(见5.13)；

d) 短路放电试验(见5.14)；

e) 电容随温度的变化曲线测量(见 5.15);

f) 极性反转试验(见 5.16);

g) 电容器损耗角正切(tanδ)随温度变化曲线测量(见 5.17);

h) 局部放电试验(见 5.18);

i) 内部熔丝的隔离试验(见 5.19);

j) 套管及导电杆受力试验(见 5.20)。

5.2.3 特殊试验

型式试验或例行试验之外的一类试验,须经制造方和购买方协商一致后才能进行。

特殊试验项目:

最高内部热点温度试验(见 5.21)。

5.2.4 验收试验

验收试验主要是购买方在安装前所需进行的试验,此项试验的目的是检验电容器在运输中有否受到损伤,以确保要安装的电容器是良好的。在有条件时,推荐进行下列项目的试验:

a) 外观检查(见 5.22);

b) 端子与外壳间绝缘电阻测量(见 5.23);

c) 电容测量(见 5.24);

d) 端子与外壳间交流电压试验(见 5.25)。

5.3 外观检查(例行试验)

检查电容器是否存在渗漏油、外壳变形,用量具检验相关的尺寸。

检查套管有无损伤,金属件外表面及防腐层是否有损伤和腐蚀。

检查爬电比距是否满足设计要求。

5.4 电容测量(例行试验)

5.4.1 测量程序

电容应在(0.9~1.1)$U_N/\sqrt{2}$的工频电压下用能排除由谐波引起的误差的方法进行测量。

如果制造方和购买方商定了适当的校正因数,也可以在其他电压下测量。

最终的电容测量应在电压试验(见 5.6 和 5.7)之后进行。

为了揭示是否有诸如一个元件击穿或一根内部熔丝动作所导致的电容变化,应在其他电气例行试验之前进行电容初测,初测应在不高于 0.15 U_N 的交流电压下进行。

测量方法的准确度应能满足 5.4.2 的电容偏差。经过协商,可以要求较高的准确度,在这种情况下,制造方应说明测量方法的准确度。

测量方法的再现性应能检测出一个元件击穿或一根内部熔丝动作。

5.4.2 电容偏差

电容和额定电容的相差应不超过:

对电容器单元,−3%~+3%;

对电容器组,−1%~+1%;

电容器组各串联段的电容的最大值与最小值之比应不超过 1.05。

5.5 电容器损耗角正切(tanδ)测量(例行试验)

5.5.1 测量程序

电容器损耗角正切(tanδ)应在(0.9～1.1)$U_N/\sqrt{2}$的工频电压下用能排除由谐波引起的误差的方法进行测量。

5.5.2 电容器损耗角正切(tanδ)要求

电容器损耗角正切(tanδ)的要求应由制造方和购买方协商确定。

电容器损耗角正切(tanδ)是在5.5.1条件下的测量值。

5.6 端子间电压试验(例行试验)

每一电容器均应承受2.6倍额定电压的直流试验电压,历时10 s,见式(10)。试验期间,应既不发生击穿也不发生闪络。

$$U_s = 2.6U_N \qquad \cdots\cdots(10)$$

注:如果电容器在例行试验后再次进行试验,则第二次试验推荐采用75%U_s的电压。

5.7 端子与外壳间交流电压试验(例行试验)

所有端子均与外壳绝缘的电容器单元,试验电压应施加在连接在一起的端子与外壳之间,历时10 s。

电容器单元的试验电压根据下面的步骤进行计算:

a) 首先计算电容器单元的额定雷电冲击耐受电压,由式(11)给出:

$$U_t = U_{LIWL} \cdot \frac{n}{S} \qquad \cdots\cdots(11)$$

式中:

U_{LIWL}——电容器组的雷电冲击耐受水平(峰值),其值由系统设计给定;

S ——电容器组中电容器单元的串联段数;

n ——同一台架上相对于外壳连接电位的最大串联单元数。

b) 在表2中选择与U_t值相等或最为接近但不低于U_t值的雷电冲击耐受电压。

c) 该雷电冲击耐受电压所对应的额定短时工频耐受电压即为电容器单元端子与外壳间交流电压试验的试验电压值。

试验期间,应既不发生击穿也不发生闪络。

表2 选择U_t时考虑的绝缘水平

单位为千伏

绝缘等级(方均根值)	设备最高电压U_m(方均根值)	额定雷电冲击耐受电压(峰值)	额定操作冲击耐受电压(峰值)	额定短时工频耐受电压(湿试/干试)(方均根值)
3	3.6	40	—	18/25
6	7.2	60	—	23/30
10	12.0	75	—	30/42
15	18.0	105	—	40/55
20	24.0	125	—	50/65
35	40.5	185	—	80/95

5.8 内部均压电阻测量(例行试验)

内部均压电阻的检验方法由制造方选择。

本试验应在5.6的电压试验之后进行。

均压电阻测量值与设计值的相差应不超过−5%～+5%,电容器组各串联段均压电阻的最大值与最小值之比应超过1.05。

注:均压电阻可同时用来当做放电电阻使用,其要求可参见9.1。

5.9 密封性试验(例行试验)

单元(在无涂层状态下)应经受能有效地检测出其外壳和套管上任何渗漏的试验,试验程序由制造方确定,制造方应说明所使用的试验方法。

如果制造方没有规定试验程序,则试验应按下述程序进行:将未通电的电容器单元加热,使各个部位均达到不低于70℃的温度,并在此温度下保持至少8 h,不应发生渗漏。建议使用适当的指示剂。

5.10 内部熔丝的放电试验(例行试验)

带有内部熔丝的电容器应能承受一次短路放电试验,试验电压应为直流1.5U_N,通过尽可能靠近电容器的、电路中不带任何外加阻抗的间隙进行试验。

放电试验前后应测量电容。两次测得值之差应小于一根内部熔丝熔断所引起的变化量。

5.11 热稳定性试验(型式试验)

5.11.1 概述

本试验是用来:

——确定电容器在过负荷条件下的热稳定性;

——确定电容器获得损耗测量再现性的条件。

5.11.2 测量程序

将被试电容器单元放置于另外两台具有相同额定值并施加与被试电容器相同电压的单元(陪试单元)之间。也可采用两台装有电阻器的模型电容器作为陪试单元,应调节电阻器的损耗使得模型电容器的内侧面靠近顶部的外壳温度等于或高于被试电容器相应处的温度。单元之间的间距应等于或小于正常间距。此试验组应放置于静止空气的加热封闭箱中,其相对位置及放置方式应符合制造方对现场安装的规定。封闭箱中的环境空气温度应等于或高于表3所示的相应温度。此温度应以具有热时间常数约1 h的温度计来检验。应对此温度计加以屏蔽,使其受到三个通电试品热辐射的可能性最小。

表3 热稳定性试验时的环境空气温度

代　号	环境空气温度/℃
A	40
B	45
C	50
D	55

被试电容器应进行交流试验和直流试验。

如果交流试验和直流试验在同一台被试电容器进行,则先进行交流试验。对被试电容器应施加交流电压,历时 24 h。在试验期间内应调整电压大小,使得电容器实际产生的损耗为实际运行条件下最大损耗的 1.44 倍。在最后 6 h 内,应测量外壳接近顶部处的温度至少 4 次。在整个 6 h 内温升的增加应不大于 1 K。如果观察到较大的变化,则试验应继续进行直到在 6 h 内的连续 4 次测量满足上述要求为止。

在交流试验结束后的 15 min 内对被试电容器施加 1.2 倍的最大持续直流电压(U_d),历时 24 h。在最后 6 h 内,应测量外壳接近顶部处的温度至少 4 次。在整个 6 h 内温升的增加应不大于 1 K。如果观察到较大的变化,则试验应继续进行直到在 6 h 内的连续 4 次测量满足上述要求为止。

如果选择两台被试电容器分别进行交流试验和直流试验,每项试验的试验方法与上述相同,但持续时间最少为 48 h。试验可不分先后顺序。

试验前后应在 5.1.2 的温度范围内测量电容(见 5.4.1),并将两次测得值校正到同一介质温度。两次测得值之差应小于相当于一个元件击穿或一根内部熔丝动作之量。

在解释测量结果时,应考虑以下两个因素:

——测量的复现性;

——在没有任何电容器元件击穿或内部熔丝熔断的情况下,介质的内部变化可能引起电容的微小变化。

注:当检验温度条件是否符合要求时,应考虑在试验期间内电压、频率和环境空气温度的波动,为此建议绘出这些参数和外壳温升对时间的函数曲线。

5.12 端子与外壳间交流电压试验(型式试验)

所有端子均与外壳绝缘的电容器单元,试验电压应施加于连接在一起的端子与外壳之间,历时 1 min。

电容器单元的试验电压可根据 5.7 中 a)~c)的步骤进行计算。

本试验对户内使用的单元为干试,对户外使用的单元在淋雨条件下(见 GB/T 16927.1)进行。在淋雨条件下进行试验时,套管的位置应与运行时的位置相一致。

试验期间,应既不发生击穿也不发生闪络。

注:如果制造方能提供表明该套管能承受 1 min 湿试验电压的单独的型式试验报告,则拟安装在户外的单元也可只进行干试。在这个单独的型式试验中,套管的位置应与运行时的位置相一致。

5.13 端子与外壳间雷电冲击电压试验(型式试验)

所有端子均与外壳绝缘的单元应承受下列试验。

在连接在一起的端子与外壳之间施加 15 次正极性冲击之后,接着再施加 15 次负极性冲击。

改变极性后,在施加试验冲击前允许先施加几次较低幅值的冲击。

如果满足下列要求,则认为电容器通过了试验:

——未发生击穿;

——在每一极性下未发生多于两次的外部闪络;

——波形未显示不规则性,或与在降低了的试验电压下记录的波形无显著差异。

另一种方法是单元承受 3 次正极性冲击,除不允许发生闪络外,以上的验收准则均适用。

雷电冲击电压试验应按 GB/T 16927.1 进行,但其波形为(1.2~5)/50 μs,试验电压由式(12)给出:

$$U_1 = 1.1 \cdot U_{LIWL} \cdot \frac{n}{S} \qquad \cdots\cdots(12)$$

式中:

U_{LIWL}——电容器组的雷电冲击耐受水平;

S ——电容器组中电容器单元的串联段数；

n ——同一台架上相对于外壳连接电位的最大串联单元数。

试验时根据仪表的指示、放电声音、观察或复测电容等方法来检验电容器是否损坏。

5.14 短路放电试验(型式试验)

单元应充以直流电，然后通过尽可能靠近电容器放置的间隙放电。电容器应在 10 min 内承受 5 次这样的放电。

试验电压应为 $2.5U_N/\sqrt{2}$。

在试验后的 5 min 内，应对单元进行一次端子间电压试验(见 5.6)。

在放电试验前和电压试验后均应测量电容。两次测得值之差应小于相当于一个元件击穿或一根内部熔丝动作之量。

注：短路放电试验的目的是为了揭示内部连接中的缺陷。

5.15 电容随温度的变化曲线测量(型式试验)

电容器单元应分别在工频(50 Hz 或 60 Hz)和额定谐振频率下测量电容。

测量时电容器单元的平均介质温度应至少包括在环境温度下限施加不包括谐波的电容器最低运行电压时的温度，以及在环境温度上限施加最大负荷运行电压时的温度，但不仅限于这两点。

测量应在电容器单元的温升稳定后进行。

应在上述温度范围内选择足够多的温度测量点(不少于 3 个点)，以便建立电容随温度的变化曲线，并由此获得运行中可能出现的最大、最小电容值。

5.16 极性反转试验(型式试验)

该试验仅用于直流滤波器 C_1 中的电容器单元。

电容器单元应能承受 1.1 倍的最大持续直流电压(U_d)并保持 2 h，然后在 10 ms 内改变电压极性并保持相同的幅值，同样再保持 2 h，之后再进行一次电压极性反转并保持 2 h。

电容器应能承受 3 个循环电压极性反转。

在试验前后均应测量电容。两次测得值之差应小于一个元件击穿或一根内部熔丝动作之量。

5.17 电容器损耗角正切(tanδ)随温度变化曲线测量(型式试验)

电容器单元应在$(0.9\sim1.1)U_N/\sqrt{2}$的工频电压下用能排除由谐波引起的误差的方法进行测量。测量应至少包括环境温度下限和最高内部热点温度的值，但不仅限于这两点。

应尽可能的选择足够多的点，以便建立电容器损耗角正切(tanδ)随温度的变化曲线。

5.18 局部放电试验(型式试验)

试验电压为直流。

给电容器单元施加 $2U_N$的电压 1 s，然后降至 $1.5U_N$的电压保持 60 min。测量最后 30 min 的局部放电量。

在试验前后均应测量电容。两次测得值之差应小于相当于一个元件击穿或一根内部熔丝动作之量。

5.19 内部熔丝的隔离试验(型式试验)

试验方法参见 GB/T 11024.4。

试验电压为直流，下限电压为 0.7 $\frac{U_{DC}}{S}$，上限电压为$\frac{U_{SIPL}}{S}$。

式中：

U_{DC} ——电容器组的最大持续直流电压；

S ——电容器组中电容器单元的串联段数；

U_{SIPL}——电容器组的操作冲击保护水平。

在熔断了的熔丝间隙之间施加 1.8 U_{Ne}（U_{Ne}为元件电压）的直流试验电压，历时 10 s。

注：若购买方在技术规范书中给出了 U_{SIPL}，可直接选用；若未给出，可采用 $U_{SIWL}/1.2$。

5.20 套管及导电杆受力试验（型式试验）

在套管顶部加与套管垂直的水平拉力 1 min，重复 5 次；在套管顶部导电杆加扭矩。

引出端子的套管及导电杆的机械强度：

——电容器套管应能承受 500 N 的水平拉力；

——电容器导电杆能承受的最大扭矩应符合表 4 中数据。

表 4 电容器的导电杆能承受的扭矩

接线头螺纹	螺母扳手的扭矩/(N·m)
M10	10
M12	15
M16	30
M20	52

5.21 最高内部热点温度试验（特殊试验）

该试验用以确定最高内部热点温度上升至高于环境温度时与外壳温度间的关系。电容器的放置同 5.11.2。施加电压使电容器最高内部热点温度达到制造方规定的数值，并达到稳定状态。试验前后应测量电容，两次测得值之差应小于相当于一个元件击穿或一根内部熔丝动作之量。

5.22 外观检查（验收试验）

同 5.3。

5.23 端子与外壳间绝缘电阻测量（验收试验）

用 2 500 V 绝缘电阻表测量。两出线端子短接后接绝缘电阻表的一端，另一端接电容器外壳。测量值应大于 5 000 MΩ。

5.24 电容测量（验收试验）

用电容表或电桥进行测量。

5.25 端子与外壳间交流电压试验（验收试验）

端子与外壳间交流电压试验为 5.7 试验电压值的 75%，历时 1 min。

6 设计和结构要求

6.1 电容器组

在电容器组的设计中，应至少考虑以下因素：

——在安装、运行和维护期间的机械负荷；
——内部或外部故障使电容器承受到的电动力；
——风力；
——积雪覆冰载荷；
——抗震要求；
——由于温度和负荷变化引起的膨胀和伸缩的影响。

6.2 电容器台架

制造方应提供电容器台架及全部附属设备，包括支撑构架、电容器单元、绝缘子和连接件等。电容器台架应便于安装到电容器组上。

在设计中应考虑减少噪声的措施。

每一电容器台架都应明确标明：

——该台架在装配完毕后的总重量；
——该台架所属的电容器组；
——该组作为备用电容器单元的最大和最小电容值；
——适当的警告牌。

所有结构部件在电气上应相互连接以确保检修时能有效接地。台架上应带有适当的检修用接地端子。台架部件不允许通过负荷电流。

6.3 电容器单元

电容器单元优先采用内部熔丝保护。

设计中应考虑在电容器单元的寿命期内因预期的环境温度变化和负荷条件，包括短期和暂态负荷条件的变化所引起的膨胀和收缩。制造方应提供用来判断电容器单元箱体的正常膨胀和由电容器损坏造成的膨胀的判据。

电容器单元应当用螺丝和螺母紧固在电容器台架上。每一电容器单元的安装应便于从台架上拆卸和更换而不需拆卸其他电容器单元。当电容器单元较重时，应提供专门的搬运工具。

电容器单元套管的接线端子与电容器单元间的连接线应采用相同的材料，并应在额定电流下长期稳定工作。

电容器单元中的液体材料对环境应是安全可靠并可生物降解的。其尽可能无毒和无腐蚀性。不能采用含有多氯联苯(PCB)类的液体材料。

6.4 保护

由于直流滤波器的电容器组通常是由串联单元和并联单元组合成的，而单元通常是由串联元件和并联元件组合成的，所以可采用多种保护方法，例如：

——采用内部熔丝保护，熔丝的设计应保证任一电容器元件都能在故障时安全地断开，而不影响相邻熔丝的正常运行；
——电容器组内的不平衡保护；
——通过在线或离线测量，监测滤波器调谐状态，以确定故障位置；
——故障单元或对地电压值的直接或遥测、显示；
——指示电容器故障严重程度的单独故障报警，包括如果继续运行会导致电容器雪崩故障时，自动切除此滤波器支路。

6.5 可听噪声

制造方应对每一电容器组给出声级水平的计算，该计算基于工程技术规范书中所附的技术参数中给出的电流或电压。

也可以采用类似的电容器组在运行中现场测到的声级水平的计算结果代替上面的计算值。

6.6 机械设计

制造方应提供完整的电容器组，包括所有的台架、连接件、支持绝缘子和与底座固定的连接盘。

制造方应通过计算检验电容器组的机械强度。

电容器装置应安装在一底座上，此底座不需由制造方提供。

6.7 绝缘子

由于直流恒定的电压极性使直流绝缘吸附更多的污秽，导致更坏的闪络特性，要求采用更大的爬距和绝缘间隙。

绝缘子上的最小标称爬电距离应由技术规范书中给出的技术数据计算得出。

6.8 端子

制造方应提供电容器组内各种电压等级与外部连接的端子，这些端子应与电容器单元分开安装。

6.9 爬电距离

按购买方要求。

6.10 无线电干扰(RIV)设计

电容器组应在户外晴天夜晚无可见电晕。

6.11 焊接

应光滑，避免虚焊、裂缝及其他任何缺陷。

6.12 表面处理

电容器的外壳和构架应采用防腐材料或涂料，以具有良好的防腐特性，所采用的表面处理标准和工艺经由购买方确认。

7 绝缘水平

电容器的绝缘水平由系统设计给定。

8 过负荷

制造方应根据用户要求提供电容器的实际短时过负荷能力。

9 安全要求

9.1 放电器件

电容器单元应装有从 U_N 的初始峰值电压放电到 75 V 或更低电压的放电器件，最长放电时间为 10 min。

内部均压电阻可用来当做放电电阻使用，但要核算是否满足安全要求。

放电器件不能代替在接触电容器之前将电容器端子短路并接地。

注：如果要求更短的放电时间和更低的剩余电压，这种情况购买方应通知制造方。

9.2 外壳连接

电容器外壳应备有供连接用的螺栓，使电容器金属外壳的电位得以固定，并能承受对壳击穿时的故障电流。

9.3 环境保护

当电容器是用不允许扩散到环境中的材料浸渍时，必须采取预防措施。若国家在这方面有法律上的要求（见 10.3）时，应在电容器单元和电容器组上作出标记。

9.4 其他安全要求

当国家有关安全规则有特殊要求时，购买方应在询价时予以说明。

10 标志

10.1 电容器单元的铭牌

在每一电容器单元的铭牌上应给出下列资料：

a) 制造方名称。

b) 电容器单元的名称。

c) 电容器单元的型号。

d) 识别编号及制造年份。年份可以是识别编号的一部分或采用代码形式。

e) 额定电压 U_N，kV。

f) 额定电流 I_N，A。

g) 额定谐振频率，Hz。

h) 实测电容，μF。

i) 均压电阻值，MΩ。

j) 温度类别（见 4.1.3）。

k) 绝缘水平 U_i，kV（仅适用于所有端子均与外壳绝缘的单元）。

绝缘水平应以一斜线隔开的两个数字表示，第一个数字给出工频试验电压的方均根值，kV；第二个数字给出雷电冲击试验电压的峰值，kV（例如 30/75）。

l) 内部熔丝，如装有时，应以符号─▭─表示。

m) 浸渍剂的化学名称或商业名称（此标志也可在警告牌上表明，见 10.3）。

n) 参考 GB/T 20993（加上发布年份）。

10.2 电容器组的说明书或铭牌

制造方应根据购买方的要求，在说明书或铭牌在上至少给出下列资料：

a) 制造方名称；

b) 电容器组的名称；

c) 电容器组的型号；

d) 额定电容，μF；

e) 额定电压 U_{bN}，kV；

f) 绝缘水平 U_i，两端间额定雷电冲击耐受电压/操作冲击耐受电压的峰值，kV；

g) 电容器组切出与再投入之间所需的最短时间（见 4.1.1 和附录 B）。

10.3 警告牌

如果电容器中含有可能污染环境（见 9.3）的或可能在其他方面有害（例如易燃性）的材料，则应按照国家的有关法规在单元上作出标记。

11 安装和运行导则

11.1 概述

过电压和过热将使电容器的寿命缩短，因此应严格控制和规定运行条件（即：温度、电压及电流）。

应当注意，在系统中近邻电容的引入可能产生不利的运行条件（例如谐波放大、电机自激、操作过电压、音频遥控装置不能正常工作等）。

由于电容器的类型不同且涉及的因素很多，不可能用简单的规则概括所有可能情况下的安装及运行。下面资料给出的是需加以考虑的较为重要的几点。

此外，必须采纳制造方和供电部门的建议。

11.2 额定电压的选择

电容器的额定电压由直流输电工程系统设计确定。

11.3 运行温度

11.3.1 概述

对电容器的上限运行温度应予以注意，因为这对其寿命有很大影响。

当电容器介质达到低于温度类别下限温度时，介质中有发生局部放电的危险，这不仅在电容器开始通电时是这样，而且在运行期间当电容器的介质损耗低造成的温升甚小时也是这样。

11.3.2 安装

电容器组的安装采用直立式和悬挂式两种结构。

电容器的安装应便于以对流和辐射来散发由电容器损耗所产生的热量。任何封闭间的通风和电容器单元的布置均应使空气能在每一单元的周围良好地流通。这一点对于成行迭层安装的单元尤其重要。

受到太阳或任何高温面辐射的电容器的温度将增高。根据冷却空气的温度及冷却强度、辐射的强度及持续时间，可能需要采取下列措施：

——防止电容器受到辐射。

——选择为用于较高环境空气温度而设计的电容器（例如以类别 −5/B 代替 −5/A，或者其他适当设计的电容器）。

——采用额定电压比 11.2 所规定的更高的电容器。

——采用强迫冷风。

安装在高海拔（超过 1 000 m）地区的电容器，其对流散热能力将有所降低。这一点在确定单元的容量时应予以考虑。但是，在这样的海拔下，环境温度通常较低。

冰冻地区的均压环底部应钻 ϕ6 mm 的滴水孔。

11.3.3 高的环境空气温度

代号为C的电容器通常适于在大多数热带地区使用。然而在有些地区，那里的环境空气温度可能要求使用代号为D的电容器。在电容器经常受到几小时太阳辐射的地方(例如沙漠地区)，即使其环境温度不是过高，仍可能需要代号为D的电容器(见11.3.2)。

在特殊场合，环境空气温度最高值可能高于55 ℃，或日平均温度高于45 ℃，该处又无法改善冷却条件，则应使用特殊设计的或较高额定电压的电容器。

11.4 特殊使用条件

除了在11.3所涉及的条件外，对下列任一特殊使用条件，购买方均应通知制造方：

——高的相对湿度：可能需要使用特殊设计的绝缘子，应注意到外部熔断器有被其表面潮气凝露旁路的可能性。

——快速的霉菌生长：金属、陶瓷材料及一些油漆与清漆都不会助长霉菌。当使用杀菌剂时，其毒性保持时间最多几个月。总之在装置中灰尘等落积处霉菌有可能生长发展。

——腐蚀性大气：在工业及沿海地区都会遇到腐蚀性大气。应该注意到，在较高温度的气候下，这种大气的作用要比在温和的气候下更为严重。甚至在户内也可能存在高腐蚀性大气。

——污秽：当电容器安装在高度污秽的地区时，应采取特殊的预防措施。

——海拔超过1 000 m：用在海拔高度超过1 000 m的电容器将受到特殊条件的作用。其选型应由购买方与制造方协商确定(见11.3.2)。

——地震地区：有些地区地震的概率较高，这将影响安装在这些地区的电容器或电容器组的机械设计。购买方应说明加速度幅值和阻尼值。

附　录　A
（资料性附录）
高压直流输电系统常用直流滤波器接线图示例

A.1　图 A.1 给出了双调谐滤波器接线图示例。

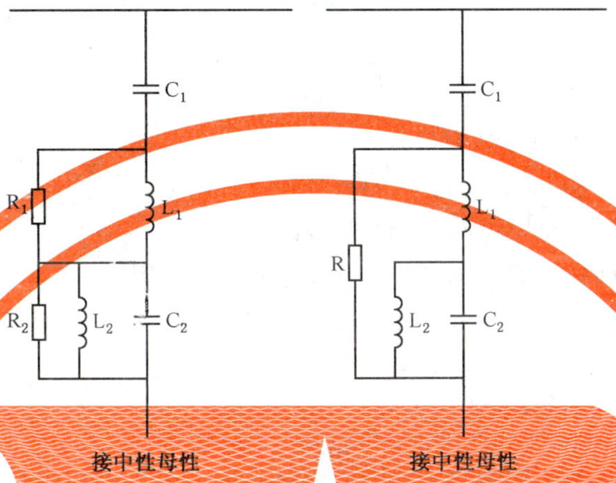

图 A.1　双调谐滤波器接线图示例

A.2　图 A.2 给出了三调谐滤波器接线图示例。

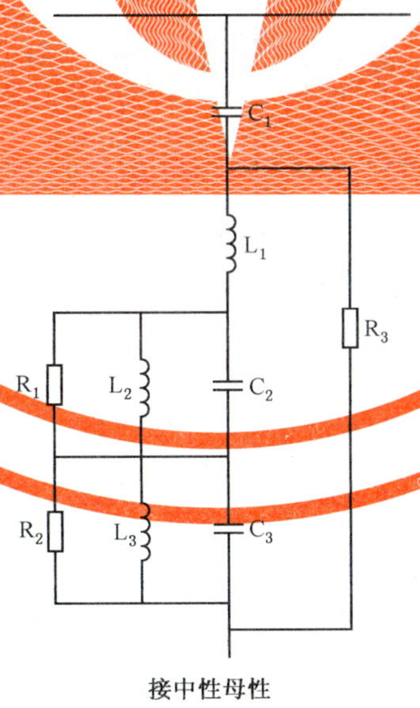

图 A.2　三调谐滤波器接线图示例

附　录　B
（资料性附录）
电容器放电时间的计算公式

放电到额定电压10％的时间由式(B.1)给出。

$$t_1 = 2.30RC = \frac{2.30t}{\ln(U_N/U_R)} \qquad \cdots\cdots(B.1)$$

式中：

t ——从 U_N 放电到 U_R 的时间，单位为秒(s)；

U_N——单元的额定电压，单位为伏(V)；

U_R——允许剩余电压，单位为伏(V)；

t_1 ——放电到额定电压10％的时间，单位为秒(s)；

R ——电容器的均压电阻值，单位为兆欧姆(MΩ)；

C ——电容器的电容值，单位为微法(μF)。

如果严格遵守5.8的限值，则：

$$t_1 = \frac{1\ 380}{\ln(U_N/75)} \qquad \cdots\cdots(B.2)$$

附 录 C
（资料性附录）
高压直流换流站中直流滤波器和中性母线冲击电容器安装布置示意图

图 C.1 给出了高压直流换流站中直流滤波器和中性母线冲击电容器安装布置示意图。

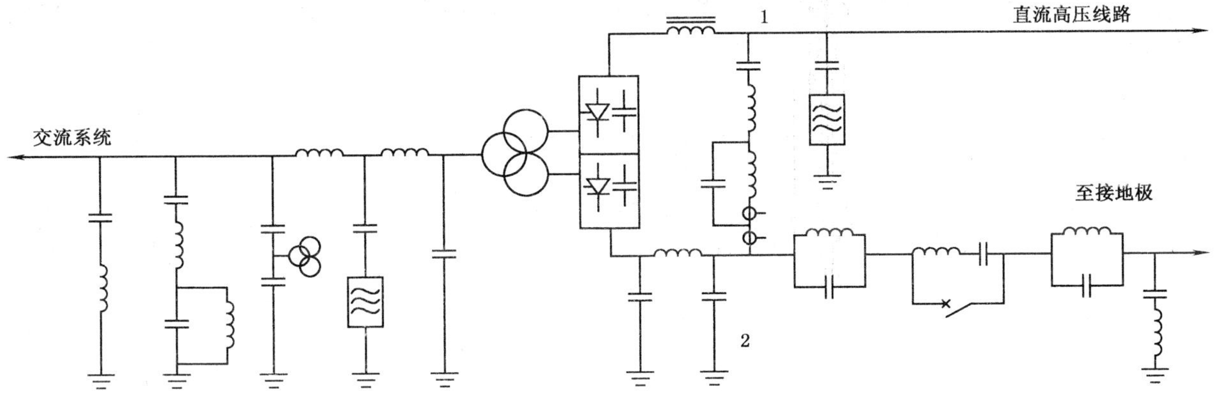

说明：

1——直流滤波器；

2——中性母线冲击电容器。

图 C.1 高压直流换流站中直流滤波器和中性母线冲击电容器安装布置示意图

参考文献

[1] GB/T 26218.1 污秽条件下使用的高压绝缘子的选择和尺寸确定 第1部分:定义、信息和一般原则(GB/T 26218.1—2010,IEC/TS 60815-1:2008,MOD)

[2] GB/T 26218.2 污秽条件下使用的高压绝缘子的选择和尺寸确定 第2部分:交流系统用瓷和玻璃绝缘子(GB/T 26218.2—2010,IEC/TS 60815-2:2008,MOD)

[3] GB/T 311.1 绝缘配合 第1部分:定义、原则和规则(GB/T 311.1—2012,IEC 60071-1:2006,MOD)

ICS 27.010
F 01

中华人民共和国国家标准

GB 21347—2012
代替 GB 21347—2008

镁冶炼企业单位产品能源消耗限额

The norm of energy consumption per unit products of magnesium metallurgical enterprise

2012-12-31 发布　　2013-10-01 实施

中华人民共和国国家质量监督检验检疫总局
中国国家标准化管理委员会　发布

前　言

本标准的4.1和4.2是强制性的，其余是推荐性的。

本标准按照GB/T 1.1—2009给出的规则起草。

本标准代替GB 21347—2008《镁冶炼企业单位产品能源消耗限额》。与GB 21347—2008相比，主要有以下变化：

——将4.1现有镁冶炼企业单位产品能耗限额限定值指标由“8 300 kgce/t”修改为“6 tce/t”。

——将4.2新建镁冶炼企业单位产品能耗限额准入值指标“7 500 kgce/t”修改为“5 tce/t”。

——将4.3镁冶炼企业单位产品能耗限额先进值指标“5 600 kgce/t”修改为“4.5 tce/t”。

本标准由全国有色金属标准化技术委员会(SAC/TC 243)归口。

本标准负责起草单位：宁夏华亿镁业股份有限公司、山西银光华盛镁业股份有限公司、有色金属技术经济研究院。

本标准参加起草单位：河南宇航金属材料有限公司、重庆大学、中国有色金属工业协会镁业分会。

本标准主要起草人：王秀荣、拓万兰、席欢、李郭平、李庆荣、李琦、张静、孙前、黄开东、王婧、陈亚娟。

本标准所代替标准的历次版本发布情况为：

——GB 21347—2008。

镁冶炼企业单位产品能源消耗限额

1 范围

本标准规定了镁冶炼(硅热法)生产能源消耗(以下简称能耗)限额的技术要求、计算原则、计算方法、统计范围和节能管理与措施。

本标准适用于硅热法镁冶炼工艺产品能耗的计算、考核,以及对新建项目的能耗控制。

2 规范性引用文件

下列文件对于本文件的应用是必不可少的。凡是注日期的引用文件,仅注日期的版本适用于本文件。凡是不注日期的引用文件,其最新版本(包括所有的修改单)适用于本文件。

GB/T 2589 综合能耗计算通则

GB/T 3101 有关量、单位和符号的一般原则

GB 17167 用能单位能源计量器具配备和管理通则

3 术语和定义

下列术语和定义适用于本文件。

3.1

工序能源单耗 unit energy consumption in working procedure

工序生产过程中生产每吨合格产品消耗的能源量。

3.2

工艺能源单耗 unit energy consumption of technology

报告期内生产某种产品时主要生产系统的综合能耗与报告期内产出的合格品总量的比值。

3.3

综合能源单耗 unit consumption of integrate energy

即产品单位产量综合能耗,是指工艺能源单耗与辅助能源单耗及损耗分摊量之和。

3.4

间接综合能源单耗 unit consumption of indirect integrate energy

企业的辅助生产系统和附属生产系统在产品生产的时间内实际消耗的各种能源以及耗能工质在企业内部进行贮存、转换及计量供应(包括外销)中的损耗,分摊到该产品上的能耗量。

4 要求

4.1 现有镁冶炼企业单位产品能耗限定值

现有镁冶炼企业单位产品综合能耗限定值不大于 6 tce/t。

4.2 新建镁冶炼企业单位产品能耗准入值

新建镁冶炼企业单位产品综合能耗准入值不大于 5 tce/t。

4.3 镁冶炼企业单位产品能耗先进值

镁冶炼企业单位产品综合能耗先进值不大于4.5 tce/t。

5 能耗计算原则、计算方法及计算范围

5.1 计算原则

镁冶炼产品是指由原材料(白云石、硅铁等)到镁锭产品,其产量均以吨(t)为计量单位,综合能源单耗的计算范围包括工艺能耗、辅助能耗分摊量及损耗量。

5.1.1 企业实际(生产)消耗的各种能源

企业实际消耗的各种能源,系指用于生产活动的各种能源。主要用于生产系统、辅助生产系统和附属生产系统,它包括:一次能源(原煤、原油、天然气等)、二次能源(如电力、热力、石油制品、焦炭、煤气等)、耗能工质(水、氧气、压缩空气等)和余热资源,包括能源及耗能工质在企业内部进行贮存、转换及计量供应(包括外销)中的损耗。用做原料的能源也必需包括在内,不包括生活用能和批准的基建项目用能,企业生活用能量是指企业系统内的宿舍、学校、文化娱乐、医疗保健、商业服务和托儿幼教等方面的用能。不包括车间、管理部门的照明、取暖、降温、洗澡等用能。

5.1.2 企业报告期内的能源消耗量

企业报告期内的能源消耗量的计算,应符合公式(1):

$$E = E_1 + E_2 - E_3 - 4_4 - E_5 \quad \cdots\cdots (1)$$

式中:

E ——企业报告期内的能源消耗量;

E_1——购入能源量;

E_2——库存能源增减量;

E_3——外销能源量;

E_4——生活用能源量;

E_5——企业工程建设用能源量。

所消耗的各种能源不得重计或漏计。存在供需关系时,输入、输出双方在计算中量值上应保持一致。设备停炉大修的能源消耗也应计算在内,且按检修后设备的运行周期逐月平均分摊。企业综合能耗的计算按GB/T 2589的规定进行。

5.1.3 能源实物量的计量

能源实物量的计量应符合《中华人民共和国计量法》、GB 17167和GB/T 2589的规定。

5.1.4 各种能源(包括生产耗能工质消耗的能源)折算的原则及其计量单位

5.1.4.1 各种单位产品能耗用千克标准煤(kgce)或吨标准煤(tce)表示。1 kgce的发热值定为29.307 6 MJ (7 000 kcal/kg)。

5.1.4.2 企业消耗的煤炭、焦炭、燃料油、煤气、天然气等能源的折算系数,应先按国家规定的测定分析方法进行分析测定,按实测值换算为标准煤;不能实测的,应按能源供应部门提供的低(位)发热值进行换算;在上述条件均不具备时,可用GB/T 2589规定的折算系数换算(见附录A)。

5.1.4.3 电力按GB/T 2589规定的折算系数换算(见附录A)。

5.1.4.4 企业加工转换产出的二次能源及耗能工质一律用等量/等价热值折算(见附录B)。

5.1.4.5　企业内回收余热资源按企业能源转换实际消耗换算。

5.1.4.6　能源及耗能工质实物消耗量计算单位：

煤、焦炭、重油：单位为千克(kg)、吨(t)、万吨(10^4 t)；

电：单位为千瓦时(kW·h)、万千瓦时(10^4 kW·h)；

煤气、天然气、压缩空气、氧气：单位为立方米(m^3)、万立方米(10^4 m^3)；

蒸汽：单位为千克(kg)、吨(t)；

水：单位为吨(t)、万吨(10^4 t)。

5.1.5　余热利用能耗的计算原则

企业回收的余热，属于节约能源循环利用，在计算能耗时，应避免重复计算。余热利用装置用能计入能耗。回收能源自用部分，计入自用工序；转供其他工序时，在所用工序以正常消耗计入；回收的能源折标准煤后应在回收余热的工序、工艺中扣除。如是未扣除回收余热的能耗指标，应标明“未扣余热发电”、“含余热发电”、“未扣回收余热”等字样。

5.1.6　间接综合能源单耗的计算原则

间接综合能源单耗，应根据产品能耗占企业生产能耗量的比例，分摊在产品中。

5.2　计算方法

5.2.1　工序能源单耗的计算

工序能源单耗按公式(2)计算：

$$E_{Ei} = \frac{E_{Ti}}{P} \qquad \cdots\cdots(2)$$

式中：

E_{Ei}——第 i 道每吨合格镁锭工序能耗，单位为吨标准煤每吨(tce/t)；

T_{Ti}——第 i 道工序直接消耗的某种能源实物量折标准煤之和，单位为吨标准煤(tce)；

P　——产出的合格镁锭总量，单位为吨(t)。

式(2)中 i 取 1、2、3、4，分别表示硅热法炼镁工艺的炉料工序、还原工序、精炼工序、生产辅助工序。每道工序直接消耗的各种能源实物量折标准煤量之和为代数和。

5.2.2　综合能源单耗的计算

综合能源单耗按式(3)计算：

$$E_Z = \sum_1^3 E_{Ei} + \sum_1^3 Y_i + \sum_1^3 Z_i - \sum_1^3 Q_i \qquad \cdots\cdots(3)$$

式中：

E_Z　——镁锭综合能源单耗，单位为吨标准煤每吨(tce/t)；

$\sum_1^3 E_{Ei}$——镁锭各个工序能源单耗之和，单位为吨标准煤每吨(tce/t)；

$\sum_1^3 Y_i$——间接综合能源单耗之和，单位为吨标准煤每吨(tce/t)；

$\sum_1^3 Z_i$——企业用于加工转换的二次能源及耗能工质能耗之和，单位为吨标准煤每吨(tce/t)；

$\sum_1^3 Q_i$——工序余热回收之和，单位为吨标准煤每吨(tce/t)。

5.3　统计范围

硅热法炼镁工艺包括炉料工序、还原工序、精炼工序、生产辅助工序。

a） 炉料工序：炉料工序能耗包括白云石煅烧、配料、混合料的粉磨、制球、余热利用装置、照明、环保装置等消耗的能源量。

b） 还原工序：还原工序能耗包括还原炉、机械真空泵、射流真空泵、环保烟气处理、烟气排放、水处理、水冷却循环设施、余热锅炉、照明等消耗的能源量。

c） 精炼工序：精炼工序能耗是指从粗镁到镁锭的整个精炼过程用能耗，包括精炼炉、搅拌机、连铸机、收尘烟气处理、运输吊车、照明等消耗的能源量。

d） 生产辅助工序：生产辅助工序能耗包括生产辅助系统、机电维修、实验室的能源消耗量。

6 节能管理与措施

6.1 节能基础管理

6.1.1 镁冶炼企业应建立节能考核制度，定期对企业的各生产工序能耗情况进行考核，并把考核指标分解落实到各基层单位。

6.1.2 企业应按要求建立能耗统计体系，建立能耗计算和统计结果的文件档案，并对文件进行受控管理。

6.1.3 企业应根据 GB 17167 的要求配备相应的能源计量器具并建立能源计量管理制度。

6.2 节能技术管理

6.2.1 镁冶炼企业应配备余热回收等节能设备，最大限度地对生产过程中可回收的能源进行利用。

6.2.2 镁冶炼企业应进行技术改造，采用先进工艺，提高生产效率和能源利用率。

6.2.3 镁冶炼企业应合理组织生产，减少中间环节，提高生产能力，缩短生产周期。

6.2.4 镁冶炼企业应大力发展循环经济，利用现有技术，合理利用废杂镁等再生资源。

附 录 A
（资料性附录）
各种能源折标准煤参考系数

表 A.1 各种能源折标准煤参考系数

<table>
<tr><th colspan="2">能源名称</th><th>平均低位发热量</th><th>折标准煤系数</th></tr>
<tr><td colspan="2">原煤</td><td>20 908 kJ/kg(5 000 kcal/kg)</td><td>0.714 3 kgce/kg</td></tr>
<tr><td colspan="2">洗精煤</td><td>26 344 kJ/kg(6 300 kcal/kg)</td><td>0.900 0 kgce/kg</td></tr>
<tr><td rowspan="2">其他洗煤</td><td>洗中煤</td><td>8 363 kJ/kg(2 000 kcal/kg)</td><td>0.285 7 kgce/kg</td></tr>
<tr><td>煤泥</td><td>8 363 kJ/kg～12 545 kJ/kg</td><td>0.285 7 kgce/kg～0.428 6 kgce/kg</td></tr>
<tr><td colspan="2">焦炭</td><td>28 435 kJ/kg(6 800 kcal/kg)</td><td>0.971 4 kgce/kg</td></tr>
<tr><td colspan="2">原油</td><td>41 816 kJ/kg(10 000 kcal/kg)</td><td>1.428 6 kgce/kg</td></tr>
<tr><td colspan="2">燃料油</td><td>41 816 kJ/kg(10 000 kcal/kg)</td><td>1.428 6 kgce/kg</td></tr>
<tr><td colspan="2">汽油</td><td>43 070 kJ/kg(10 300 kcal/kg)</td><td>1.471 4 kgce/kg</td></tr>
<tr><td colspan="2">煤油</td><td>43 070 kJ/kg(10 300 kcal/kg)</td><td>1.471 4 kgce/kg</td></tr>
<tr><td colspan="2">柴油</td><td>42 652 kJ/kg(10 200 kcal/kg)</td><td>1.457 1 kgce/kg</td></tr>
<tr><td colspan="2">煤焦油</td><td>33 453 kJ/kg(8 000 kcal/kg)</td><td>1.142 9 kgce/kg</td></tr>
<tr><td colspan="2">渣油</td><td>41 816 kJ/kg(10 000 kcal/kg)</td><td>1.428 6 kgce/kg</td></tr>
<tr><td colspan="2">液化石油气</td><td>50 179 kJ/kg(12 000 kcal/kg)</td><td>1.714 3 kgce/kg</td></tr>
<tr><td colspan="2">炼厂干气</td><td>46 055 kJ/kg(11 000 kcal/kg)</td><td>1.571 4 kgce/kg</td></tr>
<tr><td colspan="2">油田天然气</td><td>38 931 kJ/m^3(9 310 kcal/m^3)</td><td>1.330 0 kgce/m^3</td></tr>
<tr><td colspan="2">气田天然气</td><td>35 544 kJ/m^3(8 500 kcal/m^3)</td><td>1.214 3 kgce/m^3</td></tr>
<tr><td colspan="2">煤矿瓦斯气</td><td>14 636 kJ/m^3～16 726 kJ/m^3</td><td>0.500 0 kgce/m^3～0.571 4 kgce/m^3</td></tr>
<tr><td colspan="2">焦炉煤气</td><td>16 726 kJ/m^3～17 981 kJ/m^3</td><td>0.571 4 kgce/m^3～0.614 3 kgce/m^3</td></tr>
<tr><td colspan="2">高炉煤气</td><td>3 763 kJ/m^3</td><td>0.128 6 kgce/m^3</td></tr>
<tr><td rowspan="6">其他煤气</td><td>a) 发生炉煤气</td><td>5 227 kJ/kg(1 250 kcal/m^3)</td><td>0.178 6 kgce/m^3</td></tr>
<tr><td>b) 重油催化裂解煤气</td><td>19 235 kJ/kg(4 600 kcal/m^3)</td><td>0.657 1 kgce/m^3</td></tr>
<tr><td>c) 重油热裂解煤气</td><td>35 544 kJ/kg(8 500 kcal/m^3)</td><td>1.214 3 kgce/m^3</td></tr>
<tr><td>d) 焦炭制气</td><td>16 308 kJ/kg(3 900 kcal/m^3)</td><td>0.557 1 kgce/m^3</td></tr>
<tr><td>e) 压力气化煤气</td><td>15 054 kJ/kg(3 600 kcal/m^3)</td><td>0.514 3 kgce/m^3</td></tr>
<tr><td>f) 水煤气</td><td>10 454 kJ/kg(2 500 kcal/m^3)</td><td>0.357 1 kgce/m^3</td></tr>
<tr><td colspan="2">粗苯</td><td>41 816 kJ/kg(10 000 kcal/kg)</td><td>1.428 6 kgce/kg</td></tr>
<tr><td colspan="2">热力(当量值)</td><td>—</td><td>0.034 12 kgce/MJ</td></tr>
<tr><td colspan="2">电力(当量值)</td><td>3 600 kJ/(kW·h)[860 kcal/(kW·h)]</td><td>0.122 9 kgce/(kW·h)</td></tr>
<tr><td colspan="2">电力(等价值)</td><td>按当年火电发电标准煤耗计算</td><td></td></tr>
<tr><td colspan="2">蒸汽(低压)</td><td>3 763 MJ/t(900 Mcal/t)</td><td>0.128 6 kgce/kg</td></tr>
<tr><td colspan="4">本附录中折标准煤系数如遇国家统计部门规定发生变化,能耗等级指标则应另行设定。</td></tr>
</table>

附 录 B
（资料性附录）
耗能工质能源等价值

表 B.1 耗能工质能源等价值

品种	单位耗能工质耗能量	折标准煤系数
新水	2.51 MJ/t(600 kcal/t)	0.085 7 kgce/t
软水	14.23 MJ/t(3 400 kcal/t)	0.485 7 kgce/t
除氧水	28.45 MJ/t(6 800 kcal/t)	0.971 4 kgce/t
压缩空气	1.17 MJ/m³(280 kcal/m³)	0.040 0 kgce/m³
鼓风	0.88 MJ/m³(210 kcal/m³)	0.030 0 kgce/m³
氧气	11.72 MJ/m³(2 800 kcal/m³)	0.400 0 kgce/m³
氮气(做副产品时)	11.72 MJ/m³(2 800 kcal/m³)	0.400 0 kgce/m³
氮气(做主产品时)	19.66 MJ/m³(4 700 kcal/m³)	0.671 4 kgce/m³
二氧化碳气	6.28 MJ/m³(1 500 kcal/t)	0.214 3 kgce/m³
乙炔	243.67 MJ/m³	8.314 3 kgce/m³
电石	60.92 MJ/kg	2.078 6 kgce/kg
本附录中的能源等价值如有变动，以国家统计部门最新公布的数据为准。		

ICS 43.040.10
T 35

中华人民共和国国家标准

GB/T 21437.3—2012

道路车辆 由传导和耦合引起的电骚扰 第3部分:除电源线外的导线通过容性和感性耦合的电瞬态发射

Road vehicles—Electrical disturbances from conduction and coupling—Part 3:Electrical transient transmission by capacitive and inductive coupling via lines other than supply lines

(ISO 7637-3:2007,MOD)

2012-12-31 发布　　　　2013-06-01 实施

中华人民共和国国家质量监督检验检疫总局
中国国家标准化管理委员会　发布

前　言

GB/T 21437《道路车辆　由传导和耦合引起的电骚扰》包括三个部分：

——第1部分：定义和一般描述；

——第2部分：沿电源线的电瞬态传导；

——第3部分：除电源线外的导线通过容性和感性耦合的电瞬态发射。

本部分为GB/T 21437的第3部分。

本部分按照GB/T 1.1—2009给出的规则起草。

本部分使用重新起草法修改采用ISO 7637-3：2007《道路车辆　由传导和耦合引起的电骚扰　第3部分：除电源线外的导线通过容性和感性耦合的电瞬态发射》。

本部分与ISO 7637-3：2007的技术性差异及原因如下：

——在第2章中，补充了ISO标准原文中引用但未列入规范性引用文件的标准：GB/T 21437.1（idt ISO 7637-1）和ISO 11452-4；

——在表4中，原文为“(7±30)%”，为明显的错误，应为“7±7×30%”，考虑到编辑习惯，本部分修改为“7±2.1”；

——在4.5中，原文“电容值应如表2所示”，为明显的编辑性错误，本部分修改为“电容值应如表3所示”。

本部分相对ISO 7637-3：2007的编辑性修改如下：

——为了清晰标准内容，附录B中B.3标题增加脚注“见ISO 7637-1：2002一号修正案：2008”；

——删除了ISO标准的前言。

本部分由中华人民共和国工业和信息化部提出。

本部分由全国汽车标准化技术委员会(SAC/TC 114)归口。

本部分负责起草单位：中国汽车技术研究中心。

本部分参加起草单位：上海大众汽车有限公司、信息产业部电信传输研究所。

本部分主要起草人：徐立、刘欣、林艳萍、刘新亮、邹东屹、胡梦蛟。

引　言

对被测装置(DUTs)、仪器及设备的抗扰性试验长期积累的经验表明,模拟瞬态耦合现象的试验是必要的,这样才足以涵盖各种电干扰及电磁干扰。电磁兼容专家对该事实有普遍认识,而且许多公司已经开展了这种耦合测试。

快速电瞬态试验采用大量快速电瞬态脉冲组成的脉冲群,将其耦合到电子设备线路,特别是输入/输出(I/O)线路。快速电瞬态脉冲群的快速上升时间、重复率以及低能量对于试验来说是相当重要的。

慢速电瞬态试验采用类似传导电瞬态的单个脉冲,并对被测装置(DUT)施加一定数量的脉冲。

在系统开发期间,一般不使用车辆线束,而且车辆电气噪声也是未知的。因此,试验将在由 GB/T 21437 的本部分所描述的容性和感性耦合所造成的最不利的状况下进行。

道路车辆　由传导和耦合引起的电骚扰 第3部分：除电源线外的导线通过容性和感性耦合的电瞬态发射

1　范围

GB/T 21437 的本部分建立了一种台架试验方法，用以评价被测装置(DUTs)对耦合到非电源线路的电瞬态发射的抗干扰性能。试验瞬态脉冲模拟快速电瞬态骚扰和慢速电瞬态骚扰，例如感性负载切换、继电器触点跳起等引起的瞬态骚扰。

本部分提供了三种试验方法：

——容性耦合钳(CCC)方法；

——直接电容器耦合(DCC)方法；

——感性耦合钳(ICC)方法。

注：三种试验方法的适用性如表1所示。

慢速电瞬态试验和快速电瞬态试验仅需选择一种方法。

本部分适用于标称电压 12 V、24 V 或 42 V 电气系统的道路车辆。

对于瞬态抗扰性，附录B提供了推荐的试验严酷等级，与在 GB/T 21437.1 中描述的功能特性状态分类(FPSC[1])原理相一致。

2　规范性引用文件

下列文件对于本文件的应用是必不可少的。凡是注日期的引用文件，仅注日期的版本适用于本文件。凡是不注日期的引用文件，其最新版本(包括所有的修改单)适用于本文件。

GB/T 21437.1—2008　道路车辆　由传导和耦合引起的电骚扰　第1部分：定义和一般描述(ISO 7637-1:2002,IDT)

GB/T 21437.2—2008　道路车辆　由传导和耦合引起的电骚扰　第2部分：沿电源线的电瞬态传导(ISO 7637-2:2004,IDT)

ISO 11452-4　道路车辆　窄带辐射电磁能引发的电磁骚扰的部件试验方法　第4部分：大电流注入[Road vehicles—Component test methods for electrical disturbances from narrowband radiated electromagnetic energy—Part 4:Bulk current injection (BCI)]

3　试验方法

3.1　概述

本部分描述了电气系统部件或被测装置(DUTs)对耦合电瞬态的抗扰性试验方法。这些试验应在试验室中进行。

试验脉冲严酷等级由车辆制造商和零部件供应商在试验前双方商定。

1)　见 ISO 7637-1:2002 一号修正案:2008。

给定的试验脉冲是典型脉冲,代表了实际可能出现在车辆中的瞬态的大多数特征。

如果装置依靠自身的功能或结构而不受车内类似电瞬态(本部分规定的脉冲)的影响,那么试验中可以不施加这些脉冲。特殊情况下,需要施加额外的试验脉冲。车辆制造商有责任对特定的零部件定义试验脉冲。

试验计划应规定:

——采用的试验方法;

——施加的试验脉冲;

——试验脉冲幅值;

——施加的脉冲数量;

——DUT 操作方式;

——线束(试验线束与产品线束);

——如果使用容性耦合钳,容性耦合钳包含的导线;

——直接电容器耦合法所测试的导线;

——直接电容器耦合法所用的电容值;

——如果使用感性耦合钳,感性耦合钳内所包含的导线;

——如果采用感性耦合方法,感性耦合钳的类型。

DUTs 的抗扰性评价值可以从附录 B 的表 B.1,表 B.2,表 B.3 和表 B.4 中选择。

表 1 列举了三种不同试验方法的适用性。慢速电瞬态试验和快速电瞬态试验均仅需选择一种适用的方法。

表 1 试验方法适用性

瞬态类型	CCC 方法	DCC 方法	ICC 方法
4.3.3 的慢速脉冲	不适用	适用	适用
4.3.2 的快速脉冲 a 和 b	适用	适用	不适用

3.2 标准试验条件

试验期间的环境温度应为 23 ℃±5 ℃。

除非另有规定,否则时间、电阻和电容的容差应为±10%。

除非另有规定,否则电压的允差应为$\left(^{+10}_{\ 0}\right)$%。

试验电压应如表 2 所示,若本系列标准的本部分的用户商定了其他值,这些值应记录在试验报告中。

表 2 试验电压

系统标称电压 V	试验电压 V
12	13.5 ± 0.5
24	27.0 ± 1.0
42	42.0 ± 1.5

3.3 接地平板

接地平板应是厚度最小为 1 mm 的金属薄板(例如:铜、黄铜或镀锌钢板)。接地平板的最小尺寸应为 2 m×1 m,然而最终尺寸取决于 DUT 和试验导线的尺寸。接地平板应与试验设施的地连接。

3.4 试验布置

3.4.1 概述

DUT 按照要求布置并连接。根据车辆制造商和供应商之间的协议,应使用试验线束或产品线束将 DUT 与其正常运行所使用的装置(负载、传感器等)连接。

如果 DUT 实际运行信号源不能用,则可使用模拟信号源。

除非 DUT 外壳与底盘连接并且有自己的接地,否则应使用 0.05 m～0.1 m 厚的绝缘支撑板将 DUT 与接地平板分开。

DUT 应根据制造商的安装说明连接到接地系统;不允许其他的接地连接。

如果负载、传感器等需要接地,所有的负载、传感器等尽可能使用最短的导线连接到接地平板。

注: 为了使 DUT 无关的容性耦合最小化,DUT 和所有其他的导电结构,例如屏蔽室的墙壁(试验布置下方的接地平板除外)的最短距离应大于 0.5 m。

3.4.2 容性耦合钳(CCC)方法

CCC 方法适用于耦合快速电瞬态试验脉冲,特别适用于带有中等数量或大数量待测导线的 DUT。此方法不适用于耦合慢速电瞬态试验脉冲。

CCC 试验方法布置如图 1 所示。由 CCC 构成耦合电路,由车辆制造商和供应商协商决定穿过 CCC 的 DUT 导线(包括或不包括电源线)。耦合长度是 1 m。

试验可以如图 1 所示进行,或者按照 ISO 11452-4 使用一条直线束。

单位为毫米

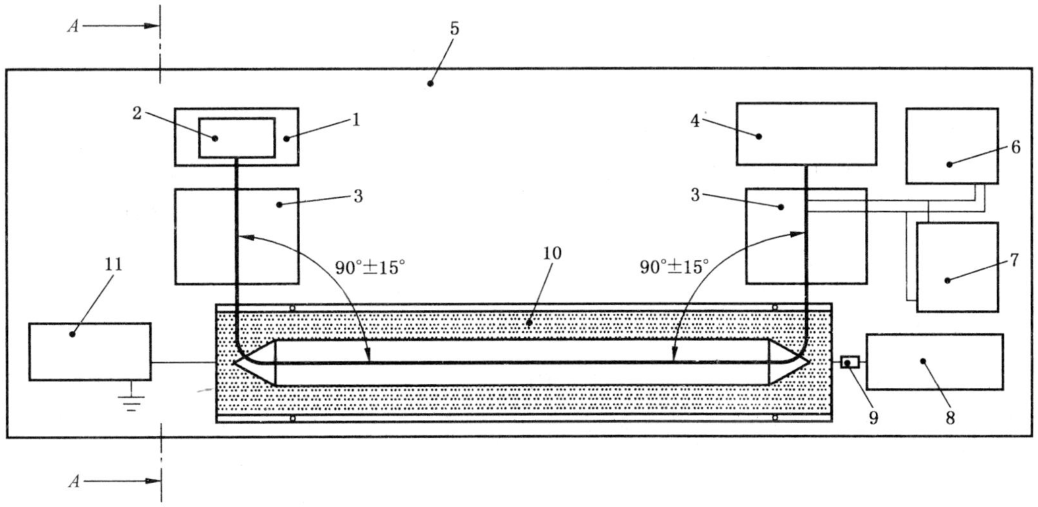

图 1 CCC 方法试验布置

单位为毫米

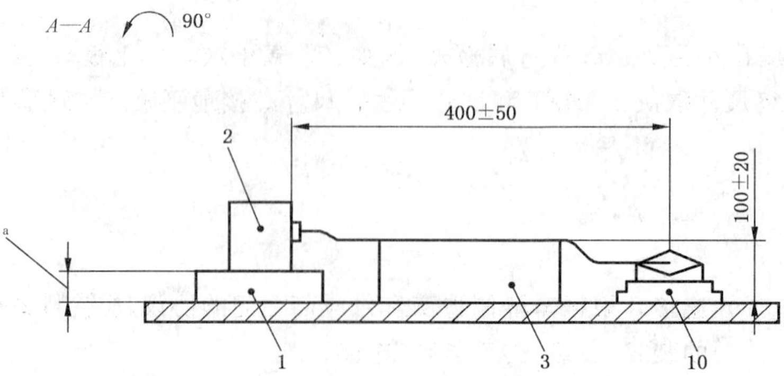

说明：

1——绝缘支撑板(如果DUT没有与车辆接地连接)；

2——DUT；

3——试验线束的绝缘支撑板；

4——辅助装置(如传感器,负载,配件),与在车辆上安装相同；

5——接地平板；

6——电源；

7——蓄电池；

8——示波器；

9——50 Ω衰减器；

10——CCC；

11——试验脉冲发生器。

[a] 所选尺寸应在试验计划中规定并记录在试验报告中。

图1(续)

当使用试验线束时,本部分规定,在耦合钳外的供电线应为1 m长。DUT和CCC之间的距离、辅助装置和CCC之间的距离应为400 mm±50 mm。被测导线在CCC之外的部分应置于接地平板上方100 mm±20 mm并且和CCC纵向轴的夹角为90°±15°。

CCC的铰链盖和试验线束应尽可能放平,以确保二者的接触。

DUT与脉冲发生器应放在CCC的同一端。

注：为了提高试验结果的可信度,线束的长度不超过2 m。

若所用产品线束长度超过2 m,连线不得盘绕,且线束应尽可能平放,试验布置应记录在试验报告中。DUT和CCC之间应保持最大距离0.45 m。

3.4.3 直接电容器耦合(DCC)方法

DCC方法使用推荐的电容值用于DUT导线耦合快速电瞬态试验脉冲,并耦合相同的电压。

另外,使用推荐电容值时,DCC方法在耦合慢速电瞬态试验脉冲方面是有效的。

DCC方法布置图如图2所示。线束的长度应在1 000 mm～2 000 mm之间。

当采用DCC方法时,应注意保证信号不存在不可接受的失真(例如总线系统中的通信信号)。除非已经采取谨慎措施,DCC方法通常不应用于对称线试验(例如双绞线)。当DCC方法用于对称线试验时,对称线中所有的线应同时施加同一试验脉冲信号(如图3所示)。对于快速电瞬态试验,DCC方法的缺点是每根导线需要分别试验。

单位为毫米

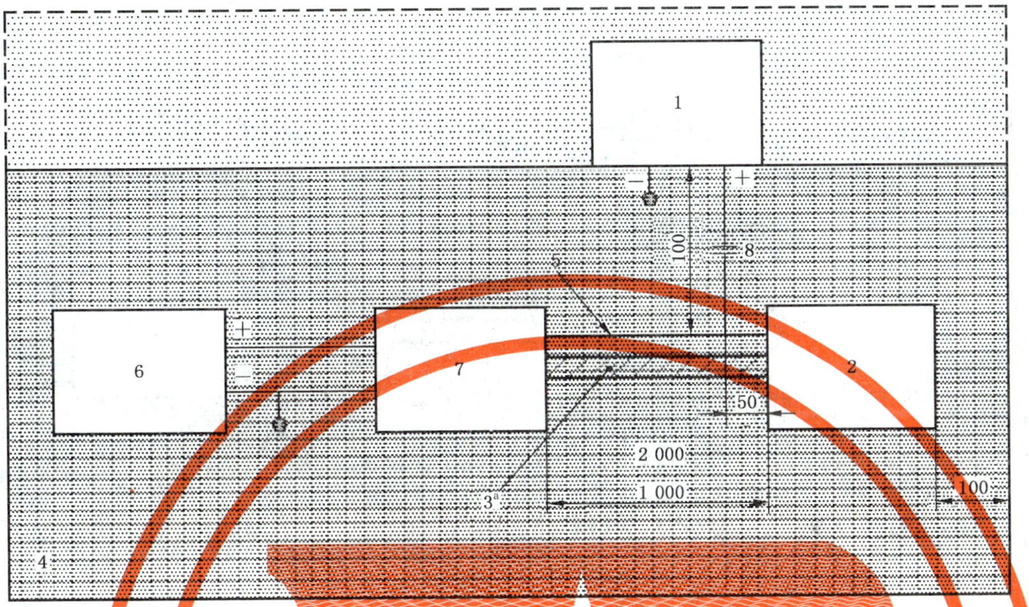

说明：

1——试验脉冲发生器；

2——DUT；

3——线束；

4——接地平板；

5——被测 I/O 线；

6——电源；

7——DUT 辅助装置；

8——高电压(最小 200 V)陶瓷电容器。

电容器取值见表 3。

[a] 所有线束均在接地平板上方 50 mm±5 mm 处。

图 2　DCC 方法试验布置

表 3　DCC 试验方法中电容器取值

试验脉冲	电容器值
快速电瞬态试验脉冲	100 pF
慢速电瞬态试验脉冲	0.1 μF

单位为毫米

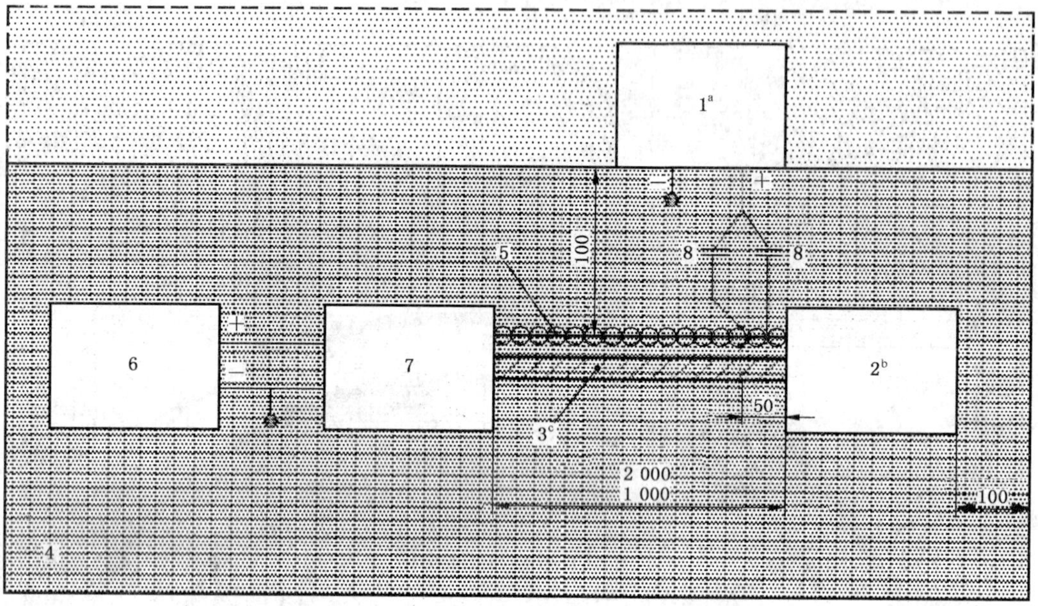

说明：

1——试验脉冲发生器；

2——DUT；

3——线束；

4——接地平板；

5——CAN 总线；

6——电源；

7——DUT 辅助装置；

8——额定电压不小于 200 V 的陶瓷电容。

[a] 对于快速电瞬态试验脉冲，推荐的电容器取值是 100 pF；对于慢速电瞬态试验脉冲，推荐的电容器取值是 470 pF。

[b] 选择电容容量时既要保证通信信号的正常传输，又要保证试验脉冲仍然能耦合到这些线中。

[c] 所有线束均在接地平板上方 50 mm±5 mm 处。

图 3　CAN 总线 DCC 方法试验布置示例

3.4.4　感性耦合钳(ICC)方法

ICC 方法适用于耦合慢速电瞬态试验脉冲，特别适用于带有中等数量或大数量待测导线的 DUTs。

ICC 试验方法布置如图 4 所示。耦合电路由 ICC 组成，ICC 内应包含所有的信号线。DUT 供电线(接地线和电源线)不应包括在 ICC 中。其他从 DUT 到辅助设备(传感器，执行机构)的任何地线或电源线均应包含在 ICC 中。如果辅助设备局部接地，局部接地线应置于 ICC 之外。任何包含在 ICC 中特殊的接地线和电源线都应在试验计划中指明。

试验可以按照图 4 所示布置进行，或者按照 ISO 11452-4 使用一条直线束进行试验。

带多路连接器的 DUT，其试验条件(对所有分支做一次试验或对每个分支单独做试验)应在试验计划中规定。

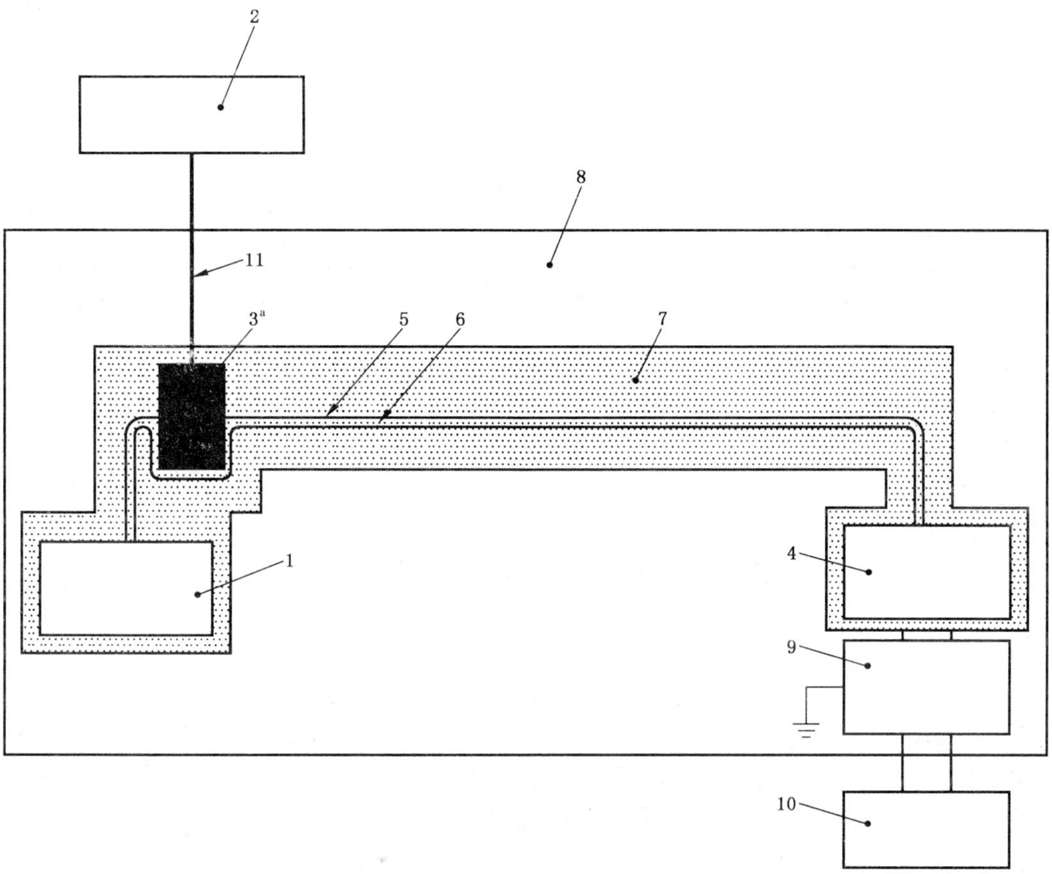

说明：

1——DUT；

2——试验脉冲发生器；

3——ICC；

4——辅助装置；

5——试验线束(长度≤2 m)；

6——接地线；

7——绝缘板(50 mm±10 mm)；

8——接地平板；

9——蓄电池；

10——直流电源；

11——50 Ω 同轴电缆(≤0.5 m)。

[a] ICC 置于距离 DUT 150 mm 处。

图 4 ICC 方法试验布置

3.5 瞬态试验脉冲的施加

3.5.1 CCC 方法

试验脉冲发生器应使用 50 Ω 同轴电缆连接到 CCC，CCC 另一端接 50 Ω 电阻。同轴电缆长度不超过 1 m。

试验脉冲发生器应在试验进行之前校准(见图 5)。脉冲幅度使用示波器连接耦合钳进行校准，耦合钳端接 50 Ω 衰减器和 50 Ω 示波器。校准期间不允许导线穿过耦合钳。

50 Ω 同轴电缆连接 50 Ω 示波器和 50 Ω 衰减器进行电压测量,这里使用衰减器而不使用 CCC 终端电阻。

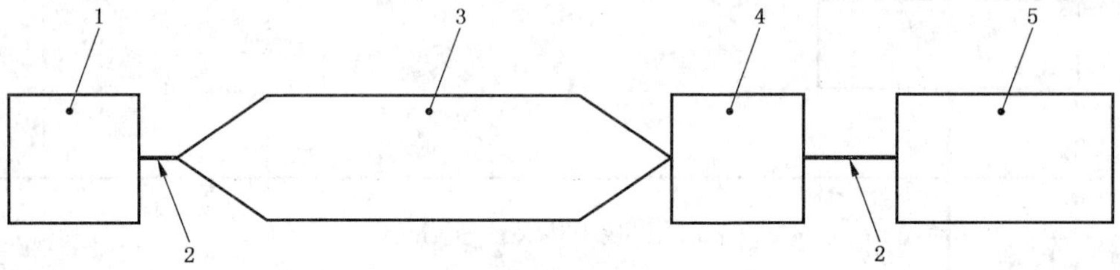

说明:
1——试验脉冲发生器;
2——50 Ω 同轴电缆;
3——CCC;
4——50 Ω 衰减器;
5——示波器。

图 5　试验脉冲幅值校准布置 CCC 方法

3.5.2　DCC 方法

对于 DCC 方法,应验证脉冲发生器的特性,先测量脉冲发生器输出端开路时的电压,然后测量脉冲发生器输出接有端接器时的电压,其端接器的阻抗应满足 GB/T 21437.2—2008 中脉冲的规定。

脉冲发生器的输出与耦合电容串联,采用高阻抗示波器测量电容器输出端开路时的峰值电压。应调节脉冲发生器的输出,使电容器输出端开路时的峰值电压达到试验要求的电平。

3.5.3　ICC 方法

试验脉冲发生器应通过单条电缆或多条电缆与感性耦合钳连接,电缆长度不超过 0.5 m。

与 CCC 和 DCC 方法不同,ICC 方法不使用脉冲发生器的开路电压规定试验电平。ICC 方法使用图 6 中校准试验布置测量的输出电压来规定试验电平。耦合脉冲应满足 4.6 的要求。有关判断电感耦合系数的过程见附录 C。

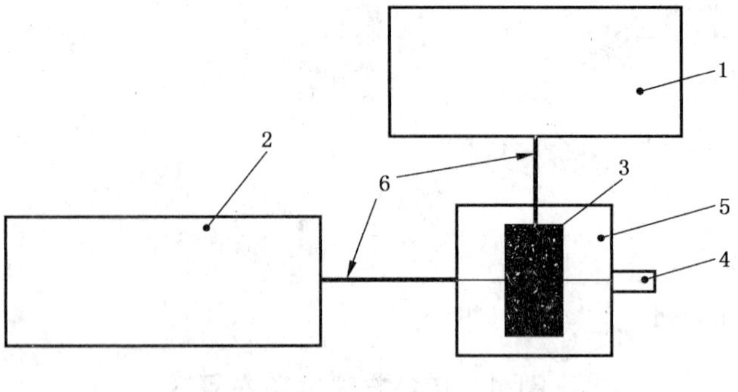

说明:
1——试验脉冲发生器;
2——示波器(1 MΩ 输入);
3——ICC;
4——短路;
5——校准夹具;
6——50 Ω 同轴电缆。
用于 ICC 试验方法的校准夹具的例子见附录 A。

图 6　ICC 校准试验布置

4 测试仪器说明及规格

4.1 电源

试验使用 GB/T 21437.2—2008 规定的电源。

4.2 示波器

试验使用 GB/T 21437.2—2008 规定的示波器和探头。

4.3 试验脉冲发生器

4.3.1 一般规定

试验脉冲发生器应能够产生图 7、图 8、图 9 和图 10 所示的试验脉冲，并应能够在图中的限值范围内进行调整。应使用 GB/T 21437.2—2008 规定的脉冲发生器，依据 GB/T 21437.2—2008 附录 D 进行波形验证。

4.3.2 快速电瞬态试验脉冲 a 和 b

快速电瞬态试验脉冲是模拟开关切换过程产生的电瞬态。电瞬态的特性受线束的分布电容和电感的影响。

脉冲形状和参数见图 7 和图 8。

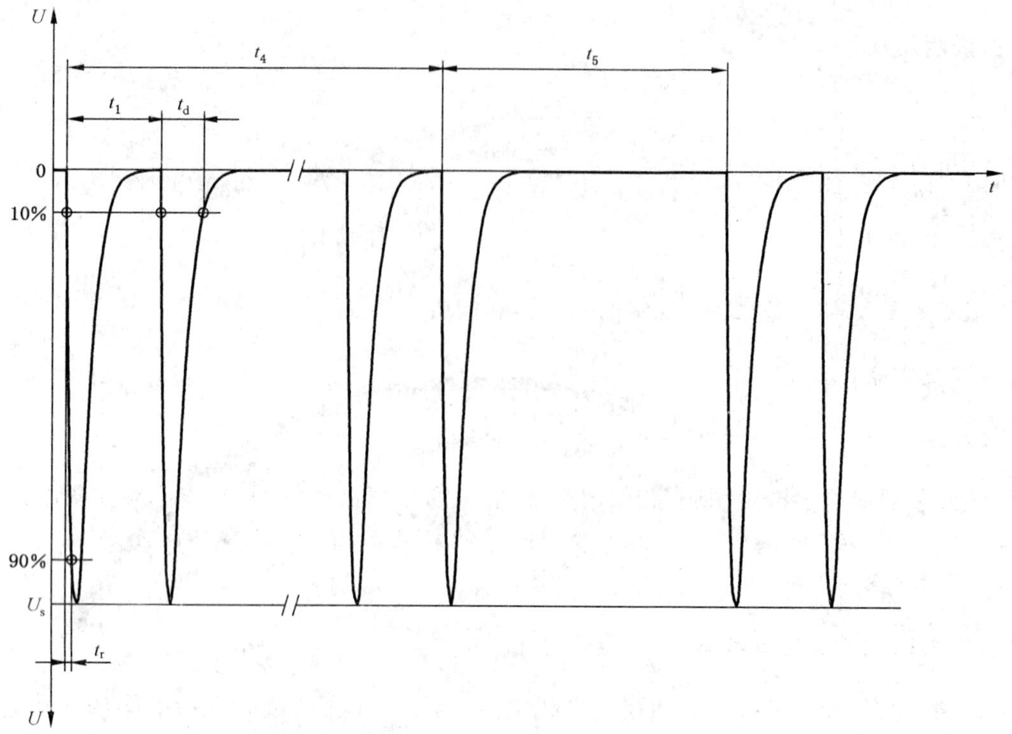

说明：

t ——时间；

U——电压，单位为 V。

参数	12 V 电气系统	24 V 电气系统	42 V 电气系统
U_s/V	见表 B.1	见表 B.2	见表 B.3
t_r/ns	5	5	5
t_d/μs	0.1	0.1	0.1
t_1/μs	100	100	100
t_4/ms	10	10	10
t_5/ms	90	90	90
R_i/Ω	50	50	50

图 7 快速电瞬态试验脉冲 a

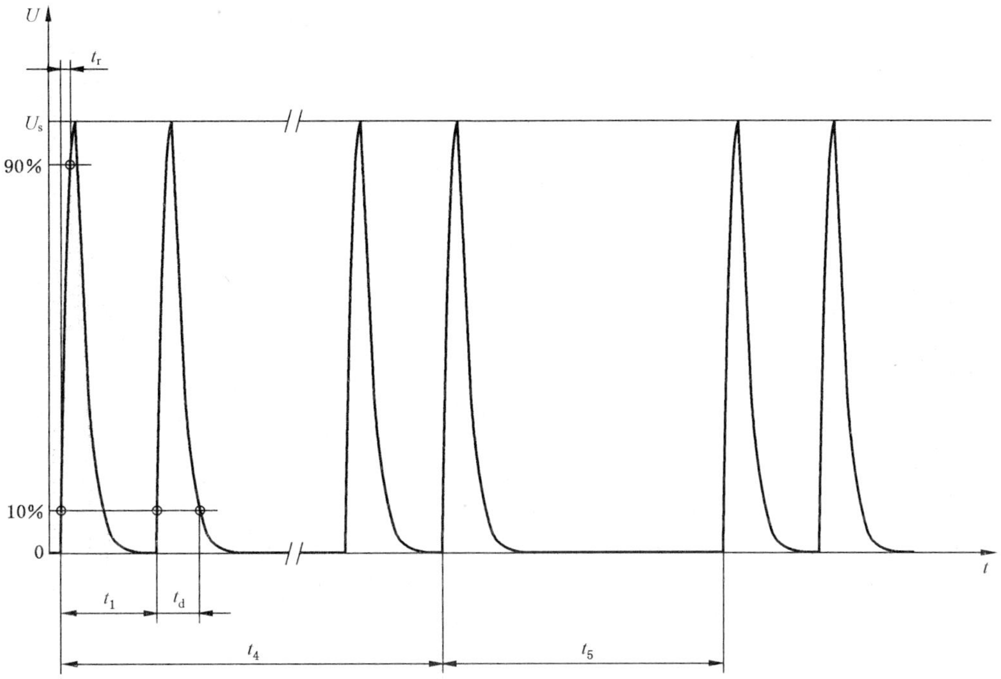

说明：
t ——时间；
U——电压，单位为 V。

参数	12 V 电气系统	24 V 电气系统	42 V 电气系统
U_s/V	见表 B.1	见表 B.2	见表 B.3
t_r/ns	5	5	5
t_d/μs	0.1	0.1	0.1
t_1/μs	100	100	100
t_4/ms	10	10	10
t_5/ms	90	90	90
R_i/Ω	50	50	50

图 8　快速电瞬态试验脉冲 b

4.3.3　慢速电瞬态试验脉冲

慢速电瞬态试验脉冲是模拟较大的感性负载电路中断时出现的电瞬态，如散热器风扇电机、空调压缩机离合器等负载。

脉冲波形和参数见图 9 和图 10。

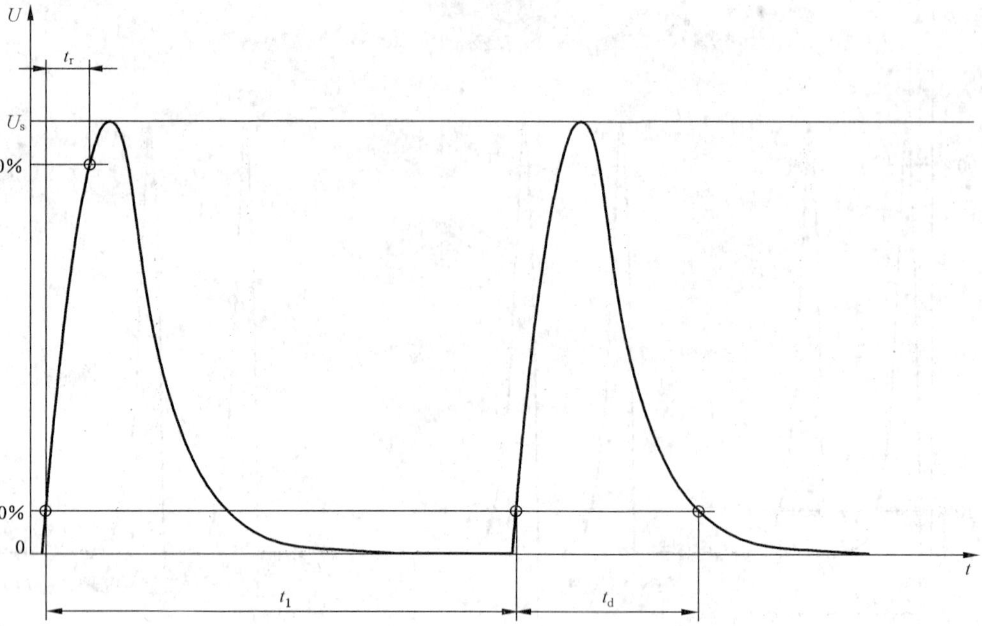

说明：

t ——时间；

U——电压，单位为 V。

参　数	
U_s	在试验计划中指定
t_r	≤ 1 μs
t_d	0.05 ms
t_1	0.5 s～5 s
R_i	2 Ω

图 9　慢速电瞬态试验脉冲——正脉冲

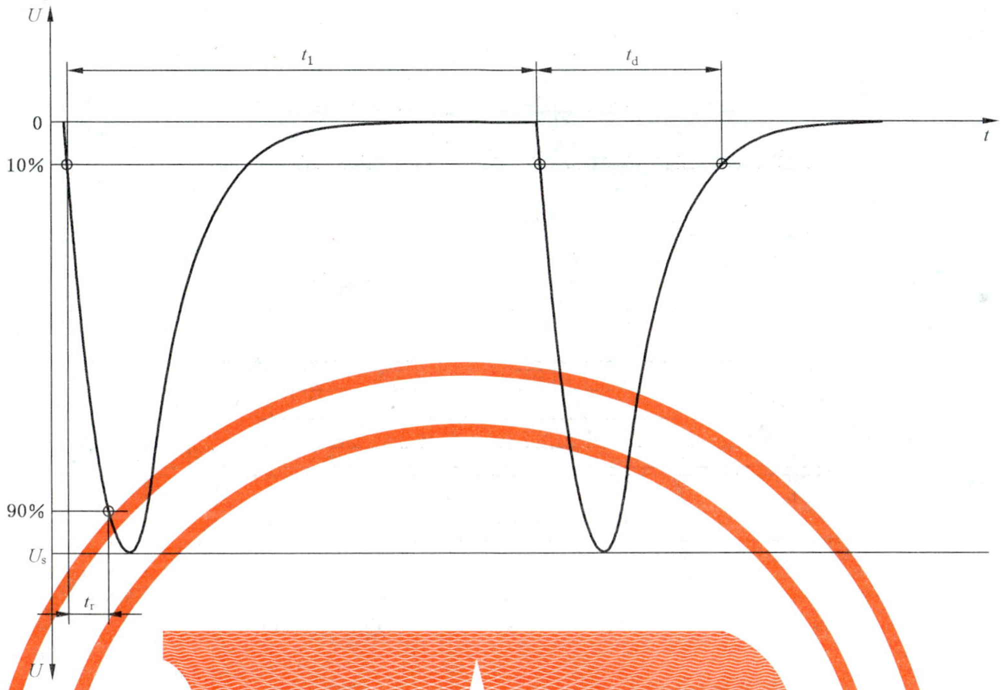

说明：

t ——时间；

U——电压，单位为 V。

参	数
U_s	在试验计划中指定
t_r	≤1 μs
t_d	0.05 ms
t_1	0.5 s～5 s
R_i	2 Ω

图 10 慢速电瞬态试验脉冲——负脉冲

4.4 容性耦合钳

CCC 提供了试验脉冲耦合到被测电路的途径，它与 DUT、线束和/或辅助设备没有任何电连接。

CCC 耦合效率取决于电缆的直径和材料。

如图 11 所示的 CCC 材料可以是黄铜、铜或镀锌钢。

CCC 的两端应配备 50 Ω 同轴连接器。

使用 CCC 的推荐试验布置如图 1 所示。

CCC 的特性如下：

——电缆和耦合钳之间的典型耦合电容：大约 100 pF(最大 200 pF)；

——线束直径的适用范围：4 mm～40 mm；

——脉冲电压绝缘强度：≥200 V；

——阻抗(耦合钳中没有导线穿过)：50 Ω±5 Ω。

单位为毫米

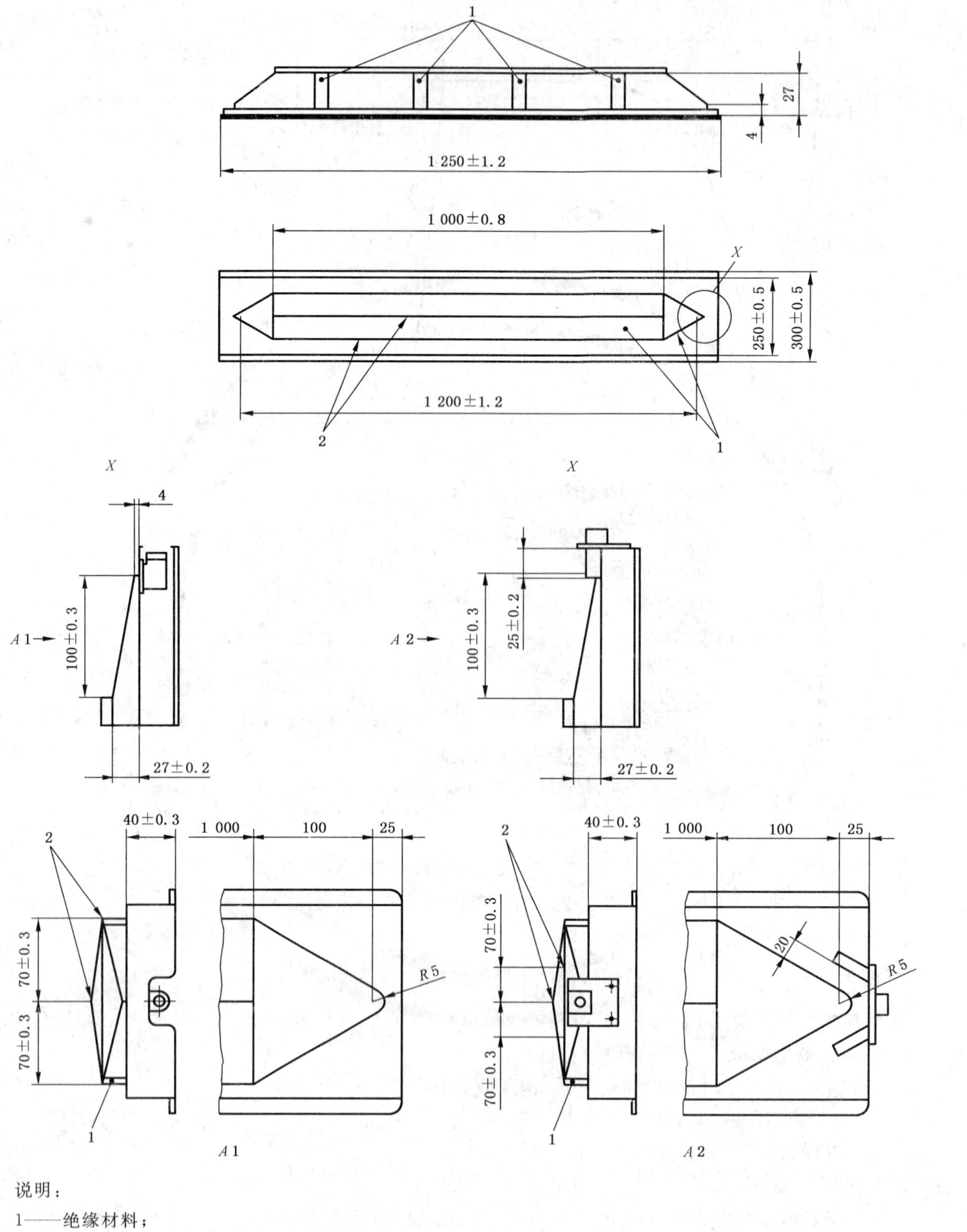

说明：

1——绝缘材料；

2——铰链。

图 11　容性耦合钳

4.5 直接电容器耦合

采用无极性电容，电容的额定电压至少是试验脉冲峰值电压的 2 倍。电容器的取值如表 3 所示，允许容差为±10%。

4.6 感性耦合钳

ICC 是具有特殊性能的大电流注入（BCI）探头，它提供了试验脉冲耦合到被测电路的途径，它与 DUT、线束和/或辅助设备没有任何电连接。图 9 和图 10 所示的脉冲，被施加至注入探头，然后在校准试验布置（见图 6）中测量，该脉冲应满足表 4 的要求。

表 4 ICC 耦合脉冲的特性

参数	12V 电气系统	24V 电气系统	42V 电气系统
$t_d/\mu s$	7±2.1	7±2.1	7±2.1
$t_r/\mu s$	≤1.2	≤1.2	≤1.2

附 录 A
(规范性附录)
ICC 试验方法中的校准夹具

图 A.1 是采用 ICC 试验方法中校准夹具的一个示例。校准夹具的物理尺寸应和被校准的注入探头兼容。

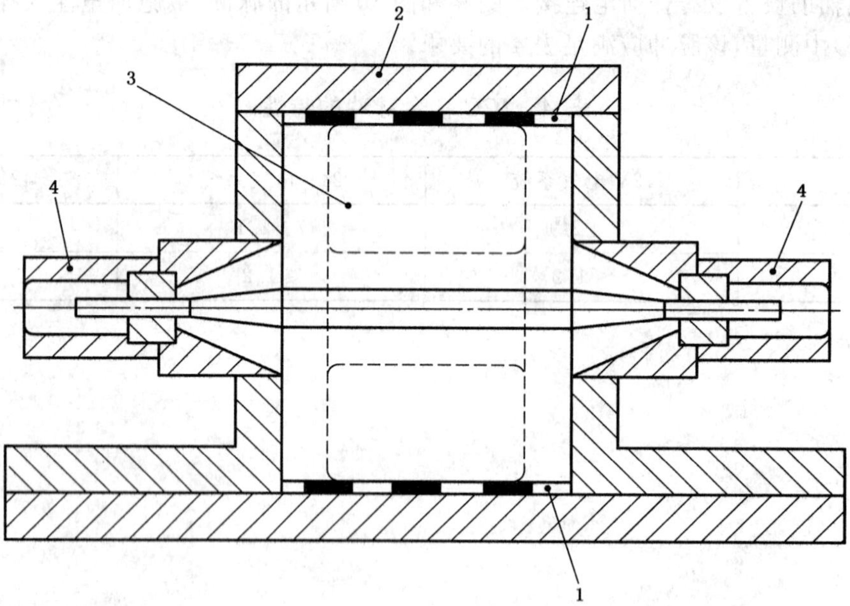

说明：

1——绝缘体；

2——可拆卸金属盖；

3——电流注入探头；

4——同轴连接器。

图 A.1 校准夹具示例

附　录　B
（资料性附录）
与功能特性状态分类有关的试验严酷等级示例

B.1　一般规定

本附录提供试验严酷等级示例，试验严酷等级的分类应符合 GB/T 21437.1 规定的功能特性状态等级（FPSC）的原理。

B.2　试验脉冲严酷等级的分类

12 V 电气系统的三种方法以及 24 V 电气系统的快速瞬态试验严酷等级的推荐值是基于丰富的经验给出的。42 V 电气系统的推荐值是从有限的经验中推断出来的。随着 24 V 电气系统和 42 V 电气系统的经验的积累，相关的数据表将被修正。

推荐的最低和最高严酷等级由表 B.1～表 B.3 中的等级Ⅰ～等级Ⅳ给出。

按照车辆制造商和供应商达成的协议，选取表中或介于表中数值之间的值作为试验电平和试验时间。在没有规定任何专门值的情况下，应选择表 B.1～表 B.3 中等级Ⅰ～等级Ⅳ的所给值。

12 V 电气系统的推荐试验严酷等级见表 B.1。

表 B.1　12V 电气系统的推荐试验严酷等级

试验脉冲[a]	协议试验电平[b]	试验等级，U_s[c] V				试验时间 min
		Ⅰ 最低	Ⅱ	Ⅲ	Ⅳ 最高	
快 a（DCC 和 CCC）		−10	−20	−40	−60	10
快 b（DCC 和 CCC）		+10	+20	+30	+40	10
DCC 慢＋		+8	+15	+23	+30	5
DCC 慢－		−8	−15	−23	−30	5
ICC 慢＋		+3	+4	+5	+6	5
ICC 慢－		−3	−4	−5	−6	5

[a] 试验脉冲如 4.3 所述；
[b] 车辆制造商和供应商协议值；
[c] 表中幅值为 4.3 中每一试验脉冲所确定的 U_s 值；对于 CCC 方法为 CCC 的输出端参考电压，或者对于 DCC 方法发生器的输出端开路参考电压。

24 V 电气系统的推荐试验严酷等级见表 B.2。

表 B.2　24 V 电气系统的推荐试验严酷等级

试验脉冲[a]	协议试验电平[b]	试验等级,U_s^c V				试验时间 min
		Ⅰ 最低	Ⅱ	Ⅲ	Ⅳ 最高	
快 a(DCC 和 CCC)		−14	−28	−56	−80	10
快 b(DCC 和 CCC)		+14	+28	+56	+80	10
DCC 慢+		+15	+25	+35	+45	5
DCC 慢−		−15	−25	−35	−45	5
ICC 慢+		+4	+6	+8	+10	5
ICC 慢−		−4	−6	−8	−10	5

[a] 试验脉冲如 4.3 所述;

[b] 车辆制造商和供应商协议值;

[c] 表中幅值为 4.3 中每一试验脉冲所确定的 U_s 值;对于 CCC 方法为 CCC 的输出端参考电压,或者对于 DCC 方法发生器的输出端开路参考电压。

42 V 电气系统的推荐试验严酷等级见表 B.3 所示。

注:测试过程中增强试验脉冲的严酷等级时,应格外小心,注意避免来自前次试验累积效应的影响。

表 B.3　42 V 电气系统的推荐试验严酷等级

试验脉冲[a]	协议试验电平[b]	试验等级,U_s^c V				试验时间 min
		Ⅰ 最低	Ⅱ	Ⅲ	Ⅳ 最高	
快 a(DCC 和 CCC)		−10 (−20)	−20 (−40)	−40 (−80)	−60 (−120)	10
快 b(DCC 和 CCC)		+10 (+20)	+20 (+40)	+30 (+60)	+40 (+80)	10
DCC 慢+		+8	+15	+23	+30	5
DCC 慢−		−8	−15	−23	−30	5
ICC 慢+		+3	+4	+5	+6	5
ICC 慢−		−3	−4	−5	−6	5

[a] 试验脉冲如 4.3 所述;

[b] 车辆制造商和供应商协议值;

[c] 表中幅值为 4.3 中每一试验脉冲所确定的 U_s 值;对于 CCC 方法为 CCC 的输出端参考电压,或者对于 DCC 方法发生器的输出端开路参考电压。

B.3 试验脉冲严酷等级和 FPSC[2] 应用示例

严酷等级的示例见表 B.4。表中数值可以依据不同脉冲种类以及 12 V,24 V 或 42 V 电气系统的类型而改变(见表 B.1～B.3 中的等级)。

表 B.4 试验脉冲严酷等级和 FPSC 应用示例

	第 1 类	第 2 类	第 3 类
L_{4i}	等级 Ⅱ	等级 Ⅲ	等级 Ⅳ
L_{3i}	等级 Ⅱ	等级 Ⅲ	等级 Ⅲ
L_{2i}	等级 Ⅱ	等级 Ⅱ	等级 Ⅲ
L_{1i}	等级 Ⅰ	等级 Ⅰ	等级 Ⅱ

2) 见 ISO 7637-1:2002 一号修正案:2008。

附 录 C
(资料性附录)
感性耦合系数的估值

感性耦合系数 k 的估值需要用到表 C.1 中线束的分类。

表 C.1 使用图 C.1 的线束分类

线束直径 d/mm	设 定
$d \leqslant 11$	B11
$11 < d \leqslant 15$	B15
$15 < d \leqslant 20$	B20
$20 < d \leqslant 25$	B25
$25 < d \leqslant 30$	B30
$30 < d \leqslant 35$	B35

在线束内部引线的公共路径定义为耦合网络。耦合系数 k 取决于线束直径的参数(见图 C.1)。

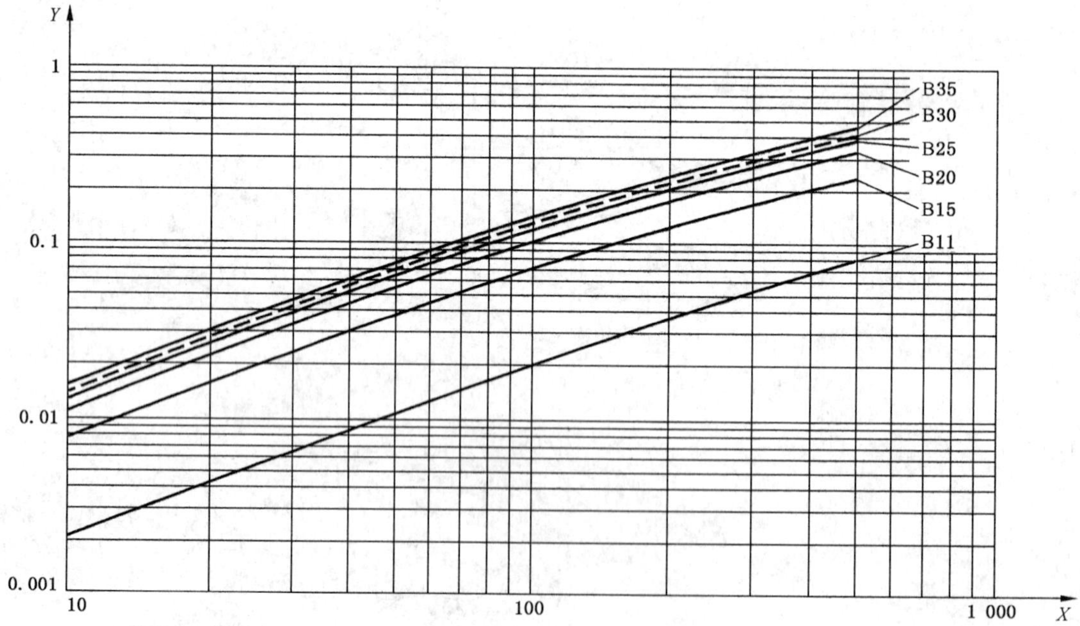

说明:

X——耦合网络长度,单位为厘米(cm);

Y——感性耦合系数 k。

图 C.1 慢速电瞬态试验脉冲时感性耦合系数、耦合网络长度和线束直径的关系

峰值干扰电压(试验电压)$U_{试验}$用下面的等式定义。

$$U_{试验} = k \times U_{切断}$$

式中：

k ——感性耦合系数，如图 C.1 所示；

$U_{切断}$——由电路切断时产生的峰值电压。

峰值干扰电压 $U_{试验}$ 可以作为特殊配置下估计试验严酷等级。使用 3.5.3 所述程序，信号发生器的输出电压(开路电压)即可获取。

ICS 33.040.40
M 32

中华人民共和国国家标准

GB/T 21642.3—2012

基于IP网络的视讯会议系统设备技术要求 第3部分:多点控制单元(MCU)

**Technical requirements for IP video conference system devices —
Part 3: multipoint control unit**

2012-06-29 发布 2012-10-01 实施

中华人民共和国国家质量监督检验检疫总局
中国国家标准化管理委员会 发布

前　言

GB/T 21642《基于IP网络的视讯会议系统设备技术要求》分为以下4个部分：

——第1部分：多点控制器(MC)；

——第2部分：多点处理器(MP)；

——第3部分：多点控制单元(MCU)；

——第4部分：网守(GK)。

本部分为GB/T 21642的第3部分。

本部分按照GB/T 1.1—2009给出的规则起草。

本部分由中华人民共和国工业和信息化部提出。

本部分由中国通信标准化协会归口。

本部分起草单位：工业和信息化部电信研究院、中兴通讯股份有限公司、华为技术有限公司、上海贝尔股份有限公司。

本部分起草人：孙明俊、杨崑、聂秀英、孙志斌、张清。

基于IP网络的视讯会议系统设备技术要求　第3部分：多点控制单元(MCU)

1　范围

GB/T 21642的本部分规定了基于IP网络的视讯会议系统中实现多点控制能力的、独立式的多点控制单元(MCU)的技术要求，主要包括MCU在视讯会议系统中的位置、功能要求、参与的通信流程、支持的消息、与IP网之间的接口要求、与系统中其他设备之间的逻辑接口要求以及性能、环境等的相关要求。

本部分适用于基于IP网络的视讯会议系统MCU。

2　规范性引用文件

下列文件对于本文件的应用是必不可少的。凡是注日期的引用文件，仅注日期的版本适用于本文件。凡是不注日期的引用文件，其最新版本(包括所有的修改单)使用于本文件。

GB/T 18119—2000　低比特率通信的视频编码

YD/T 822—1996　P×64 kbit/s会议电视编码方式(ITU-T H.261:1993,neq)

YD/T 968—2010　电信终端设备电磁兼容性要求和测量方法

YD/T 993—2006　电信终端设备防雷技术要求及试验方法

YD/T 1046—2000　IP电话网关设备互通技术规范

ITU-T G.711　话音频率的脉冲编码调制(Pulse code modulation (PCM) of voice frequencies)

ITU-T G.722　7 kHz的64 kbit/s音频编码(7 kHz audio-coding within 64 kbit/s)

ITU-T G.723.1　以5.3 kbit/s和6.3 kbit/s为速率的多媒体通信的双速语音编码器(Dual rate speech coder for multimedia communications transmitting at 5.3 and 6.3 kbit/s)

ITU-T G.728　采用线形预测激励的低时延码在16 kbit/s速率上的语音编码(Coding of speech at 16 kbit/s using low-delay code excited linear prediction)

ITU-T G.729　使用共轭结构代数代码激励线性预测(CS-CELP)的8 kbit/s语音编码(Coding of speech at 8 kbit/s using conjugate-structure algebraic-code-excited linear prediction (CS-ACELP)

ITU-T H.225.0　基于分组的多媒体通信系统的呼叫信令协议和媒体流的分组(Media stream packetization and synchronization on non-guaranteed quality of service LANs)

ITU-T H.230　音视系统中帧同步控制信号和指示信号(Frame-synchronous control and indication signals for audiovisual systems)

ITU-T H.235　H系列多媒体终端的安全和加密(Security and encryption for H-Series (H.323 and other H.245-based) multimedia terminals)

ITU-T H.243　使用最高速率为1 920 kbit/s的数字通道三方或多方视/音频终端通信建立的规程(Procedures for establishing communication between three or more audiovisual terminals using digital channels up to 1 920 kbit/s)

ITU-T H.245　多媒体通信的控制协议(Control protocol for multimedia communication)

ITU-T H.261 P×64 kbit/s 视听服务的视频编码(Video codec for audiovisual services at p×64 kbit/s)

ITU-T H.263 低速率的视频编码(Video coding for low bit rate communication)

ITU-T H.264 通用音视频业务的高级视频编码(Advanced video coding for generic audiovisual services)

ITU-T H.281 使用 H.224 的电视会议的远端摄像机控制协议(A far end camera control protocol for videoconferences using H.224)

ITU-T H.282 多媒体通信远程设备控制协议(Remote device control protocol for multimedia applications)

ITU-T H.283 远程设备控制逻辑信道传输(Remote device control logical channel transport)

ITU-T H.323 基于分组的多媒体通信系统(Packet-based multimedia communications systems)

ITU-T H.341 多媒体管理信息基础(Multimedia management information base)

ITU-T P.861 感知话音质量测量法(Objective quality measurement of telephone-band (300～3 400 Hz) speech codecs)

ITU-T Q.931 用于基本呼叫的 ISDN 用户网络接口三层规定(ISDN user-network interface layer 3 specification for basic call control)

ITU-T T.120 多媒体会议的数据协议(Data protocols for multimedia conferencing)

IETF RFC3550 实时传送协议(RTP:A Transport Protocol for Real—Time Applications)

IEEE 802.3 局域网协议标准(Information technology—Telecommunications and information exchange between systems—Local and metropolitan area networks—Specific requirements—Part 3: Carrier sense multiple access with collision detection (CSMA/CD) access method and physical)

IEEE 802.3u 快速以太网标准(100 Base-T)

3 术语和定义、缩略语

3.1 术语和定义

下列术语和定义适用于本文件。

3.1.1

视讯会议业务 video conference service

采用图像、语音压缩技术,利用视讯会议通信系统和数字传输电路,在两点或多点间实时传送活动图像、语音,应用数据(电子白板、图形)信息形式的通信业务。

3.1.2

IP 视讯会议业务 IP video conference service

端到端都采用 IP 协议的多点视讯会议业务,即会议系统中所有终端都支持 TCP/IP 协议,本部分中的终端特指支持 ITU-T H.323 协议的终端。

3.1.3

网守 gatekeeper

网络中的一个功能实体,提供地址翻译,网络的接入控制,带宽管理,会议资源调度。

3.1.4

多点控制器 multipoint controller

网络中的一个功能实体,提供参加多点会议的多个成员之间的控制,提供与所有终端间的能力协商，提供公共能力集，负责管理会议资源。

3.1.5

多点处理器　multipoint processor

网络中的一个功能实体，提供音频视频的集中处理（切换、混合）等。

3.1.6

视讯会议终端　video conference terminal

处于用户侧，用于完成用户视音频信息采集、处理和放，并同时完成相应其他控制功能的设备。本部分中的终端都是 IP 终端。

3.1.7

多点控制单元　multipoint control unit

网络中一个端点，它为 3 个或更多终端及网关参加一个多点会议服务。它也可以连接两个终端构成点对点会议，随后再扩展为多点会议。

3.2　缩略语

下列缩略语适用于本文件。

CID	Conference Identifier	会议标识
CIF	Common Intermediate Format	公共中间格式
DNS	Domain Name System	域名系统
GK	Gatekeeper	网守
IP	Internet Protocol	因特网协议
ISDN	Integrated Services Digital Network	综合业务数字网
MC	Multipoint Controller	多点控制器
MCU	Multipoint Control unit	多点控制单元
MP	Multipoint Processor	多点处理器
MOS	Mean Opinion Score	主观平均判分法
PSQM	Perceptual speech quality measurement	语音质量感知评估
QCIF	Quarter CIF	四分之一 CIF
QoS	Quality of Service	服务质量
RAS	Registration, Admission and Status	注册，认证和状态
RTCP	Real-time Transport Control Protocol	实时传输控制协议
RTP	Real-time Transport Protocol	实时传输协议

4　MCU 在 IP 视讯会议系统中的位置及参考模型

IP 视讯会议业务的总体结构见图 1。MCU 是 IP 视讯会议系统的一个重要组成部分，负责多点会议的组织和管理。

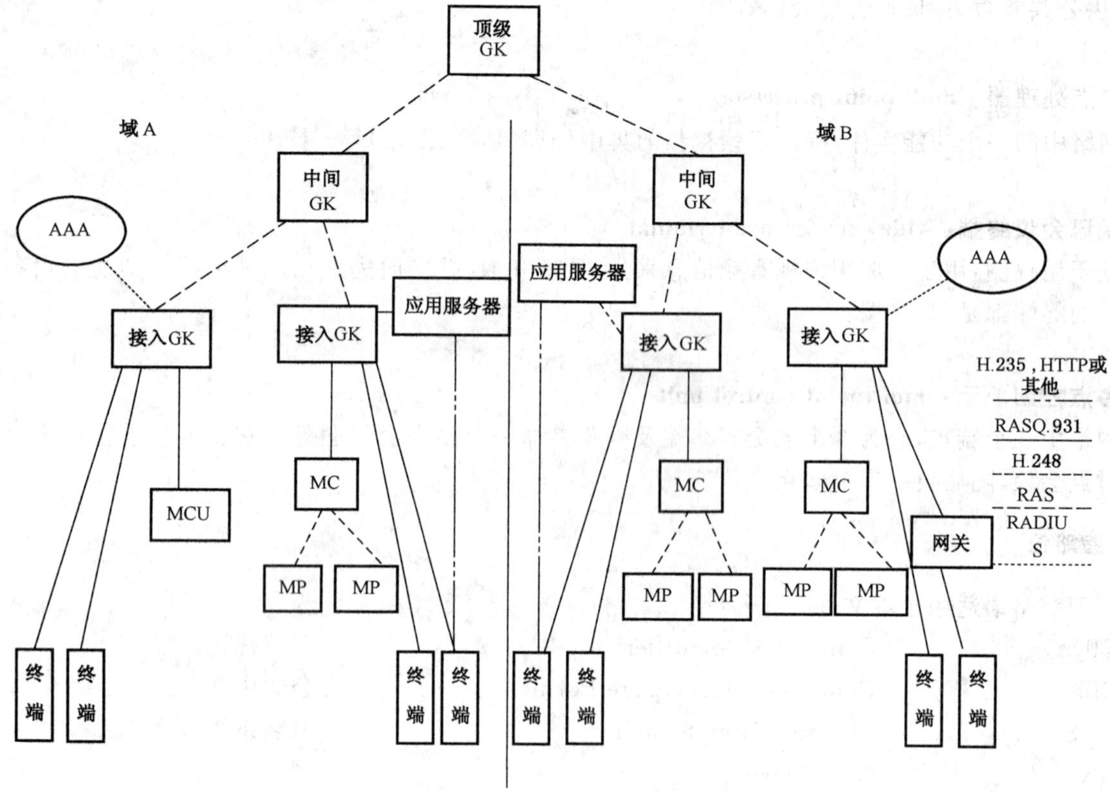

图1 MCU在IP视讯业务会议系统中的位置

5 功能要求

5.1 多点控制功能

MCU提供了在一个多点会议中支持3个或更多个终端间会议的功能。

在多点会议中，MCU接受GK控制召集、结束会议，呼叫参会终端，对一组或多组会议进行管理，处理会议中的呼叫服务，并向GK报告会议状态。

MCU负责与每个端点的能力交换。在呼叫时，MCU发送能力集给会议中的端点，指示它们可用的传输模式。MCU可以因终端加入/离开会议或是其他原因而修改它发送到终端的能力集。

5.2 多点处理功能

在一个集中或混合的多点会议中，MCU接收来自终端的音频、视频和/或数据流。MCU处理这些媒体流并把它们送回到端点。

MCU应该具备视频处理功能，提供视频切换及视频合成功能；

MCU必须具备音频处理功能，通过混合或组合操作从M路音频输入中得到N路音频输出；

MCU必须采取一定的措施以保持音频和视频的同步。

5.3 多点能力

MCU应该支持多点控制，级联等功能，可选支持多点速率匹配、多通信模式匹配等功能。

a) 多点控制

MCU应该支持会议中的控制，会议中的控制包括设备控制和会议控制。设备控制的内容有摄像机远程控制,麦克风远程控制,图像播放远程控制,幻灯片播放远程控制等;会议控制模式应该支持主席控制,可选操作员(导演)控制和语音控制模式等。

b) 级联能力

多点控制功能可以在多个 MCU 之间分配。

c) 多点速率匹配

MCU 可以支持终端以不同的比特率工作。

d) 多通信模式匹配

MCU 应该具备音频和/或视频格式转换的能力,不同端点可以采用不同的通信模式。

5.4 网管功能

多点控制单元应该支持本地和远程的配置管理、故障管理、版本管理、用户管理、日志管理等网管功能。

6 通信流程

6.1 注册/注销流程

6.1.1 注册流程

图 2 是注册流程,流程说明如下:

(1) MCU 启动,向网守发"请求接入认证"(RRQ)消息;

(2) 网守回送 RCF 消息。如果注册消息被拒绝,则回送 RRJ 消息,MCU 需重新注册。

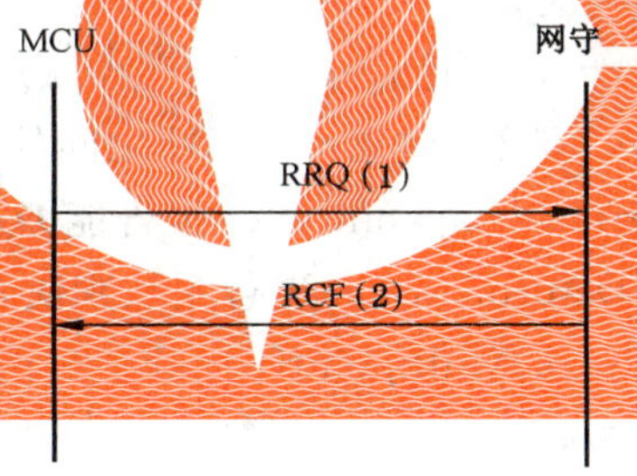

图 2 MCU 注册流程

6.1.2 注销流程

图 3 是注销流程,流程说明如下:

(1) MCU 向网守发"请求用户退出"(RRQ)消息;

(2) 网守收到 DRQ 消息后,向 MCU 发送 RCF 消息。如果注销消息被拒绝,则回送 URJ 消息,需重新进行注销;如果 MCU 已关机则网守应强制注销。

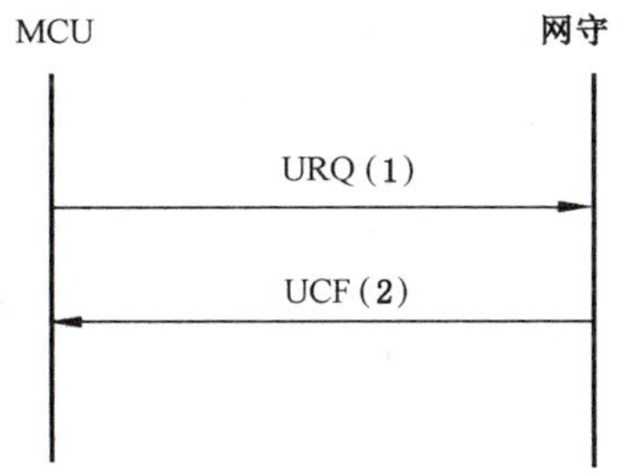

图 3 MCU 注销流程

6.2 呼叫流程

6.2.1 MCU 发起会议

图 4 是 MCU 发起会议时的流程，流程说明如下：

(1) MCU 向网守发起接入认证请求 ARQ；

(2) 网守回送 ACF；

(3) 向终端 1 发起 Setup 请求建立连接；

(4) 终端 1 向 MCU 送 CallProceding 消息；

(5) 终端 1 向网守送 ARQ 接入请求；

(6) 网守向终端 1 回送 ACF 响应；

(7) 终端 1 向 MCU 回送 Alerting 消息；

(8) 终端 1 向 MCU 送 Connect 消息，建立与 MCU 之间的媒体通道；

(9) 终端 1 和 MCU 之间发送 TerminalCapabilitySet 交换能力；

(10) MCU 发送 MasterSlaverDetermination 进行主从判决，确定 MCU 为主终端为从；

(11) MCU 发送 TerminalNumberAssign，为终端 1 分配终端号；

(12) MCU 和终端 1 之间发送 OpenLogicChannel 打开逻辑信道。连接建立。

(13) 向终端 2 发起 Setup 请求建立连接；

(14) 终端 2 向 MCU 送 CallProceding 消息；

(15) 终端 2 向网守送 ARQ 接入请求；

(16) 网守向终端 2 回送 ACF 响应；

(17) 终端 2 向 MCU 回送 Alerting 消息；

(18) 终端 2 向 MCU 送 Connect 消息，建立与 MCU 之间的媒体通道；

(19) 终端 2 向 MCU 发送 TerminalCapabilitySet 报告能力；

(20) MCU 发送 MasterSlaverDetermination 进行主从判决，确定 MCU 为主终端为从；

(21) MCU 向终端 1 和终端 2 发送 MultipointConference 消息，通知其已经加入多点会议；

(22) MCU 为终端 2 分配终端号；

(23) MCU 和终端 2 打开逻辑信道；连接建立。

随后 MCU 在会议进行中定期发送相应的资源报告到 GK；GK 向 MCU 回送相应的确认消息和指示。

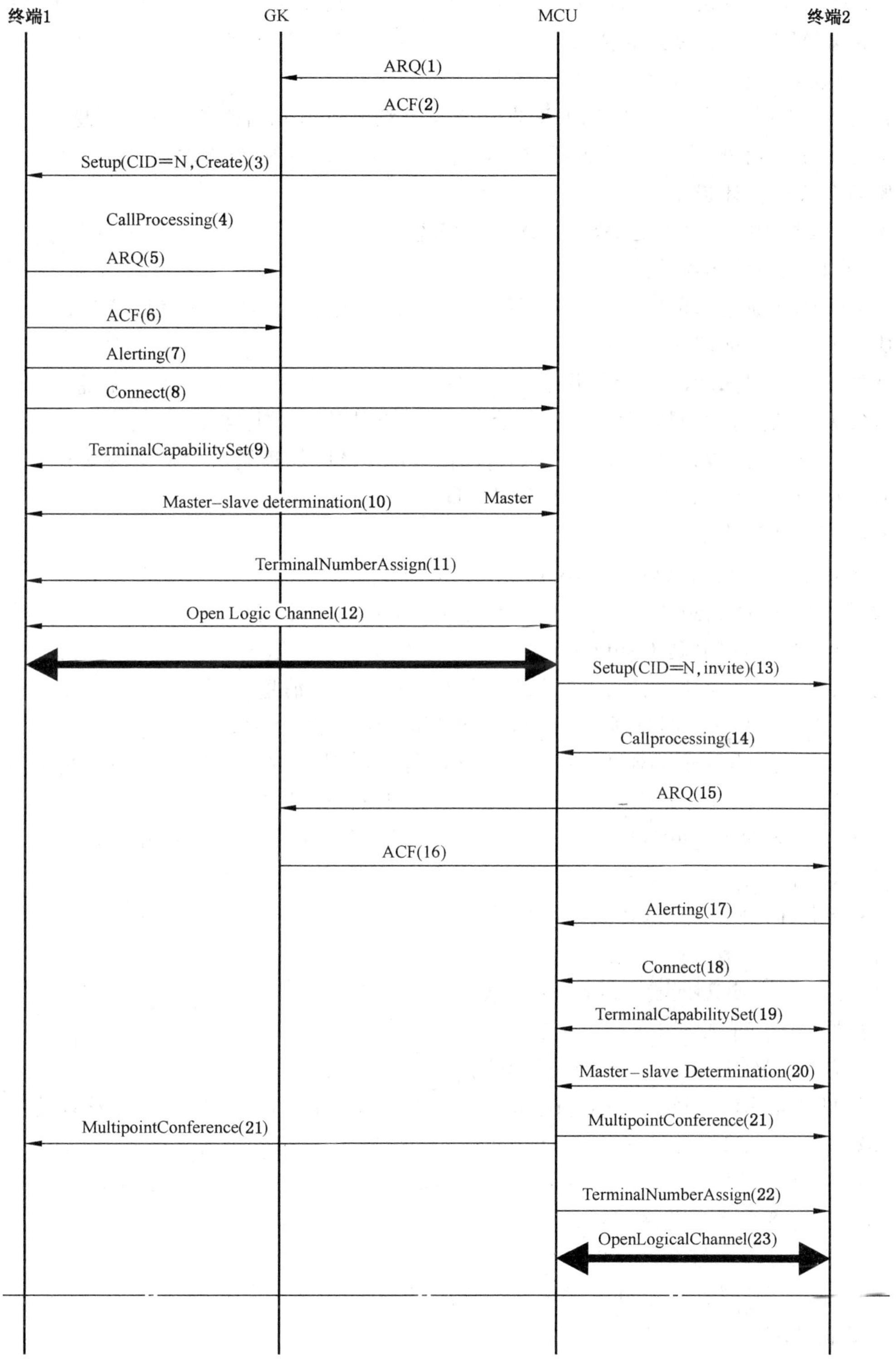

图 4　MCU 发起会议流程

6.2.2 召集人发起会议

预约会议时间到后，以及即时召集的会议认证通过后，会议就可以召集了。召集者终端发出会议建立请求，网守告知 MCU 需要召集的会议信息，由 MCU 呼叫其他与会终端。

图 5 是召集人发起会议时的流程，流程说明如下：

(1) 召集人终端发起会议申请，向 GK 发送带有预约会议号和密码的 ARQ 消息；

(2) 驻地网守收到 ARQ 消息认证通过后，向其后台的 AAA 服务器发送 AccessRequest 消息，开始对会议进行计费；

(3) AAA 服务器向网守回送 Access Accept 消息；

(4) 网守向终端回送 ACF 消息；

(5) 预约终端在通过认证后，向网守发送 ARQ 消息，消息中包含会议召集者标识、受邀请的会议成员的情况和标识等；

(6) 驻地网守收到 ARQ 消息后，调度相应的资源供会议使用，并回送 ACF 消息；

(7) 召集人终端向驻地网守发送 Setup 消息，建立与其他终端的连接；

(8) GK 向 MCU 发邀请会议成员的 Setup 消息，请求 MCU 邀请其他与会终端；

(9) MCU 向网守送 ARQ 消息，请求会议认证；

(10) 网守回 ACF 确认；

(11) MCU 确认收到消息后，向 GK 送 Alerting 消息；

(12) 驻地网守确认收到消息后，向召集人终端送 Alerting 消息；

(13) MCU 向驻地网守送 Connect 消息；

(14) 驻地网守确认收到消息后，向召集人终端送 Connect 消息

(15) 终端 1 和 MCU 之间发送 TerminalCapabilitySet 交换能力；

(16) MCU 发送 MasterSlaverDetermination 进行主从判决，确定 MCU 为主终端为从；

(17) MCU 发送 TerminalNumberAssign，为终端 1 分配终端号；

(18) MCU 和终端 1 之间发送 OpenLogicChannel 打开逻辑信道。连接建立；

(19) MCU 向终端 T2 发起 Setup 请求；

(20) 终端 T2 向网守送 ARQ 消息，请求认证；

(21) 网守回 ACF 确认；

(22) 终端 T2 向 MCU 回送 Alerting 消息；

(23) 终端 T2 向 MCU 送 Connect 消息；

(24) 终端 2 向 MCU 发送 TerminalCapabilitySet 报告能力；

(25) MCU 发送 MasterSlaverDetermination 进行主从判决，确定 MCU 为主终端为从；

(26) MCU 向终端 1 发送 MultipointConference 消息，通知其已经加入多点会议；

(27) MCU 向终端 2 发送 MultipointConference 消息，通知其已经加入多点会议；

(28) MCU 为终端 2 分配终端号；

(29) MCU 和终端 2 打开逻辑信道；连接建立；

(30) MCU 在会议进行中定期发送相应的资源报告到 GK；

(31) GK 向 MCU 回送相应的确认消息和指示。

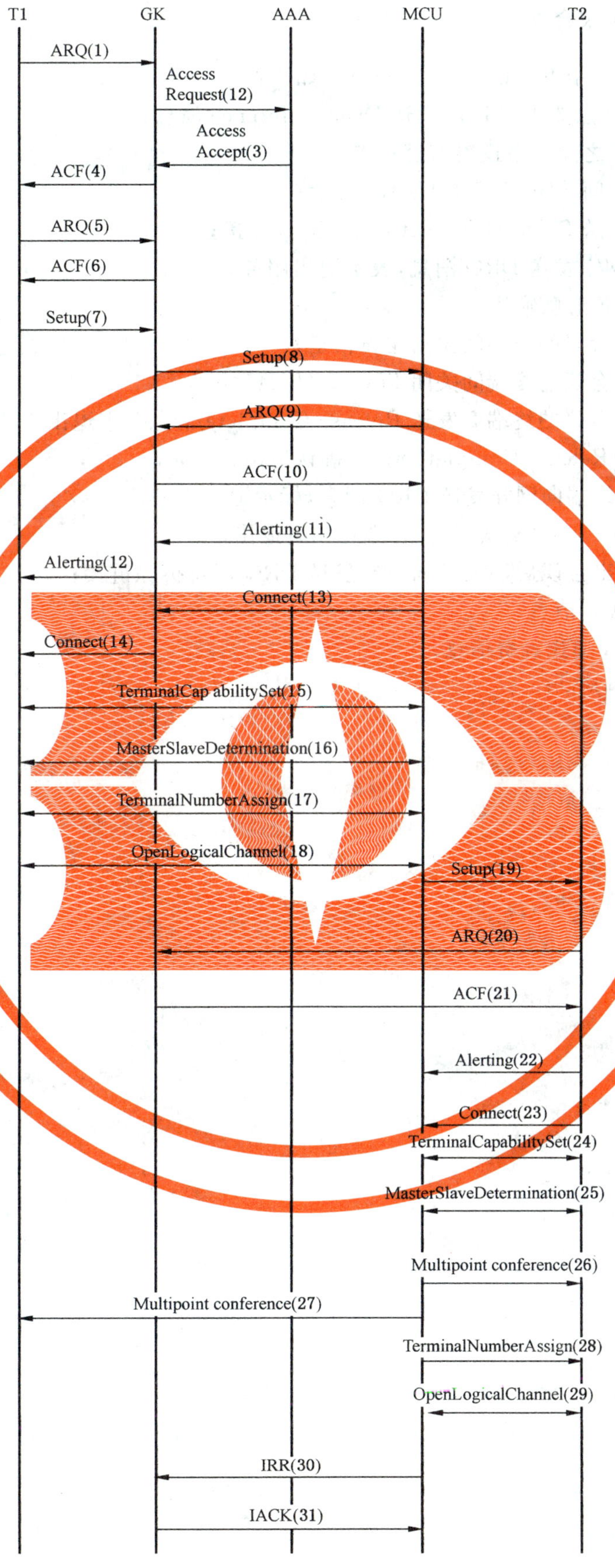

图 5　召集人发起会议流程

6.2.3 主席(召集人)结束会议

图6是主席(召集人)结束会议流程,流程说明如下:

(1) 主席要求结束会议,向MCU发送Dropconference消息;

(2) 主席与MCU之间关系逻辑信道;

(3) 主席与MCU间关闭ITU-T H.245会话;

(4) 主席向MCU送ReleaseComplete,请求断开连接;

(5) 主席终端向网守发送DRQ消息,表示退出服务;

(6) 网守回送DCF消息确认;

(7) MCU与参加会议的终端间关闭逻辑信道;

(8) MCU与参加会议的终端间关闭ITU-T H.245会话;

(9) MUC向参加会议的终端2发送Release Complete消息要求退出;

(10) 终端2回送Release Complete消息,确认退出;

(11) 退出会议的终端向网守发送DRQ消息,标示退出服务;

(12) 网守回送DCF消息确认;其他终端也同时退出;

(13) 所有终端退出会议后,MCU向GK发送DRQ消息拆除链接;

(14) 网守回送DCF消息;

(15) 网守向AAA递送计费信息;

(16) AAA回送响应。

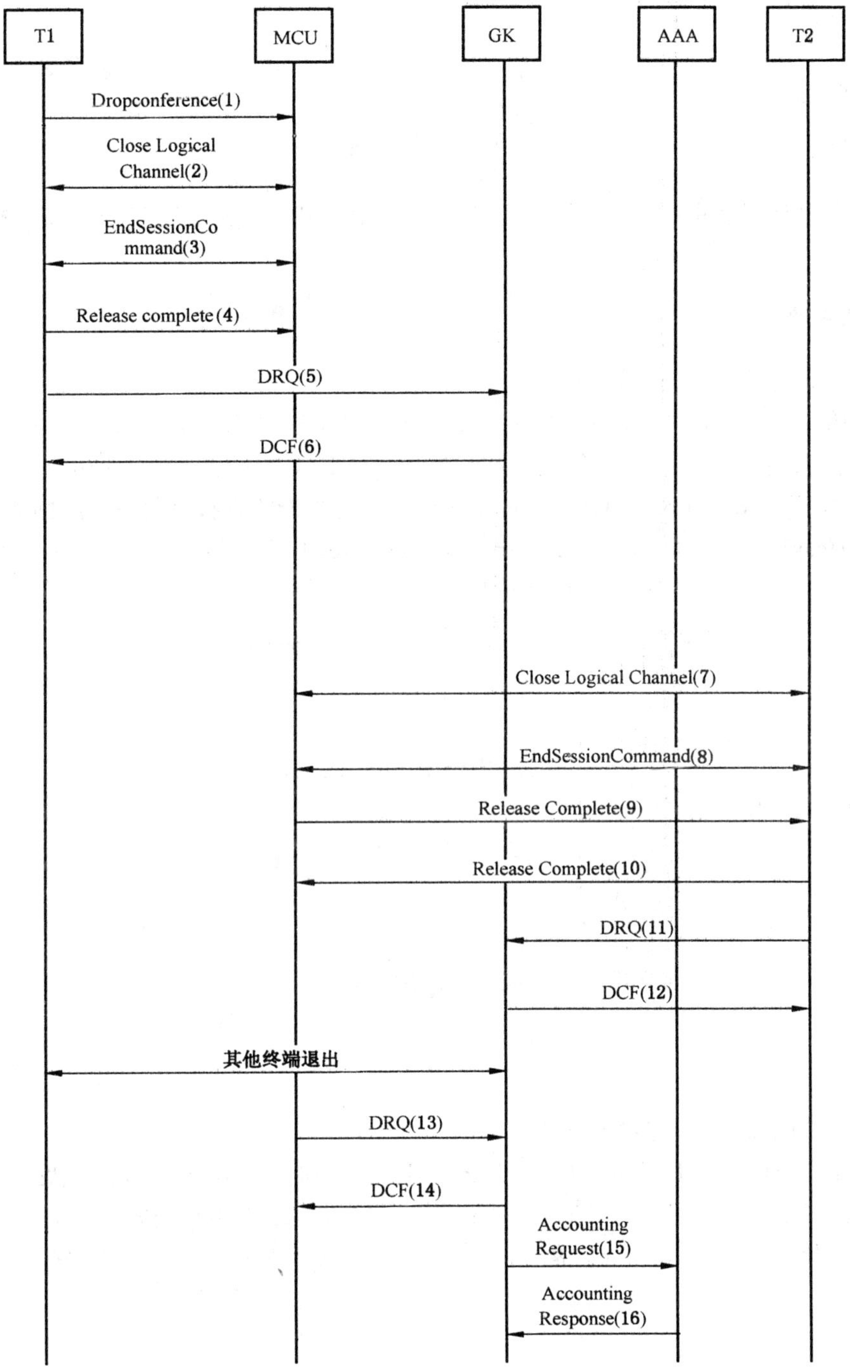

图6 主席(召集人)结束会议流程

6.2.4 其他结束会议方式

如果是所有终端退出会议结束,则终端退出过程遵照图5的步骤1～8进行;当所有终端退出后,按照图5的15～18的过程执行。

如果是会议时间到会议结束,则由GK通知MCU按照图5的9～14的过程将终端逐一退出,然后执行图5的15～18的过程。

6.3 呼叫服务流程

6.3.1 会议控制

6.3.1.1 主席控制

主席控制流程包括申请主席，释放主席，强制剥夺主席令牌，请求发言，点名发言，视频选看，强制非主席终端退出等。

6.3.1.1.1 申请主席

图7是申请主席的流程，流程说明如下：

1） 终端使用 ConferenceRequest(MakeMeChair)向 MCU 申请主席。
2） 如果当前没有其他主席或该终端本身就是主席，MCU 同意请求，回送 ConferenceResponse (MakeMeChairResponse—GrantedChairToken)；如果当前有其他主席，则拒绝该申请(ConferenceResponse(MakeMeChairResponse—DeniedChairToken)。一旦会议中某个终端申请主席成功，该会议中其他终端不能再申请主席。

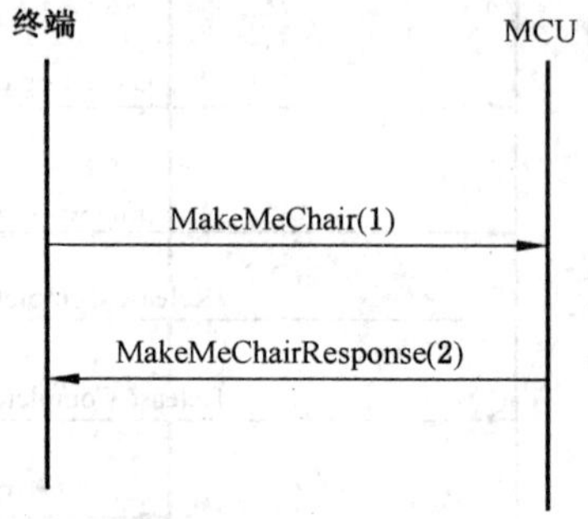

图7 申请主席

6.3.1.1.2 释放主席

图8为释放主席的流程，流程说明如下：

1） 终端使用 ConferenceRequest(CancelmakeMeChair)向 MCU 申请释放主席；
2） MCU 同意请求，回送 ConferenceResponse(MakeMeChairResponse—DeniedChairToken)。会议中其他终端可以再申请主席。

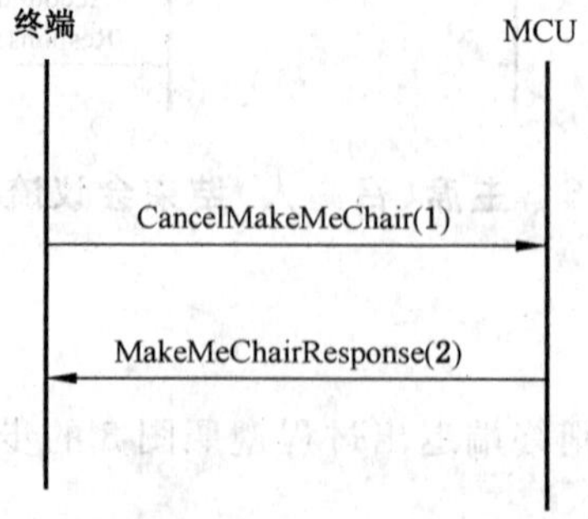

图8 释放主席

6.3.1.1.3 强制剥夺主席令牌

图 9 是强制剥夺主席令牌，流程说明如下：

1） MCU 向主席终端发送 WithdrawChairToken，强制剥夺其主席令牌。

图 9 强制剥夺主席令牌

6.3.1.1.4 终端请求发言

图 10 是终端请求发言的流程，流程说明如下：

1） 终端向 MCU 请求发言；

2） MCU 向主席终端发送终端的发言请求；

3） MCU 如果同意发言，则回送广播终端的命令。

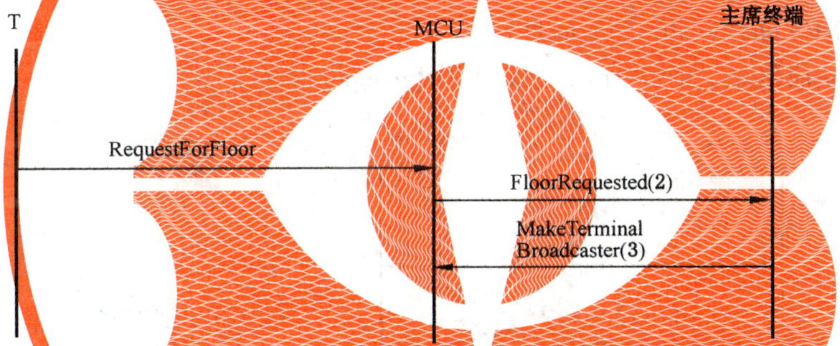

图 10 终端请求发言

6.3.1.1.5 广播会场

图 11 是主席终端选择某一终端请求 MCU 进行广播的流程。

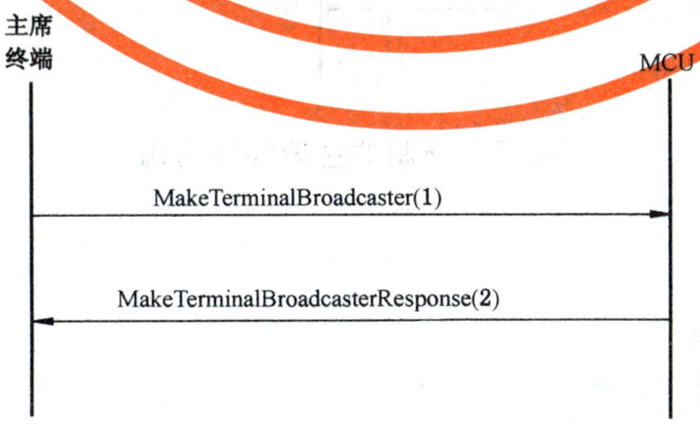

图 11 选择一视频进行广播

6.3.1.1.6 视频选看

图 12 是主席终端选择某一终端请求 MCU 进行选看的流程。

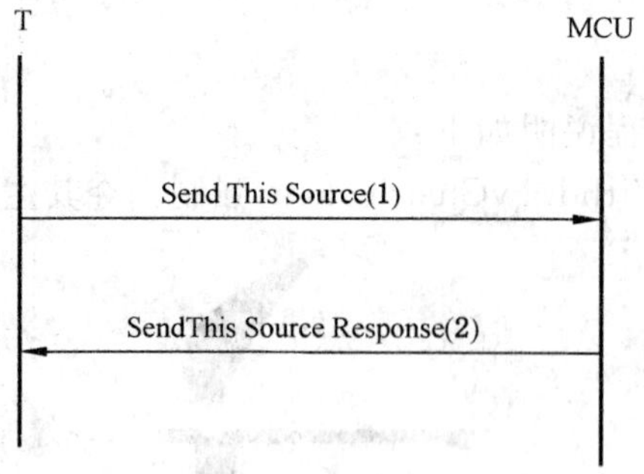

图 12 视频选看

6.3.1.1.7 强制非主席终端退出

图 13 是强制非主席终端退出,流程说明如下:

(1) 主席终端向 MCU 发送请求,强制一个终端的退出;

(2) MCU 与退出终端间关闭逻辑通道;

(3) MCU 与退出终端间关闭 ITU-T H.245 会话;

(4) MCU 向该终端发送 Release Complete 消息;

(5) 终端返回 Release Complete 消息;

(6) MCU 向主席终端返回 terminalLeftConference 消息。

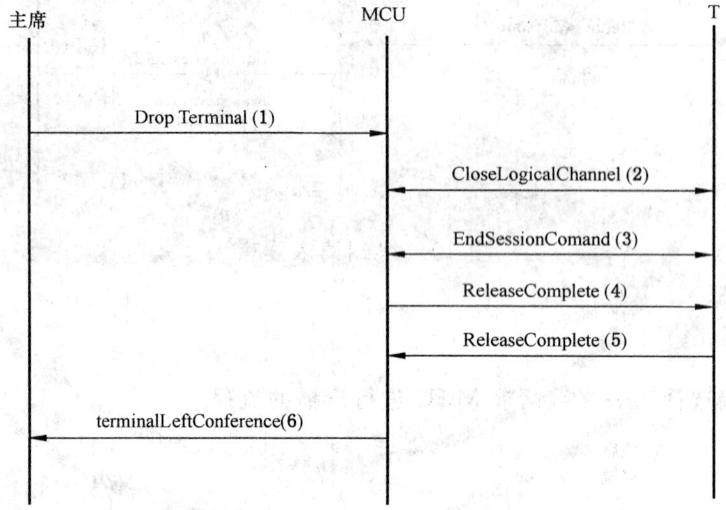

图 13 强制非主席终端退出

6.3.1.2 声音控制

声音控制应符合如下要求:

(1) 每个点均能同时听到其他各点的声音;

(2) MCU 自动根据与会者发言音量的大小,将图像切换到发言声音最大的会场并广播出去。

6.3.2 呼叫扩展流程

6.3.2.1 会议延时

图 14 是会议延时申请的流程,流程说明如下:

(1) 会议进行中,预约的时间就要到达,而会议并未结束,会议召集终端向GK发送ARQ请求,在ARQ请求中为同一个会议申请新的会议时间,会议标识与原预约会议标识相同,开始时间为原预约会议的结束时间,并且在ARQ消息中预约一个新的时长;

(2) GK检查用户是否有资源冲突,并向AAA服务器请求验证用户是否有权进行会议的延长或用户账上是否有足够的余额;

(3) 如果各种条件满足,AAA返回确认信息;

(4) GK给返回一个ACF消息接受用户新的预约。

注:如果是允许持卡用户申请会议的延时,GK在开始会议预约时,应从AAA服务器得到用户账户上剩余的金额。

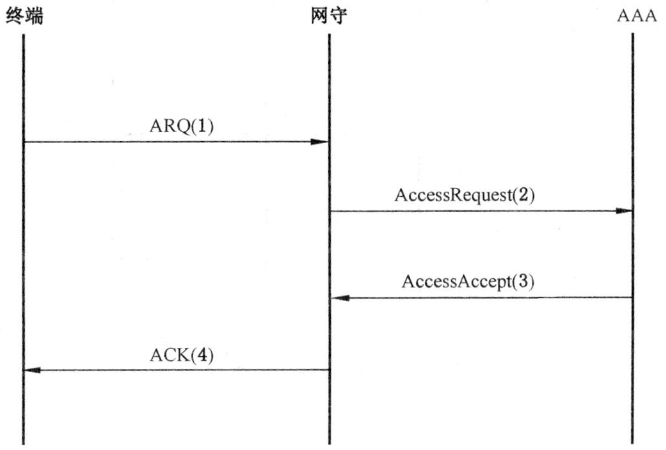

图14 会议延时申请

6.3.2.2 成员加入

图15是终端申请加入的流程,流程说明如下:

(1) 申请加入一个已经召开的会议的终端,在取得会议号和密码后发起会议申请,向GK发送带有会议号和密码的ARQ消息;

(2) 网守收到ARQ消息后,向其后台的AAA服务器发送AccessRequest消息,对终端的申请进行认证;

(3) AAA服务器查找其数据库中关于会议的信息,确认该用户有权加入会议后,AAA服务器向网守回送Access Accept消息;

(4) 收到Access Accept消息,网守向终端回送ACF消息;

(5) 新加入终端向驻地网守发送Setup消息,建立与其他终端的连接;

(6) 驻地网守向MCU发会议成员申请加入的Setup消息,请求MCU连接新加入终端;

(7) MCU确认收到消息后,向GK送Alerting消息;

(8) 驻地网守确认收到消息后,向召集人终端送Alerting消息;

(9) MCU向驻地网守送Connect消息;

(10) 驻地网守确认收到消息后,向召集人终端送Connect消息。

随后的流程与会议召集流程中加入终端的流程相同。

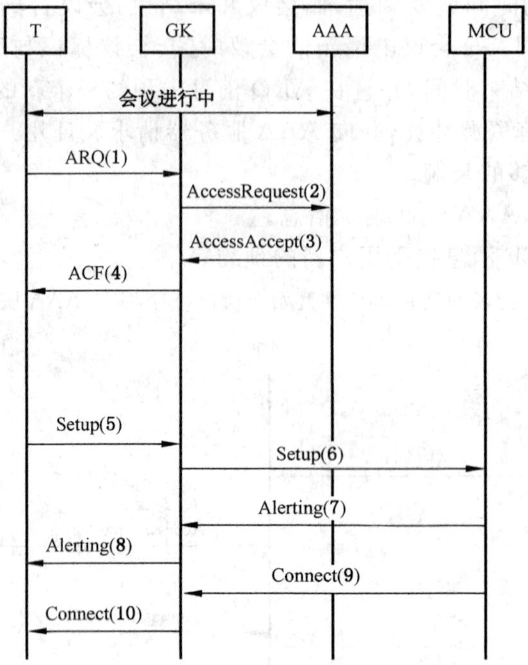

图 15　终端申请加入

6.3.2.3　邀请新成员

图 16 是邀请新成员的流程，流程说明如下：

（1）　会议在进行中，召集人邀请新成员加入。召集人在其终端填写所邀新成员的终端标识号，向 GK 发送邀请消息 Setup；

（2）　终端 1 向 GK 发送 ARQ，带有预约会议号和密码以及邀请新成员的信息；

（3）　驻地网守收到 ARQ 消息后，向其后台的 AAA 服务器发送 AccessRequest 消息，对终端申请进行认证；

（4）　AAA 服务器查找其数据库中关于该终端的信息，确认该用户有权邀请新成员后，AAA 服务器向网守回送 AccessResponse 消息；

（5）　收到 AccessResponse 消息，网守向终端回送 ACF 消息；

（6）　GK 将被邀请终端标识用 Setup 消息送给 MCU；

（7）　MCU 向受邀请终端发送 Setup 呼叫建立请求；

（8）　终端 T2 向网守送 ARQ 消息，请求认证；

（9）　网守回 ACF 确认；

（10）　被邀请终端回送 Alerting；

（11）　MCU 向 GK 回送 Alerting；

（12）　被邀请终端参加会议，向 MCU 送 Connect 消息；

（13）　MCU 向 GK 送邀请已完成的确认消息 Connect 消息；

（14）　GK 向召集人终端送邀请成功应答消息。

随后的流程与会议召集流程中加入终端的流程相同。

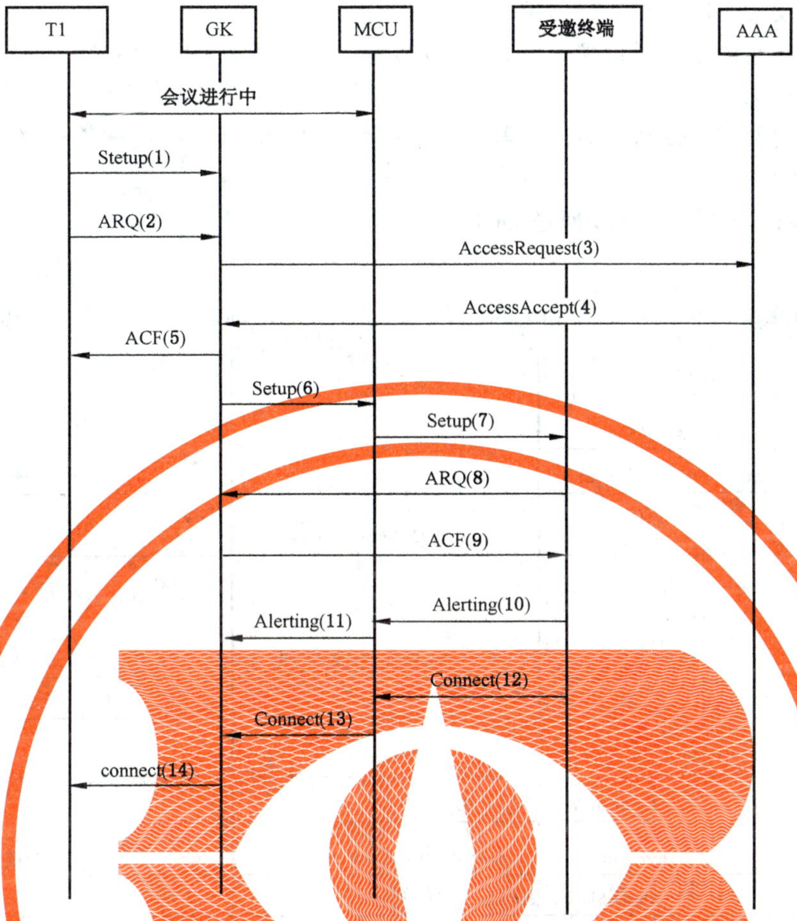

图 16 邀请新成员

6.3.3 多点级联

图 17 是 MCU 级联的流程，流程说明如下：

(1) MCU1 向网守 1 发起接入请求 ARQ；

(2) 网守 1 回送 ACF；

(3) 向 MCU2 发起 Setup 请求建立连接；

(4) MCU2 向 MCU1 送 CallProcessing 消息；

(5) MCU2 向网守送 ARQ 接入请求；

(6) 网守向 MCU2 回送 ACF 响应；

(7) MCU2 向 MCU1 回送 Alerting 消息；

(8) MCU2 向 MCU1 送 Connect 消息，建立 MCU 之间的媒体通道；

(9) MCU2 向 MCU1 发送 TerminalCapabilitySet 报告能力；

(10) MCU2 发送 MasterSlaverDetermination 进行主从判决，确定 MCU1 为主 MCU2 为从；

(11) MCU1 为 MCU2 分配终端号；

(12) MCU1 发送 RemoteMC Request，激活 MCU2；

(13) MCU2 发送 RemoteMC Response，确认或拒绝激活；

(14) MCU1 为 MCU2 上的终端分配号码；

(15) 逻辑信道打开；连接建立。

会议正常进行，会议结束时

(16) MCU1 发送关闭逻辑信道请求；

(17) MCU1 发送结束会话请求；MCU2 回送结束会话请求；

(18) MCU1 拆除连接；

(19) MCU1 向网守 1 发送 DRQ，报告会议结束并退出；MCU2 向网守 1 发送 DRQ，报告会议结束并退出；

(20) 网守 1 回送 DCF；网守 2 回送 DCF。

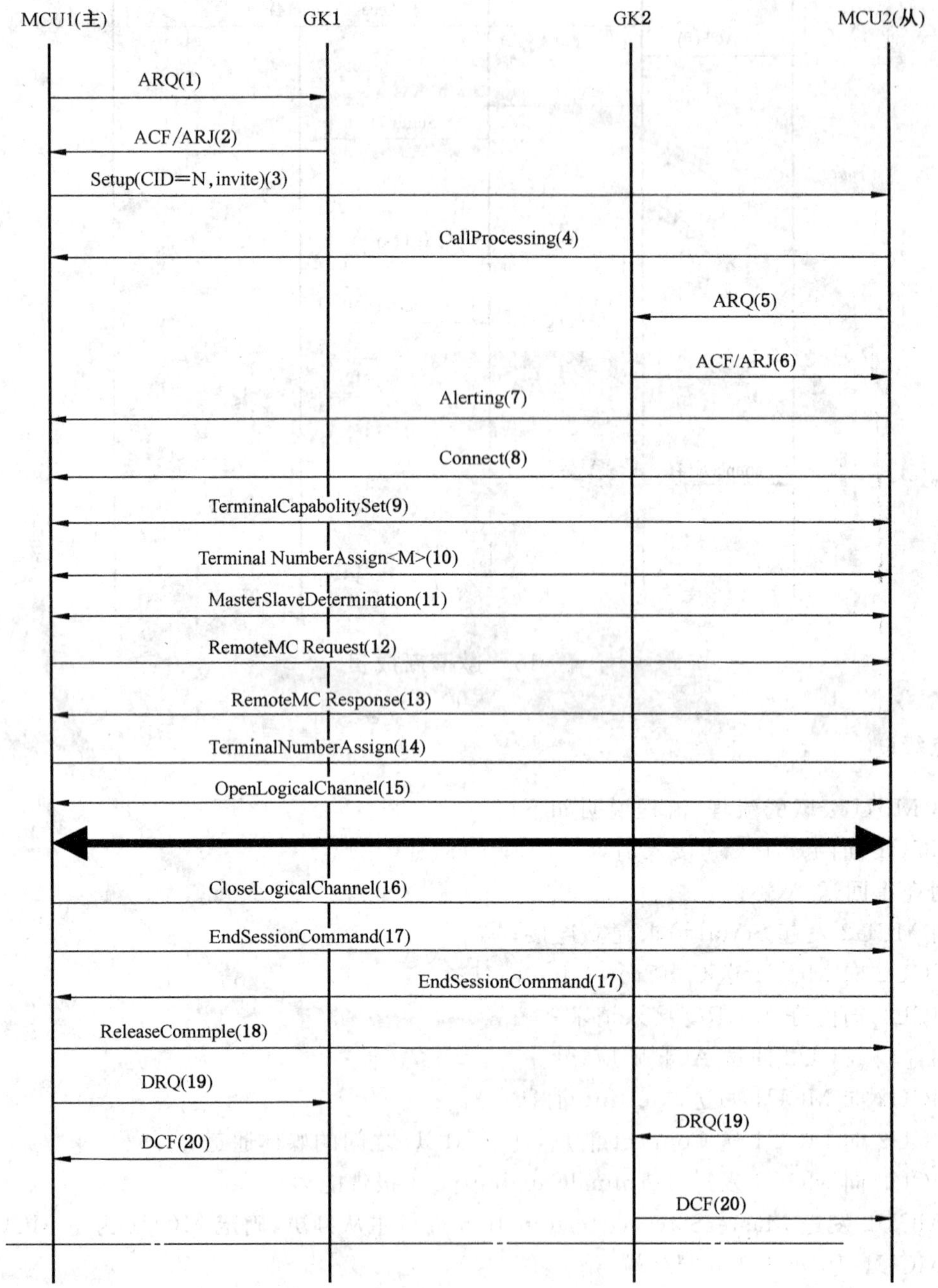

图 17　MCU 级联流程

7 通信协议

7.1 ITU-T H.225.0 消息

7.1.1 RAS

RAS 消息是基于 IP 网络的视讯会议系统的 MCU 与 GK 之间的 GK 发现、注册(Registration)、接入认证(Admission)和状态查询(Status)协议。MCU 发送询问消息的 RequestSeqNum 的最高位为 0，GK 发送的询问消息的 RequestSeqNum 的最高位为 1。

本节仅描述与 MCU 相关的 ITU-T H.323 RAS 消息。

7.1.1.1 消息

7.1.1.1.1 GK 发现消息

表 1 给出了 GK 发现消息。

表 1 GK 发现消息

序号	消息缩写	名称	发送方	接收方	说明
1	GRQ	GK 发现消息	MCU	GK	GRQ 为 GK 发现消息。该消息主要用于注册双方认证字的交换。在不需要进行认证字交换时，不需要发送本消息。此消息为选用消息。在需要发送该消息时，在下列情况下发送 GRQ 消息： a) MCU 启动时； b) MCU 在收到 GK 对 RRQ 的拒绝回答 RRJ 消息时。 本部分中规定 MCU 将 GRQ 消息向预定 GK 发送，不广播。本消息为选用消息
2	GCF	GK 确认消息	GK	MCU	对 GRQ 消息的确认应答，本消息为选用消息
3	GRJ	GK 拒绝消息	GK	MCU	对 GRQ 消息的拒绝应答，本消息为选用消息

7.1.1.1.2 注册消息

注册消息由表 2 给出。

表 2 注册消息

序号	消息缩写	名称	发送方	接收方	说 明
1	RRQ	登记请求消息	MCU	GK	MCU 向 GK 的注册登记请求消息，MC 在设备电源开启后必须定期(小于 RCF 的 timetolive 确定的时间)向 GK 发送 RRQ 消息，以表明设备仍然存活，具体的超时和重发次数要求见 RAS 消息的定时器及重发次数。MCU 在首次注册时应将 RRQ 消息中的 discoverycomplete 置 0，其余报告其存活的 RRQ 消息的 discoverycomplete 置 1
2	RCF	登记确认消息	GK	MCU	对 RRQ 消息的确认回答
3	RRJ	登记拒绝消息	GK	MCU	对 RRQ 消息的拒绝应答

7.1.1.1.3 注销消息

注销消息由表 3 给出。

表 3 注销消息

序号	消息缩写	名称	发送方	接收方	说 明
1	URQ	注销请求消息	MCU	GK	MCU 向 GK 注销登记
2	UCF	注销确认消息	GK	MCU	对 URQ 消息的确认应答
3	URJ	注销拒绝消息	GK	MCU	对 URQ 消息的拒绝应答
4	ARQ	准入请求消息	MCU	GK	会议预约或开始召集会议时 MCU 和视讯会议终端向 GK 发送的接入认证请求消息。在非标准参数中添加了三项，第一为主叫控制方式，适用于主叫号码用户；第二为卡号控制方式，对应于它分为三步，step1 用于接入认证，step2 用于地址解析，step3 用于卡号用户在线修改密码；第三为会议方式，包括会议预约和会议即时召集方式，即某会议召集人直接召集各终端立即开始会议的过程
5	ACF	准入确认消息	GK	MCU	对 ARQ 消息的确认响应，终端进行会议预约时，GK 在回送的 ACF 消息中应携带为这次会议分配的会议号，在 ACF 消息的非标准字段中携带
6	ARJ	准入拒绝消息	GK	MCU	对 ARQ 消息的拒绝响应

7.1.1.1.4 连接消息

拆除连接消息由表 4 给出。

表 4 拆除连接消息

序号	消息缩写	名称	发送方	接收方	说　　明
1	DRQ	脱离请求消息	MCU	GK	会议结束或会议过程中有终端退出时，MCU 向 GK 发送的拆除连接请求消息
2	DCF	脱离确认消息	GK	MCU	对 DRQ 的确认响应消息
3	DRJ	脱离拒绝消息	GK	MCU	对 DRQ 的拒绝响应消息

7.1.1.1.5 带宽管理消息

带宽管理消息由表 5 给出。

表 5 带宽管理消息

序号	消息缩写	名称	发送方	接收方	说　　明
1	BRQ	带宽请求消息	MCU	GK	终端、MCU 与 GK 之间的带宽改变的请求的消息，当 GK 具备带宽管理能力时，则带宽管理消息是有实用意义的。由于 ARQ 消息的 bandwidth 所取的值总是大于每一通路实际占用的带宽，因此为了能使 GK 掌握各终端的带宽利用情况，终端应根据实际带宽利用情况利用 BRQ 消息改变带宽，以便释放多余的带宽或请求增加带宽。若是利用 BRQ 消息增加带宽，则必须等待 GK 的确认
2	BCF	带宽确认消息	GK	MCU	对 BRQ 消息的确认消息
3	BRJ	带宽拒绝消息	GK	MCU	对带宽改变请求的拒绝消息

7.1.1.1.6 状态消息

状态消息由表 6 给出。

表 6 状态消息

序号	消息缩写	名称	发送方	接收方	说　　明
1	IRQ	消息查询	GK	MCU	GK 向会议终端或 MC 发出的询问某一通路或所有通路的状态请求消息。若 callReferenceValue 为 0，则 MCU 需要在同一条 IRR 消息中报告所有通路的状态信息；CallReferenceValue 为 0 的 IRQ 的发送间隔应大于 10 s
2	IRR	消息查询响应	MCU	GK	会议终端或 MCU 根据 ACF 命令设定的间隔或 IRQ 请求向 GK 发送的状态消息
3	IACK	消息查询确认	MCU	GK	对 IRR 消息的确认响应
4	INAK	消息查询否认	MCU	GK	对 IRR 消息的拒绝响应

7.1.1.1.7 资源报告消息

资源报告消息由表 7 给出。

表 7 资源报告消息

序号	消息缩写	名称	发送方	接收方	说　明
1	RAI	资源可用指示消息	MCU	GK	MCU 向 GK 发送的资源可用情况报告消息
2	RAC	资源可用确认消息	GK	MCU	对 RAI 的确认消息

7.1.1.1.8 业务控制消息

业务控制消息由表 8 给出。

表 8 业务控制消息

序号	消息缩写	名称	发送方	接收方	说　明
1	RIP	RAS 消息的请求进展消息	MCU	GK	RIP 消息是当终端收到一个请求消息后，如果判断在相应的超时(timeout)时间内不能及时返回回答消息，则该终端可通过发送 RIP 消息以延长对方等待时间，这个等待时间由 RIP 消息的 delay 域决定。对端在 timeout 加 delay 的时间内若没有收到回应则作超时处理

7.1.1.2 RAS 消息的定时器和重发次数

见 YD/T 1046—2000 第 8 章。

7.1.1.3 ITU-T Q.931

ITU-T Q.931 消息由表 9 给出。

表 9 Q.931 消息

序　号	消息缩写	名　称
1	Setup	呼叫建立
2	CallProceeding	呼叫处理
3	Alerting	警告
4	Connect	连接
5	ReleaseComplete	释放

7.1.1.4 ITU-T Q.931 消息的定时器和重发次数

见 YD/T 1046—2000 第 9 章。

7.2 ITU-T H.245 消息

会议的建立、控制和管理过程应符合 ITU-T H.243，利用表 10～表 14 所述消息进行传送。

7.2.1 逻辑信道建立相关消息

表 10 逻辑信道建立相关消息

序号	消息名称	描述
1	Master Slave Determination Request	主从判决请求
2	Master Slave Determination Ack	主从判决认可
3	Master Slave Determination Reject	主从判决拒绝
4	Terminal Capability Set	终端发送自己的处理能力
5	Terminal Capability Set Ack	终端处理能力被接受
6	Terminal Capability Set Reject	终端处理能力被拒绝
7	Open Logical Channel	请求打开逻辑信道
8	Open Logical Channel Ack	逻辑信道打开请求被接受
9	Open Logical Channel Reject	逻辑信道打开请求被拒绝
10	Close Logical Channel	请求对方关闭逻辑信道
11	Close Logical Channel Ack	对方接受关闭逻辑信道请求
12	Request Channel Close	请求关闭逻辑信道
13	Request Channel Close Ack	逻辑信道关闭请求被接受
14	Request Channel Close Reject	逻辑信道关闭请被被拒绝

7.2.2 会议请求和响应消息

表 11 ITU-T H.245 会议请求和响应消息

序号	消息名称	描述
1	Terminal List Request	由一个终端或 MCU 发送给另一个 MCU，请求已连接终端的最新列表
2	Terminal List Response	来传送有关被分配终端号的信息，相当于 ITU T II.230 定义的 terminalNumbers 序列
3	Make Me Chair	由终端或 MCU 发出，指定主席控制令牌
4	Cancel Make Me Chair	主席终端释放主席令牌请求
5	Make Me Chair Response	由 MCU 发出，通过主席控制令牌的申请，或者是收回/拒绝已分配的主席控制令牌

表 11（续）

序号	消息名称	描　述
6	Drop Terminal	由一个主席控制终端发送给 MCU，强制某一终端退出，相当于 ITU-T H.230 定义 CCD
7	Terminal Drop Reject	当 MCU 不能遵从 Drop Terminal 命令时发送此命令
8	RequestTerminal ID	终端向 MCU 请求提供指定终端的标识，MCU 用 TIP 回应，相当于 ITU-T H.230 定义的 TCP
9	MC Terminal ID Response	对 RequestTerminal ID 的响应，相当于 ITU-T H.230 定义的 TIP
10	Enter H.243 Password Request	由 MCU 发送给一个直连终端或终端发送给 MCU，要求输入密码。相当于 ITU-T H.230 定义的 TCS1
11	Password Response	对 Enter H.243 Password Request 的响应，相当于 ITU-T H.230 定义的 IIS
12	Enter H.243 Terminal ID Request	由 MCU 发送给一个直连终端或终端发送给 MCU，请求个人/终端的标识号，相当于 ITU-T H.230 定义的 TCS2/TCI
13	Terminal ID Response	对 Enter H.243 Terminal ID Request 的响应，相当于 ITU-T H.230 定义的 IIS
14	Enter H.243 Conference ID Request	由 MCU 发送给一个直连终端或终端发送给 MCU，请求会议标识号，相当于 ITU-T H.230 定义的 TCS3
15	Conference ID Response	对 Enter H.243 Conference ID Request t 的响应，相当于 ITU-T H.230 定义的 IIS
16	Video Command Reject	MCU 消息，不能遵从 Make Terminal Broadcaster 或 Send This Source 命令，相当于 ITU-T H.230 定义的 VCR
17	Enter Extension Address Request	由 MCU 发送给一个直连终端或终端发送给 MCU，请求输入扩展地址名，相当于 ITU-T H.230 定义的 TCS4
18	Extension Address Response	对 Extension Address Response 的响应，相当于 ITU-T H.230 定义的 IIS
19	Request Chair Control Token Owner	终端向 MCU 请求所有持有令牌的终端编号，相当于 ITU-T H.230 定义的 TCA
20	Chair Token Owner Response	MCU 对终端 Request Chair Control Token Owner 的响应，相当于 ITU-T H.230 定义的 TIR
21	Request Terminal Certificate	请求终端证书
22	Terminal Certificate Response	对 Request Terminal Certificate 的响应
23	Broadcast My Logical Channel	广播逻辑信道
24	Broadcast My Logical Channel Response	对 BroadcastMyLogicalChannel 请求的响应
25	Make Terminal Broadcaster	主席终端或 MC 发送给另一 MCU，请求广播某一终端的视频，该命令必须有回应消息，相当于 ITU-T H.230 定义的 VCB

表 11（续）

序号	消息名称	描　　述
26	Make Terminal Broadcaster Response	对 MakeTerminalBroadcaster 请求做出确认或拒绝的响应
27	Send This Source	由终端发送给 MCU，请求传送终端视频，终端号由 Send This Source 参数确定，该请求不能与 Make Terminal Broadcaster 冲突，必须有响应消息，相当于 ITU-T H.230 定义的 VCS
28	SendThis Source Response	对 MakeTerminalBroadcaster 请求做出确认或拒绝的响应
29	Request All Terminals Ids	终端发送给 MCU，请求与所有会终端的标识和 ID
30	Request All Terminal Ids Response	对 Request All Terminals Ids 的响应，包含由与会终端的标识和 ID 组成的列表
31	RemoteMC Request	由处于激活状态的 MCU 发送给另一 MCU 对其激活/去激活
32	RemoteMC Response	对 RemoteMC Request 的响应

7.2.3 会议命令

表 12　ITU-T H.245 会议命令

序号	消息名称	描　　述
1	BroadcastMyLogicalChannel	广播逻辑信道，相当于 ITU-T H.230 定义的 VCB
2	CancelBroadcastMyLogicalChannel	相当于 ITU-T H.230 定义的 Cancel-MCV，但只在一个单独的逻辑信道情况下适用
3	MakeTerminalBroadcaster	主席控制终端或 MCU 发送给另一 MCU，广播终端视频，相当于 ITU-T H.230 定义的 VCB
4	CancelMakeTerminalBroadcaster	相当于 ITU-T H.230 定义的 Cancel-VCB
5	SendThisSource	终端请求 MCU 传送终端视频，不能与 MakeTerminal-Broadcaster 冲突，相当于 ITU-T H.230 定义的 VCS
6	CancelSendThisSource	相当于 ITU-T H.230 定义的 Cancel-VCS
7	DropConference	主席控制终端发送给 MCU，使终端从会议中退出
8	Substitute CID Command	活动 MCU 改变会议标识(CID)，收到此命令后应使用新的 CID

7.2.4 杂项指示

表 13 ITU-T H.245 杂项指示消息

序号	消息名称	描述
1	LogicalChannelInactive	逻辑信道非激活，静音或静像时，媒体发送方送给接收方
2	logicalChannelActive	逻辑信道激活
3	MultipointZeroComm，cancelMultipointZeroComm	MCU 消息，发送给终端，指示现在会议中无其他终端
4	multipointSecondaryStatus，and cancelMultipointSecondaryStatus	MCU 消息，发送给终端，指示如果无更高能力集的终端加入会议中，该终端可以不必接收来自其他终端的信号
5	multipointConference	MCU 消息，发送给终端，该终端收到消息后，必须使它的输出比特率与输入比特率相同，音频输出比特率与音频输入比特率相同
6	VideoIndicateReadyToActivate	终端消息，如果接收不到其他终端的视频，该终端用户将不发送它的视频

7.2.5 会议指示

表 14 ITU-T H.245 会议指示消息

序号	消息名称	描述
1	TerminalNumberAssign	MCU 消息，把已分配号码传给另一个 MCU 或终端，参数中有 TIA. terminalJoinedConference—用来传送有关被分配终端号的信息，相当于 ITU-T H.230 定义的 TIN
2	TerminalLeftConference	用来传送不再有效的终端的信息，相当于 ITU-T H.230 定义的 TID
3	SeenByAtLeastOneOther	MCU 消息，指示终端其视频信号正在被至少一个其他终端观看(MIV)
4	CancelSeenByAtLeastOneOther	不再被其他终端观看。cancel-MIV
5	SeenByAll	MCU 消息，指示终端其视频信号正在被至少一个其他终端观看(MIV)
6	CancelSeenByall	由一个 MCU 发送，指示一个终端它的视频信号正被至少一个其他终端看
7	terminalYouAreSeeing	MCU 消息，指示所传信号的视频源 VIN
8	requestForFloor	请求发言，相当于 ITU-T H.230 定义的 TIF
9	WithdrawChairToken	CCR，MCU 消息，收回主席控制令牌或拒绝主席控制令牌的分配
10	FloorRequested	请求发言

表 14（续）

序号	消息名称	描述
11	terminalYouAreSeeingInSubPictureNumber	MCU 消息，指示加入多画面的终端号，相当于 ITU-T H.230 定义的 VIN2
12	videoIndicateCompose	VIC--这个命令通知终端已经开始组合图片，指示何种图片组合方法正在使用中

7.3 ITU-T H.281/ITU-T H.282/ITU-T H.283 消息

用户终端设备通过 ITU-T H.282 协议支持远程设备控制。在 ITU-T H.245 逻辑信道中必须支持 ITU-T H.282 协议(遵照 ITU-T H.283)。ITU-T H.283 建议描述了在 ITU-T H.323 会议中针对 ITU-T H.282 协议的逻辑信道传输。

用户终端设备支持的远程设备控制功能包括:摄像机远程控制,麦克风远程控制,图像播放远程控制,幻灯片播放远程控制。

同时用户终端可选支持 ITU-T H.281 协议,具体实现方式遵循 ITU-T H.323 附录 Q。ITU-T H.281 消息结构如下所示。

1) START ACTION 消息

START ACTION 消息结构如图 18 所示。

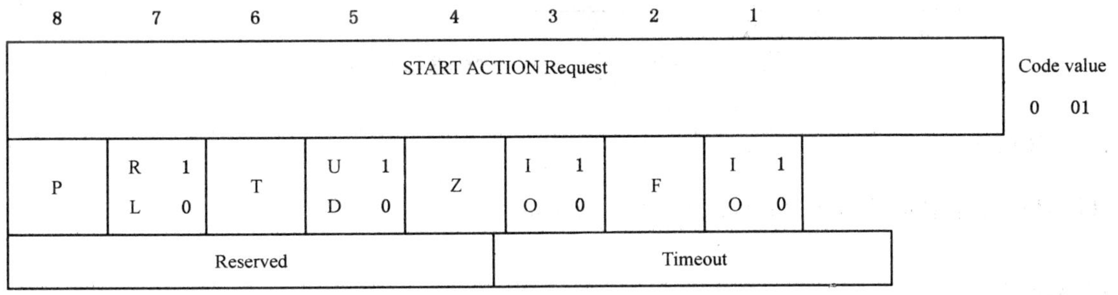

图 18 START ACTION 消息结构

2) Stop Action 消息

Stop Action 消息结构如图 19 所示。

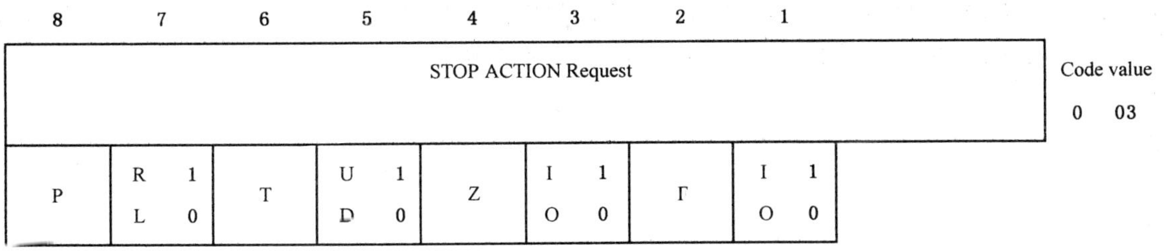

图 19 Stop Action 消息结构

3） Continue Action 消息

Continue Action 消息结构如图 20 所示。

<table>
<tr><td>8</td><td>7</td><td>6</td><td>5</td><td>4</td><td>3</td><td>2</td><td>1</td><td></td></tr>
<tr><td colspan="8">CONTINUE ACTION Request</td><td>Code value
0 02</td></tr>
<tr><td>P</td><td>R 1
L 0</td><td>T</td><td>U 1
D 0</td><td>Z</td><td>I 1
O 0</td><td>F</td><td>I 1
O 0</td><td></td></tr>
</table>

图 20 Continue Action 消息结构

4） Select Video Source 消息

Select Video Source 消息结构如图 21 所示。

<table>
<tr><td>8</td><td>7</td><td>6</td><td>5</td><td>4</td><td>3</td><td>2</td><td>1</td><td></td></tr>
<tr><td colspan="8">SELECT VIDEO SOURCE Request</td><td>Code value 0
04</td></tr>
<tr><td colspan="4">4-bit encoded
source Number</td><td colspan="2">Reserved</td><td>M1</td><td>M0</td><td></td></tr>
</table>

图 21 Select Video Source 消息结构

7.4 RTP/RTCP

RTP/RTCP 消息应符合 IETF RFC3550 中的规定。

8 接口要求

MCU 应该具备 10/100 Mbps 自适应以太网接口，用于连接网管系统和应用服务器，传送 ITU-T H.225.0、ITU-T H.245 控制消息以及媒体流。

10 Mbps 以太网接口应符合 IEEE 802.3 的相关规定，物理层接口上采用曼切斯特编码，用 0.85 V 和－0.85 V 分别表示"1"和"0"。电缆可采用 10 Base-T。

100 Mbps 以太网接口应符合 IEEE 802.3u 的相关规定。100Base-T 技术中可采用三类传输介质：100Base-T4、100Base-TX 和 100Base-FX。采用 4B/5B 编码方式。

9 媒体处理

9.1 视频

视频编解码应支持 ITU-T H.261、ITU-T H.263，建议支持 ITU-T H.264。

应支持 CIF 和 QCIF 格式，建议支持 SCIF 和 4CIF 等格式。

9.1.1 ITU-T H.261 视频编码

ITU-T H.261 视频编码应符合下列要求：

a) ITU-T H.261 视频编码的实现应符合 YD/T 822-1996。

b) 视频格式

活动图像：公共中间格式(CIF)：288 行×352 象素；

1/4 公共中间格式(QCIF)：144 行×176 象素。

静止图像：符合 YD/T 822—1996 附录 D。

576 行×704 象素；

288 行×352 象素。

c) 帧频

信道速率为 1 920 kbit/s 时，在 CIF 格式下，帧频为 25～30 帧/s；

信道速率为 384 kbit/s 时，在 CIF 格式下，不小于 15 帧/s；

信道速率为 128 kbit/s 时，在 QCIF 格式下，不小于 15 帧/s。

9.1.2 ITU-T H.263 视频编码

ITU-T H.263 视频编码应符合下列要求：

a) ITU-T H.263 视频编码的实现应符合 GB/T 18119—2000。

b) 视频格式：

活动图像：公共中间格式(CIF)：288 行×352 象素；

1/4 公共中间格式(QCIF)：144 行×176 象素；

4 倍公共中间格式(4CIF)：576 行×704 象素。

以上三种格式中，CIF 和 QCIF 为必选项，4CIF 为可选项。

c) 帧频：

信道速率为 1 920 kbit/s 时，在 CIF 格式下，帧频为 25 帧/s～30 帧/s；

信道速率为 1 920 kbit/s 时，在 4CIF 格式下，不小于 15 帧/s；

信道速率为 384 kbit/s 时，在 CIF 格式下，不小于 15 帧/s；

信道速率为 128 kbit/s 时，在 QCIF 格式下，不小于 15 帧/s。

9.2 音频

音频编解码应支持 ITU-T G.711、ITU-T G.722，宜支持 ITU-T G.723.1、ITU-T G.728、ITU-T G.729。

应支持混音功能。

9.3 数据

宜支持 ITU-T T.120。其他方式有待于进一步研究。

10 操作维护和网管要求

IP 视讯会议系统应实行集中统一的网络管理，MCU 和网管中心之间接口可以采用 SNMP 等协议。

通过访问网管中心，管理员对 MCU 进行本地和远程的配置管理、故障管理、版本管理、用户管理、日志管理。

10.1 配置管理

MCU 的配置管理包括对 MCU 的业务数据和用户数据的配置。

10.1.1 配置业务数据

对 MCU 的业务数据进行配置,应包括:MCU 的编号和 IP 地址、GK 的支持方式和 IP 地址、视音频 IP 包的参数设置、唇音同步设置、RAS/ITU-T Q.931/ITU-T H.245 端口号设置、时钟设置、NAT 设置。

10.1.2 配置用户数据

对终端用户进行必要的数据配置。

10.1.3 控制 MCU

对 MCU 进行连接、断开连接、重启和关闭电源等操作。

10.1.4 数据备份功能

系统应具有将 MCU 配置数据备份并输出至外存储器的功能,当系统中断或在必要时能重新装载使用。

10.2 故障管理

MCU 应定期进行在线自检,检测设备的状态和故障,并通过告警系统上报给网管中心,管理员通过网管中心应能够对 MCU 告警进行相应的处理,以恢复正常的工作状态。MCU 告警可以包括:硬件故障告警、系统资源告警、通信状况告警、传输质量告警等。

管理员通过网管中心可以对 MCU 进行相应的测试,以进行故障定位,包括:UDP/RTP 环回、视音频软硬件多级环回、单板复位等操作。

10.3 版本管理

MCU 具有软件版本在线升级功能。网管中心获得最新软件版本后可以下载到 MCU 中,进行在线升级。软件升级不影响 MCU 的硬件结构。系统可以正常显示 MCU 各部分软件版本号。

10.4 用户管理

系统应对管理员的访问权限有严格的规定。对管理员进行分级管理,最少包括两级,即本地设备管理员和系统管理员,前者只管理特定设备,而后者管理所有设备。建立管理员账户,设置密码,系统对每次访问做记录。在系统中可以建立、修改和删除管理员账户。

10.5 日志管理

日志主要用来记录用户的活动过程和结果以及设备的运行状况。分为用户日志、系统日志和故障日志。

用户日志记录了管理员的所有操作日志,包括操作时间、命令执行时间、管理员、操作终端、输入的命令内容、命令的结果等。

系统日志记录 MCU 的上报信息,各单板和端口的工作信息等。

故障日志记录故障的发生时间、来源、类型、处理状态、故障处理人、排除时间等。

10.6 远程维护管理

MCU支持SNMP协议进行远程管理,MCU实现的MIB应符合ITU-T H.341以及ITU-T H.341附录B的要求。

11 安全要求

11.1 概述

MCU应提供安全性管理功能。MCU设备的安全性包括设备安全和接入认证安全两个方面。

11.2 设备安全

11.2.1 用户数据保护

MCU设备和网守设备之间呼叫控制协议的内容应提供措施进行有效的保护,使其不被监视。MCU设备还应对呼叫信令提供完整性保护,使其在收发途中不被非法篡改。

11.2.2 安全审计

终端应对连续多次注册未能通过认证的情况进行安全审计,并提供日志记录。

11.2.2.1 分级管理

终端应支持分级管理功能。

11.2.2.2 口令管理

口令长度宜不少于8个字符,并且由数字、字符或特殊符号组成。

11.2.3 系统访问

11.2.3.1 Telnet 访问

Telnet协议用于通过网络对设备进行远程登录。在MCU设备中,如果对用户提供Telnet服务,则宜满足下列约定:

——用户应提供用户名/口令才能进行后续的操作,用户地址和操作应记入日志;

——应限制同时访问的用户数目;

——在设定的时间内不进行交互,用户应自动被注销。

11.2.3.2 串口访问

如果MCU设备支持串口访问功能,用户应提供用户名/口令才能进行后续的操作,用户名和操作应记入日志。

11.2.3.3 Web 管理

Web管理基于HTTP协议,终端可以支持Web管理,宜满足下列约定:

——用户应提供用户名/口令才能进行后续的操作,用户地址和操作应记入日志;

——应支持SSL/TLS;

——必要时可关闭HTTP服务。

11.2.3.4 DHCP 扩展管理

设备制造者可以在 DHCP 协议的基础上进行扩展,从而提供其特有的设备管理功能。

11.2.3.5 SNMP 的安全性

SNMP 是一种应用非常广泛的网络管理协议,主要用于设备的监控和配置的更改等,目前使用的 SNMP 协议有 3 个版本,分别是 SNMPv1、SNMPv2 和 SNMPv3。MCU 设备如果支持 SNMP 协议,则宜支持安全性较好的 SNMPv3 作为网管协议。

此外,宜限定用户通过指定 IP 地址使用 SNMP 对设备进行访问。

11.2.3.6 软件升级

MCU 设备一般使用 FTP/TFTP 协议实现软件升级,软件升级包括软件版本、设备配置等的更新,有本地和远程两种途径。软件升级通过建立 FTP 服务器和 MCU 设备的 FTP 连接来实现,FTP 协议应支持口令认证功能。

对于远程软件升级,宜支持 SSHv2,实现文件的安全传送。升级方式也可选采用 HTTPS 协议实现。

11.3 接入认证的安全

网守应支持基于 RAS 协议的用户认证方式。

11.3.1 安全认证能力协商过程

MCU 的安全认证主要是支持身份认证和消息完整性检查。通过 GRQ/GCF 消息完成 ITU-T H.235 中的安全机制能力的协商。如果 GK 设置需要进行身份认证,收到 GRQ 消息中没有身份认证能力的描述,则 GK 回应 GRJ 拒绝。流程见图 22。

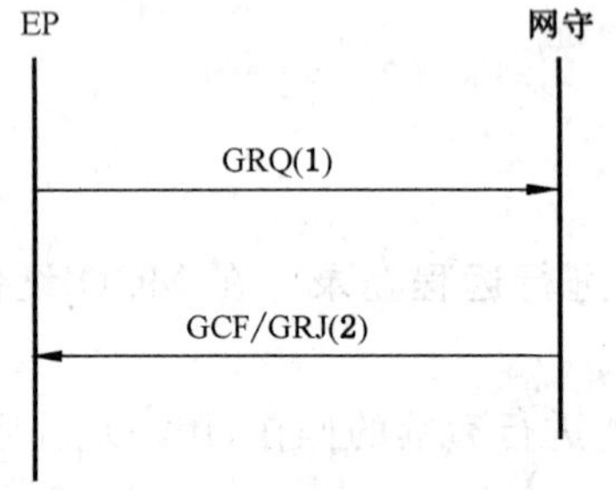

图 22 基于 RAS 协议的用户认证方式

GRQ,GCF 这 2 个消息本身不用认证。安全能力的表达遵循 ITU-T H.235 附录 D。

a) GRQ 消息中使用的和 ITU-T H.235 相关的内容如下:

```
GatekeeperRequest ::=SEQUENCE—(GRQ)
{
—省略不相关的字段
    tokens                     SEQUENCE OF ClearToken OPTIONAL,
    cryptoTokens               SEQUENCE OF CryptoH323Token OPTIONAL,—不使用
    authenticationCapability   SEQUENCE OF AuthenticationMechanism OPTIONAL,
    algorithmOIDs              SEQUENCE OF OBJECT IDENTIFIER OPTIONAL,
—省略不相关的字段
```

}

其中：

——在 tokens 字段中，用来填写设备支持的 ITU-T H.235 基线，ClearToken 中的 TokenOID 如下：

OID 引用名	OID 值	描　述
"T"	{itu-t (0) recommendation (0) h (8) 235 version (0) 2 5}	指示 HASH 运算中的 CLEARTOKEN 用法，这里指按 ANNEX-D 规定的方式处理

——authenticationCapability 包含 pwdHash 认证机制。

——algorithmOIDs 包含 HMAC-SHA1-96 的 OID。

b) GCF 消息中使用的和 H235 相关的内容如下：

```
GatekeeperConfirm ::=SEQUENCE—(GCF)
{
—省略无关字段
    authenticationMode       AuthenticationMechanism OPTIONAL,
    tokens                   SEQUENCE OF ClearToken OPTIONAL,
    cryptoTokens             SEQUENCE OF CryptoH323Token OPTIONAL,
    algorithmOID             OBJECT IDENTIFIER OPTIONAL,
    —省略无关字段
}
```

只需要填 tokens，填写的方法同 GRQ。

11.3.2 RAS 过程安全

RAS 的安全过程通过对时间戳、终端标识符、网守标识符，预设密码参数 HASH 运算来实现认证和完整性检查。图 23 是 RAS 的安全过程的流程，说明如下：

a) 终端将 RAS 消息 HASH 后，发送消息给 GK。

b) GK 收到 xRQ 消息后，利用消息中的 xRQ→cryptoTokens 内容进行认证和完整性检查，如果检查通过，则根据一般的 xRQ 处理规则进一步处理。如果检查不通过，则响应 xRJ 消息。同样地，GK 发出的消息也要进行 HASH 运算，其处理方式同 a) 中的 RAS 消息。

c) 终端收到 GK 来的响应消息，利用消息中的 xCF/xRJ→cryptoTokens 内容进行认证和完整性检查，如果检查通过，则根据一般的 xCF/xRJ 处理规则进一步处理。如果检查不通过，则丢弃这个消息。

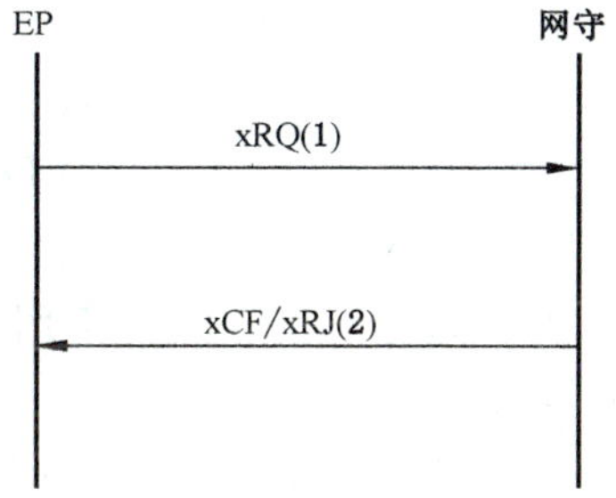

图 23　RAS 的安全过程

xRQ 消息的和安全相关内容如下：

xRQ→cryptoTokens 用来保存和 ITU-T H.235 协议相关的内容，为 SEQUENCE OF CryptoH323Token 类型。

CryptoH323Token 是一个 CHOICE 类型结构，选择 nestedcryptoToken，nestedcryptoToken 为 CryptoToken 类型，CryptoToken 也是一个 CHOICE 类型的数据结构；选择 cryptoHashedToken，cryptoHashedToken 是 SEQUENCE 类型结构 cryptoHashedToken SEQUENCE

```
{
        tokenOID        OBJECT IDENTIFIER,
        hashedVals      ClearToken,
        token       HASHED { EncodedGeneralToken }
}
```

其中：

1) tokenOID

tokenOID 取"A"或者"B"(A,B 是 OID 的引用名，真实值参考前面的 OID 表)。A 表示认证加消息完整性检查，B 表示只进行认证。

OID 引用名	OID 值	描　述
"A"	{itu-t (0) recommendation (0) h (8) 235 version (0) 2 1} {itu-t (0) recommendation (0) h (8) 235 version (0) 1 1}	用于 CryptoToken-tokenOID，指示是非对整个消息进行 HASH 运算，即进行消息完整性检查
"B"	{itu-t (0) recommendation (0) h (8) 235 version (0) 3 2} {itu-t (0) recommendation (0) h (8) 235 version (0) 2 2} {itu-t (0) recommendation (0) h (8) 235 version (0) 1 2}	用于 CryptoToken-tokenOID 指示只对消息的部分字段进行 HASH 运算，即不进行消息完整性检查

2) hashedVals

hashedVals 用来保存明文，类型为 ClearToken。如果要对消息进行完整性检查，那么 HASH 运算将作用到整个消息；如果只进行认证，那么 HASH 运算只针对 hashedVals 包含的信息进行即可。

```
ClearToken          ∷=SEQUENCE
{
    tokenOID        OBJECT IDENTIFIER,              设置为"T"，引用名，真实值参考前面的
                                                    OID 表
    timeStamp       TimeStamp OPTIONAL,             必须使用，消息时间标签
    password        Password OPTIONAL,              不用
    dhkey           DHset OPTIONAL,                 不用
    challenge       ChallengeString OPTIONAL,       不用
    random          RandomVal OPTIONAL,             必须使用，按加 1 递增。
    certificateTypedCertificate OPTIONAL,     不用
    generalID       Identifier OPTIONAL,            必须使用
    nonStandard     NonStandardParameter OPTIONAL,不用
```

...,
eckasdhkey　　ECKASDH OPTIONAL,　　　　—不用
sendersID　　　Identifier OPTIONAL,　　　　对于 RRQ 消息,不用,因为终端 ID 由 GK 在 RCF 消息中分配,
h235Key　　　H235Key OPTIONAL—不用
}

3) token

token 用来描述 HASH 算法的结果,token 为 HASHED{ EncodedGeneralToken } 类型。

HASHED 定义如下:

HASHED { ToBeHashed } ::=SEQUENCE {
algorithmOID　　OBJECT IDENTIFIER,—HASH 算法 ID,OID 参考值为"U",表示用 HMAC-SHA1-96 算法
paramS　　　Params,　—运行时参数,设置为 NULL
hash　　　　BIT STRING-HASH 运算结果
} (CONSTRAINED BY {—Hash—ToBeHashed})

EncodedGeneralToken ::=TYPE-IDENTIFIER. &Type (ClearToken—*general usage token*—)

12 性能指标要求

12.1 系统容量

MCU 应具有同时处理三路和三路以上视音频媒体流的能力,MCU 同时可以控制的会议数和用户终端的数量至少应为其标称值的 90%。

12.2 视音频服务质量

12.2.1 语音服务质量

12.2.1.1 语音编码动态切换时间

语音编码动态切换时间应小于 60 ms。

12.2.1.2 语音的客观评定

语音的客观评定标准依据 ITU-T P.861。

经过 MCU 处理后,语音的 PSQM 平均值应小于 1.5。

12.2.1.3 语音的主观评定

经过 MCU 处理后,语音的 MOS 值应大于 4.0。

12.2.2 视频质量

MCU 的视频切换时间应小丁 1 s。

注: 国内外目前都没有完善的评价方法,目前主要采用主观评价,客观评价方法有待于进一步研究。

12.2.3 时延与抖动

MCU 引入的总时延不应超过 100 ms。

MCU 引入的抖动时间应小于 10 ms。

12.2.4 唇音同步

视频与音频延迟应小于 40 ms。

12.3 网络 QoS 适应能力

当网络 QoS 满足下述条件时，MCU 所提供的视讯服务质量不应该受到影响：

a) 端到端延迟＜200 ms；

b) 丢包率＜1%；

c) 网络抖动＜50 ms。

当网络 QoS 质量出现瞬间恶化，但端到端延迟不超过 400 ms，丢包率不超过不超过 10%，网络抖动不大于 100 ms 的时候，MCU 所提供的视讯服务质量不应受到永久性影响。

12.4 可靠性要求

计算 MTBF 建议采用公式 1：

$$MTBFp = (3\lambda + \mu)/2\lambda^2 \quad \cdots\cdots(1)$$

其中，MTBFp 是考虑冗余设计和维修时间的平均无故障工作时间，λ 是设备失效率，μ 是维修率。

维修率 μ 的计算公式：

$$\mu = 1/(MTTR + MDLT)$$

其中，MTTR 是平均维修时间，MDLT 是维修保障时间。

根据上述公式计算，MCU 的平均无故障工作时间(MTBF)应为 10 000 h 以上。

系统的可用性用公式 2 计算：

$$A_0 = MTBF/(MTBF + MTTR + MDLT) \quad \cdots\cdots(2)$$

建议可用性为 99.99%。

建议对关键部件进行冗余备份。

13 环境要求

13.1 工作的温度、湿度条件

a) 长期工作条件：温度保持 15 ℃～30 ℃、相对湿度保持 40%～65%；

b) 短期工作条件：温度保持 0 ℃～40 ℃、相对湿度保持 20%～90%。

其中：短期工作条件是指连续不超过 48 h 和每年累计不超过 15 d。相对湿度低于 20%的环境应采用抗静电地面。

注：正常工作的温度和相对湿度的测量点指在地板以上 2 m 和交换机前方 0.4 m 处测量值；

13.2 防尘要求

机房内灰尘粒子应是非导电，非导磁和非腐蚀性的。

13.3 防电磁干扰要求

MCU 产生的电磁干扰应符合 YD/T 968—2010。

13.4 防雷击能力

MCU 防雷击能力应当符合 YD/T 993。

14 电源和接地

14.1 电源

14.1.1 直流电源

a) 直流电源电压及其波动范围要求：
额定电压：−48 V；
电压波动范围：在直流输入端子处测量，−48 V 电压允许变动范围为−57 V ～−40 V。

b) 杂音电压指标。
在直流配电盘输出端子处测量的限值如下：
1) 电话衡重杂音电压：(300～3 400) Hz，≤2 mV。
2) 峰-峰值杂音电压：(0～300) Hz，≤400 mV。
3) 宽频杂音电压：3.4 kHz＜频率≤150 kHz，≤100 mV 有效值；
150 kHz＜频率≤30 MHz，≤30 mV 有效值。
4) 离散频率杂音电压：3.4 kHz≤频率≤150 kHz，≤5 mV 有效值；
150 kHz＜频率≤200 kHz，≤3 mV 有效值；
200 kHz＜频率≤500 kHz，≤2 mV 有效值；
500 kHz＜频率≤2 mHz，≤1 mV 有效值。

MCU 设备使用符合上述条件的直流电源应能够正常工作。

14.1.2 交流电源

单相三线 220 V±10%，频率 50 Hz±5%。
线电压波形畸变率≤5%。
MCU 设备使用符合上述条件的交流电源应能够正常工作。

14.2 接地

a) 接地方式应符合工作地、保护地和建筑防雷接地公用一组接地体的联合接地方式；
b) 接地线截面积根据可能通过的最大电流负荷确定。应采用良导体导线，不能使用裸导线布放；
c) 联合接地的电阻值应小于 5 Ω。

ICS 33.040.40
M 32

中华人民共和国国家标准

GB/T 21642.4—2012

基于IP网络的视讯会议系统设备技术要求 第4部分:网守(GK)

Technical requirements for IP video conference system devices—Part 4: Gatekeeper

2012-06-29 发布

2012-10-01 实施

中华人民共和国国家质量监督检验检疫总局
中国国家标准化管理委员会
发布

前　言

GB/T 21642《基于IP网络的视讯会议系统设备技术要求》分为以下4个部分：

——第1部分：多点控制器(MC)；

——第2部分：多点处理器(MP)；

——第3部分：多点控制单元(MCU)；

——第4部分：网守(GK)。

本部分为GB/T 21642的第4部分。

本部分按照GB/T 1.1—2009给出的规则起草。

本部分由中华人民共和国工业和信息化部提出。

本部分由中国通信标准化协会归口。

本部分起草单位：工业和信息化部电信研究院、中兴通讯股份有限公司、华为技术有限公司、上海贝尔股份有限公司。

本部分起草人：孙明俊、张恒升、郭亮、杨崑、吴永明、孙志斌、张清。

基于IP网络的视讯会议系统设备技术要求　第4部分：网守(GK)

1　范围

GB/T 21642 的本部分规定了 IP 视讯会议网守设备的功能要求、接口要求、性能指标要求、协议要求、通信流程、编址和命名、计费要求、操作维护管理要求、环境要求及供电要求等。

本部分适用于 IP 视讯会议网守设备。

2　规范性引用文件

下列文件对于本文件的应用是必不可少的。凡是注日期的引用文件，仅注日期的版本适用于本文件。凡是不注日期的引用文件，其最新版本(包括所有的修改单)使用于本文件。

YD/T 1096—2009　路由器设备技术要求　边缘路由器

YD/T 1097—2009　路由器设备技术规范　核心路由器

ITU-T H.225.0　基于分组的多媒体通信系统的呼叫信令协议和媒体流的打包(Media stream packetization and synchronization on non-guaranteed quality of service LANs)

ITU-T H.235　H 系列(H.323 和其它基于 H.245)多媒体终端的安全与加密(Security and encryption for H—Series(H.323 and other H.245-based)multimedia terminals)

ITU-T H.245　多媒体通信的控制协议(Control protocol for multimedia communication)

ITU-T H.323　基于分组的多媒体通信系统(Packet-based multimedia communications systems)

3　术语和定义、缩略语

3.1　术语和定义

下列术语和定义适用于本文件。

3.1.1

视讯会议业务　video conference service

采用图像、语音压缩技术，利用视讯会议通信系统和数字传输电路，在两点或多点间实时传送活动图像、语音，应用数据(电子白板、图形)信息形式的通信业务。

3.1.2

IP 视讯会议业务　IP video conference service

端到端都采用 IP 协议的多点视讯会议业务，即会议系统中所有终端都支持 TCP/IP 协议，本部分中的终端特指支持 ITU-T H.323 的终端。

3.1.3

网守　Gatekeeper

网络中的一个功能实体，提供地址翻译。网络的接入控制，带宽管理。会议资源调度。

3.1.4

多点控制器　multipoint controllor

网络中的一个功能实体，提供参加多点会议的多个成员之间的控制。MC 提供与所有终端间的能力协商，提供公共能力集，负责管理会议资源。

3.1.5

多点处理器　multipoint processor

网络中的一个功能实体，提供音频视频的集中处理(切换、混合)等。

3.1.6

视讯会议终端　video conference terminal

是处于用户侧，用于完成用户视音频信息采集、处理和放，并同时完成相应其他控制功能的设备。本部分中的终端都假设是IP终端。

3.1.7

多点控制单元　multipoint control unit

是网络中一个端点，它为3个或更多终端及网关参加一个多点会议服务。它也可以连接两个终端构成点对点会议，随后再扩展为多点会议。

3.2 缩略语

下列缩略语适用于本文件。

CID	Conference Identifier	会议标识
DNS	Domain Name System	域名系统
GK	Gatekeeper	网守
IP	Internet Protocol	因特网协议
MC	Multipoint Controller	多点控制器
MCU	Multipoint Control Unit	多点控制单元
MP	Multipoint Processor	多点处理器
QoS	Quality of Service	服务质量
RADIUS	Remote Authentication Dial In User Service	远程验证用户拨入服务
RAS	Registration, Admission and Status	注册，认证和状态
RTCP	Real Time Transport Control Protocol	实时传输控制协议
RTP	Real Time Transport Protocol	实时传输协议
TCP	Transmission Control Protocol	传输控制协议
UDP	User Datagram Protocol	用户数据报协议

4 功能要求

4.1 概述

4.1.1 IP视讯会议网守的位置

IP视讯会议网守设备(GK)向H.323端点(H.323终端、MC、MP、网关)提供呼叫控制服务。在一个网络中，可以存在多个GK，并相互通信。

IP视讯会议网总体框架图见图1，主要包括MC、MP、网关、IP视讯会议网络的管理设备(如网守、计费/认证中心等)、IP视讯会议终端等。

IP视讯会议网采用三级体系结构，即顶级网守、中间网守和接入网守，在系统规模较小时可以根据需要将中间网守与接入网守合并。

接入网守与应用服务器之间的接口暂不要求。

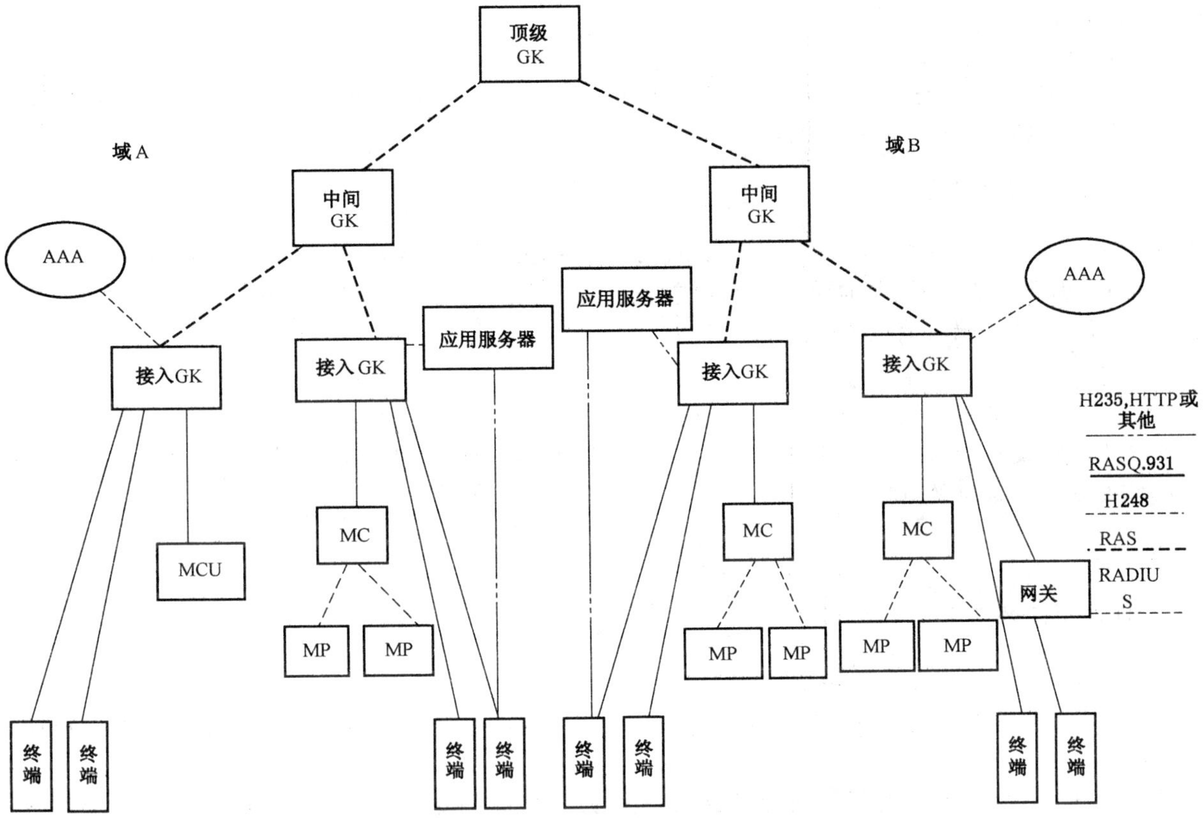

图 1 IP 视讯会议网的总体框架

4.1.2 功能概述

网守应提供以下主要功能：

——地址解析；

——支持 H.323、H.225.0、H.245、H.235 协议和 RADIUS 协议；

——与计费/认证中心交互计费和认证信息；

——带宽管理；

——呼叫管理与呼叫控制；

——提供安全性管理；

——资源管理；

——具有与网管系统的接口，完成配置、统计、故障查询、告警等功能；

——顶级网守还负责完成国际呼叫的接续，此时顶级网守在对方顶级网守支持主叫号码传送业务时必须能从对端网守接收主叫号码并传送到国内网络。

其中，由于在网络所处位置不同，各级网守应提供的功能也有所不同。

4.2 各级网守功能要求

4.2.1 顶级网守主要功能

顶级网守负责管理属于该运营者的所有中间网守，主要负责中间网守之间的地址解析；不同运营商IP 视讯会议网之间的互通，地址交换由顶级网守来完成；负责管理国际业务，即国际呼叫的建立与拆除均需经过顶级网守。

4.2.2 中间网守主要功能

中间网守主要负责管理该中间网守所管辖的全部接入网守间的地址解析工作。在两级网的情况下，中间网守的功能全部归入接入网守。

4.2.3 接入网守主要功能

接入网守所管辖范围称为一个区域，接入网守主要负责所属区域内视讯会议终端，MC、MP或MCU，网关的地址解析和认证，防止非法用户的接入和非法网关的登记；负责向所属MCU提供路由信息，包括终端，网关的端口信息等。

4.3 协议功能

网守设备应支持H.323、H.225.0、H.245、H.235，RADIUS协议等协议。
具体要求见第8章的规定。

4.4 互通要求

4.4.1 网守之间的互通

网守之间的通信完成不同区域之间的呼叫建立。

顶级网守与中间网守之间，或中间网守与接入网守之间的互通采用RAS协议，主要传送用户地址解析信息。

顶级网守之间的互通负责不同运营者IP视讯会议网之间的互通，国内IP视讯会议运营者顶级网守之间的互通可以采用ITU-T H.225.0的Annex G的规定。

4.4.2 网守与网关之间的互通

网守与网关之间使用RAS协议进行通信。RAS信令功能采用H.225.0消息在GK和端点之间完成注册、接入控制、带宽控制、状态信息传送和切断规程等。RAS信令通路与呼叫信令通路和H.245呼叫控制通路无关。RAS信令通路为非可靠通路，使用UDP方式传送信息。

4.5 接入认证功能

网守应与IP视讯会议网中的RADIUS服务器一起完成对用户的接入认证。

4.6 地址解析功能

在主叫端点用它的被叫别名地址通知被叫端点时，GK应完成转换被叫别名地址为呼叫信令通路传送地址。这个转换工作可以通过应用服务器的转换表或其他方式来实现，并且该转换表由注册消息来更新。

4.7 呼叫控制功能

RAS呼叫信令宜采用网守路由方式进行。国际IP视讯会议呼叫流程中，呼叫信令应通过顶级网守转发。

4.8 IP视讯会议网守的管理功能

4.8.1 对网关状态报告的处理

状态报告是指网关以一定的时间间隔或IRQ消息以IRR消息的形式向网守报告某一会议的状态信息，如通断情况、编码类型和带宽等。网守可以根据状态报告掌握各个会议的进行情况。

4.8.2 对资源报告的处理

资源报告 RAI 消息是指 MCU 或 MC 向网守汇报其当前的呼叫处理能力，网守可以根据资源报告决定是否接纳新的话路或给网关增加带宽。

4.9 带宽管理功能

GK 可以控制允许同时接入到网络的 H.323 端点的数量。通过使用 H.225.0 信令，GK 可以由于带宽的限制为由来拒绝新的会议，也可以为正在进行的会议分配附加的带宽。带宽管理和申请应采用 BRQ/BCF/BRJ 消息来。

4.10 计费功能

计费采集点设在接入网守，网守应能够在会议开始时采集计费信息，并在会议结束时向计费/结算中心传送详细计费信息，并保证计费的准确性。

网守的计费具体格式见第 11 章的规定。

4.11 网管和维护功能

网守设备可以通过具有与内部的 SNMP 代理模块进行通信，完成配置、统计、故障查询、告警等功能。对于采用硬件方式实现的网守设备，应能支持本地维护管理。具体要求见第 12 章的规定。

4.12 时间同步功能

网守应支持 NTP 协议。

5 安全要求

5.1 概述

网守设备应提供安全性管理功能。网守设备的安全性包括设备安全和接入认证安全两个方面。

5.2 设备安全

5.2.1 IPSEC

网守可选支持 IPSEC 协议，包括 AH(Authentication Head)及 ESP(Encapsulating Security Payload)，对所有通过网守的消息进行加密。

5.2.2 访问控制

网守应支持基于用户帐号的访问控制，防止非法用户对服务器的访问。可选支持基于源地址/目的地址的访问控制、基于源端口/目的端口的访问控制、基于指定协议的访问控制以及基于时间的访问控制等。

5.2.3 设备抗攻击性功能

5.2.3.1 IP 地址欺骗

设备可抵抗多数对受保护网络内部的 IP 地址欺骗攻击，如 ARP 欺骗攻击、路由攻击(基于 ICMP 的路由欺骗攻击、基于 RIP 的路由欺骗攻击、基于源路由选择的攻击)DNS 攻击，TCP 连接欺骗攻击等。

5.2.3.2 **ICMP 攻击**

设备可抵抗多数对受保护网络内部的ICMP攻击,如目的地址不可达报文攻击、源抑制报文攻击、重定向消息攻击。

5.2.3.3 **IP 分片攻击**

设备可抵抗多数对受保护网络内部的IP分片攻击,防止非法IP分片通过。

5.2.3.4 **拒绝服务攻击(DoS 攻击)**

设备可抵抗多数对受保护网络内部主机的拒绝服务攻击(DoS攻击)攻击和对设备本身的攻击,如SYN flood、smurf attack、ping of death、teardrop attack、land-based attack、ping sweep、ping flood 等。

5.2.4 **安全日志**

安全日志可该提供管理员上线/下线的记录,并提供用户数据访问的记录。

网守可对所有的用户报文进行规则检查,丢弃非法报文,并提供可信赖的日志记录。

网守可以将本地日志备份到日志服务器上,以备事后进行分析、查询。

5.3 **接入认证的安全**

网守应支持基于RAS协议的用户认证方式。

5.3.1 **安全认证流程**

网守应支持基于RAS协议的用户认证方式,如图2。网守的安全认证主要是实现对网守需要处理的消息进行身份认证和消息完整性检查。通过GRQ/GCF消息完成H.235建议中的安全机制能力的协商。如果GK设置需要进行身份认证,收到GRQ消息中没有身份认证能力的描述,则GK回应GRJ拒绝。

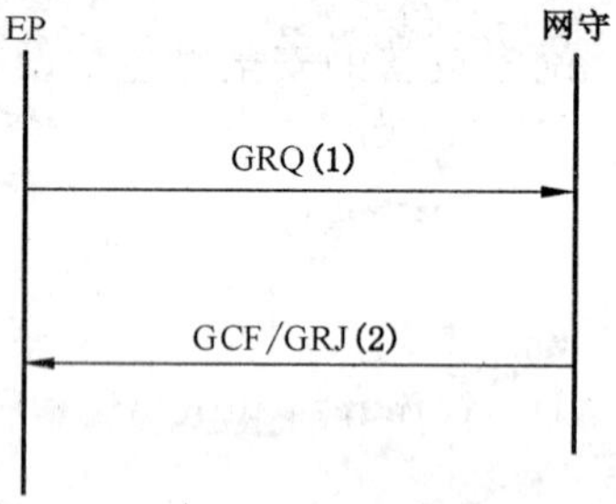

图2 基于RAS协议的用户认证方式

GRQ,GCF这2个消息本身不用认证。安全能力的表达遵循ITU-T H.235附录D的规定。

GRQ消息中使用的和H235相关的内容如下:

```
GatekeeperRequest ::= SEQUENCE --(GRQ)
{
—省略不相关的字段
  tokens                   SEQUENCE OF ClearToken OPTIONAL,
  cryptoTokens             SEQUENCE OF CryptoH323Token OPTIONAL,--不使用
  authenticationCapability SEQUENCE OF AuthenticationMechanism OPTIONAL,
  algorithmOIDs            SEQUENCE OF OBJECT IDENTIFIER OPTIONAL,
—省略不相关的字段
```

}

在 tokens 字段中，用来填写设备支持的 H235 基线，ClearToken 中的 TokenOID 如下：

OID 引用名	OID 值	描述
“T”	{itu-t(0) recommendation(0) h(8) 235 version(0)2 5}	指示 HASH 运算中的 CLEARTOKEN 用法，这里指按 ANNEX-D 规定的方式处理

其他的字段可以不用。

GCF 消息中使用的和 H235 相关的内容如下：

```
GatekeeperConfirm ::= SEQUENCE --(GCF)
{
—省略无关字段
  authenticationMode    AuthenticationMechanism OPTIONAL,
  tokens                SEQUENCE OF ClearToken OPTIONAL,
  cryptoTokens          SEQUENCE OF CryptoH323Token OPTIONAL,
  algorithmOID          OBJECT IDENTIFIER OPTIONAL,
—省略无关字段
}
```

只需要填 tokens，填写的方法同 GRQ。

5.3.2 RAS 过程安全

RAS 的安全过程通过对时间戳、终端标识符、网守标识符，预设密码参数 HASH 运算来实现认证和完整性检查，如图 3。

a) H323 设备将 RAS 消息 HASH 后，发送消息给 GK。
b) GK 收到 xRQ 消息后，利用消息中的 xRQ→cryptoTokens 内容进行认证和完整性检查，如果检查通过，则根据一般的 xRQ 处理规则进一步处理。如果检查不通过，则响应 xRJ 消息。同样地，GK 发出的消息也要进行 HASH 运算。
c) H323 设备收到 GK 来的响应消息，利用消息中的 xCF/xRJ→cryptoTokens 内容进行认证和完整性检查，如果检查通过，则根据一般的 xCF/xRJ 处理规则进一步处理。如果检查不通过，则丢弃这个消息。

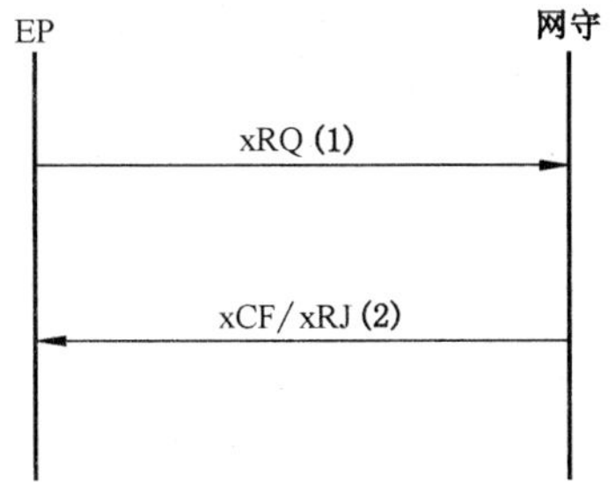

图 3 RAS 的安全过程

xRQ 消息的和安全相关内容如下：

xRQ→ cryptoTokens 用来保存和 H.235 协议相关的内容，为 SEQUENCE OF CryptoH323Token 类型。

CryptoH323Token 是一个 CHOICE 类型结构，选择

nestedcryptoToken，

nestedcryptoToken 为 CryptoToken 类型，CryptoToken 也是一个 CHOICE 类型的数据结构，选择

cryptoHashedToken,

cryptoHashedToken 是 SEQUENCE 类型结构

cryptoHashedToken SEQUENCE

{

tokenOID　　OBJECT IDENTIFIER,

hashedVals　　ClearToken,

token　　HASHED {EncodedGeneralToken}

}

tokenOID 取"A"或者"B"(A,B 是 OID 的引用名,真实值参考前面的 OID 表)。A 表示认证加消息完整性检查,B 表示只进行认证。

OID 引用名	OID 值	描　　述
"A"	{itu-t(0)recommendation(0)h(8)235 version(0)2 1} {itu-t(0)recommendation(0)h(8)235 version(0)1 1}	用于 CryptoToken-tokenOID,指示是非对整个消息进行 HASH 运算,即进行消息完整性检查
"B"	{itu-t(0)recommendation(0)h(8)235 version(0)3 2} {itu-t(0)recommendation(0)h(8)235 version(0)2 2} {itu-t(0)recommendation(0)h(8)235 version(0)1 2}	用于 CryptoToken-tokenOID 指示只对消息的部分字段进行 HASH 运算,即不进行消息完整性检查

hashedVals 用来保存明文,类型为 ClearToken。如果要对消息进行完整性检查,那么 HASH 运算将作用到整个消息;如果只进行认证,那么 HASH 运算只针对 hashedVals 包含的信息进行即可。

ClearToken　　::= SEQUENCE

{

tokenOID　　OBJECT IDENTIFIER,　　设置为"T",引用名,真实值参考前面的 OID 表

timeStamp　TimeStamp OPTIONAL,　　必须使用,消息时间标签

password　　Password OPTIONAL,　　不用

dhkey　　DHset OPTIONAL,　　不用

challenge　　ChallengeString OPTIONAL,　　不用

random　　RandomVal OPTIONAL,　　必须使用,按加 1 递增

certificate　TypedCertificate OPTIONAL,　　不用

generalID　　Identifier OPTIONAL,　　必须使用

nonStandard　　NonStandardParameter OPTIONAL,不用

...,

eckasdhkey　ECKASDH OPTIONAL,　不用

sendersID　　Identifier OPTIONAL,　　对于 RRQ 消息,不用,因为终端 ID 由 GK 在 RCF 消息中分配,

h235Key　　H235Key OPTIONAL,不用

}

token 用来描述 HASH 算法的结果,token 为 HASHED {EncodedGeneralToken} 类型。

HASHED 定义如下:

HASHED {ToBeHashed} ::= SEQUENCE {

algorithmOID　　OBJECT IDENTIFIER, —HASH 算法 ID,OID 参考值为"U",表示用

HMAC-SHA1-96 算法

paramS Params, -- 运行时参数,设置为 NULL

hash BIT STRING-HASH 运算结果

}(CONSTRAINED BY {-- Hash -- ToBeHashed})

EncodedGeneralToken ::= TYPE-IDENTIFIER. &Type(ClearToken -- *general usage token* --)

6 接口要求

6.1 以太网接口

IP 视讯会议网守应支持 10 Mbps 以太网接口和 100 Mbps 以太网接口。

10/100 Mbit/s 以太网接口具体要求见 YD/T 1096。

6.2 千兆比以太网接口(可选)

IP 视讯会议网守可以支持千兆以太网接口(符合 IEEE802.3z)。

1 000 Mbps 以太网物理接口支持 1 000Base-SX,1 000 Base-LX,以及 1 000 BaseT。1 000 BaseT 接口应符合 IEEE802.3ab。

千兆比以太网接口的具体要求见 YD/T 1097。

6.3 本地维护接口(可选)

采用硬件方式实现的 IP 视讯会议网守应支持本地维护管理接口,可以采用 RS-232 接口或 10 Mbps/100 Mbps 自适应接口。

7 性能指标要求

7.1 呼叫处理能力

网守呼叫处理能力根据网守分级分别来规定。

顶级网守或中间网守并行处理呼叫的能力应大于 160 K BHCA。

接入网守性能使用网守可管理的 MCU 数目以及呼叫处理能力这两个参数来衡量。根据当前 IP 视讯会议的组网结构情况,网守可管理的 MCU 数目应不少于 200 个。目前,表示呼叫处理能力的参数有 BHCA,每 s 呼叫数目,同时处理呼叫的数目等。建议采用 BHCA 来衡量处理呼叫能力,并规定每个 GK 处理呼叫的能力应大于 40 K BHCA。

7.2 计费性能指标

本地时钟精度≤1 s。

计费精度≤1 s。

计费差错率≤0.05%(包括误计和计费精度超差)。

7.3 可靠性和可用性要求

IP 视讯会议网守设备必须采用容错技术设计,利用双备份、多级分散控制等方法实现最大限度的系统可靠性。

当 IP 视讯会议网守设备出现故障时,应能在尽可能短的时间内得以维护而恢复功能,具体的操作详见第 12 章的维护管理部分。

8 协议要求

8.1 H.225.0 消息

8.1.1 RAS

RAS 消息是基于 IP 网络的视讯会议系统的网关,MC,MCU 和终端与 GK 之间的 GK 发现、注册(Registration)、接入认证(Admission)和状态查询(Status)协议。端点发送询问消息的 RequestSeqNum 的最高位为 0,GK 发送的询问消息的 RequestSeqNum 的最高位为 1。

本部分仅规定与网守相关的 H.323 RAS 消息。

8.1.1.1 消息

8.1.1.1.1 GK 发现消息

表 1 给出了 GK 发现消息。

表 1 GK 发现消息

序号	消息缩写	名称	发送方	接收方	说明
1	GRQ	GK 发现消息	端点	GK	GRQ 为 GK 发现消息。该消息主要用于注册双方认证字的交换。在不需要进行认证字交换时,不需要发送本消息。此消息为选用消息。在需要发送该消息时,在下列情况下发送 GRQ 消息: a) 端点启动时; b) 端点在收到 GK 对 RRQ 的拒绝回答 RRJ 消息时。 本部分中规定端点将 GRQ 消息向预定 GK 发送,不广播。本消息为选用消息
2	GCF	GK 确认消息	GK	端点	对 GRQ 消息的确认应答,本消息为选用消息
3	GRJ	GK 拒绝消息	GK	端点	对 GRQ 消息的拒绝应答,本消息为选用消息

8.1.1.1.2 注册消息

注册消息由表 2 给出。

表 2 注册消息

序号	消息缩写	名称	发送方	接收方	说明
1	RRQ	注册请求消息	端点	GK	端点向 GK 的的注册登记请求消息,MC 在设备电源开启后必须定期(小于 RCF 的 timetolive 确定的时间)向 GK 发送 RRQ 消息,以表明设备仍然存活,具体的超时和重发次数要求见 RAS 消息的定时器及重发次数。端点在首次注册时应将 RRQ 消息中的 discoverycomplete 置 0,其余报告其存活的 RRQ 消息的 discoverycomplete 置 1
2	RCF	注册确认消息	GK	端点	对 RRQ 消息的确认回答
3	RRJ	注册拒绝消息	GK	端点	对 RRQ 消息的拒绝应答

8.1.1.1.3 注销消息

注销消息由表3给出。

表3 注销消息

序号	消息缩写	名称	发送方	接收方	说 明
1	URQ	注销请求消息	端点	GK	端点向GK注销登记
2	UCF	注销确认消息	GK	端点	对URQ消息的确认应答
3	URJ	注销拒绝消息	GK	端点	对URQ消息的拒绝应答

8.1.1.1.4 连接消息

连接建立消息由表4给出。

表4 连接建立消息

4	ARQ	准入请求消息	端点	GK	会议预约或开始召集会议时端点和视讯会议终端向GK发送的接入认证请求消息
5	ACF	准入确认消息	GK	端点	对ARQ消息的确认响应,终端进行会议预约时,GK在回送的ACF消息中应携带为这次会议分配的会议号,在ACF消息的非标准字段中携带
6	ARJ	准入拒绝消息	GK	端点	对ARQ消息的拒绝响应

拆除连接消息由表5给出。

表5 拆除连接消息

序号	消息缩写	名称	发送方	接收方	说 明
1	DRQ	脱离请求消息	端点	GK	会议结束或会议过程中有终端退出时,端点向GK发送的拆除连接请求消息
2	DCF	脱离确认消息	GK	端点	对DRQ的确认响应消息
3	DRJ	脱离拒绝消息	GK	端点	对DRQ的拒绝响应消息

8.1.1.1.5 带宽管理消息

带宽管理消息由表6给出。

表 6 带宽管理消息

序号	消息缩写	名称	发送方	接收方	说明
1	BRQ	带宽请求消息	端点	GK	终端、端点与GK之间的带宽改变的请求的消息，当GK具备带宽管理能力时，则带宽管理消息是有实用意义的。由于ARQ消息的bandwidth所取的值总是大于每一通路实际占用的带宽，因此为了能使GK掌握各终端的带宽利用情况，终端应根据实际带宽利用情况利用BRQ消息改变带宽，以便释放多余的带宽或请求增加带宽。若是利用BRQ消息增加带宽，则必须等待GK的确认
2	BCF	带宽确认消息	GK	端点	对BRQ消息的确认消息
3	BRJ	带宽拒绝消息	GK	端点	对带宽改变请求的拒绝消息

8.1.1.1.6 状态消息

状态消息由表7给出。

表 7 状态消息

序号	消息缩写	名称	发送方	接收方	说明
1	IRQ	消息查询	GK	端点	GK向会议终端或MC发出的询问某一通路或所有通路的状态请求消息。若callReferenceValue为0，则端点需要在同一条IRR消息中报告所有通路的状态信息；CallReferenceValue为0的IRQ的发送间隔应大于10 s
2	IRR	消息查询响应	端点	GK	会议终端或端点根据ACF命令设定的间隔或IRQ请求向GK发送的状态消息
3	IACK	消息查询确认	端点	GK	对IRR消息的确认响应
4	INAK	消息查询否认	端点	GK	对IRR消息的拒绝响应

8.1.1.1.7 资源报告消息

资源报告消息由表8给出。

表 8 资源报告消息

序号	消息缩写	名称	发送方	接收方	说明
1	RAI	资源可用指示消息	端点	GK	端点向GK发送的资源可用情况报告消息
2	RAC	资源可用确认消息	GK	端点	对RAI的确认消息

8.1.1.1.8 业务控制消息

业务控制消息由表9给出。

表 9 业务控制消息

序号	消息缩写	名称	发送方	接收方	说明
1	RIP	RAS 消息的请求进展消息	端点	GK	RIP 消息是当终端收到一个请求消息后，如果判断在相应的超时(timeout)时间内不能及时返回回答消息，则该终端可通过发送 RIP 消息以延长对方等待时间，这个等待时间由 RIP 消息的 delay 域决定。对端在 timeout 加 delay 的时间内若没有收到回应则作超时处理

8.1.1.2 RAS 消息的定时器和重发次数

表 10 规定了各 RAS 消息对应的定时器值和重发次数

表 10 RAS 消息对应的定时器值和重发次数

RAS 消息	定时器值/s	重发次数
GRQ	5	2
RRQ	3	2
URQ	3	1
ARQ	5	2
BRQ	3	2
IRQ	3	1
IRR	5	2
DRQ	3	2
LRQ	5	2
RAI	3	2
SCI	3	2

8.1.2 Q.931

Q.931 消息由表 11 给出。

表 11 Q.931 消息

序号	缩写	名称
1	Setup	呼叫建立
2	CallProceeding	呼叫处理
3	Alerting	警告
4	Connect	连接
5	ReleaseComplete	释放

8.1.2.1 Q.931 消息的定时器和重发次数

表 12 规定了各 Q.931 消息对应的定时器值和重发次数。

表 12 Q.931 消息对应的定时器值和重发次数

定时器名称	定时器值/s
Setup 定时器[a]	4
Establishment 定时器[b]	180

[a] Setup 定时器值是指端点送出 Setup 消息后等待回送 ALERTING 或 CALL PROCEEDING 或 CONNECT 或 RELEASE COMPLETE 或其他消息时间。

[b] Establishment 定时器值指端点收到 ALERTING 消息等待回送 CONNECT 消息的时间或端点中断此次呼叫而送出 RELEASE COMPLETE 消息的时。

9 通信流程

9.1 注册/注销流程

9.1.1 终端注册流程

图 4 为终端注册流程,流程说明如下:

1) 终端向网守发 RRQ 消息,携带有终端标识、地址等信息;
2) 网守收到 RRQ 消息后,利用“接入请求”(Access-Request)消息将用户信息发送到 AAA 服务器进行验证;
3) AAA 进行用户认证,如通过,向 GK 回送“接入认可”(Access-Accept)消息;
4) 网守收到 AAA 服务器来的“接入认可”消息后,向终端用户发送 RCF 消息。

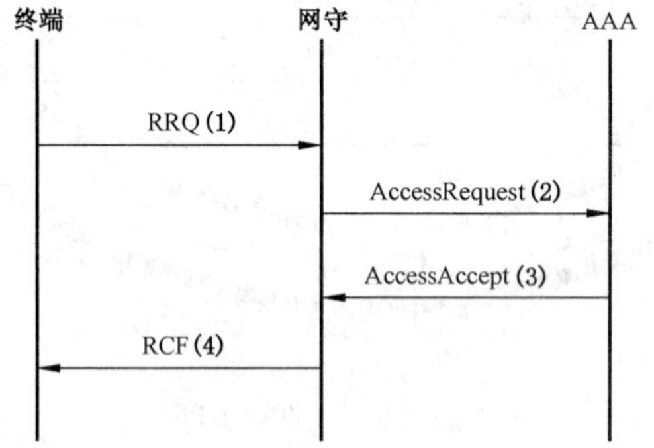

图 4 终端注册流程

9.1.2 MC 注册流程

图 5 为 MC 注册流程,流程说明如下:

1) MC 启动,向网守发 RRQ 消息,携带有 MC 标识、地址等信息;
2) 网守回送 RCF 消息。

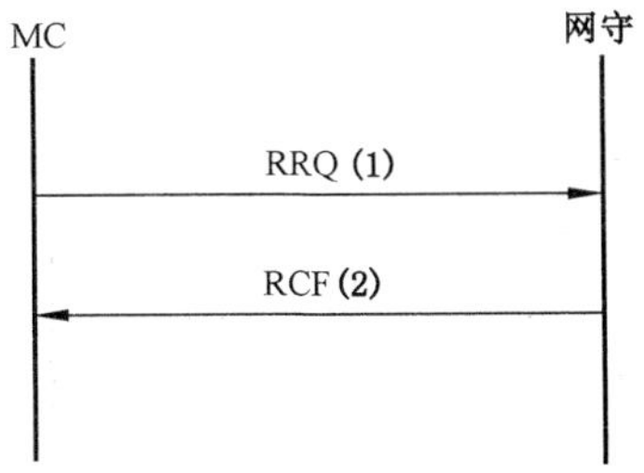

图 5 MC 注册流程

9.1.3 MP 注册流程

图 6 为 MP 向网守的注册流程，流程说明如下：

1） MP 向 MC 发送 ServiceChange 进行注册，ServcieChange 中的 TerminationId 设置为 Root，Method 设置为 Restart；
2） MC 回送证实的 Reply 消息；
3） MC 向其注册的接入网守发送 RRQ 消息，该消息中携带有 MP 标识、地址等信息；
4） 接入网守收到 RRQ 消息后，网守向 MC 回送 RCF 消息；
5） MC 向 MP 发 Auditcapability 请求 MP 发送能力集；
6） MP 用 Reply 送出能力集；
7） MC 向其注册的接入网守发送 RAI 消息，报告 MP 的能力信息；
8） 接入网守收到 RAI 消息后，网守向 MC 回送 RAC 消息。

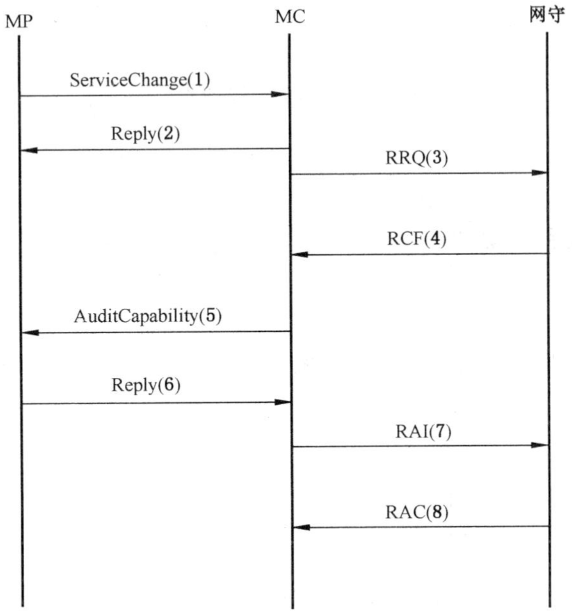

图 6 MP 向网守的注册流程

9.1.4 MCU 注册流程

图 7 为 MCU 注册流程，流程说明如下：

1） MCU启动，向网守发RRQ消息，携带有MCU标识、地址等信息；

2） 网守回送RCF消息。

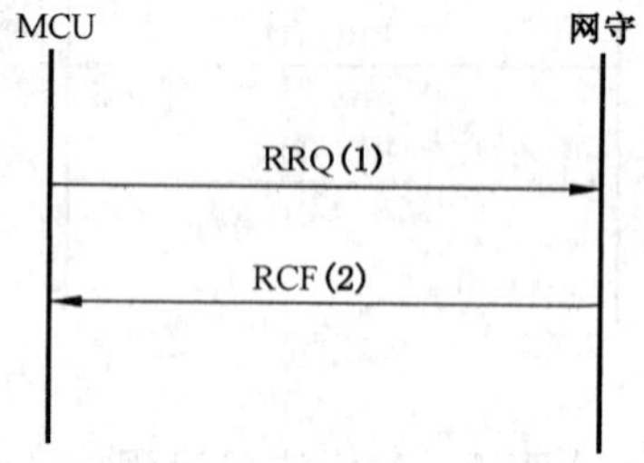

图7 MCU注册流程

9.1.5 终端注销

图8为终端注销流程，流程说明如下：

1） 终端向网守发URQ消息；

2） 网守回送UCF消息。

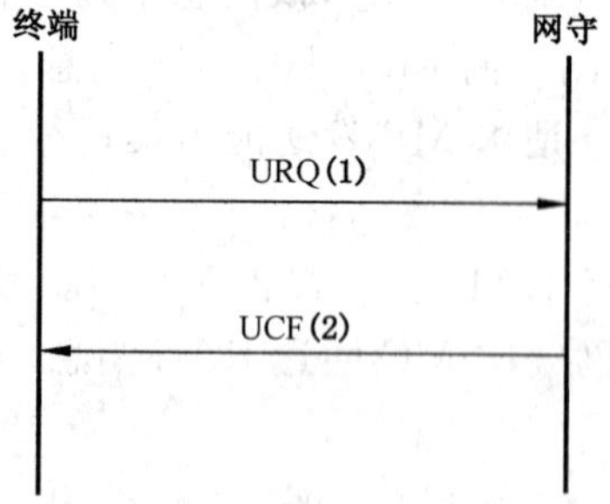

图8 终端注销流程

9.1.6 MC注销

图9为MC注销流程，流程说明如下：

1） MC向网守发URQ消息；

2） 网守回送UCF消息。

注：MC注销首先必须保证将其上所有注册MP都已注销或转到其他MC，GK才能接受MC的注销消息。

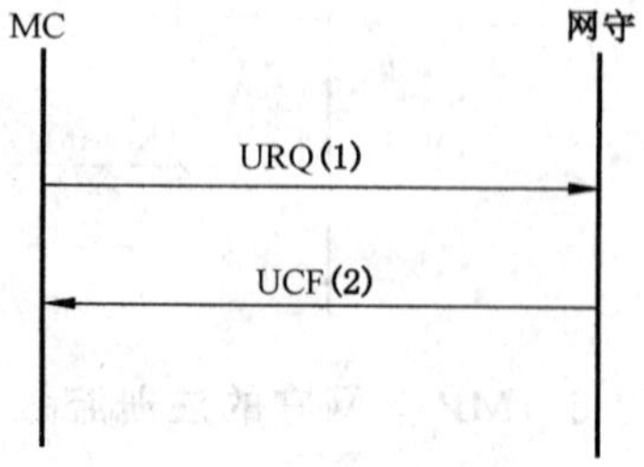

图9 MC注销流程

9.1.7 MP 注销

图 10 为 MC 向网守注销流程，流程说明如下：

1） MP 向 MC 发送 ServiceChange 进行注销，ServcieChange 中的 TerminationId 设置为 Root，Method 设置为 Forced；
2） MC 向其注册的接入网守发送 URQ 消息，该消息中携带有 MP 的地址等消息；
3） 接入网守收到 URQ 消息后，网守向 MC 回送 UCF 消息；
4） MC 回送证实的 Reply 消息。

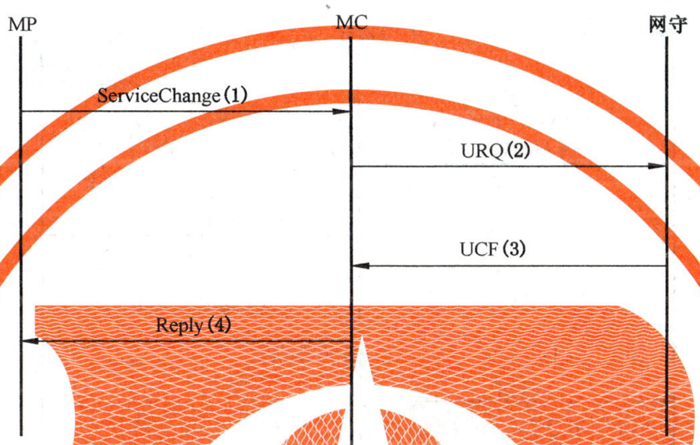

图 10 MP 向网守的注销流程

9.1.8 MCU 注销流程

图 11 为 MCU 注销流程，流程说明如下：

1） MCU 向网守发 RRQ 消息；
2） 网守回送 RCF 消息。

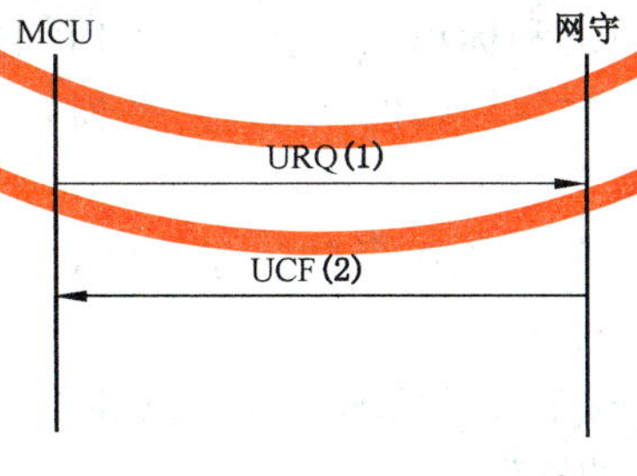

图 11 MCU 注销流程

9.2 会议预约

9.2.1 会议在同一网守下的会议预约

图 12 为同一网守下的会议预约流程，流程说明如下：

1） 终端向其注册的接入网守发送 ARQ 消息，该消息中携带有预约者的账号，密码，会议召集者标识、受邀请的会议成员的情况和标识以及会议开始时间等；

2） 接入网守收到 ARQ 消息后，向其后台的 AAA 服务器发送 AccessRequest 消息，对预约终端的账号和密码进行认证；

3） AAA 服务器查找其数据库中关于预约者的信息，确认该用户有权召集会议后，AAA 服务器向网守回送 AccessResponse 消息；

4） 收到 AccessResponse 消息，网守检查资源预约情况；如果允许，为会议预留相应的网络资源，分配会议号，向预约终端回送 ACF 消息；否则发送 ARJ 消息。

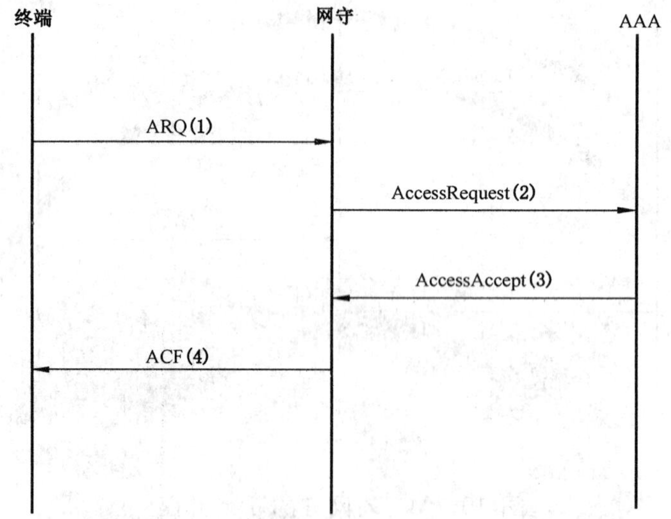

图 12 同一网守下的会议预约

9.2.2 会议在不同网守下的会议预约

图 13 为不同网守下的会议预约，流程说明如下：

1） 终端向其注册的接入网守发送 ARQ 消息，该消息中携带有预约者的账号，密码，会议召集者标识、受邀请的会议成员的情况和标识以及会议开始时间等；

2） 接入网守收到 ARQ 消息后，向其后台的 AAA 服务器发送 AccessRequest 消息，对预约终端的账号和密码进行认证；

3） AAA 服务器查找其数据库中关于预约者的信息，确认该用户有权召集会议后，AAA 服务器向网守回送 AccessResponse 消息；

4） 收到 AccessResponse 消息，网守由于发现本次会议涉及其他网守所辖的终端，向上级网守发送 LRQ 消息，请求预约相应的资源；

5） 上级网守收到 LRQ 消息，根据 LRQ 消息指示的信息，向相应的接入网守转发 LRQ 消息；

6） 该接入网守为会议预留相应资源，预约成功，回送 LCF 消息；

7） 顶级网守收到 LCF 消息后，向接入网守回送 LCF 消息；

8） 接入网守收到 LCF 消息后，确定本次会议资源调度完成，分配会议号，同时向预约终端回送 ACF 消息；否则发送 ARJ 消息。至此会议预约完成。

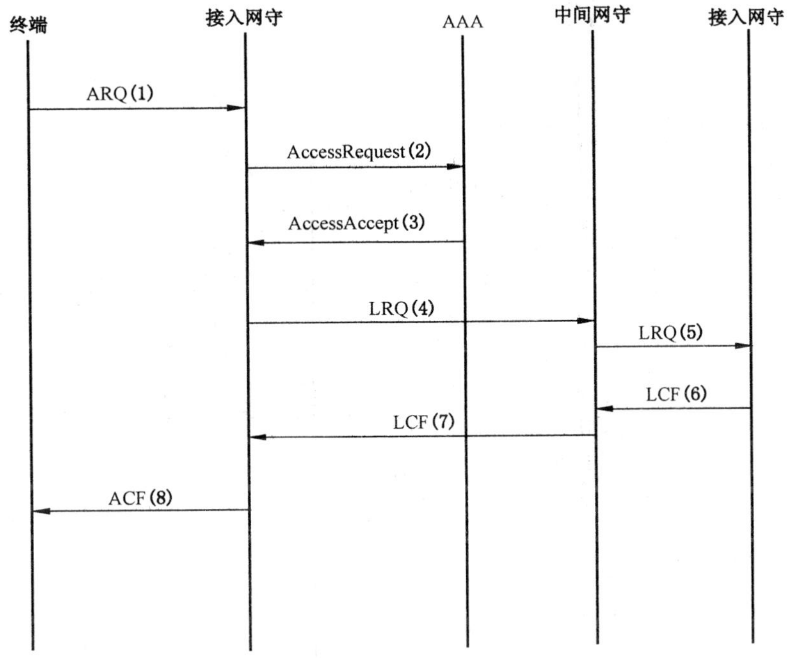

图 13 不同网守下的会议预约

9.2.3 会议的 WEB 预约

9.2.3.1 同一网守下的会议 WEB 预约

图 14 为同一网守下的会议 WEB 预约流程，流程说明如下：

1) 用户向 WEB 服务器发送预约者的账号、密码、会议召集者标识、受邀请的会议成员的情况和标识以及会议时间等信息，WEB 服务器向接入网守发送该信息；
2) 接入网守收到信息后，向其后台的 AAA 服务器发送 AccessRequest 消息，对预约终端的账号和密码进行认证；
3) AAA 服务器查找其数据库中关于预约者的信息，确认该用户有权召集会议后，AAA 服务器向网守回送 AccessResponse 消息；
4) 网守收到 AccessResponse 消息，检查本次会议是否涉及其他网守所辖终端，发现本次会议不涉及其他网守所辖终端，网守检查资源预约情况；如果允许，为会议预留相应的网络资源，分配会议号；
5) 接入网守向 WEB 服务器回送确认信息，其中包含本次会议的标识；否则发送拒绝信息；
6) WEB 服务器向用户发送预约确认信息，包含本次会议的标识等信息。至此会议预约完成。

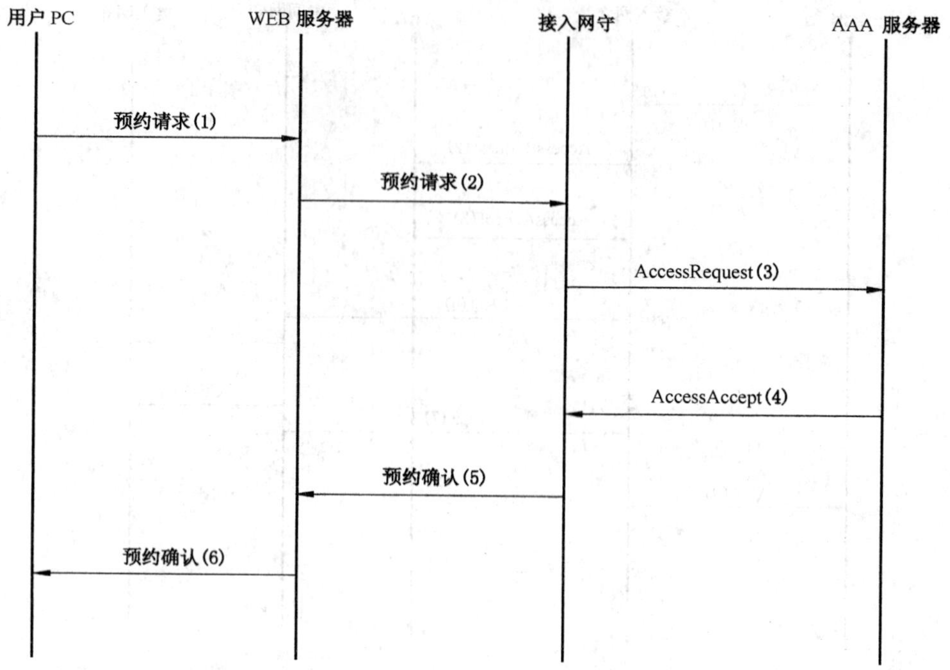

图 14　同一网守下的会议 WEB 预约

9.2.3.2　不同网守下的会议 WEB 预约

图 15 为不同网守下的会议 WEB 预约流程，流程说明如下：

1）　用户向 WEB 服务器发送预约者的账号、密码、会议召集者标识、受邀请的会议成员的情况和标识以及会议时间等信息，WEB 服务器向接入网守发送该信息；

2）　接入网守收到信息后，向其后台的 AAA 服务器发送 AccessRequest 消息，对预约终端的账号和密码进行认证；

3）　AAA 服务器查找其数据库中关于预约者的信息，确认该用户有权召集会议后，AAA 服务器向网守回送 AccessResponse 消息；

4）　网守收到 AccessResponse 消息，检查本次会议是否涉及其他网守所辖终端，发现本次会议涉及其他网守所辖的终端，就向上级网守发送 LRQ 消息，请求预约相应的资源；

5）　上级网守收到 LRQ 消息，根据 LRQ 消息指示的地址，向相应的接入网守转发 LRQ 消息；

6）　该接入网守为会议预留相应资源，预约成功，回送 LCF 消息；

7）　顶级网守收到 LCF 消息后，向接入网守回送 LCF 消息；

8）　接入网守收到 LCF 消息后，网守检查资源预约情况，为本地终端预留相应的网络资源。接入网守分配会议号；

9）　网守向 WEB 服务器回送确认信息，其中包含本次会议的标识；否则发送拒绝信息。至此会议预约完成；

10）WEB 服务器向用户发送预约确认信息，包含本次会议的标识等信息。

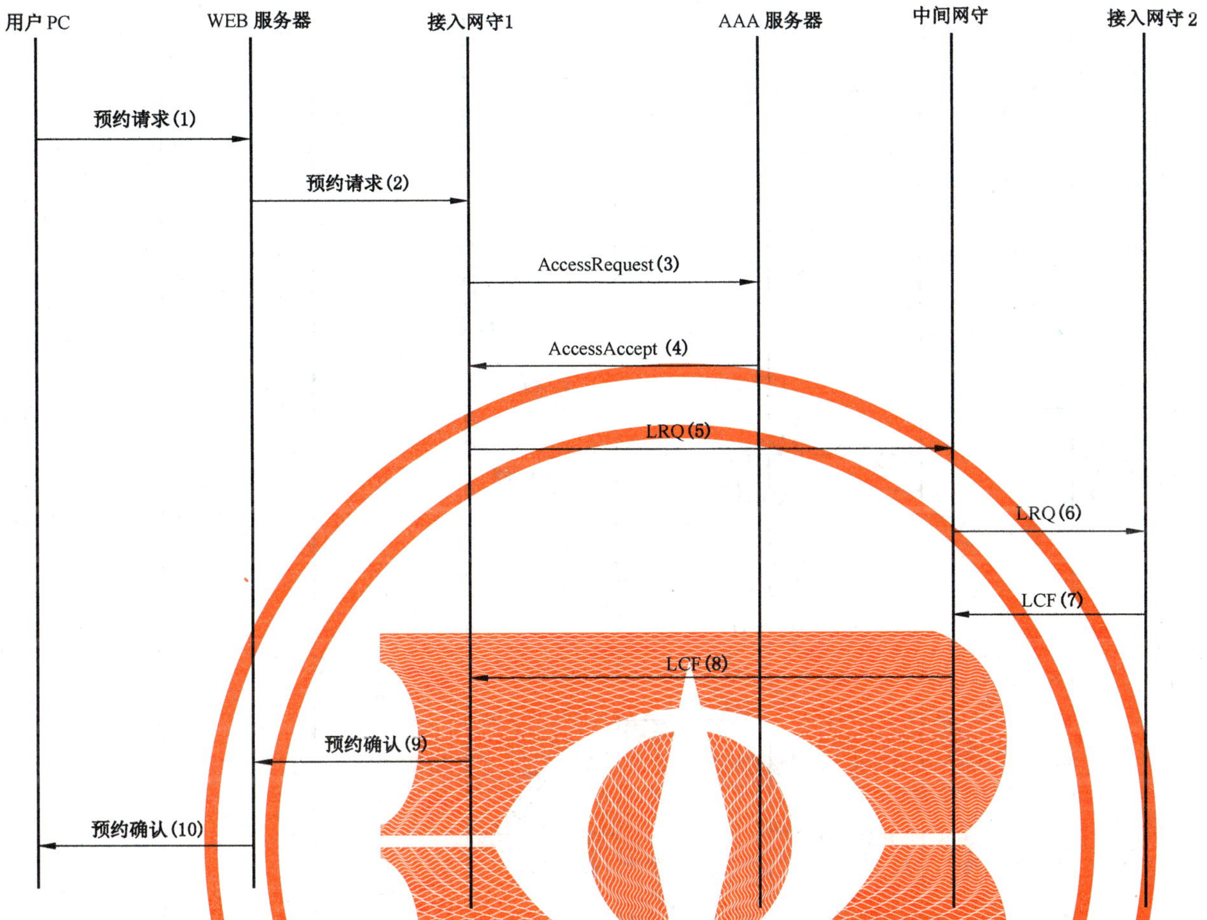

图 15 不同网守下的会议 WEB 预约

9.3 会议召集

9.3.1 同一网守下的会议召集

图 16 为会议召集流程，流程说明如下：

1) 召集人终端发起会议申请，向 GK 发送带有预约会议号和密码的 ARQ 消息；
2) 接入网守收到 ARQ 消息认证通过后，向其后台的 AAA 服务器发送 AccessRequest 消息，开始对会议进行计费；
3) AAA 服务器向网守回送 AcceptResponse 消息；
4) 网守向终端回送 ACF 消息；
5) 预约终端在通过认证后，向网守发送 ARQ 消息，消息中包含会议召集者标识、受邀请的会议成员的情况和标识等；
6) 接入网守收到 ARQ 消息后，调度相应的资源供会议使用，并回送 ACF 消息；
7) 召集人终端向接入网守发送 Setup 消息，建立与其他终端的连接；
8) GK 向 MC 发邀请会议成员的 Setup 消息，请求 MC 邀请其他与会终端；
9) MC 向网守送 ARQ 消息，请求会议认证；
10) 网守回 ACF 确认；
11) MC 确认收到消息后，向 GK 送 Alerting 消息；

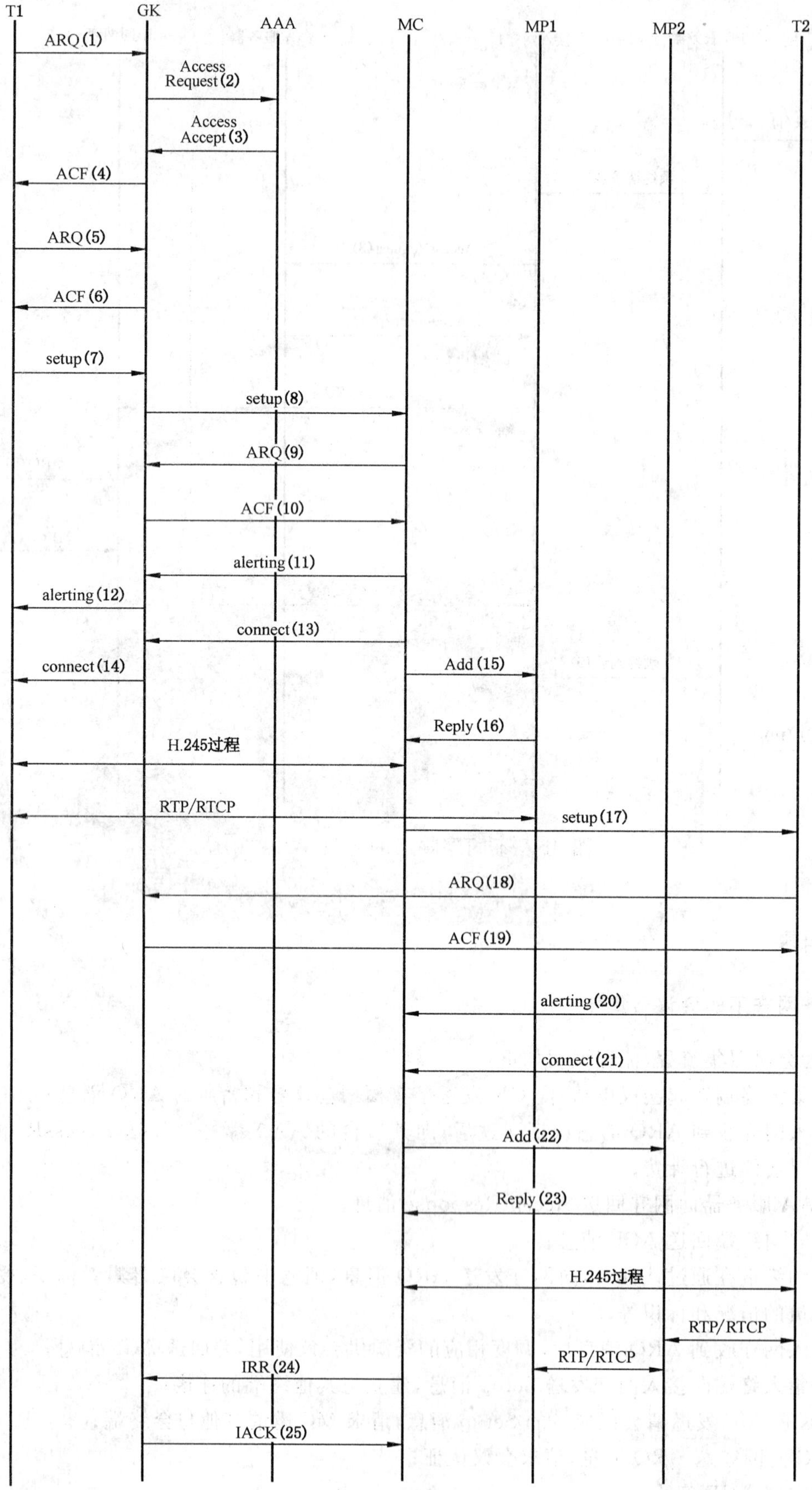
T1
GK
AAA
MC
MP1
MP2
T2
ARQ(1)
Access Request(2)
Access Accept(3)
ACF(4)
ARQ(5)
ACF(6)
setup(7)
setup(8)
ARQ(9)
ACF(10)
alerting(11)
alerting(12)
connect(13)
connect(14)
Add(15)
Reply(16)
H.245过程
RTP/RTCP
setup(17)
ARQ(18)
ACF(19)
alerting(20)
connect(21)
Add(22)
Reply(23)
H.245过程
RTP/RTCP
RTP/RTCP
IRR(24)
IACK(25)

图 16 会议召集流程

12） 接入网守确认收到消息后，向召集人终端送 Alerting 消息；
13） MC 向接入网守送 Connect 消息；
14） 接入网守确认收到消息后，向召集人终端送 Connect 消息；建立召集人终端与 MC 之间的 H.245通道；
15） MC 向 MP1 发送 Add 消息，指示其加入召集人终端（此处假定召集人终端使用 MP1）；
16） MP1 回送 Reply；
17） MC 向终端 T2 发起 Setup 请求；
18） 终端 T2 向网守送 ARQ 消息，请求认证；
19） 网守回 ACF 确认；
20） 终端 T2 向 MC 回送 Alerting 消息；
21） 终端 T2 向 MC 送 Connect 消息；
22） MC 向 MP2 发送 Add 消息，指示其加入召集人终端（此处假定终端 2 使用 MP2）；
23） MP2 回送 Reply；
24） MC 在会议进行中定期发送相应的资源报告到 GK；
25） GK 向 MC 回送相应的确认消息和指示。

9.3.2 不同网守下的会议召集

9.3.2.1 MP 注册

图 17 为 MP 向其他域 MC 注册流程，流程说明如下：

1） GK1 根据预约请求，在会议时间到后，向 MC1 发出 SCI 消息，请求 MC1 通知 MP1 使用该次预约能力向 MC2 注册，包括 MC2 地址，会议接入端口等消息；
2） MC1 回 SCR 确认；
3） GK2 根据预约请求，在会议时间到后，向 MC2 发出 SCI 消息，请求 MC2 接受 MP1 注册，包括 MP1 地址，会议接入端口等消息；
4） MC2 回 SCR 确认；
5） MC1 向 MP1 发送 SerciveChange 消息，使用扩展项携带 MC2 地址及会议能力等信息；
6） MP1 回 Reply 确认；
7） MP1 使用虚拟设备号向 MC2 发送 SerciveChange 消息注册，Method 为 Restart；
8） MP1 回 Reply 确认。

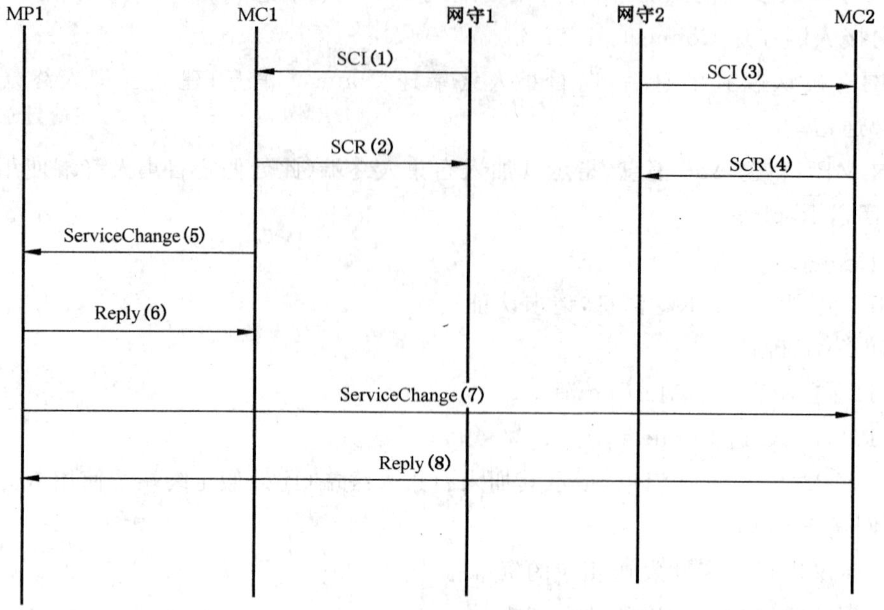

图 17　MP 向其他域 MC 注册流程

9.3.2.2　会议召集

与在同一网守下的会议召集相同。

9.3.3　邀请新成员

图 18 为邀请新成员流程,流程说明如下:

1）会议在进行中,召集人终端(或有会议控制权终端)邀请新成员加入。召集人在其终端填写所邀新成员的终端标识号,向 GK 发送邀请消息 Setup;
2）接入网守收到 Setup 消息后,发现为邀请新成员消息,转发给 MCU;
3）MCU 向网守送 ARQ 消息,请求认证;
4）网守回 ACF 确认;
5）MC 向受邀请终端发送 Setup 呼叫建立请求;
6）受邀终端向网守送 ARQ 消息,请求认证;
7）网守回 ACF 确认;
8）受邀请终端回送 Alerting;
9）MC 向 GK 回送 Alerting;
10）网守向召集人终端回送 Alerting;
11）受邀请终端参加会议,向 MC 送 Connect 消息;
12）MC 向 GK 送连接完成的确认消息 Connect 消息;
13）网守向召集人终端回送 Connect 消息;
14）MC 向某多点处理器 MP 发送 Add 命令,增加一个终端模块;
15）MP 回送 Reply。

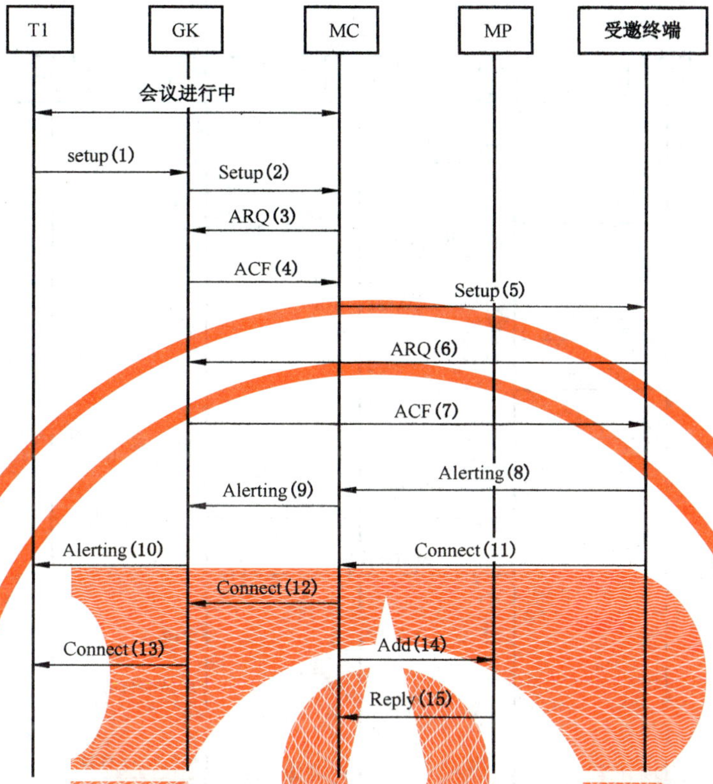

图 18 邀请新成员

9.3.4 终端申请加入

图 19 为终端申请加入流程，流程说明如下：

1) 申请加入一个已经召开的会议的终端，在取得会议号和密码后发起会议申请，向 GK 发送带有会议号和密码的 ARQ 消息；
2) 网守收到 ARQ 消息后，向其后台的 AAA 服务器发送 AccessRequest 消息，对终端的申请进行认证；
3) AAA 服务器查找其数据库中关于会议的信息，确认该用户有权加入会议后，AAA 服务器向网守回送 AcceptResponse 消息；
4) 收到 AccessResponse 消息，网守向终端回送 ACF 消息；
5) 新加入终端在通过认证后，向网守发送 ARQ 消息，消息中包含新加入会议成员的情况和标识等；
6) 接入网守收到 ARQ 消息后，向新加入终端回送 ACF 消息，其中包含接入网守的信息；否则发送 ARJ 消息；
7) 新加入终端向接入网守发送 Setup 消息，建立与其他终端的连接；
8) 接入网守向 MC 发会议成员申请加入的 Setup 消息，请求 MC 连接新加入终端；
9) MC 确认收到消息后，向 GK 送 Alerting 消息；
10) 接入网守确认收到消息后，向召集人终端送 Alerting 消息；
11) MC 向接入网守送 Connect 消息；
12) 接入网守确认收到消息后，向召集人终端送 Connect 消息；建立新加入终端与 MP 之间的媒体通道；

13）MC 收到新成员加入的请求后，向 MP 发送邀请终端加入的指示 Add 命令；

14）MP 回送 AddReply。

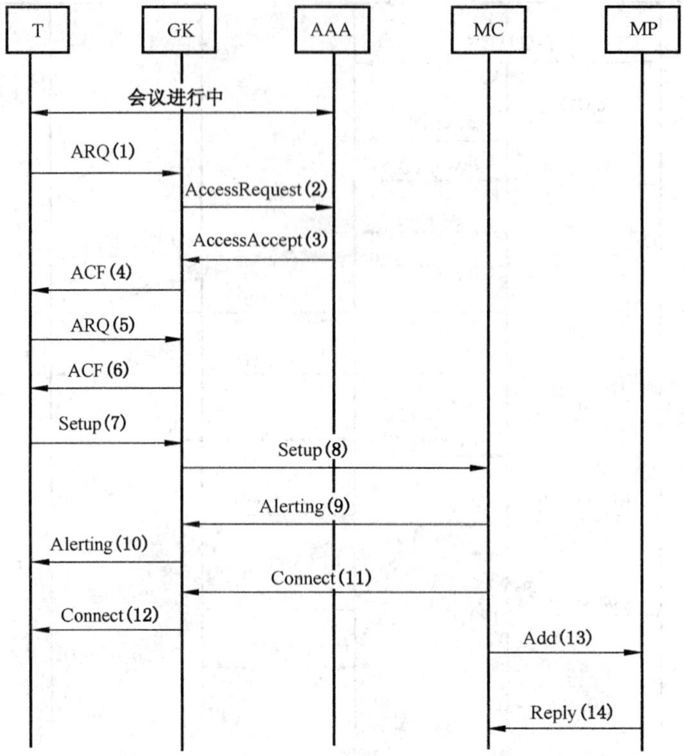

图 19　终端申请加入

9.4　会议结束

9.4.1　同一网守下的会议结束

9.4.1.1　会议时间到，MC 结束会议

图 20 为 MC 结束会议流程，流程说明如下：

1）会议时间到，GK 向 MC 送 SCI，要求 MC 结束会议；

2）MC 向 GK 回送 SCR，确认将结束会议；

3）MC 向与会终端 T1 送 ReleaseComplete，请求退出会议；

4）与会终端 T1 向 MC 回送 ReleaseComplete，断开与 MC 之间的连接；

5）退出会议的终端向网守发送 DRQ 消息，标示退出服务；

6）网守回送 DCF 消息确认；其他终端也同时退出；

7）MC 向 GK 发送 Release Complete 消息要求退出；

8）GK 回送 Release Complete 消息，确认退出；

9）MC 向相应的 MP 发送 Subtract 消息要求释放本次会议资源；

10）MP 回送相应，确认释放；

11）在全部与会终端退出后，MC 向 GK 发送 DRQ 消息拆除链接；

12）网守回送 DCF 消息；

13）网守向 AAA 递送计费信息；

14）AAA 回送响应。

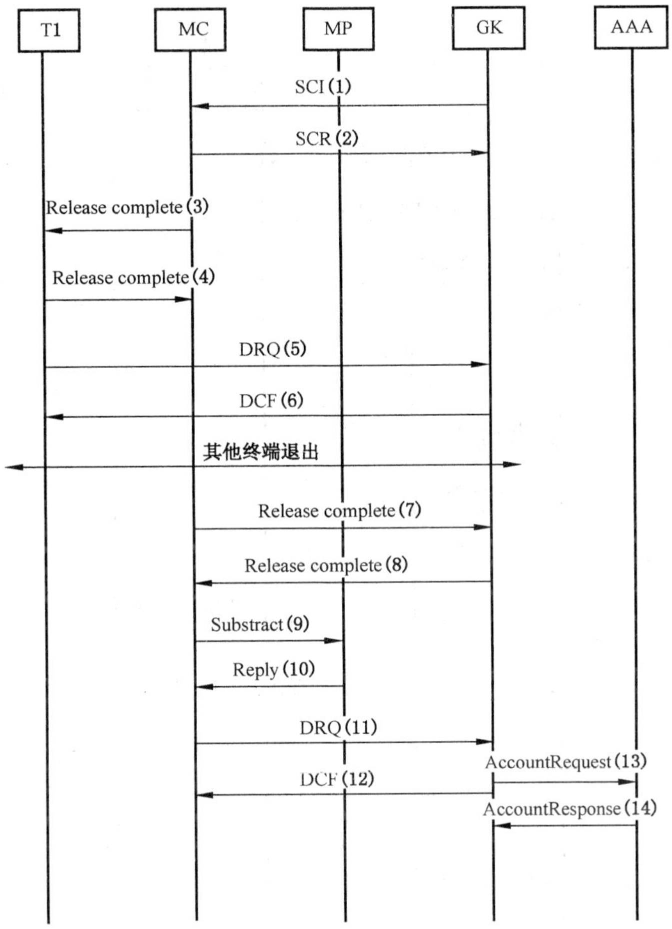

图 20 MC 结束会议流程

9.4.1.2 召集人结束会议

图 21 为召集人结束会议流程,流程说明如下:

1) 会议召集人终端向 GK 送 ReleaseComplete,要求结束会议;
2) GK 向 MC 转发 ReleaseComplete,要求结束会议;
3) MC 向 GK 送 ReleaseComplete,请求断开连接;
4) GK 向召集人终端转发 ReleaseComplete,确认退出会议终端并结束会议;
5) MC 向相应的 MP 发送 Subtract 消息要求释放召集人终端使用的本次会议资源;
6) MP 回送相应,确认释放;
7) 召集人终端向网守发送 DRQ 消息,标识退出服务;
8) 网守回送 DCF 消息确认;
9) MC 向参加会议的终端 2 发送 Release Complete 消息要求退出;
10) 终端 2 回送 Release Complete 消息,确认退出;
11) 退出会议的终端向网守发送 DRQ 消息,标示退出服务;
12) 网守回送 DCF 消息确认;其他终端也同时退出;
13) 所有终端退出会议后,MC 向 GK 发送 DRQ 消息拆除链接;
14) 网守回送 DCF 消息;
15) 网守向 AAA 递送计费信息;
16) AAA 回送响应。

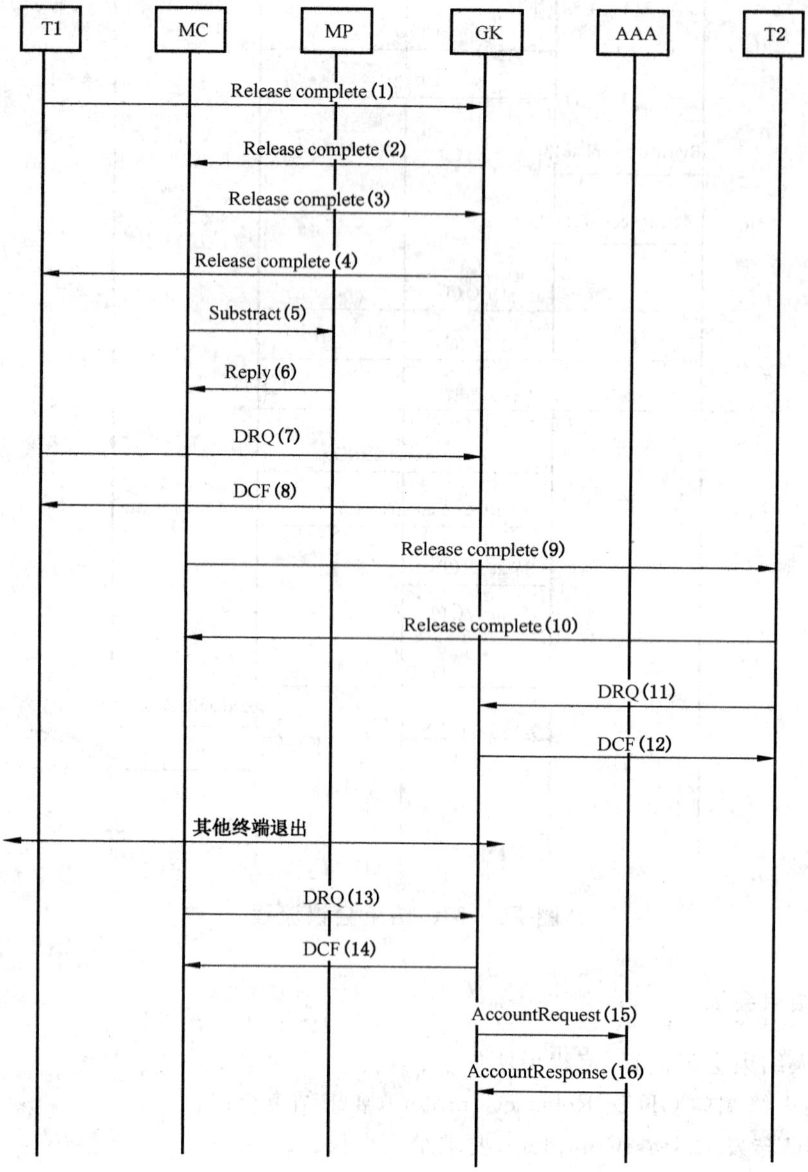

图 21　召集人结束会议流程

9.4.1.3　参会者全部退出，会议结束

图 22 为参会者全部推出会议结束流程，流程说明如下：

1）　MC 检测到参会终端已全部退出，向 GK 送 Release Complete 消息，请求退出并结束会议；

2）　GK 回送 Release Complete 消息确认；

3）　MC 向相应的 MP 发送 Subtract 消息要求释放本次会议资源；

4）　MP 回送相应，确认释放；

5）　MC 向 GK 发送 DRQ 消息拆除链接；

6）　网守回送 DCF 消息；

7）　网守向 AAA 递送计费信息；

8）　AAA 回送响应。

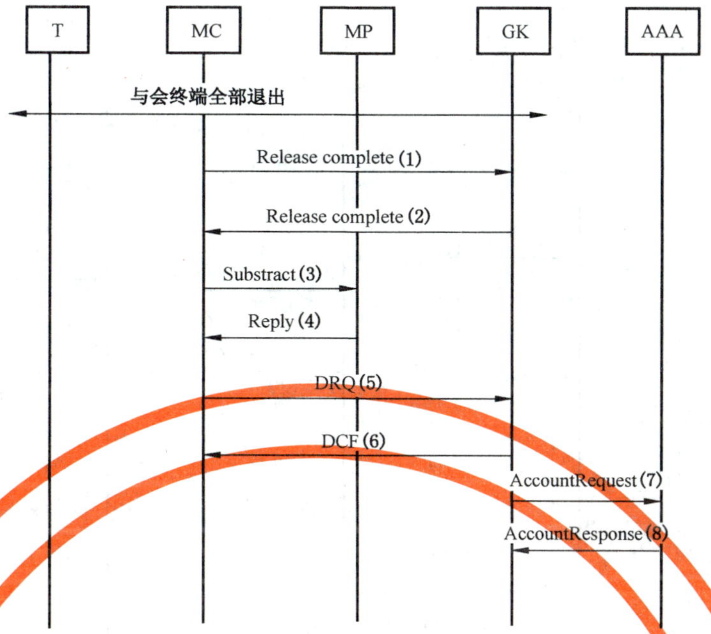

图 22 参会者全部退出,会议结束流程

9.4.2 不同网守下的会议结束

9.4.2.1 MP 注销

图 23 为 MP 从其他域 MC 注销流程,流程说明如下:

1) GK1 根据预约请求,在会议结束时间到后向 MC1 发出 SCI 消息,请求 MC1 通知 MP1 向 MC2 注销,包括 MC2 地址,会议接入端口等消息;
2) MC1 回 SCR 确认;
3) GK1 向 GK2 发送 LRQ 消息,通知 MP1 退出;
4) GK2 使用 LCF 确认;
5) GK2 根据预约请求,在会议结束时间到后,向 MC2 发出 SCI 消息,请求 MC2 接受 MP1 注销,包括 MP1 地址,会议接入端口等消息;
6) MC2 回 SCR 确认;
7) MC1 向 MP1 发送 SerciveChange 消息,通知 MP1 向 MC2 注销,使用扩展项携带 MC2 地址,及会议能力等信息;
8) MP1 回 Reply 确认;
9) MP1 使用虚拟设备号向 MC2 发送 SerciveChange 消息注销,Method 为 Forced;
10) MP1 回 Reply 确认。

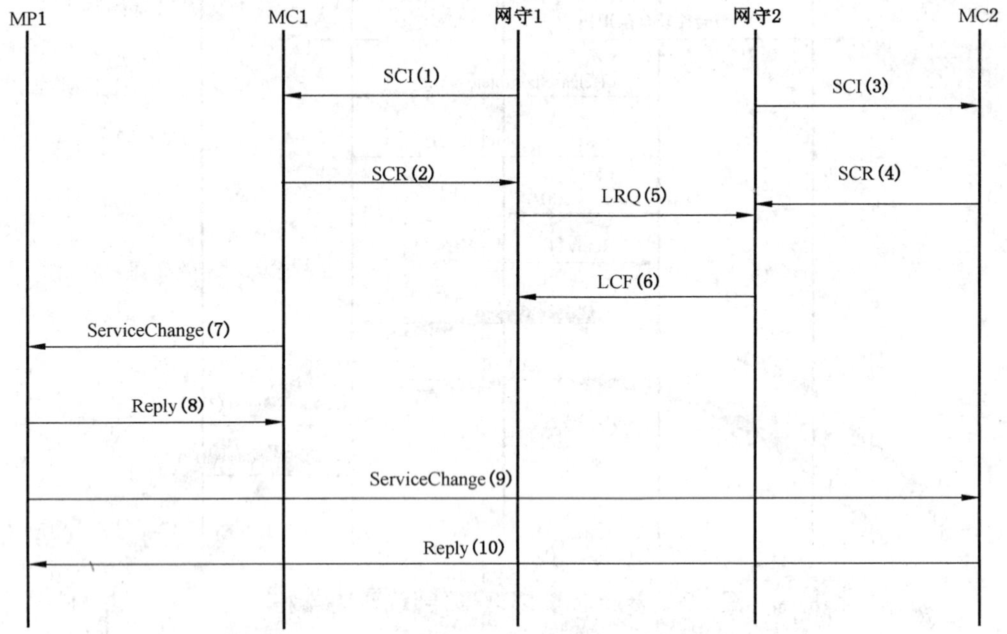

图 23 MP从其他域MC注销流程

9.4.2.2 会议结束

会议结束流程同9.4.1。

9.4.3 单个成员退出

图24为单个成员退出流程,流程说明如下:

1) 与会终端T1要退出会议,与MC互送CLC关闭双向逻辑通道;
2) T1与MC互送ESC消息;
3) T1向MC发送ReleaseComplete消息,要求断开连接;
4) MC向T1回送ReleaseComplete消息;
5) MC向相关的MP送Subtract消息,要求释放该终端参与会议使用的资源;
6) MP回送响应;
7) 断开连接后,T1向GK送DRQ消息;
8) GK回送DCF消息。

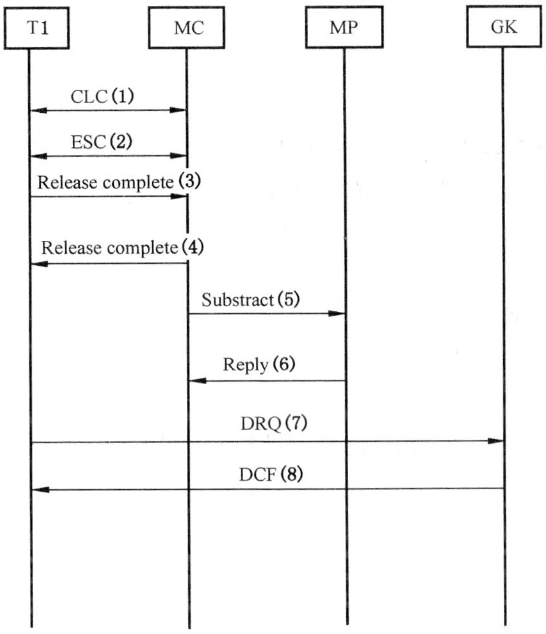

图 24 单个成员退出流程

10 编址和命名

10.1 网守编号

视讯会议系统各设备的编号应采用 IP 地址+E.164 号码+别名的方式。

10.2 TSAP 标识符

对每个网络地址，每个 GK 可以有多个 TSAP 标识符。这些标识符允许对共享相同网络地址的多个通路进行复用。

每个 GK 都具有一个静态配置的 RAS 通路 TSAP 标识符(1719)，一个静态配置的组播地址(1718)。具体规定参见 ITU-T H.225.0 建议。

每个 GK 应对 H.245 控制通路、音频通路、视频通路和数据通路应用动态的 TSAP 标识符。同时也对呼叫信令通路应用动态的 TSAP 标识符。

10.3 号码存储能力

网守应具备收集 E164 号码的能力。

11 计费要求

11.1 计费中心

基于 IP 网络的视讯会议计费系统由计费中心和计费采集点构成。

计费中心接收计费采集点发送的用户使用 IP 视讯会议的起始和终止时间等计费信息，生成原始记录数据 CDR(Call Detail Record)，根据费率生成帐单。

计费采集点

计费采集点设在接入网守，负责采集用户使用 IP 视讯会议的起始时间和终止时间等信息，并送给相应的计费中心。

11.2 计费方式

视讯会议的计费方式按通信时长计费，即可以对多段分别进行计费，也可以对呼叫中每一媒体类型的通信时长分别计费，其他计费方式暂时不作规定。

11.3 计费内容

分为会议预约和会议呼叫两种情况。

会议预约应包括的计费内容最小集如下：

1） 召集者标识；
2） 参加会议的所有终端编号、终端的速率、线路类型；
3） 会议的 Qos；
4） 会议开始时间；
5） 会议时长；
6） 付费方式；
7） 会议编号(CID)；
8） 会议密码。

会议呼叫应包括的计费内容最小集如下：

1） 用户名；
2） 终端编号或主叫号码；
3） 终端 IP 地址；
4） 召集人所在网守的 IP 地址；
5） MC 的 IP 地址；
6） 会议开始时间；
7） 会议结束时间；
8） 时长；
9） 会议终止原因
10）语音编码方式；
11）视频编码方式；
12）T.120 编码方式；
13）入字节数；
14）出字节数；
15）会议编号 CID；
16）付费方式；
17）业务类别；
18）MC 的端口号。

11.4 计费流程

本节描述接入网守，MC，和 RADIUS 服务器之间的的计费流程以及相关的操作过程，如图 25。

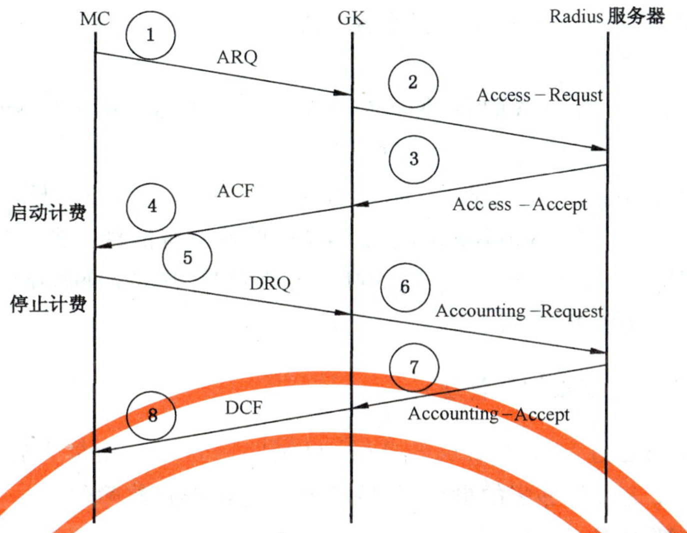

图 25　MC,GK，RADIUS 服务器之间的计费流程以及相关的操作过程

11.5　计费精度

对以时长为单位的，要求计费单位精确到 1 s。

12　操作管理维护要求

12.1　概述

网守设备应该有本地维护管理系统，可选支持 SNMP 或其他协议。

12.2　SNMP 网管接口协议

网守与网管接口采用 SNMPv2 协议。IP 视讯会议网守内要设置 SNMP 代理模块，SNMP 代理模块与支持 SNMP 协议的网管站进行通信，采集 IP 视讯会议网守的相应信息并维护 MIB 库。

12.3　网管接口信息模型

IP 视讯会议网守与网关中心之间的网管信息模型应采用一致的 MIB 库，其内容至少包括系统信息、配置信息、告警信息、性能统计信息等。网守必须实现的 MIB 具体见附录 A。这些 MIB 包括 H323 gatekeeper，h225 callsignaling，RAS，H245 等。

12.4　配置管理

IP 网守设备应提供：

——SNMP 协议配置管理：通过 SNMP 协议可以对网守设备上的 MIB 库进行设置，从而实现对设备上相应功能模块的配置。但由于 SNMP 协议在安全与功能上的局限性，不适合作为配置管理的主要手段；

——脱机、在线配置；

——远程配置：IP 视讯会议网守远程配置管理可以通过 Telnet 来实现。IP 视讯会议网守可以具有 Telnet 协议接口和口令等安全设施；

——提供数据备份功能；

——提供命令行和图形界面两种方式对整机数据进行配置:IP视讯会议网守要有图形化的配置管理终端设备和汉字界面,对设备进行配置管理;

——提供数据升级功能;

——提供配置操作日志:对设备的各种配置操作要记录日志,并通过 syslog 的方式报告给 log 主机。

静态配置的内容可以有:呼叫模式,RAS地址,Q.931端口地址,H.235配置信息等。

动态配置的内容可以有:GateKeeper 注册策略,设备注册信息,邻域信息,最大注册数目,查询网关时间间隔,GateKeeper ID,最大呼叫处理数目,IRQ时间间隔,每次呼叫所需带宽,GK启动/停止命令,路由策略等。

12.5 故障管理(网守设备远端维护和管理)

IP视讯会议网守设备通过 SNMP 协议的 Trap 机制向网管站主动报告启动、接口状态变化、网守出错等紧急事件。网守要上报足够多的事件,使网管站能定位链路故障位置。

呼叫释放等事件也要能进行上报,并且可通过远程配置打开或关闭此类上报事件。

IP视讯会议网守设备还要能提供除了 SNMP 之外的其他故障告警方式作为 Trap 机制的补充。

12.6 性能管理

IP视讯会议网守设备应能通过 SNMP 协议至少向网管站报告以下性能统计信息:

——网守设备的可利用率;

——网守设备的 CPU 利用率;

——网络设备的故障率。

12.7 统计

IP视讯会议网守设备上的 MIB 库应至少支持以下统计信息:

——PC终端/网关成功注册;

——注销次数;

——非成功注册次数;

——各种失败原因次数;

——成功呼叫次数;

——非成功呼叫次数;

——路由呼叫次数等。

12.8 维护管理

维护管理包括管理和维护IP视讯会议网守设备运行所需的各种数据、话务统计和计费等,是保证IP视讯会议网守的正常运行,降低运营成本,提高通信服务质量的重要手段和方法。维护管理的主要内容包括:

1) 一般业务处理,包括管理的 GW 数目、定期统计分析,定期输出计费表及话单,设备运行记录填报与分析等;

2) 常规和系统维护,包括设备清洁、定期测试、例行测试等;

3) 告警及故障分析、诊断和排除等;

4) 数据维护,包括系统配置数据、中间数据及程序的备份、排错和补丁等;

5) 开发设备的潜在功能和高层软件、增值业务提供、软硬件版本升级等。

13 环境要求

IP视讯会议网守应在以下的温度、湿度条件下正常工作：

a) 长期工作条件：温度保持(15～30)℃、相对湿度保持40%～65%；

b) 短期工作条件：温度保持(0～40)℃、相对湿度保持20%～90%。

当相对湿度低于20%的环境应采用抗静电地面。

注1：IP视讯会议网守的正常工作的温度和相对湿度的测量点指在地板以上2 m和IP视讯会议网关前方0.4 m处测量值。

注2：短期工作条件系指连续不超过48 h和每年累计不超过15 d。

14 供电要求

14.1 直流电压及其波动范围要求

额定电压：为−48 V的直流电源。

电压波动范围：在直流输入端子处测量−48 V电压允许变动范围为(−57～−40)V。IP视讯会议网守在此范围内应工作正常。

14.2 交流电压及其波动范围要求

单相220 V±15%，频率50 Hz±5%。

线电压波形畸变率小于5%。

附 录 A
（规范性附录）
IP 视讯会议网守的 MIB

A.1 H.323 Gatekeeper MIB

系统信息：

h323GatekeeperSystemTable

h323GatekeeperSystemNameAndMaker,

h323GatekeeperSystemSoftwareVersionNumber,

h323GatekeeperSystemHardwareVersionNumber,

h323GatekeeperSystemContact,

h323GatekeeperSystemt35CountryCode,

h323GatekeeperSystemt35CountryCodeExtention,

h323GatekeeperSystemt35ManufacturerCode,

h323GatekeeperSystemLocation,

h323GatekeeperSystemUptime,

配置信息：

h323GatekeeperConfigurationTable

h323GatekeeperConfigurationEnableNotifications

域信息：

h323GatekeeperZoneTable

h323ZoneZoneName,

h323ZoneRasSignalAddressTag,

h323ZoneRasSignalAddress,

h323ZoneMaxBandwidth,

h323ZoneAllocatedBandwidth,

h323ZoneIrrFrequency,

h323ZoneLocalZone,

h323ZoneAdmissions,

h323ZoneAdmissionsRejected,

h323ZoneRowStatus

统计信息：

h323GatekeeperStatisticsTable

h323GatekeeperStatisticsTotalErrors,

h323GatekeeperStatisticsLastErrorEventTime,

h323GatekeeperStatisticsLastErrorSeverity,

h323GatekeeperStatisticsLastErrorProbableCause,

h323GatekeeperStatisticsLastErrorAdditionalText,

h323GatekeeperStatisticsZoneNo

报警信息：

h323GatekeeperNotificationsTable

h323GatekeeperStart，

h323GatekeeperGoingDown，

h323GatekeeperError

控制信息：

h323GatekeeperControlsTable

h323GatekeeperControlsCommands

A.2 RAS MIB

rasConfigurationTable

rasConfigurationGatekeeperIdentifier

rasConfigurationTimer

rasConfigurationMaxNumberOfRetries

rasConfigurationGatekeeperDiscoveryAddressTag

rasConfigurationGatekeeperDiscoveryAddress

rasRegistrationTable

rasRegistrationCallSignallingAddressTag

rasRegistrationCallSignallingAddress

rasRegistrationSrcRasAddressTag

rasRegistrationSrcRasAddress

rasRegistrationIsGatekeeper

rasRegistrationGatekeeperId

rasRegistrationEndpointId

rasRegistrationEncryption

rasRegistrationWillSupplyUUIE

rasRegistrationIntegrityCheckValue

rasRegistrationTableNumberOfAliases

rasRegistrationTableRowStatus

rasRegistrationEndpointType

rasRegistrationPregrantedARQ

rasRegistrationAliasTable

rasRegistrationAliasTableIndex

rasRegistrationAliasTag

rasRegistrationAlias

rasRegistrationRasAddressTable

rasRegistrationRasAddressTableIndex

rasRegistrationAdditionalSrcRasAddressTag

rasRegistrationAdditionalSrcRasAddress

rasRegistrationCallSignalingAddressTable

rasRegistrationCallSignalingAddressTableIndex
rasRegistrationAdditionalCallSignalingAddressTag
rasRegistrationAdditionalCallSignalingAddress

rasAdmissionTable

rasAdmissionSrcCallSignallingAddressTag
rasAdmissionSrcCallSignallingAddress
rasAdmissionDestCallSignallingAddressTag
rasAdmissionDestCallSignallingAddress
rasAdmissionCallId
rasAdmissionConferenceId
rasAdmissionRasAddressTag
rasAdmissionRasAddress
rasAdmissionCRV
rasAdmissionIsGatekeeper
rasAdmissionSrcAliasAddressTag
rasAdmissionSrcAliasAddress
rasAdmissionDestAliasAddressTag
rasAdmissionDestAliasAddress
rasAdmissionAnswerCallIndicator
rasAdmissionTime
rasAdmissionCallIdentifier
rasAdmissionEndpointId
rasAdmissionBandwidth
rasAdmissionIRRFrequency
rasAdmissionCallType
rasAdmissionCallModel
rasAdmissionSrcHandlesBandwidth
rasAdmissionDestHandlesBandwidth
rasAdmissionSecurity
rasAdmissionSrcWillSupplyUUIE
rasAdmissionDestWillSupplyUUIE
rasAdmissionTableRowStatus

rasStatsTable

rasStatsGatekeeperConfirms
rasStatsGatekeeperRejects
rasStatsRegistrationConfirms
rasStatsRegistrationRejects
rasStatsUnregistrationConfirms
rasStatsUnregistrationRejects

rasStatsAdmissionConfirms
rasStatsAdmissionRejects
rasStatsBandwidthConfirms
rasStatsBandwidthRejects
rasStatsDisengageConfirms
rasStatsDisangageRejects
rasStatsLocationConfirms
rasStatsLocationRejects
rasStatsInfoRequests
rasStatsInfoRequestResponses
rasStatsnonStandardMessages
rasStatsUnknownMessages
rasStatsRequestInProgress
rasStatsResourceAvailabilityIndicator
rasStatsResourceAvailabilityConfirm
rasStatsRegisteredEndpointsNo
rasStatsAdmittedEndpointsNo
rasStatsINAKs
rasStatsIACKs
rasStatsGkRoutedCalls
rasStatsResourceAvailabilityIndications
rasStatsResourceAvailabilityConfirmations

lastArjReason
lastArjRasAddressTag
lastArjRasAddress
admissionReject NOTIFICATION-TYPE

A.3 H.225 CallSignalling-MIB

配置：
callSignalConfigTable
callSignalConfigMaxConnections
callSignalConfigAvailableConnections
callSignalConfigT303
callSignalConfigT301
CallSignalConfigEnableNotifications

状态：
CallSignalStatsTable
callSignalStatsCallConnectionsIn
callSignalStatsCallConnectionsOut
callSignalStatsAlertingMsgsIn

callSignalStatsAlertingMsgsOut
callSignalStatsCallProceedingsIn
callSignalStatsCallProceedingsOut
callSignalStatsSetupMsgsIn
callSignalStatsSetupMsgsOut
callSignalStatsSetupAckMsgsIn
callSignalStatsSetupAckMsgsOut
callSignalStatsProgressMsgsIn
callSignalStatsProgressMsgsOut
callSignalStatsReleaseCompleteMsgsIn
callSignalStatsReleaseCompleteMsgsOut
callSignalStatsStatusMsgsIn
callSignalStatsStatusMsgsOut
callSignalStatsStatusInquiryMsgsIn
callSignalStatsStatusInquiryMsgsOut
callSignalStatsFacilityMsgsIn
callSignalStatsFacilityMsgsOut
callSignalStatsInfoMsgsIn
callSignalStatsInfoMsgsOut
callSignalStatsNotifyMsgsIn
callSignalStatsNotifyMsgsOut
callSignalStatsAverageCallDuration

连接：
connectionsActiveConnections
connectionsTable
connectionsSrcTransportAddressTag
connectionsSrcTransportAddress
connectionsCallIdentifier
connectionsRole
connectionsState
connectionsDestTransportAddressTag
connectionsDestTransportAddress
connectionsDestAliasTag
connectionsDestAlias
connectionsSrcH245SigTransportAddressTag
connectionsSrcH245SigTransportAddress
connectionsDestH245SigTransportAddressTag
connectionsDestH245SigTransportAddress
connectionsConfId
connectionsCalledPartyNumber
connectionsDestXtraCallingNumber1
connectionsDestXtraCallingNumber2

connectionsDestXtraCallingNumber3
connectionsDestXtraCallingNumber4
connectionsDestXtraCallingNumber5
connectionsFastCall
connectionsSecurity
connectionsH245Tunneling
connectionsCanOverlapSend
connectionsCRV
connectionsCallType
connectionsRemoteExtensionAddress
connectionsExtraCRV1
connectionsExtraCRV2
connectionsConnectionStartTime
connectionsEndpointType
connectionsReleaseCompleteReason

事件：
CallReleaseComplete

A.4 H245 MIB

h245ConfigurationGroup
h245ConfigT101Timer,
h245ConfigT102Timer,
h245ConfigT103Timer,
h245ConfigT104Timer,
h245ConfigT105Timer,
h245ConfigT106Timer,
h245ConfigT107Timer,
h245ConfigT108Timer,
h245ConfigT109Timer,
h245ConfigN100Counter

h245ControlChannelGroup
h245ControlChannelNumberOfListenPorts,
h245ControlChannelMaxConnections,
h245ControlChannelNumberOfListenFails,
h245ControlChannelNumberOfActiveConnections,
h245ControlChannelMasterSlaveMaxRetries,
h245ControlChannelConnectionAttemptsFail,
h245ControlChannelMasterSlavelDeterminations,
h245ControlChannelMasterSlaveAcks,
h245ControlChannelMasterSlaveRejects,

h245ControlChannelMasterSlaveT106Rejects,
h245ControlChannelMasterSlaveMSDRejects,
h245ControlChannelNumberOfMasterSlaveInconsistentFieldRejects,
h245ControlChannelMasterSlaveMaxCounterRejects,
h245ControlChannelMasterSlaveReleases,
h245ControlChannelNumberOfTunnels,

h245ControlChannelIndex,
h245ControlChannelMSDState,
h245ControlChannelTerminalType,
h245ControlChannelNumberOfMSDRetries

h245CapExchangeGroup
h245CapExchangeSets,
h245CapExchangeAcks,
h245CapExchangeRejects,
h245CapExchangeRejectUnspecified,
h245CapExchangeRejectUndefinedTableEntryUsed,
h245CapExchangeRejectDescriptorCapacityExceeded,
h245CapExchangeRejectTableEntryCapacityExeeded,
h245CapExchangeReleases,

h245CapExchangeState,
h245CapExchangeProtocolId,
h245CapExchangeRejectCause,
h245CapExchangeMultiplexCapability,
h245CapExchangeCapability,
h245CapExchangeCapabilityDescriptors

h245LogChannelsGroup
h245LogChannelsIndex,
h245LogChannelsChannelState,
h245LogChannelsMediaTableType,

h245LogChannelsSessionId,
h245LogChannelsAssociateSessionId,
h245LogChannelsMediaChannel,
h245LogChannelsMediaGuaranteedDelivery,
h245LogChannelsMediaControlChannel,
h245LogChannelsMediaControlGuaranteedDelivery,
h245LogChannelsSilenceSuppression,
h245LogChannelsDestination,
h245LogChannelsDynamicRTPPayloadType,

h245LogChannelsH261aVideoPacketization,
h245LogChannelsRTPPayloadDescriptor,
h245LogChannelsRTPPayloadType,
h245LogChannelsTransportCapability,
h245LogChannelsRedundancyEncoding,
h245LogChannelsSrcTerminalLabel,

h245LogChanOpenLogChanTotalRequests,
h245LogChanOpenLogChanAcks,
h245LogChanOpenLogChanConfirms,
h245LogChanOpenLogChanRejects,
h245LogChanOpenLogChanRejectUnspecified,
h245LogChanOpenLogChanRejectUnsuitableReverseParameters,
h245LogChanOpenLogChanRejectDataTypeNotSupported,
h245LogChanOpenLogChanRejectDataTypeNotAvailable,
h245LogChanOpenLogChanRejectUnknownDataType,
h245LogChanOpenLogChanRejectDataTypeALCombinationNotSupported,
h245LogChanOpenLogChanRejectMulticastChannelNotAllowed,
h245LogChanOpenLogChanRejectInsuffientBandwdith,
h245LogChanOpenLogChanRejectSeparateStackEstablishmentFailed,
h245LogChanOpenLogChanRejectInvalidSessionID,
h245LogChanOpenLogChanRejectMasterSlaveConflict,
h245LogChanOpenLogChanRejectWaitForCommunicationMode,
h245LogChanOpenLogChanRejectInvalidDependentChannel,
h245LogChansOpenLogChanRejectReplacementForRejected,

h245LogChanCloseLogChannels,
h245LogChanCloseLogChanAcks,
h245LogChanCloseLogChanRequests,
h245LogChanCloseLogChanRequestsAcks,
h245LogChanCloseLogChanRequestRejects,
h245LogChanCloseLogChanRequestReleases

h245ConferenceGroup
h245ConferenceControlChannelIndex,
h245ConferenceBroadcaster,
h245ConferenceConferenceChair,
h245ConferenceMultipoint,

h245ConferenceBroadcastMyLogicalChannel,
h245ConferenceCancelBroadcastMyLogicalChannel,
h245ConferenceSendThisSource,
h245ConferenceCancelSendThisSource,

h245ConferenceDropConference,
h245ConferenceEqualiseDelay,
h245ConferenceZeroDelay,
h245ConferenceMultipointModeCommand,
h245ConferenceCancelMultipointModeCommand,
h245ConferenceVideoFreezePicture,
h245ConferenceVideoFastUpdatePicture,
h245ConferenceVideoFastUpdateGOB,
h245ConferenceVideoTemporalSpatialTradeOff,
h245ConferenceVideoSendSyncEveryGOB,
h245ConferenceVideoFastUpdateMB

h245MiscGroup
h245MiscRTDState,
h245MiscT105TimerExpired,
h245MiscLastRTDRequestSent,
h245MiscLastRTDRequestRcvd,
h245MiscLastRTDResponseSent,
h245MiscLastRTDResponseRcvd ,

h245MiscMLState,
h245MiscNumberOfRequests,
h245MiscNumberOfAcks,
h245MiscLastMLRequestOrAckType,
h245MiscMLMediaOrLogicalChannelLoopRejectChannelNumber,
h245MiscNumberOfRejects,
h245MiscLastRejectType,
h245MiscErrorCode

ICS 33.180.01
M 33

中华人民共和国国家标准

GB/T 21645.5—2012

自动交换光网络(ASON)技术要求 第5部分:用户-网络接口(UNI)

Technical requirements for automatically switched optical network—
Part 5: User-Network Interface(UNI)

2012-06-29 发布 2012-10-01 实施

中华人民共和国国家质量监督检验检疫总局
中国国家标准化管理委员会 发布

前　言

GB/T 21645《自动交换光网络(ASON)技术要求》分为以下几个部分:

——自动交换光网络(ASON)技术要求　第1部分:体系结构与总体要求

——自动交换光网络(ASON)技术要求　第2部分:术语和定义

——自动交换光网络(ASON)技术要求　第3部分:数据通信网(DCN)

——自动交换光网络(ASON)技术要求　第4部分:信令技术

——自动交换光网络(ASON)技术要求　第5部分:用户-网络接口(UNI)

——自动交换光网络(ASON)技术要求　第6部分:管理平面

——自动交换光网络(ASON)技术要求　第7部分:自动发现

——自动交换光网络(ASON)技术要求　第8部分:路由

——自动交换光网络(ASON)技术要求　第9部分:外部网络-网络接口(E-NNI)

本部分是GB/T 21645的第5部分。

本部分按照GB/T 1.1—2009给出的规则起草。

本部分主要参考了OIF UNI1.0 R2《UNI1.0信令规范版本2》和IETF GMPLS系列协议。

本部分由中华人民共和国工业和信息化部提出。

本部分由中国通信标准化协会归口。

本部分起草单位:华为技术有限公司、工业和信息化部电信研究院、上海贝尔股份有限公司、中兴通讯股份有限公司、武汉邮电科学研究院、中国联合网络通信有限公司。

本部分主要起草人:高建华、张国颖、徐云斌、孙俊、黄峰、柯明、宋然、王健全。

自动交换光网络(ASON)技术要求 第5部分:用户-网络接口(UNI)

1 范围

GB/T 21645 的本部分规定了自动交换光网络(ASON)用户-网络接口(UNI)技术要求,包括:ASON UNI 接口所支持的连接业务类型、用来调用 UNI 接口服务的信令协议以及支持 UNI 信令协议的辅助功能。

本部分适用于基于同步数字体系(SDH)和光传送网(OTN)的 ASON。

2 规范性引用文件

下列文件对于本文件的应用是必不可少的。凡是注日期的引用文件,仅注日期的版本适用于本文件。凡是不注日期的引用文件,其最新版本(包括所有的修改单)适用于本文件。

GB/T 15837—2008 数字同步网接口要求

GB/T 21645.1—2008 自动交换光网络(ASON)技术要求 第1部分:体系结构与总体要求

GB/T 21645.3—2009 自动交换光网络(ASON)技术要求 第3部分:数据通信网(DCN)

GB/T 21645.4—2010 自动交换光网络(ASON)技术要求 第4部分:信令技术

YD/T 1462—2006 光传送网(OTN)接口

IETF RFC2961 RSVP 对减少刷新开销的扩展(RSVP Refresh Overhead Reduction Extensions)

IETF RFC3473 GMPLS RSVP-TE 信令扩展(GMPLS Signaling RSVP-TE Extensions)

IETF RFC3474 GMPLS RSVP-TE 扩展支持 ASON 及应用(GMPLS RSVP-TE Usage and Extensions for ASON)

IETF RFC3477 RSVP-TE 对无编号链路的支持(Signalling Unnumbered Links in RSVP-TE)

IETF RFC3945 GMPLS 架构(GMPLS Architecture)

IETF RFC4003 GMPLS 信令支持出口标签控制(GMPLS Signaling Procedure for Egress Control)

IETF RFC4204 链路管理协议(Link Management Protocol)

IETF RFC4206 GMPLS 对层次 LSP 的支持(LSP Hierarchy with GMPLS TE)

IETF RFC4208 RSVP 对 Overlay 模型扩展(RSVP-TE Support for the Overlay Model)

IETF RFC4328 GMPLS 支持对 G.709 OTN 网络控制的扩展(GMPLS Signaling Extensions for G.709)

IETF RFC4606 GMPLS 支持对 SDH 网络控制的扩展(GMPLS Extensions for SONET & SDH Control)

IETF RFC4974 GMPLS RSVP-TE 信令支持呼叫的扩展(GMPLS RSVP-TE Signaling Extensions in Support of Calls)

IETF RFC4990 GMPLS 网络地址的使用(Use of Addresses in GMPLS Networks)

IETF RFC5150 GMPLS 对拼接 LSP 的支持(LSP Stitching with GMPLS TE)

IETF [eth-tspec] 以太网流量参数(Ethernet Traffic Parameters)

IETF [vcat-lcas] GMPLS 支持 VCAT & LCAS 的扩展(Operating VCAT and LCAS with

GMPLS)

IETF [gmpls-esvcs] GMPLS 支持 MEF&G.8011 以太业务交换(GMPLS Support for MEF and G.8011)

OIF-UNI-1.0-R2-Common 用户-网络接口 1.0 公共部分规范(版本 2)(UNI 1.0 Signaling Specification,Release 2:Common Part)

OIF-UNI-2.0-Common 用户-网络接口 2.0 公共部分规范(UNI 2.0 Signaling Specification:Common Part)

OIF-SEP-1.1 UNI/NNI 安全扩展规范(Security Extension for UNI and NNI)

3 术语和定义、缩略语

3.1 术语和定义

下列术语和定义适用于本文件。

3.1.1

客户层 client layer

相对于提供传送服务的服务层,作为一个传送网服务的客户网络层次。如,IP 层是传送网络的客户层。

3.1.2

客户层地址 client layer address

客户层协议所使用的地址。如,连接到传送网络的 IP 客户层设备所使用的 IP 地址。

3.1.3

纤内信令 in-fiber signaling

纤内信令是指通过和数据绑定的嵌入式通信通道来传递信令消息的信令方式。

3.1.4

IP 控制通道 ip control channel

两个设备之间用来传送 IP 包的通信通道。

3.1.5

纤外信令 out-of-fiber signaling

纤外信令是指通过独立的通信链路来传递信令消息的信令方式,其中通信链路和相关的数据链路分离。

3.1.6

端口 port

用户或光网络网元内部用来在网元之间终结双向链路的硬件接口。如 TNE 的 STM-16 端口。

3.1.7

服务层路径或踪迹 service path or trail

路径是一个传送实体,包括一对相互关联的单向路径,能够同时向两个相反的方向传送信息。单向路径负责在一个路径终端源的输入端和一个路径终端宿的输出端之间传送信息,同时监视被传送信息的完整性。单向路径由路径终端功能和一个网络连接组成。

3.1.8

传送网络分配的地址 transport network assigned address;TNA

TNA 地址用于标识 UNI 连接终端,由传送网络分配。每一个 TNA 地址是全局唯一的地址,地址类型可以是 IPv4、IPv6 或 NSAP。

3.1.9

传送网络地址　transport network address

传送网络内部实体(如 TNE)的地址。

3.1.10

传送网元　transport network element;TNE

具有光接口的网元(在传送网络内部),如,光分插复用设备 ADM。

3.1.11

UNI 信令通道　uni signaling channel

UNI-C 和 UNI-N 之间的逻辑通信通道,通信通道用来传送 UNI 信令消息。

3.1.12

用户或客户　user or client

连接到传送网络来使用光传送服务的网络设备。客户设备包括 IP 路由器、ATM 交换机、以太交换机、SDH 交叉连接设备等。

3.2　缩略语

下列缩略语适用于本文件。

ACK:应答(Acknowledgement)

ASON:自动交换光网络(Automatically Switched Optical Network)

ATM:异步传输模式(Asynchronous Transfer Mode)

BGP:边界网关协议(Border Gateway Protocol)

CC:控制通道(Control Channel)

CCID:控制通道标识(Control Channel ID)

DCC:数据通信通路(Data Communications Channel)

DCN:数据通信网络(Data Communications Network)

DS:分集(Diversity)

EPL:以太网专线(Ethernet Private Line)

ESP:封装安全有效载荷(Encapsulating Security Payload)

EVPL:以太网虚拟专线(Ethernet Virtual Private Line)

FA:转发邻接(Forwarding Adjacency)

FF:固定过滤(Fixed Filter)

GCC:通用通信通道(General Communication Channel)

GFP:通用成帧规程(Generic Framing Procedure)

GMPLS:通用多协议标记交换(Generalized Multi-Protocol Label Switching)

G-PID:通用静荷标识(Generalized Payload ID)

GSMP:通用交换管理协议(Generic Switch Management Protocol)

HMAC:基于哈希的消息验证代码(Hash Message Authentication Code)

NCC:连续级联成员数量(Number of Contiguous Components)

NNI:网络-网络接口(Network-to-Network Interface)

NSAP:网络服务接入点(Network Service Access Point)

NVC:虚级联成员数量(Number of Virtual Components)

IETF:因特网工程任务组(Internet Engineering Task Force)

IPCC:IP 控制通路(IP Control Channel)

ISI:内部信令接口(Internal Signaling Interface)

ITU:国际电信同盟(International Telecommunications Union)

LAP-D:D信道上的链路访问规程(Link Access Procedure,D-Channel)

LAPS:SDH上的链路访问规程(Link Access Procedure-SDH)

LCAS:链路容量调整方案(Link Capacity Adjustment Scheme)

LMP:链路管理协议(Link Management Protocol)

LSP:标签交换路径(Label Switched Path)

MEF:城域以太网论坛(Metro Ethernet Forum)

MS:复用段(Multiplex Section)

MT:倍数(Multiplier)

MTU:最大传输单元(Maximum Transmission Unit)

OAM:操作维护管理(Operations,Administration,and Management)

OCh:光通道(Optical Channel)

ODU:光通道数据单元(Optical Channel Data Unit)

OIF:光互联网论坛(Optical Internetworking Forum)

OTN:光传送网络(Optical Transport Network)

PDP:策略决定点(Policy Decision Point)

PDU:协议数据单元(Protocol Data Unit)

PEP:策略执行点(Policy Enforcement Point)

PK:公开密钥基础设施(Public Key Infrastructure)

PPP:点到点协议(Point to Point Protocol)

RCC:连续级联请求(Requested Contiguous Concatenation)

RSVP:资源预留协议(Resource ReSerVation Protocol)

RSVP-TE:支持流量工程的资源预留协议(RSVP-Traffic Engineering)

SCN:信令通信网(Signaling Communication Network)

SDH:同步数字体系(Synchronous Digital Hierarchy)

SE:共享显式(Shared Explicit)

SHA:安全散列算法(Secure Hash Algorithm)

SLA:服务等级协议(Service-Level-Agreement)

SPC:软永久连接(Soft Permanent Connection)

SRLG:共享风险链路组(Shared Risk Link Group)

STM:同步传送模块(Synchronous Transport Module)

TDM:时分复用(Time Division Multiplexing)

TLV:类型-长度-值(Type Length Value)

TNA:传送网分配地址(Transport Network Assigned Address)

TNE:传送网设备(Transport Network Element)

UNI:用户-网络接口(User-Network Interface)

UNI-C:UNI客户侧(User-Network Interface-Client)

UNI-N:UNI网络侧(User-Network Interface-Network)

VC:虚容器(Virtual Container)

VCAT:虚级联(Virtual Concatenation)

VCG:虚级联组(Virtual Concatenation Group)

4 UNI接口功能定义

4.1 UNI提供的功能

传送网络通过UNI接口所提供的主要功能是按需实现客户连接业务的建立请求和删除请求处理。

UNI所支持的业务连接是指在传送网络的入口和出口接入点之间具有固定带宽的电路连接，并且是具有特定帧格式的单向或双向连接。UNI接口所提供的连接类型包括：SDH连接、OTN连接、以太网连接。UNI接口所提供的功能包括：

a) 基于RSVP-TE信令的连接业务创建、删除和修改，其中连接业务修改为可选支持。支持的连接业务包括：
   1) SDH连接业务，其中VC4连接为必选支持，VC12、VC3、连续级联VC-4-Xc，(X = 4，16，64，256)、虚级联VC-3/4-Xv，(X = 1 ... 256)为可选支持；
   2) 以太网连接业务，其中支持的以太网物理接口可以是：10 Mbit/s(10Base)、100 Mbit/s(100Base)、1 Gbit/s(1 000Base)、10 Gbit/s(10Gbase-R)；
   3) OTN连接业务，其中ODU_k(k=1、2)、OCh连接为必选支持，ODU_k(k=0、3、4)以及级联业务为可选支持。

b) 控制通道维护；

c) 基于RSVP-TE信令的呼叫控制(可选)；

d) 基于LMP的邻居发现(可选)；

e) UNI策略和安全控制(可选)。

4.2 UNI支持的客户业务

4.2.1 UNI支持的SDH业务

UNI允许在SDH网络以及其他服务层网络(ITU-T G.805中定义的客户/服务层网络)中承载SDH业务。业务模型如图1所示。

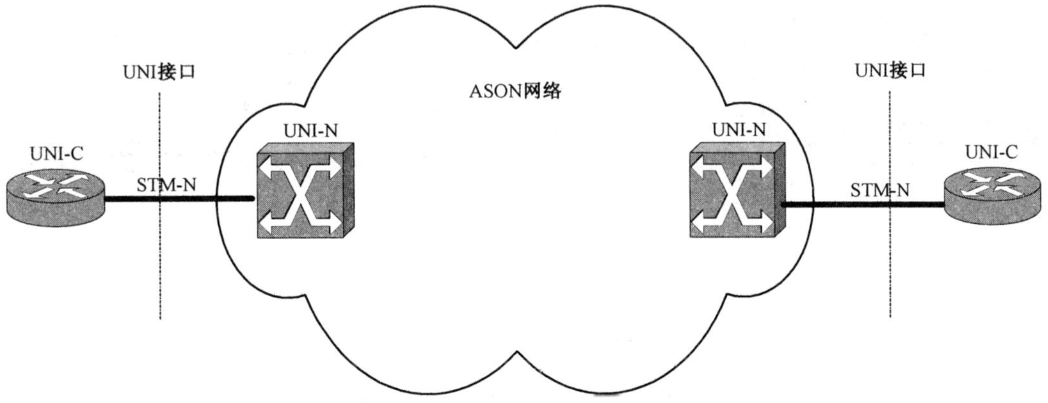

图1 UNI支持SDH业务传送的模型

UNI-C和UNI-N之间的接口链路为SDH链路，物理接口速率可以是：STM-1、STM-4、STM-16、STM-64或STM-256。

UNI接口支持的SDH业务连接包含以下几种标准的信号类型：

a) VC-4；

b) VC-12、VC-3(可选)。

UNI 接口支持的业务连接还可以包含以下几种 SDH 级联信号类型:

a) 连续级联信号:VC-4-Xc,(X = 4,16,64,256)(可选);

b) 虚级联:VC-3/4-Xv(X = 1 ... 256)(可选)。

UNI 接口支持的帧结构:支持 ITU-T G.707 中定义的标准 SDH 帧结构信号;

UNI 接口对 SDH 业务信号透明传送的支持:支持通道开销透明,即传送网络不能修改客户信号的通道开销字节(缺省)。

表 1 总结了 UNI 所支持的 SDH 业务连接类型:

表 1 UNI 接口所支持的 SDH 业务连接类型

SDH 信号类型	透明级别	级联类型	备注
VC-12	通道	非级联	VC-12(仅 VC 透明)
VC-3	通道	非级联	VC-3(仅 VC 透明)
	通道	虚级联	VC-3-Xv(仅 VC 透明)
VC-4	通道	非级联	VC-4(仅 VC 透明)
	通道	连续级联	VC-4-Xc(仅 VC 透明)
	通道	虚级联	VC-4-Xv(仅 VC 透明)

4.2.2 UNI 支持的以太网业务

UNI 允许在 SDH 网络以及其他服务层网络(ITU-T G.805 中定义的客户/服务层网络)中承载以太网数据业务。业务模型如图 2 所示。

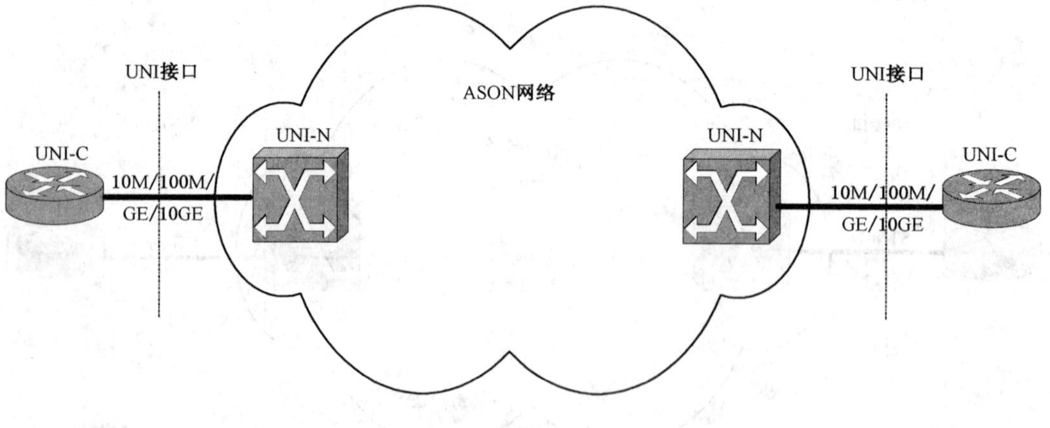

图 2 UNI 支持以太网业务传送的模型

UNI-C 和 UNI-N 之间的接口链路为以太网链路,物理接口速率可以是:10 Mbps、100 Mbps、1 Gbps、或 10 Gbps。

UNI 接口支持的以太网业务连接为以太网信号类型。网络连接范围为点到点的以太网专用线业务(EPL)和以太网虚拟专用线业务(EVPL)。

表 2 总结了 UNI 所支持的以太网物理接口类型:

表 2 UNI 接口所支持的以太网物理接口类型

以太网接口类型	备注
10 Mbit/s	10Base
100 Mbit/s	100Base
1 Gbit/s	1000Base
10 Gbit/s	10Gbase-R

4.2.3 UNI 支持的 OTN 业务

UNI 允许在 ITU-T G.709 所定义的 OTN 网络以及其他服务层网络(ITU-T G.805 中定义的客户/服务层网络)中承载 OTN 业务。业务模型如图 3 所示。

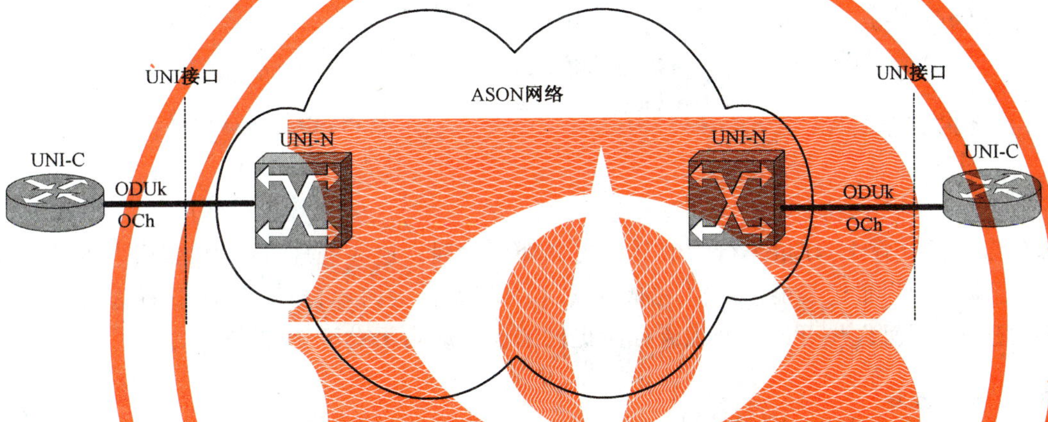

图 3 UNI 支持 OTN 业务传送的模型

UNI-C 和 UNI-N 之间的接口链路为 ITU-T G.709 中所定义的标准的 OTN 接口链路。

尽管 ITU-T G.709 定义了多个网络层次,但仅将 ODUk 和 OCh 定义成了交换层。因此,UNI 连接类型将支持 ODUk 和 OCh 层的连接业务。

基于 ITU-T G.709 的 UNI 接口信令传送配置可以使用纤外信令配置、也可以使用非关联的 OSC 开销来传送信令、也可以使用带内的基于 OCh 关联的开销配置来传送信令信息。

表 3 总结了 UNI 所支持的 OTN 业务连接类型:

表 3 UNI 支持 OTN 业务连接的类型

G.709 OTN 信号类型	级联类型	备注
ODU1	非级联	
	虚级联	可选
ODU2	非级联	
	虚级联	可选
ODU3	非级联	可选
	虚级联	可选
OCh	无	

4.2.4 UNI 业务的信令行为

UNI 信令指 UNI-C 和 UNI-N 实体之间的消息交换，信令行为用来激活传送网络服务。UNI 接口支持如下的信令行为：

a) 业务创建

该行为根据客户连接请求所指定的属性在两个接入点之间创建一条业务。业务创建应该满足网络所定义的策略(如用户组连接限制)和安全处理流程。业务的创建过程可以包含呼叫和连接的建立过程，也可以只包含连接的建立过程。

b) 业务删除

该行为删除一条存在的业务。业务的删除过程可以包含呼叫和连接的删除过程，也可以只包含连接的删除过程。

c) 业务状态查询

该行为用来查询某个呼叫或连接参数的状态。

d) 业务修改(可选)

该行为用来对某个呼叫或连接的参数进行修改。

4.3 UNI 业务的支撑过程

4.3.1 概述

本部分定义了支撑 UNI 信令行为的其他支撑处理过程。这些处理过程中，邻居发现处理为可选的处理，控制通道维护为必选功能。UNI 完成 4.2.4 的信令行为时，可以不包含下面这些可选的处理过程。这种情形下，下面这些可选的处理流程所提供的信息应由手动配置完成。

4.3.2 UNI 邻居发现

邻居发现功能为可选功能。邻居发现处理可以在客户和传送网络设备之间动态建立接口映射关系。还可以验证传送网络设备和客户设备之间的端口连通性和一致性。也允许开始启用并维护 UNI 信令控制通道。对不同信令参考配置的邻居发现处理见 6.1.4 的描述。

4.3.3 控制通道维护

控制通道维护功能为必选功能。UNI 信令交互需要在客户侧和网络侧信令实体之间存在控制通道。如 5 章中的描述，可以存在不同的控制通道配置。UNI 支持在所有这些配置的情形下对控制通道进行维护，如 6.1.1 中的描述。另外，控制通道维护功能可以是基于 LMP 协议的控制通道维护功能来实现，也可以通过基于 RSVP-TE 协议的 Hello 消息功能来实现。

4.4 UNI 业务调用的参考配置

4.4.1 概述

本条所描述的参考配置指定了调用传送网络服务的不同方法。共有两种服务调用模型，一种为直接调用，另外一种为间接调用。这两种模式下，客户侧和网络侧 UNI 信令代理分别为 UNI-C 和 UNI-N。直接调用模式下，客户直接调用传送网络的服务。UNI-C 功能和客户设备本身绑定在一起。间接调用模式下，一个名为代理的 UNI-C 执行 UNI 功能，并负责一个或多个客户设备。客户设备不需要和代理 UNI-C 驻留在一起。本节中描述了四种基本的配置，其中直接模式有两种配置，间接模式有两种配置。其他配置可以是这四种基本配置的不同组合。对于每种配置方式，UNI-C 和 UNI-N 之间通过 IP 控制通道来对信令消息进行传送。UNI 信令协议是采用 RSVP-TE 的扩展协议。

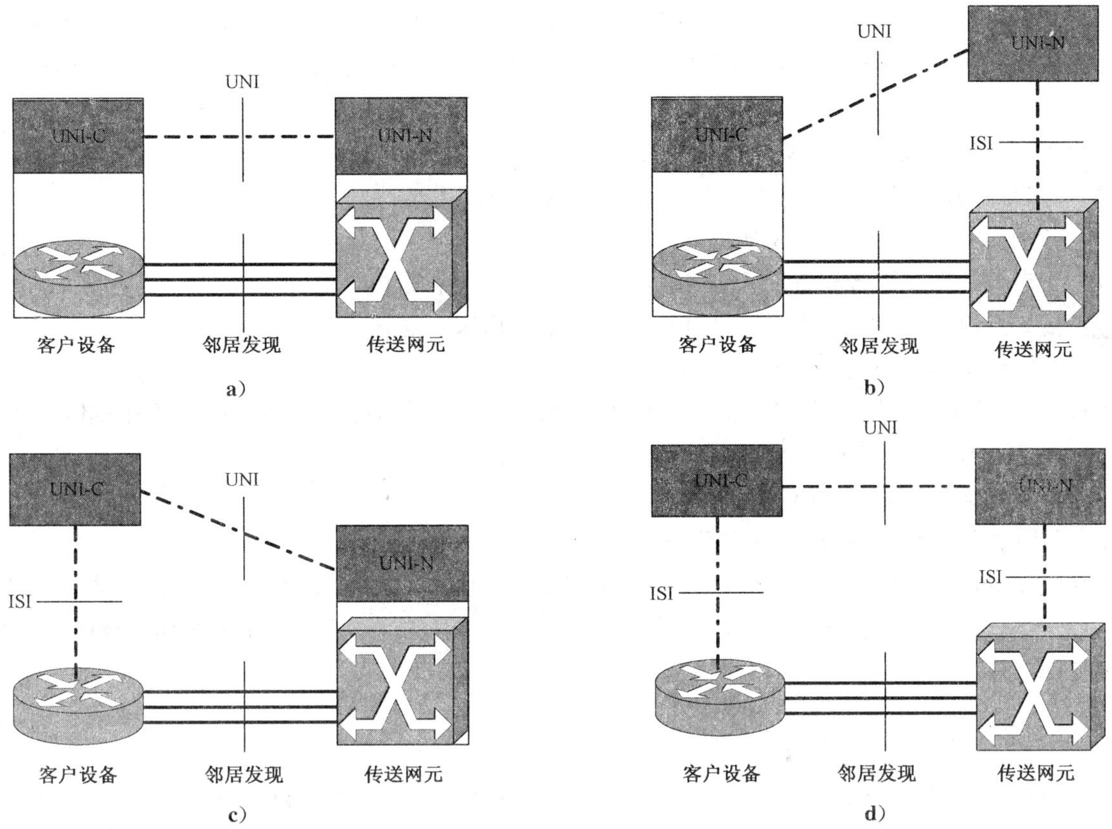

图 4 UNI 业务调用模型

4.4.2 直接调用模型

这种模式下，UNI-C 功能由客户设备自身来实现。有两种基本的配置，如图 4 中的 a)、b)所示。这两种配置的不同之处如下：第一种配置中(图 4 中的 a))，UNI-N 功能由传送网络网元设备自身来实现。而第二种配置中(图 4 中的 b))UNI-N 功能由一个代理来实现。当 UNI-N 功能由一个代理来实现时，对代理的驻留位置没有限制。传送网络的内部信令接口(ISI)用来承载 UNI-N 和 TNE 之间的信令消息。内部接口和 UNI 信令规范无关。

在直接调用模式下，UNI 邻居发现功能可以通过客户和 TNE 之间的每个数据接口来完成。如第 5 章中的描述，UNI-C 和 UNI-N 之间的 IP 控制通道可以是纤内的(In-Fiber)，也可以是纤外的(Out-of-Fiber)。客户调用传送网络的服务可以通过客户网络的管理系统来发起，也可以通过客户自身所定义的流量工程机制来发起。在传送网络内部，来自 UNI 接口的服务请求可以使用集中系统来提供，也可以通过分布式协议来完成。

4.4.3 间接调用模型

这种模型如上图 4 中的 c)、d)所示，客户使用信令代理来调用传送网络服务。代理 UNI-C 实现 UNI 信令功能，该代理 UNI-C 负责一个或多个客户设备的 UNI 信令功能。客户设备可以不需要和代理 UNI-C 驻留在一起。包括：

a) 客户可以不实现邻居自动发现处理。这种情形下，UNI-N 和代理 UNI-C 应手动配置邻接点信息；
b) 代理 UNI-C 执行它所负责的客户设备的 UNI 功能；
c) 代理 UNI-C 和它所代表的客户之间可以使用私有的或标准的内部信令接口-内部信令接口(ISI)来进行通信。ISI 接口信令(如 GSMP)不是 UNI 接口规范的研究范围。

代理 UNI-C 和 UNI-N 之间运行 RSVP-TE 信令协议。代理 UNI-C 和 UNI-N 之间的 IP 控制通道为纤外信令配置方式，如第 5 章中的描述。UNI-N 实体应知道被客户设备授权的代理 UNI-C 的相关信息。

每个代表客户的代理 UNI-C 应配置的参数包括：

a) 客户层地址，可以是第 7 章中所描述的任意一种；

b) 分配给客户设备的 TNA 地址；

c) 客户设备连接传送网络设备的端口 ID 和节点 ID(如果有邻居自动发现功能，不用实现该配置)；

d) 信令控制通道：纤外 IPCC 对应的地址，该地址用来发送信令消息；

e) 客户设备的服务能力(如 SDH 能力)。

代理 UNI-C 可以支持多个客户设备。并且，光纤连接的两个端点可以由下面不同的组合来处理：

a) 代理 UNI-C 和 UNI-C；

b) 两个分离的代理 UNI-C，端点中的一个；

c) 相同的代理 UNI-C 同时处理两个端节点。

这种模型下，有两种基本的配置，如图 4 中的 c)、d)。图 4 中的 c)显示 UNI-N 的功能实现限制在 TNE 中来实现。图 4 中的 d)显示在 TNE 设备之外实现 UNI-N 的功能，并通过内部信令接口 ISI 来实现 UNI-N 和 TNE 之间的通信。

4.4.4 服务调用配置

本部分允许在同一个网络使用多个 UNI 业务调用模式。如：一些客户使用直接调用模式，另外一些客户使用间接调用模式；类似地，在网络侧允许有些 TNE 有 UNI 信令功能，另外的 TNE 通过代理来实现 UNI 信令功能；最后，每个连接终端的客户允许使用不同的业务调用模式。

4.5 无中断业务的参数修改(可选)

4.5.1 带宽修改

4.5.1.1 带宽修改概述

有几种方式可支持无中断业务参数修改，这些方式都涉及到对呼叫的修改。对于呼叫的修改可通过增加或删除呼叫中的连接或修改呼叫中已有连接的参数实现。存在两种业务架构的带宽修改：一种是对以太网业务的呼叫带宽修改，一种是对 SDH 或 OTN 业务的呼叫带宽修改。对于以太网业务的带宽修改，不需进行适配方式的修改。然而对于 SDH 或 OTN 业务的带宽修改可能需要修改适配方式。本部分定义的呼叫带宽修改不涉及到对适配能力的修改。

4.5.1.2 带宽修改原则

带宽修改可由 UNI-C 发起，发起的带宽修改要求不能涉及到对适配能力的修改。UNI-C 可进行如下方式的带宽修改：

a) 直接修改连接速率，只对以太网业务有效；

b) 通过修改呼叫中已有连接的 Multiplier 域来修改连接带宽；

c) 在已有呼叫中增加连接；

d) 删除已有呼叫中的连接。

4.5.1.3 SDH 业务

当 UNI 传送 SDH 业务时，有以下数种带宽修改方式：

a) VCn 改变。由于 VCn 的改变涉及到适配方式的改变,这种方式不被允许,不能从 VC3 改变为 VC4,如果要进行改变,则认为是业务的改变,需要新的呼叫支持。

b) VCn-xc 改变。不允许 x 改变,由于这种改变意味着适配方式的改变,例如从 VC4-4c 改变为 VC4-16c。如同 a)所述,对于 n 的改变不被允许。

c) m* VCn 的改变。允许 m 改变,例如从 1* VC4 改变为 5* VC4,可通过在呼叫中增加/删除连接实现,并不涉及到对适配方式的修改。如同 a)所述,对于 n 的改变不被允许。

d) m* VCn-xc 的改变。允许 m 改变,例如从 1* VC4-4c 改变为 3* VC4-4c,对 n,x 的改变不被允许。

图 5 描述了通过增加呼叫中的连接数增加呼叫带宽。例如一个呼叫中已存在一个 VC3 的连接,UNI-C 和 UNI-N 间的承载链路为 STM-16,可通过增加一个 VC3 的连接增加呼叫的带宽。该 VC3 可用 UNI-C 和 UNI-N 间的任何一条承载链路。客户侧可将两条连接放入一个 VCG 组,这对 UNI 是不可见的。

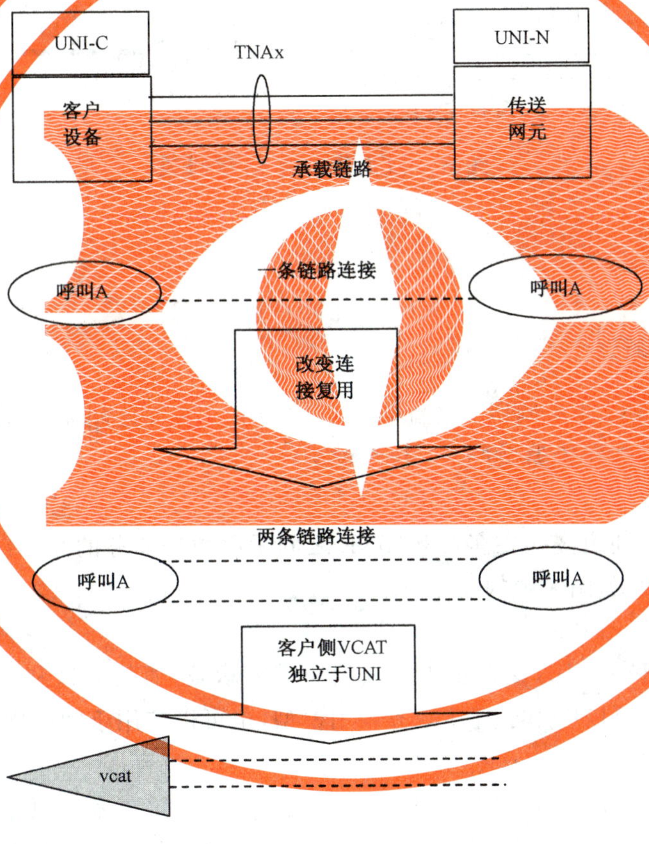

图 5 SDH 业务带宽修改

4.5.1.4 OTN 接口

对于 OTN 客户侧而言,连接的数目可通过 OTN 业务参数属性中的倍增指示(MT)字段进行修改。

4.5.1.5 以太网业务

以太网业务在信令中支持以 1 Mbit/s 为增减粒度的带宽编码。修改以太网呼叫的带宽,有两种方式:增删以太网呼叫中已有的连接,直接修改已有连接的带宽值。如图 6 所示:

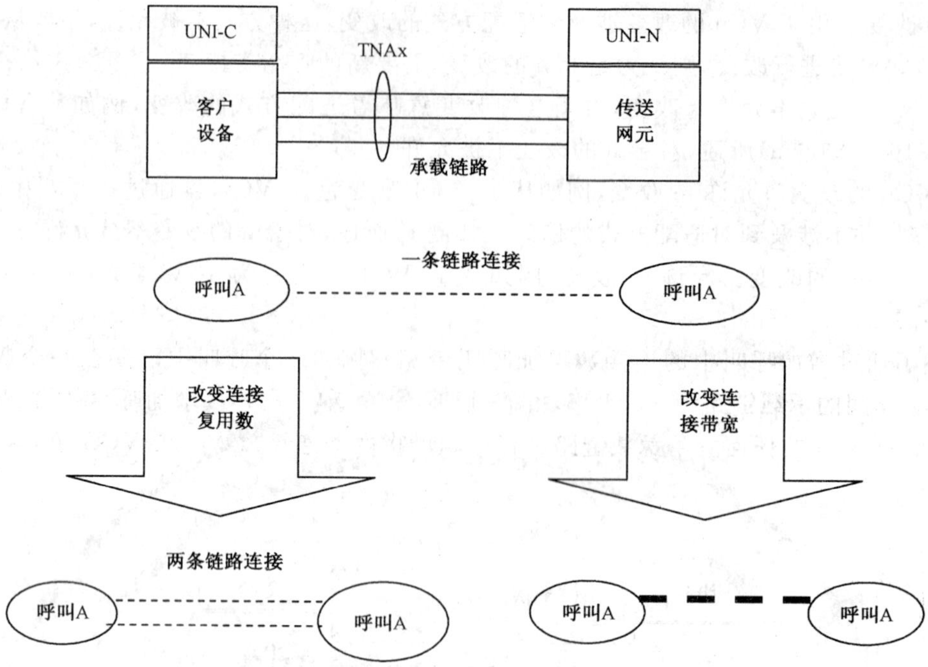

图 6 以太网业务带宽修改

5 UNI 信令传送配置

5.1 UNI 信令传送配置概述

按照 4.4 所描述的 UNI 业务调用参考配置,UNI-C 和 UNI-N 之间需要控制通道来传送信令消息。本部分支持如下的信令传送配置类型:

a) 纤内(In-Fiber)

承载信令消息的通信通道嵌入在客户和 TNE 之间承载数据业务的光纤链路中。这种配置只能应用于直接服务调用模型中,如图 4 中的 a)所示。

b) 纤外(Out-of-Fiber)

信令消息由 UNI-C 和 UNI-N 之间的专用通信通道来承载,通信通道和承载对应数据业务的光纤链路分离。这种信令配置可以应用于直接服务调用模型,也可以应用于间接服务调用模型,如图 4 中的 a)、b)所示。

这两种配置方式下,控制通道应支持 IP 包的传输。因而,该控制通道为 IP 控制通道或 IPCC。UNI 信令消息由 IP 包来承载。如:UNI 信令协议采用 RSVP-TE 协议,这时携带 RSVP-TE 消息的 IP 包会在 IPCC 上传输。

UNI 中,IPCC 可以通过下列方式之一来实现:

- SDH/OTN 纤内信令配置;
- 以太网 OAM 帧纤内信令;
- 纤外信令。

5.2 SDH/OTN 纤内信令配置(可选)

纤内信令配置见图 7。如图 7 所示,客户设备和 TNE 之间通过一个或多个双向 SDH/OTN 链路进行连接。每个双向链路由一对单向链路构成,其中一条从客户设备到 TNE,另外一条从 TNE 到客户设备。一条或多条双向链路中的某些 SDH DCC 或 OTN GCC 开销字节用来实现双向 IPCC。

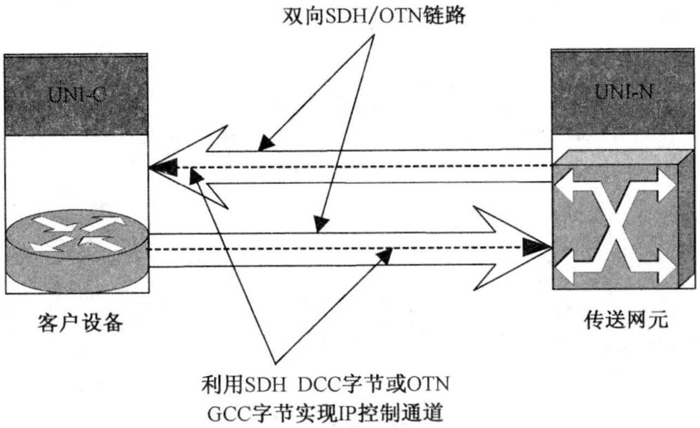

图 7　SDH 纤内嵌入式信令通道配置

纤内 IPCC 和点到点链路逻辑上是等同的。如果在客户设备和 TNE 之间有多条这样的 IPCC 链路可用，根据本地的策略，IP 包可以在任何一条 IPCC 上传送。

本部分中，基于 SDH 接口的 UNI 纤内 IPCC 应利用 SDH DCC 字节来实现，基于 OTN 接口的 UNI 纤内 IPCC 应利用 OTN GCC 字节来实现。

将 IP 包封装到 DCC 或 GCC 字节时本部分定义了两种选项。如图 8 所示，第一种选项将 IP 包封装到 PPP 包，PPP 包封装到 HDLC 链路帧并对帧进行比特填充。第二种选项将 IP 包封装到 PPP 包，PPP 包封装到使用 LAP-D 帧的 OSI 9577 包中。其中，选项 1 为必选支持，选项 2 为可选支持。客户设备和传送网元应能够至少支持这两种封装方式中的一种，也可以同时支持两种封装方式。对于一个给定 IPCC，当客户设备和传送网元设备同时支持两种封装方式时，客户设备和/或传送网元应能够支持通过手动配置来选择某一种封装方式。

客户和 TNE 对邻居设备的 IP 地址(用来发送 UNI 信令报文)的自动发现以及对 IPCC 的维护见第 6 章中的描述。

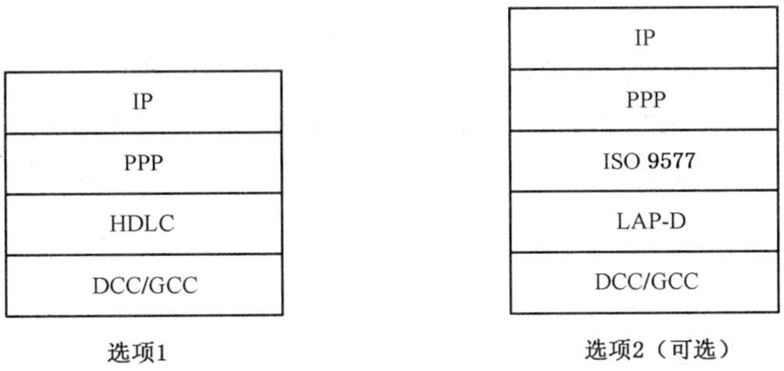

图 8　DCC/GCC 封装选项

5.3　以太网 OAM 帧纤内信令

当 UNI 的客户端是以太网设备时，信令消息可使用纤内的 OAM 帧实现传送。这些 OAM 消息在链路级别范围内有效，总体的格式可参考 IEEE 802.3ah 中的 5.7(以太网 OAM)。

5.4　纤外信令

5.4.1　纤外信令配置

纤外信令应用于 4.4 所描述的全部四种参考配置。本部分描述了图 9 所示的两种可选的纤外信令方式。对于这两种选项,通过在 UNI-C 和 UNI-N 之间建立 IP 连接来实现纤外 IPCC,这种 IP 连接的建立和相对应的客户和 TNE 之间的数据链路数量相互独立。

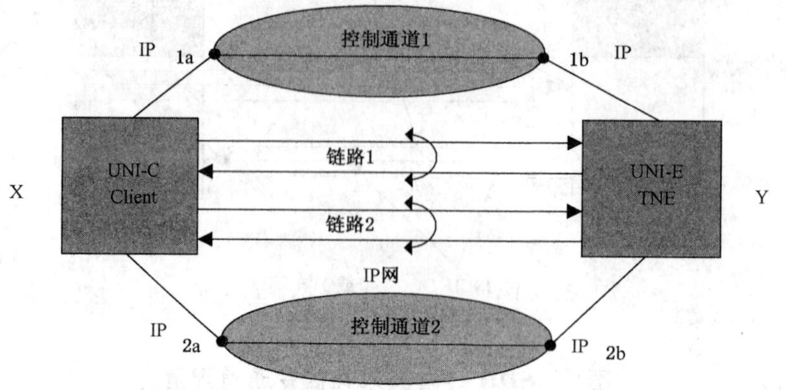

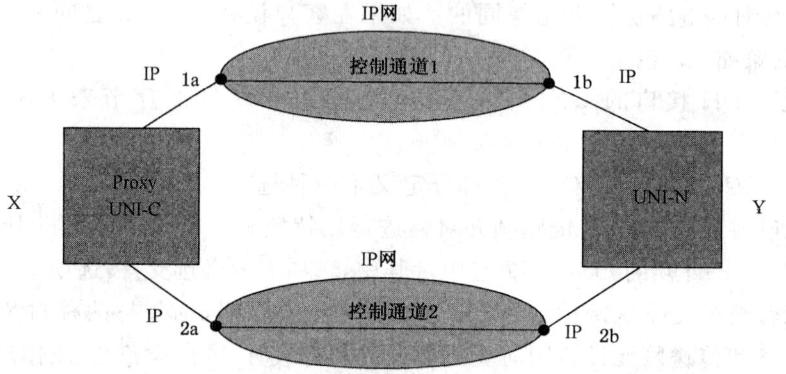

图 9 纤外信令配置

5.4.2 外部 IP 传送网络实现

这种配置情形下,UNI 信令消息由外部 IP 传送网络来承载。如图 9 所示,UNI-C 和 UNI-N 有一个或多个点接入 IP 网络。这些网络的特性在本部分中不指定。控制消息可以通过每个网络来进行发送而不需要进行协调。但对于每个 UNI-C 和 UNI-N 实体应配置对端邻居的 IP 地址以便能够发送控制消息。本部分假定实现 IPCC 的 IP 网络是安全的,即不要求额外的处理来保证信令消息在外部网络的安全传送。

5.4.3 专用信令网络实现(可选)

这种配置情形下,可以在 UNI-C 和 UNI-N 之间建立专有的双向连接业务。这种专用的连接作为 IPCC 来使用,信令消息可以在连接的负载中发送。本部分中,连接的建立和使用可以在对等实体上通过手工配置来控制。通过这种方式可以建立多条 IPCC 控制通道。任何一条可以用来发送特定的信令消息。在专用连接实现的 IPCC 上所发送的 IP 包要使用 PPP 到 SDH 的封装技术,见 IETF RFC2615 中的相关定义。

5.5 信令传送的实现

尽管对信令传送有三种不同的选择,本部分不排除在客户设备和 TNE 之间使用多种传送链路类型来实现。如:客户设备和 TNE 之间可以同时使用纤内和纤外 IPCC 来实现。类似地,TNE 可以和不同客户设备之间有不同的 IPCC 类型。因此,客户设备和 TNE 之间需要配置指定对应于一组数据链路集合的 IPCC 实现类型。客户和 TNE 之间的 IPCC 状态跟踪维护处理见 6.1.2 中的描述。

6 UNI 链路管理功能

6.1 UNI 链路自动管理

6.1.1 概述

本节所定义的邻居发现处理允许 TNE 和直接连接的客户设备之间了解彼此之间的节点标识以及和本地端口相连的远端端口标识。本节中所定义的 IP 控制通道维护处理允许客户和 TNE 连续监控和维护可用的 IP 控制通道列表。

UNI 中,邻居发现和 IPCC 维护处理是可选的。如果客户设备和 TNE 之间不实现如本节所描述的邻居发现功能,相关的 UNI-C 和 UNI-N 应手动配置邻居节点标识和远端端口标识相关的信息。如果不实现如本节所描述的 IPCC 控制通道维护处理,应在所使用的信令协议中实现该功能(如,RSVP-TE 协议中需要支持 HELLO 机制)。本节所描述的邻居发现功能的实现可以避免手工配置邻居和端口连接相关的信息。因此,自动发现功能可以排除依靠手动配置而导致的潜在的错误。而且,邻居发现还能自动检测出物理连接的错连情形(如,某个端口的发送和接收错误地连接到远端的两个不同的端口上)。

TNE 可以和多个客户设备相连,客户设备也可以和多个 TNE 相连,但对于邻居发现和 IPCC 维护处理的定义,考虑单个 TNE 以及和它直接相连的客户设备就已经足够。单个 TNE 和客户之间由一组数据链路进行连接,如 SDH 或以太网链路。而且,客户和 TNE 之间可以存在一条或多条 IPCC。IPCC 可以以纤内方式或纤外方式来实现(如第 5 章中的定义)。在所有的情形下,本节所定义的处理需要 TNE 和客户设备从数据链路中发送或接收某些纤内消息。

本节所定义的协议机制是基于 IETF RFC4204 所定义的链路管理协议(LMP)。LMP 中 IPCC 维护定义了两个基本的步骤:

a) 初始配置:TNE 和客户设备中为他们之间的每条 IPCC 配置基本的参数。

b) Hello:TNE 和客户设备中为他们之间的每条 Hello 协议实例进行初始化。该协议负责监控控制通道的可用性。

在由 DCC 字节实现的纤内信令的情形下(IPCC 嵌入在每条数据链路中),端口的连通性信息在 IPCC 配置处理过程中可以进行交换。在纤外信令的配置情形下,为验证端口的连通性,LMP 定义了如下的第三个步骤。

c) 链路验证:为确定端口的连通性,每条数据链路都需要发送纤内测试信息。在 IPCC 控制通道中所发送的控制消息用来配合测试处理。

TNE 和客户之间多个端口的连接期望聚合到一条或多条逻辑链路,每条逻辑链路由一个 TNA 地址来标识。对于聚合链路相关参数的验证处理非常有用,如链路带宽、链路编码类型、交换能力等。LMP 中的链路属性关联处理可以验证链路相关的参数。LMP 术语中聚合的逻辑链路指流量工程链路(TE Link)。

UNI LMP 处理过程中用到如下的标识:

- 节点标识(Node ID)

  用来标识节点(TNE 或客户)的 IP 地址。如路由器客户的节点 ID 是它的路由器 ID,见 7.2;

- 接口 ID

  用来标识每个端口的 32 位逻辑标识;

- 控制通道 ID

  节点应为每条 IPCC 分配的本地唯一的标识。该标识为 CCID,为 32 位数并在节点 ID 范围内唯一。TNE 和客户之间相同的控制通道在两侧可以分配不同的 CCID,见 7.2.1。

- 链路 ID

  UNI 中和 TNA 地址相对应。由于 LMP 仅支持 IPv4 和 IPv6 链路 ID 格式。链路属性关联功能不支持使用 NSAP TNA 地址格式作为链路 ID 信息，见 6.1.3。

所有 LMP 消息使用 UDP 协议，并使用 LMP 端口号“701”（受带内消息传送机制限制的测试消息除外）。除标准的 IP 头和 UDP 报文头之外，所有的 LMP 消息（受带内消息传送机制限制的测试消息除外）有如下的公共报文头“见 LMP”。

LMP 消息可以通过纤内或纤外的信令通道进行发送。为支持 UNI 的邻居发现和 IPCC 维护，只需要部分 LMP 消息。表 4 总结了 UNI 支持的 LMP 消息。编号为 1～4 的消息为 LMP 控制通道维护消息，它们在 IPCC 上发送，并携带相应 IPCC 的 CCID。编号为 5～16 的消息为 LMP 和数据链路相关的消息。除测试消息之外（消息编号为 10），所有消息由 IPCC 来承载。测试消息总是在每条 TNE 和客户之间的每条数据链路的纤内进行发送。

表 4　LMP 邻居发现和控制通道维护消息

LMP 消息类型编号	LMP 消息类型
1	Config …… 配置消息
2	ConfigAck …… 配置确认
3	ConfigNack …… 配置出错
4	Hello …… 握手消息
5	BeginVerify …… 开始验证
6	BeginVerifyAck …… 验证确认
7	BeginVerifyNack …… 验证出错
8	EndVerify …… 结束验证
9	EndVerifyAck …… 结束验证确认
10	Test …… 测试
11	TestStatusSuccess …… 测试成功
12	TestStatusFailure …… 测试失败
13	TestStatusAck …… 测试确认
14	LinkSummary …… 链路属性关联
15	LinkSummaryAck …… 链路属性关联确认
16	LinkSummaryNack …… 链路属性关联出错

下面的章条中，描述了用来做邻居发现和 IPCC 维护的 LMP 消息以及对应的处理。LMP 状态移机制、LMP 消息格式、LMP 对象定义分别参考 IETF RFC4204 中 11、12、13 的内容，本部分不做详细描述。

6.1.2　控制通道管理

6.1.2.1　概述

邻居发现处理被客户或 TNE 用来确定和自己通过数据链路相连的远端 TNE 或客户的标识，以及数据链路互连的方式。邻居发现处理允许客户和 TNE 交换节点 ID 信息、确定本地和远端端口的映射关系（指本地接口 ID 和远端接口 ID）、关联相关数据链路的配置参数等。IPCC 维护处理允许对等的信令实体之间建立和维护 UNI 信令控制通道的连通性。图 10 描述了设备运行 UNI 邻居发现协议时所维护的端口映射表。当设备提供了端口后，本地接口 ID 和"其他信息"要进行配置。其中后者也可以通过 LMP 链路属性关联消息交换的一部分进行交换。所有远端信息可以自动确定。

节点 ID	本地接口 ID	其他信息（如、端口速率、端口交换能力等）	远端节点 ID	远端接口 ID	其他信息
32 位地址	1		32 位地址	5	
32 位地址	2		32 位地址	8	
32 位地址	3		未知	未知	

图 10 UNI 两端端口配置信息表

除端口映射表之外，IPCC 状态(包括本地/远端 CCID)应进行维护。

6.1.2.2 控制通道参数协商

控制通道配置步骤由交换 3 个 LMP 消息来构成：配置消息、配置确认和配置出错消息。发起对 IPCC 配置的节点(TNE 或客户)应通过 IPCC 发送配置消息到对等实体。配置消息包含一个或多个 LMP 对象。UNI 中，配置消息应包含 HelloConfig 对象，该对象中包括 HelloInterval 和 HelloDeadInterval(见 IETF RFC4204 LMP 协议中的定义)。这些参数是否能够协商可以通过 HelloConfig 对象中的指示来确定。节点收到配置消息后应以配置确认或配置出错消息进行响应，并指示接受或拒绝配置消息中的配置参数。但发送配置消息的节点收到配置确认消息后完成配置的处理。当发送配置消息的节点收到配置出错消息后，可以终结不成功的配置处理步骤，或发送参数经过调整的其他的配置消息。

客户和 TNE 可能会同时向对端发送配置消息。这时，客户应停止发送配置消息并响应所接收到的配置消息。TNE 应忽略所接收到的配置消息并等待配置确认或配置出错消息。这种情形下，LMP 协议中所定义的竞争解决的处理，可以等同于 TNE 分配了比客户更大的节点 ID。配置消息的发送方式依靠信令传送机制：

a) 纤内信令

配置消息应该以多播地址(224.0.0.1)为目的地址进行发送。配置确认或配置出错消息应以收到的配置消息的源 IP 地址为目的地址进行发送。

b) 纤外信令

配置消息应以邻居节点 IPCC 地址为目的地址进行发送，IPCC 地址在控制通道两端都会进行配置。

6.1.2.3 Hello 协议和 IPCC 维护

当客户和 TNE 之间的 IPCC 被激活后，两个节点通过交换 Hello 消息来维持 IPCC 的连通性。执行 Hello 协议的每个节点应通过 IPCC 周期性的发送 LMP Hello 消息。IP 包的目的地址应从配置处理过程中获取。Hello 消息的周期长短由配置节点建立的 HelloInterval 值来控制。

如果节点发送 Hello 消息，但在 HelloDeadInterval 周期内一直收不到任何 Hello 消息，相关的 IPCC 应声明为 down 状态。这种情形下，需要再次尝试配置步骤。

6.1.2.4 IP 控制消息发送通道的选择

LMP 所维护的端口映射表允许节点从给定的实例中确定一组可用的 IPCC。和一个邻居之间可能有多个 IPCC 的状态为“Up”。为向该邻居发送 IP 包，通道管理者应首先将目的 IP 地址和邻居节点地址进行匹配，并选择一条状态为“Up”的 IPCC 来发送 IP 包。选择哪条 IPCC 的具体算法不具体指定。在两个相邻节点之间发送信令消息时双方对 IPCC 的选择不需要保持一致。

节点选择到邻居节点的 IPCC 并一直使用该 IPCC 直到该通道状态发生改变。原先选择的 IPCC 状态发生改变后，节点可以任意选择和邻居节点相连的状态为“Up”的其他 IPCC。如果没有这样的 IPCC 时，UNI 信令消息无法发送到邻居节点，节点应产生网络管理事件来上报控制通道失效的信息。

6.1.3 链路属性关联

链路属性关联功能用来在 TNE 和客户之间帮助对链路属性进行配置。该功能不是必须功能，可以根据需要来调用。UNI 中，链路属性关联处理只有在使用 IPv4 和 IPv6 作为 TNA 地址格式时才能够调用。当使用 NSAP 格式的 TNA 地址时不能调用。链路属性关联功能是通过在 LMP 协议中使用链路属性关联(LinkSummary)消息来实现。如果使用链路属性关联处理应该在链路正常启用之前，也可以在链路状态为“UP”后的任意时间进行，但不能在链路验证处理过程中进行。

交互链路属性关联消息用来：

- 将多条数据链路聚合到一条逻辑链路(通过 TNA 来标识)；
- 交换、关联、或改变链路参数；
- 交换、关联、或改变接口 ID。

使用链路属性关联、链路属性关联确认和链路属性关联出错(见 LMP 协议中定义的消息格式)消息来定义链路属性关联消息交换过程。UNI 中这些消息的处理流程见 IETF RFC4204 LMP 协议中的定义。

6.1.4 物理连通性验证(邻居发现)

端口连通性验证是邻居发现的重要部分。用来验证数据通道所提供的物理连通性，并用来交换接口 ID 信息。在纤内配置方式下，端口连通性验证融合在 LMP 配置处理过程中。在纤外配置方式下，需要单独的处理。具体如下面的描述：

a) 纤内配置

这种配置方式下，控制通道和数据链路端口为一一对应的映射关系。因此，IPCC 应该分配和接口 ID 相同的值。同样，端口连通性验证可以在配置处理过程中完成，如图 11 所示。这里，TNE 通过发送配置消息来发起配置处理。除 HelloConfig TLV 之外，配置消息还包括 TNE 本地节点 ID 和 CCID(和接口 ID 相同)。客户设备返回配置确认消息作为响应，其中包含它自己的本地节点 ID 和 CCID 以及远端的节点 ID 和远端 CCID。这些消息允许 TNE 和客户设备填充端口映射表中的“远端节点 ID”和“远端端口 ID”域的内容(如图 11 所示)。

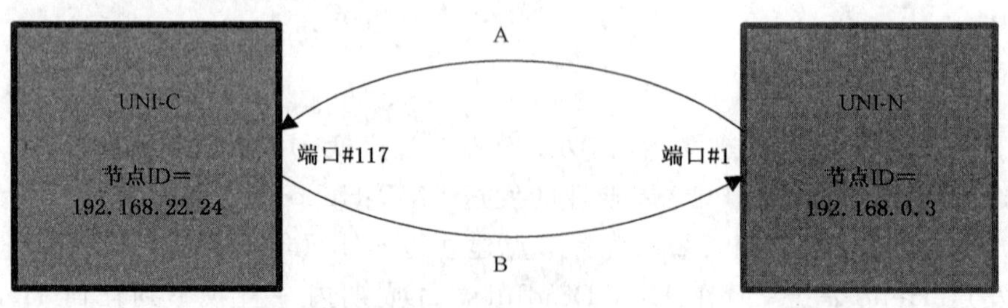

A:配置(本地节点 ID=192.168.0.3,本地 CCID=1)

B:配置确认(本地节点 ID=192.168.22.24,本地 CCID=117

远端节点 ID=192.168.0.3,远端 CCID=1)

图 11 纤内信令方式下端口连通性验证过程

b) 纤外配置

这种配置方式下，控制通道和数据端口之间没有一一对应的映射关系。因此，IPCC配置处理不能确定数据端口的连通状态，需要其他的处理步骤来完成连通性验证。如图12所示，为完成客户和TNE之间的关联处理，在端口连通性验证发起之前应在它们之间建立IPCC通道。通过IPCC通道，节点（客户或TNE，名为“发起者”）向远端节点发送开始验证消息发起端口连通性验证处理。该消息的本地链路ID域应置0。而且，消息中开始验证消息对象的其他域应设置如下：

- Flag域：第0个比特位（LSB）应置1用来指示验证所有未分配的链路。第一个比特位应置1来指示 端口。其他比特位应置0；
- VerifyInterval域：该域应设置成已经配置的值；
- 数据链路编号域：该域应设置成发送节点未分配链路的编号值。
- 其他域的设置参见IETF RFC4204 LMP协议中的定义。

为响应开始验证消息，远端节点可以向发起者发送验证确认或验证出错消息。如果发送验证确认消息，应包括32位的验证码（VerifyId）用来唯一标识要验证的和远端节点连接链路的具体实例。验证码拷贝到所有其他由发起者或远端节点所发送的与验证相关的消息中。远端节点发送验证出错消息时，表示接收者不能够或不愿意做链路验证处理。对每条数据链路的测试可以依次进行，也可以多条数据链路同时测试。这与节点的处理能力有关。为终结处理过程，发起者向远端节点发送结束验证消息，远端节点返回结束验证确认消息。所有这些消息中的域中值应按LMP协议规定进行设置。

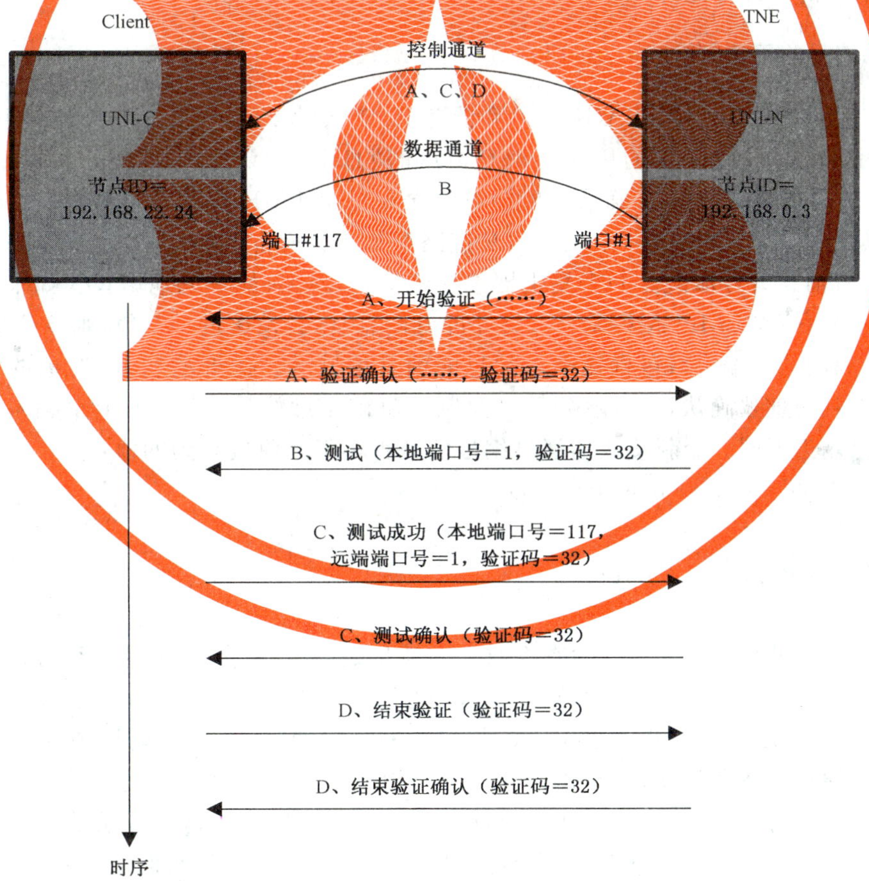

图12 纤外信令方式下的端口连通性验证过程

端口连通性验证处理过程如下：当发起节点和远端节点同意开始测试端口后，发起节点通过每条单向光纤链路发送“测试”消息。当接收到“测试”消息后，接收者使用消息中的VerifyID域中的值将测试消息关联到特定的要验证的处理实例中，并将所接收到的远端接口ID映射到对应的本地值。然后，接收者通过控制通道向发起者发送测试成功消息，其中包含本地接口标识和远端接口ID。如果接收者在特定的时间间隔内无法接收到测试消息，会向发起者发送测试失败消息。最后，发起者返回测试确认消息给它的对等实体用来应答成功或失败的消息。UNI中，所有消息的域值应按LMP协议规定进行设置。

物理连通性不一致的检测是邻居发现过程中重要的特征，并将检测过程融入到LMP端口验证处理过程中。当双向端口的发送端口和远端的一个端口相连，接收端口和远端另外一个端口相连时引起物理错连。下面描述了纤内和纤外IPCC的错连检测处理过程：

a） 纤内信令

当出现下列情形之一时，节点检测到错连：

- 当发送配置消息后，没有收到配置确认（或配置出错）响应消息；
- 所收到的配置确认或配置出错消息中没有包含所期望的"远端节点ID"或"远端CCID"。

b） 纤外信令

当出现下列情形之一时，节点检测到错连：

- 收到测试失败消息；
- 所收到的测试成功消息中包含了不期望的接口ID（远端接口ID或本地接口ID）。

附录A中描述了错连检测的实例。

6.1.5 LMP消息的可靠传递

6.1.5.1 消息编号的用法

LMP消息使用消息ID（MESSAGE_ID）和消息ID确认（MESSAGE_ID_ACK）消息来支持可靠的消息交互。本条描述了这些对象的用法。消息ID和消息ID确认对象包含一个消息编号（Message_Id）域。仅有一个消息ID/消息ID确认对象会被包含在每个LMP消息里。对于控制通道配置消息而言，消息编号域在CCID范围内唯一。对于TE链路配置消息而言，消息编号在LMP邻接范围内唯一。

消息ID对象消息编号域包含一个发生器选择的值。该值只能单调地增长。如果同一个CCID（对于控制通道配置消息）或LMP邻接（对TE链路配置消息）已经发送过一个值，则该值被认为是用过的。消息ID确认对象的消息编号域包含被确认消息的消息编号域。携带消息ID对象的消息如果未被确认，需要重传，直到消息被确认，或者达到重传限制。值得注意的是，32位的消息编号值可以绕接。下面的表达式可以用于测试一个新接收的消息编号值是否小于之前接收到的值：

```
If ((int) old_id-(int) new_id > 0)
{
    新ID值 <  旧ID值;
}
```

对接收消息进行处理的节点应该检查新收到的消息是否失序，并且确定是否可以忽略。失序的消息能够通过检查消息编号域的值进行识别。如果消息被确定失序，消息应该被丢弃。如果是一个配置消息，消息编号值小于之前从发送者的CCID收到的最大的消息编号值，则该消息应被当作失序来处理。如果是一个通道状态消息（ChannelStatus），并且消息编号小于之前发送者的配置流量工程链路最大的消息编号值，那么接收者应该检查之前接收的通道状态消息所包含的每条数据通道的消息编号值的状态。如果消息编号值大于最近接收到的与消息所包含的至少一条数据通道相关的消息编号值，该消息不应该被认为失序。然而，对于所有最近所接收到的消息编号值大于该消息编号值的数据通道，其状态不应该被更新。其他的消息ID不应该被认为失序。

6.1.5.2 LMP消息重传机制

在节点发送一个需要确认的消息之后，他应该在Ri秒之后立即启动一次重传。如果在Ri秒之前接收到一个对应的确认消息，应该取消消息重传。否则他应该在(1+Delta) * Ri秒后启动重传。重传一直持续到接收到合适的确认消息或者达到快速重试限制Rl。

当传送一个需要确认的消息的时候，发送节点可以使用下面的算法：

在初始化发送之前，初始化Rk = Ri和Rn = 0。

```
while (Rn++ < Rl) {
    发送消息；
    等待Rk毫秒；
    Rk = Rk * (1 + Delta)；
}
```

不同时地，当发送节点接收到对应地确认消息，改变重传计数Rn为Rl。

发送节点不会在配置消息或者链路属性关联消息里公告或者协商指数衰减参数。

6.1.6 LMP重启恢复处理

本条描述控制平面重启之后LMP状态再同步的机制。在控制通信故障后，第一个控制通道的启动将导致控制平面的重启。控制通信故障可能是LMP邻接故障或者节点故障引起的，这时，LMP控制状态丢失，但数据平面不受影响。后者可以通过设置LMP消息的公共头的"LMP重启"位来检测。如果控制平面的故障是由于控制通道的丢失，LMP链路信息应该保留。也有可能在节点故障的过程中，节点有能力保留LMP链路信息。然而，在这两种情形中，数据通道的状态均要同步。假设在控制平面重启的过程中，节点ID(Node_Id)和本地接口ID(Interface_Ids)不变。

在节点控制平面重启之后，控制通道应采用参数协商的过程来重新建立。在重建控制通道的过程中，配置消息应该使用单播IP源和目的地址的方式发送。

如果控制平面的故障是由于节点故障，这时LMP控制状态丢失，"LMP重启"标志应在LMP消息里设置，直到接收到一个RcvSeqNum和本地TxSeqNum相等的Hello消息。这表示控制通道启动，并且LMP邻居检测到这个重启。

下面假设LMP组件重启只发生在一个TE链路的端点。如果LMP组件的重启发生在TE链路的两个端点，那么应该采用正常的链路属性关联过程。

一旦控制通道启动，LMP邻居应对通过邻接的每条TE链路发送一个链路属性关联消息。所有链路属性关联消息的N-bit位应设置为0，指示参数是不协商的。消息提供了本地/远端Link_Id和Interface_Id映射，相关数据链路参数和目前那条数据链路分配了用户流量的指示。如果节点接收到了链路属性关联消息，就检测本地的配置。如果在重启过程中，节点能够保留LMP链路信息，就应处理链路属性关联消息，另外接收到的DATA_LINK对象的分配/去分配标志应优于其他任何本地值。然而，如果在重启的过程中，节点不能保留LMP链路信息，节点应接受接收到的链路属性关联消息的数据链路参数，并且响应一个链路属性关联确认消息。

在完成链路属性关联交换之后，重启了控制平面的节点应该对该TE链路发送一个通道状态验证请求(ChannelStatusRequest)消息。节点也应该对所有未分配的数据通道的连通性进行验证。

6.2 UNI手动管理功能

6.2.1 邻居和数据链路手工配置

当UNI接口中任意一侧不支持邻居链路自动发现功能时，需要在UNI-C和UNI-N通过手动配置对端节点标识和数据链路端口标识信息映射表。

6.2.2 控制链路手工配置

当 UNI 接口中任意一侧不支持控制通道维护功能时，需要在 UNI-C 和 UNI-N 通过手动配置可用的控制通道信息。

7 UNI 编址

7.1 UNI 编址方式选择

UNI 编址存在 OIF 编址和 IETF 编址两种方式。实际部署过程中可以根据需要选择两种编址方式中的一种。编址的选择应和信令方式的选择保持一致。即，采用 OIF UNI 信令时，编址需要采用 OIF UNI 的编址；采用 IETF GMPLS UNI 信令方式时，需要采用 IETF 编址方式。

7.2 OIF UNI 编址方式

7.2.1 控制实体的标识

UNI 编址能够完成与光传送网络相关的不同实体之间的标识和可达性功能以及控制平面的连通功能。为描述 UNI 协议运行所涉及到的多个地址空间，需要介绍相关的需要标识的实体以及相关的术语。

如第 5 章中的描述，信令协议消息通过 IP 控制通道进行交互。概括如下：

a) IP 控制通道(IPCC)

在 UNI-C 和 UNI-N 节点之间传送 IP 包的数据通道。IPCC 的实现有多种方式，UNI-C 和 UNI-N 节点可以通过多个 IPCC 控制通道进行连接(多个控制通道之间的关系既可以使用对等配置，也可以使用主备配置)，见第 5 章中的描述。

b) 信令通道

UNI-C 和 UNI-N 之间交换信令消息地逻辑通道。信令通道的实现可以使用两个 UNI 对等实体之间的所有 IPCC 以及各个对等体的信令协议实体来实现。信令通道故障可能是因为所有的 IPCC 控制通道失效或信令实体失效。

图 13 描述了 UNI-C 和 UNI-N 之间的配置实例，UNI-C 和 UNI-N 分别驻留在对应的客户设备和 TNE 设备中，并且由 4 条数据链路连接。每个数据链路可以用来实现纤内 IPCC，如第 5 章中的描述。两个节点之间还有纤外 IPCC，他们通过外部以太网实现。IP 网络中，每个 IPCC 在两个节点之间代表一个点到点的链路，可以是有编号的也可以是无编号的。对于前者，每个 IPCC 在每一端都分配一个 IP 地址来标识。对于后者，每个单独的 IPCC 不分配 IP 地址，而是在每一侧分配一个接口标识，每一端可以通过分配给节点的 IP 地址和接口索引来对 IPCC 进行标识。

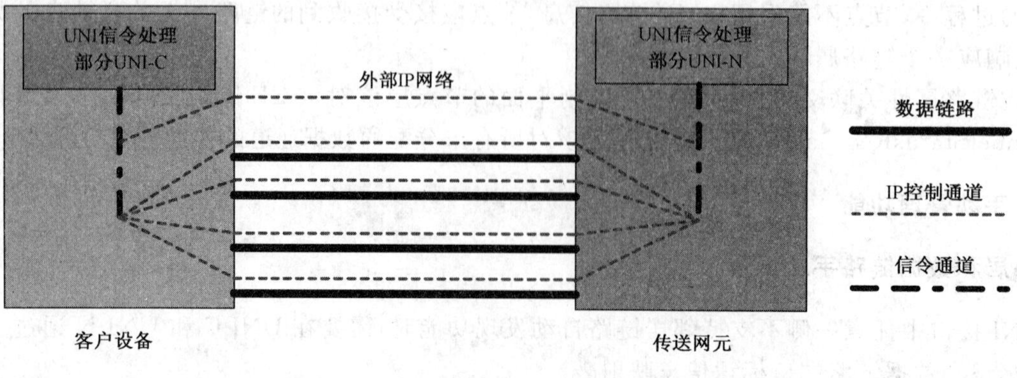

图 13 信令通道和 IP 控制通道配置

如图13所示，UNI信令通道位于一条或多条IPCC的上一层。信令通道自身应唯一标识，当底层的IPCC状态发生改变时不会影响到上层的信令通道。可以通过使用节点标识(NODE ID)来实现对信令通道的标识。

7.2.2 UNI地址空间

和UNI信令相关的地址空间描述如下：

a) 内部传送网络地址

这些地址为传送网络内部的节点地址，可以用来作内部路由，以及网络管理的目的。地址见图14中如TNE A和TNE B。这些地址信息不会暴露给网络客户，也不是OIF标准化的内容，因此不在本部分的研究范围之内。

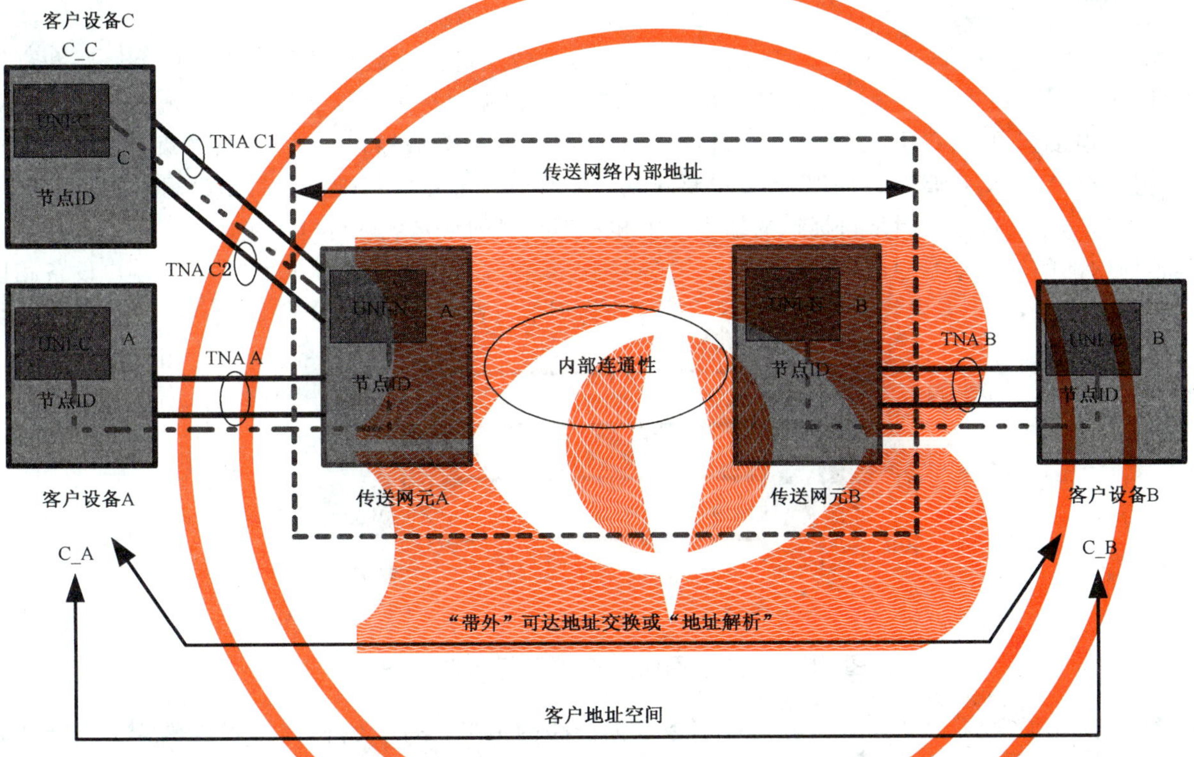

图14 UNI地址空间

- UNI-N和UNI-C节点ID

  这个IP地址用来标识终结在控制平面UNI-C或UNI-N的连接。节点ID不会随着底层IPCC的地址或状态变化而变化。UNI中，节点ID为IP v4地址。并且在UNI-C和UNI-N之间的通信控制域内保持唯一。节点ID不需要全局唯一，但应在需要通信的对等实体中能够唯一标识通信实体。当然，如果节点ID为全局唯一的IP地址时很容易唯一标识通信实体。标识UNI-C或UNI-N中的连接控制平面终端。节点ID不随IPCC状态或地址变化而变化。一般情形下，节点ID从私有的IPv4地址空间中进行分配。节点ID是否过渡到IPv6，要依赖于UNI-C和UNI-N节点是否增加IPv6能力。节点ID由管理该节点的网络操作员分配。

- IP控制通道标识(CCID)

  如6.1描述。为了邻居发现、服务发现、以及IPCC维护，应对IPCC的端点进行标识。该标识名为CCID。IPCC可以是有编号的，这时在每一端可以使用IPv4地址对IPCC进行标识。如果无编号，可以通过每一端的节点ID和接口索引来唯一标识IPCC。CCID为32比特并在节点范围内唯一，编号独立于IPCC端节点的地址。

- 传送网络分配的地址(TNA)

  UNI 连接端点由传送网分配地址 TNA 来标识。每个 TNA 地址是一个由传送网分配给连接 UNI-N 和 UNI-C 的一条或多条数据承载链路的全局唯一地址。传送网操作员分配 TNA 地址是基于传送网网络操作员策略。TNA 地址结构见 7.2.4。TNA 地址为 ITU-T G.8080 中定义的关于传送资源地址的实例。

b) 客户地址

如图 14 所示,其中 C_A,C_B 和 C_C 为客户地址。客户地址应服从客户网络的编址方案(例如 IP,ATM 等),并且不通过信令消息直接交换。本部分实现了客户和 TNA 地址空间的分离,因此,客户地址不在本部分的讨论范围。

7.2.3 逻辑端口标识

如上面的描述,单个 TNA 地址可以指示一条或多条数据链路。数据链路组中的单个链路共享相同的 TNA 地址并在每一端通过逻辑端口再进行标识。逻辑端口标识根据每端节点本地的策略进行分配。因此,连接客户和 TNE 的每条数据链路会分配两个逻辑端口标识,一个在客户侧,另外一个在 TNE 侧。对于 UNI,逻辑端口标识为 32 位整数编码并且应在节点内部唯一。每个逻辑端口标识和一个物理端口一一对应。逻辑端口标识的编号规则和物理端口的编号规则可以不同。这样可以避免将网络运营商内部的端口编号规则暴露给客户。另外,运营商可以为数据链路维护而给定和客户设备相同的逻辑端口标识,而不考虑终结链路的 TNE 内部的物理端口标识。

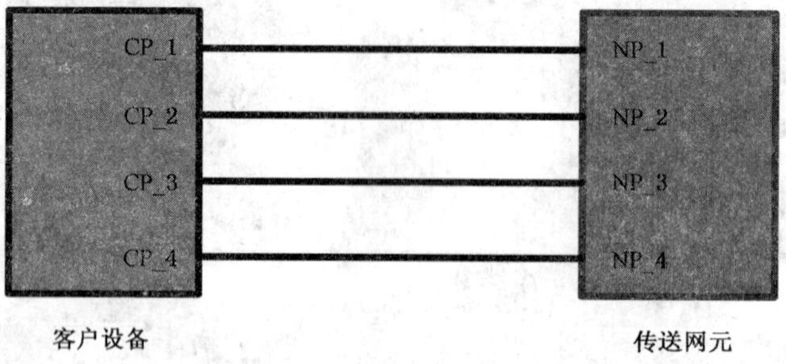

图 15 客户和网络设备端口标识映射关系

图 15 描述了 TNE 和客户设备之间有多条数据链路的情形。每一侧相关的逻辑端口标识分别表示为 CP_i 和 NP_i。由于逻辑端口信息由连接建立和拆除消息承载,UNI 信令的正确运行要依赖于客户和 TNE 之间逻辑端口标识的正确映射。映射关系的建立可以通过下面的方式之一来建立:

- 自动建立,利用 6.1 中所描述的 LMP 邻居发现和链路验证处理来建立映射关系;
- 手动建立,手动配置 UNI-C 和对应 UNI-N 实体之间的映射关系。

本部分中,UNI-C 应该允许手动配置端口映射信息。UNI-N 也应该能指定 UNI-C 使用每个端口的映射关系。如图 15 所示,可以配置 UNI-C 使用 NP_1(由 UNI-N 分配)而不是 CP_1(由 UNI-C 内部分配)来标识第一条数据链路。

7.2.4 TNA 地址结构及作用

TNA 地址用来标识 UNI 连接的端点。TNA 地址空间应该足够大以便能提供全球网络节点的地址需要,并且要能够支持层次级别以及地址汇聚。

UNI TNA 地址能够提供 IP 或 NSAP 协议族地址。如:UNI 信令协议要支持如下 3 种类型的 TNA 地址:

- IPv4 地址(32 位);
- IPv6 地址(128 位);

- NSAP 地址(160 位):NSAP 格式结构参考 ITU-T X.213 协议规定。

下面的 C-Type 类型允许 LMP 以 NSAP 格式对 TNA 地址进行编码:

LINK_ID 类型

Class = 3

C-Type = 7,NSAP LOCAL_LINK_ID

C-Type = 8,NSAP REMOTE_LINK_ID

TNA 地址由 UNI 信令消息承载,用来唯一标识连接的数据端点。当将相同的 TNA 地址分配到多条终结在客户设备的数据链路时,每个数据链路使用逻辑端口标识来进行区分。这种情形下,TNA 地址和逻辑端口标识的组合来唯一标识一条数据链路。而且,根据所选择接口的特性以及所请求的业务,应选择解复用信息,如通道。这些信息由信令消息承载并作为"标签"。"标签"指示出详细的复用信息,这些信息用来在给定的数据链路范围内标识出逻辑通道。信令详细的描述见 8.2.4。

UNI 中,允许不同种类的 TNA 地址之间存在连接。如,源端 TNA 地址可以使用 IPv4 格式的地址,目的端 TNA 地址可以使用 IPv6 格式的地址。这种情形下需要进行地址之间的转换,但这些内容不在 UNI 规范的研究范围。地址信息如何在信令消息中承载见 8.2.4 的描述。

传送网络维护 TNA 地址和传送网络地址之间的映射关系的方法不在 UNI 规范的研究范围。

7.3 IETF GMPLS UNI 编址方式

7.3.1 编址原则

IP 编址为 IETF 中的通用编址方式,GMPLS 中不考虑 IP 编址外的其他编址方式(如 NSAP)。在 GMPLS 中对于链路的编址方式有 Numbered(有编号)和 Unnumber(无编号)两种,具体可参见 IETF RFC4990。

7.3.2 UNI-C 和 UNI-N 编址

使用 GMPLS 支持 UNI,需用到 UNI 地址空间。用于标识 UNI-C 和 UNI-N 的地址属于相同的地址空间。这个地址空间可以采用和运营商网络中核心节点间通讯相同的地址空间,或者可以是由核心节点支持的 VPN 中用到的地址空间。也即在一个 Overlay 模型实例中的〈UNI-C,UNI-N〉形成的集合使用相同的地址空间,在该集合中的 UNI-C 通过 GMPLS 能建立 UNI-C 间的 LSP,而不需进行地址转换。这些 LSP 经过了运营商网络的核心节点。

当一个运营商核心网络支持多个 Overlay 模型的实例时,出于保密性的需求,可能使用一个或多个地址空间,由于一个 Overlay 模型实例中的 UNI 的地址空间由〈UNI-C,UNI-N〉对组成,这样对核心节点的地址不需进行改变。

在一个 Overlay 实例中,用于标识 UNI-C,UNI-N 的节点 ID(Node ID)为 Ipv4 或 Ipv6 地址。

7.3.3 控制通道编址

UNI-C 和 UNI-N 间可存在一条或多条控制通道(CC),用于传送 GMPLS 的控制消息,控制通道可以是带内或带外。在控制通道上传送 IP 包,控制通道的两端采用 IP 编址,在传送 IP 包前,本端需知晓控制通道远端的 IP 地址,该地址可采用自动发现或人工配置的方式实现。

为了控制通道维护,链路发现采用 CC-Id(Control Channel ID)对控制通道进行标识,一条控制通道的两端分别分配一个 CC-Id。CC-Id 在节点内部唯一,为 32 bit 的非 0 整数。

7.3.4 UNI 连接端点编址

UNI 连接端点编址是对连接 UNI-C 和 UNI-N 间的一条或多条数据链路的编址。该编址可用

UNI-C和UNI-N间的有编号(Numbered)的流量工程链路(TE Link)的编址标识。当采用链路绑定(Link Bundling)时,一条TE Link中包含多条数据链路,此时需对TE Link中的每条数据链路的两端进行标识,该标识采用32bit的无编号接口ID。

8 UNI信令功能

8.1 UNI信令方式选择

UNI信令方式存在OIF UNI信令和IETF GMPLS UNI信令两种方式。实际部署过程中可以根据需要选择两种信令方式中的一种。UNI信令方式的选择需要和UNI编址方式的选择保持一致。即:采用OIF UNI信令方式时,编址需要采用OIF UNI的编址方式;采用IETF GMPLS UNI信令方式时,需要采用IETF的编址方式。

8.2 OIF UNI信令功能

8.2.1 UNI抽象消息

8.2.1.1 UNI抽象消息概述

本节描述了UNI信令消息,见表5所示。这些消息标明为“抽象”是因为具体的实现是根据所使用的信令协议不同而不同。8.2.4描述了RSVP-TE协议中针对抽象消息的具体消息实现。下面的描述中,“发起UNI-C”和“终结UNI-C”用来表示业务两端的用来发起和终结给定信令行为的实体。对于一个给定的信令行为,发起UNI-C不一定是发起原始业务请求的UNI-C。如,用来进行业务状态查询或删除的发起UNI-C可以和发起原始业务建立请求的UNI-C不同。对于信令代理,相同的代理UNI-C可以同时当作业务的两个端点来使用。

表5 UNI接口抽象消息

消息编号	抽象消息描述	消息流方向
1	业务创建请求	UNI-C→UNI-N & UNI-N→UNI-C
2	业务创建响应	UNI-N→UNI-C & UNI-C→UNI-N
3	业务创建确认	UNI-C→UNI-N & UNI-N→UNI-C
4	业务删除请求	UNI-C→UNI-N & UNI-N→UNI-C
5	业务删除响应	UNI-N→UNI-C & UNI-C→UNI-N
6	业务状态查询	UNI-C→UNI-N & UNI-N→UNI-C
7	业务状态查询响应	UNI-N→UNI-C & UNI-C→UNI-N
8	通告	UNI-N→UNI-C
9	业务修改请求	UNI-C→UNI-N & UNI-N→UNI-C
10	业务修改响应	UNI-N→UNI-C & UNI-C→UNI-N
11	业务修改确认	UNI-C→UNI-N & UNI-N→UNI-C

每个UNI消息都有一组相关的UNI属性。对于给定的信令消息有些属性是必选的,有些是可选的。下节中对各种消息的具体情形进行了描述。另外,网络可能不支持所有请求的属性。这种情形下,网络应该在响应消息中对客户发送适当的指示信息。由于与具体的使用协议相关,本节不对这些属性的编码进行定义。可以参考8.2.4中RSVP-TE信令中分别定义的属性编码。

8.2.1.2 业务创建消息

a） 业务创建请求

业务创建请求被客户设备用来在指定的源和目的客户设备之间请求业务。业务请求还包含描述该业务服务需求相关的一组属性信息。

业务请求发送方向如下：

1） 发起 UNI-C 向 UNI-N 发送业务创建请求；

2） UNI-N 向终结 UNI-C 指示输入的业务请求。

表 6 描述了业务创建请求消息中必选和可选的属性。不是所有的属性都应用在上述情形 1 和情形 2。“应用情形”栏表明相应的属性应用在哪种情形。携带的消息类型表明该属性值由何种消息来携带。

表 6 UNI 接口业务创建请求消息中包含的属性

属性	应用情形	携带的消息类型
源 TNA 地址(M)	发起 UNI-C→UNI-N & UNI-N→终结 UNI-C	呼叫消息
源逻辑端口标识(M)	发起 UNI-C→UNI-N	连接消息
源通用标签(O)	发起 UNI-C→UNI-N	连接消息
目的 TNA 地址(M)	发起 UNI-C→UNI-N & UNI-N→终结 UNI-C	呼叫消息
目的逻辑端口标识(O)	发起 UNI-C→UNI-N & UNI-N→终结 UNI-C	连接消息
目的通用标签(O)	发起 UNI-C→UNI-N & UNI-N→终结 UNI-C	连接消息
本地连接 ID(M)	发起 UNI-C→UNI-N & UNI-N→终结 UNI-C	连接消息
合同 ID(O)	发起 UNI-C→UNI-N	呼叫消息
编码类型(M)	发起 UNI-C→UNI-N & UNI-N→终结 UNI-C	呼叫/连接消息
交换类型(M)	发起 UNI-C→UNI-N & UNI-N→终结 UNI-C	呼叫/连接消息
流量参数(M)	发起 UNI-C→UNI-N & UNI-N→终结 UNI-C	呼叫/连接消息
方向属性(O)	发起 UNI-C→UNI-N & UNI-N→终结 UNI-C	连接消息
通用负载标识(O)	发起 UNI-C→UNI-N & UNI-N→终结 UNI-C	呼叫消息
业务等级(O)	发起 UNI-C→UNI-N & UNI-N→终结 UNI-C	呼叫消息
分集(O)	发起 UNI-C→UNI-N & UNI-N→终结 UNI-C	呼叫/连接消息
呼叫名称(M)	发起 UNI-C→UNI-N & UNI-N→终结 UNI-C	呼叫消息

b） 业务创建响应

业务创建响应用来通知发起业务请求的 UNI-C 业务已经建立。相关的客户可以开始在建立的连接上进行数据传输。

业务创建响应的发送方向如下：

1） 终结 UNI-C 向 UNI-N 发送用来指示接受或拒绝业务创建请求；

2） UNI-N 向发起 UNI-C 发送用来指示所请求的业务建立成功或建立失败。

消息中所携带的属性如表 7，和上面每种应用相适应。

表 7　UNI 接口业务创建响应消息中包含的属性

属性	应用情形	携带的消息类型
源逻辑端口标识(O)	UNI-N→发起 UNI-C	连接消息
源通用标签(O)	UNI-N→发起 UNI-C	连接消息
目的逻辑端口标识(M-1,O-2)	终结 UNI-C→UNI-N & UNI-N→发起 UNI-C	连接消息
目的通用标签(M-1,O-2)	终结 UNI-C→UNI-N & UNI-N→发起 UNI-C	连接消息
本地连接 ID(M)	终结 UNI-C→UNI-N & UNI-N→发起 UNI-C	连接消息
连接状态(M)	终结 UNI-C→UNI-N & UNI-N→发起 UNI-C	连接消息
错误编码(O)	终结 UNI-C→UNI-N & UNI-N→发起 UNI-C	呼叫/连接消息
呼叫名称(M)	终结 UNI-C→UNI-N & UNI-N→发起 UNI-C	呼叫消息

注：(M-1,O-2)表示，对于上述情形 1(即，终结 UNI-C→UNI-N)是必选的，对于上述情形 2(即，UNI-N→发起 UNI-C)是可选的。

8.2.1.3　业务确认消息

业务创建确认用来通知业务的目的 UNI-C 业务已经建立。相关的客户可以开始在所建立的连接上进行数据传输。

业务创建确认消息的发送方向如下：

1)　发起 UNI-C 向 UNI-N 通知业务建立完成；
2)　UNI-N 向终结 UNI-C 指示业务已经成功建立，相关的客户可以在所建立的连接上开始传送数据。

消息中所携带的属性信息以及对应的适用范围如表 8。

表 8　UNI 接口业务创建确认消息中包含的属性

属性	应用情形	携带的消息类型
源逻辑端口标识(O)	发起 UNI-C→UNI-N	连接消息
源通用标签(O)	发起 UNI-C→UNI-N	连接消息
目的逻辑端口标识(O)	发起 UNI-C→UNI-N & UNI-N→终结 UNI-C	连接消息
目的通用标签(O)	发起 UNI-C→UNI-N & UNI-N→终结 UNI-C	连接消息
本地连接标识(M)	发起 UNI-C→UNI-N & UNI-N→终结 UNI-C	连接消息
连接状态(M)	发起 UNI-C→UNI-N & UNI-N→终结 UNI-C	连接消息
出错编码(O)	发起 UNI-C→UNI-N & UNI-N→终结 UNI-C	呼叫/连接消息
呼叫名称(M)	发起 UNI-C→UNI-N & UNI-N→终结 UNI-C	呼叫消息

8.2.1.4　业务删除消息

a)　业务删除请求

业务删除请求用来发起对业务的删除。如果业务删除由 UNI-C 发起，则 UNI-C 应该维护连接控制状态，并且在收到连接应答之前，相关的客户应该维持数据平面的连接。这样可以避免连接的另外一端的客户产生告警。终结连接删除请求的 UNI-C 当接收到连接删除请求后可以删除连接(相关的客户可以删除数据平面连接状态)。

因为下列几种情形,网络内部也可能要删除一条连接(强制删除):

- 内部网络故障,强制网络来终结连接;
- 在一个预先定义的超时时间内 UNI-N 没有收到删除响应。

当网络发起业务删除请求时,不需要业务删除响应,当发起业务删除请求时 UNI-N 可以终结所有业务的控制状态和数据通道。

业务删除请求的发送方向如下:

1) 发起 UNI-C 向 UNI-N 发起业务删除;
2) UNI-N 向终结 UNI-C 指示业务已经被远端删除;
3) UNI-N 向 UNI-C 指示业务已经被网络删除。

消息相关的属性以及适用范围如表 9:

表 9 UNI 接口业务删除消息中包含的属性

属性	应用情形	携带的消息类型
本地连接标识(M)	发起 UNI-C→UNI-N & UNI-N→终结 UNI-C & UNI-C→UNI-N	连接消息
呼叫名称(M)	发起 UNI-C→UNI-N & UNI-N→终结 UNI-C & UNI-C→UNI-N	呼叫消息

注:业务删除可以由业务的任何一端发起,而不仅仅是由发起业务请求的原始端发起删除。

b) 业务删除响应

业务删除响应消息用来指示业务删除的处理已经完成。当接收到业务删除响应后,发起业务删除的 UNI-C 可以删除控制平面状态(相关的客户可以删除数据平面的业务状态)。

业务删除响应的发送方向如下:

1) 终结 UNI-C 向 UNI-N 发送响应消息作为输入业务删除请求的应答;
2) UNI-N 向发起 UNI-C 发送响应消息来指示业务删除请求已经成功完成。

消息中包含的属性信息以及适用范围如表 10:

表 10 UNI 接口业务删除响应消息中包含的属性

属性	应用情形	携带的消息类型
本地连接标识(M)	终结 UNI-C→UNI-N & UNI-N→发起 UNI-C	连接消息
连接状态(M)	终结 UNI-C→UNI-N & UNI-N→发起 UNI-C	连接消息
出错编码(O)	终结 UNI-C→UNI-N & UNI-N→发起 UNI-C	连接消息
呼叫名称(M)	终结 UNI-C→UNI-N & UNI-N→发起 UNI-C	呼叫消息

8.2.1.5 业务查询消息

a) 业务状态查询

业务状态查询用来查询给定业务的状态和相关属性。

业务状态查询消息的发送方向如下:

1) 发起 UNI-C 向 UNI-N 查询 UNI-C 拥有的一条或多条连接的状态和/或连接的属性;
2) UNI-N 向两端的 UNI-C 查询 UNI-C 拥有的一条或多条连接的状态和/或连接的属性。

消息属性以及适用情形如表 11：

表 11 UNI 接口业务查询消息中包含的属性

属性	应用情形	携带的消息类型
TNA 地址(O)	发起 UNI-C→UNI-N & UNI-N→UNI-C	呼叫消息
0 个或多个本地连接标识(M)	发起 UNI-C→UNI-N & UNI-N→UNI-C	连接消息
呼叫名称(M)	发起 UNI-C→UNI-N & UNI-N→UNI-C	呼叫消息

单个业务状态查询消息中可以包含多条本地连接 ID。如果只指定 TNA 地址而不指定本地连接 ID,则该 TNA 拥有的所有连接状态都要返回。否则,返回指定业务的状态信息。

注：业务状态查询可以由业务两端的任意一个 UNI-C 来发起,而不仅仅是由发起业务请求的 UNI-C 来发起。

b） 业务状态响应

业务状态响应返回指定业务的状态以及相关的属性信息。

业务状态响应消息的发送方向如下：

1） UNI-N 向 UNI-C 发送响应消息来指示所请求的业务属性的状态；

2） UNI-C 向 UNI-N 发送响应消息来指示所请求的业务属性的状态。

消息中所携带的属性以及适用情形列表如下。如果要返回多条连接的状态,表 12 所列出的内容应按每条连接来重复。“本地逻辑端口标识”和“本地通用标签”指示接收到业务状态响应消息的一侧(源或目的)的端口和通道信息。换句话说,该消息不包含远端端口和通道信息。

表 12 UNI 接口业务状态查询响应消息中包含的属性

属性	应用情形	携带的消息类型
本地连接标识(M)	UNI-N→UNI-C & UNI-C→UNI-N	连接消息
连接状态(M)	UNI-N→UNI-C & UNI-C→UNI-N	连接消息
源 TNA 地址(O)	UNI-N→UNI-C & UNI-C→UNI-N	呼叫消息
目的 TNA 地址(O)	UNI-N→UNI-C & UNI-C→UNI-N	呼叫消息
本地逻辑端口标识(O)	UNI-N→UNI-C & UNI-C→UNI-N	连接消息
本地通用标签(O)	UNI-N→UNI-C & UNI-C→UNI-N	连接消息
合同 ID(O)	UNI-N→UNI-C	呼叫消息
编码类型(O)	UNI-N→UNI-C & UNI-C→UNI-N	连接消息
交换类型(O)	UNI-N→UNI-C & UNI-C→UNI-N	连接消息
流量参数(O)	UNI-N→UNI-C & UNI-C→UNI-N	呼叫/连接消息
连接方向(O)	UNI-N→UNI-C & UNI-C→UNI-N	连接消息
通用负载标识(O)	UNI-N→UNI-C & UNI-C→UNI-N	连接消息
业务等级(O)	UNI-N→UNI-C & UNI-C→UNI-N	呼叫消息
分集(O)	UNI-N→UNI-C & UNI-C→UNI-N	呼叫消息
出错编码(O)	UNI-N→UNI-C & UNI-C→UNI-N	呼叫/连接消息
呼叫名称(M)	UNI-N→UNI-C & UNI-C→UNI-N	呼叫消息

8.2.1.6 通知消息

通知消息由 UNI-N 自发地向任意一端 UNI-C 上报，用来指示业务状态的改变(不可恢复的业务故障)。消息中所包含的属性信息如表 13。

表 13 UNI 接口通知消息中包含的属性

属性	应用情形	携带的消息类型
本地连接标识(M)	UNI-N→UNI-C	连接消息
连接状态(M)	UNI-N→UNI-C	连接消息
出错编码(M)	UNI-N→UNI-C	呼叫/连接消息
呼叫名称(M)	UNI-N→UNI-C	呼叫消息

8.2.1.7 业务修改消息

a) 业务修改请求

业务修改请求消息用来改变一条存在连接的属性值。

业务修改请求发送方向如下：

1) 发起 UNI-C 向 UNI-N 请求修改一条存在的连接；

2) UNI-N 向终结 UNI-C 指示一个输入的连接修改请求。

业务修改请求消息中所携带的属性以及适用情形如表 14：

表 14 UNI 接口业务修改请求消息中包含的属性

属性	应用情形	携带的消息类型
源 TNA 地址(M)	发起 UNI-C→UNI-N & UNI-N→终结 UNI-C	呼叫消息
源逻辑端口标识(M)	发起 UNI-C→UNI-N	连接消息
源通用标签(O)	发起 UNI-C→UNI-N	连接消息
目的 TNA 地址(M)	发起 UNI-C→UNI-N & UNI-N→终结 UNI-C	呼叫消息
目的逻辑端口标识(O)	发起 UNI-C→UNI-N & UNI-N→终结 UNI-C	连接消息
目的通用标签(O)	发起 UNI-C→UNI-N & UNI-N→终结 UNI-C	连接消息
本地连接 ID(M)	发起 UNI-C→UNI-N & UNI-N→终结 UNI-C	连接消息
合同 ID(O)	发起 UNI-C→UNI-N	呼叫消息
编码类型(M)	发起 UNI-C→UNI-N & UNI-N→终结 UNI-C	呼叫/连接消息
交换类型(M)	发起 UNI-C→UNI-N & UNI-N→终结 UNI-C	呼叫/连接消息
流量参数(M)	发起 UNI-C→UNI-N & UNI-N→终结 UNI-C	呼叫/连接消息
方向属性(O)	发起 UNI-C→UNI-N & UNI-N→终结 UNI-C	连接消息
通用负载标识(O)	发起 UNI-C→UNI-N & UNI-N→终结 UNI-C	呼叫消息
业务等级(O)	发起 UNI-C→UNI-N & UNI-N→终结 UNI-C	呼叫消息
分集(O)	发起 UNI-C→UNI-N & UNI-N→终结 UNI-C	呼叫/连接消息
呼叫名称(M)	发起 UNI-C→UNI-N & UNI-N→终结 UNI-C	呼叫消息

b) 业务修改响应

业务修改响应消息用来向 UNI-C 响应其所发起的连接修改请求。相关的客户设备可以用新的连接参数来传输数据。

业务修改响应消息的发送方向如下：

1) 终结 UNI-C 向 UNI-N 发送修改响应消息，以接受或拒绝输入的业务修改请求；
2) UNI-N 向发起 UNI-C 指示业务修改成功或者修改失败。

业务修改请求消息中所携带的属性以及适用情形如表 15：

表 15 UNI 接口业务修改响应消息中包含的属性

属性	应用情形	携带的消息类型
源逻辑端口标识(O)	终结 UNI-C→UNI-N	连接消息
源通用标签(O)	终结 UNI-C→UNI-N	连接消息
目的逻辑端口标识(M-1,O-2)	终结 UNI-C→UNI-N & UNI-N→发起 UNI-C	连接消息
目的通用标签(M-1,O-2)	终结 UNI-C→UNI-N & UNI-N→发起 UNI-C	连接消息
本地连接 ID(M)	终结 UNI-C→UNI-N & UNI-N→发起 UNI-C	连接消息
连接状态(M)	终结 UNI-C→UNI-N & UNI-N→发起 UNI-C	连接消息
错误编码(O)	终结 UNI-C→UNI-N & UNI-N→发起 UNI-C	呼叫/连接消息
呼叫名称(M)	终结 UNI-C→UNI-N & UNI-N→发起 UNI-C	呼叫消息

c) 业务修改确认

业务修改确认消息用来通知终结 UNI-C 对业务修改的确认。相关的客户设备可以在所建立的连接上使用新的连接参数来开始数据的传送。

业务修改确认消息的发送方向如下：

1) 发起 UNI-C 向 UNI-N 发送修改确认消息，确认业务修改完成；
2) UNI-N 向终结 UNI-C 指示连接修改成功完成，相关的客户设备可以使用新的连接参数来开始数据的传输。

业务修改确认消息中所携带的属性以及适用情形如表 16：

表 16 UNI 接口业务修改确认消息中包含的属性

属性	应用情形	携带的消息类型
源逻辑端口标识(O)	发起 UNI-C→UNI-N	连接消息
源通用标签(O)	发起 UNI-C→UNI-N	连接消息
目的逻辑端口标识(O)	发起 UNI-C→UNI-N & UNI-N→终结 UNI-C	连接消息
目的通用标签(O)	发起 UNI-C→UNI-N & UNI-N→终结 UNI-C	连接消息
本地连接标识(M)	发起 UNI-C→UNI-N & UNI-N→终结 UNI-C	连接消息
连接状态(M)	发起 UNI-C→UNI-N & UNI-N→终结 UNI-C	连接消息
出错编码(O)	发起 UNI-C→UNI-N & UNI-N→终结 UNI-C	呼叫/连接消息
呼叫名称(M)	发起 UNI-C→UNI-N & UNI-N→终结 UNI-C	呼叫消息

8.2.2 UNI 业务属性参数

8.2.2.1 标识相关的属性

a) 传送网络分配的地址(TNA)

TNA 地址是由服务提供者(传送网络)分配给一条或多条数据链路的地址。对于 UNI,TNA 地址可以是 IPv4、IPv6 或 NSAP 地址。

b) 逻辑端口标识

逻辑端口标识是用来指示客户或 TNE 端口的索引。

c) 通用标签

通用标签是用来指示特定数据链路上所携带信号中的复用通道的数据结构。如,该标识用来在 STM-16 链路上指示一个 VC-4 的通道。通常,该数据结构用来指示多个复用等级情形。该数据结构的编码见 8.2.5。

d) 本地连接 ID

本地连接 ID 标识一条 UNI 本地连接。本地连接 ID 应在给定的 UNI 上唯一,但不需要全网唯一。本地连接 ID 在发起端由发起连接请求的 UNI-C 分配,在终结端由 UNI-N 来分配。因此,本地连接 ID 由从发起 UNI-C 到 UNI-N 中的每个连接创建请求消息携带,以及由终结端 UNI-N 到终结端 UNI-C 中的每个连接创建指示消息携带。为同一条连接所产生的连接 ID 值在发起端和终结端可以不同。在发起端,UNI-N 应验证任何 UNI-C 所分配的本地 ID 的唯一性。

8.2.2.2 业务相关的属性

a) 编码类型

编码类型指定了经过 UNI 传输的信号的编码格式。具体编码值见 IETF RFC3471。

b) 交换类型

指示在一条特定链路上用来执行的交换类型。具体编码值见 IETF RFC3471。

c) 方向性

方向属性指示连接是单向还是双向连接,缺省情形下为双向。

d) 通用负载标识

通用负载标识(G-PID)指示所建立的连接用来承载的负载类型(如,标识客户层连接)。G-PID 值的定义见 IETF RFC3471。

e) 服务等级

服务等级属性指示服务的分类情形。运营商可以根据预先定义的特征(如,恢复计划)来指定不同服务等级的范围(如,金级、银级、铜级)。预先定义的服务类型和下列不同的类型相关:网络的恢复类型(如,无恢复,1+1 保护)、连接建立和保持优先级、故障恢复后的连接返回策略以及保持策略。不同服务等级的定义以及他们的缺省值由服务提供商来设置。

8.2.2.3 路由相关的属性

a) 分集

对于一条新创建的连接,该属性指示源于相同 UNI-C 的 n 条存在的连接在传送网络内部有分集路由需求。该属性包含 n 项〈分集类型、本地连接 ID〉,这里,分集类型可以从下列类型列表中选择:

1) 节点分离:新建连接不应该使用被本地连接 ID 所标识的连接路径所经过的任何网络节点;

2) 链路分离:新建连接不应该使用被本地连接 ID 所标识的连接路径所经过的任何网络链路;

3) SRLG 分离:新建连接不应使用被本连接 ID 所标识的连接路径所经过的有相同 SRLG 的任何

链路；

4） 共享路径：新建连接应该使用被本地连接 ID 所标识的连接所使用的相同的链路。

客户所请求的连接可能是 SRLG 分离的，但不是节点分离的。为请求节点和 SRLG 分离，客户应该在分集请求中有两个分离的实体，其中一个为节点分离另外一个为 SRLG 分离。

8.2.2.4 策略相关的属性

合同 ID：该标识由服务提供者来分配并配置给客户。客户不用解析该标识。

8.2.2.5 其他属性

a） 连接状态

用来指示连接的状态，相关值定义如下：

1） 连接活动；

2） 连接不存在；

3） 连接不可用；

4） 连接阻塞。

b） 错误编码

错误编码值用来描述连接活动的出错原因。在连接建立过程中产生的错误被作为 RSVP-TE 协议定义的一部分。另外，下列定义的错误编码和 UNI 相关。

1） 发送者没有授权（策略错误）；

2） 接收者没有授权（策略错误）；

3） 服务等级不可用；

4） 分集属性不可用；

5） G-PID 不支持；

6） 无效的/不明的连接 ID。

8.2.3 UNI RSVP-TE 信令过程

8.2.3.1 UNI 信令相关的机制

a） UNI 接口、信令通道、控制通道、逻辑端口标识、编址

RSVP-TE 消息通过 UNI 信令通道进行交换。信令通道可以通过一条或多条底层的 IP 控制通道来实现。对如何决定 UNI 控制接口以及如何维护 IP 控制通道在 6.1.2 中有描述。连接端点的标识的描述见第 7 章中的描述。

b） 发送 UNI RSVP-TE 消息

当 UNI-C（UNI-N）发送 RSVP-TE 消息时，它应将消息的目的地址设置成对等 UNI-N 或 UNI-C 的地址值。对等实体的节点 ID 用来作为该地址值（见第 7 章的描述）。节点应该使用简单的 IP 封装并且任何 RSVP-TE 消息一定不能包含路由器告警选项。见表 17 中的描述。

如果简单的 IP 封装会导致某些问题，可以使用 GRE 或 IP-in-IP 封装（通过配置）。

表 17 UNI RSVP-TE 消息的 IP 包头中的填充值

传递 UNI RSVP-TE 消息的 IP 包头中的填充值	
IP 协议版本号	4
IP 包头长度	5
TOS	见 IETF RFC 2205 中的定义

表 17（续）

传递 UNI RSVP-TE 消息的 IP 包头中的填充值	
消息包长度	消息长度
标致位	见 IETF RFC 791 中的定义
偏移量	见 IETF RFC 791 中的定义
TTL	≥1
协议号	46
包头校验和	见 IETF RFC 791 中的定义
源地址	UNI-C/UNI-N SCN 的 IP 地址
目的地址	UNI-C/UNI-N SCN 的 IP 地址

c) 接收到 UNI RSVP-TE 消息

成功通过所有的安全验证处理后，UNI-C 或 UNI-N 节点应按 IETF RFC2205 和 IETF RFC3209 的规范定义处理接收到的 RSVP-TE 消息。如果接收到的 RSVP-TE PDU 没有通过安全验证，节点必需丢弃该报文并且一定不能返回 ACK 消息，即使该消息请求 ACK 消息。

d) 可靠的消息交换

为在 UNI 接口上支持可靠的消息交换，UNI-C 和 UNI-N 实现应支持 RSVP-TE 简化刷新的扩展处理(IETF RFC2961)。并且，Path、PathTear、PathErr、Resv、ResvConf 以及 Srefresh 消息中应包含 MESSAGE_ID 对象。在所有的 RSVP-TE 触发消息、PathErr、ResvErr、ResvConf 以及 Srefresh 中的 MESSAGE_ID 对象的 Ack_Desired 标志位应置位。RSVP-TE 的刷新消息中的 MESSAGE_ID 对象的 Ack_Desired 标志位可以置位。

消息标识和应答是基于每一跳的。每个 MESSAGE_ID 对象的包含一个消息标识。该标识应在节点范围内(单个节点 ID 范围内)唯一标识一个消息。

当接收刷新消息的 MESSAGE_ID_ACK 失败后，一定不能删除相关的连接。

注：ACK 消息或 MESSAGE_ID_ACK 对象在本条所描述的时序图中可能没有准确的出现。

e) 连接状态维护

RSVP-TE 通过使用“软状态”来达到维护连接状态的目的。RSVP-TE 软状态有 Path 和 Resv 消息创建并定期刷新。在“清除超时”时间间隔到达后没有收到匹配的刷新消息时，软状态将会删除。状态也可以由显式的 PathTear、带 Path_State_Removed 标志位的 PathErr、ResvTear 消息来删除。

UNI 信令维持软状态，只有收到用户的显式拆除消息后才删除软状态。也就是说，正常情形下，连接删除应该作为显式拆除请求的响应，软状态超时时不应该进行连接删除操作。因此，UNI-C 或 UNI-N 发送状态超时表明系统出现故障。应该上报告警作为状态超时的响应。

控制平面故障一定不能导致对已经建立的连接进行删除。正在处理的连接建立请求可以被删除(既可以在故障发生时删除，也可以在故障恢复后删除)。已经建立的连接收到阻塞的连接释放请求后，应释放该连接(可以在故障发生期间释放，也可以在故障恢复后释放)。

即使用了通过 MESSAGE_ID 和 MESSAGE_ID_ACK 对象实现的可靠消息交换机制，也不应该省略连接状态的刷新过程。为减少刷新消息的数量，节点应该使用总结刷新(Srefresh)消息 IETF RFC2961 来刷新连接状态。

f) 预约风格

RSVP-TE 预约风格在 IETF RFC2205 中有定义。对于固定带宽业务，UNI 信令使用 FF(Fixed Filter)风格。对于可修改带宽的业务，使用 SE(Shared Explicit)风格。

g) 本地连接标识

本地连接标识用来唯一标识一条 UNI 连接。RSVP-TE 信令中是通过 Path 和 PathErr 消息中的 UNI_IPv4_SESSION、LSP_TUNNEL_IPv4_SENDER_TEMPLATE 对象组合或 Resv、ResvTear、ResvErr 和 ResvConf 消息中的 UNI_IPv4_SESSION、LSP_TUNNEL_IPv4_FILTER_SPEC 对象的组合来实现的。在连接的生命周期内本地连接标识维持不变。

h) 连接流量参数

连接的流量参数依赖具体的技术并在 SENDER_TSPEC 和 FLOWSPEC 对象中编码。UNI-N 和 UNI-C 节点应支持 GMPLS-SDH 中定义的标准的 SDH 流量参数,并覆盖 8.2 中的相关定义。当网络不支持连接所请求的流量参数时,网络应产生 PathErr 消息并指示出错原因为"流量控制出错/业务不支持"(Traffic Control Error/ Service Unsupported)。

8.2.3.2 UNI 呼叫处理过程

呼叫是网络边缘节点之间的一种关联关系,一个呼叫用来支持一个用户业务实例。呼叫本身不提供对用户业务的连通性,仅仅只用来构建后续一个或多个 LSP 之间的关联关系。呼叫反映网络边缘节点之间的一种合约关系。呼叫的建立需要包括:策略验证、鉴权、网络安全认证以及边缘节点之间的能力协商等处理。呼叫可以用来管理一组连接,这组连接共同为客户提供端到端的网络连接服务。

连接相关的状态信息需要在该连接所经过的每一个网络节点中维护。和连接相比,呼叫相关的状态信息只需要在网络边缘节点中维护,连接所经过的网络中间节点不需要处理呼叫相关的信息。

呼叫用来完成以下几个功能:

a) 在 LSP 连接建立之前用来标识和验证呼叫的发起者;

b) 支持具有差异化路由的多条 LSP,这些 LSP 可以共同构成一个虚级联业务;

c) 支持在单个呼叫中关联多条 LSP;

d) 通过允许相关 LSP 运行状态的改变来简化控制平面的操作。

OIF UNI 中的呼叫功能继承了 ITU-T G.8080 和 ITU-T G.7713 中的定义。呼叫功能由呼叫控制器完成,分为两种呼叫控制器:

a) 主叫呼叫控制器(Calling Call Controller)、被叫呼叫控制器(Called Call Controller)

b) 网络呼叫控制器(Network Call Controller)

主叫呼叫控制器通过一个或多个网络呼叫控制器与被叫呼叫控制器进行交互。

在 UNI 中,源 UNI-C 为主叫呼叫控制器,宿 UNI-C 为被叫呼叫控制器,UNI-N 为网络呼叫控制器。

呼叫建立的步骤如下:

——源 UNI-C 发起到目的 UNI-C 的呼叫建立请求。源 UNI-N 验证呼叫请求的有效性(包括授权和一致性验证以及验证是否满足策略相关的约束条件)。随后向目的 UNI-N 方向发送网络呼叫请求;

——目的 UNI-N 接收到网络呼叫请求后,根据策略配置信息来验证该呼叫请求是否能够接受,并根据源 UNI-N 和所请求业务的相关的能力信息来验证目的 UNI-N 支持业务连接的能力。验证成功后向目的 UNI-C 发送呼叫指示。目的 UNI-C 验证呼叫请求并向目的 UNI-N 发送呼叫应答;

——目的 UNI-N 收到呼叫应答后向源 UNI-N 发送呼叫应答消息,源 UNI-N 向源 UNI-C 转发呼叫应答;

——当 UNI-C 接收到肯定的呼叫应答后,发起呼叫相关连接的建立;

——当连接成功建立后,呼叫建立完成,可进行用户业务的传送;

——在上述呼叫和连接的处理过程中,任意一段(包括:源 UNI-C 到源 UNI-N、源 UNI-N 到目的

UNI-N、目的 UNI-N 到目的 UNI-C)的呼叫或连接请求失败,则整个呼叫过程失败,并要向源 UNI-C 用户发送呼叫被拒绝的通告消息,同时释放已经分配的网络资源。

UNI-C 和 UNI-N 都可以发起呼叫释放请求。UNI-N 验证呼叫释放请求,已通过验证的呼叫释放请求应总能够成功释放呼叫。在呼叫释放完成之前,应释放所有的和该呼叫相关的连接。在呼叫释放过程中的任何故障情况都要上报给管理系统,包括报告关于部分连接没有释放的信息,后续的处理主要防止再次使用没有被成功释放连接。呼叫释放的步骤如下:

——收到呼叫释放请求后,UNI-N 验证呼叫释放请求。其中包括授权和一致性验证以及验证是否满足策略相关的约束条件;

——当验证成功后,呼叫释放请求随后发起连接释放请求。连接释放请求的处理过程见 8.1.3.6,网络连接的释放在呼叫释放完成之前进行。如果呼叫对应多个连接,将会释放所有对应的连接;

——当源 UNI-C 收到连接释放成功响应消息后,呼叫释放成功完成。

8.2.3.3 UNI 呼叫修改过程(可选)

有两种方式支持 UNI 的呼叫修改:通过在呼叫中增加删除连接,通过改变呼叫中已有连接的参数。第一种方式用于 TDM 业务(SDH/SONET,OTN),第二种方式一般用于以太网业务。

a) 通过增加删除连接修改呼叫

在呼叫中增加删除连接可用于修改呼叫的带宽。由于每个连接都有独立的状态,增加或删除连接失败不会影响呼叫中已有的连接。

当进行新的呼叫和连接建立时,源 UNI-C 发往源 UNI-N 的路径建立(Path)消息中携带空的呼叫 ID,由源 UNI-N 分配呼叫 ID,源 UNI-C 收到 Resv 消息后,保存分配到的呼叫 ID。后续向呼叫中增加连接时,UNI-C 发送的路径建立(Path)消息中携带已有的呼叫 ID,从而在 UNI-C 和 UNI-N 处将连接和呼叫关联。如果路径建立(Path)消息中的非空呼叫 ID 无效,或不存在对应的状态,UNI-N 会向 UNI-C 返回 PathErr 消息,错误码为无效/未知呼叫 ID(Invalid/unknown CALL_ID)。

呼叫中的连接互相独立,从呼叫中删除一条连接对其他连接不产生影响。连接的删除可从源 UNI-C、UNI-N,宿 UNI-C,UNI-N 或网络中间发起。OIF 中不支持没有连接的呼叫,呼叫中的最后一条连接被删除将导致呼叫的删除。

b) 通过修改连接修改呼叫

可通过对呼叫中某条连接带宽的修改完成对呼叫带宽的修改。对于连接的修改请参考 8.2.3.5。

8.2.3.4 UNI 连接创建过程

为创建一条连接,UNI-C 节点向相邻的 UNI-N 节点发送路径建立(Path)消息。路径建立(Path)消息中应该包含一个 GENERALIZED_LABEL_REQUEST 对象,该对象用来指示连接需要绑定一个标签值。连接的流量特性参数被编码到路径建立(Path)消息中 SENDER_TSPEC 对象以及相关资源预留(Resv)消息的 FLOWSPEC 对象中。图 16 描述了连接成功建立的时序图。

路径建立(Path)消息中的 IPv4_IF_ID_RSVP-TE_HOP 对象指定了连接建立时的输出接口。Resv 消息中的 GENERALIZED_LABEL 对象指定了为连接使用而在该接口上分配的标签。

为请求一条双向连接,UNI-C 应在路径建立(Path)消息中插入 UPSTREAM_LABEL 标签并为连接选择上游方反向入口标签。

如果节点需要 GENERALIZED_LABEL 和 UPSTREAM_LABEL 对象具有相同的标签值,路径建立(Path)消息中应该包含 LABEL_SET 对象,以便将 GENERALIZED_LABEL 的对象标签值限定在和 UPSTREAM_LABEL 对象标签值相同。对于 SDH 连接这种情形是典型的配置。

可以假设的是,只有当源 UNI-N 向源 UNI-C 发送资源预留(Resv)消息时,才表明传送网络内部的连接分段已经建立。因此,为避免数据丢失,在源 UNI-C 收到资源预留消息之前,源客户不应该启动数据的传输。目的客户可以选择在资源预留消息中插入 RESV_CONFIRM 对象。这种情形下,在目的 UNI-C 收到资源预留确认(ResvConf)消息之前,目的客户不应该启动数据的传送。当目的 UNI-C 发送资源预留消息之前,目的客户应该准备接收数据。当源的 UNI-C 发送路径建立消息之前,源客户应该准备接收数据。如果节点监控一条连接,在端到端的连接建立完成并验证通过后才能上报业务引发的告警信息。见图 16 中的虚线所示。

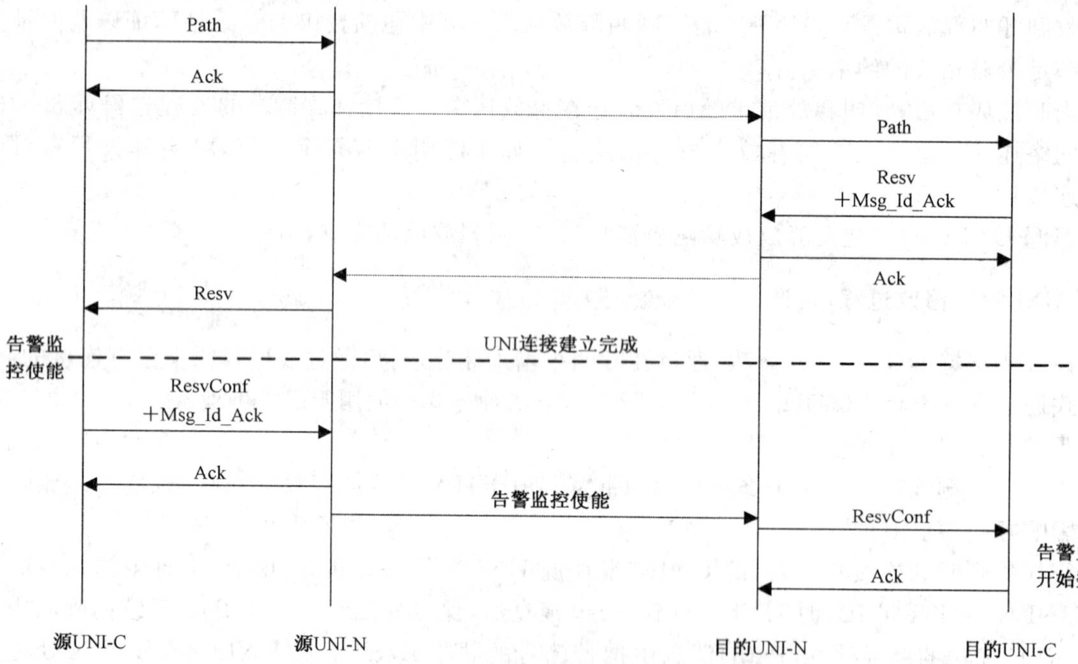

图 16 UNI 连接成功创建时序图

两条连接创建请求之间可能会发生标签的竞争,竞争的解决处理见 IETF RFC3473 中的描述。

由于资源不可用、策略或可达性约束等可能导致连接建立失败。图 17、图 18、图 19 描述了连接建立失败的时序图。

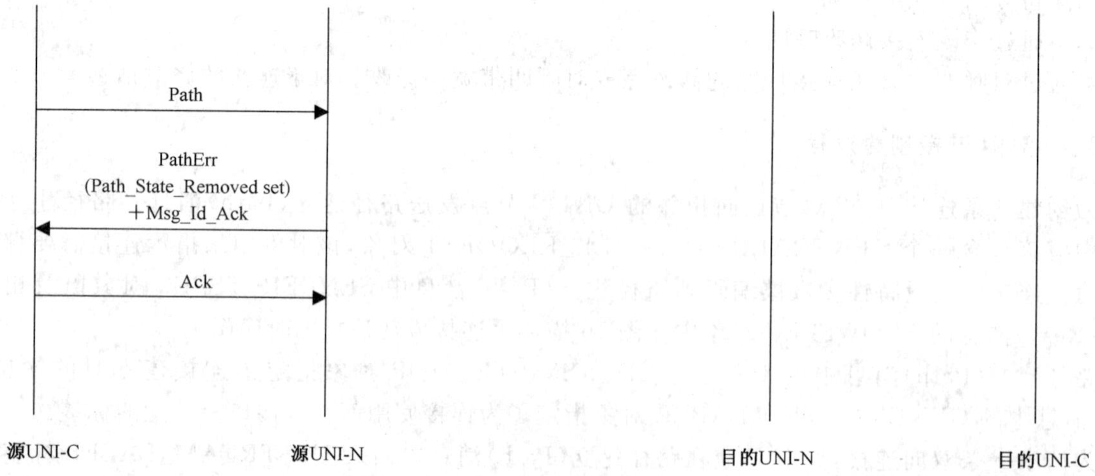

图 17 UNI 连接创建请求被源 UNI-N 拒绝而失败,并携带 Path_State_Removed 标志

拒绝连接请求的节点应该删除它自身的路径状态信息并在路径建立出错(PathErr)消息中设置 Path_State_Removed 标志位后返回给上游节点。当上游节点收到带有 Path_State_Removed 标志位的路径建立出错(PathErr)消息后,不应该向下游节点发送路径删除(PathTear)消息。见图 17 和图 19 中的描述。

如果 Path_State_Removed 标志位在路径建立出错(PathErr)消息中没有被置位，源 UNI-C 应确定是否显式删除连接或允许它超时。为显式地删除一条连接，UNI-C 应向下游方向发送路径删除(Path-Tear)消息。接收到路径删除(PathTear)消息的节点如果没有找到匹配的路径状态，如果路径删除(PathTear)消息中携带的 MESSAGE_ID 对象中的 Ack_Desired 标志位被置位时，则应应答消息。然后忽略该路径删除(PathTear)消息。见图 18 中的描述。

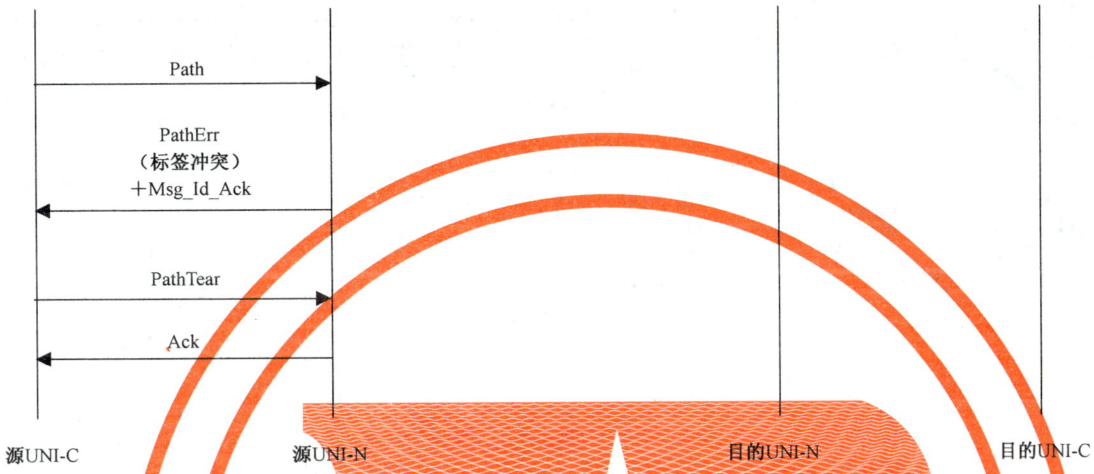

图 18 UNI 连接创建请求被源 UNI-N 拒绝而失败，不携带 Path_State_Removed 标志

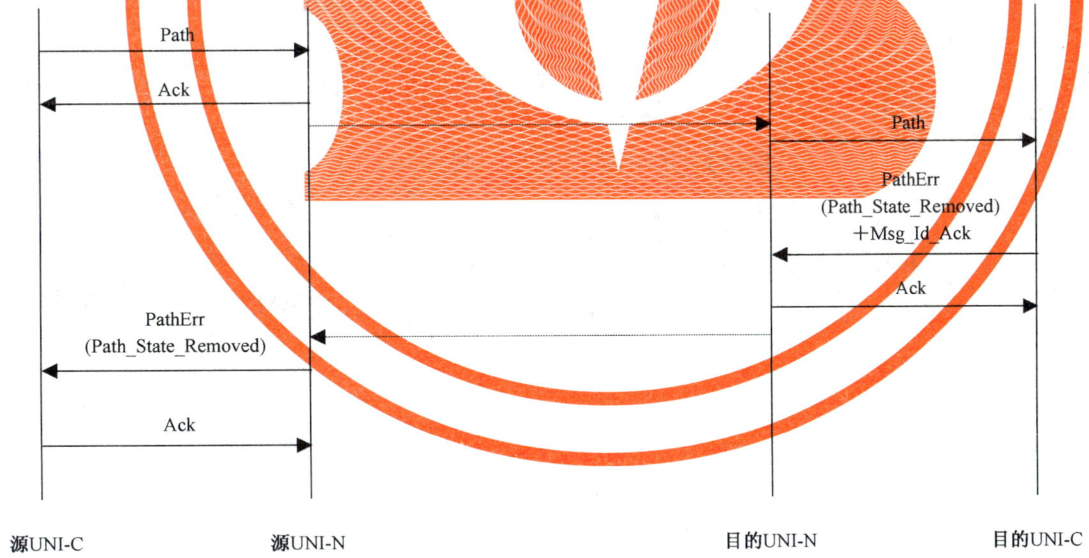

图 19 UNI 连接创建请求被目的 UNI-C 拒绝而失败，并携带 Path_State_Removed 标志

8.2.3.5 UNI 连接修改过程

UNI 不支持破坏性的连接修改。但应该支持在不改变流量参数的情形下对 RSVP-TE 对象进行修改，如 ADMIN_STATUS 对象和 MESSAGE_ID 对象等。

采用 IETF RFC3209 中 2.5 定义的“先建后拆”(Make-Before-Break)方式可实现以太网连接的无损带宽修改。

8.2.3.6 **UNI 连接删除过程**

RSVP-TE 当前的连接删除是使用单方向的路径删除(PathTear)消息,或 ResvTear 和 PathTear 消息的合并。当接收到路径删除(PathTear)消息后,节点删除连接状态信息并转发该消息。在光网络中,节点删除一条连接时(如,删除交叉连接),下游节点会认为是该连接发生故障(如,帧丢失、光信号丢失等),这可能随后会导致管理告警并可能会触发对该连接的保护恢复。

为处理这种情形,应实现正常的连接删除处理。这种处理中,应在所发送的 Path 或 Resv 消息中携带 ADMIN_STATUS,并沿着连接所经过的路径在实际删除连接之前通知所有节点准备删除该连接。该处理的描述见 IETF RFC3473,如图 20、图 21 所示。

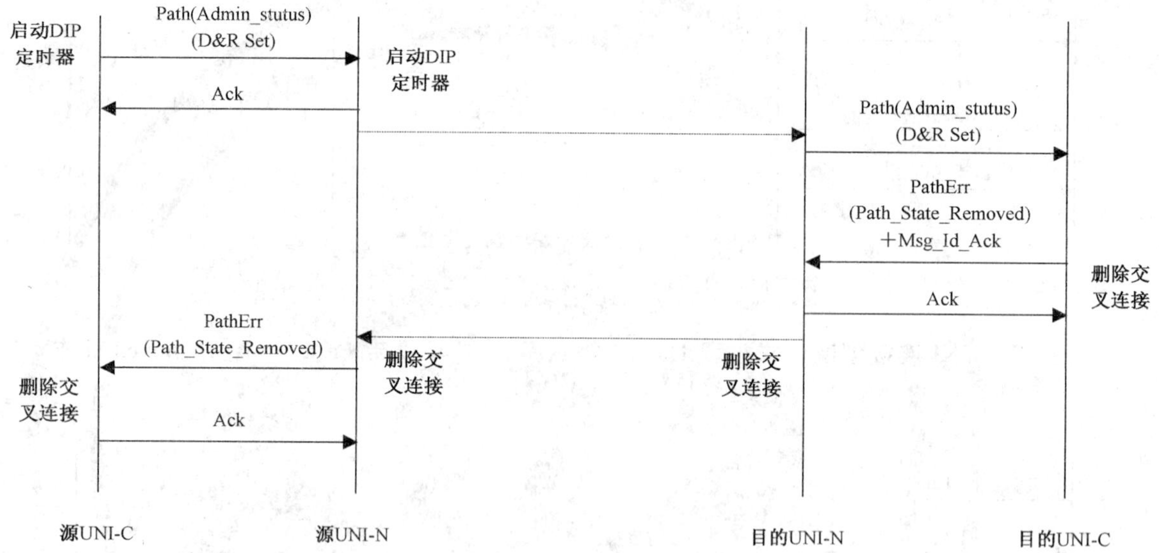

图 20 源 **UNI-C** 发起连接删除的过程

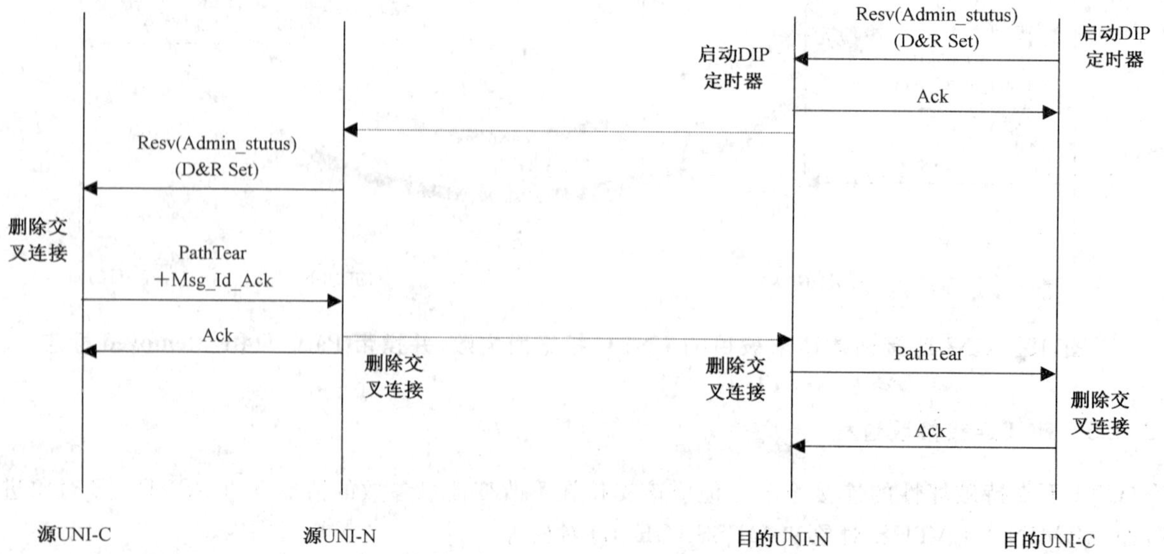

图 21 目的 **UNI-C** 发起连接删除的过程

UNI-N 可以通过发送 Resv 或 Path 消息到 UNI-C 来触发连接删除，其中消息中保护 ADMIN_STATUS 对象并且对象的 A&R 比特被置位。见图 22 和图 23 的描述。接收到该消息的 UNI-C 应该发起连接删除处理。如果 UNI-C 不通过发起正常删除来响应网络时，网络应该持续如图 22 和图 23 中虚线以下的消息流。

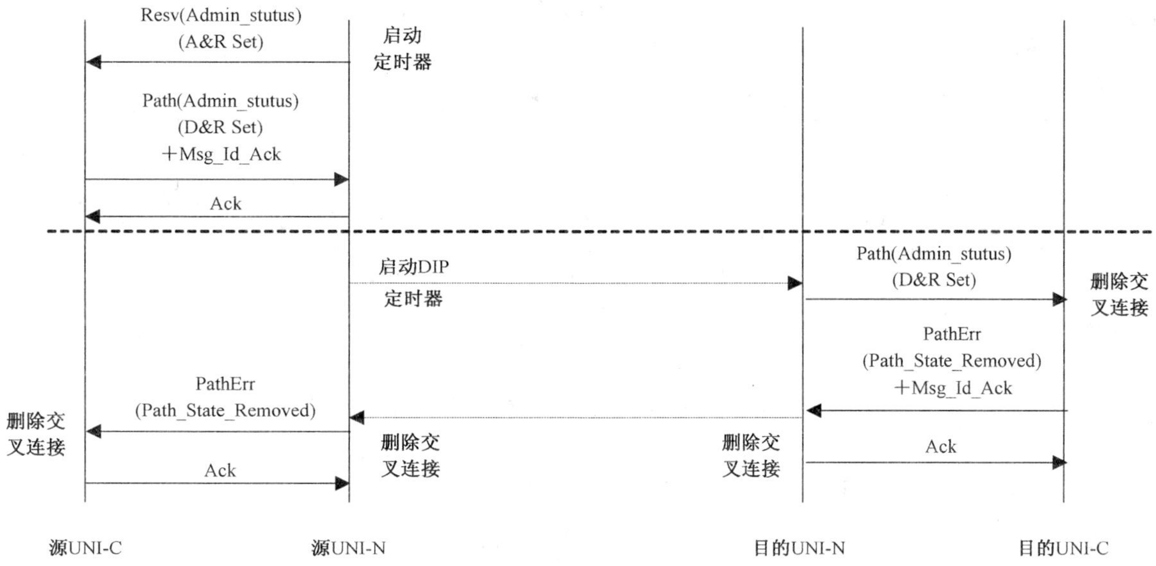

图 22 源 UNI-N 发起连接删除的过程

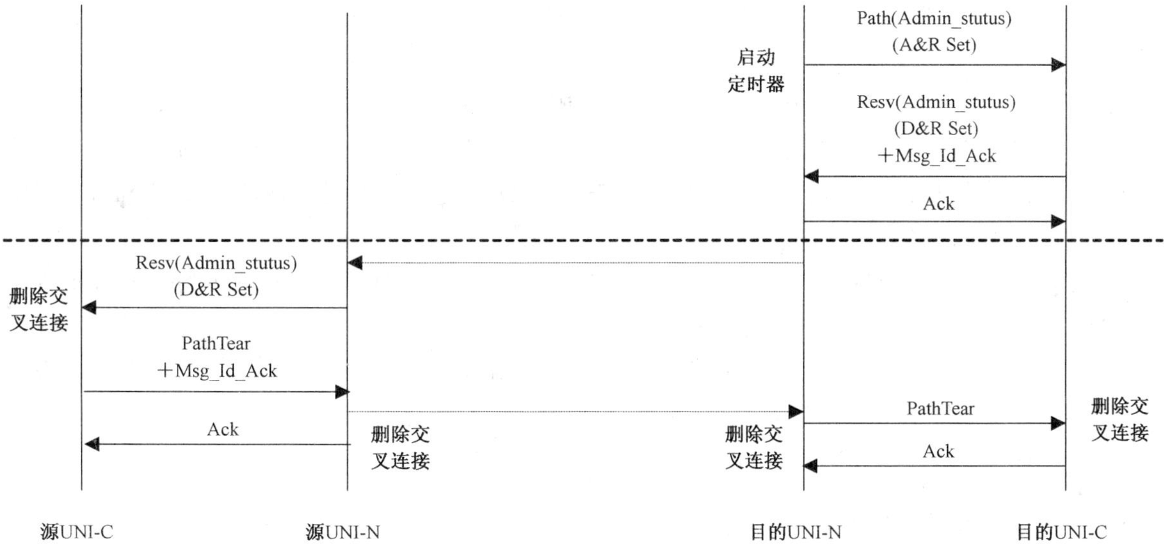

图 23 目的 UNI-N 发起连接删除的过程

强制删除用来处理需要单向删除的情形。通常是因为网络发生某种事件需要删除连接。如：

a) 网络内部故障，要强制网络终结连接；

b) 当 ADMIN_STATUS 对象中的“删除正在进行中”定时器超时。

如图 24 所示，UNI-N 通过向源 UNI-C 发送 PathErr，同时，UNI-N 向目的 UNI-C 发送 PathTear 消息来强制删除连接。其中发往源 UNI-C 的 PathErr 消息中的“Path_State_Removed”消息置位用来

指示路径状态已经被删除。由 PathErr 消息携带"Path_State_Removed"标志位来发起的强制删除可以通过使用 ResvTear 和 PathTear 消息的组合来替代。UNI-C 节点只有当"删除处理正在进行中"(Deletion In Progress)定时器超时后或软状态超时后才发起强制删除。

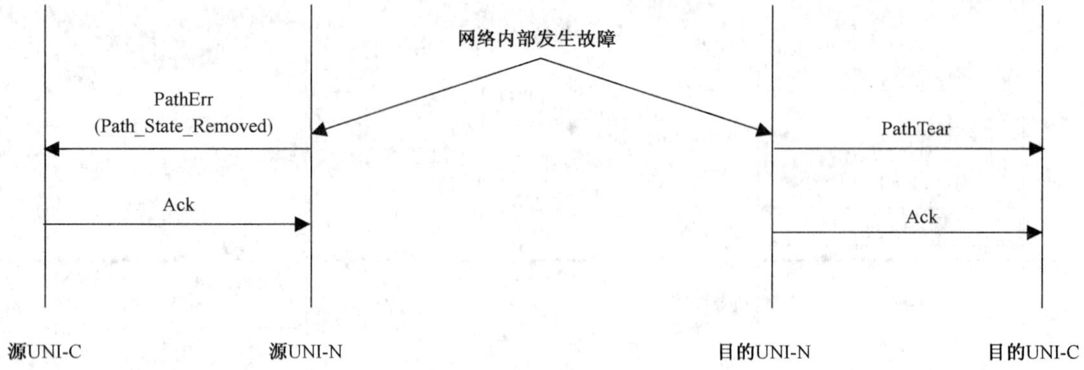

图 24　网络内部故障引发的强制删除过程

8.2.3.7　信令通道故障以及信令节点故障的恢复处理

RSVP-TE 协议中，和数据链路相关的信令消息在相同的链路上发送，链路或控制平面故障会导致对链路资源的预约进行删除。但是在 UNI 信令中，控制平面和数据平面分离，控制平面发生故障并不意味着传送平面也发生了故障。控制平面状态故障的处理(转发状态没有丢失)以及 UNI-C 到 UNI-N 控制通道故障的处理见 IETF RFC3473 中的描述，它是通过使用 Hello 消息并支持 RESTART_CAP 对象来实现的。这里要特别强调的是，信令通道或控制协议实体故障一定不能导致对已经建立的连接进行删除。

为满足该需求，节点应支持如 IETF RFC3473 中第 9 章所描述的故障处理，见图 25 和图 26 的描述。图 25 描述了节点从故障中进行恢复的消息流程(控制平面完全故障)。图 26 描述了相邻节点之间信令通道故障恢复的消息流程(信令协议实体没有发生故障)，这种恢复处理流程是以 Srefresh 消息为基础的。

图 25 和图 26 的"自刷新处理"是指 UNI-C 或 UNI-N 节点在故障发生期间的行为和周期性从邻接点接收到 RSVP-TE 刷新消息时的行为一样。当 RSVP-TE 邻接重新建立或重启定时器超时之后，UNI-C 或 UNI-N 会停止自刷新处理。在实际运行的网络中，为防止出现重启超时而恢复还没有完成导致已有 LSP 被删除的异常情况，建议将重启定时器时间设置足够大，如 Hello 消息中重启能力(RESTART_CAP)对象的重启定时器(RESTART_TIME)域设置为 0xFFFFFFFF。

8.2.3.8　传送平面的故障和恢复处理

传送网络提供了丰富的故障检测手段，特别是可以利用传送网络中的开销字节来检测传送层故障。检测到故障的节点可以尝试进行故障恢复。

在网络内部为允许不同的保护和恢复机制，当检测到故障后节点不应该删除连接，而是应该继续接收和发送 RSVP-TE 刷新消息直到接收到显式的拆除消息或连接状态超时。

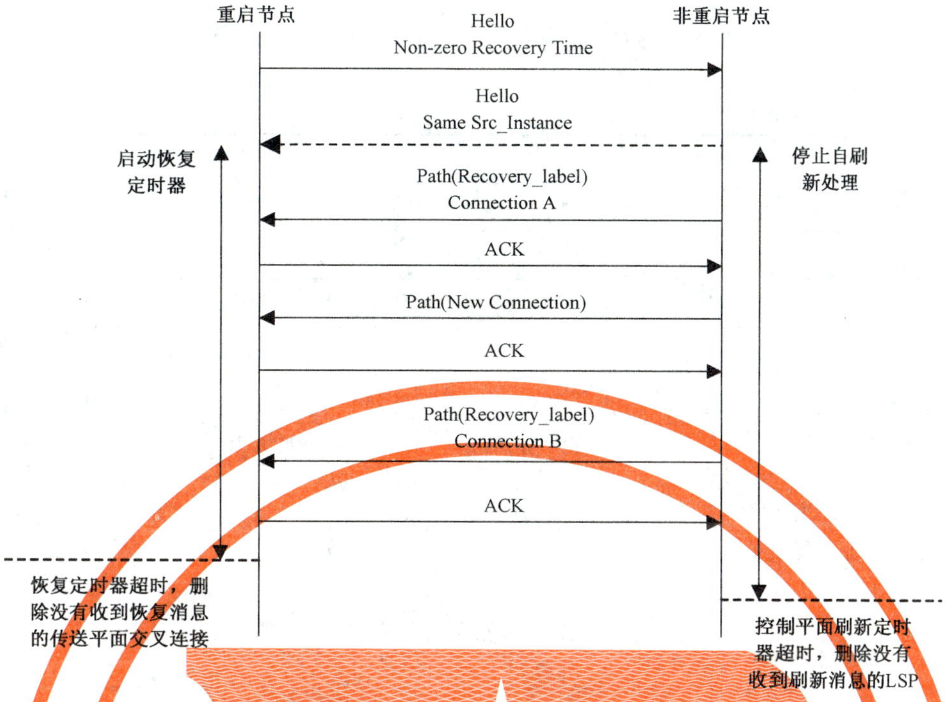

图 25　UNI 节点故障恢复流程图

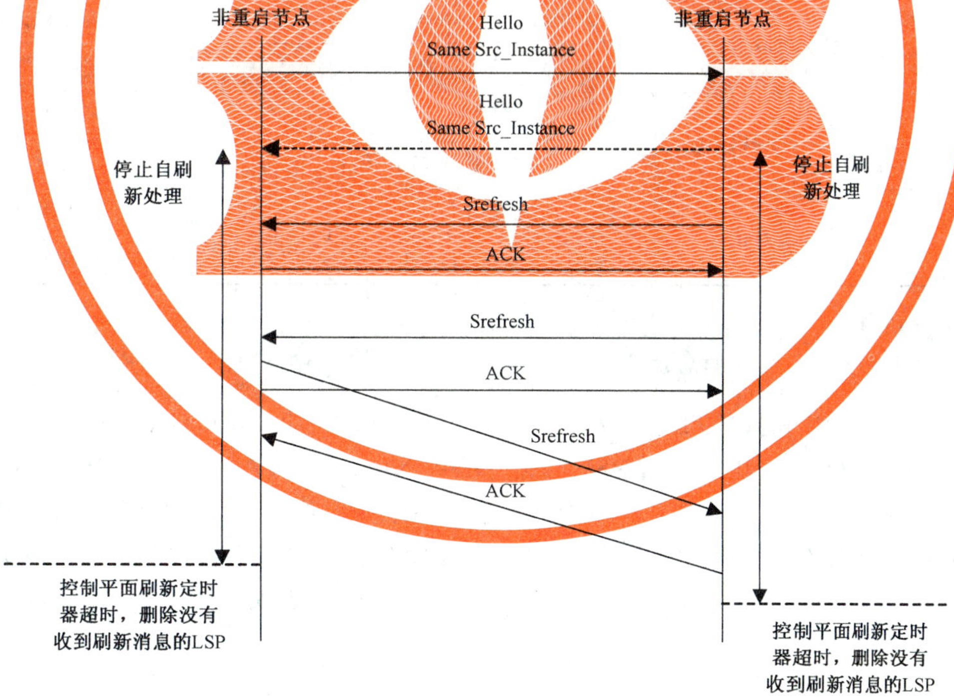

图 26　UNI 控制通道故障恢复流程图

8.2.4　UNI 信令的 RSVP-TE 消息和对象

8.2.4.1　UNI 抽象消息和 RSVP-TE 消息之间的映射

UNI 抽象消息大部分都能和现有的 IETF 扩展定义的 RSVP-TE 消息相对应。对应关系如表 18 所示：

表 18 UNI 抽象消息和 RSVP-TE 消息的映射

消息编号	UNI 抽象消息	RSVP 消息	消息类型
1	业务创建请求	Path	呼叫请求消息
		Path	连接创建请求消息
2	业务创建响应	Resv	呼叫响应消息
		Resv,PathErr	连接创建响应消息
3	业务创建确认	ResvConf	呼叫创建确认消息
		ResvConf	连接创建确认消息
4	业务释放请求	Path or Resv with ADMIN_STATUS "Deletion in Progress" bit	连接释放请求消息
5	业务释放响应	PathErr with Path_State_Removed flag,PathTear	连接释放响应消息
6	业务状态查询	隐含	
7	业务状态查询响应	隐含	
8	业务通告	Notify	呼叫故障通告
		PathErr,ResvErr	连接故障通告
9	业务修改请求	Path	呼叫修改请求消息
		Path	连接修改请求消息
10	业务修改响应	Resv	呼叫修改响应消息
		Resv,PathErr	连接修改响应消息
11	业务修改确认	ResvConf	呼叫修改确认消息
		ResvConf	连接修改确认消息

8.2.4.2 UNI RSVP-TE 信令消息定义

本节描述了和 UNI RSVP-TE 信令相关的消息以及 OIF UNI 中新增的对象定义。消息和对象的具体用法请参考 OIF-UNI-1.0-R2-RSVP 和 OIF-UNI-2.0-RSVP。在下列消息中，ResvErr 和 ResvTear 消息为可选消息，其他消息为必选消息。在对消息的描述中，"[ ]"中所包含的对象为该消息中的可选对象，其他对象为必选对象。IETF 的 UNI 信令过程和 OIF 有较大差异，例如 IETF 中的呼叫建立维护通过 Notify 消息完成，而 OIF 中的呼叫建立和维护与连接的建立和维护绑定在一起，通过 Path,Resv 等消息完成。且不支持一个呼叫下面没有连接。

a) RSVP-TE 通用消息头

RSVP-TE 公用头中的标志位域应置 1，用来指示节点支持 Bundle 和 Srefresh 消息。

b) Hello 消息(Msg Type = 20 [IETF RFC3209])

Hello 消息用作节点的故障检测。有如下的格式：

〈Hello message〉::= 〈Common Header〉 [〈INTEGRITY〉]
　　[[〈MESSAGE_ID_ACK〉 | 〈MESSAGE_ID_NACK〉] ...]
　　〈HELLO〉
　　〈RESTART_CAP〉

Hello 消息在相邻的 UNI 信令对等实体之间周期性重传。重传间隔应该通过管理进行配置。缺省值为 5 s。

c) Path 消息(Msg Type = 1 [IETF RFC2205])

Path 消息用于连接创建,呼叫和连接修改,呼叫优雅删除以及故障恢复。Path 消息的格式如下:

〈Path Message〉::= 〈Common Header〉
[〈INTEGRITY〉]
[[〈MESSAGE_ID_ACK〉 | 〈MESSAGE_ID_NACK〉] ...]
〈MESSAGE_ID〉
〈UNI_IPv4_SESSION〉〈IPv4_IF_ID_RSVP-TE_HOP〉
〈TIME_VALUES〉
〈GENERALIZED_LABEL_REQUEST〉
〈CALL ID〉
[〈LABEL_SET〉 ...]
[〈 ADMIN_STATUS〉]
〈Generalized UNI〉
[〈POLICY_DATA〉 ...]
〈sender descriptor〉

〈Generalized UNI〉::= 〈Common Object Header〉
〈DESTINATION_TNA〉
〈SOURCE_TNA〉
[〈DIVERSITY〉 …]
[〈SERVICE_LEVEL〉]
[〈EGRESS_LABEL〉]

单向连接时发送者描述的格式如下:

〈sender descriptor〉::=
〈LSP_TUNNEL_IPv4_SENDER_TEMPLATE〉〈 XXX_SENDER_TSPEC〉
[〈 RECOVER_LABEL 〉]

双向连接时发送者描述的格式如下:

〈sender descriptor〉::=
〈LSP_TUNNEL_IPv4_SENDER_TEMPLATE〉〈XXX_SENDER_TSPEC〉
〈UPSTREAM_LABEL〉 [〈 RECOVER_LABEL 〉]

其中 XXX_SENDER_TSPEC 表示根据所请求的连接类型不同使用不同的流量参数格式。如,对于 SDH 类型的连接请求,表示 SDH SENDER_TSPEC(见,IETF RFC4606);对于 OTN 类型的连接请求,表示 G.709 SENDER_TSPEC(见 IETF RFC4328);对于 Ethernet 类型的连接请求,表示 Ethernet SENDER_TSPEC(见,draft-ietf-ccamp-ethernet-traffic parameters)。

d) PathErr 消息(Msg Type = 3 [IETF RFC2205])

PathErr 消息用来上报错误并可以用做连接删除

UNI PathErr 消息格式定义如下:

〈PathErr message〉::= 〈Common Header〉 [〈INTEGRITY〉]
[[〈MESSAGE_ID_ACK〉 | 〈MESSAGE_ID_NACK〉] ...]
〈MESSAGE_ID〉

〈UNI_IPv4_SESSION〉
〈CALL ID〉
〈IPv4_ERROR_SPEC〉
[〈ACCEPTABLE_LABEL_SET〉]
[〈POLICY_DATA〉…]
〈sender descriptor〉

e) PathTear 消息(Msg Type = 5 [IETF RFC2205])

当源 UNI-C 要删除一条连接时,使用 PathTear 消息。

UNI PathTear 消息格式如下

〈PathTear Message〉∷=〈Common Header〉[〈INTEGRITY〉]
[[〈MESSAGE_ID_ACK〉|〈MESSAGE_ID_NACK〉]...]
〈MESSAGE_ID〉
〈UNI_IPv4_SESSION〉
〈CALL ID〉
〈IPv4_IF_ID_RSVP-TE_HOP〉
〈sender descriptor〉

〈sender descriptor〉∷=(见上面的定义)

f) Resv 消息(Msg Type = 2 [IETF RFC2205])

Resv 消息可用作连接创建,呼叫和连接的修改。当目的 UNI-C 接收到一个匹配的 ResvConf 消息后,应该停止在 Resv 消息中插入 ResvConfirm 对象。

UNI Resv 消息格式定义如下:

〈Resv Message〉∷=〈Common Header〉[〈INTEGRITY〉]
[[〈MESSAGE_ID_ACK〉|〈MESSAGE_ID_NACK〉]...]
〈MESSAGE_ID〉
〈UNI_IPv4_SESSION〉〈 IPv4_IF_ID_RSVP-TE_HOP 〉
〈TIME_VALUES〉
〈CALL_ID〉
[〈IPv4_RESV_CONFIRM〉]
[〈ADMIN_STATUS〉]
[〈POLICY_DATA〉...]
〈STYLE〉
〈FF flow descriptor〉

其中,

〈FF flow descriptor〉∷=
〈 XXX_FLOWSPEC〉〈LSP_TUNNEL_IPv4_FILTER_SPEC〉
〈GENERALIZED_LABEL〉

上述 XXX_ FLOWSPEC 表示根据所请求的连接类型不同使用不同的流量参数格式。如,对于 SDH 类型的连接请求,表示 SDH FLOWSPEC(见,IETF RFC4606);对于 OTN 类型的连接请求,表示 G.709 FLOWSPEC(见 IETF RFC4328);对于 Ethernet 类型的连接请求,表示 Ethernet FLOWSPEC(见,draft-ietf-ccamp-ethernet-traffic-parameters)。

g) ResvConf 消息(Msg Type = 7 [IETF RFC2205])

ResvConf 消息应该从源 UNI-C 向下游方向发送,用来通知 RESV_CONFIRM 对象中所包含的请求确认的节点来指示源节点已经接收到资源预留消息(Resv)。在 UNI 中,ResvConf 消息从源 UNI-C 发送到源 UNI-N,并从目的 UNI-N 发送到目的 UNI-C。此时 Resv 消息中可以不使用 RESV_CONFIRM 对象。但,节点如果接收到 RESV_CONFIRM 对象则应产生 ResvConf 消息作为应答。网络应将 ResvConf 消息从源 UNI-N 传递到目的 UNI-N。

〈ResvConf message〉::= 〈Common Header〉[〈INTEGRITY〉]
[[〈MESSAGE_ID_ACK〉|〈MESSAGE_ID_NACK〉]...]
〈MESSAGE_ID〉
〈UNI_IPv4_SESSION〉〈IPv4_ERROR_SPEC〉
〈IPv4_RESV_CONFIRM〉
〈STYLE〉〈FF flow descriptor 〉

h) ResvErr 消息(Msg Type = 4 [IETF RFC2205])(可选)

ResvErr 消息用来上报预约错误。UNI ResvErr 消息格式定义如下:

〈ResvErr message〉::=〈Common Header〉[〈INTEGRITY〉]
[[〈MESSAGE_ID_ACK〉|〈MESSAGE_ID_NACK〉]...]
〈MESSAGE_ID〉
〈UNI_IPv4_SESSION〉〈IPv4IF_ID_RSVP-TE_HOP〉
〈IPv4_ERROR_SPEC〉
[〈ACCEPTABLE_LABEL_SET〉]
[〈POLICY_DATA〉...]
〈STYLE〉〈FF flow description〉

i) ResvTear 消息(Msg Type = 6 [IETF RFC2205])(可选)

UNI 支持的 ResvTear 消息和 RSVP-TE 协议兼容。UNI ResvTear 消息定义如下:

〈ResvTear Message〉::= 〈Common Header〉[〈INTEGRITY〉]
[[〈MESSAGE_ID_ACK〉|〈MESSAGE_ID_NACK〉]...]
〈MESSAGE_ID〉
〈UNI_IPv4_SESSION〉〈IPv4_IF_ID_RSVP-TE_HOP〉
〈STYLE〉
〈FF flow description 〉

〈FF flow description 〉::=(见上面的定义)

j) Srefresh 消息(Msg Type = 15 [IETF RFC2961])

UNI Srefresh 消息格式定义如下

〈Srefresh message〉::= 〈Common Header〉[〈INTEGRITY〉]
[[〈MESSAGE_ID_ACK〉|〈MESSAGE_ID_NACK〉]...]
〈MESSAGE_ID〉
〈srefresh list〉

〈srefresh list〉::= 〈MESSAGE_ID_LIST〉
[〈srefresh list〉]

k) Notify 消息(Msg Type = 21 [IETF RFC3473])

OIF 中的 Notify 消息用于从源 UNI-N 通告源 UNI-C,指示优雅删除因由源 UNI-C 发起。Notify 消息格式如下:

〈Notify message〉::= 〈Common Header〉[〈INTEGRITY〉]
[[〈MESSAGE_ID_ACK〉|〈MESSAGE_ID_NACK〉]...]

〈MESSAGE_ID〉
〈ERROR_SPEC〉
〈notify session lists〉

〈notify session lists〉∷=[〈notify session lists〉]
〈upstream notify session〉

〈upstream notify session〉∷=〈SESSION〉
〈CALL_ID〉
〈ADMIN_STATUS〉
〈sender descriptor〉

8.2.4.3 UNI RSVP-TE 对象定义

a) LSP_TUNNEL_IPv4_SENDER_TEMPLATE Object(Class-Num = 11 [IETF RFC3209])

LSP_TUNNEL_IPv4_SENDER_TEMPLATE 对象格式见 IETF RFC3209 中的定义。对于 UNI,IPv4 隧道发送者地址值在源 UNI 接口应设置成源 UNI-C 的节点 ID,在目的 UNI 接口应设置成目的 UNI-N 的节点 ID。LSP ID 由 Path 消息的发送者分配并在连接的生命周期内维持不变。

LSP_TUNNEL_IPv4_SENDER_TEMPLATE 对象和 UNI_IPv4_SESSION 对象组合应能唯一标识一条本地 UNI 连接。

b) UNI_IPv4_SESSION 对象(Class-Num = 1 [IETF RFC3209])

UNI_IPv4_SESSION 对象格式如图 27 所示

UNI_ IPv4_SESSION 对象:Class = 1,C-Type = 11

```
 0                   1                   2                   3
 0 1 2 3 4 5 6 7 8 9 0 1 2 3 4 5 6 7 8 9 0 1 2 3 4 5 6 7 8 9 0 1
+-+-+-+-+-+-+-+-+-+-+-+-+-+-+-+-+-+-+-+-+-+-+-+-+-+-+-+-+-+-+-+-+
|          Length(16)           | Class-Num(1)  |  C-Type(11)   |
+-+-+-+-+-+-+-+-+-+-+-+-+-+-+-+-+-+-+-+-+-+-+-+-+-+-+-+-+-+-+-+-+
|                           IPv4地址                            |
+-+-+-+-+-+-+-+-+-+-+-+-+-+-+-+-+-+-+-+-+-+-+-+-+-+-+-+-+-+-+-+-+
|            必须置0            |      隧道ID (Tunnel ID)       |
+-+-+-+-+-+-+-+-+-+-+-+-+-+-+-+-+-+-+-+-+-+-+-+-+-+-+-+-+-+-+-+-+
|                         扩展IPv4地址                          |
+-+-+-+-+-+-+-+-+-+-+-+-+-+-+-+-+-+-+-+-+-+-+-+-+-+-+-+-+-+-+-+-+
```

图 27 UNI IPv4 会话对象格式

IPv4 地址:在源 UNI 应设置源 UNI-N 的节点 ID。在目的 UNI 应设置目的 UNI-C 的节点 ID;

隧道 ID:16 位标识,由 Path 消息的发送者分配。在连接的生命周期内 ID 值保持不变。如果源/目的 TNA 地址不是描述的一部分时,在相同的 UNI-C 和 UNI-N 之间单跳的 LSP 只能通过隧道 ID 来进行区别。

扩展 IPv4 地址:源 UNI 应设置源 UNI-C 的节点 ID,在目的 UNI 应设置目的 UNI-N 的节点 ID。LSP_TUNNEL_IPv4_SENDER_TEMPLATE 和 UNI_IPv4_SESSION 对象的组合应能够唯一标识一条 UNI 本地连接并在连接的生命周期内保持不变。无法识别的连接 ID 应该导致错误消息的产生，错误编码为“路由问题：无效的/未知的连接 ID”。

c) GENERALIZED_UNI 对象(Class-Num＝229)

通过 GENERALIZED_UNI 对象来指定 UNI 的具体属性。GENERALIZED_UNI 对象格式如图 28 所示：

```
 0                   1                   2                   3
 0 1 2 3 4 5 6 7 8 9 0 1 2 3 4 5 6 7 8 9 0 1 2 3 4 5 6 7 8 9 0 1
+-+-+-+-+-+-+-+-+-+-+-+-+-+-+-+-+-+-+-+-+-+-+-+-+-+-+-+-+-+-+-+-+
|          Length (>8)            |  CNum (229)   |  C-Type (1)   |
+-+-+-+-+-+-+-+-+-+-+-+-+-+-+-+-+-+-+-+-+-+-+-+-+-+-+-+-+-+-+-+-+
//                            (子对象)                            //
+-+-+-+-+-+-+-+-+-+-+-+-+-+-+-+-+-+-+-+-+-+-+-+-+-+-+-+-+-+-+-+-+
```

图 28 通用 UNI 对象格式

子对象：

GENERALIZED_UNI 对象的内容由一系列的变长数据项构成。子对象的通用格式如图 29 所示：

```
 0                   1                   2                   3
 0 1 2 3 4 5 6 7 8 9 0 1 2 3 4 5 6 7 8 9 0 1 2 3 4 5 6 7 8 9 0 1
+-+-+-+-+-+-+-+-+-+-+-+-+-+-+-+-+-+-+-+-+-+-+-+-+-+-+-+-+-+-+-+-+
|         长度 (Length)           |  类型 (Type)  | 类型 (Sub-Type)|
+-+-+-+-+-+-+-+-+-+-+-+-+-+-+-+-+-+-+-+-+-+-+-+-+-+-+-+-+-+-+-+-+
//                            值 (Value)                          //
+-+-+-+-+-+-+-+-+-+-+-+-+-+-+-+-+-+-+-+-+-+-+-+-+-+-+-+-+-+-+-+-+
```

图 29 通用 UNI 对象中的子对象格式

为了将来的兼容，根据 RSVP-TE 对象的规则为子对象分配类型和子类型，但从自己的编号空间进行分配。以后的类型和子类型的处理方法和 RSVP-TE 处理类型和子类型相同。如果因为无法识别的类型或子类型，节点应该使用的出错编码为“类型未知”或“类型已知但子类型未知”，错误值应该设置成 GENERALIZED_UNI 对象的类型和子类型值。

- 源 TNA 地址子对象(Type＝1)

源 TNA 地址子对象包含源 UNI-C 的 TNA 地址。有以下三种格式：IPv4 或 IPv6。如果 GENERALIZED_UNI 对象包含多个源 TNA 地址子对象，只有第一个有意义其他的应忽略。

源 IPv4 TNA 地址子对象格式如图 30 所示：

```
 0                   1                   2                   3
 0 1 2 3 4 5 6 7 8 9 0 1 2 3 4 5 6 7 8 9 0 1 2 3 4 5 6 7 8 9 0 1
+-+-+-+-+-+-+-+-+-+-+-+-+-+-+-+-+-+-+-+-+-+-+-+-+-+-+-+-+-+-+-+-+
|          Length (8)             |   Type (1)    | Sub-Type (1)  |
+-+-+-+-+-+-+-+-+-+-+-+-+-+-+-+-+-+-+-+-+-+-+-+-+-+-+-+-+-+-+-+-+
|                UNI-C's IPv4 TNA地址 (4 bytes)                   |
+-+-+-+-+-+-+-+-+-+-+-+-+-+-+-+-+-+-+-+-+-+-+-+-+-+-+-+-+-+-+-+-+
```

图 30 源 TNA IPv4 地址子对象

源 IPv6 TNA 地址子对象格式如图 31 所示：

```
 0                   1                   2                   3
 0 1 2 3 4 5 6 7 8 9 0 1 2 3 4 5 6 7 8 9 0 1 2 3 4 5 6 7 8 9 0 1
+-+-+-+-+-+-+-+-+-+-+-+-+-+-+-+-+-+-+-+-+-+-+-+-+-+-+-+-+-+-+-+-+
|          Length (20)            |   Type (1)    |  Sub-Type (2) |
+-+-+-+-+-+-+-+-+-+-+-+-+-+-+-+-+-+-+-+-+-+-+-+-+-+-+-+-+-+-+-+-+
//               UNI-C's IPv6 TNA地址 (16 bytes)                 //
+-+-+-+-+-+-+-+-+-+-+-+-+-+-+-+-+-+-+-+-+-+-+-+-+-+-+-+-+-+-+-+-+
```

图 31　源 TNA　IPv6 地址子对象

源 NSAP TNA 地址子对象格式如图 32 所示：

```
 0                   1                   2                   3
 0 1 2 3 4 5 6 7 8 9 0 1 2 3 4 5 6 7 8 9 0 1 2 3 4 5 6 7 8 9 0 1
+-+-+-+-+-+-+-+-+-+-+-+-+-+-+-+-+-+-+-+-+-+-+-+-+-+-+-+-+-+-+-+-+
|          Length (>8)            |   Type (1)    |  Sub-Type (3) |
+-+-+-+-+-+-+-+-+-+-+-+-+-+-+-+-+-+-+-+-+-+-+-+-+-+-+-+-+-+-+-+-+
|  NSAP length  |                 Reserved (0)                    |
+-+-+-+-+-+-+-+-+-+-+-+-+-+-+-+-+-+-+-+-+-+-+-+-+-+-+-+-+-+-+-+-+
|                                                               |
//                UNI-C's NSAP格式的TNA地址                      //
+-+-+-+-+-+-+-+-+-+-+-+-+-+-+-+-+-+-+-+-+-+-+-+-+-+-+-+-+-+-+-+-+
| NSAP地址 (续)....        0填充完成对齐                        |
+-+-+-+-+-+-+-+-+-+-+-+-+-+-+-+-+-+-+-+-+-+-+-+-+-+-+-+-+-+-+-+-+
```

图 32　源 NSAP TNA 地址子对象

NSAP 长度(8 位)：源 NSAP 字节总长度。

源 NSAP 格式的 TNA 地址：变长域，结构根据 ISO/IEC8348，1993 并和 ITU X.213，1992 相同。

- 目的 TNA 地址子对象(Type=2)

目的 TNA 地址子对象包含目的 UNI-C 的 TNA 地址值。可以有以下三种格式：IPv4、IPv6 或 NSAP。如果 GENERALIZED_UNI 对象包含多个目的 TNA 地址子对象，只有第一个有意义其他的应忽略。

目的 IPv4 TNA 地址子对象格式同图 30，其中：Type =2，Sub-Type=1；

目的 IPv6 TNA 地址子对象格式同图 31 所示，其中：Type =2，Sub-Type=2；

目的 NSAP 格式的 TNA 地址子对象格式同图 32 所示，其中：Type =2，Sub-Tpye=3。

- 分集子对象(Type= 3，Sub-Type = 1)

分集子对象在 UNI 中定义，用来指定为一条新的连接所需要的物理路由分集。它携带本地一条存在连接的标识，可以在 Path 消息中携带。可以使用分集子对象的多个实例。子对象格式如图 33 所示：

```
 0                   1                   2                   3
 0 1 2 3 4 5 6 7 8 9 0 1 2 3 4 5 6 7 8 9 0 1 2 3 4 5 6 7 8 9 0 1
+-+-+-+-+-+-+-+-+-+-+-+-+-+-+-+-+-+-+-+-+-+-+-+-+-+-+-+-+-+-+-+-+
|          Length (36)          |   Type (3)    | Sub-Type (1)  |
+-+-+-+-+-+-+-+-+-+-+-+-+-+-+-+-+-+-+-+-+-+-+-+-+-+-+-+-+-+-+-+-+
|  DS   |                     Reserved (0)                      |
+-+-+-+-+-+-+-+-+-+-+-+-+-+-+-+-+-+-+-+-+-+-+-+-+-+-+-+-+-+-+-+-+
//          UNI_IPv4_SESSION (包括RSVP-TE对象头)                  //
+-+-+-+-+-+-+-+-+-+-+-+-+-+-+-+-+-+-+-+-+-+-+-+-+-+-+-+-+-+-+-+-+
//              LSP_TUNNEL_IPv4_SENDER_TEMPLATE                 //
//                   (包括RSVP-TE对象头)                          //
+-+-+-+-+-+-+-+-+-+-+-+-+-+-+-+-+-+-+-+-+-+-+-+-+-+-+-+-+-+-+-+-+
```

图 33 分集子对象格式

DS 指示所需要的分集需求，取值定义如下：

1：节点分离。新建连接不应该使用所列举的连接所经过路径上的任何节点；

2：链路分离。新建连接不应该使用所列举的连接所经过路径上的任何链路；

3：SRLG 分离。新建连接不应该使用和所列举连接有相同 SRLG 的任何链路；

4：共享路径。新建连接应该使用和所列举连接相同的链路；

0、5～15：保留。

分集子对象由源 UNI-N 进行处理。对于目的 UNI-N 或 UNI-C 该对象没有意义。因此，该对象不会发送到目的 UNI-C。

如果不能提供所请求的路由分集要求或接收到的分集对象中指定的值无法支持，源 UNI-N 应上报原因为"路由问题：分集要求不可用"的错误信息。

● 出口标签子对象(Type=4,Sub-Type=1)

UNI 定义了出口标签子对象用来指定目的 UNI 使用的出端口、标签。一共包括两个出口标签子对象。格式如图 34 所示：

```
 0                   1                   2                   3
 0 1 2 3 4 5 6 7 8 9 0 1 2 3 4 5 6 7 8 9 0 1 2 3 4 5 6 7 8 9 0 1
+-+-+-+-+-+-+-+-+-+-+-+-+-+-+-+-+-+-+-+-+-+-+-+-+-+-+-+-+-+-+-+-+
|          Length (>=16)        |   Type (4)    | Sub-Type (1)  |
+-+-+-+-+-+-+-+-+-+-+-+-+-+-+-+-+-+-+-+-+-+-+-+-+-+-+-+-+-+-+-+-+
|U|              预留位 (0)                | 标签类型 (Label-Type) |
+-+-+-+-+-+-+-+-+-+-+-+-+-+-+-+-+-+-+-+-+-+-+-+-+-+-+-+-+-+-+-+-+
|                          逻辑端口标识                           |
+-+-+-+-+-+-+-+-+-+-+-+-+-+-+-+-+-+-+-+-+-+-+-+-+-+-+-+-+-+-+-+-+
|                            标签值                              |
|                             ...                               |
+-+-+-+-+-+-+-+-+-+-+-+-+-+-+-+-+-+-+-+-+-+-+-+-+-+-+-+-+-+-+-+-+
```

图 34 出口标签子对象格式

逻辑端口标识：

该域指示在目的 UNI-C 分配的逻辑端口标识。用来在目的 UNI 选择一条链路。链路标识应用来为连接分配资源；

U 比特位：

该比特指示标签和逻辑端口 ID 的方向。0 表示下游方向标签和端口 ID，1 标识上游方向标签和端口 ID。仅仅用在双向连接的情形中。

标签类型：

该域用来指示标签子对象的 C-Type 类型。1 表示为出口标签、2 表示为软永久连接（SPC）标签。

标签值：

域用来使用的标签。该域的格式和 GMPLS 标签的标签域的使用相同。

下列原因会导致“错误的显式路由对象”的错误。

——如果逻辑端口标识不能在目的端有效标识一条链路；

——如果请求单向连接建立时将 U 比特置位；

——如果在有两个标签子对象有相同的 U 比特值。

目的 UNI-N 为单向连接检查一个子对象，对双向连接检查两个子对象。如果子对象的 U 比特检查出为 0，则该标签值拷贝到新的标签集对象中。该标签集对象应包含在目的 UNI-N 的相关输出 Path 消息中。如果目的 UNI-C 不能从标签集中提取标签或在解析标签集时出现错误，则终结连接请求并产生 PathErr 消息，其中指示“路由问题/标签集”。

如果 U 比特被检测出置为 1，则标签值用来为双向 LSP 上游方向分配的标签值。如果目的 UNI-N 无法接受该标签值，则应产生 PathErr 消息并指示“路由问题/标签分配失败”。如果目的 UNI-N 能够接受标签值，则该标签值拷贝到上游方向标签对象中去。该上游方向标签应包含在相关的输出 Path 消息中。如果目的 UNI-C 不能接受该标签值，则应产生 PathErr 消息并指示“路由问题/标签值不可接受”。

产生的 PathErr 消息可以包含可接受的标签集，见 IETF RFC3473。否则，Path 消息按通常的处理办法来处理。

处理完成后，标签子对象从 GENERALIZED_UNI 对象中删除。逻辑端口标识映射到（以本地标识为基础）IF_ID_RSVP-TE_HOP 对象的“接口 ID”域的 3、4、5 号类型的 TLV 中（见 IETF RFC3471 和 IETF RFC3473）。

- 服务等级子对象（Type=5，Sub-Type=1）

服务等级子对象指定 0～255 中的一个整数值，并可能包含在 GENERALIZED_UNI 对象中。每个服务等级和运营商预先定义的特征相关，如恢复类型（如，无保护、1+1 保护）、故障修复后连接返回策略、保持策略等。子对象格式如图 35 所示：

```
 0                   1                   2                   3
 0 1 2 3 4 5 6 7 8 9 0 1 2 3 4 5 6 7 8 9 0 1 2 3 4 5 6 7 8 9 0 1
+-+-+-+-+-+-+-+-+-+-+-+-+-+-+-+-+-+-+-+-+-+-+-+-+-+-+-+-+-+-+-+-+
|           Length (8)          |   Type (5)    | Sub-Type (1)  |
+-+-+-+-+-+-+-+-+-+-+-+-+-+-+-+-+-+-+-+-+-+-+-+-+-+-+-+-+-+-+-+-+
| 服务等级 (Service Level) |            预留位 (0)               |
+-+-+-+-+-+-+-+-+-+-+-+-+-+-+-+-+-+-+-+-+-+-+-+-+-+-+-+-+-+-+-+-+
```

图 35　SLA 子对象格式

如果接收到的服务等级 TLV 指定的值不支持，节点应上报“路由问题：服务等级不可用”的错误信息。

d）　GENERALIZED_LABEL_REQUEST 对象（Class-Num = 19 [IETF RFC 3473]）

GENERALIZED_LABEL_REQUEST 对象格式见 GMPLS RSVP-TE 中的定义。UNI 节点须支持 SDH LSP 编码类型和 TDM 交换类型。

e) IPv4_RESV_CONFIRM 对象(Class-Num = 15,[IETF RFC2205])

IPv4_RESV_CONFIRM 对象格式见 IETF RFC2205 中的定义。在目的 UNI,IPv4 接收者地址设置为目的 UNI-C 的节点 ID。在源 UNI,地址设置为源 UNI-N 的节点 ID。

f) IPv4_ERROR_SPEC 对象(Class-Num = 6 [IETF RFC2205])

IPv4_ERROR_SPEC 对象格式见 IETF RFC2205 中的定义。IPv4 出错节点地址设置为报告出错的 UNI-C 或 UNI-N 的节点 ID。UNI-N 和 UNI-C 实体应支持 InPlace、NotGuilty 和 Path_State_Removed 标志位。

注:IF_ID ERROR_SPEC 对象(Class-Num = 6 [IETF RFC3471])

指定和错误相关的具体的接口是非常有用的。为支持这种情形,定义了 IF_ID ERROR_SPEC 对象。IPv4/IPv6 IF_ID ERROR_SPEC 对象见 IETF RFC3473 中的定义。

希望指示与出错相关的具体接口的节点应该在相关的 PathErr 或 ResvErr 消息中使用相应的 IF_ID ERROR_SPEC 对象。IF_ID ERROR_SPEC 对象应该象其他 ERROR_SPEC 对象一样来产生和处理。

g) LSP_TUNNEL_IPv4_FILTER_SPEC 对象(Class-Num = 10 [IETF RFC3209])

LSP_TUNNEL_IPv4_FILTER_SPEC 对象和 UNI_IPv4_SESSION 对象组合来唯一标识一条连接。对象格式和 LSP_TUNNEL_IPv4_SENDER_TEMPLATE 对象相同。

h) MESSA MESSAGE_ID 对象(Class-Num = 23 [IETF RFC2961])

MESSA MESSAGE_ID 对象格式见 IETF RFC2961 中的定义。对于 UNI 中的触发消息、PathErr、ResvErr、ResvConf 消息以及 Srefresh 消息的 MESSAGE_ID 对象的 Ack_Desired 标志位应置 1 用来支持消息的可靠收发。刷新消息没有收到应答时一定不能导致节点删除对应的连接。

i) IPv4_IF_ID_RSVP _HOP 对象(Class-Num = 3,[IETF RFC3473])

IPv4_IF_ID_RSVP _HOP 对象格式见 GMPLS RSVP-TE 中的定义。对于 UNI,IPv4_IF_ID_RSVP _HOP 对象应用来选择位连接分配资源的数据链路。数据链路从 Path 消息的发送者的观点来指定。接收包含一个或多个 TLV 的 Path 消息的节点将 TLV 保存,并将这些值在随后的 Resv 消息中包含该值向产生该 TLV 的节点发送。这样看来,TLV 用来标识和一条 LSP 相关的数据通道:

- 对于单向 LSP,应指示下游方的数据链路;
- 对于双向 LSP,正常情形下要指示公用的上游和下游方向数据链路。在通过绑定链路的双向 LSP 的特殊情形下,可能要指定一条下游方向的数据链路,这条数据链路和上游方向的数据链路不同。

节点的节点标识用来填充 IPv4 IF_ID_RSVP_HOP 对象的 IP 地址域。

注:当不需要 TLV 时,不应该使用 IF_ID RSVP_HOP 对象。

j) 呼叫 ID(Call_ID)对象(Class-Num = 230,[IETF RFC3474])

呼叫 ID 对象定义于 IETF RFC3474,当进行呼叫/连接的初次创建时,呼叫 ID 中的 C-Type 及呼叫的值为全 0,但 IETF RFC3474 中没有明确空呼叫的定义。下面为空呼叫的定义:长度为 4,C-Type 为 0,没有其余字段。当呼叫 ID 得到后,呼叫 ID 的格式按照 IETF RFC3474 中的格式定义,如图 36 所示。

```
 0                   1                   2                   3
 0 1 2 3 4 5 6 7 8 9 0 1 2 3 4 5 6 7 8 9 0 1 2 3 4 5 6 7 8 9 0 1
+-+-+-+-+-+-+-+-+-+-+-+-+-+-+-+-+-+-+-+-+-+-+-+-+-+-+-+-+-+-+-+-+
|            Length=4           | Class-Num (230) |  C-Type (0)  |
+-+-+-+-+-+-+-+-+-+-+-+-+-+-+-+-+-+-+-+-+-+-+-+-+-+-+-+-+-+-+-+-+
```

图 36 呼叫 ID 对象头格式

8.2.4.4 UNI RSVP-TE 错误编码定义

错误编码值用来描述连接活动的出错的原因。在连接建立过程中产生的错误被作为 RSVP-TE 协议定义的一部分。

8.2.5 UNI 支持 SDH 业务的 RSVP-TE 扩展

8.2.5.1 SDH 业务流量参数

SDH 业务流量参数由 RSVP-TE 协议的 SENDER_TSPEC 和 FLOWSPEC 对象来携带。具体 SENDER_TSPEC 和 FLOWSPEC 对象的说明见 IETF RFC2205 中的定义。其中：

SDH SENDER_TSPEC 对象：Class = 12，C-Type = 4；

SDH FLOWSPEC 对象：Class = 9，C-Type = 4

SDH 业务流量参数的格式如图 37 所示：

```
 0                   1                   2                   3
 0 1 2 3 4 5 6 7 8 9 0 1 2 3 4 5 6 7 8 9 0 1 2 3 4 5 6 7 8 9 0 1
+-+-+-+-+-+-+-+-+-+-+-+-+-+-+-+-+-+-+-+-+-+-+-+-+-+-+-+-+-+-+-+-+
|   信号类型（ST）  |      RCC      |             NCC             |
+-+-+-+-+-+-+-+-+-+-+-+-+-+-+-+-+-+-+-+-+-+-+-+-+-+-+-+-+-+-+-+-+
|              NVC              |          倍数（MT）           |
+-+-+-+-+-+-+-+-+-+-+-+-+-+-+-+-+-+-+-+-+-+-+-+-+-+-+-+-+-+-+-+-+
|                            透明（T）                          |
+-+-+-+-+-+-+-+-+-+-+-+-+-+-+-+-+-+-+-+-+-+-+-+-+-+-+-+-+-+-+-+-+
|                            特征（P）                          |
+-+-+-+-+-+-+-+-+-+-+-+-+-+-+-+-+-+-+-+-+-+-+-+-+-+-+-+-+-+-+-+-+
```

图 37 SDH 业务流量参数格式

其中：

- 信号类型(ST)/8 比特：指示所请求 LSP 的基本信号类型。类型值如图 38 所示：

Value	Type（基本信号）
2	VC-12
5	VC-3
6	VC-4

图 38 UNI 接口所支持的 SDH 业务连接请求的基本信号类型

- RCC/8 比特：所请求的基本信号的连续级联类型。该指示域为位域。每一个比特位指示一种特定的连续级联类型。多个标置位可以同时设置来表示可以有多种选择。当上游节点设置多个标置位时表示上游节点支持多种级联类型，下游节点可以根据本地所支持的级联类型来选择一种级联类型。如果下游节点多，所有的级联类型都不支持，则拒绝 LSP 建立。最低位的比特置 1 表示标准连续级联，其他为预留比特。
- NCC/16 比特：所请求的基本信号的 RCC 域中所指示的连续级联数。
- NVC/16 比特：所请求的基本信号的虚级联数。
- 倍数(MT)/16 比特：所请求的相同的信号(包括上述所指示的连续级联信号、虚级联信号或非级联信号)的倍数,这些信号构成最终的一条 LSP。该值应大于或等于 1,表示只请求一个或多个信号实例。0 为非法值。

- 透明指示(T)/32 比特:该指示域为位域,每一个比特位指示一种透明类型。比特位置 1,表示该类型透明传输请求,其中:
  Flag 1(bit 1,最低位):再生段透明指示;
  Flag 2(bit 2,倒数第 2 位):复用段透明指示。
- 特征指示(P)/32 比特:支持所请求的 LSP 具有的特定的能力,如对 LSP 具有故障监视能力。不同的能力目前还没有标准化,未来可能需要通过扩展 TLV 来说明标准的能力。

附录 B 中描述了 SDH 业务的流量参数举例。

8.2.5.2 SDH 标签编码

UNI 接口中,SDH 标签使用 IETF IETF RFC3473 中定义的通用标签对象来承载。即通用标签对象格式如图 39 所示:

```
 0                   1                   2                   3
 0 1 2 3 4 5 6 7 8 9 0 1 2 3 4 5 6 7 8 9 0 1 2 3 4 5 6 7 8 9 0 1
+-+-+-+-+-+-+-+-+-+-+-+-+-+-+-+-+-+-+-+-+-+-+-+-+-+-+-+-+-+-+-+-+
|            Length             | Class-Num (16)|  C-Type (2)   |
+-+-+-+-+-+-+-+-+-+-+-+-+-+-+-+-+-+-+-+-+-+-+-+-+-+-+-+-+-+-+-+-+
|                              标签                              |
|                              ...                              |
+-+-+-+-+-+-+-+-+-+-+-+-+-+-+-+-+-+-+-+-+-+-+-+-+-+-+-+-+-+-+-+-+
```

图 39 通用标签对象格式

SDH 标签值采用如图 40 所示的格式进行编码:

```
 0                   1                   2                   3
 0 1 2 3 4 5 6 7 8 9 0 1 2 3 4 5 6 7 8 9 0 1 2 3 4 5 6 7 8 9 0 1
+-+-+-+-+-+-+-+-+-+-+-+-+-+-+-+-+-+-+-+-+-+-+-+-+-+-+-+-+-+-+-+-+
|               S               |   U   |   K   |   L   |   M   |
+-+-+-+-+-+-+-+-+-+-+-+-+-+-+-+-+-+-+-+-+-+-+-+-+-+-+-+-+-+-+-+-+
```

图 40 SDH 标签编码格式

该编码规则顺从 ITU-T G.707 中对 SDH 的时隙编号机制。其中:

S:表示 STM-N 信号中 AUG-1 的具体编号。取值范围在 1～N 之间;

U:表示 AUG-1 信号中 VC-3 的具体编号。取值范围在 1～3 之间。通常情况下我国 SDH 体制不采用此复用信号结构,因此该值应置 0;

K:表示 VC4 信号中 TUG-3 的具体编号。取值范围在 1～3 之间;

L:表示 TUG-3 或 VC3 信号中 TUG-2 的具体编号。取值范围在 1～7 之间;

M:表示 TUG-2 信号中对应 VC12 的时隙位置。取值范围在 3～5 之间。M 的取值大小和 VC12 在 TUG-2 中的时隙大小对应,即,M=3 对应 1 号 VC12 时隙,依此类推。

编码值和时隙对应关系如图 41 所示:

S	SDH
0	other
1	1st AUG-1
2	2nd AUG-1
3	3rd AUG-1
4	4rd AUG-1
:	:
N	Nth AUG-1

U	SDH AUG-1
0	other
1	1st VC-3
2	2nd VC-3
3	3rd VC-3

K	SDH VC-4
0	other
1	1st TUG-3
2	2nd TUG-3
3	3rd TUG-3

L	SDH TUG-3	SDH VC-3
0	other	other
1	1st TUG-2	1st TUG-2
2	2nd TUG-2	2nd TUG-2
3	3rd TUG-2	3rd TUG-2
4	4th TUG-2	4th TUG-2
5	5th TUG-2	5th TUG-2
6	6th TUG-2	6th TUG-2
7	7th TUG-2	7th TUG-2

M	SDH TUG-2
0	other
3	1st VC-12
4	2nd VC-12
5	3rd VC-12

图 41 **SUKLM** 标签编码和 **SDH** 时隙对应关系

在所请求的 LSP 连接业务为连续级联情况下，分配的标签值只指定连续级联信号的第一个起始时隙值；

在所请求的 LSP 连接业务为虚级联的情况下，在通用标签对象中应严格按顺序列举所分配的所有标签值。如果虚级联成员为同一个 LSP 上的成员，则所有这些虚级联成员应走相同的路由。

8.2.6 UNI 支持以太网业务的 RSVP-TE 扩展

8.2.6.1 以太网业务流量参数

以太网业务流量参数由 RSVP-TE 协议的 SENDER_TSPEC 和 FLOWSPEC 对象来携带。具体 SENDER_TSPEC 和 FLOWSPEC 对象的说明见 IETF RFC2205 中的定义。其中：

以太网 SENDER_TSPEC 对象：Class = 12，C-Type = 6（暂定）；

以太网 FLOWSPEC 对象：Class = 9，C-Type = 6（暂定）；

以太网业务流量参数格式如图 42 所示：

```
 0                   1                   2                   3
 0 1 2 3 4 5 6 7 8 9 0 1 2 3 4 5 6 7 8 9 0 1 2 3 4 5 6 7 8 9 0 1
+-+-+-+-+-+-+-+-+-+-+-+-+-+-+-+-+-+-+-+-+-+-+-+-+-+-+-+-+-+-+-+-+
|          交换粒度（SG）         |              MTU              |
+-+-+-+-+-+-+-+-+-+-+-+-+-+-+-+-+-+-+-+-+-+-+-+-+-+-+-+-+-+-+-+-+
|                                                               |
~                              TLVs                             ~
|                                                               |
+-+-+-+-+-+-+-+-+-+-+-+-+-+-+-+-+-+-+-+-+-+-+-+-+-+-+-+-+-+-+-+-+
```

图 42 以太网流量参数格式

其中：

- 交换粒度(SG)/16 比特：指示承载所请求的以太网络 LSP 的以太网链路类型。1 表示以太端口交换(如,EPL)；2 表示以太帧交换(如,EVPL)；其他值为预留值。
- MTU/16 比特：最大传送单元。指示两个八位组的总数。
- TLV：标准的类型长度值表示，流量参数对象中至少包含一个 TLV。其中，类型值=129、长度值=24 时，表示该 TLV 指示以太网带宽值。该 TLV 的格式如图 43 所示：

```
 0                   1                   2                   3
 0 1 2 3 4 5 6 7 8 9 0 1 2 3 4 5 6 7 8 9 0 1 2 3 4 5 6 7 8 9 0 1
+-+-+-+-+-+-+-+-+-+-+-+-+-+-+-+-+-+-+-+-+-+-+-+-+-+-+-+-+-+-+-+-+
|          Type (129)           |          Length (24)          |
+-+-+-+-+-+-+-+-+-+-+-+-+-+-+-+-+-+-+-+-+-+-+-+-+-+-+-+-+-+-+-+-+
| 模板 (Profile) |  索引 (Index) |            预留位             |
+-+-+-+-+-+-+-+-+-+-+-+-+-+-+-+-+-+-+-+-+-+-+-+-+-+-+-+-+-+-+-+-+
|                              CIR                              |
+-+-+-+-+-+-+-+-+-+-+-+-+-+-+-+-+-+-+-+-+-+-+-+-+-+-+-+-+-+-+-+-+
|                              CBS                              |
+-+-+-+-+-+-+-+-+-+-+-+-+-+-+-+-+-+-+-+-+-+-+-+-+-+-+-+-+-+-+-+-+
|                              EIR                              |
+-+-+-+-+-+-+-+-+-+-+-+-+-+-+-+-+-+-+-+-+-+-+-+-+-+-+-+-+-+-+-+-+
|                              EBS                              |
+-+-+-+-+-+-+-+-+-+-+-+-+-+-+-+-+-+-+-+-+-+-+-+-+-+-+-+-+-+-+-+-+
```

图 43 以太网带宽参数 TLV

- 模板(Profile)：该域为位域；其中低两位比特定义如下，其他比特位预留：
  标志位 1(bit 0)：耦合标置位(CF)；
  标志位 2(bit 1)：颜色模式标置位(CM)；
  其他位为预留位，发送侧置 0，接收侧忽略；
  标志位 1 可以用来在两个速率实现算法的操作模式上进行选择，置 1 表示要请求对应的测量；
  标志位 2 可以用来确定模板是颜色识别(color-aware)还是不区分颜色(color-blind)，置 1 表示颜色识别模式，置 0 表示颜色不区分模式。
- 索引(Index)：在请求多种类型的 LSP 时，该域用来对指定的业务确定带宽分配方式。缺省情况下应置 0。
- 承诺的信息速率(CIR)/32 位：单位为字节/秒，并按 32 位 IEEE 单精度浮点数编码。
- 承诺的突发尺寸(CBS)/32 位：单位为字节，并按 32 位 IEEE 单精度浮点数编码。当 CIR 严格大于 0 时，该值应大于或等于最大报文帧的尺寸。
- 超额信息速率(EIR)/32 位：单位为字节/秒，并按 32 位 IEEE 单精度浮点数编码。
- 超额的突发尺寸(EBS)/32 位：单位为字节，并按 32 位 IEEE 单精度浮点数编码。当 EIR 严格大于 0 时，该值应大于或等于最大报文帧的尺寸。

8.2.7 UNI 支持 OTN 业务的 RSVP-TE 扩展

8.2.7.1 OTN 业务流量参数

OTN 业务流量参数由 RSVP-TE 协议的 SENDER_TSPEC 和 FLOWSPEC 对象来携带。具体 SENDER_TSPEC 和 FLOWSPEC 对象的说明见 IETF RFC2205 中的定义。其中：

OTN SENDER_TSPEC 对象:Class = 12,C-Type = 5;

OTN FLOWSPEC　　对象:Class = 9,C-Type = 5。

OTN 业务流量参数的格式如图 44 所示:

```
 0                   1                   2                   3
 0 1 2 3 4 5 6 7 8 9 0 1 2 3 4 5 6 7 8 9 0 1 2 3 4 5 6 7 8 9 0 1
+-+-+-+-+-+-+-+-+-+-+-+-+-+-+-+-+-+-+-+-+-+-+-+-+-+-+-+-+-+-+-+-+
|    信号类型    |     预留位     |              NMC              |
+-+-+-+-+-+-+-+-+-+-+-+-+-+-+-+-+-+-+-+-+-+-+-+-+-+-+-+-+-+-+-+-+
|              NVC              |           倍数 (MT)           |
+-+-+-+-+-+-+-+-+-+-+-+-+-+-+-+-+-+-+-+-+-+-+-+-+-+-+-+-+-+-+-+-+
|                            预留位                             |
+-+-+-+-+-+-+-+-+-+-+-+-+-+-+-+-+-+-+-+-+-+-+-+-+-+-+-+-+-+-+-+-+
```

图 44　OTN 业务流量参数格式

其中:

- 信号类型(ST)/8 比特:指示所请求 LSP 的基本信号类型。类型值如图 45 所示:

Value	Type
-----	----
1	ODU_1 (i.e., 2.5 Gbps)
2	ODU_2 (i.e., 10 Gbps)
3	ODU_3 (i.e., 40 Gbps)
4	预留
5	预留
6	OCh at 2.5 Gbps
7	OCh at 10 Gbps
8	OCh at 40 Gbps
9-255	预留

图 45　UNI 接口所支持的 OTN 业务连接请求的基本信号类型

- 复用组件数(NMC)/16 比特:所请求的 LSP 中,用来指示 ODU_j 复用到 ODU_k 中的支路时隙个数。
- NVC/16 比特:所请求的基本信号为 ODU_k 的 LSP 中的 ODU_k 的虚级联数(只对 ODU_k 有效,其他类型的基本信号不支持虚级联,因此应填 0)。
- 倍数(MT)/16 比特:所请求的相同的信号的倍数,这些信号构成最终的一条 LSP。该值应大于或等于 1,表示只请求一个或多个信号实例,0 为非法值。

8.2.7.2　OTN ODU_k 标签编码

UNI 接口中,OTN ODU_k 标签使用 IETF RFC3473 中定义的通用标签对象来承载。通用标签对象格式如图 39 所示。

OTN 标签值采用图 46 所示的格式进行编码:

```
 0                   1                   2                   3
 0 1 2 3 4 5 6 7 8 9 0 1 2 3 4 5 6 7 8 9 0 1 2 3 4 5 6 7 8 9 0 1
+-+-+-+-+-+-+-+-+-+-+-+-+-+-+-+-+-+-+-+-+-+-+-+-+-+-+-+-+-+-+-+-+
|                       预留位                |     t3    |  t2 |t1|
+-+-+-+-+-+-+-+-+-+-+-+-+-+-+-+-+-+-+-+-+-+-+-+-+-+-+-+-+-+-+-+-+
```

图 46 OTN ODU_k 标签编码格式

各个变量意义如下：

t_1(1 比特)：$t_1=1$ 表示 ODU_1 信号，其他信号类型置 0；

t_2(3 比特)：$t_2=1$ 表示不能进一步细分的 ODU_2 信号。

$t_2=[2...5]$和 ODU_1 复用到 ODU_2 中的时隙位置一一对应

(ODU_1 的时隙编号$=t_2-1$)；

t_3(6 比特)：$t_3=1$ 表示不能进一步细分的 ODU_3 信号。

$t_3=[2...17]$和 ODU_1 复用到 ODU_3 中的时隙位置一一对应

(ODU_1 的时隙编号$=t_3-1$)；

$t_3=[18...33]$和 ODU_2 复用到 ODU_3 中的时隙位置一一对应

(ODU_2 的时隙编号$=t_3-17$)。

OTN OCh 业务标签编码格式参考 IETF RFC3471 中对波长标签的编码。

8.3 IETF GMPLS UNI 信令功能

8.3.1 IETF GMPLS UNI 信令功能概述

OIF 的协议一个重要功能为提供异构网络的互联，因此 UNI 信令协议和运营商网络内部 NNI 信令协议可以不相同。IETF 对 GMPLS 最初的设计理念是同时考虑 UNI、NNI 并提供一致的模型，因此 IETF 中 UNI 信令协议和 NNI 信令协议是一致的，如采用 RSVP-TE。这也导致了 IETF GMPLS UNI 和 OIF UNI 的一些差异。

8.3.2 UNI 呼叫处理过程

8.3.2.1 UNI 呼叫支持的基本功能

IETF RFC4974 中描述了 IETF 中通过扩展 RSVP-TE 对呼叫的支持。根据 IETF 的定义，呼叫是端点间的一种协商，也可能需要网络中间节点间的配合。呼叫的建立包括能力交换、策略、鉴权及安全。呼叫可用来方便地管理一组连接，用于提供端到端的数据传送业务。

呼叫用来简化为支持端到端数据业务的一组连接的管理。当连接的状态在网络内部整个数据平面连接经过的节点上都需要维护的时候，呼叫消息不需要参与中间节点对连接的管理，除了需要处理呼叫的边界节点之外只需要在业务的两个端点进行管理。

呼叫的建立和维护可以独立于他所关联的连接来进行处理。

呼叫用来提供如下几个基本的功能：

a) 在连接建立之前，验证和标识呼叫的发起者；

b) 支持虚级联时走不同路由的多条组件 LSP；

c) 在单个呼叫下关联多条 LSP 连接；

d) 通过允许关联的 LSP 操作状态的改变来简化控制平面的维护。

8.3.2.2 接入链路能力的交换

在层叠模型的网络中，通过能力交换和协商，能使得源UNI-C/UNI-N知晓宿UNI-C/UNI-N的对应能力及其UNI-C，UNI-N间的接入链路能力，这样能使得后续LSP建立能更加高效，提高网络的资源利用率及连接建立的成功率。

能力交换和协商的过程如下：

a) 呼叫源端在呼叫消息中携带本端能力（例如适配能力）、接入链路能力（例如可用的波长），发往呼叫宿端。
b) 呼叫宿收到呼叫请求后，进行协商，配置宿端属性，在呼叫应答中返回协商后的宿端能力、宿端接入链路的能力。
c) 呼叫源端收到呼叫应答后，进行源端属性（例如适配能力）配置，并根据返回的宿端接入链路信息完成网络连接的创建。

以SDH网络或OTN网络提供以太网业务为例，在源UNI-N，要将UNI-C发送过来的以太网帧经过封装、适配将到TDM容器中去，在宿UNI-N，经过反向的过程将TDM容器中的数据去适配、解封装为以太网帧，发往宿UNI-C。源、宿UNI-N的封装协议可有多种，如GFP，LAPS；适配方式也有多种，如是否支持虚级联，相邻级联，是否支持LCAS。要成功建立以太网业务，应源UNI-N和宿UNI-N采用相同的封装和适配方式，否则业务不能成功建立。因此在以太网业务连接建立前，首先通过上述的能力交换和协商过程完成两个端节点中以太网信号从用户侧到网络侧的协议适配栈和封装信息，然后再协商确定两个端节点之间用于支撑该以太网业务的网络连接类型和数量信息。通过建立所确定的网络连接类型和数量并利用这些信息对两个端点进行相应的配置后才能完成以太网业务的成功建立。

能力的交换和协商还包括UNI-C和UNI-N间的链路能力交换和协商。例如当通过波分网络承载OCh级别的OTN业务时，由于波分网络特有的限制（例如波长转换受限），要求波分路径中尽量使用相同的波长，因此源端知晓宿端接入链路的能力（如可用波长）能提高波长路径的成功建立率。

8.3.2.3 呼叫建立

GMPLS中通过通告（Notify）消息进行呼叫的建立，呼叫和连接互相独立，呼叫的信令消息不必沿着连接的路由传送，而在OIF中，呼叫的建立由Path消息完成，因此呼叫和连接的建立同时进行。在IETF中，呼叫的建立在连接建立前完成。一个呼叫下面可没有关联连接，也可关联一条或多条连接。

呼叫的建立过程如图47所示：

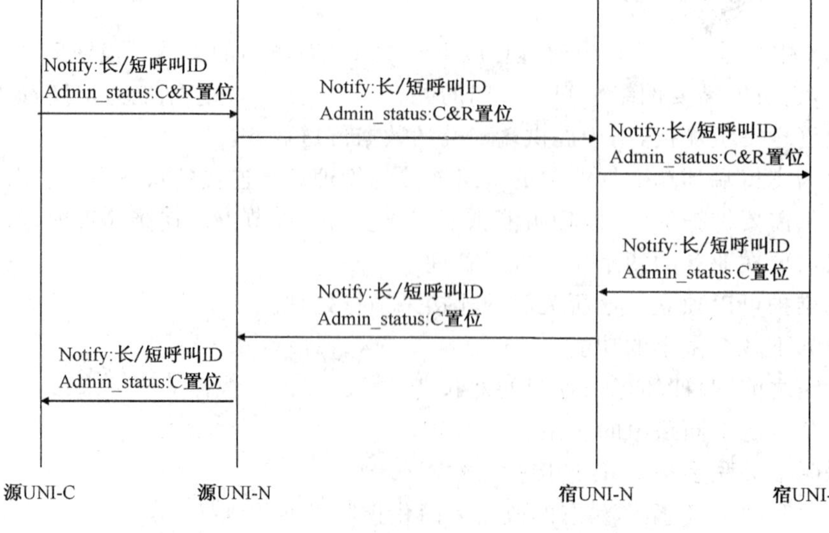

图47 IETF GMPLS UNI呼叫建立过程

源 UNI-C 发起呼叫请求，Notify 消息中 Admin_status 对象的 C，R 比特置位，源 UNI-C 可分配长呼叫 ID 和短呼叫 ID(长呼叫 ID 和短呼叫 ID 也由源 UNI-N 分配)。源 UNI-N，宿 UNI-N，宿 UNI-C 依次对呼叫进行校验，如果校验不成功，将返回呼叫建立失败，其中错误码携带在 Notify 消息中的 ERROR_SPEC 对象中(具体的错误码可参见 IETF RFC2205)。当宿 UNI-C 完成对呼叫请求的校验时，将通过 Notify 返回呼叫建立确认消息，该消息 Admin_status 对象的中 C 比特置位，其余比特不置位，当源 UNI-C 收到确认消息后，呼叫建立成功。在呼叫建立中，通过 Message ID 保证保障消息的可靠传送。如果源 UNI-C 在发送连续多次呼叫建立请求消息后(该次数可配置)，未收到 Message ID 回应，源 UNI-C 将发起呼叫删除。

8.3.2.4 呼叫中增加连接

当呼叫建立后，可向呼叫中增加连接。由于短呼叫 ID(Short Call ID)属于 SESSION 对象的一部分，因此在 SESSION 对象中具有相同短呼叫 ID(非 0)的连接属于同一个呼叫。没有和呼叫关联的连接中的短呼叫 ID 的值为 0，这样可以区分连接是否已和呼叫关联。当向呼叫中增加连接时，在建立连接的 Path 消息的 SESSION 对象中，将短呼叫 ID 设置为被关联呼叫的 ID，连接建立完成后即完成了向呼叫中增加连接。

8.3.2.5 删除呼叫中的连接

删除呼叫中的一条连接和 IETF RFC3473 中定义的标准删除过程一致。不支持将一条连接从呼叫中移出而不删除该连接。当呼叫中的最后一条连接被删除时，由于呼叫独立于连接，呼叫状态可以保留，需要显示的删除呼叫。

8.3.2.6 呼叫删除

只有当一个呼叫下面没有连接关联时，呼叫才能被删除。当试图删除存在连接关联的呼叫，该删除应被拒绝，同时返回呼叫管理(Call Management)错误码，错误值为连接依然存在(Connections Still Exist)，呼叫的状态保持不变。

呼叫删除过程如图 48 所示：

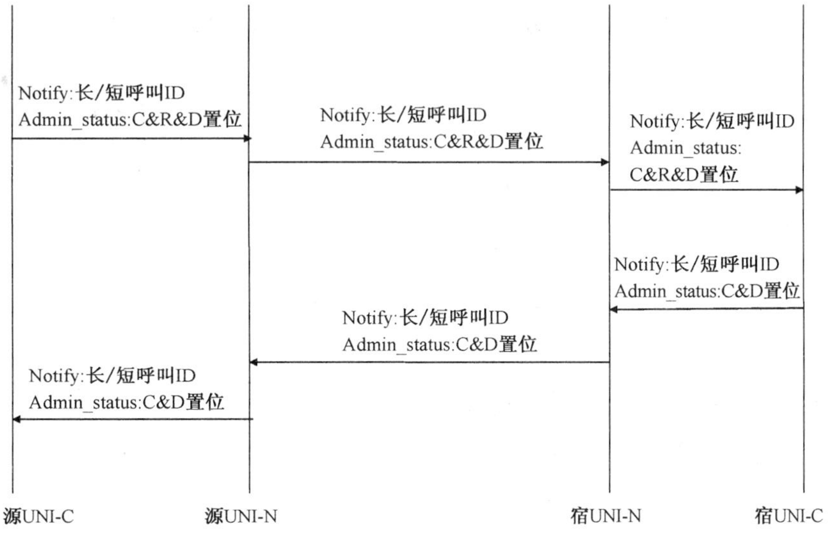

图 48 IETF GMPLS UNI 呼叫删除过程

呼叫删除消息由 Notify 消息携带，呼叫删除请求 Notify 消息中 Admin_status 对象 R，C，D 比特置位，其余比特不置位，呼叫删除响应消息中 R，D 比特置位，其余比特不置位。如果源 UNI-C 未收到呼叫删除响应，如同呼叫建立中一样，源 UNI-C 可将呼叫删除消息重发一定的次数，如果还未收到删除响应，源 UNI-C 将认为呼叫已被删除，但这种情况下，该呼叫的长呼叫 ID 或短呼叫 ID 应该至少在 Notify 消息的 5 个刷新周期内不被重新使用。

由于呼叫是对称的，呼叫的删除也可由宿 UNI-C 发起，宿端发起呼叫删除的流程和源端发起类似。存在源 UNI-C 和宿 UNI-C 同时发起呼叫删除的可能，这种情况下，源和宿都会收到 Admin_status 对象中 R 比特被置位的 Notify 消息，此时该 Notify 消息都要被响应。

8.3.2.7 对象扩展

为了支持 IETF 中的呼叫功能，RSVP-TE 中的消息进行了对应的扩展：

扩展后的 Notify 消息格式如下：

```
〈Notify message〉  ::= 〈Common Header〉[〈INTEGRITY〉]
                        [[〈MESSAGE_ID_ACK〉|〈MESSAGE_ID_NACK〉]...]
                        [〈MESSAGE_ID〉]
                        〈ERROR_SPEC〉
                        〈notify session list〉

〈notify session list〉::= [〈notify session list〉]〈notify session〉

〈notify session〉  ::= 〈SESSION〉[〈ADMIN_STATUS〉]
                        [〈POLICY_DATA〉...]
                        [〈LINK_CAPABILITY〉]
                        [〈SESSION_ATTRIBUTE〉]
                        [〈sender descriptor〉|〈flow descriptor〉]
```

notify session list 对象中可携带多个 notify session，在一个 notify 消息中携带多个并行的 Call 消息。

新增的 LINK_CAPABILITY 对象用于携带接入链路的能力信息。

LINK_CAPABILITY 对象包含一个或多个可变的子对象(SubObject)，如图 49 所示：

```
 0                   1                   2                   3
 0 1 2 3 4 5 6 7 8 9 0 1 2 3 4 5 6 7 8 9 0 1 2 3 4 5 6 7 8 9 0 1
+-+-+-+-+-+-+-+-+-+-+-+-+-+-+-+-+-+-+-+-+-+-+-+-+-+-+-+-+-+-+-+-+
|                                                               |
//                      子对象（Subobjects）                    //
|                                                               |
+-+-+-+-+-+-+-+-+-+-+-+-+-+-+-+-+-+-+-+-+-+-+-+-+-+-+-+-+-+-+-+-+
```

图 49 链路能力子对象格式

目前定义的子对象如下：

类型 1：链路的本端采用有编号的 Ipv4 地址

类型 2：链路的本端采用有编号的 Ipv6 地址

类型 64：该链路上的最大可预留带宽

类型 65：该链路接口交换能力

ADMIN_STATUS 对象增加的 C 比特位用于呼叫控制，更改后的对象格式如图 50 所示：

```
 0                   1                   2                   3
 0 1 2 3 4 5 6 7 8 9 0 1 2 3 4 5 6 7 8 9 0 1 2 3 4 5 6 7 8 9 0 1
+-+-+-+-+-+-+-+-+-+-+-+-+-+-+-+-+-+-+-+-+-+-+-+-+-+-+-+-+-+-+-+-+
|R|                        预留位                        |C|T|A|D|
+-+-+-+-+-+-+-+-+-+-+-+-+-+-+-+-+-+-+-+-+-+-+-+-+-+-+-+-+-+-+-+-+
```

图 50　管理状态对象格式

C 比特用于指示该 Notify 消息是否为呼叫控制管理消息，当置位时标识该 Notify 消息用于呼叫控制和管理。

长呼叫 ID(Long Call ID)：

长呼叫 ID 用于标识一个全局唯一的呼叫，该 ID 只在对呼叫进行建立的 Notify 消息中需要。在 SESSION_ATTRIBUTE 对象的 SESSION_NAME 字段中放置长呼叫 ID。

短呼叫 ID(Short Call ID)：

为了将连接与呼叫进行关联，需要在连接中携带对呼叫的引用：短呼叫 ID。短呼叫 ID 携带在 SESSION 对象的保留字段中，长度为 16 bits，该 ID 在 SESSION 对象的 Tunnel_End_Point_Address 字段及 SENDER_TEMPLATE 对象的 Sender_Address 字段确定的空间中唯一。携带了短呼叫 ID 的 SESSION 对象格式如图 51 所示：

```
 0                   1                   2                   3
 0 1 2 3 4 5 6 7 8 9 0 1 2 3 4 5 6 7 8 9 0 1 2 3 4 5 6 7 8 9 0 1
+-+-+-+-+-+-+-+-+-+-+-+-+-+-+-+-+-+-+-+-+-+-+-+-+-+-+-+-+-+-+-+-+
~                     IPv4/IPv6 隧道端点地址                      ~
+-+-+-+-+-+-+-+-+-+-+-+-+-+-+-+-+-+-+-+-+-+-+-+-+-+-+-+-+-+-+-+-+
|     呼叫ID (Call_ID)          |             隧道ID            |
+-+-+-+-+-+-+-+-+-+-+-+-+-+-+-+-+-+-+-+-+-+-+-+-+-+-+-+-+-+-+-+-+
|                          外部隧道ID                           |
+-+-+-+-+-+-+-+-+-+-+-+-+-+-+-+-+-+-+-+-+-+-+-+-+-+-+-+-+-+-+-+-+
```

图 51　SESSION 对象格式

短呼叫 ID 的长度为 16 bits，在呼叫的生命周期中不变。

8.3.3　UNI 连接处理过程

8.3.3.1　连接建立

IETF 中 UNI 和 NNI 都基于 GMPLS 的 RSVP-TE，因此 IETF GMPLS UNI 中的连接建立可以允许一个 RSVP SESSION 触发 UNI 的信令及 NNI 信令，完成 UNI 连接的建立和删除。UNI 连接的建立方式可采用连续(Continuous)LSP 或嵌套(Nesting)/拼接(Stitching)LSP 的方式。对于连续 LSP 的方式创建的 UNI 连接，只存在源 UNI-C 到宿 UNI-C 间的一个会话，但，连续的信令方式要求 INNI 也支持同样的信令协议；对于嵌套/拼接方式创建的 UNI 连接，存在源宿 UNI-C 间的一个会话及源宿 UNI-N 间的一个会话。

连续 LSP 建立 UNI 连接的过程如图 52 所示：

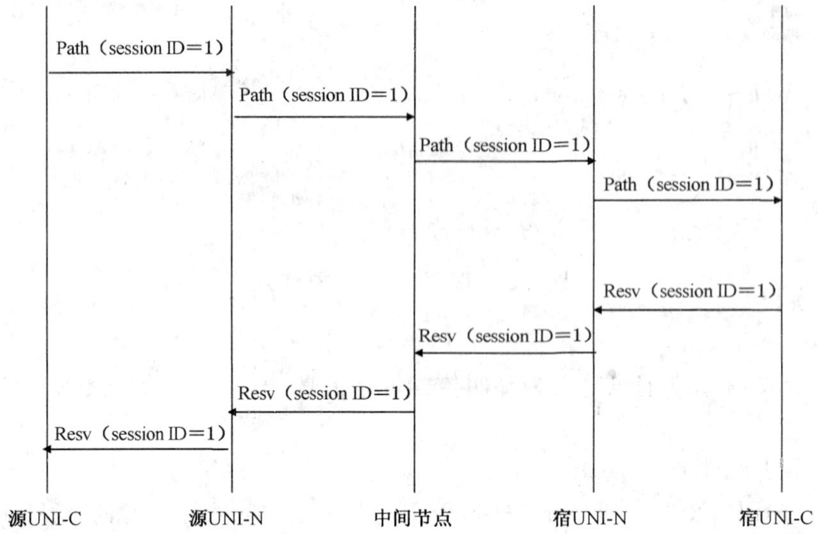

图 52　IETF GMPLS UNI 连续 LSP 建立过程

如上图通过源 UNI-C 到宿 UNI-C 的连续 RSVP 信令完成 UNI 连接的建立。在 UNI-N 处，由于地址隐藏，可能会进行地址映射。

嵌套/拼接 LSP 建立 UNI 连接的过程如图 53 所示：

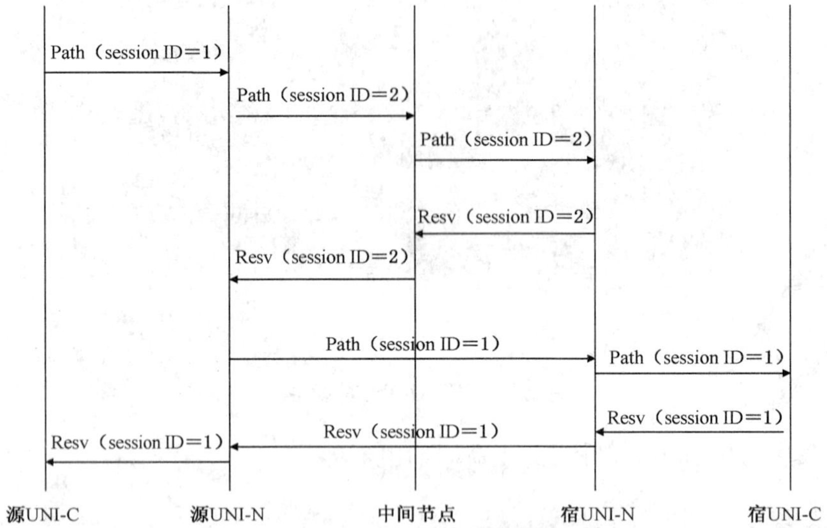

图 53　IETF GMPLS UNI 嵌套/拼接 LSP 建立过程

这种情况下，存在源 UNI-C 和宿 UNI-C 间的一个会话及源 UNI-N 到和宿 UNI-N 间的一个会话。当源 UNI-C 发送的 Path 消息到达源 UNI-N 时，源 UNI-N 查找核心网络中是否存在从源 UNI-N 到宿 UNI-N 的 LSP 可作为转发邻接(FA)提供给 UNI 连接，如果存在，该 FA 作为 UNI 连接中的一条，Path 消息将直接从源 UNI-N 发送到宿 UNI-N，接着由宿 UNI-N 发送到宿 UNI-C；Resv 消息沿着相同的路径返回，到达源 UNI-C，UNI 连接建立完成。如果 UNI-N 间无可用的 FA，在源 UNI-N 处，源 UNI-C 发送过来的 Path 消息将被暂时保持，由源 UNI-N 发起建立到宿 UNI-N 的 LSP(一个新的 SESSION)，该 LSP 建立完成后，作为 FA 提供给 UNI 连接，原来在 UNI-N 处保持的 Path 消息将新建的 FA 作为连接中的一跳，发往宿 UNI-N；Resv 消息沿着相同的路径返回，到达源 UNI-C，UNI 连接建立完成。核心网络中采用嵌套还是拼接的方式提供FA取决于核心网络和用户网络的交换类型及交换粒度等因素。对于用户侧和网络侧使用不同交换类型的网络，应使用嵌套的LSP，而且网络内部的一条LSP连接可以被多个UNI连接所使用。对于嵌套LSP更为详细的信息可参考IETF RFC4206。对于用户侧和网络侧使用相同交换类型的网络，可以使用拼接LSP的方式，但网络内部的一条LSP只能被一条UNI连接所使用。对于拼接LSP更为详细的信息可参考IETF RFC5150。

在UNI-C发起的Path消息中，SENDER_TEMPLATE中的源地址为源UNI-C的节点ID或源UNI-C到源UNI-N间的一条有编号TE链路的IP地址，SESSION对象中的目的地址为目的UNI-C的节点ID或目的UNI-C到目的UNI-N间的一条有编号TE链路的IP地址。源UNI-C发送的Path消息的ERO中可携带显示标签对象用于控制出口链路的标签选择。

8.3.3.2 连接删除

IETF中的连接删除流程和“8.1.3.6 UNI连接删除过程”流程一致。区别在于内部对会话的处理。OIF UNI中要删除源UNI-C到源UNI-N，源UNI-N到宿UNI-N，宿UNI-N到宿UNI-C三段会话；IETF中如果采用连续信令方式创建UNI连接，删除时只需删除源UNI-C到宿UNI-C的会话；如果采用嵌套/拼接方式创建的UNI连接，删除时要删除源UNI-C到宿UNI-C的会话，如果源UNI-N到宿UNI-N的LSP是由UNI连接建立信令触发创建的，则需删除该LSP，否则该LSP(FA)保留。

8.3.3.3 连接修改

对于以太网业务，支持无损的连接带宽修改，修改的方法可参考IETF RFC3209中2.5定义的“先建后拆”的方式进行连接的修改。

8.3.3.4 UNI出口标签控制

本节采用IETF RFC4003标准来确定目的UNI-N如何进行出口标签的控制处理。

源UNI-N通过在路径建立消息中设置目的UNI-N的显式标签对象的端口子对象(见IETF RFC3477中4)和标签子对象(见IETF RFC3473中5.1)来控制目的UNI-N到UNI-C的端口和标签的选择。目的UNI-N根据ERO信息来确定UNI的出端口和标签信息。详细的处理参考IETF RFC4003。

9 UNI策略和安全(可选)

9.1 UNI策略控制

传送网络应提供适当的机制来保证对传送网络的正确和授权使用以及客户的相关责任。总体来说，这些机制通常为策略控制。基于策略的标准也可以应用于资源的可用性考虑，即，传送网络内部决定是否为连接请求提供资源。策略控制规则可以根据参数条件来定义，如，源和目的地址、优先级、服务提供的双边协商、时间约束、费用约束等。策略控制也通常和相关的计费机制进行关联。对于初始的部署，策略控制使用简单的规则，如：对于一个给定的UNI-C代理，如果接收到的请求代表给定的用户组并且请求者的标识能够通过验证，则批准所有的请求。当从初始的部署中积累更多的运营经验后，策略规则可以变得更加成熟。

为支持策略控制，需要两个主要的结构实体：确定策略的策略决定点(PDP)、实际执行策略的策略执行点(PEP)。PEP驻留在传送网络内部节点中。PDP的驻留位置要依赖下列的多个因素：

a) 策略规则的复杂性，包括计算负载，支持的软件类型以及数据接入需求。如，接入物理上驻留在远端服务器中的信用数据库。这时，PDP应该驻留在远端服务器中。
b) 需要策略决定的事件频繁程度。如，连接建立请求可能不太频繁，因而减少了PDP的计算复杂度；

c) 传送网络设备的智能化和弹性化。成熟以及容易升级的传送网络节点可以作为 PDP 主机的更好的候选者。

上面这些因素的组合确定 PDP 是否应该驻留在 UNI-N 代理或在远端策略服务器上执行。如果使用外部策略服务器，PEP 和 PDP 通信时需要使用标准化的协议。这允许从单个 PDP 管理多个 PEP，并促进策略服务器和多个传送网元合并。COPS 协议 IETF RFC2748 已经被 IETF 作为 PEP-PDP 之间的通信标准。RSVP 信令中的 POLICY_DATA 对象用于携带策略信息。

UNI 协议的指定不依赖 PEP 和 PDP 模型在传送网络内部的位置。是否需要外部 PDP 依赖于：上述几个因素，即，策略决定的频度和和复杂度以及传送网络节点的处理能力。如果需要外部 PDP，推荐使用 COPS 协议。

如图 54 所示，PDP 将来可以接入外部服务器或数据库，如，获取策略规则，集中存储计费信息等。这些额外的机制不在 OIF 的研究范围。

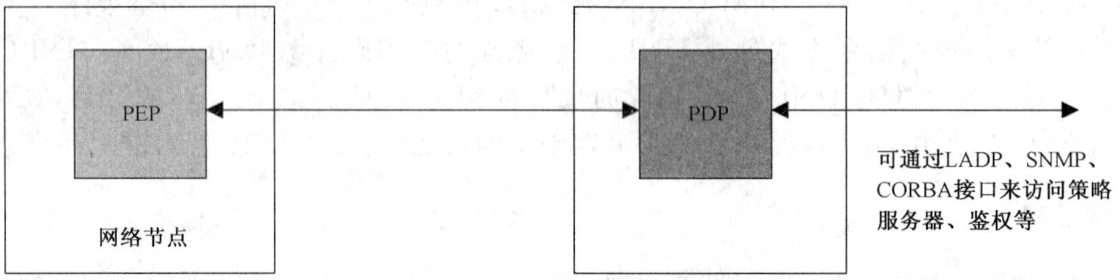

图 54 PEP 和 PDP

9.2 连接指配的策略应用样例

9.2.1 基于日期的指配

用户和运营商之间的合同允许在一定的时间周期内（一天中的小时范围和/或一周之内的几天）提供连接请求服务，如，在夜间为存储区域网络提供数据备份的连接服务。这种情形下，UNI-N 代理需要验证所接收到的连接请求是否在合同限定的时间之内。策略决定所需要的全部信息（收到请求的时间）隐式地包含在 UNI 信令信息中。

9.2.2 连接请求者的身份和信用验证

运营商运行的带宽交换可以允许运营商进行动态的光路连接服务贸易。带宽交换接收来自大量运营商的请求。代表不同运营商的多个 UNI-C 代理可能和运营商的运营商网络内部相同的 UNI-N 代理连接。对于运营商的运营商能够验证请求发起者的身份是非常必要的。另外，请求者支付服务费用的能力也可能需要验证。这需要如帐户编号或信用授权相关的信息。UNI-N 侧基于策略的许可控制涉及请求者身份的肯定验证以及信用的验证。这种情形下，需要用来做策略决定的信息可以对必选属性进行扩展，参考 IETF RFC2752 所描述的当使用 RSVP-TE 作为 UNI 信令协议时的身份表示。

9.2.3 基于使用的计费

基于使用的计费可以通过使用合同 ID 来支持，这里指的是连接拥有者的服务合同。合同 ID 可以由运营商指定，可以用来计费，帐单和 SLA 验证。由于包含敏感的信息，合同 ID 需要加密来保护发起者的隐私。

9.3 UNI 信令协议相关的策略控制机制

RSVP-TE 定义了策略对象，该对象用来映射经过 UNI 接口用于策略控制的可选对象。携带合同 ID 的策略数据对象的使用见 IETF RFC3473。该对象以后可以用来携带和策略相关的其他数据。

9.4 UNI 安全考虑

因为光路连接承载大量的数据并消耗主要的网络资源，需要使用安全机制来保证传送网络防止对控制平面的攻击或未受权时对网络资源的使用。

通信机制通常需要使用两种主要的安全机制：鉴权和加密。鉴权机制确保对数据的发起源进行鉴权并对 UNI 信令信息进行完整性验证，以便检测出并拒绝未授权的 UNI 操作。如，UNI 消息的鉴权服务可以阻止恶意的 UNI-C 代理通过插入大量的未授权连接创建请求来攻击网络服务提供者。另外，鉴权机制可以提供：1、重放保护，即，通过侦测和拒绝尝试重新排列、复制、截断或其他使用适当的消息序列进行篡改等；2、抗抵赖，即为计费和帐单目的。鉴权和加密可以使用对称或公钥加密算法来实现。简单的消息完整性验证和加密可以使用对称密码算法来实现。这些算法典型地需要一对共享地密钥。该算法不提供抗抵赖功能，但不要求复杂的计算。重放保护通常可以通过在消息中添加序列号或依靠其他协议（如 TCP）来保证消息流序列地完整性服务。公钥或非对称密码算法最初典型地用来提供两方对等实体的鉴权和密钥协商，它促进了上面所描述的完整性和加密的应用。非对称密码算法也用作数字签名，用来执行抗抵赖服务。可以通过公共密钥基础设施（PKI）或其他共同定义地密钥分配机制来支持非对称密码算法的使用。非对称密码算法相比对称密码算法有更大的计算复杂度。从 UNI 需求的观点来看，消息鉴权是最重要的安全特征。UNI 消息的加密也是希望的，尤其是当 UNI 消息属性中包含通信双方（客户和传送网络操作者）的私密信息时需要进行消息加密。这些属性信息包括如，帐户编号信息、合同标识编号信息等。

非本地设备的出现增加了安全和策略控制的需求。这种情形下，假定 UNI-C 和 UNI-N 节点通过网络设备相连，如 2 层交换和 IP 路由器。由于这些设备可以属于不同的网络运营商并可能超出服务提供商的控制范围，UNI-C 和 UNI-N 之间的控制通信安全威胁增加，如 IP 地址欺骗、窃听和未受权的试图闯入等。为考虑这些威胁，应该使用适当的安全机制来保护 UNI 信令和控制通道。

安全机制的使用增加了对资源的消耗，安全机制的设计要考虑成本和收益间的均衡。因此，协议的安全机制应该是：

a) 使用和实现是可选的：一些用户可能会使用其他方式提供足够的保护（例如：完善的接入控制和防火墙），这种情况下协议的安全性不太必要。设备供应商对于这种用户可提供无协议安全控制的产品。

b) 互操作性：在 UNI 中提供一组标准化的可互操作的安全服务，使得在一个运营商网络内的不同设备商间的设备可互通。因此，安全服务应具有尽可能少的方式、格式、可选特性和算法。

c) 和其他功能的协同：如果控制协议的安全特性（包括：信令，路由，自动发现）采用与承载业务、管理或 VPN 业务相同的方案，其安全特性的实现和部署会具有更低的成本及健壮性。

d) 高可靠性：如果安全协议已被标准化，进行过系统的分析和广泛的部署，则这种解决方案应被优先考虑。

e) 高质量：安全协议和算法的选择基于提供的安全级别，不能有缺陷和明显的弱点。安全机制的涉及能保障在较为广泛的主动和被动的攻击模式下得到验证。

f) 高效：标准的具有安全功能的处理器能处理多种验证和密钥协商协议。

总之，控制协议的安全机制应支持保密性，控制信息源端的鉴权，数据的完整性保证，基于每个消息的探测。

9.5 UNI 相关的安全机制

9.5.1 RSVP-TE 安全机制

RSVP-TE 加密验证协议 IETF RFC2747 中定义了完整性对象 INTEGRITY，该对象提供了对 RSVP-TE 逐跳消息的完整性和鉴权验证。INTEGRITY 对象包含消息的授权码 MAC，该授权码使用两个实体之间共享的密钥进行计算，并公用加密算法，如 HMAC-MD5 算法。作为明文密码机制，共享的密钥不会发送到网络之外。这可以防止截获攻击，这种攻击通过从物理媒介或数据包路径上截获信息后进行攻击。因而，该机制可以防止消息伪造或消息篡改。在每个 RSVP-TE 消息中，INTEGRITY 对象也使用一次性使用的编号来进行标识，这样可以使消息的接收者能够标识出重放并避免重放攻击。但不能检测消息删除。该机制也不能够提供任何加密，因为消息是明文格式。另外，由于它仅仅是基于对称的加密，它不能提供抗抵赖服务。标准的双方对等鉴权和密钥管理处理用来作为该机制的补充。不提供安全服务协商，因为协商是密钥管理架构中的一部分。可以对密钥进行手动管理。这种情形下特权用户手动配置鉴权密钥。IKE 或 Kerberos 也可以为该目的来使用。对后者的使用见 IETF RFC2747。

MD5 和 HMAC-MD5 加密算法被 IP 路由协议作为加密和鉴权算法，如 OSPF，IS-IS 和 BGP。使用该机制作为 RSVP-TE 的加密算法的一个优点是，相同或相似的机制以前被广泛使用，将会促进该机制的发展。

注：IETF RFC2747 中定义的 128 位 HMAC-MD5 和 IPsec[IETF RFC2403]中使用的 96 位版本有所不同。

9.5.2 邻居发现安全机制

邻居发现被认为是支持更高层协议的基本功能。同样，安全并没有作为邻居发现的一部分来考虑。任何安全相关的问题都是在邻居发现完成之后的才考虑。如果在执行自动发现相关的处理过程中要考虑安全问题，则建议禁止相关的处理而用手动配置邻居信息。

9.6 IP 安全协议(IPsec)

IPsec 为 IPv4 和 IPv6 在 IP 层提供不同的安全服务定义了一组协议。包括两个流量保护协议，IETF RFC2402 定义的鉴权头(AH)和 IETF RFC2406 定义的负载安全封装以及单个密钥管理协议，IETF RFC2409 和 IETF RFC2407 定义的互连网密钥交换协议。IPsec 提供的服务包括接入控制、无连接的完整性验证、数据源鉴权、重放保护和加密。一个重要的特征就是这些服务都在 IP 层提供，提供对 IP 以及 IP 上层协议的保护。同理，IPsec 可以应用于实现 UNI 信令的 RSVP-TE 协议，同样也保护本部分提到的其他协议如 LMP。

AH 提供面向无连接的完整性验证、数据源鉴权、可选的重放保护服务。ESP 提供包括 AH 所提供所有属性信息的加密。加密机制和提供的加密算法无关，IPsec 可以适应加密算法的扩展。IKE 是一种精密的对等实体之间的鉴权、密钥管理以及安全服务协商的协议，该协议包含多个加密算法和鉴权模式。

使用 IPsec 协议栈来保护 UNI 控制消息有许多优点。尤其需要指出的是，IPsec 可以为 RSVP-TE UNI 信令实现提供安全解决方案，为基于 LMP 的邻居发现协议提供加密。该机制并不是由两种信令传送机制来提供，还包含密钥管理协议。

同时也要看到，IPsec 是一个相对复杂和重量级的协议族，由于 AH 和 ESP 在 IP 层实现，IPsec 典型地需要对内核进行修改，潜在地使实现变得更加困难。而且，在可见的未来有多少 UNI 客户会支持 IPsec 还不清楚。

9.7 UNI 安全路标

UNI 使用底层信令传送机制(RSVP-TE)的加密鉴权选项。该规范的编撰是为了加速 UNI 的发展以及互连互通,还提供了广泛的部署以及相似加密机制的经验。这些机制提供对数据源的鉴权,对消息的完整性检验,因而防止服务攻击。

RSVP-TE 机制应该使用 128 位的 HMAC-MD5[IETF RFC2104]算法来替代 IETF RFC2385 中最初定义的 MD5 算法。目的是为了获得不同机制的共性并增强安全属性。应该注意的是,如,和最初的 MD5 加密算法相比,HMAC-MD5 明显提高了安全属性,但只略微增加了计算的复杂性。HMAC 架构也允许将来使用其他类似散列的功能(如,SHA-1,RIPEMD-160 以及 SHA-256)。

对更加灵活和包容的安全选项,如 IPsec,以及使实现更简单、更有效、更直截了当的机制的规格,可以在将来的 UNI 版本中考虑标准化。

9.8 UNI 安全扩展的使用

UNI 预先约定了 UNI 的安全扩展[SecExt]并且对 RSVP-TE 定义了上面描述的应用层安全机制。但是 UNI 并不排除使用任何底层网络层安全架构,如 IPsec。因此,SecExt 中描述的方法可以用于与 UNI 兼容的接口,和对 UNI 的修订或者扩展。

附　录　A
（资料性附录）
UNI 邻居发现实例

A.1　纤内 IPCC 配置情形下的邻居发现

考虑到客户和 TNE 之间通过多条数据链路连接情形，配置每条链路用来承载纤内控制通道业务，见 6.1 描述。本节中定义了每条通道的邻居发现处理。

a)　客户和 TNE 通过每条 IPCC 执行控制通道配置处理。每个处理过程中，交换接口 ID（在 CCID 域）信息，并验证配置（任何错连情形可以标识出来）。

b)　客户和 TNE 开始在每条 IPCC 上执行 Hello 协议。

A.2　纤外 IPCC 配置情形下的邻居发现

考虑客户和 TNE 之间通过多条组件链路连接情形，其中有一条或多条纤外 IPCC。见 5.4 的定义。本节中定义了每条通道的邻居发现处理。

a)　每一条 IPCC 和一个特定的邻居以及一组数据链路（等效于多个端口）关联。

b)　通过每条 IPCC，TNE 和客户之间执行控制通道配置处理。

c)　通过每条 IPCC，TNE 和客户之间开始执行 Hello 协议。

d)　客户选择其中一条连通到 TNE 的 IPCC，并通过这条 IPCC 发送 BeginVerify 消息。BeginVerify 消息中包含连续两次发送测试消息的时间间隔值（以毫秒为单位），名为 VerifyInterval。

e)　当 TNE 收到 BeginVerify 消息后，开始准备接收纤内测试消息：

　1)　选择一种测试消息的传送机制；

　2)　为测试处理分配唯一的标识 VerifyID；

　3)　确定一个名为 VerifyDeadInterval 的时间间隔（以毫秒为单位），该间隔用来等待接收测试消息；

　4)　将这些信息包含在 BeginVerifyAck 消息中并通过 IPCC 发回客户设备。

f)　当客户从网络设备接收到 BeginVerifyAck 消息后，开始向 TNE 周期性的发送测试消息，这些测试消息中包含接口 ID 和 VerifyID 并依次在每条被测链路的纤内进行发送。

g)　当收到测试消息后，TNE 记录所接收到的接口 ID 并通过 IPCC 通道返回 TestStatusSuccess 消息，其中包括客户接口 ID 和对应的 TNE 接口 ID。在 VerifyDeadInterval 时间间隔内，如果 TNE 没有检测到测试消息，TNE 通过 IPCC 通道向客户发送 TestStatusFailure 消息。

h)　通过 IPCC 接收到 TestStatusSuccess 消息后，客户设备能够检测出物理错连的情形。当没有发生错连时，客户设备将该链路标识为“Discovered”，并记录对应 TNE 的接口 ID。

当所有的链路测试完成后，客户通过 IPCC 发送 EndVerify 消息来指示测试完成。随后 TNE 通过 IPCC 发送 EndVerifyAck 消息。

当邻居发现处理完成后，用作发现处理的任何开销字节返回正常的操作。该方案本质上不影响原有的运行机制，并且允许对 SDH 信号的比特透明操作。

完成上述处理后，客户和 TNE 设备都维护一个完整的链路标识映射列表。如每个端口的远端接口 ID 和本地接口 ID。通过交换链路属性关联消息，可以对这些映射关系进行一致性检测。

A.3 实例 1

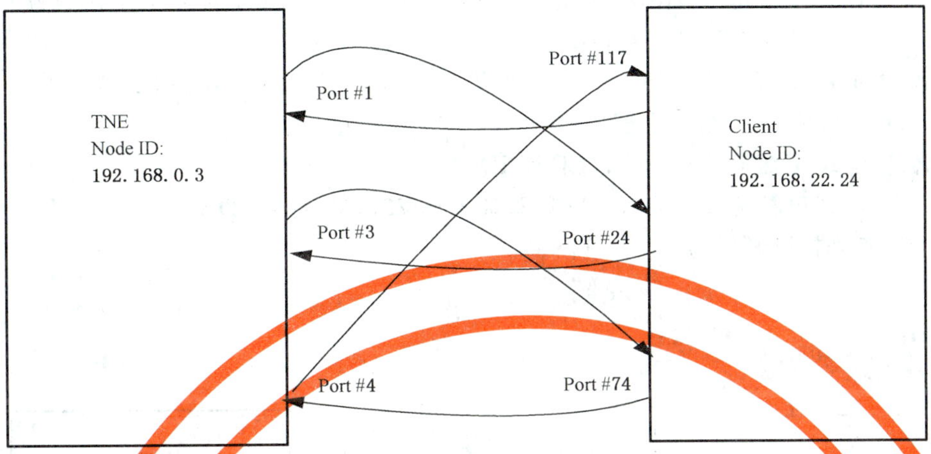

图 A.1 相同节点的端口错连检测

纤内配置：

图 A.1 实例中，当节点接收到的 ConfigAck 或 ConfigNack 消息中不包含期望的远端节点 I 或远端 CCID 时，可以检测出错连。描述如下：

第一步：TNE 从 ＃1 端口向客户发送 Config 消息（本地 CCID＝接口 ID＝ 端口 ＃1，本地节点 ID＝192.168.0.3）。该消息在客户端的 ＃24 端口被接收到。

第二步：客户从 ＃24 端口向 TNE 发送 ConfigAck 消息（本地 CCID＝接口 ID＝ 端口 ＃24，本地节点 ID＝192.168.22.24，远端 CCID＝端口 ＃1，远端节点 ID＝192.168.0.3）。该消息在 TNE 端的 ＃3 端口被接收到。

此时，TNE 检测出错连。

纤外配置：

如图 A.1 所示，当节点接收到的 TestStatusSuccess 消息中包含了不期望的接口 ID 时，检测出错连。注意，只有测试消息通过纤内传输，所有其他消息通过 IPCC 传送。这里，我们假定链路验证依次进行。下面描述的消息中所包含的标识信息包含在括号内。

TNE 发起处理流程：

第一步：TNE 向客户发送 BeginVerify 消息（包含所有为分配的数据链路，MessageID）；

第二步：客户向 TNE 发送 BeginVerifyAck 消息（验证 ID＝432，MessageIDAck）；

第三步：TNE 从 ＃1 端口向客户设备发送测试消息（验证 ID＝432，接口 ID＝端口 ＃1）。该消息被客户设备从 ＃24 端口收到；

第四步：客户向 TNE 发送 TestStatusSuccess 消息（验证 ID＝432，接口 ID＝端口 ＃24，远端接口 ID＝端口 ＃1，MessageID）；

第五步：TNE 向客户发送 TestStatusAck 消息（验证 ID＝423，MessageIDAck）；

第六步：＃3 端口和 ＃4 端口重复 3～5 步；

第七步：TNE 向客户发送 EndVerify 消息（验证 ID＝423，MessageID）；

第八步：客户向 TNE 发送 EndVerifyAck 消息（验证 ID＝423，MessageIDAck）。

客户发起的测试处理类似于上面的步骤，定义如下：

第一步：客户向 TNE 发送 BeginVerify 消息（所有未分配的数据链路，MessageID）；

第二步：TNE 向客户发送 BeginVerifyAck 消息(验证 ID=727,MessageIDAck)；

第三步：客户从#117 端口向 TNE 发送测试信号(验证 ID=727,接口 ID=端口#117)。TNE 从#1 端口接收到该消息；

第四步：TNE 向客户发送 TestStatusSuccess 消息(验证 ID=727,本地接口 ID=端口#1,远端接口 ID=端口#117,MessageID)；

第五步：客户向 TNE 发送 TestStatusAck 消息(验证 ID=727,MessageIDAck)；

第六步：#24 端口和#74 端口重复 3~5 步骤；

第七步：客户向 TNE 发送 EndVerify(验证 ID=727,MessageID)；

第八步：TNE 向客户发送 EndVerifyAck(验证 ID=727,MessageIDAck)。

至此,两端节点都检测到错连。

A.4 实例 2

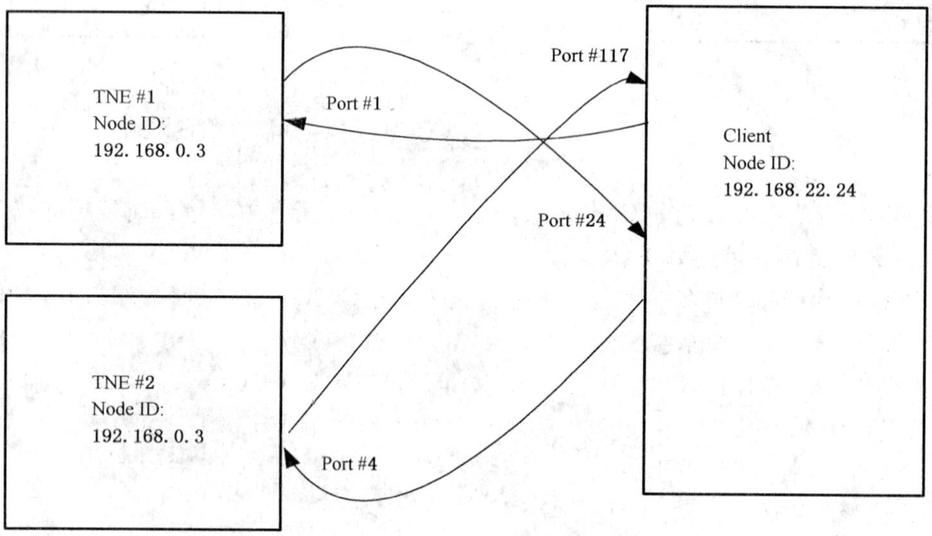

图 A.2 不同节点的端口错连检测

纤内配置：

图 A.2 实例中,TNE 节点发送 Config 后没有收到 ConfigAck(或 ConfigNack)响应消息,TNE 可以检测出错连。描述如下：

第一步：#1TNE 从#1 端口向客户发送 Config 消息(本地 CCID=接口 ID= 端口#1,本地节点 ID=192.168.0.3)。该消息在客户端的#24 端口被接收到。

第二步：客户从#24 端口向 TNE 发送 ConfigAck 消息(本地 CCID=接口 ID= 端口#24,本地节点 ID=192.168.22.24,远端 CCID=端口#1,远端节点 ID=192.168.0.3)。该消息在#2TNE 的#4 端口被接收到。

此时,#1TNE 永远收不到 ConfigAck 消息,因此可以推断控制通道有问题。

纤外配置：

如图 A.2 所示,当节点接收到的 TestStatusSuccess 消息中包含了不期望的接口 ID 时,检测出错连。注意,只有测试消息通过纤内传输,所有其他消息通过 IPCC 传送。下面描述的消息中所包含的标识信息包含在括号内。

TNE 发起处理流程：

第一步：TNE 向客户发送 BeginVerify 消息(包含所有为分配的数据链路,MessageID)；

第二步:客户向 TNE 发送 BeginVerifyAck 消息(验证 ID=200,MessageIDAck);

第三步:TNE 从#1 端口向客户设备发送测试消息(验证 ID=200,接口 ID=端口#1)。该消息被客户设备从#24 端口收到;

第四步:客户向 TNE 发送 TestStatusSuccess 消息(验证 ID=200,接口 ID=端口#24,远端接口 ID=端口#1,MessageID);

第五步:TNE 向客户发送 TestStatusAck 消息(验证 ID=200,MessageIDAck);

第六步:TNE 向客户发送 EndVerify 消息(验证 ID=200,MessageID);

第七步:客户向 TNE 发送 EndVerifyAck 消息(验证 ID=200,MessageIDAck)。

客户发起的测试处理类似于上面的步骤,定义如下:

第一步:客户向 TNE 发送 BeginVerify 消息(所有未分配的数据链路,MessageID);

第二步:TNE 向客户发送 BeginVerifyAck 消息(验证 ID=350,MessageIDAck);

第三步:客户从#24 端口向 TNE 发送测试信号(验证 ID=350,接口 ID=端口#24)。TNE 从#1 端口接收到该消息;

第四步:等待 VerifyDeadInterval 毫秒后没有收到测试消息,TNE 向客户发送 TestStatusFailure 消息(验证 ID=350,MessageID);

第五步:客户向 TNE 发送 TestStatusAck 消息(验证 ID=350,MessageIDAck);

第六步:客户向 TNE 发送 EndVerify(验证 ID=350,MessageID);

第七步:TNE 向客户发送 EndVerifyAck(验证 ID=350,MessageIDAck)。

至此,两端节点都检测到错连。

A.5 实例 3

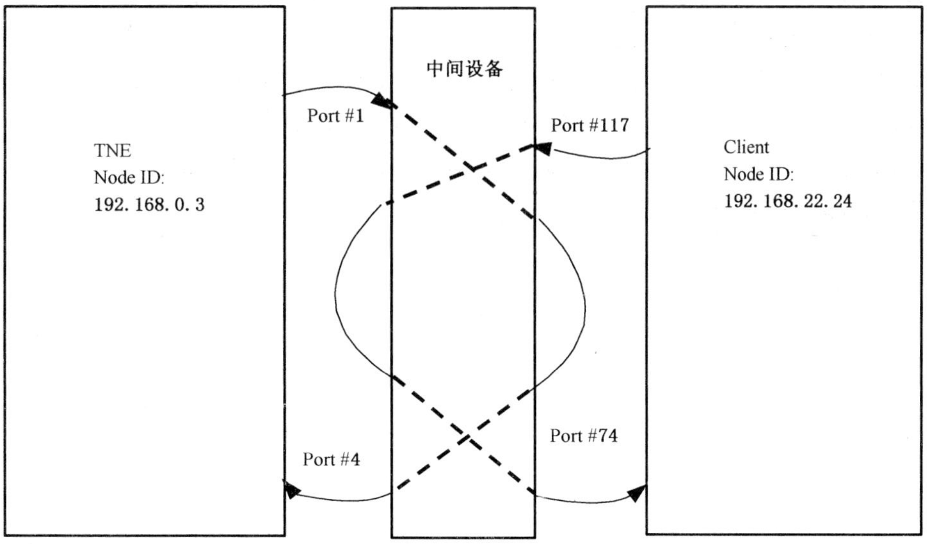

图 A.3 端口环回错连检测

纤内配置:

图 A.3 实例中,TNE 节点接收到的 Config 消息中的节点 ID 号和本地节点 ID 号相同。检测出连接出错。描述如下:

第一步:#1TNE 从#1 端口向客户发送 Config 消息(本地 CCID=接口 ID= 端口#1,本地节点 ID=192.168.0.3)。该消息由#1TNE 本身从#4 端口接收到。

类似地

第一步：客户从＃117 端口向 TNE 发送 Config 消息（本地 CCID＝接口 ID＝ 端口＃117，本地节点 ID＝192.168.22.24）。该消息由客户本身从＃74 端口接收到。

此时，TNE 和客户都发现接收到的节点 ID 信息和本地相同，因此可以确定配置出错。

纤外配置：

如图 A.3 所示，当节点接收到 TestStatusFailure 消息后，检测出连接出错。注意，只有测试消息通过纤内传输，所有其他消息通过 IPCC 传送。下面描述的消息中所包含的标识信息包含在括号内。

TNE 发起处理流程：

第一步：TNE 向客户发送 BeginVerify 消息（包含所有为分配的数据链路，MessageID）；

第二步：客户向 TNE 发送 BeginVerifyAck 消息（TNA 地址，验证 ID＝75，MessageIDAck）；

第三步：TNE 从＃1 端口向客户设备发送测试消息（验证 ID＝75，接口 ID＝端口＃1）。该消息被 TNE 从＃4 端口接收到；

第四步：TNE 等待 VerifyDeadInterval 毫秒后还没有收到测试消息时，向客户发送 TestStatusFailure 消息（验证 ID＝75，MessageID）；

第五步：TNE 向客户发送 TestStatusAck 消息（验证 ID＝75，MessageIDAck）；

第六步：TNE 向客户发送 EndVerify 消息（验证 ID＝75，MessageID）；

第七步：客户向 TNE 发送 EndVerifyAck 消息（验证 ID＝75，MessageIDAck）。

客户发起的测试处理类似于上面的步骤，定义如下：

第一步：客户向 TNE 发送 BeginVerify 消息（所有未分配的数据链路，MessageID）；

第二步：TNE 向客户发送 BeginVerifyAck 消息（验证 ID＝42，MessageIDAck）；

第三步：客户从＃117 端口向 TNE 发送测试信号（验证 ID＝42，本地接口 ID＝端口＃117）。客户本身从＃74 端口接收到该消息；

第四步：等待 VerifyDeadInterval 毫秒后没有收到测试消息，TNE 向客户发送 TestStatusFailure 消息（验证 ID＝42，MessageID）；

第五步：客户向 TNE 发送 TestStatusAck 消息（验证 ID＝42，MessageIDAck）；

第六步：客户向 TNE 发送 EndVerify（验证 ID＝42，MessageID）；

第七步：TNE 向客户发送 EndVerifyAck（验证 ID＝42，MessageIDAck）。

至此，两端节点都检测到错连。

附 录 B
（资料性附录）
UNI 业务流量参数实例

B.1 SDH 业务连接请求的流量参数实例

各种典型 LSP 信号类型应用举例如下：

- UNI 请求的 LSP 为一条 VC-4 信号业务；
- UNI 请求的 LSP 为一条由 7 个 VC-4 信号构成的虚级联业务；
- UNI 请求的 LSP 为一条由 16 个 VC-4 信号构成的标准连续级联业务。

上述 3 种典型信号对应的 SDH 流量参数编码值如表 B.1：

表 B.1 SDH 流量参数编码值

编号	LSP 信号	ST	RCC	NCC	NVC	MT	T	P
1	VC-4	6	0	0	0	1	0	0
2	VC-4-7v	6	0	0	7	1	0	0
3	VC-4-16c	6	1	16	0	1	0	0

B.2 OTN 业务连接请求的流量参数实例

各种典型 LSP 流量参数应用举例如下：

- UNI 请求的 LSP 为一条 ODU1 信号业务；
- UNI 请求的 LSP 为一条由 3 个 ODU1 信号构成的虚级联业务；
- UNI 请求的 LSP 为一条速率为 10G 的 OCh 波长业务。

上述 3 种典型信号对应的 OTN 流量参数编码值如表 B.2：

表 B.2 OTN 流量参数编码值

编号	LSP 信号	ST	RCC	NCC	NVC	MT	T	P
1	ODU1	1	0	0	0	1	0	0
2	ODU1-3v	1	0	0	3	1	0	0
3	OCh	7	0	0	0	1	0	0

参 考 文 献

[1] IETF RFC2104 HMAC:键入-散列法用于信息身份验证
[2] IETF RFC2205 RSVP 功能规范 V1
[3] IETF RFC2385 BGP 会话的保护
[4] IETF RFC2402 IP 鉴权头部
[5] IETF RFC2403 在 ESP 和 AH 中使用 HMAC-MD5-96
[6] IETF RFC2406 IP 封装安全有效载荷(ESP)
[7] IETF RFC2407 Internet IP 用于解释 ISAKMP 的安全域
[8] IETF RFC2409 Internet 密钥交换(IKE)
[9] IETF RFC2615 SONET/SDH 承载 PPP
[10] IETF RFC2747 RSVP 加密鉴权
[11] IETF RFC2748 通用开放式策略服务协议
[12] IETF RFC2752 RSVP 的策略控制
[13] IETF RFC2961 RSVP 对减少刷新开销的扩展
[14] IETF RFC3209 RSVP 扩展支持 LSP 隧道
[15] IETF RFC3471 GMPLS 信令功能描述
[16] IETF RFC3473 GMPLS RSVP-TE 信令扩展
[17] IETF RFC3474 RSVP-TE 扩展支持 ASON 及应用
[18] IETF RFC3477 RSVP-TE 对无编号链路的支持
[19] IETF RFC4003 GMPLS 信令支持出口标签控制
[20] IETF RFC4204 链路管理协议
[21] IETF RFC4206 GMPLS 对层次 LSP 的支持
[22] IETF RFC4328 GMPLS 支持对 G.709 OTN 网络控制的扩展
[23] IETF RFC4606 GMPLS 支持对 SDH 网络控制的扩展
[24] IETF RFC4974 GMPLS RSVP-TE 信令支持呼叫的扩展
[25] IETF RFC4990 GMPLS 网络地址的使用
[26] IETF RFC5150 GMPLS 对拼接 LSP 的支持
[27] ITU-T G.707 基于同步数字系列(SDH)的网络节点接口
[28] ITU-T G.805 传送网通用体系结构
[29] ITU-T G.7713 分布式呼叫和连接管理
[30] ITU-T G.8080 自动交换传送网体系结构
[31] ITU-T X.213 信息技术-开放系统互联-网络业务定义
[32] OIF-UNI-1.0-R2-RSVP 用户-网络接口 1.0 RSVP 信令规范(版本 2)
[33] OIF-UNI-2.0-RSVP 用户-网络接口 2.0 RSVP 信令规范
[34] IEEE 802.3ah 第一公里以太网

ICS 33.040.01
M 33

中华人民共和国国家标准

GB/T 21645.8—2012

自动交换光网络(ASON)技术要求 第8部分:路由

Technical requirements for automatically switched optical network—
Part 8: Routing

2012-06-29 发布

2012-10-01 实施

中华人民共和国国家质量监督检验检疫总局
中国国家标准化管理委员会 发布

前　言

GB/T 21645《自动交换光网络(ASON)技术要求》分为以下几个部分：

——自动交换光网络(ASON)技术要求　第1部分:体系结构与总体要求

——自动交换光网络(ASON)技术要求　第2部分:术语和定义

——自动交换光网络(ASON)技术要求　第3部分:数据通信网(DCN)

——自动交换光网络(ASON)技术要求　第4部分:信令技术

——自动交换光网络(ASON)技术要求　第5部分:用户-网络接口(UNI)

——自动交换光网络(ASON)技术要求　第6部分:管理平面

——自动交换光网络(ASON)技术要求　第7部分:自动发现

——自动交换光网络(ASON)技术要求　第8部分:路由

——自动交换光网络(ASON)技术要求　第9部分:外部网络-网络接口(E-NNI)

本部分是GB/T 21645的第8部分。

本部分按照GB/T 1.1—2009给出的规则起草。

本部分在技术内容上与下列标准和建议协调一致：

——第4章对应于ITU-T G.7715《自动交换光网络路由体系结构和要求》(英文版)正文部分；

——第5章对应于ITU-T G.7715.1《链路状态协议的自动交换光网络路由体系结构和要求》(英文版)正文部分；

——第6章对应于ITU-T G.7715.2《远程路由查询的自动交换光网络路由体系结构和要求》(英文版)正文部分；

——附录A对应于ITU-T G.7715《自动交换光网络路由体系结构和要求》(英文版)的附录1；

——附录B对应于ITU-T G.7715.1《链路状态协议的自动交换光网络路由体系结构和要求》(英文版)的附录1；

——附录C对应于ITU-T G.7715.1《链路状态协议的自动交换光网络路由体系结构和要求》(英文版)的附录2；

——附录D对应于ITU-T G.7715.1《链路状态协议的自动交换光网络路由体系结构和要求》(英文版)的附录3；

——附录E对应于ITU-T G.7715.2《远程路由查询的自动交换光网络路由体系结构和要求》(英文版)的附录1；

——附录F对应于IETF RFC 2370《OSPF不透明LSA选项》、IETF RFC 3630《OSPFv2的流量工程扩展》(英文版)和IETF RFC 4203《用于GMPLS的OSPF扩展》(英文版)的部分内容。

本部分由中华人民共和国工业和信息化部提出。

本部分由中国通信标准化协会归口。

本部分起草单位:武汉邮电科学研究院、中兴通讯股份有限公司、工业和信息化部电信研究院、华为技术有限公司、上海贝尔股份有限公司。

本部分主要起草人:陈晓辉、魏学勤、向奇敏、许宗幸、朱冰、汪俊芳、高建华、张国颖、黄峰。

自动交换光网络(ASON)技术要求 第8部分:路由

1 范围

GB/T 21645 的本部分规定了自动交换光网络(ASON)路由技术要求,包括 ASON 路由体系架构和要求、ASON 链路状态路由协议体系架构和要求、ASON 远程路由查询体系架构和要求等。

本部分适用于基于同步数字体系(SDH)和光传送网(OTN)的 ASON。

2 规范性引用文件

下列文件对于本文件的应用是必不可少的。凡是注日期的引用文件,仅注日期的版本适用于本文件。凡是不注日期的引用文件,其最新版本(包括所有的修改单)适用于本文件。

GB/T 21645.1—2008 自动交换光网络(ASON)技术要求 第1部分:体系结构与总体要求

GB/T 21645.3—2009 自动交换光网络(ASON)技术要求 第3部分:数据通信网(DCN)

ITU-T G.803 基于同步数字体系(SDH)的传送网结构(Architecture of Transport Networks based on the Synchronous Digital Hierarchy (SDH))

ITU-T G.872 光传送网接口(Architecture of optical transport networks)

ITU-T G.7713.1 基于 P-NNI 的分布式呼叫连接管理(Distributed Call and Connection Management (DCM)-PNNI Implementation)

ITU-T G.7713.2 使用 GMPLS RSVP-TE 的 DCM 信令机制(Distributed Call and Connection Management (DCM)-RSVP-TE Implementation)

ITU-T G.7713.3 使用 CR-LDP 的分布式呼叫连接管理(Distributed Call and Connection Management (DCM)-CR-LDP Implementation)

ITU-T G.7715 自动交换光网络路由体系结构和要求(Architecture and Requirements for Routing in the Automatic Switched Optical Networks)

ITU-T G.7715.1 链路状态协议的自动交换光网络路由体系结构和要求(Requirements for Link State Routing Protocol)

ITU-T G.8080 自动交换光网络(ASON)的结构(Architecture for the automatically switched optical network (ASON))

ITU-T M.3010 TMN 安全性综述(Principles for a telecommunications management network)

ITU-T X.800 适用于 CCITT 应用的开放系统互连安全结构(Security architecture for Open Systems Interconnection for CCITT applications)

IETF RFC 2370 OSPF 不透明 LSA 选项(The OSPF Opaque LSA Option)

OIF E-NNI OSPF1.0 基于 OSPF 路由的 ENNI 规范 1.0(Draft OIF Specification for Intra-Carrier E-NNI Routing using OSPF)

3 术语和定义、缩略语

3.1 术语和定义

下列术语和定义适用于本文件。

3.1.1

节点 node

节点是指子网或者路由区。

3.1.2

路由邻接 RAdj

一种 RC 之间的逻辑关联关系。

3.1.3

路由控制域 routing control domain;RCD

一种隐藏了 RC 的分布信息的抽象实体。

3.1.4

路由执行器 routing performer;RP

一种与某路由区关联的并为该路由区提供抽象的路由服务的计算元件。

3.1.5

共享风险组 shared risk group;SRG

一组面临共同风险的资源,该风险将导致该组资源共同失效。

3.1.6

远程路由查询 remote route query

一种 RC 向其他 RC 通信的行为,通过该行为 RC 可与其他了解不同网络资源的 RC 共同计算通道的路由。

3.1.7

路由查询请求者 route query requester

一个为了得到满足一定约束条件的路由而向 RC 发出路由查询消息的 CC 或 RC。

3.1.8

路由查询响应者 route query responder

一个根据从 RC 或者 CC 收到的路由查询消息进行通道计算并在计算后返回响应的 RC。

3.2 缩略语

下列缩略语适用于本文件。

ASON	自动交换光网络	Automatically Switched Optical Network
CC	连接控制器	Connection Controller
CP	连接点	Connection Point
CSPF	受限最短路径优先	Constrained Shortest Path First
DCM	分布式呼叫连接管理	Distributed Call and Connection Management
DCN	数据通信网	Data Communications Network
E-NNI	外部网络—网络接口	External Network-to-Network Interface
FSC	光纤交换能力	Fiber Switch Capable
GMPLS	通用多协议标签交换	Generalized Multiprotocol Label Switching
IE	信息单元	Information Element

IGP	内部网关协议	Internal Gateway Protocol
L2SC	二层交换能力	Layer 2 Switch Capable
LRM	链路资源管理器	Link Resource Manager
LSA	链路状态通告	Link State Advertisement
LSC	波长交换能力	Lambda Switch Capable
LSP	标签交换通道	Label Switched Path
LSR	标签交换路由器	Label Switched Router
MIB	管理信息库	Management information base
MTU	最大传送单元	Maximum Transmission Unit
NMS	网络管理系统	Network Management System
NNI	网络—网络接口	Network-Network Interface
OSNR	光信躁比	Optical Signal-to-Noise-Ratio
OSPF	开放最短路径优先	Open Shortest Path First
OTN	光传送网	Optical Transport Network
PC	协议控制器	Protocol Controler
PSC	包交换能力	Packet Switch Capable
QoS	服务质量	Quality of Service
RA	路由区	Routing Area
RC	路由控制器	Routing Controller
RDB	路由信息数据库	Routing Information Database
SC	交换连接	Switched Connection
SCN	信令通信网	Signaling Communication Network
SDH	同步数字体系	Synchronous Digital Hierarchy
SNP	子网点	Sub-network Point
SNPP	子网点池	Sub-network Point Pool
SPC	软永久连接	Soft Permanent Connection
TCP	终端连接点	Termination Connection Point
TDM	时分复用	Time Division Multiplex
TE	流量工程	Traffic Engineering
TED	流量工程数据库	Traffic Engineering Database
TLV	类型/长度/值	Type/Length/Value
UNI	用户网络接口	User Network Interface
WDM	波分复用	Wavelength Division Multiplexing
VPN	虚拟专用网	Virtual Private Network

4 ASON 路由体系架构和要求

4.1 概述

ASON 路由体系架构支持 GB/T 21645.1—2008 中 9.2 所列各种模式，如分级路由、逐跳路由和源路由。同时体系架构经过抽象和具体路由信息的表示方法(如链路状态、距离矢量等)无关。路由体系架构应用于已经划分了路由区，并且据此完成了相应的资源分配的网络。路由区的划分和网络资源的分配不在本部分范围内。E-NNI 要求见附录 G。

4.2 ASON路由体系架构

4.2.1 基本概念

运营商可能基于特定的策略划分其网络，如基于地理、管理和技术等。运营商可将划分后的子网络作为提供路由服务的路由区。路由区提供抽象的路由信息，从而提供了一种可扩展的路由信息表示方法。路由区中的服务(如通道计算等)由路由执行器(路由区中路由控制器的组成的联邦)提供，每个路由执行器负责单个的路由区。RP为所负责的路由区提供和GB/T 21645.1—2008中9.2中所列的路由模式(源路由、分级路由和逐跳路由)对应的路由计算功能。RP基于RDB提供的路由信息类型提供对应的通道计算功能。

路由区之间可为分级包含关系，每个RP负责一个特定层次的路由区。分级路由的各层可分别支持不同路由模式(源路由、分级路由和逐跳路由)的RP。RP可通过分布式的RC实例实现。RC提供路由服务接口，即为RP定义的服务接入点。RC也提供路由信息的协调和分发。在给定的路由层次中，RC服务接口通过NNI参考点提供路由服务。根据服务对象的不同，不同的RC可采用不同的路由策略。策略的实施可通过采用不同的协议等各种机制实现。

一个RC可由一簇分布的实体实现，这样的一簇实体称之为路由控制域(RCD)。RCD为一抽象实体，隐藏了其簇内的分布细节。RCD和RC所提供的分布式接口具有同样特征。RCD间交换的路由信息采用和RC分布式接口交换的路由信息相同的语义，允许在不同的簇中采用不同的表示方法。

RA、RP、RC和RCD之间的关系见图1。

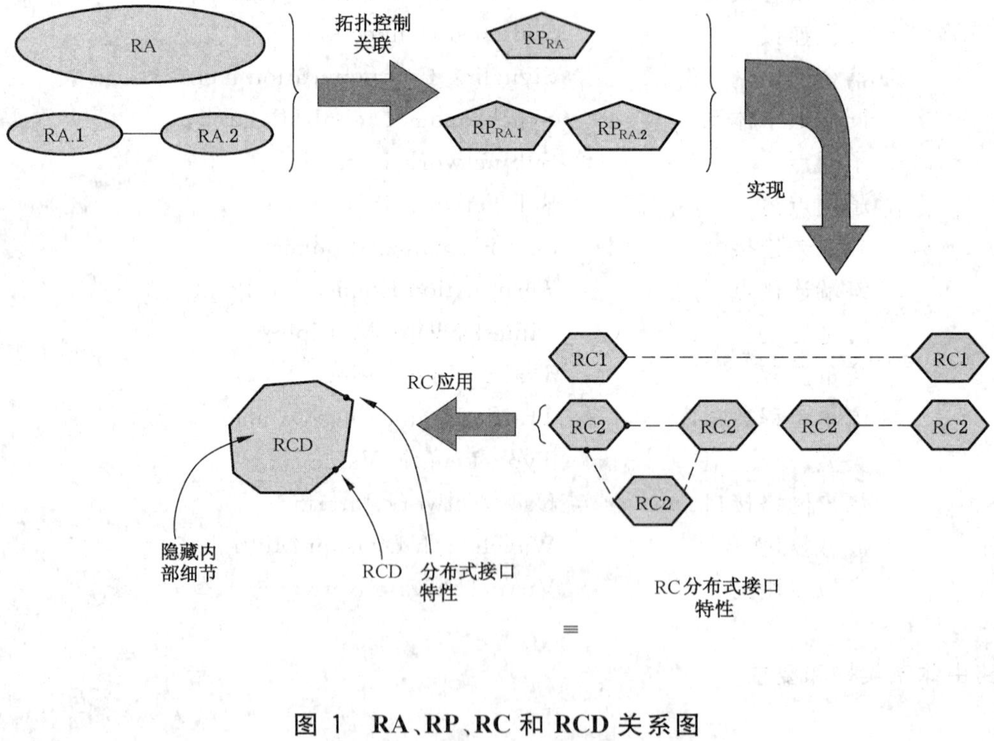

图1 RA、RP、RC和RCD关系图

如图1所示，RA可以递归嵌套方式包含RA，形成连续的递归嵌套式的路由层次。每个RA都有一个独立的RP，因此RP_{RA}负责RA，$RP_{RA.1}$和$RP_{RA.2}$分别负责RA1和RA2。依次，各个RP是由分布式的RC(RC1和RC2)实例实现，其中RC1得自于RP_{RA}，RC2得自于$RP_{RA.1}$和$RP_{RA.2}$。从中可见RCD分布式接口和RC分布式接口具有相同特性。

4.2.2 路由体系架构和功能元件

4.2.2.1 概述

路由体系架构中有协议无关元件(LRM、RC)和协议相关元件(PC)。RC 处理路由需要的抽象信息。PC 依据传送信息的参考点(如 I-NNI,E-NNI)处理特定协议消息,并传送路由原语给 RC。路由功能元件的示例如图 2 所示:

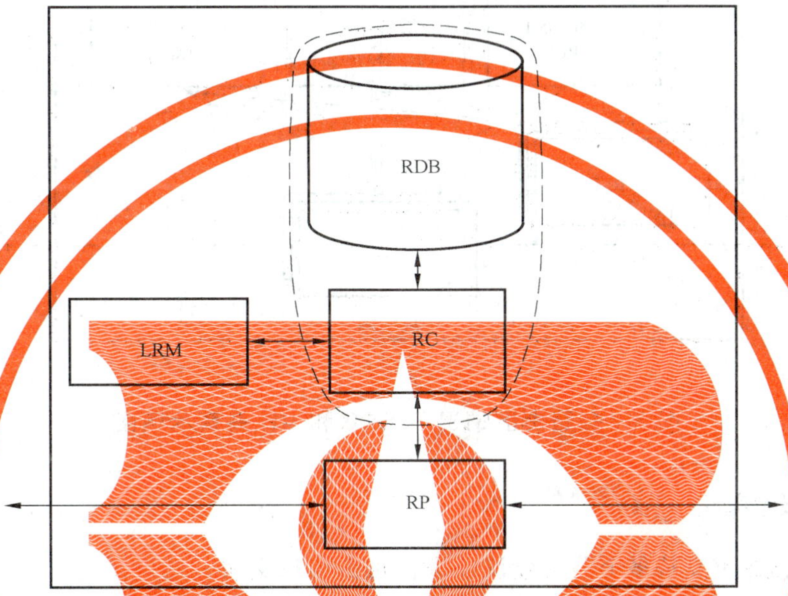

图 2 路由功能元件示例

a) RC:负责和对等的 RC 交换路由信息,并根据 RDB 提供的信息回复路由查询(通道选择)。RC 与协议无关。

b) RDB:RDB 中存放本地拓扑信息、网络拓扑信息、可达性信息、在路由信息交换过程中更新的路由信息以及其他配置信息。RDB 可含有多于一个路由区的路由信息,RC 可直接访问 RDB 以获取信息,图 2 中的点虚线圈表示 RDB 和 RC 作为一个整体通过 RC 与外部元件(如 LRM 和 PC 等)进行交互。RDB 与协议无关。

注:因为 RDB 可能包含其他路由区的路由信息(因此也可能包含多个层网络,如图 3 中的 A 层、B 层和 C 层),访问 RDB 的 RC 可共享这些路由信息。这种情况在图 3 中用部分重叠的点虚线圈来表示。

c) LRM:LRM 向 RC 提供所有相关的 SNPP 链路信息。当 LRM 控制下的链路资源状态发生变化时,LRM 要通知 RC 链路资源状态的变化。

d) PC:PC 将 RC 原语转换成特定路由协议的协议消息,故 PC 与协议相关。PC 还处理路由信息交换中的特定协议流程控制。

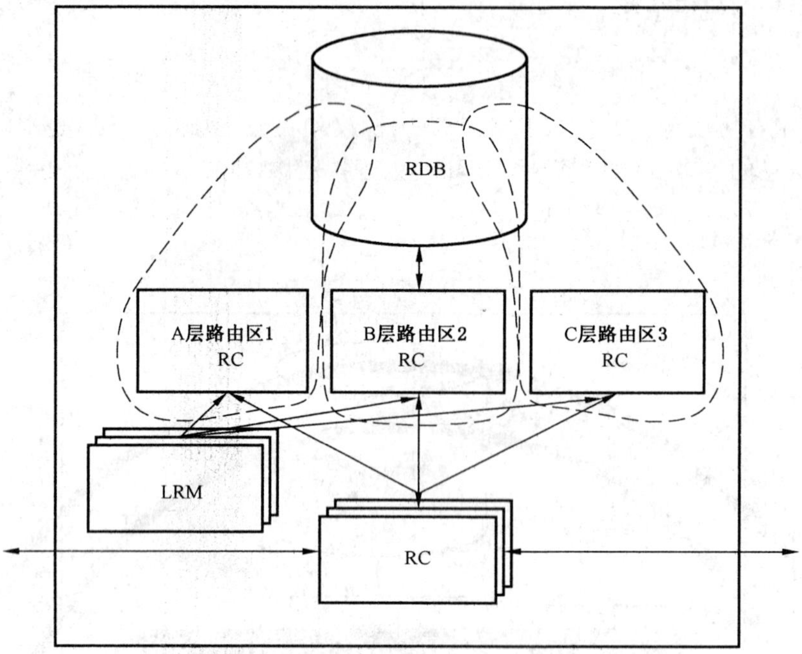

图 3 多路由区情况下 **RDB** 和 **RD** 关系示例图

4.2.2.2 不同协议的考虑

一个给定的路由区可支持多个路由协议以进行路由信息交换。通过运行多个不同的 PC 的方式，路由体系架构允许支持多种路由协议。RC 实例和 PC 实例不需要一对一对应。如图 4 所示：

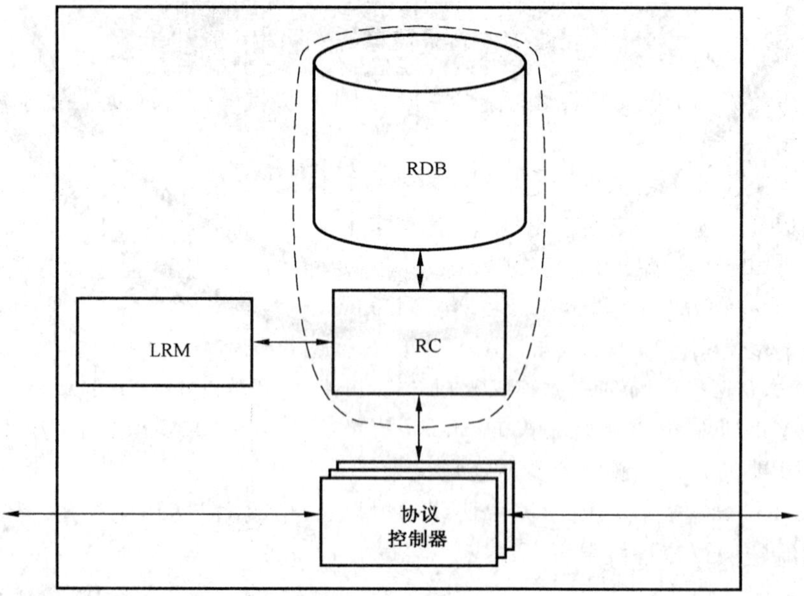

图 4 支持多协议的体系架构示例

4.2.2.3 多 VPN 的考虑

虚拟专用网络在某单层网络中通过如下方式构建：

1) 为每个 VPN 分配独立的网络资源；

2) 多个 VPN 共享相同的网络资源。

路由体系架构支持所有以上的 VPN 模型。对于每个 VPN 有独立的网络资源的模式，在 RDB 中为该 VPN 的 RC 提供该 VPN 相关的路由信息，由 RC 在全网泛洪，如图 5 中所示 VPN3。对于多个 VPN 共享相同的网络资源的模式，允许不同的 VPN 共享 RDB 中的路由信息，如图 5 中所示的 VPN1 和 VPN2。

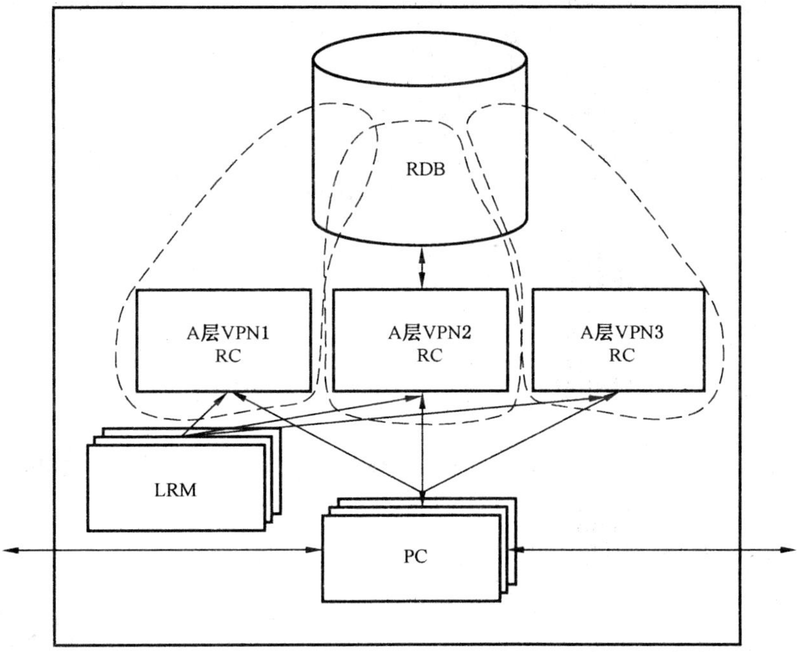

图 5 多个 VPN 情况下的路由体系架构

4.2.2.4 对策略的考虑

路由策略的实施可通过 RC 元件的策略和配置端来实现。对于流量工程，通过策略和配置端口，可实现合适的配置策略和通道选择策略。通过策略控制，可确定哪些路由信息分发给其他 RC，以及在 RDB 中保存哪些路由信息。

4.2.3 路由区分级

4.2.3.1 概述

图 6 所示为一个分级路由区示例。最高层路由区（父路由区）RA 包含了低层路由区（子路由区）RA.1、RA.2 和 RA.3。RA.1 和 RA.2 又依次包含了更低层的路由区 RA.1x 和 RA.2x。

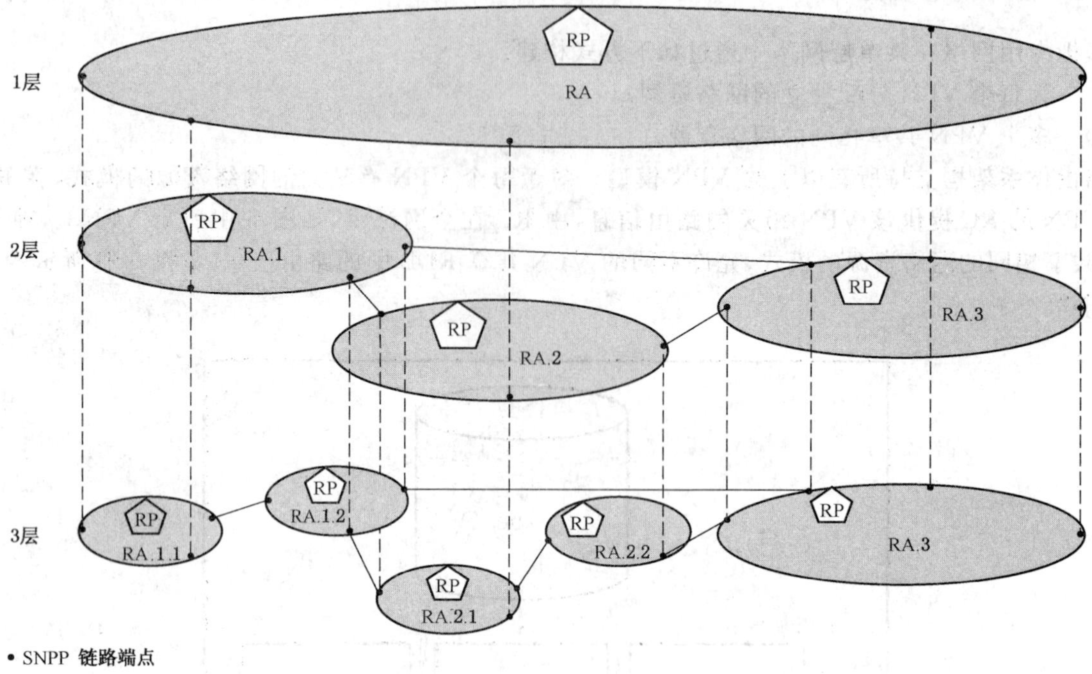

图6　分级路由区示例

在每个路由层次中,每个路由区都有一个 RP 为该路由区提供路由服务。如图7所示。

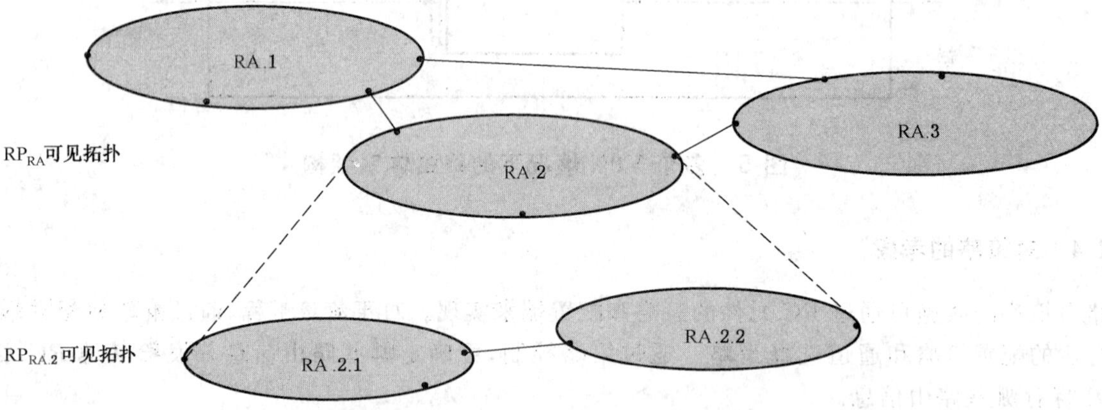

图7　和路由区对应的 RP 拓扑视图

4.2.3.2　分级路由区中 RP 的实现

RP 通过一个或多个 RC 实例实现。如 GB/T 21645.1—2008 中 7.4.2 所描述,RC 抽象出路由区路由信息,并提供对应路由层次路由区内的路由查询服务。在分级路由区中,分级 RP 通过 RC 实例堆栈实现,堆栈的每一层对应分级路由中的某一路由层。图8所示为采用 RC 实例堆栈实现分级 RP 的一个示例,图中的虚线框表示框内的实体位于同一个物理单元内。在图中的示例中,将多个 RC 放在了同一个物理单元内。

在给定的路由层次，根据路由分发的不同有两种情况：

- 每个分布式 RC 分发经过抽象的整个路由信息数据库中的一部分路由信息；
- 每个分布式 RC 分发经过抽象的整个路由信息数据库中的路由信息，整个路由信息数据库通过同步机制在 RC 间进行复制。

在以上两种情况下，分布式 RC 的业务接口不受采用哪种路由分发模式的影响。在分布式方式下，在路由区内可提供多个服务接入点。不同路由层的对应于不同 RP 的 RC 之间会有信息流的交互(见附录 A)。

注：有一种特殊情况为每个 RA 中由单个 RC 集中式实现的集中式路由(为考虑可靠性，该集中式 RC 需要有备份的 RC)。

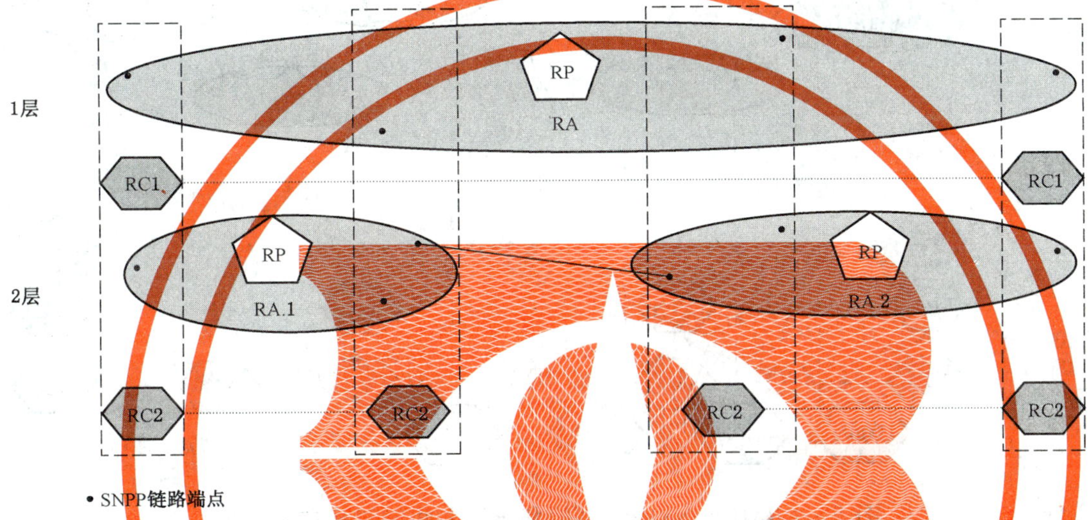

图 8　分级 RP 实现示例

在不同路由层 RC 的相互交互中，父 RC 发送给子 RC 的信息不能回送给父 RC。

通道选择能力依赖于路由层之间传递的信息，并且不同的通道选择能力对子网和链路地址细节有不同程度的要求。例如，如果不要求通道选择返回通道中的 SNP 地址，则通道选择仅需要 SNPP 链路地址。

父路由区和子路由区有可能都知道通道宿端，故父路由区和子路由区可能给出不同的通道选择。因为路由区范围的不同，最靠近通道宿端的路由区(低层次路由区)，或者包含了通道宿端的路由区通常因为有更详细的信息而可以提供较好的到宿端的通道选择功能。子路由区 RC 拥有所有包含在其内的通道宿端，或者包含在其子路由区内的通道宿端的所有信息。因此子路由 RC 最适合判断是否可以在其路由区内直接路由到通道宿端。

4.2.3.3　分级路由区中 LRM 和 RC 之间的通信

在一个给定的某路由层中，完全包含在路由区内的链路称之为“内部链路”，在不同的路由区之间的链路称之为“外部链路”。在某路由层中的外部链路，在父路由区中可能就会变成内部链路。LRM 向 RC 提供该 RC 所对应的路由区内的链路信息。在父路由区中，子路由区中的链路可能隐藏不可见。

图 9 所示为 LRM(在网络中和 SNPP 位于一处)和其对应的 RC 之间的关联关系示例。LRM 向对应的 RC 提供链路状态信息。

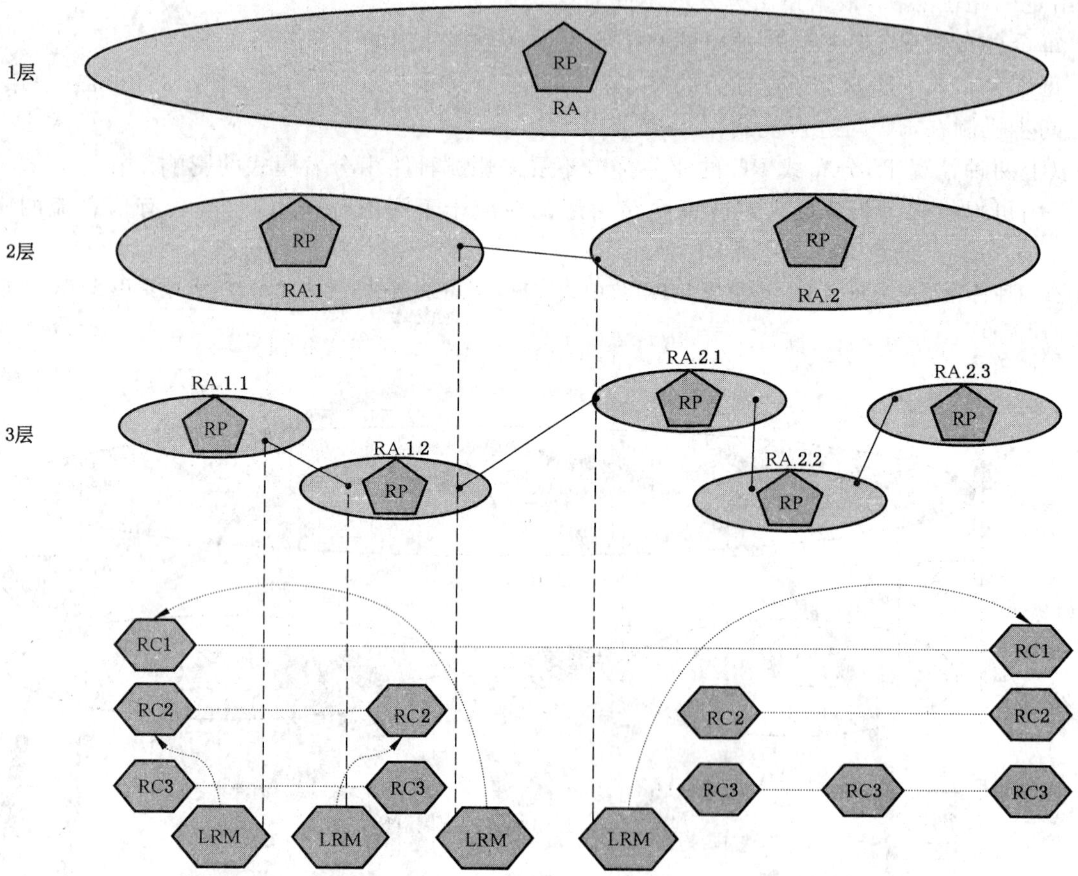

图 9　LRM(与 SNPP 关联)和 RC 之间的对应关系示例

4.3　ASON 路由要求

4.3.1　体系架构要求

- RC 之间交换的路由信息,要满足参考点策略约束。
- 在分级路由中某路由层运行的 RP,应该和其他层所采用的路由协议无关。
- 路由控制域间交换的路由信息,应和路由控制域内采用何种协议无关。
- 路由控制域间交换的路由信息,应和路由控制域内采用的控制方式(如集中式控制或分布式控制)无关。
- 路由邻接拓扑和传送网拓扑可以不一致。
- 在运营商的网络中,路由区应被唯一的标识。
- 每个域应能抽象出抽象路由信息,路由信息抽象的程度应由运营商策略来确定。
- RP 应能提供从系统故障(如内存耗尽)中复原的方法。

4.3.2　协议要求

- 路由协议应能支持分级路由。
- 路由协议应能支持分级路由信息的分发,包括摘要路由信息。
- 路由协议应能支持节点间多条链路的情况,且应能支持链路和节点分集。
- 路由协议应能支持如路由分级数量的变化、路由域的聚合和分割等结构演进。
- 路由协议应能支持 ASON 功能元件(见 GB/T 21645.1—2008 中 9.1.1)灵活分布于不同物理

系统中。

- 路由协议应能支持在 RC 和 ASON 功能元件之间,以及 ASON 功能元件和 G.805 子网之间灵活的对应关系。
- 根据链路数、节点数和路由区分级数量的变化,路由协议应具有可扩展性。
- 当发生拓扑更新、可达性更新等路由事件时,RDB 的内容应当收敛,应具有抑制振荡的机制。
- 路由协议应能支持或者提供附加功能,以满足运营商自定义的保密要求。

注:根据路由协议使用的背景,ITU-T M.3016 定义的保密目标如机密性、数据完整性、可说明性和可用性具有不同程度的重要性。路由协议的危险性分析应能解决如 ITU-T X.800 定义的伪装、偷听、非法接入等问题。

4.3.3 通道选择要求

- 通道选择应给出无环路路由。
- 通道选择应至少支持 GB/T 21645.1—2008 中 9.2 定义的路由模式(分级路由、源路由和逐跳路由)中的一种。
- 通道选择应支持 4.7 中所列的约束条件。

4.4 路由属性

4.4.1 概述

路由协议分发的信息,可分为链路属性和节点属性。

注:根据通道选择的路由层的不同,节点指路由区或者子网。如在最底层路由层则为子网,非最底层路由层则为路由区。

此外还有一类路由属性,和连接建立和删除过程中导致的网络资源的变化有关。对于这类路由属性,需要特殊处理,以免连接建立和删除的动态过程造成频繁的资源变化和路由协议信息的频繁分发。对于这一大类的属性,应考虑保密和策略。

4.4.2 节点属性

4.4.2.1 概述

节点最主要的路由属性为可达性和分集相关的路由属性。节点对其所提供的信息具有完全的控制权。本节提供了在路由区内需要共享的信息的最小集合。根据参考点处策略约束条件所定义的信任程度,主要安全相关的应用主要有认证、完整性等。

4.4.2.2 可达性属性

可达性信息提供了通过某个给定节点可达的节点集合。可达性通过地址列表或者摘要地址列表表示。在地址列表中,可采用可达地址前缀的方式。地址最终关联到 SNPP 和子网。运营商可以通过策略设置来限定要分发的可达性地址的集合。

4.4.2.3 分集相关属性

分集相关属性主要用于基于约束的路由选择,如共享风险组。共享风险组中包含了面临相同风险的一组节点的标识符。

约束路由选择的例子还包括排除资源(如排除某些非陆地节点或某地理区域内的节点)和包含资源(如某些具有双电源供电的节点)等。

4.4.2.4 其他属性

其他属性主要包含节点额外能力,子 RA 的拓扑信息子集等。

- 节点额外能力是指能提供特定传送服务的能力,如保护/恢复能力。
- 对于穿通子路由区的通道,子路由区中的拓扑信息子集在通道选择时可用于分集约束。

上述任何属性是否在网络中共享,以及信息共享的详细程度必须满足策略要求。除以上之外的其他能力(如特定技术相关的属性)待将来研究。

4.4.3 链路属性

4.4.3.1 概述

链路属性的最小集合为链路状态和链路分集相关属性。有关链路策略的协商不在本部分标准规范范围内。

4.4.3.2 链路状态

链路状态包含链路的链路存在、链路代价和链路容量。

- 链路存在

最基本的链路属性就是在 RDB 中两个不同的节点之间存在一条链路的指示。通过这些节点间链路可得到基本拓扑(连通性)。两节点之间链路的存在和该链路是否有可用容量没有关系(例如由于链路连接失效而链路可用容量为零时)。

链路状态信息的分发不受策略控制,一般和所采用的路由协议密切相关。

- 链路代价

链路代价是对多种可能因素(据策略和约束来定值)的综合评估值。链路代价值用于表示在通道选择/计算过程中,某一条特定链路优先于其他链路的判据。按传统的方式,高链路代价值意味着不希望优选该通道。通过修改链路代价值,可用于阻止通道选择中选择链路容量接近耗尽的链路。

- 链路容量

在一个给定的层网络中,链路容量主要和一条链路上的连接数量有关。运营者通过策略决定链路容量相关信息的分发。例如,对某些情况,可分发链路有足够的容量接纳新的连接的能力,但不分发具体链路容量的多少。但分发容量相关信息的不足,会导致网络资源优化方面的困难。

4.4.3.3 分集相关属性

链路的分集属性,除了与链路相关,其他均和 4.4.2.3 所述类似。

4.4.3.4 其他属性

链路其他属性的一个例子为可用性相关的属性。可用性在域内和域间具有不同的含义。在域内,可用性用链路的生存能力属性来表示。当链路所属的网络支持保护和恢复时,这类信息特别有价值。在域间,该属性用于表示该链路可用。

另外一个例子为技术相关属性。例如在全光网络中,需要上报光层约束条件以便为连接进行合适的选路。

4.5 路由消息

4.5.1 概述

ASON 路由信息基本上可区分为两类,一类属于路由功能维护的路由消息,如邻接关系维护等;另一类属于承载网络路由信息的路由消息。

PC 之间存在逻辑的邻接关系,这种逻辑上的邻接关系是通过手工配置或者是动态建立的。两个逻辑上邻接的 PC 之间交换维护消息,即消息的交换仅限于两个逻辑邻接的 PC 之间。路由信息不仅仅来自于 PC 之间交换的路由消息。例如,回溯的信令消息中可包含 RI_UPDATE(通过信令消息中的显式资源列表提供链路和节点相关的附加信息)。

两个邻接的 RC 之间交换路由信息消息,交换的路由信息消息用于通道选择计算和在网络中的路由连接请求。路由信息的交换范围限定在路由信息对应的路由区内,消息的分发采用增量式逐跳交换机制或者全网泛洪机制。

图 10 所示为对等 RC 元件之间的路由信息消息和事件流。同时,图 10 中指出的事件是在 PC 收到协议消息后生成。

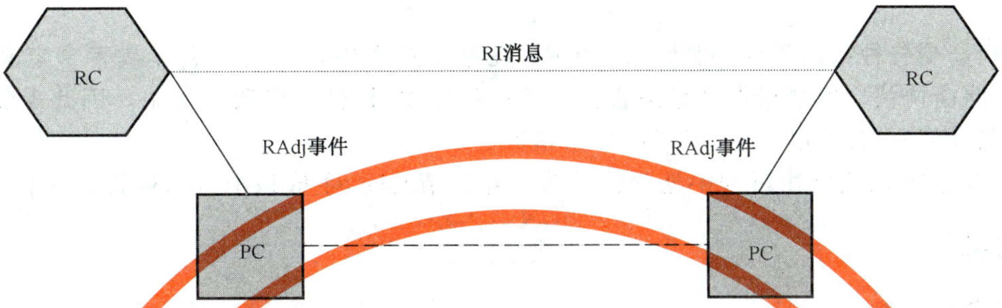

图 10 路由消息和事件

4.5.2 路由邻接维护

路由邻接是指两个 RC 之间的逻辑关联,在邻接关系建立后邻接状态由 PC 维护。当邻接发生状态变化,则 PC 发送对应的事件给 RC。RC 根据收到的事件控制路由信息在邻接 RC 之间的发送。

如下为定义的路由邻接维护事件:

- RAdj_CREATE:指示已生成新的邻接关系。
- RAdj_DELETE:指示已去除邻接关系。
- RAdj_UP:指示双向邻接关系已建立。
- RAdj_DOWN:指示双向邻接关系已丢失。

4.5.3 路由信息消息

路由信息消息为网络路由相关信息的抽象表示,如 4.4 所述的节点和链路属性。路由信息不能通过 UNI 参考点,以免网络信息泄漏至客户侧。对于每个具体的 NNI 参考点,所设置的策略可能不同,在 NNI 接口通过的路由信息要符合该 NNI 参考点的策略限制。RCD 之间通过 E-NNI 参考点发送的路由信息应按相同的语义封装,而 RCD 内的路由信息的语义表示对不同的 RCD 可不同。

每个 RC 根据其直接控制的网络资源接收和生成路由信息消息,并分发生成的路由信息消息到邻接的 RC。这一过程一直持续到所有 RC 的 RDB 进入稳定状态。

具体路由协议的分发机制决定了路由消息的分发方式。据采用的路由协议的不同(如链路状态、距离矢量或者通道矢量),路由消息中包含的路由信息可能也不同。

如下通用的路由消息的集合对于各种类型的路由协议均适用:

- RI_RDB_SYNC:该消息用于同步两个邻接 RC 之间的路由信息数据库。同步发生于初始化时或者初始化后的周期性同步。
- RI_ADD:当网络中增加了资源后,RI_ADD 分发该资源有关的路由信息以便在 RDB 中增加该路由信息。
- RI_DELETE:当网络中删除了资源后,RI_DELETE 分发路由信息以便在 RDB 中删除该路由信息。
- RI_UPDATE:此消息传送网络资源(用于满足连接建立请求的可用网络资源)相关信息。通过 RI_UPDATE 接收到的信息存储在 RDB 中。何时生成这一消息不在本部分标准规范范围内。RI-UPDATE 消息的一种常用用法为:当现存网络资源所对应的路由信息发生变化后,生成包含有该路由信息的 RI-UPDATE 消息。RI-UPDATE 消息也用于收到 RI_QUERY 消息后的反馈，接收到的 RI-UPDATE 消息中的信息暂存在 RDB 中或者快速老化。

- RI_QUERY：如果需要，RC 向其路由邻接邻居发送此路由查询消息，以便获得某特定路由相关的路由信息。

以上消息集合的定义，是为了在本建议中用于对等 RC 之间的路由信息交换。

4.5.4 路由异常和错误处理

路由过程会受各种错误条件的影响，例如 RC 在路由过程中接收到遭破坏或者未定义的消息。在这种情况下，路由协议应生成错误消息通告控制平面该错误，以便采取改正措施。因此需要定义一个通用的通告消息以便在路由域中报告错误或异常情况：

- RE_NOTIFY：当路由过程中遇到错误或者异常情况时，生成该消息以通告错误和异常情况。

4.5.5 状态机

4.5.5.1 状态机分类

在路由消息的发送和接收中，存在三种状态机：信息单元发送状态机、信息单元接收状态机和本地信息单元发送生成状态机。

4.5.5.2 信息单元发送

信息单元发送的状态机如图 11 所示，表 1 为路由邻接的对等 RC 之间路由信息单元的发送细节描述。在本节描述的消息交换的过程中，假定 PC 可提供可靠的信息传送。对于每个路由邻接存在一个信息单元发送状态机实例，PC 负责该状态机的维护。

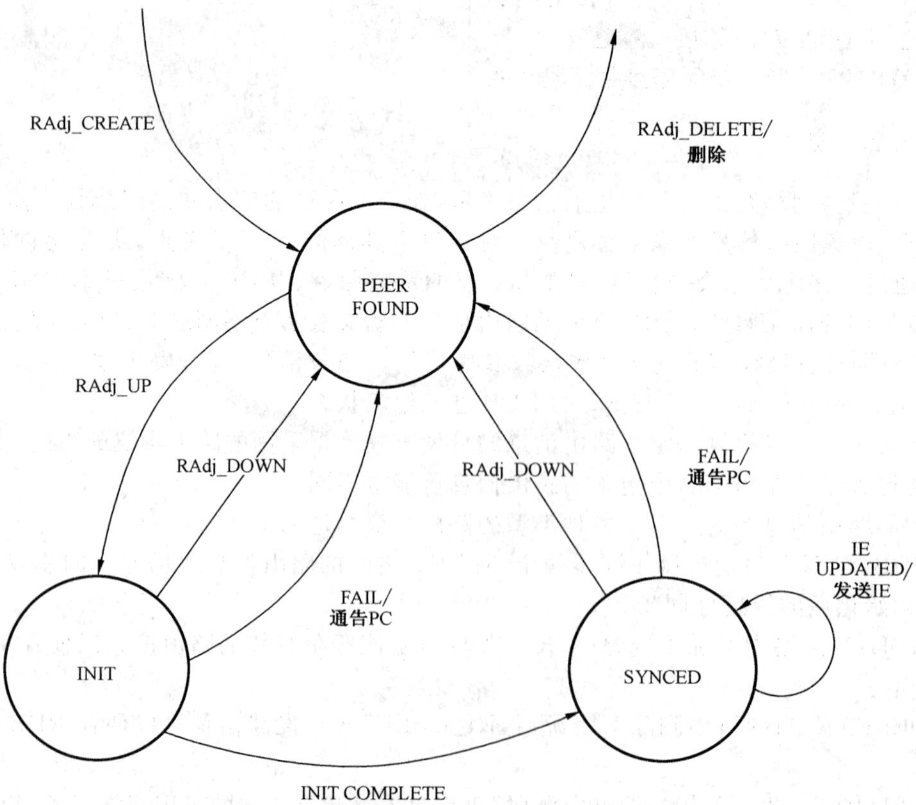

图 11 路由信息单元发送状态机

表 1 路由信息单元发送状态表

事件 \ 状态	〈不存在〉	PEER FOUND	INIT	SYNCED
RAdj_CREATE	PEER FOUND/ 创建状态机	无效	无效	无效
RAdj_UP	无效	INIT/ 开始初始化	无效	无效
INIT COMPLETE	无效	无效	SYNCED	无效
IE UPDATED	无效	无效	无效	SYNCED/ 发送 IE
RAdj_DOWN	无效	无效	PEER FOUND	PEER FOUND
RAdj_DELETE	无效	〈不存在〉/ 删除状态机	无效	无效
FAIL	无效	无效	PEER FOUND/ 通告 PC	PEER FOUND/ 通告 PC

当 PC 确定了一个新的路由邻接后，RC 为此路由邻接生成状态机实例。接收到 RAdj_CREATE 事件，表示这一过程的完成。开始时，状态机在〈PEER FOUND〉状态。在 PC 确定路由邻接之前，状态机一直维持在此状态。当 PC 确定路由邻接不存在时，删除这一状态机实例。

在接收到 RAdj_UP 事件后，状态机进入〈INIT〉状态。在〈INIT〉状态，RC 将开始本地 RDB 和远端 RDB 的同步。

当路由邻接初始化后，状态机进入〈SYNCED〉状态。在此状态，RDB 的改变要通告给本地 RC。当有改变发生时，RC 要发送增量路由更新给对等的 RC。

如果路由邻接双向连接失败，则 PC 发送 RAdj_DOWN 事件，状态机返回到〈PEER FOUND〉状态。

4.5.5.3 信息单元接收

信息单元接收的状态机如图 12 所示，表 2 为路由邻接的对等 RC 之间路由信息单元的接收细节描述。在每个 RC 中均有此状态机存在。

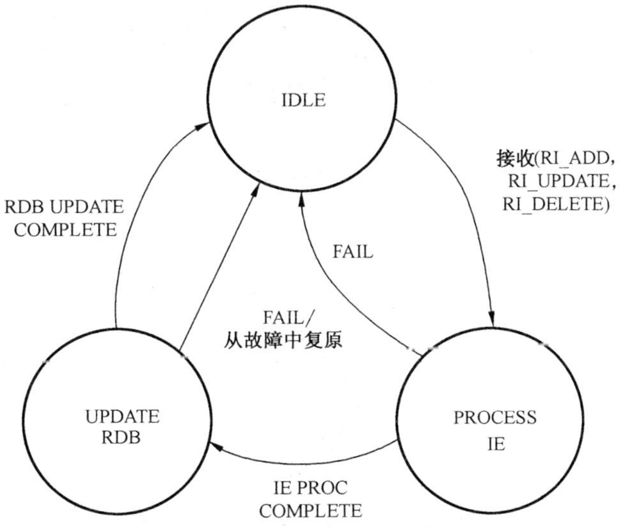

图 12 路由信息接收状态机

表 2 路由信息单元接收状态表

状态 事件	IDLE	PROCESS IE	UPDATE RDB
接收(RI_ADD,RI_UPDATE,RI_DELETE)	PROCESS IE/开始处理 IE	无效	无效
IE PROC COMPLETE	无效	UPDATE RDB/更新 RDB	无效
UPDATE COMPLETE	无效	无效	IDLE
FAIL	无效	IDLE	IDLE/从故障中复原

当路由信息单元接收状态机初始化完成后，状态机进入 IDLE 状态。

当从对等 RC 接收到 RI_ADD、RI_UPDATE 或者 RI_DELETE 后，RC 转变到〈PROCESS IE〉状态。在〈PROCESS IE〉状态，RC 会对接收到的信息单元进行处理，以便使信息适合于包含在 RDB 中。

IE PROC COMPLETE 事件指示协议相关的处理完成，之后状态机提交信息单元给 RDB，据信息单元内容更新 RDB 并进入〈UPDATE RDB〉状态。节点和链路的新信息会被加入 RDB。RDB 中已经存在的节点和链路属性的改变将会在 RDB 中进行更新。同样，信息单元也会指示 RC 从 RDB 中删除不存在的节点和链路。

当 RDB 更新完成，RC 将收到 UPDATE COMPLETE 事件，状态机返回到〈IDLE〉状态，系统在〈IDLE〉状态等待接收其他信息单元。

4.5.5.4 生成本地信息单元

生成本地信息单元的状态机如图 13 所示，表 3 为 RC 根据对应的链路管理器提供的信息生成的路由信息单元。对于每一个本地生成的信息单元，都存在一个对应的状态机实例。

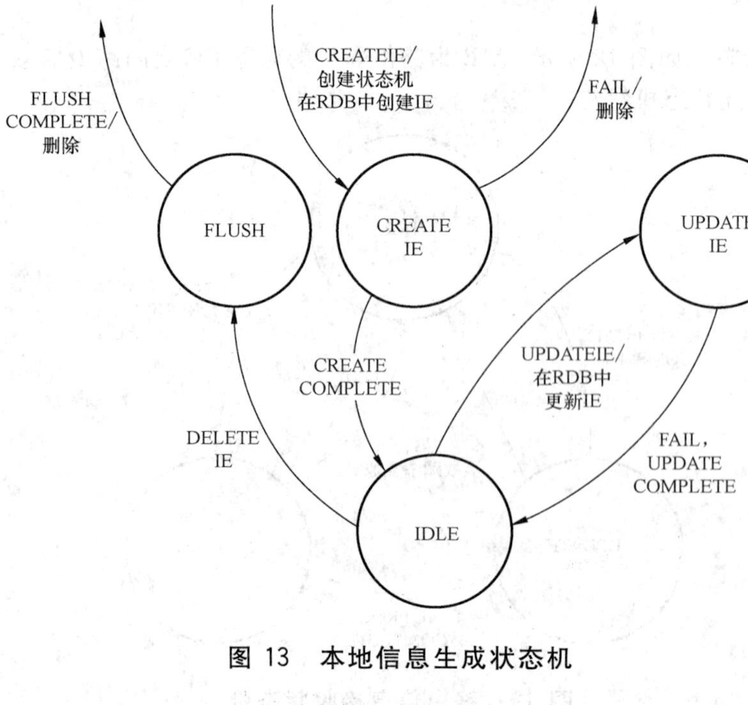

图 13 本地信息生成状态机

表 3 本地信息单元生成状态表

事件＼状态	〈不存在〉	CREATE-IE	UPDATE-IE	IDLE	FLUSH
CREATE-IE	CREATE IE/ 创建状态机， 在 RDB 中创建 IE	无效	无效	无效	无效
CREATE COMPLETE	无效	IDLE	无效	无效	无效
UPDATE COMPLETE	无效	无效	IDLE	无效	无效
UPDATE IE	无效	无效	无效	UPDATE IE/ 在 RDB 中更新 IE	无效
DELETE IE	无效	无效	无效	FLUSH	无效
FLUSH COMPLETE	无效	无效	无效	无效	〈不存在〉/ 删除状态机
FAIL	无效	〈不存在〉/ 删除状态机	IDLE	无效	无效

当 RC 从对应的链路资源管理器接收到信息时，RC 将鉴别该信息以确定是否需要生成新的信息单元。当需要生成新的信息单元时，RC 会生成新的本地信息生成状态机实例，提交新的信息单元给 RDB，状态迁移至〈UPDATE〉状态。

当信息单元已经存储在 RDB 时，将生成 UPDATE COMPLETE 事件。之后状态机迁移到〈IDLE〉状态，在〈IDLE〉状态等待信息单元更新请求或者信息单元删除请求。

当 RC 接收到 UPDATE 事件时，状态机会发送更新消息给 RDB，并再次迁移到〈UPDATE IE〉状态。同样在 RC 接收到信息单元的生成事件并且 RDB 成功的更新之后，状态机生成 UPDATE COMPLETE 事件，状态机迁移到〈IDLE〉状态。

当 RC 接收到 DELETE 事件时，需要从 RDB 中删除对应的信息单元。之后触发泛洪机制，状态机迁移到〈FLUSH〉状态。

当泛洪完成后，状态机将会收到 FLUSH COMPLETE 事件，随之 RC 删除该状态机。

4.5.6 支持远端路由查询的路由消息

在 RC 没有足够的信息或者能力完成通道选择时，需要和其他的 RC 协同来完成确定端到端通道。这种情况下，RC 可能会发送 RI_QUERY 消息给其他 RC。在 RI_QUERY 消息中必须包含通道计算所必须的信息，包括通道的源和宿，需要满足的约束条件，请求发起者的认证信息以及反馈消息发送地址等。

当其他的 RC 接收到这一消息后，首先应该认证以确定是否进行通道计算。如认证通过，则根据约束条件计算通道。最后，反馈 RI_UPDATE 消息(包含通道计算结果)给 RI_QUERY 消息中指定的 RC。

4.6 路由消息分发拓扑

4.6.1 概述

当某个路由区的 RP 是由分布式 RC 集合来实现时，RC 需要分发网络拓扑和可达性端点信息给其他 RC，并和其他 RC 协作以实现 RP。在对等 RC 之间发送路由消息的方式和发送消息源在网络中的具体位置无关，和路由信息的使用者无关。因此，可采用多种不同的拓扑来传递路由消息。以下各节描述了一些方法。

4.6.2 一致拓扑

图 14 所示为一路由区，其中网络节点之间由一至多条链路相连。有链路连接的节点的 RC 之间为路由邻接。路由邻接的节点和传送网络拓扑一致。这样保证了通过传送链路相连的节点对通过对方可达的地址可见。当传送网络接近全 MESH 连接时，网络中循环的冗余信息量会显著增加。

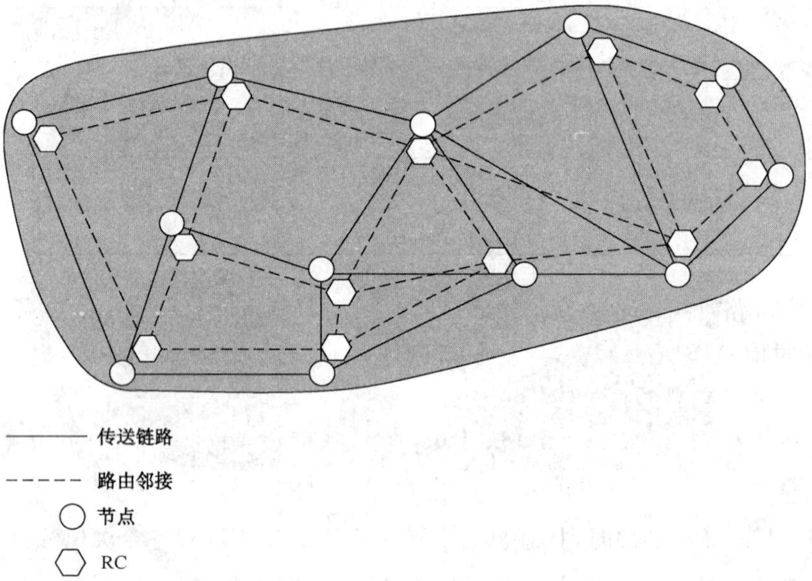

图 14 一致连接示例

4.6.3 采用路由消息服务器的星型拓扑

图 15 所示为一网络的路由区，该路由区在网络中有一到多个路由消息服务器。路由区中的每一个 RC 都和消息服务器维护有关联关系。消息服务器将从某个 RC 收到的路由消息分发到路由区内的其他 RC。当网络中新增了 RC 时，对应的线性增加该 RC 和消息服务器的关联关系。因为所有的消息要通过中心点，所以这种方式可以加强路由信息分发策略。但星型拓扑情况下，因为多个 RC 可能接入到同一个 DCN 中，故有可能导致相同的路由信息在某个 DCN 链路中传送多次。在这种拓扑下，可采用备份路由消息服务器来增强生存性。

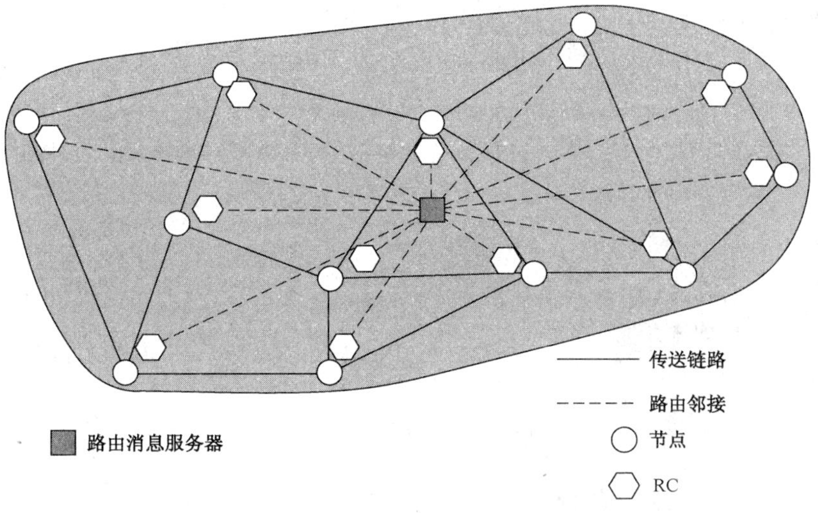

图 15　星型路由消息流示例

4.6.4　指定拓扑

图 16 所示为一网络的路由区，该路由区中的 RC 根据预配置的分发拓扑转发路由消息。因为是网络的管理者定义分发拓扑，所以可以充分考虑 DCN 拓扑中的分枝特性，使得冗余路由信息的传送量最小化。在指定拓扑中，应包含该路由区中的所有 RC。

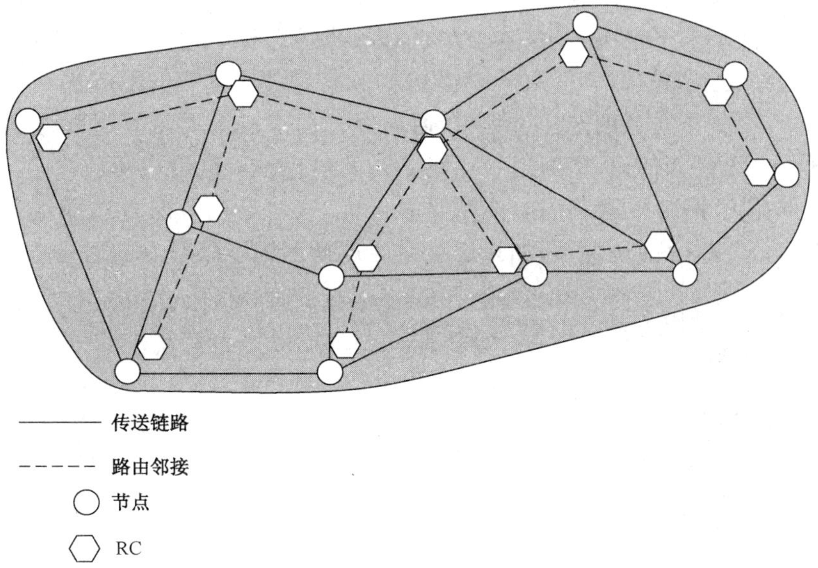

图 16　指定拓扑路由消息流示例

4.7　通道选择

4.7.1　概述

ASON 通道选择是指为 CC 返回一条通道的功能，该通道在 CC 通过信令建立连接时作为一项参数应用。本部分主要规范通道选择以支持连接建立。

通道选择可以离线实施(由管理平面来做路由规划)或者在线实时实现(通过控制平面)。采用何种方式由计算的复杂度、可用的拓扑信息以及特定的网络决定。例如运营者可能会对于通道选择的一个子集采用在线实时计算，而对于复杂的流量工程、策略相关事务（业务量规划、业务调度、成本模拟和全局优化等）采用离线计算。

4.7.2 通道选择的输入

4.7.2.1 输入

根据所采用的路由模式不同，通道选择的输入也不同。在ASON通道选择请求的输入中，可以包含约束条件。如下是一些约束条件示例：

- 分集；
- 网络性能目标；
- 管理策略；
- 传送层特定约束（例如链路代价度量）。

4.7.2.2 逐跳路由

逐跳路由模式下，通道选择的输入包含如下方面：

I0 相关拓扑信息；

I1 宿；

I2 源节点；

I3 有多个可能的输出可选时通道选择的约束集合（可能集合为空）。

逐跳路由时，在每个节点才获得到达宿端的通道中的下一跳链路。当源节点作为通道计算的输入条件时，通道选择应能区别如下情况：一是基于源宿对的通道选择，一是基于宿节点的通道选择。即源地址应作为下一跳选择要考虑的因素之一。

逐跳路由方式下，在一条通道的选择过程中，通道经过的节点都要触发逐跳通道选择功能，但每次的输入条件是一样的。无论如何，一条通道在逐跳路由的过程中不能形成闭环。

上述输入条件I0代表网络中通道选择被触发的位置，这对于逐跳通道选择是重要的部分。例如，在相同的输入条件I1、I2和I3的情况下，如果逐跳通道选择调用不同节点的通道选择功能，则可能会返回不同的结果。

4.7.2.3 源路由和分级路由

源路由和分级路由对于通道选择有相同的要求。分级路由中非最底层路由层的通道选择，除了细节程度较低外，其他和源路由方式相同。

源路由通道选择典型的输入如下：

I0 相关拓扑信息；

I4 宿；

I5 源（与宿处于同一路由层的节点、或者更高路由层中的节点、或者SNP）；

I6 分集约束——输出的通道必须满足分集要求；

I7 包含约束——输出的通道中必须包含的链路、子网；

I8 排除约束——输出的通道中必须排除的链路、子网和通道元件；

I9 度量最小化——输出的通道中，随规范的链路度量应该为最小化。

源路由通道计算可以发生在通道的源节点，也可以发生在中间节点。典型的情况是在路由区的边缘，高层路由区为了获得穿通该子路由区的通道片段而触发通道选择。

分级路由情况下的通道选择从最高层路由层开始，通道选择计算出给定的源和宿之间建立通道所通过的子网序列。对于高层路由层选中的子网,在该子网内实现通过该子网的通道片段的选择。如此递归计算,直到最后收集所有的通道选择结果,得到组成通道的实际链路。在以上的通道选择中,不同的子网所采用的源路由通道选择功能不一定相同。

输入条件 I4 和 I5 可以是从实际的交叉矩阵到高路由层的任何路由层的子网。

4.7.3 通道选择的输出

根据所采用的路由模式的不同,通道选择的输出也有不同的结果。对于源路由和分级路由通道选择的输出类似,通道选择的输出为组成通道的链路和节点等。对于逐跳路由,仅仅输出下一跳链路。但即使是源路由和分级路由的通道选择输出,也会产生多种情况。可以把通道选择的输出分为以链路为特征和以通道为特征的两个大类。按此分类的通道选择的输出示例如下:

O1 下一跳链路;

O2 单条通道;

O3 两条或者多条通道。

4.7.4 路由模式和通道选择

路由模式的选择确定了通道选择所要求的输入和所得出的输出。并非所有输出和输出的组合是有用的。表 4 所示为某些特定的输入和输出组合。

表 4 通道选择方案示例

场景	输入	输出	模 式	拓扑范围
C1	I0,I1	O1	逐跳路由。基于宿的下一跳路由	需要知道目的地址最优输出链路
C2	I0,I1,I2	O1	逐跳路由。基于源/宿对的下一跳路由	需要拓扑信息实现源路由
C3	I0,I4,I5	O2	源路由或分级路由。基于源/宿对的通道。可以是分级路由中的任何层	需要知道相应路由层的拓扑
C4	I0,I4,I5,I8	O2	源路由或分级路由。输出的通道与输入通道的节点和链路不相交	需要知道相应路由层的拓扑
C5	I0,I4,I5,I7	O2	源路由或分级路由。输出通道的所有链路具有共同的特征(如保护能力)	需要知道相应路由层的拓扑。需要知道链路特征信息
C6	I0,I4,I5,I6	O3	源路由或分级路由。输出的两条通道之间分集	需要知道相应路由层的拓扑

5 ASON 链路状态路由协议体系架构和要求

5.1 ASON 链路状态路由体系架构框架

图 17 中示例了一个 RA,其中 RP 通过该 RA 中的多个 RC 实现。在这个例子中,为了简化起见,画了两个 RC。在示意图中示意了 GB/T 21645.1—2008 中 7.4 功能元件,以及本部分第 4 章描述的功能交互。在该图中没有标明抽象节点(有内部链路)与实际节点(不可分解)的区别。

GB/T 21645.1—2008 中 9.1.1 指出,RC 从与他们相关联的 LRM 接收关于 SNPP 链路的链路状态信息，并存储于RDB。RDB被复制到RA中的所有RC。RDB可以包含传送平面中的多个网络层的信息。无论何时SNP的状态改变，LRM都要通知相应的RC更新相应的RDB。为了保证RDB同步，RC之间需要合作交换路由信息。RC之间的通信是通过一个特定的链路状态路由协议来实现的，在GB/T 21645.1—2008中用PC来表示。协议消息通过SCN(信令通信网)传递。PC可以传递一个或者多个网络层的信息(见附录C)。

通道计算功能可以位于每个RC，或者位于同一个RA中某些指定的RC，也可以在RA中以集中的方式实现。一个RC上的通道计算功能不依赖于RA中其他RC的RDB。如果以集中的方式进行计算，RA中的任何RDB都可被使用。

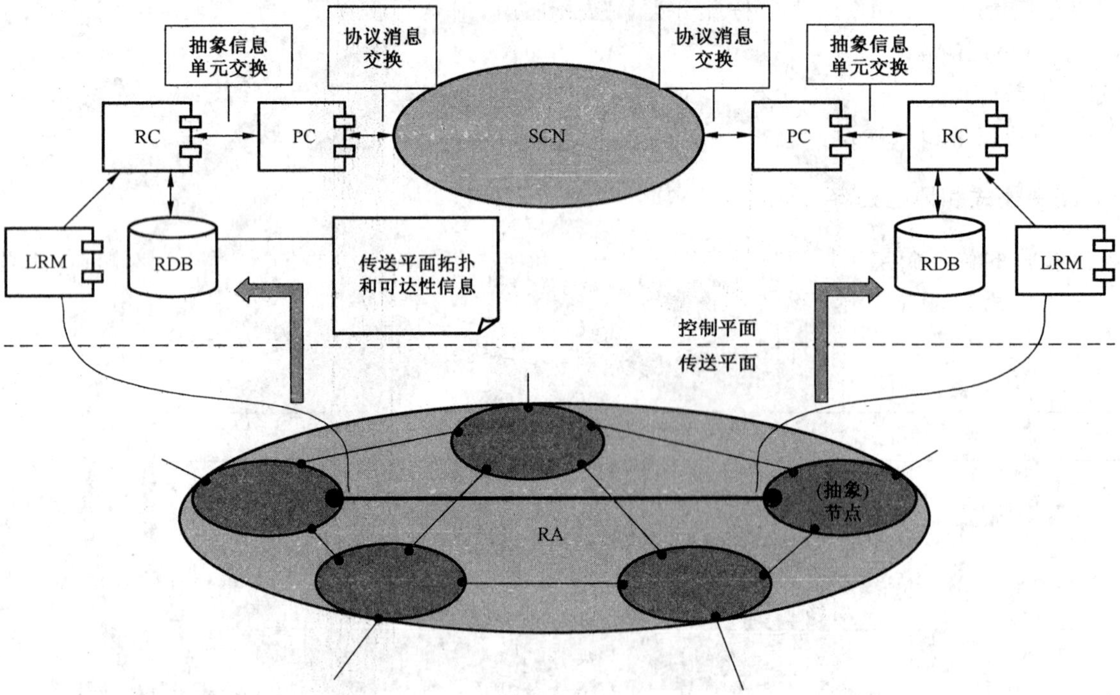

图 17 单层路由中单个RA的功能和结构元件交互示例

5.2 路由分级

路由区允许对信息抽象、隐藏并支持对可扩展的路由信息进行表示。除了单独的RA之外，RA是分级包含的，并且每个RA都有一个相关联的路由执行器。可在不同的层使用不同的路由执行器，并支持不同的路由模式。路由域的递归包含方式形成了分级的路由。支持的分级个数与具体实现有关，不在本部分范围内。

在一个多层路由中，需要区分同一个层中的RC，以及不同层中的RC。在一对RC建立通信关系之前，必须确保他们在同一个RA中。RA ID用来指示RC可以通信的范围。为了区分同一个RA中的RC，引入RC ID。在一个RA中，RC ID必须唯一。

RA ID可以和传送平面的命名空间关联，而RC ID可以和控制平面的命名空间关联。

图18是一个多层路由的例子，其中一个RA中的RC ID可以在另一个RA中重用。在这个特定的拓扑中，N+1层的RC ID与N层RA的一些RC ID可以相同。

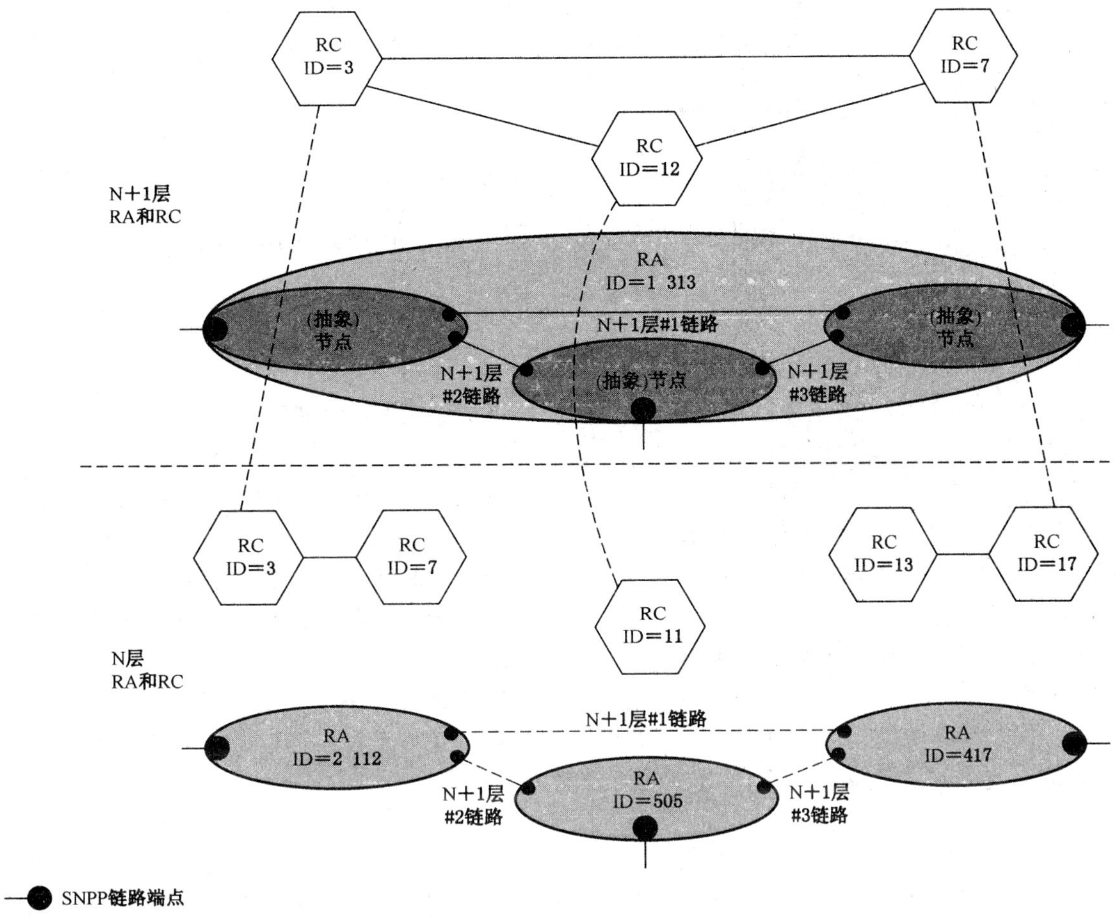

图 18 某个 RA 中的 RC 标识符在另一个 RA 中被重用的示例

在管理 ASON 网络的过程中,RA 的包容关系可能需要改变,这可由一些无法预料的事件诸如合并、加入、分离等引起。与本部分第 4 章一致,路由协议需要支持架构演化,即分级个数的变化,RA 的汇聚与分割(见附录 D)。为此,在一个管理域内部,RA ID 需要具备唯一性。链路状态路由协议并不需要自动的发起和执行上述操作。

5.3 路由相关标识符

5.3.1 概述

如 GB/T 21645.1—2008 中所述,所有的 ASON 控制平面元件都是抽象的实体。某个 ASON 路由元件的多个标识符来自于不同的标识符空间。影响路由协议需求的问题包括维护标识符空间的隔离、理解哪些其他元件和路由元件运用相同的标识符空间以及需要知道标识符空间之间如何进行映射。

5.3.2 标识符空间

ASON 路由元件应用的标识符有三类:传送平面命名,控制平面元件标识符和 SCN 地址。

- 描述 ITU-T G.805 资源的传送平面命名在 GB/T 21645.1—2008 中 12.2 定义。

——SNPP 包含了 SNP 的一个集合,代表了递归的子网关系。控制平面用 SNPP 命名来标识传送平面资源,但并不标识控制平面元件。对于同一个资源,可能有多个 SNPP 命名空间。控制平面的拓扑与传送平面的拓扑并不一定是一致的。

——如果存在 UNI 参考点的传输资源,则用 UNI 传送资源命名标识。它们表示 GB/T 21645.1—2008 中的接入组中的客户,可由 RC 分发。

- 对于一个给定的 ASON 网络,控制平面元件可能有不同的标识。例如当采用集中式路由和分布式信令的情况下,则对于如下的控制平面元件采用不同的标识符:

——路由控制器(RCs);

——连接控制器(CCs)。

此外,针对特定的通信协议,元件可能还有对应的 PC。这些 PC 应有不同于其他元件(例如 RC)的标识符。

- SCN 地址使得控制平面的各个元件能够通过 SCN 相互通信,见 GB/T 21645.3—2009 描述。

5.3.3 路由元件标识符

ASON 链路状态路由元件应有标识符,包括:

- RC 和 PC 标识符:属于控制平面标识符空间。RC ID 用来标识创建路由通告的实体,PC ID 用来标识进行协议交互的实体。

在实现时,RC 和 PC 可用同一个标识符。如果总是使用同一个标识符,可通过 PC 和 RC 标识符使用同一个协议信息单元的方法来优化协议。

- 用于 SCN 通信的 PC(和某个特定的 RC 关联)地址:来源于 SCN 地址空间。
- 传送资源标识符(与某个 RC 对应的资源关联):来自于 SNPP 命名空间。至于路由功能中所用的标识符格式,与具体实现相关,不在本部分范围内。

为了不同 ASON 路由元件间功能分离,各个标识符空间应该互相独立。例如,修改 PC 通信所用的 SCN 地址,不会影响 PC 之间的路由邻接关系。这种分离并不是说不同的标识符不能使用同样的格式,比如,IPv4 地址格式就可以为多个命名空间使用。

5.3.4 命名空间交互

SNPP 命名空间用于路由和信令功能。在路由和信令功能交互中应使用相同的 SNPP 命名空间和格式。例如,RC 通道计算功能向 CC 返回的通道应采用相同的 SNPP 命名空间。否则,CC 将不能识别该通道。

5.3.5 命名空间和路由分级

GB/T 21645.1—2008 不限制一个 CP 对应的 SNP 的数量,这意味着在一个子网中存在多个 SNPP 命名空间,在设计时需考虑的用一个还是多个命名空间,存在如下可选项:

- 在分级路由的每一层中使用独立的 SNPP 命名空间。这要求每一层要维护一个层间的命名映射,例如目录服务提供的转换功能。映射功能(例如目录服务)不在本部分范围内。附录 B 为此描述了一个相应的场景。
- 在分级路由中所有层使用相同的 SNPP 命名空间。如 ITU-T G.8080 所描述,此时需要采用支持地址聚合功能的分级的命名格式。这提供了一种支持分级路由的方法。

5.3.6 SNPP 命名元件

一个 SNPP 命名由一个 RA 命名或一个 RA 命名的集合、一个可选的子网命名和链路相关信息组成。RC 接口用 SNPP 命名标识传送平面资源。一个 RC 将包括 SNPP 命名的信息发送到其他 RC,同时也保存在与之相关联的 RDB 中。通道计算的结果也以 SNPP 命名形式返回。

在一个 SNPP 命名中,RA 命名空间表明了一个 RC 的范围。RA ID 的格式可以用任何地址空间格式,包括 IPv4,IPv6,NSAP 地址。

正如在第 4 章中描述,一个节点可代表一个被抽象的 RA,也可代表一个子网。节点 ID 就是 SNPP 命名中的子网 ID。一个 RA 中所通告的所有节点 ID 由这个 RA 的通用命名空间所分配。节点 ID 和 RC ID 通常并没有一对一关系,可采用不同的命名空间。

5.4 分级路由

5.4.1 路由信息交换

5.4.1.1 概述

在分级路由中路由信息可在不同层间交换。图19举例说明在两个邻接层(如第N+1层和第N层级,其中第N+1层中的RA包含了第N层中的所有RA)间这些信息如何进行交换。连接RA的链路可看作RA间链路,在一个RA内部提供连接的链路看作RA内部链路。

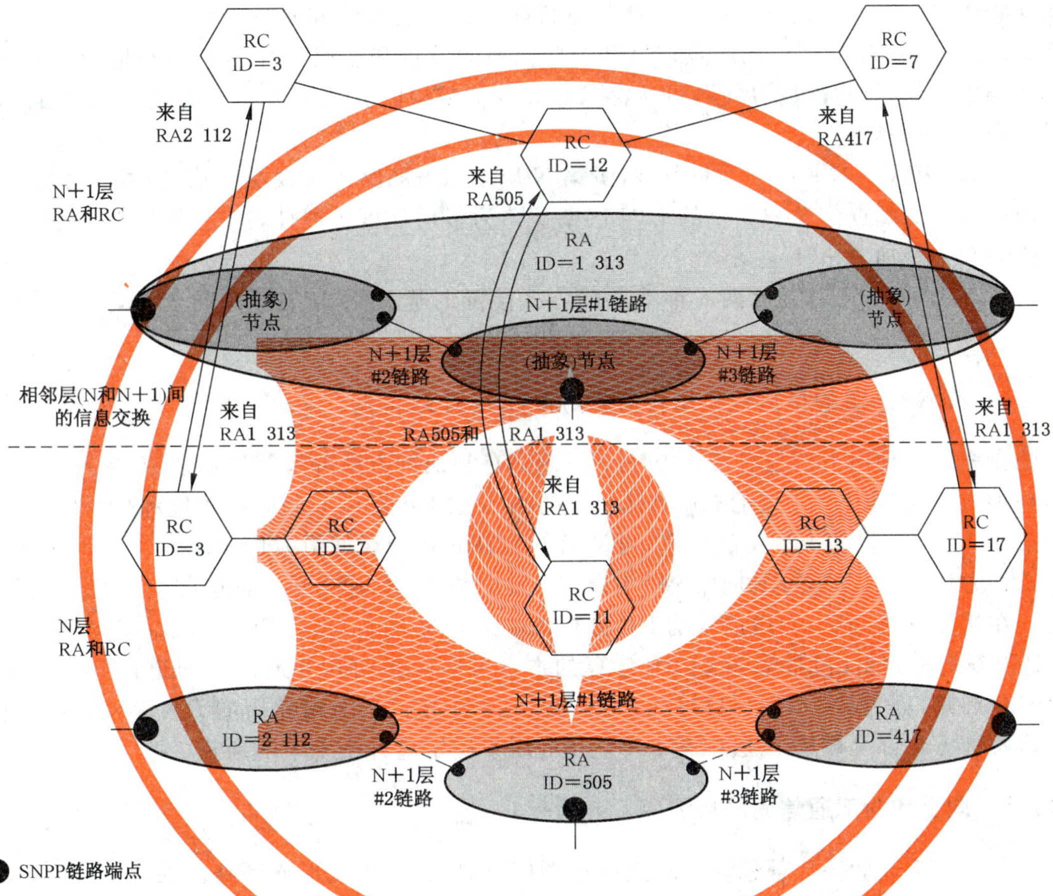

图19 第N层与N+1层RC之间交换路由信息示例

在图19中RC(如RC11和RC12)的物理位置、它们的关系以及它们采用的通信协议不在本部分范围内。

注:在这里对RC11和RC12之间的通信方式不做任何假定。

RC与其父节点和子节点间的信息交互包括了可达性信息、节点和链路拓扑信息。

在一个RA内可有多个RC转换并转发信息到其他层的RC。但是,在这种情况下,接收信息的层应通过多种机制保证接收到信息的一致性。

由于不同层RP的路由模式可能不同,不同层之间的信息流应适用于所有模式(例如集中式路由或链路状态协议)。一个采用链路状态协议的RP应支持可达性和拓扑信息在邻接层间传递。

5.4.1.2 邻接路由层间的通信

5.4.1.2.1 概述

为了支持多级的分级路由,不同层的路由功能间需要进行通信并进行信息单元的交换。

5.4.1.2.2 交换的信息类型

如第4章所述,向上(如第N层到第N+1层)或向下(如第N+1层到第N层)的信息传递都是为了交换可达性信息,其中包含了计算穿越多个RA的通道所需要的摘要拓扑信息。拓扑信息的摘要可能会影响路由的准确性,并且可能要求在本地RP之外进行额外的通道计算。5.4.1.2.3和5.4.1.2.4中将进一步描述向上和向下通信的方法。

5.4.1.2.3 第N层的可达性和拓扑信息对第N+1层可见

此处介绍了两种向上的信息传递方法。不排除有其他的方法并留待以后研究。

第一种方法是,第N层中的端点信息和一些抽象的节点和链路拓扑信息静态地配置到第N+1层的路由功能中。为了增强可扩展性,可达性信息以地址前缀的方式来表示。否则,RA中的端点信息可用实际的列表来描述。

第二种方法是,第N+1层中的RC监听第N层中RA的路由协议交互信息,并通过此得到第N层路由实例所通告的端点信息和完整的第N层拓扑。为了增强可扩展性,这些信息可被摘要为一个或多个地址前缀和一个抽象拓扑。

上述两种方法均可采用;后面一种动态的方式能随时通告第N层RA的变化,因此具有更强的灵活性。

5.4.1.2.4 第N+1层的可达性和拓扑信息对第N层可见

此处介绍了两种向下的信息传递方法。不排除有其他的方法并留待以后研究。

第一种方法是,第N+1层的RP向其包含的第N层RP提供本层的可达性和拓扑信息。此信息包含了与第N+1层邻接的上一层的信息,可被第N层RP在计算通道时用于确定自己所在RA的出口。

第二种方法是,第N层RP向第N+1层RP发出请求,该请求可一直递归向上传送到分级路由的最上层。在接收到响应后,发送请求的RP分析该响应以确定第N+1层RP所给出的出口点。然后第N层RP更新通道路由(包含第N层RP计算的本RA中的路由),并返回给通道计算的请求者。本方法可以避免环路,因为GB/T 21645.1—2008的5.4.2中定义的分级路由的RA不允许包含它的RA。

上述两种方法都可被第N层中某RA的RC用于确定离开本RA的通道。

5.4.1.2.5 向上和向下通信间的协调

当向上和向下通信接口都包含了端点可达性信息时,就有可能形成环路。因此,链路状态路由协议应采取方法来达成以下目的:

- 阻止第N+1层传递给第N层的信息被传回给第N+1层;
- 并且阻止第N-1层传递给第N层的信息被传回给第N-1层。

RC接收到的路由信息有两类:一类是该RC所在层产生的,另一类是其较高或较低层产生的。为了避免环路形成,即使RC接收到的信息是通过同层别的RC转发的来的,路由协议也应能区分这两类信息。

5.4.1.2.6 通信方法

第N层与第N+1层间的通信有两种方法。第一种方法是,第N层的路由功能实例和第N+1层的路由功能实例处于同一系统中。此时它们之间的通信接口处于该系统内部,所以该接口不是一个标准化的开放接口。

另一种方法是,第N层的路由功能实例和第N+1层的路由功能实例处于不同的系统中。此时,这两个包含了处于不同层次路由功能的系统需要采用一定的方法进行关联(例如通过配置或自动发现机制),并且在两个系统之间应采用某种协议进行通信。

5.4.2 LRM和RC的通信

LRM的一个功能是向RC提供链路类型和链路资源的可用性，以及这些资源的任何变动。需要LRM和RC提供如下基本功能：

- RC根据从LRM收到的信息增加、删除和修改其RDB中的内容。
- LRM通告RC链路信息变动。
- RC将这些消息通告到邻接的RC。其他RC应能区分最新消息和过时消息。

LRM应该有防止RC过载的流程，RC之间的通告也应有防止RC过载的流程。

5.4.3 路由分级和信息流的配置

在分级路由结构中（包含RA ID和RC ID），RC应支持描述父RP和子RP关系信息的静态配置（例如操作者配置）和/或动态配置。如此递归，最终完成分级配置。

5.4.4 配置RC邻接

在RA中，RC应支持描述和其他RC的控制邻接信息的静态配置（例如操作者配置）和/或动态配置。这个协议应支持4.6中描述的所有邻接情况。

5.5 路由属性

5.5.1 原则

GB/T 21645.1—2008中7.4描述了用于控制传送网资源的控制平面的各个元件，这些元件用于网络层连接建立、维护和释放。传送网的路由基于层运行，每层的路由模式可以不同。并不是所有的传送设备都支持同样的传送层集合，并且在给定的层所支持的连接灵活性也不相同。通过采用不同的适配功能，一个服务层通道可支持不同的客户。此外，在GB/T 21645.1—2008中，传输设备可支持不同的适配功能，由此一个单个的服务层通道可动态支持不同的复用结构，通道计算受层相关、层无关以及客户/服务层适配信息单元的影响。路由协议可应用于任何的传送层网络（例如SDH网络和OTN网络），并且路由属性的表示方法应能应用于现存或将来的其他传送网络层。

5.5.2 属性分类

根据前述的原则，属性可根据下述分类原则进行组织：

- 节点相关或者链路相关的属性；
- 预配置、协商或者自动配置的属性；
- 从服务层继承或者某层特定的属性。

对于每层传送网络，链路属性的配置可采用静态或者动态的方式。尽管配置可由每层独立完成，但会导致不必要的重复动作，因此也可通过属性的继承来优化配置过程。

基于不同的链路属性（如分集，链路代价等），操作者通过聚合SNP链路连接来完成SNPP链路的配置。配置操作（如链路属性的配置，SNPP属性的配置等）应合理设计，以便配置操作以及后续路由协议的洪泛不影响到现存的传送平面连接。

两个RA可由一条或多条SNPP链路连接。考虑到如下方面因素时，SNP链路连接需要被聚合为多条SNPP链路：

- SNP链路所连接的RA；
- 或包含该SNP链路连接的RA；

- 或出于管理目的而需要进行更小的聚合时。

5.5.3 通用通告信息

所有通告的内容都包含一组通用的管理信息单元，这些单元是：

- 发布者 RA ID；
- 发布者 RC ID；
- 唯一标识通告的信息；
- 确认通告是否已被更新的信息；
- 指示通告来自其他层(如来自本 RA 之外)的信息。

5.5.4 节点属性

对于属于 RA 的所有节点，RA ID 是这些节点一个属性。假定抽象的节点和不可再分解的节点无任何区别，如 5.1 描述，则在通告中使用如下相同的节点属性：

- 节点 ID；
- 可达性信息：可达性信息描述了一组与该节点关联的可达的端点集合。可达性信息可能是一组 UNI 传送资源地址或地址前缀，也可能是一组 SNPP ID 或 SNPP ID 前缀，在所应用的范围应使用相同的选择。

在表 5 中，“能力”一词表示在实现链路状态协议时对某属性需要支持的程度，而“用法”一词表示在实际操作时对某属性使用的灵活程度。

表 5 节点属性

节点属性	能力	用法
节点 ID	强制	强制
可达性	强制	可选

5.5.5 链路属性

5.5.5.1 链路属性分类

下述链路属性被定义：

- 本地 SNPP 命名；
- 远端 SNPP 命名；
- 层相关特性(见 5.5.5.2)。

在表 6 中，“能力”一词表示在实现链路状态协议时对某属性需要支持的程度，而“用法”一词表示在实际操作时对某属性使用的灵活程度。

表 6 链路属性

链路属性	能力	用法
本地 SNPP 命名	强制	强制
远端 SNPP 命名	强制	强制
层相关特性	(见 5.5.5.2)	

当链路的远端不在本 RA 内时，远端 SNPP 命名的"用法"为可选。

5.5.5.2 层相关特性

- 信号类型：该属性确定某层网络的特征信息；
- 链路代价：该属性代表一个或多个度量的矢量，每个度量表示某条链路在通道计算时和其他链路相比的优先度；
- 资源分类：该属性表示网络运营者对该链路进行的管理分组。一条链路可属于零个、一个或多个管理组；
- 本地连接类型：该属性用于确定本地 SNP 是代表一个终端连接点 TCP，一个连接点 CP，还是可以被灵活配置为 TCP 或 CP。如图 20 所示；
- 链路容量：该属性表示对某个特定网络传送层的可用或者潜在的容量。其他的容量信息也可能有用，故在此并不排除；
- 链路可用性：该属性表示用于链路或链路端点的由一个或多个可用性参数组成的矢量。在域内或域间，可用性的含义是不同的。在域内，可用性表示的是链路或链路端点的生存性。此外，节点的生存性特征可作为上述矢量的参数之一；
- 分集支持性：该属性表示链路的、节点的和共享风险组的分集信息，这些信息主要用于通道计算；
- 本地客户适配支持性：该属性表示本地 SNPP 关联的 TCP 支持的客户层适配。该属性仅在本地 SNP 表示一个 TCP 或者可以被灵活配置为 TCP 或 CP 时有效。

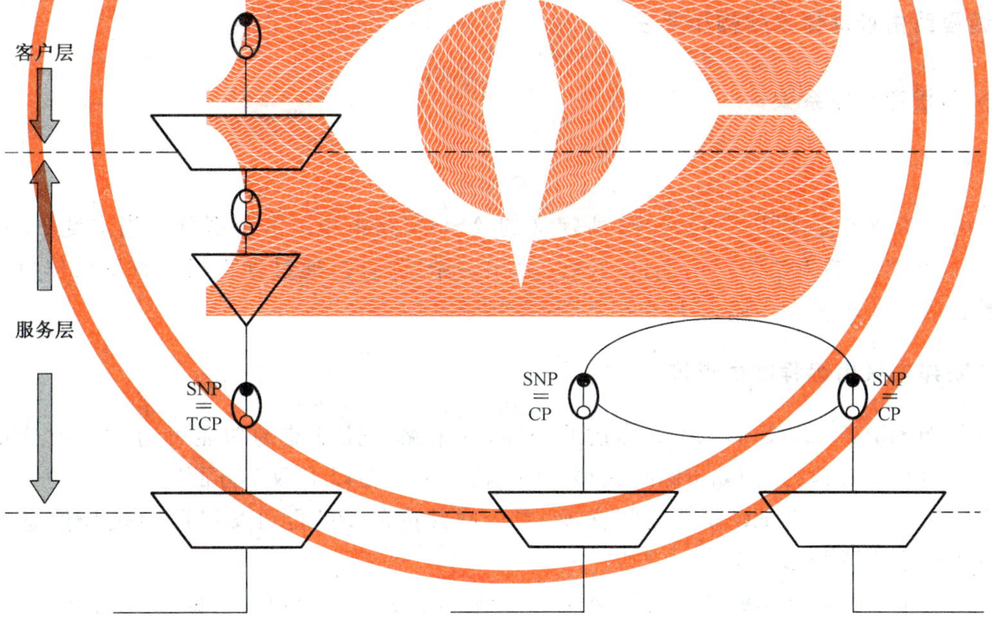

a） SNP 配置为 TCP　　　　b） SNP 配置为 CP

图 20　SNP 实现

如果选择各层独立地通告其所在层的相关属性，则可能导致不必要的信息冗余。为了避免冗余，可采用本地适配信息和 5.5.2 描述的继承属性的方法。

层间信息通告是通过每一层负责 SNPP 的 LRM 之间相互配合完成的。

在表 7 中，"能力"一词表示在实现链路状态协议时对某属性需要支持的程度，"用法"一词表示在实际操作时对某属性使用的灵活程度。

表 7 层相关特性

层相关特性	能力	用法
信号类型	强制	可选
链路代价	强制	可选
资源分类	强制	可选
本地连接类型	强制	可选
链路容量	强制	可选
链路可用性	可选	可选
分集支持性	可选	可选
本地客户适配支持性	可选	可选

5.6 路由协议选择

支持 ASON 的链路状态协议有 GMPLS OSPF-TE 和 IS-IS，本部分建议使用 GMPLS OSPF-TE，见附录 F。

6 ASON 远程路由查询体系架构和要求

6.1 ASON 远程查询体系架构

6.1.1 概述

远程路由查询操作是 ITU-T G. 8080 所定义的 ASON 路由规范的一部分。当本地 RDB 没有足够的路由信息，路由控制器无法为一个连接请求计算出一条路由时，通过远程路由查询操作可以和另一个路由控制器通信来请求协助。附录 E 给出了远程查询的示例。

6.1.2 RC 联邦内采用远程路由查询

与 GB/T 21645.1—2008 中 9.1.2 描述的一样，一个路由控制器的功能可通过一组分布式实体组成的相互合作的联邦来执行，例如 RC 的联邦。RC 联邦主要在以下两个方面有用：

1） 路由拓扑信息可在 RC 联邦之间交换，单个联邦内的 RC 也可交换路由拓扑信息。这方面的描述在第 4 章和第 5 章。

2） 路由查询消息可在 RC 联邦之间交换，单个联邦内的 RC 也可交换路由查询消息。

以上两方面是和 RC 不同的功能关联的。RC 联邦的远程路由查询操作有以下不同的使用类型：

1） 逐跳远程通道计算；

2） 分级远程通道计算；

3） 以上两种类型联合的远程通道计算。

逐跳的情况如图 21 所示，其中点和线组成了 RC 联邦的边界。通常每一个 RC 都在自己的路由区内负责端到端通道计算的一部分，对于此路由区外的端到端通道部分，RC 首先确定一系列 RC 中的属于另一个路由区的下一跳 RC，假定前提是这个 RC 有足够的信息决定适当的下一跳 RC。如果不能，该 RC 就必须和属于另一个路由区的所有邻居 RC 通信（同时或者逐一）找出合适的下一跳 RC，并由找出来的下一跳 RC 负责剩余部分的通道计算。通过这种方式，一条端到端连接的通道可由一系列的 RC 合作一步一步的计算出来。

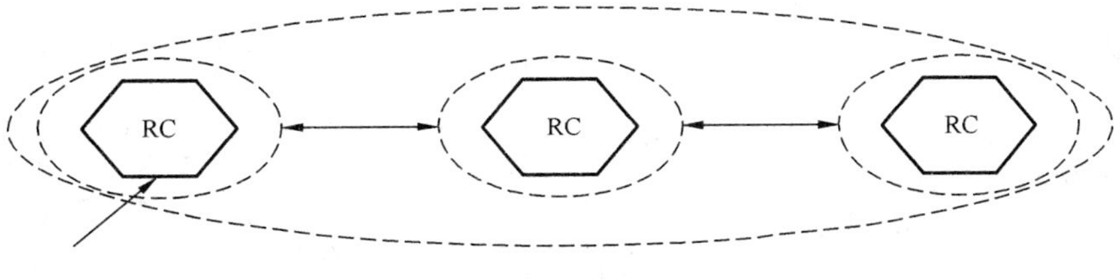

图 21 逐跳远程通道计算

分级的情况如图 22 所示，其中点和线组成了 RC 联邦的边界。每一个子 RC 在它自己的路由区内计算通道。对于跨域的通道，子 RC 通过与它的一个或多个父 RC 通信，调用远程路由查询功能，在这里所谓的父 RC 是指在 ASON 分级路由中比子 RC 高一个层次的路由区中的 RC，即父 RC 具有其所包含的子 RC 所对应子 RA 的域间拓扑信息，也可包含某些子 RA 的域内拓扑信息。在这种情况下子 RC 作为路由查询的请求者，父 RC 作为路由查询的响应者。父 RC 可进一步和属于它的其他子路由区内的子 RC 通信，此时父 RC 作为路由查询的请求者，而子 RC 作为路由查询的响应者，在这里所谓的子 RC 是指在 ASON 分级路由中比父 RC 低一个层次的路由区中的 RC。这种在子 RC 和父 RC 之间的交互作用过程可以递归执行，直到计算出一条跨多个路由域的通道。

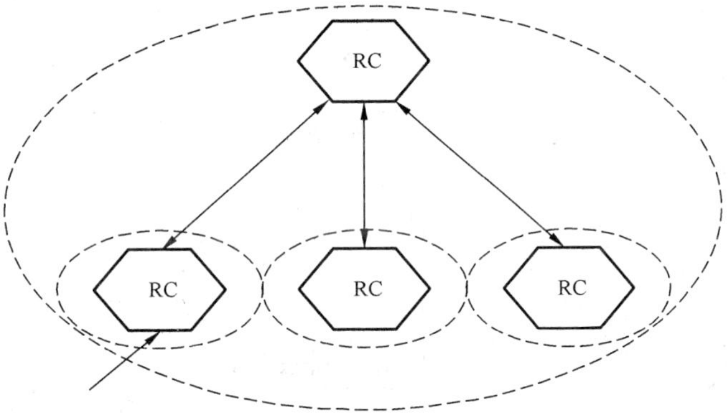

图 22 分级远程通道计算

逐跳和分级组合的情况如图 23 所示，其中点和线组成了 RC 联邦的边界。每一个 RC 计算它自己路由区的通道。对于跨过路由域边界的通道，可通过逐跳或分级的方式执行远程通道计算的功能。在 RC 联邦 F1 和 F3 中，分别使用了分级远程通道计算，在 RC 联邦 F2 中使用了逐跳远程通道计算，在高层的路由区 F4，RC 也是使用了逐跳远程通道计算。

RC 联邦对于采用哪种类型来执行远程通道计算功能，依赖于它所在的环境，包括路由信息的发布方式，网络拓扑，连接请求给出的路由约束条件，通道最优化的需求，管理的策略等，其中的细节超出了本部分的范围。

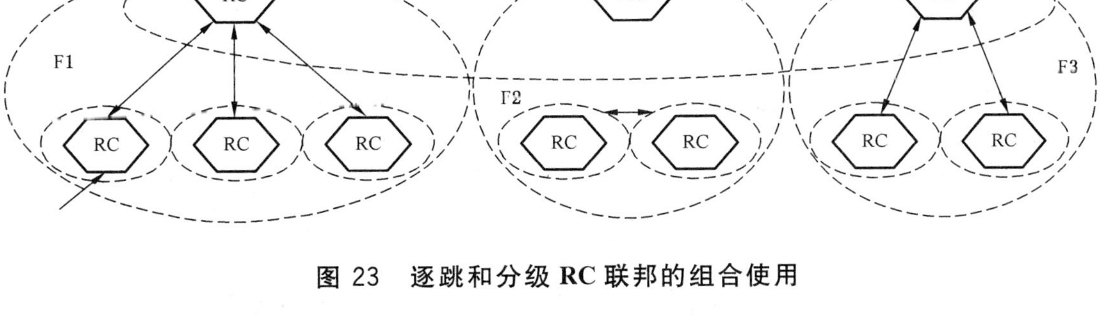

图 23 逐跳和分级 RC 联邦的组合使用

6.1.3 路由查询接口

GB/T 21645.1—2008 中 7.4.2 定义了 RC 上的路由查询端口，它可以在下面两种情况下使用：

- 来自 CC 的路由查询请求；
- 来自另一个 RC 的路由查询请求。

在第一种情况下，CC 在接收到一个连接请求时，使用 RC 的路由查询接口请求 RC 为其计算路由；接收到请求的 RC 将基于与它关联的 RDB 计算路由；如果 RC 发现了一条路由，它将返回给 CC，CC 将沿着所得到的路由继续连接的建立过程。如果 CC 和 RC 没有被配置在一起，CC 和 RC 间的路由查询接口就变成了一个外部接口，根据 GB/T 21645.1—2008 的 7.1，CC 和 RC 可使用 PC 进行通信，如图 24 所示中的 CC 和 RC1。

在第二种情况下，当 RC(RC1)不能够基于与它关联的 RDB(RDB1)找到一条给定目的地址的路由，它可使用路由查询接口和另一个 RC(RC2)通信，后一个 RC(RC2)可基于与它关联的 RDB(RDB2)协助 RC1 计算给定目的地址的路由。RC2 将返回给 RC1 它计算出来的部分路由，这样依次下去直到可以返回整个的路由信息给 CC。在第二种情况下，RC1 和 RC2 之间的路由查询接口也可以是外部的接口，它们之间可通过调用 PC 进行通信。如图 24 所示。

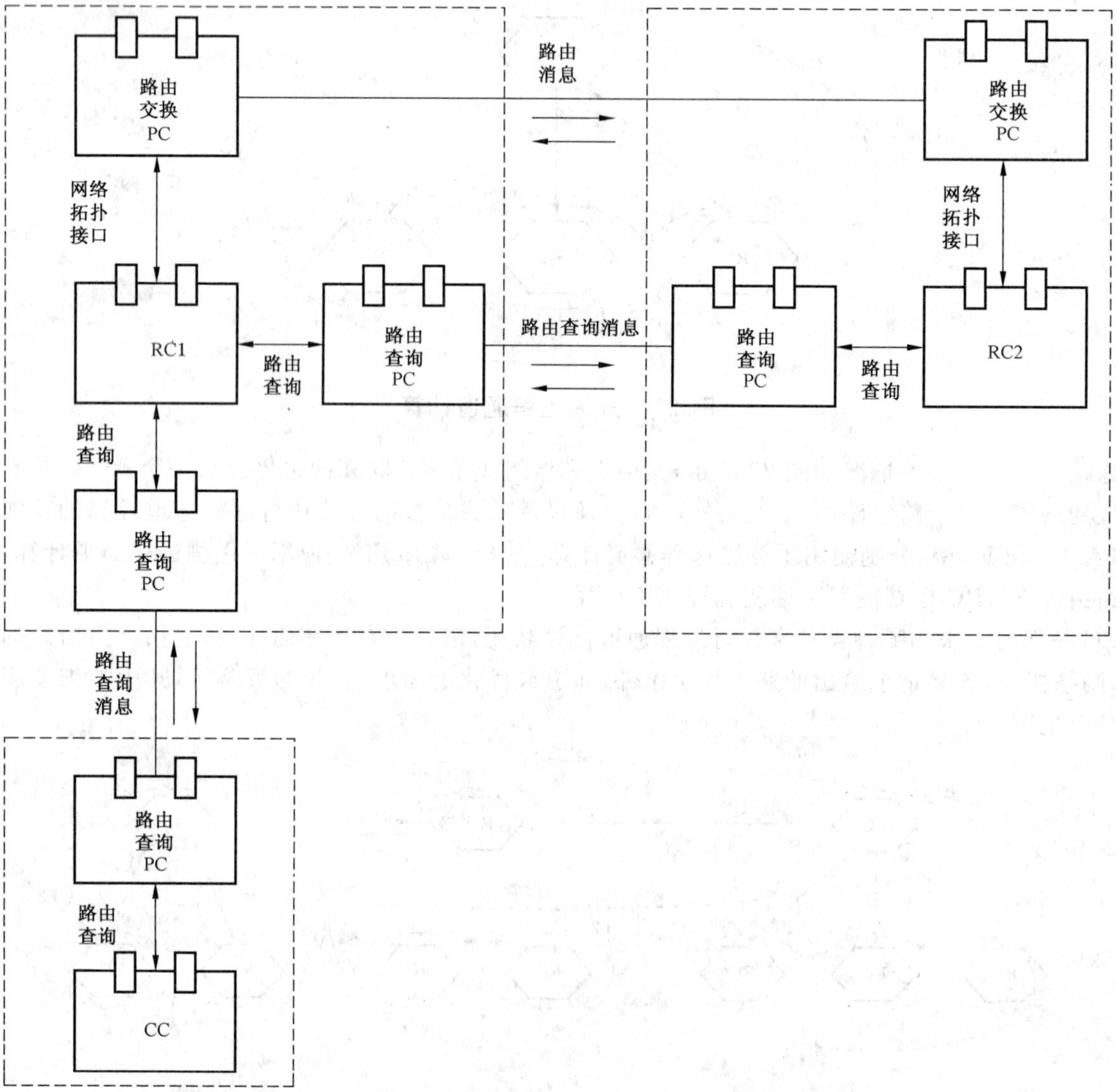

图 24 外部的 CC 到 RC 和 RC 到 RC 的路由查询接口

在第一种情况下，CC 与 RC 的联邦体系没有关系，但是 CC 所表现出来的行为和原语是 RC 所使用的 RC 之间的路由查询接口的一个子集。

6.1.4 单个或多个 RC 实现通道计算

对于端到端的连接，其通道可通过单个 RC 或多个 RC 合作的方式来计算，可用两个术语来分别描述相应的场景，分别为集中式远程路由查询模式和分布式远程路由查询模式。相对于 6.1.2 描述的逐跳和分级类型，集中或分布模式是另一种描述 RC 联邦的远程路由查询的方法。

在图 25a）中，RC1 发送一个路由查询消息给 RC2，接着 RC2 发送一个路由查询的响应消息给 RC1。在这种情况下端到端连接的通道可如图 25a）由单个 RC（RC2）计算，这种方式就叫集中式远程路由查询模式。

此外，如果 RC2 虽然有一些路由信息，但是却不完整，不能满足与原始的连接请求关联的约束路由的计算，RC2 可继续和另一个 RC 通信，例如图 25b）中的 RC3。如果 RC3 可满足剩下路由的计算，那么它可以发送一个响应消息给 RC2，RC2 再根据它自己计算出来的那部分路由信息（如果有的话）进行整合，最后由 RC2 返回给 RC1 一条完整的路由查询信息。换句话说，就是路由的查询模式应该允许通过一个或多个 RC 为任意一条给定连接进行路由搜索和计算，在多个 RC 的情况下，这个过程是通过多个 RC 合作完成的。

当一次路由搜索通过多个 RC 合成完成，进行通信的每一对 RC 间彼此交换的信息是私有的，通信的内容对其他所有调用的 RC（如果存在这样的 RC）来说是完全透明的。在图 25b）中，发起路由搜索的 RC（RC1）只知道有一个 RC2 可以接收路由查询消息并协助执行路由搜索，它并不知道 RC2 可以和其他的 RC 进行通信；当 RC3 从 RC2 接收到一个路由查询消息时，它并不知道路由查询请求是从 RC1 开始的，RC3 直接返回路由搜索的结果给 RC2。

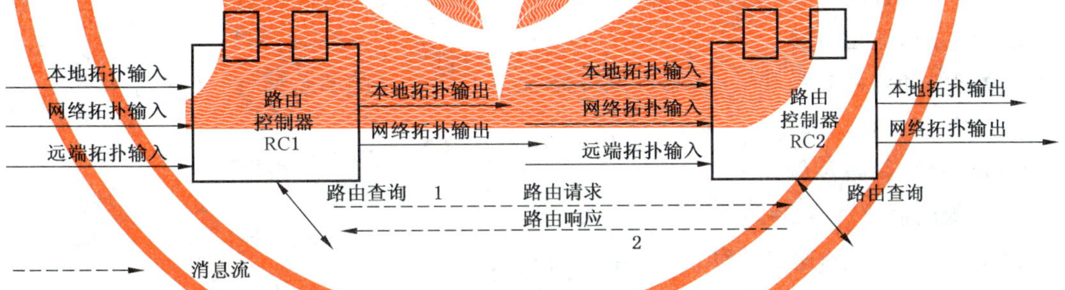

a） 单个 RC

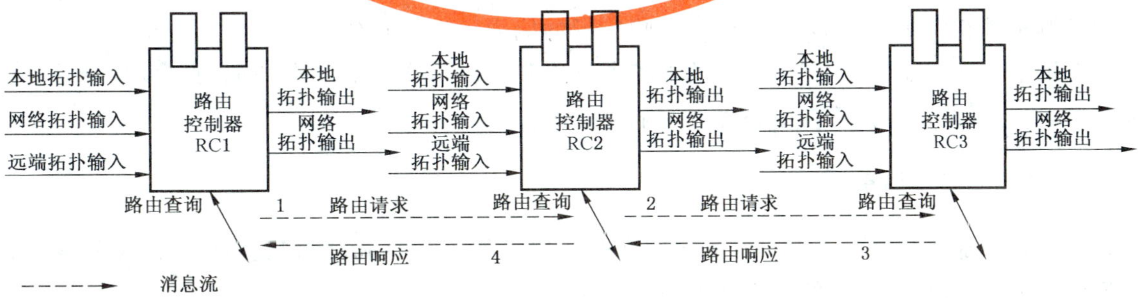

b） 多个 RC

图 25 通道计算

6.1.5 可通信 RC 之间的分级关系

ASON 路由采用了 GB/T 21645.1—2008 中 5.4.1 所描述的分级架构，在这种路由体系中，具有分级关系的一对 RC 之间是一种联合的关系。实际上，相对于联合体中的路由查询请求者，作为路由查询响应者的 RC，总是位于较高或是较低的层次上。一个较高层次的 RC 可能被要求执行一个路由查询的功能，因为较高层次的 RC 常常具有一个比较大的网络或子网的视图，它可以计算和提供穿过网络或子网比较大的部分的通道。一个较低层次的 RC 也可能被要求执行一个路由查询的功能，因为较低层次的 RC 在它自己的网络或子网中常常具有一个更详细的拓扑视图，它可以计算和提供相关网络或子网中的一条精确的物理通道，或者说是比较接近这样的一条通道。

6.1.6 发现路由查询响应者

在通道请求者和响应者通信之前，它应知道后者的具体位置(地址或名字)，这个过程叫路由响应者的发现。

如果一个 RC 可以为其他的 RC 执行路由计算，它的位置可以静态的提供给其他的 RC。或者其他的 RC 也可通过协议机制动态学习。这两种方法在同一个网络或子网中可以共存。作为路由查询响应者的一个或多个 RC 的发现是控制平面初始化的一部分。

6.1.7 路由查询响应者的通道计算能力

一个 RC 可能能够为请求它援助的其他 RC 提供或计算路由。当一个 RC 能够执行这样一个任务时，所有潜在的路由查询请求者在发送任何路由查询请求消息之前，都可能希望了解与路由查询响应者的通道计算能力相关的一系列的属性。

与特定的路由查询响应者相关联的能力有以下两种：

1) 基于约束的通道计算

路由约束通常和路由属性相关，包括在第 4 章和第 5 章定义的节点属性、链路属性等。

2) 基于策略的通道计算

用于通道计算的策略示例如下：

- 负载均衡的通道计算；
- 跨过 E-NNI 接口的通道计算；
- 备用通道路由计算；
- 计算并且返回一条机密性的路由给路由查询请求者。

作为控制平面初始化的一部分，路由查询响应者的能力可以传达给潜在的路由查询请求者。在了解到路由查询响应者的能力后，路由查询的请求者可以基于路由查询响应者的能力以及要计算的路由的约束条件，决定就此通道计算与此路由查询响应者通信。

6.1.8 路由请求和响应消息

在路由查询请求者和路由查询响应者之间交换的路由请求消息和路由响应消息是 NNI 参考点上路由信息消息的一部分，这方面的描述和抽象的定义见 4.5.3。

两种抽象消息定义如下：

- RI_QUERY：此消息的定义见 4.5.3，它在一个路由查询请求者给一个路由查询响应者发送一个路由查询请求消息时使用；
- RI_UPDATE：此消息的定义见 4.5.3，它在一个路由查询请响应者给一个路由查询请求者返回一个路由查询响应消息时使用。

路由查询的信息交互总是由一个路由查询请求者发起。由路由查询消息携带的信息和使用的特定具体协议有关。

6.1.9 RC和RC之间的邻接关系

当两个RC分别作为路由查询请求者和路由查询响应者时，它们形成一种路由邻接关系，在这两个RC之间表现出来的是一种逻辑上的关联关系。一对路由查询请求者和路由查询响应者形成路由邻接的目的，是确保他们之间的通信可靠和适当。在远程路由查询的场景中，两个RC之间邻接的持续时间是可以改变的。

在远程路由查询的场景中，两个RC交换路由拓扑信息时，它们之间邻接的自然状态是一样的，换句话说这两个RC也许也交互见4.5.2描述的路由邻接维护的消息。

6.1.10 远程路由查询消息的通信信道

路由查询请求者和路由查询响应者之间的消息交换，包括路由查询和响应，以及邻接维护消息，均在DCN中传送。

6.2 远程路由查询技术要求

6.2.1 体系架构要求

远程路由查询功能的体系架构要求包括以下内容：

- 在ASON的框架里，一条SC和SPC的路由可通过远程路由查询功能来计算，也可使用其他在第4章中描述的路由算法。
- 远程路由查询功能可被用来计算一条符合ASON框架的域内路由或跨E-NNI的域间路由。
- 远程路由查询操作中RC的角色，例如路由查询请求者或路由查询响应者，取决于在任意给定的通道计算中它所执行的实际行为。当一个RC和另一个RC通信是为了请求协助计算给定的通道，则它是一个路由查询请求者；当一个RC接收到另一个RC对于任意给定的通道的计算请求，则它是一个路由查询的响应者。对于给定的通道计算，一个RC在不同的查询阶段中既可以是路由查询请求者也可以是路由查询响应者。
- 如果调用远程路由查询功能，一条通道可由一个或者多个RC合作计算。
- 在远程路由查询时应该允许包含策略。策略将起到如选择路由查询响应者，选择跨过E-NNI的通道等作用。策略由管理平面获得。

6.2.2 发现要求

在6.2.2中发现是指RC获知另一个不在同一个网元内的具有通道计算能力的RC的位置。在发现以后，路由查询的消息可在路由查询者和路由响应者之间交互。发现的要求包括以下内容：

- 所有路由查询响应者可采用协议机制动态发现或采用静态配置方式。
- 一个RC允许发现一个或多个路由查询响应者。
- 一旦发现路由查询响应者时，则还可在向路由查询响应者发送RI_QUERY消息之前了解一些路由查询响应者的路由计算相关的能力。

6.2.3 远程路由查询协议要求

在远程路由查询期间，路由查询请求者和路由查询响应者按照第4章中的定义交换路由信息，在这里需要使用到相关的通信协议。对于协议有如下要求：

- 协议应支持4.5.2中描述的路由邻接维护，并应支持4.5.3中的定义的路由信息交换。
- 协议应支持能够携带路由信息的消息，并与ASON框架保持一致，如路由和信令体系架构。
- 由路由查询响应者返回的协议所携带的路由信息，可由ITU-T G.7713.1、ITU-T G.7713.2或ITU-T G.7713.3中规范的任何一种信令协议使用。
- 当一个路由查询响应者返回RI_UPDATE消息给路由查询者，应能通过采用如间接引用、加密等技术来保护被计算通道相关的网络或子网的私有信息。

附　录　A
（资料性附录）
分级路由中层间的信息流

A.1　概述

当控制平面接收到连接请求后，有可能本地 RC 实例无足够的信息确定如何建立连接。在连接的建立过程中，通过地址可达性和地址发现获得足够的信息是必要的第一步。在此提供了分级路由中不同层间信息流作为说明性示例。本附录中提供了两种路由层间信息流的互通情形。

在第一种情形中，RC 有一个和父 RC 以及子 RC 交互的接口。在由信息分发期间，信息在邻接路由层间交互，因此每个 RC 实例均能解析任意端点地址。

在第二种情形中，本地 RC 没有足够的信息解析端点地址，因此将路由请求转发给其认为能解析该地址（或者能从别处获得解析后的该地址）的父 RC。这种情形下，还有另外一种情况，即 RC 不知道自己的父 RC，则只能依靠其他外部元件来解析端点地址了。

A.2　和端点地址解析相关的信息分发

给定层路由区的通道选择可以解析该路由区外的地址。在这种情况下，该 RC 的上层可达性信息要向下发送到该 RC。类似于电话本中公布的国际直拨区号的国家/地区号码，为更高层的摘要地址。

当父 RC 提供了摘要的可达性目的地址和/或拓扑给其子 RC 后，子 RC 将其路由区的出口点和可达性目的地址关联。

a)　如果可达性地址在子路由区内，或者在子路由区包含的子路由区内，则子路由区知道可达性目的地址，此时计算出的路由应该具有最高的优先权。

b)　如果一个可达性目的地址和父路由区提供给子路由区的摘要地址匹配，则基于此计算出的路由优先权为最低。

c)　如果子路由区和父路由区均无法解析路由请求的目的地址，则该目的地址为不可达。

A.2.1　由高到低路由层的信息流

此时信息由父 RC 发送给子 RC，以协助子 RC 的通道选择。子 RC 应该一直要注意此信息是由其他路由层发送来的，而不是本层自己生成的。父 RC 发送以下两类信息：

a)　可达性地址——发送给低层的可达性地址的摘要信息，从而使得子路由区能通过解析到其边缘的 SNPP 地址的方式解析不在子路由区内的可达性目的地址。所以要经常维护一个高层摘要地址和本路由区内边缘地址之间的关联关系（例如，X.75 网关点集合，通过网关点可达某个特定的 X.121 数据网络国际号码）。

b)　链路和子网——高层的链路和子网信息可以发送给低层路由区。这有助于通道选择根据其他路由区的拓扑判断选择最佳的通道。若将所有这些信息从高到底进行传递，则可能会影响网络的规模。

A.2.2　由低到高路由层的信息流

路由信息可以由子 RC 发送给父 RC，作为本地拓扑输入给父 RC。只有子 RC 或者子 RC 的子 RC 生成的信息向上发送给父 RC。从父 RC 接收到的信息不应该再反送回父 RC。如果送给父 RC 的信息不足，则高层路由层的通道选择可能无法工作。

当父RC接收到子RC的路由信息后，可以把这些信息发送给其他的子RC和/或该父RC的父RC。

存在两种类型的子RC发送信息：

a) 可达性地址——用于路由的地址信息为可路由地址。可路由地址不同于连接客户的SNPP的公开地址，或者客户名。在公开地址/客户名和可路由地址之间，应该有维护该映射的机制，但不在本要求讨论范围之内。

   向上一路由层发送的地址信息可以摘要处理，即使低层没有使用全部地址空间（也就是说存在未用地址或者地址空洞）。更好的摘要方式是低层路由层未用的地址空间对高层路由层可见，这样做可以使逐跳路由很快地判断出一个不存在的目的地址。

   也可以保留或者排除某些地址信息。保留或排除的地址和/或摘要地址不发送给高层路由层，从而阻止高层知道这些地址。对于不能用于终结和穿通连接，但可以用来发起连接的路由区，此功能将会非常有用。

b) 链路和子网——链路和子网可以摘要到不同的程度。在完全摘要情况下，可以发送一个可以代表整个路由区的单个地址给上一层路由层。同时也需要发送路由区边缘的SNPP地址给上一层路由层。在部分摘要情况下，将一个简化拓扑所对应的部分的摘要地址发送给上一层路由层。

子RC向上层发送信息的细节程度可以根据输入要求的不同而不同。例如，对于仅给定了源和宿的通道选择请求，生成以源为根宿为叶子的最短径树已经足够。如果接收到给定源和宿的通道请求，并要求排除给定的某条通道所经过的网络资源，则需要所有被排除资源所属的路由区提供所有链路和节点（子网）信息。

A.3 为解析端点地址而进行的层间信息交换

在给定路由层的某个路由区的通道选择，可能无法解析不属于本路由区的地址。在这种情况下，不一定非要高层路由层向邻接低层路由层发送可达性信息。但高层路由层应提供路由查询功能，以便低层路由层通过路由查询功能确定本路由区的出口点。

注意为了支持上述方式，低层路由层需要向邻接高层路由层传递必要的信息。

对于不在路由区的宿，如果采用了路由层间协同来确定本路由区到达该宿的出口点，则有如下步骤：

a) 首先应查询子RC到达宿的通道，如果子RC知道宿，则应采用在子RC计算得出的通道。在通道选择中此子RC提供的通道具有最高优先级。

b) 当子RC不知道宿，则应向父RC查询通道。如果父RC能选择出通道，则根据反馈的通道确定本路由区的出口点，子RC根据此出口点给出本路由区内的通道，父RC和子RC合作完成通道选择。相对于1)中子RC直接计算得出的通道，父RC和子RC合作选择的通道具有最低的优先级。

c) 如果父RC不能反馈通道，则宿为不可达。（注：此过程中，父RC也可以递归查询父RC的父RC）。

附 录 B
（资料性附录）
分级路由不同层中 SNPP 的别名

本附录通过描述在分级路由体系中每层使用单独的 SNPP 命名空间，说明了 SNPP 别名在分级路由中的作用。

RA 之间可以是分级包含的关系，整个体系中每个 RA 对应有一个单独的 RP。某 RA 的 RP 只知道本 RA 的拓扑，而不知道包含它的 RA 的拓扑信息，或它包含的 RA 的任何拓扑信息。RP 可以将所包含的 RA 表征为一个抽象节点，并通过 SNPP 链路和其他 RA 相连。图 B.1 说明了这样一个拓扑。

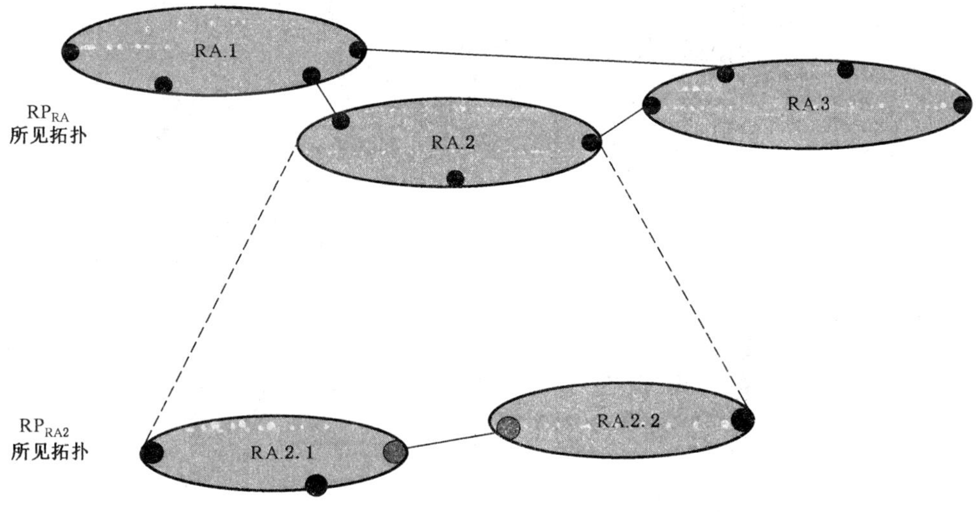

图 B.1 RP 可见的分级路由区拓扑

GB/T 21645.1—2008 中定义的 RA 要求链路应包含于某个 RA。在包含了某链路的两个端点的所有 RA 中，该链路只存在于最底层的 RA 中，在其他 RA 中该链路不可见。包含了某链路的 RA 的 RC 和该链路的 LRM 可以不在一处。如图 B.2 所示。

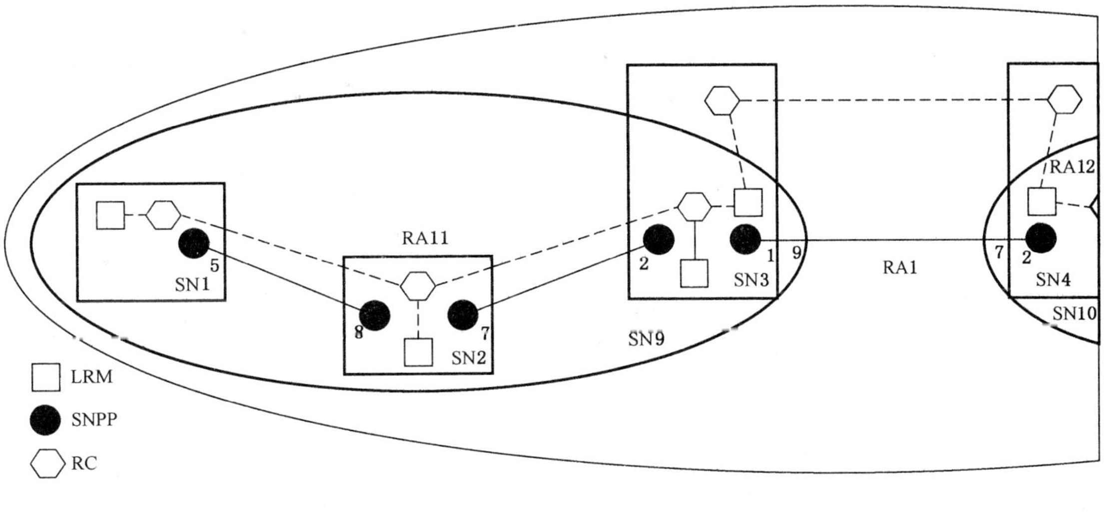

图 B.2 分级 RA 中的 SNPP 别名

连接 SN4 和 SN3 的链路端点有两个分离的 SNPP 命名：

- RA ⩽ RA1，RA11＞SN ＝ SN3 LC ＝ 1（在 RA11 中），
- RA ⩽ RA1＞SN ＝ SN9 LC ＝ 9（在 RA1 中）

在包含了连接 SN4 和 SN3 的链路的两个端点的所有 RA 中，RA1 是最底层的 RA，故该链路只存在于 RA1 中，在其他 RA 中该链路不可见。为了使用该链路，需要 RA1 的 RP 提供该 SNPP 在 RA1 中的命名。

当计算从 RA11 内一个点到 RA11 外的一个点的分级通道时，会要求 RA11 的 RP 使用它不知道的 RA1 命名来计算到出口节点的通道。因此 RA1 命名需要翻译成 RA11 命名。该翻译方法是协议相关的，不在本部分范围内。

附 录 C
（资料性附录）
PC 提供的多 RC 通信方式

本附录提供两个系统之间携带多层信息的不同方法的示例。

GB/T 21645.1—2008 指出，每一层网络均有自身的控制平面实例。当多层网络存在时，邻接层的 RC 间互相交换信息。多个 RC 对的信息可以通过单个 PC 对交换。本附录描述了该信息流的两个例子。第一种采用 PC 复用多个 RC 对之间的通信，第二种采用 PC 复用多个 RC 对之间的信息。如图 C.1 所示：

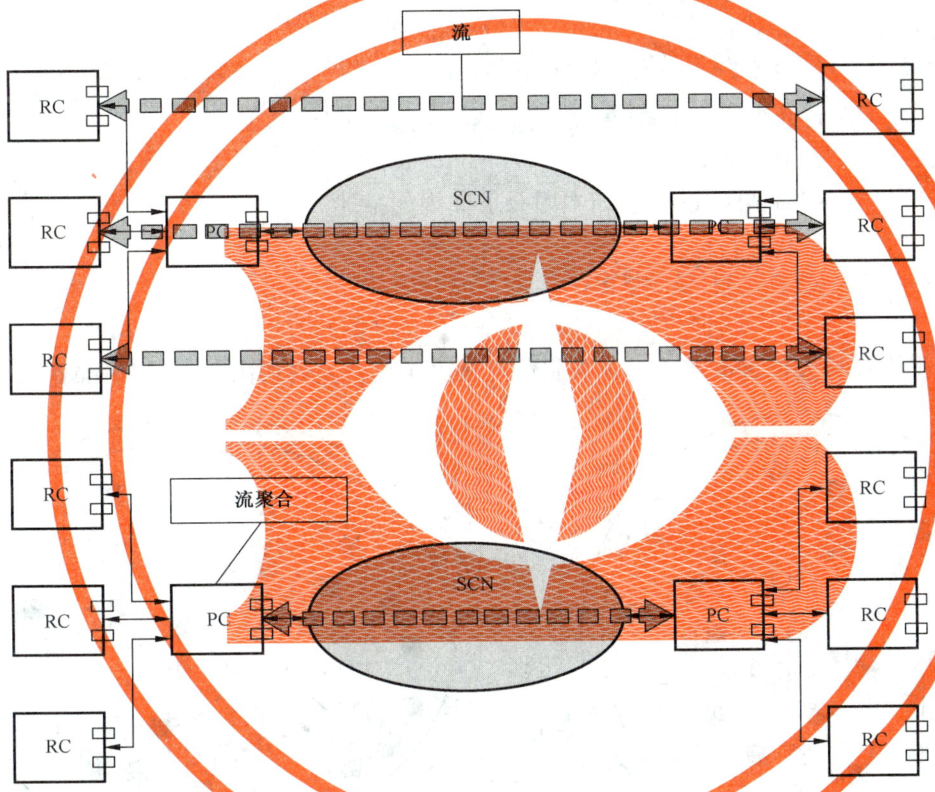

图 C.1 PC 复用 RC 对通信（上图）和 PC 复用 RC 对信息（下图）

附 录 D
（资料性附录）
路由区划分、聚合以及网络分级演进示例

D.1 概述

本附录提供由 RA 执行的操作示例。

RA 可执行的操作包括（不限于）如下：

- 划分一个 RA 为两个分离的 RA；
- 聚合两个 RA 成一个 RA；
- RA 重命名；
- 插入一个 RA 到分级结构中；
- 从分级结构中删除一个 RA。

在很多场合下，都会需要上述操作，如本附录下文中的描述。

D.2 划分——插入一个节点到“满”的 RA

RA 可能受限于最大包含节点数。该限制可能是由于设备实现的限制，或网络操作的限制。

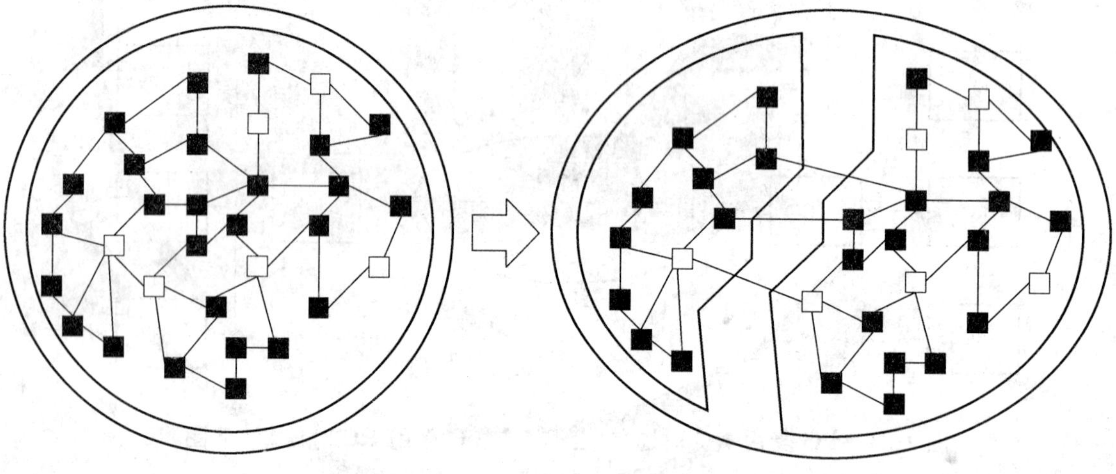

图 D.1 32 个节点 RA 的划分

图 D.1 中所示 RA 包含 32 个节点，其中一些节点（图中的白色节点）不能支持大于 32 个节点的 RA。例如由于路由协议所使用的内存或 CPU 的限制。在 RA 中加入一个节点有可能导致白色节点 RC 无法提供路由服务。

在划分后，形成两个 RA。其中一个有 11 个节点，另一个有 21 个节点。因此，新节点可以加入任何一个 RA 中。

D.3 聚合两个 RA

某些情况下，两个 RA 需要聚合成一个 RA。这可能是由于希望拓扑扁平化，或由于商业原因如合并或收购。

例如，图 D.2 中两个 RA 要聚合。这两个 RA 业务在同一个地理区域中，且是同一个管理域的一部分，所以没有必要放在分离的 RA 中。

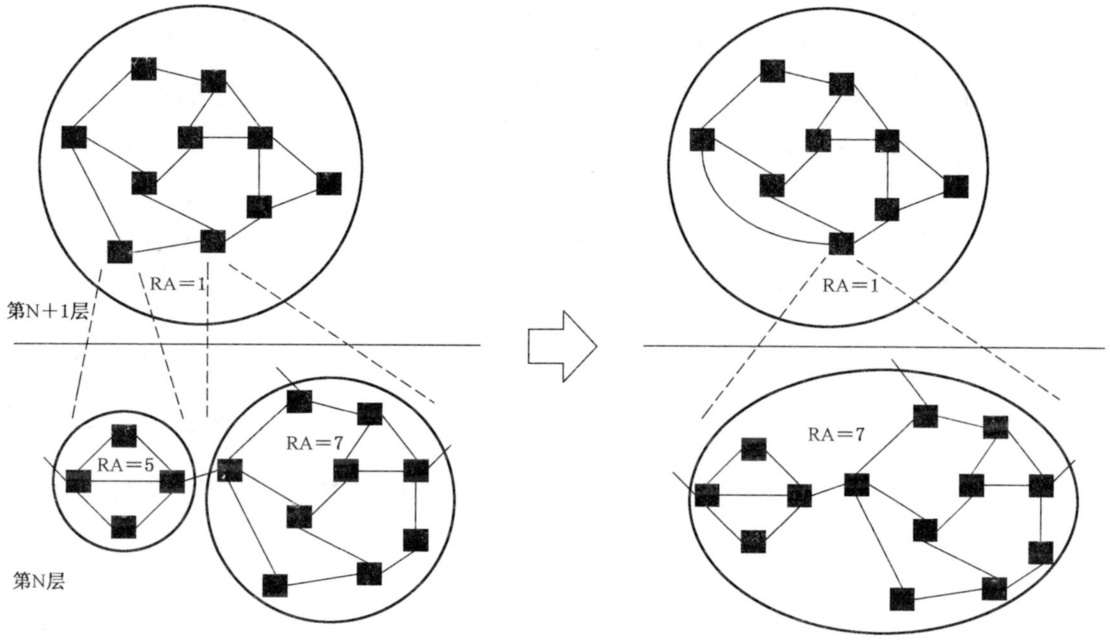

图 D.2 两个 RA 聚合

D.4 RA 重命名

只有在验证了两个 RA 的 ID 在网络中是唯一的时候才能将两个 RA 互联。如果在两个 RA 中出现重复的 RA ID，则至少要重命名其中一个 RA 的 RA ID。在重命名后，RA 才能够被互连。该过程如图 D.3 所示。

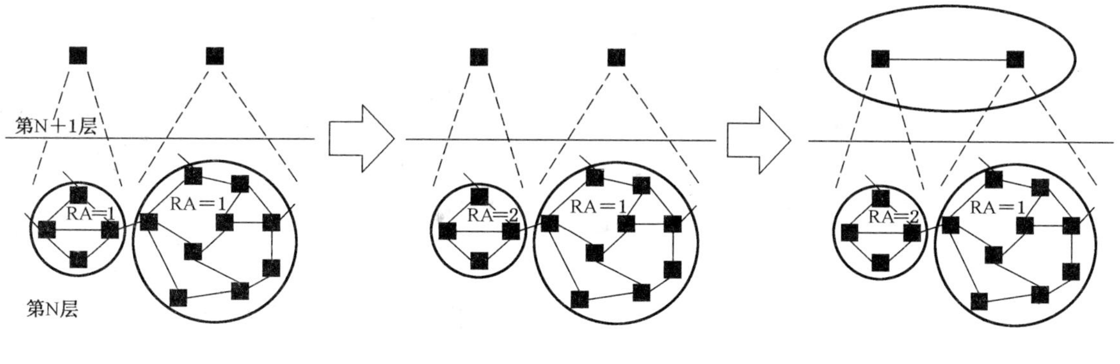

图 D.3 RA 重命名

D.5 插入——在网络的某部分加入不同的路由协议

涉及插入的一个例子是加入一个不同的路由协议到网络的某部分。例如，网络操作者决定在他们的网络的一部分采用某些设备，而这些设备不能参与当前该部分网络的所采用协议通信时。采用相同路由协议的设备形成一个 RA，而包含这些采用不同协议类型的 RA 的上层 RA 可以完成可达性的摘要。如图 D.4 所示。

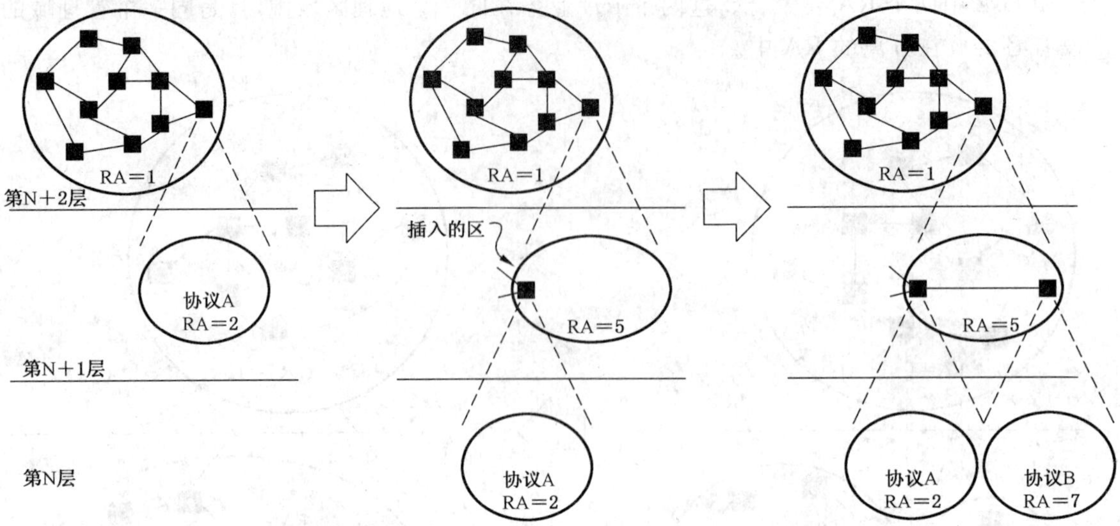

图 D.4 向网络中的一部分加入不同的协议

附 录 E
（资料性附录）
远程路由查询示例

E.1 概述

远程路由查询结构使得网络实现和维护具有极大的灵活性。例如，端到端连接的通道路由计算可以以集中或者分布的方式进行；另外，采用远程路由查询结构进行通道路由计算时，可以采用逐跳的、分级的或者这两种混合的模式。

远程路由查询结构与一系列的元件和接口相关，例如路由查询接口、路由查询请求者、路由查询响应者、RC 及其联邦、CC 等。在进行远程路由查询期间，这些元件以多种方式进行交互，其具体方式取决于实现方式和网络应用。

本附录提供了多个远程路由查询运行的示例，其内容包括了在不同操作方式下的 RC 之间、RC 联邦之间以及 CC 和 RC 之间的交互。这些示例从结构的角度论证了在 ASON 框架内使用远程路由查询的灵活性。本部分标准并不排除这些示例以外的用法。

E.2 逐跳远程路由查询

在图 E.1 中，一条端到端的连接跨过了 3 个 RA。每个 RA 中的 RC 负责计算这条通道在本 RA 中的一部分，为了计算 RA 间的通道段，不同 RA 中的 RC 彼此通信。在这个例子中，使用了逐跳远程路由查询。

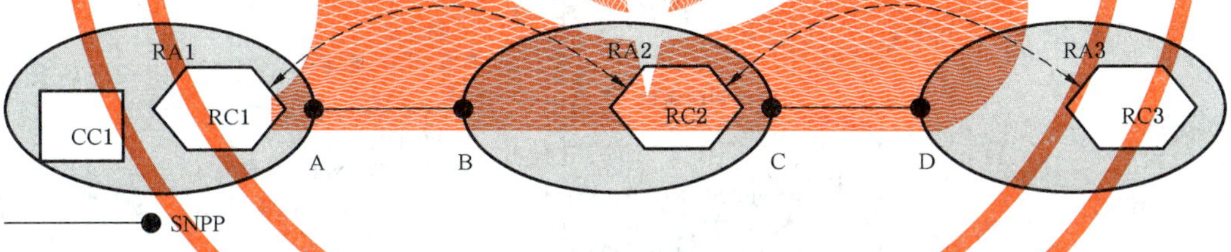

图 E.1 逐跳路由查询示例

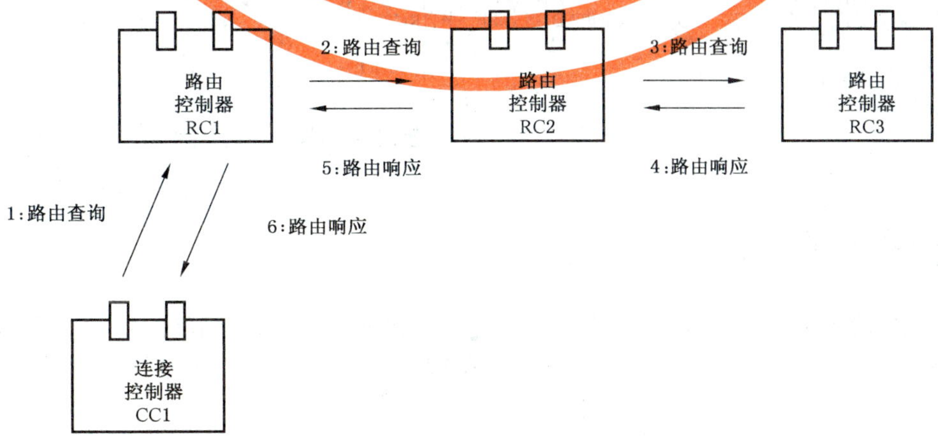

图 E.2 逐跳路由查询元件交互

如图 E.2 所示，这个例子中逐跳远程路由查询期间元件交互流程如下：

1） CC1 发送一个路由查询消息给 RC1，可以包括约束条件；
2） RC1 发现目的 SNPP 不在它负责的 RA 中，则发送一个路由查询消息给 RC2，请求计算一条从 SNPP B 开始的通道；
3） RC2 发现目的 SNPP 不在它负责的 RA 中，则发送一个路由查询消息给 RC3，请求计算一条从 SNPP D 开始的通道；
4） 在接收到步骤 3）中的路由查询消息后，RC3 发现目的 SNPP 在它的 RA 中，RC3 确定到目的 SNPP 的通道，并把它作为路由查询的响应发送回 RC2。这条通道的起始是 SNPP D；
5） RC2 知道 RA3 中的 SNPP D 连接到 RA2 中的 SNPP C。这样就可以计算出一条到 SNPP C 的通道，结合 RC3 提供的路由信息，可以得到一条从 SNNP B 到目的 SNPP 的路由，这条路由信息作为 RC1 的路由查询响应消息返回给 RC1；
6） RC1 知道 RA2 中的 SNPP B 连接到 RA1 中的 SNPP A。这样就可以计算出一条到 SNPP A 的通道。结合 RC2 提供的路由信息（这里面包含了 RC3 提供的路由信息），RC1 就可以返回一条端到端的通道可给 CC1，CC1 可以根据此通道信息开始连接的建立过程。

逐跳远程路由查询的序列如图 E.3 所示：

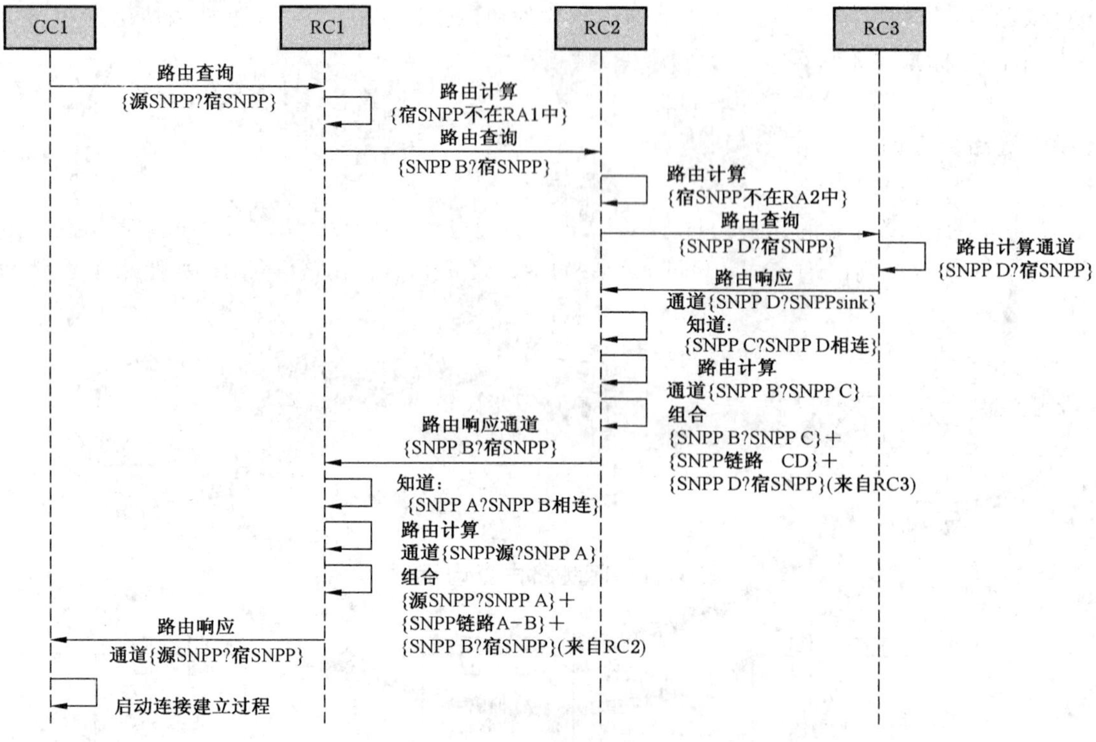

图 E.3 逐跳路由查询序列图

E.3 并行远程路由查询

在图 E.4 中，请求一条源和目的 SNPP 分别在 RA1 和 RA3 中的端到端连接。假定 RA1 中的 RC 不知道目的 SNPP 在哪一个 RA 里，因此它同时和 RA2 和 RA3 中的 RC 通信请求通道计算。

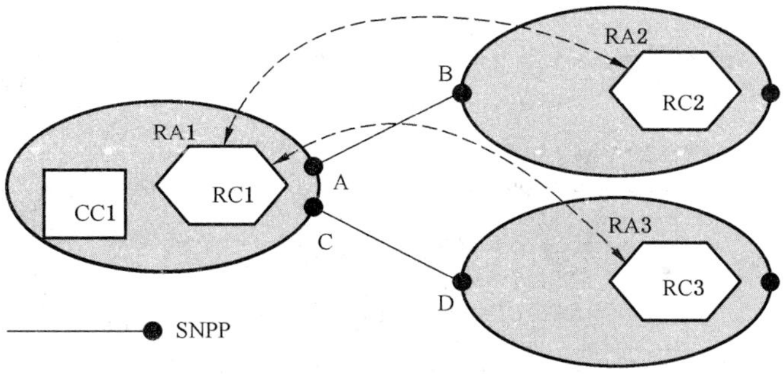

图 E.4 并行路由查询示例

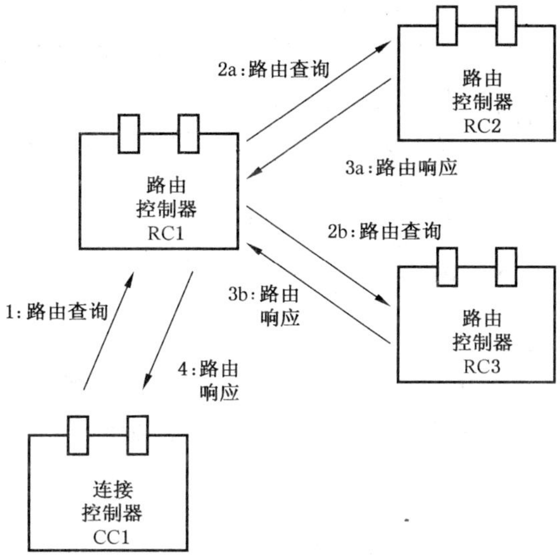

图 E.5 并行路由查询元件交互

如图 E.5 所示,这个例子中元件交互流程如下:

1) CC1 发送一条路由查询消息给 RC1,可以包括约束条件;
2) RC1 发现目的 SNPP 不在它负责的 RA 中,也不知道目的 SNPP 是在 RA2 中还是在 RA3 中,所以 RC1 同时给 RC2 和 RC3 发送路由查询请求消息,分别请求从 SNPP B 和 SNPP D 到目标地址的通道。

RC1 需要根据 RC2 和 RC3 返回的响应消息从其中选择一条最佳的通道。如下是可能的一种情况。

3) RC2 接收到路由查询请求,发现目的 SNPP 不在它的路由域,也不能到达,因此 RC2 发送一个响应消息给给 RC1,指出它没有发现可以到达目的 SNPP 的路由。
4) RC1 从 RC2 接收到步骤 3)中的指示后不会采取进一步的行动。
5) 在上面步骤的同时,RC3 也接收到来自 RC1 的路由查询请求,它发现目的 SNPP 在它的 RA 中。RC3 确定到达目的 SNPP 的通道,发送一个响应消息给 RC1。这条通道从 SNPP D 开始。
6) RC1 知道 RA3 中的 SNPP D 与 RA1 中的 SNPP C 相连,因此它计算一条到达 SNPP C 的通道,加上 RC3 提供的通道信息,一条端到端的通道就可以返回给 CC1。
7) CC1 接收到步骤 6 中 RC1 返回的通道,开始连接的建立过程。

并行远程路由查询的序列图如图 E.6 所示:

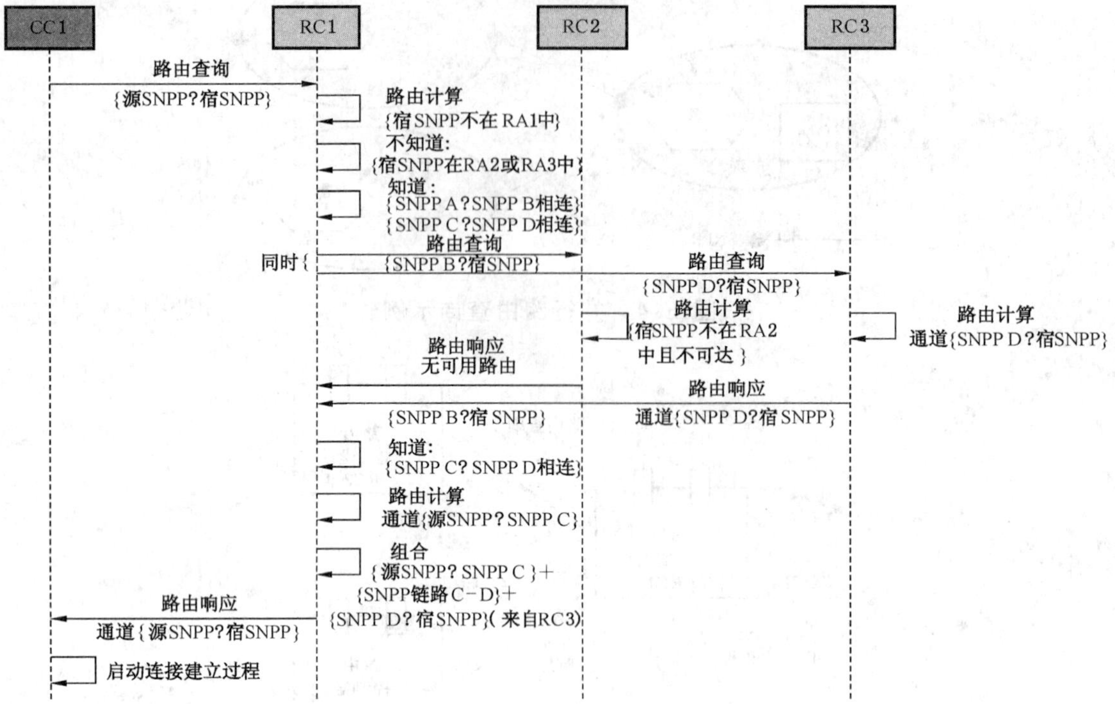

图 E.6 并行路由查询序列图

E.4 分级远程路由查询

在图 E.7 中，一条端到端的连接请求，其源和目的 SNPP 分别在 RA1 和 RA3 中，这条连接穿过了 RA2。有一个父 RA(RA11)位于邻接的较高路由层，在这里父 RC(RC11)和子 RA 内的 RC1、RC2 和 RC3 一起合作完成远程路由查询功能，该功能为跨子 RA 边界的通道提供计算服务。

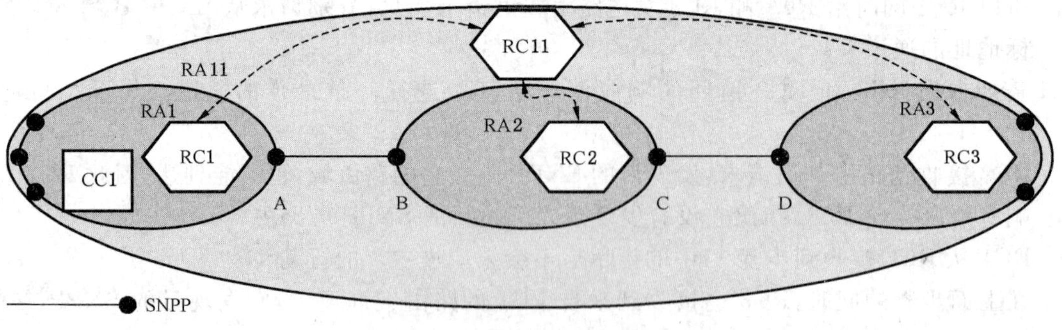

图 E.7 分级路由查询示例

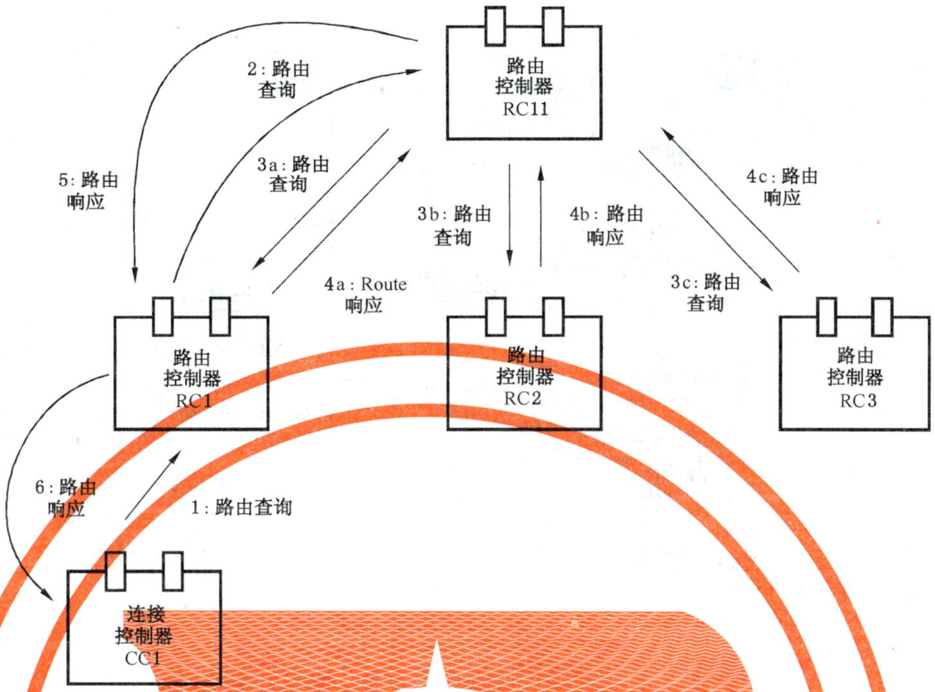

图 E.8　分级路由查询元件交互

如图 E.8 所示，这个例子中逐跳远程路由查询期间元件交互流程如下：

1）CC1 发送一个路由查询消息给 RC1，在这里 RC1 和 CC1 属于同一个 RA。

2）RC1 没有充分的信息满足通道计算的查询，它发送一个通道查询消息给它的父 RC(RC11)，假定 RC11 有能力确定必须的通道。

3）RC11 查询与其关联的 RDB，发现目的 SNPP 属于 RA3，可以先经过 RA1 和 RA2 之间的 SNPP 链路 A-B，接着经过 RA2 和 RA3 之间的 SNPP 链路 C-D 到达。RC11 分别发送路由查询消息给 RC1、RC2 和 RC3，其中 RC1 负责计算到从源到 SNPP A 的通道，RC2 计算从 SNPP B 到 SNPP C 的通道，RC3 计算从 SNPP D 到目的的通道。其中，RC1、RC2 和 RC3 的计算过程可以并行完成。

4）RC1、RC2 和 RC3 返回相应的通道计算结果给 RC11。

5）RC11 收集步骤 3 中所有的响应消息，最终组成一条完整的端到端的通道发送回 RC1。然后 RC1 把这条通道返回给 CC1。

6）CC1 接收到端到端的通道后，开始连接的建立过程。

分级远程路由查询的序列图如图 E.9 所示：

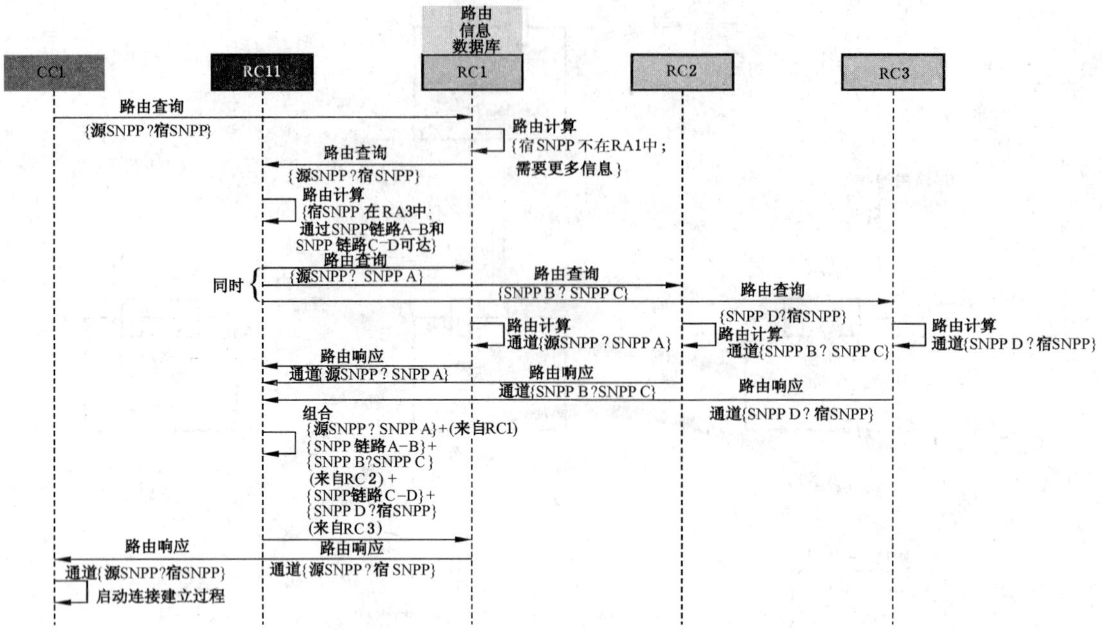

图 E.9 分级路由查询序列图

E.5 使用路由查询接口的分级源路由

在图 E.10 中，一条端到端的连接请求，源和目的 SNPP 分别位于 RA1 的节点 A 和 RA3 的节点 I 上，这条连接穿过了 RA2。有一个父 RA(RA0)位于邻接的较高路由层次，这个父 RA 包括 3 个父 RC，它们和它们的子 RC 处于相同的节点上，分别是 C、D 和 H。

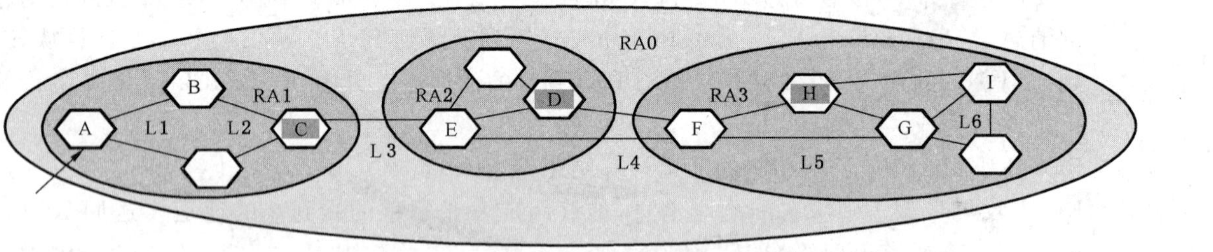

图 E.10 使用路由查询接口的分级源路由

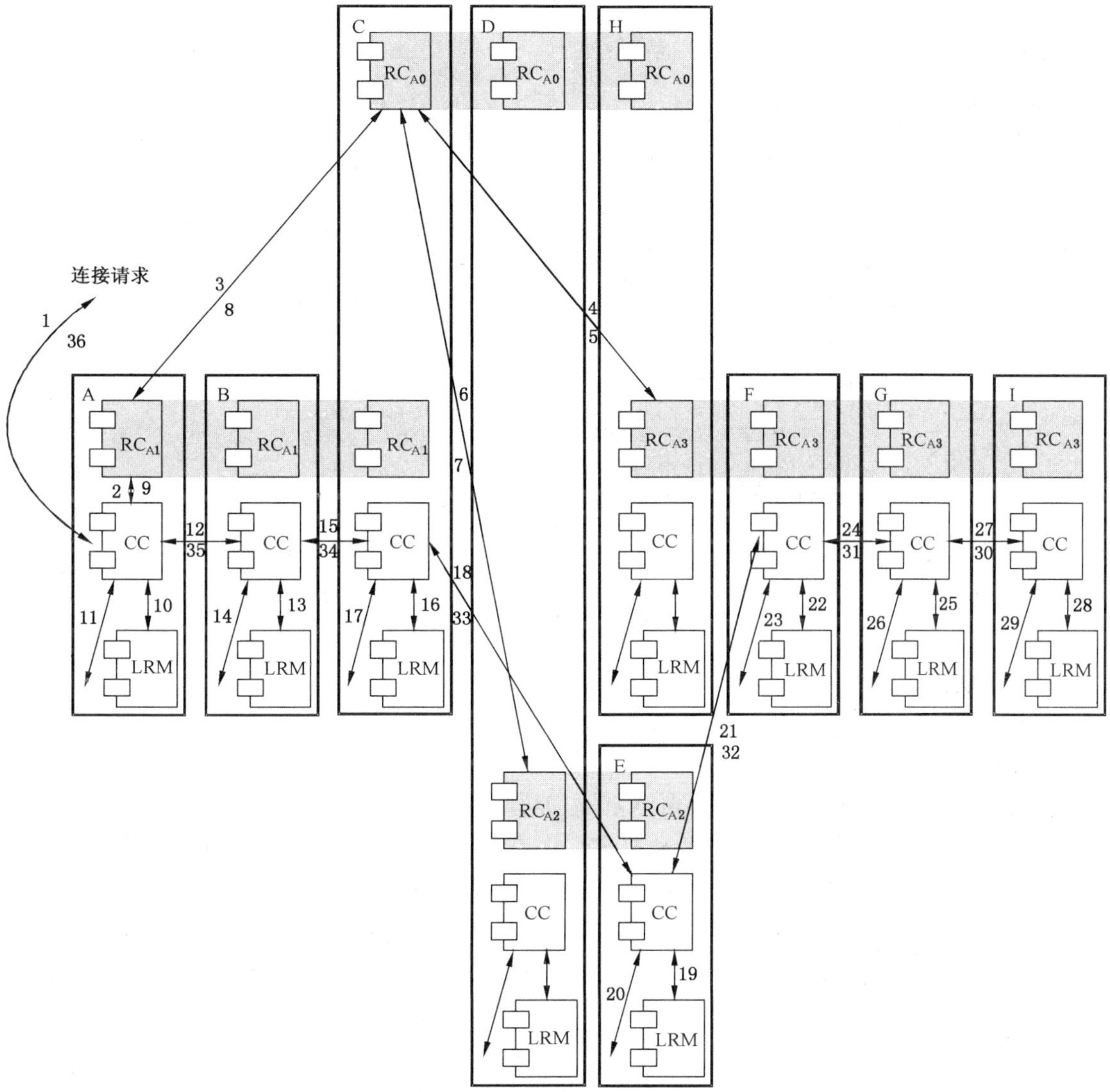

图 E.11 分级源路由元件交互

图 E.11 举例说明了通过 RC-RC 路由查询来使用源路由进行连接建立的详细的操作顺序。符号 RC_{A1}，RC_{A2} 等表示 A1,A2 等 RA 的 RC。实际的通信元件可以是更容易承担通信功能的其他中间元件。例如,从节点 C 的 RC_{A0} 到节点 D 的 RC_{A2} 的通信可以通过节点 D 的 RC_{A0} 转发来实现。

分级源路由的序列图如图 E.12 所示：

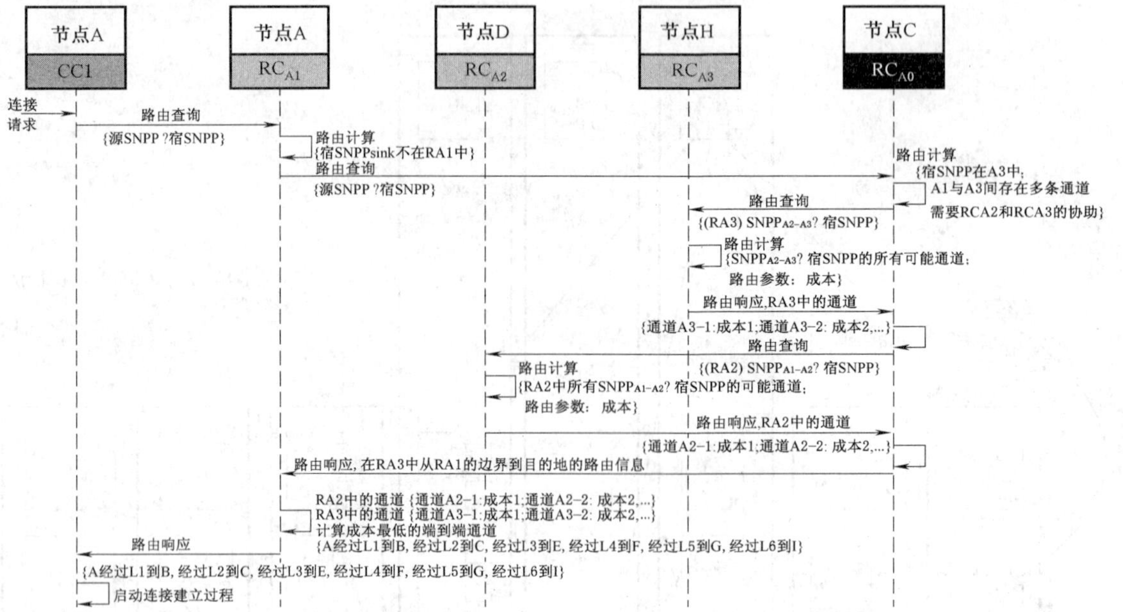

图 E.12 分级源路由序列图

下面列出所包括的步骤：

1） 一个连接请求从连接请求接口到达连接控制器(CC_A)，指定了子网边缘的一对名称(源端和宿端)。

2） 节点 A 上的 RC(RC_{A1})被查询(在路由查询接口使用宿端的 SNP)。

3） 节点 A 上的 RC(RC_{A1})发现目的地址不属于 RA_{A1}，因此它通过路由查询接口发送一个路由查询给节点 C 上的 RC_{A0} 请求协助。因为属于同一个路由域，节点 C 上 RC_{A1} 和节点 A 上 RC_{A1} 有相同的路由信息，节点 C 上的 RC_{A0} 可以知道是否能计算出一条到达目的的通道。

4） 在计算到达目的通道的过程中，节点 C 上的 RC_{A0} 知道为了到达目的它需要到达 RA_{A3}。由于在 RA_{A1} 和 RA_{A3} 之间存在多条通道，RC_{A0} 需求 RC_{A2} 和 RC_{A3} 的协助来确定最优的通道。

5） 节点 H 上的 RC_{A3} 在 RA_{A3} 中计算从 RA_{A2} 进入 RA_{A3} 的链路到达目的地址的可能通道。RC_{A3} 可以确定使用其中的任意一条通道的成本，并且把相关信息返回给位于节点 C 内的 RC_{A0}。

6） 与节点 H 上的 RC_{A3} 一样，节点 C 上的 RC_{A0} 发送一个查询给节点 D 上的 RC_{A2} 要求确定一条离开 RA_{A2} 进入 RA_{A3} 的链路以及离开 RA_{A1} 进入 RA_{A2} 的链路的之间的通道。

7） 节点 D 上的 RC_{A2} 计算穿越 RA_{A2} 的可能通道，并把相应的信息返回给节点 C 上的 RC_{A0}。

8） 节点 C 上的 RC_{A0} 向节点 A 上的 RC_{A1} 提供已经发现的从 RA_{A1} 的边界到位于 RA_{A3} 中的目的地址的通道列表和其中每条通道的成本。

9） 现在节点 A 上的 RC_{A1} 已经具有了计算一条越过 RA_{A1} 所必须的信息，利用节点 C 上的 RC_{A0} 所提供的成本信息，节点 A 上的 RC_{A1} 可以确定一条最低成本的端到端的通道。接着以前的例子，我们假定 RC_{A1} 的通道的选择是从 A 开始，经过 L1 到 B，再经过 L2 到 C，再经过 L3 到 E，再经过 L4 到 F，再经过 L5 到 G，最后经过 L6 到 I。RC_{A1} 返回一个应答消息给节点 A 上的 CC，CC 利用得到的路由信息(A，L1，L2，L3，L4，L5，L6 和 Z)开始端到端连接请求的处理过程。

10） 对于节点 A 而言 L1 是一个本地链路，L1 的链路连接可以从 LRM A 通过链路连接请求接口来获得。

11） 在本地交叉上确定合适的 SNC(交叉控制器没有在这里显示)。

12） 然后连接请求(L2，L3，L4，L5，L6 和 Z)继续向前发送到下一个位于节点 B 上的 CC(通过对等输入输出接口)。

13) LRM B 管理 L2,这样一个链路连接请求可以通过链路连接请求接口获得。

14) 在本地交叉上确定合适的 SNC(交叉控制器没有在这里显示)。

15) 然后连接请求(L3,L4,L5,L6 和 Z)继续向前发送到下一个位于节点 C 上的 CC(通过对等输入输出接口)。

16) LRM C 管理 L3,所以一个链路连接请求可以通过链路连接请求接口获得。

17) 在本地交叉上确定合适的 SNC(交叉控制器没有在这里显示)。

18) 然后连接请求(L4,L5,L6 和 Z)继续向前发送到下一个位于节点 E 上的 CC(通过对等输入输出接口)。

19) LRM E 管理 L4,所以一个链路连接请求可以通过链路连接请求接口获得。

20) 在本地交叉上确定合适的 SNC(交叉控制器没有在这里显示)。

21) 然后连接请求(L5,L6 和 Z)继续向前发送到下一个位于节点 F 上的 CC(通过对等输入输出接口)。

22) LRM F 管理 L5,所以一个链路连接请求可以通过链路连接请求接口获得。

23) 在本地交叉上确定合适的 SNC(交叉控制器没有在这里显示)。

24) 然后连接请求(L6 和 Z)继续向前发送到下一个位于节点 G 上的 CC(通过对等输入输出接口)。

25) LRM G 管理 L6,所以一个链路连接请求可以通过链路连接请求接口获得。

26) 在本地交叉上确定合适的 SNC(交叉控制器没有在这里显示)。

27) 然后连接请求(Z)继续向前发送到下一个位于节点 I 上的 CC。

28) LRM I 管理目的节点的出链路,所以一个链路连接请求可以通过链路连接请求端口获得。

29) 在本地交叉上确定合适的 SNC(交叉控制器没有在这里显示)。

节点 I 上的 CC 向节点 G 的 CC 返回一个确认消息。该消息按照图 E.11 中第 30 到第 35 步所示的相反的方向逐跳传递,直到到达发起连接的节点 A 的 CC。

附 录 F
（规范性附录）
OSPF 扩展

F.1 范围

ASON 可采用 OSPF 作为路由协议。为满足 ASON 对路由协议的要求，OSPF 应进行扩展以支持流量工程和 GMPLS。

上述扩展涉及的国际标准包括：IETF RFC 2370、IETF RFC 3630、IETF RFC 4203、IETF RFC 5073、IETF RFC 5392 和 OIF ENNI OSPF1.0 等。本附录主要规范基于 IETF RFC 2370、IETF RFC 3630 和 IETF RFC 4203 的扩展。

F.2 OSPF 不透明 LSA 选项

不透明 LSA 中携带类型为 9、10 和 11 的链路状态通告。不透明 LSA 由标准 LSA 头部和以 32 比特方式对齐的信息区域组成。在通过不透明 LSA 进行拓扑信息分发的过程中应采用标准的链路状态数据库泛洪机制。不透明 LSA 所携带的拓扑信息的分发范围（即泛洪的范围）由上述的链路状态类型决定。各种不透明链路状态类型所对应的泛洪范围见 IETF RFC2370。

不透明 LSA 的链路状态 ID 分为两部分：不透明类型字段（前 8 个比特）和特定类型 ID（剩余的 24 个比特）。其具体格式见 IETF RFC2370。

发送端和接收端都应保证不透明 LSA 在正确的范围内泛洪。接收端必须在其链路状态数据库中存储所有有效的不透明 LSA，并且必须丢弃所有违反泛洪范围规定的不透明 LSA（例如，类型 11 的不透明 LSA 不应在端域中接收）。泛洪范围确保了链路状态数据库同步和泛洪过程的正确性。

F.3 OSPF 扩展

F.3.1 LSA 类型

OSPF 通过不透明 LSA 来扩展其流量工程能力，其采用类型为 10 的不透明 LSA 泛洪流量工程信息，该类型的 LSA 仅在区域内泛洪。

OSPF 定义新的 LSA 类型——流量工程 LSA。该 LSA 用于描述路由器、点到点链路以及与多接入网络的连接（类似于路由器 LSA）。

F.3.2 LSA ID

不透明 LSA 的 LSA ID 中包含 8 比特的类型数据和 24 比特的类型相关数据。流量工程 LSA 的类型为 1，剩下的 24 比特为实例字段，其格式如表 F.1 所示：

表 F.1　不透明 LSA 的 LSA ID

0										1										2										3	
0	1	2	3	4	5	6	7	8	9	0	1	2	3	4	5	6	7	8	9	0	1	2	3	4	5	6	7	8	9	0	1
1								实例																							

表中的实例字段用于标识 TE LSA。由同一个系统生成的 TE LSA 的数量最多为 16777216。LSA ID 与拓扑信息无关。

F.3.3　LSA 格式

F.3.3.1　LSA 头部

流量工程 LSA 以标准的 LSA 头部开始。LSA 头部的格式如表 F.2 所示：

表 F.2　LSA 头部

0										1										2										3	
0	1	2	3	4	5	6	7	8	9	0	1	2	3	4	5	6	7	8	9	0	1	2	3	4	5	6	7	8	9	0	1
LS 年龄																选项								10							
1								实例																							
广播路由器																															
LS 序列号																															
LS 校验和																长度															

F.3.3.2　TLV 头部

LSA 的净荷包含一个或多个嵌套的类型/长度/值(TLV)。每个 TLV 的格式如表 F.3 所示：

表 F.3　TLV 格式

0										1										2										3	
0	1	2	3	4	5	6	7	8	9	0	1	2	3	4	5	6	7	8	9	0	1	2	3	4	5	6	7	8	9	0	1
类型																长度															
值 ……																															

长度字段以字节方式表示值部分的长度(也就是说，一个没有值部分的 TLV 的长度为 0)。TLV 需要填充以保证其以 4 字节的方式对齐，填充部分不记入长度字段(例如，3 字节的值具长度为 3，但是 TLV 所占的空间为 8 字节)。即使 TLV 相互嵌套，也是以 32 字节方式对齐。无法识别类型的 TLV 应被丢弃。

F.3.4　LSA 净荷

每个 LSA 包含一个顶层 TLV。共定义两种顶层 TLV：

- 路由器地址；

• 链路。

F.3.4.1 路由器地址 TLV

路由器地址 TLV 用来描述广播路由器上的一个稳定的 IP 地址，该路由器在有任何连接的情况下都应通过该地址可达。该地址经常被作为“环回地址”使用。该地址最主要的特性是，当任何接口失效时，该地址都应有效。该地址也被称为 ROUTER ID。

路由器地址 TLV 的类型为 1，长度为 4，其值为一个 4 字节的 IP 地址。该 LSA 必须在每个流量工程 LSA 中出现一次。

F.3.4.2 链路 TLV

链路 TLV 用来描述一条链路，由一组子 TLV 构成。对于这些子 TLV 的出现顺序没有要求。

每个 LSA 中只能携带一个链路 TLV，以此来保证拓扑发生变化时泛洪信息的颗粒度。

链路 TLV 的类型为 2，长度可变。

子 TLV 定义如下：

1——链路类型（1 字节）；

2——链路 ID（4 字节）；

3——本地接口 IP 地址（4 字节）；

4——远端接口 IP 地址（4 字节）；

5——流量工程代价（4 字节）；

6——最大带宽（4 字节）；

7——最大可预留带宽（4 字节）；

8——未预留带宽（32 字节）；

9——管理组（4 字节）；

11——链路本地/远端标识符（8 字节）；

14——链路保护类型（4 字节）；

15——接口交换能力描述符（长度可变）；

16——共享风险链路组（长度可变）。

链路类型和链路 ID 子 TLV 必须在链路 TLV 中出现且只出现一次。其他子 TLV 最多出现一次。无法识别的子 TLV 应当丢弃。

下面将描述的一些字段以 IEEE（32 比特）浮点数的格式表示。其格式定义如表 F.4 所示：

表 F.4 IEEE 浮点数格式

0										1										2										3	
0	1	2	3	4	5	6	7	8	9	0	1	2	3	4	5	6	7	8	9	0	1	2	3	4	5	6	7	8	9	0	1
0	指数								系数																						

S 字段的值（用 s 表示）表示符号，指数字段的值（用 e 表示）减去 127 得到的数表示以 2 为底的幂的指数，系数字段的值（用 x 表示）加上 1 得到系数。由此得到的值为：

(−1)^s ＊(1＋x)＊2^(e−127)

F.3.5 子 TLV 详细说明

F.3.5.1 链路类型

链路类型子 TLV 描述链路的类型：

1——点到点;

2——多接入。

链路类型子 TLV 的 TLV 类型为 1,长度为 1 字节。

F.3.5.2 链路 ID

链路 ID 子 TLV 描述链路的远端信息。在点到点链路中,链路 ID 为邻居的 ROUTER ID。在多接入链路中,其为指定路由器的接口地址。

链路 ID 子 TLV 的 TLV 类型为 2,长度为 4 字节。

F.3.5.3 本地接口 IP 地址

本地接口 IP 地址子 TLV 描述链路对应的接口的一个或多个 IP 地址。如果链路上有多个本地地址,它们应在该子 TLV 中全部列出。

本地接口 IP 地址子 TLV 的 TLV 类型为 3,长度为 4N 字节,其中 N 为本地地址的数量。

F.3.5.4 远端接口 IP 地址

远端接口 IP 地址子 TLV 描述链路对应的位于邻居节点的接口 IP 地址。该地址和本地接口 IP 地址用于区分两个系统间的多条并行链路。如果链路类型为多接入,则远端接口 IP 地址应为 0.0.0.0,或者链路 TLV 中不携带该子 TLV。

远端接口 IP 地址子 TLV 的 TLV 类型为 4,长度为 4N 字节,其中 N 为邻居的地址数量。

F.3.5.5 流量工程代价

流量工程代价子 TLV 用来描述某链路在流量工程考虑下的链路代价。该代价值的意义与普通的 OSPF 链路代价不同。一般情况下,该代价值由网络管理员配置。

流量工程代价子 TLV 的 TLV 类型为 5,长度为 4 字节。

F.3.5.6 最大带宽

最大带宽子 TLV 用来描述某条链路在从生成该 LSA 的系统到其邻居方向上的可用的最大带宽。其值以 IEEE 浮点数格式表示。该值表示的是真实的链路容量。其单位为字节/秒。

最大带宽子 TLV 的 TLV 类型为 6,长度为 4 字节。

F.3.5.7 最大可预留带宽

最大可预留带宽子 TLV 用来描述该链路在单方向上可以被预留的带宽。其以 IEEE 浮点数格式表示。注意,该值可以比最大带宽大(在某些情况下链路带宽可以被超额预定),这取决于用户的配置,其默认值应为最大带宽。该值的单位为字节/秒。

最大可预留带宽子 TLV 的 TLV 类型为 7,长度为 4 字节。

F.3.5.8 未预留带宽

未预留带宽子 TLV 用来描述在 8 种优先级下该链路还未预留的带宽,其值以 IEEE 浮点数格式表示。8 种优先级相应的可预留带宽值按顺序出现在子 TLV 中,以优先级 0 开始,以优先级 7 结尾。其初始值(没有任何带宽被预留之前)为最大可预留带宽,每个值都应等于或小于最大可预留带宽。该值的单位为字节/秒。

未预留带宽子 TLV 的 TLV 类型为 8,长度为 32 字节。

F.3.5.9 管理组

管理组子 TLV 包含网络管理员分配的 4 字节比特掩码。其中每一个比特表示该接口所分配的管理组。一条链路可以属于多个管理组。

按惯例,最低字节代表第 0 组,最高字节代表第 31 组。

管理组也被称为资源分类/分色。

管理组子 TLV 的 TLV 类型为 9,长度为 4 字节。

F.3.5.10 链路本地/远端标识符

链路本地/远端标识符子 TLV 包含 4 个字节的链路本地标识符和 4 个字节的链路远端标识符。该子 TLV 中携带的值的格式定义如表 F.5:

表 F.5 链路本地/远端标识符子 TLV 的值

<table>
<tr><td colspan="10">0</td><td colspan="10">1</td><td colspan="10">2</td><td colspan="2">3</td></tr>
<tr><td>0</td><td>1</td><td>2</td><td>3</td><td>4</td><td>5</td><td>6</td><td>7</td><td>8</td><td>9</td><td>0</td><td>1</td><td>2</td><td>3</td><td>4</td><td>5</td><td>6</td><td>7</td><td>8</td><td>9</td><td>0</td><td>1</td><td>2</td><td>3</td><td>4</td><td>5</td><td>6</td><td>7</td><td>8</td><td>9</td><td>0</td><td>1</td></tr>
<tr><td colspan="32">链路本地标识符</td></tr>
<tr><td colspan="32">链路远端标识符</td></tr>
</table>

链路本地/远端标识符子 TLV 的 TLV 类型为 11,长度为 8 字节。

节点可用链路本地不透明 LSA 与其邻居交换链路本地标识符。

F.3.5.11 链路保护类型

链路保护类型子 TLV 中携带的值的格式定义如表 F.6:

表 F.6 链路保护类型子 TLV 的值

<table>
<tr><td colspan="10">0</td><td colspan="10">1</td><td colspan="10">2</td><td colspan="2">3</td></tr>
<tr><td>0</td><td>1</td><td>2</td><td>3</td><td>4</td><td>5</td><td>6</td><td>7</td><td>8</td><td>9</td><td>0</td><td>1</td><td>2</td><td>3</td><td>4</td><td>5</td><td>6</td><td>7</td><td>8</td><td>9</td><td>0</td><td>1</td><td>2</td><td>3</td><td>4</td><td>5</td><td>6</td><td>7</td><td>8</td><td>9</td><td>0</td><td>1</td></tr>
<tr><td colspan="8">保护能力</td><td colspan="24">预留</td></tr>
</table>

其中第一个字节用来描述链路的保护能力。其具体定义如下:

0x01——额外业务

0x02——无保护

0x04——共享

0x08——专用 1:1

0x10——专用 1+1

0x20——增强型

0x40——预留

0x80——预留

剩余 3 个字节应在发送端被设为 0,接收端应忽略其内容。

该子 TLV 在链路 TLV 中应最多出现一次。

F.3.5.12 共享风险链路组

该子 TLV 中的值为链路所属的 SRLG 列表,其中每个 SRLG 为一个 32 比特的值。该子 TLV 中携带的值的格式定义如表 F.7：

表 F.7　共享风险链路组子 TLV 的值

0										1										2										3	
0	1	2	3	4	5	6	7	8	9	0	1	2	3	4	5	6	7	8	9	0	1	2	3	4	5	6	7	8	9	0	1
共享风险链路组值																															
……																															
共享风险链路组值																															

共享风险链路组子 TLV 的 TLV 类型为 16，其长度根据其携带的 SRLG 数量可变。

该子 TLV 在链路 TLV 中应最多出现一次。

F.3.5.13　接口交换能力描述符

接口交换能力描述符子 TLV 的 TLV 类型为 15，其长度可变。该子 TLV 中携带的值的格式定义如表 F.8：

表 F.8　接口交换能力描述符子 TLV 的值

0										1										2										3	
0	1	2	3	4	5	6	7	8	9	0	1	2	3	4	5	6	7	8	9	0	1	2	3	4	5	6	7	8	9	0	1
交换能力								编码								预留															
优先级为 0 的最大 LSP 带宽																															
优先级为 1 的最大 LSP 带宽																															
优先级为 2 的最大 LSP 带宽																															
优先级为 3 的最大 LSP 带宽																															
优先级为 4 的最大 LSP 带宽																															
优先级为 5 的最大 LSP 带宽																															
优先级为 6 的最大 LSP 带宽																															
优先级为 7 的最大 LSP 带宽																															
特定交换能力相关信息(可变)																															

其中交换能力字段为如下值：

1——包交换能力-1(PSC-1)；

2——包交换能力-2(PSC-2)；

3——包交换能力-3(PSC-3)；

4——包交换能力-4(PSC 4)；

51——二层交换能力(L2SC)；

100——时分复用能力(TDM)；

150——波长交换能力(LSC)；

200——光纤交换能力(FSC)。

最大 LSP 带宽以 4 字节的 IEEE 浮点格式编码。优先级 0 对应的带宽最先列出，优先级 7 对应的出现在最后。其单位为字节/秒。

特定交换能力相关信息的内容取决于交换能力字段的内容。

当交换能力字段为 PSC-1、PSC-2、PSC-3 或 PSC-4 时，特定交换能力相关信息字段包含最小 LSP 带宽、接口 MTU 和填充部分。如表 F.9 所示：

表 F.9　交换能力字段为 PSC 时的特定交换能力相关信息

<table>
<tr><td colspan="10">0</td><td colspan="10">1</td><td colspan="10">2</td><td colspan="2">3</td></tr>
<tr><td>0</td><td>1</td><td>2</td><td>3</td><td>4</td><td>5</td><td>6</td><td>7</td><td>8</td><td>9</td><td>0</td><td>1</td><td>2</td><td>3</td><td>4</td><td>5</td><td>6</td><td>7</td><td>8</td><td>9</td><td>0</td><td>1</td><td>2</td><td>3</td><td>4</td><td>5</td><td>6</td><td>7</td><td>8</td><td>9</td><td>0</td><td>1</td></tr>
<tr><td colspan="32">最小 LSP 带宽</td></tr>
<tr><td colspan="16">接口 MTU</td><td colspan="16">填充</td></tr>
</table>

其中，最小 LSP 带宽采用 4 字节的 IEEE 浮点格式编码，其单位为字节/秒。接口 MTU 为 2 字节整数。填充部分为 2 字节，以便使接口交换能力描述符子 TLV 能以 32 字节方式对齐。填充部分应在发送端被设为 0 并且被接收端忽略。

当交换能力字段为 L2SC 时，该子 TLV 中不含特定交换能力相关信息字段。

当交换能力字段为 TDM 时，特定交换能力相关信息字段包含最小 LSP 带宽，指示信息（用来指示该接口支持标准或者非标准的 SDH）和填充部分。如表 F.10 所示：

表 F.10　交换能力字段为 TDM 时的特定交换能力相关信息

<table>
<tr><td colspan="10">0</td><td colspan="10">1</td><td colspan="10">2</td><td colspan="2">3</td></tr>
<tr><td>0</td><td>1</td><td>2</td><td>3</td><td>4</td><td>5</td><td>6</td><td>7</td><td>8</td><td>9</td><td>0</td><td>1</td><td>2</td><td>3</td><td>4</td><td>5</td><td>6</td><td>7</td><td>8</td><td>9</td><td>0</td><td>1</td><td>2</td><td>3</td><td>4</td><td>5</td><td>6</td><td>7</td><td>8</td><td>9</td><td>0</td><td>1</td></tr>
<tr><td colspan="32">最小 LSP 带宽</td></tr>
<tr><td colspan="8">指示</td><td colspan="24">填充</td></tr>
</table>

其中，最小 LSP 带宽采用 4 字节的 IEEE 浮点格式编码，其单位为字节/秒。指示信息为 1 个字节。该字节为 0 表示该接口支持标准的 SDH，为 1 则表示该接口支持非标准的 SDH。填充字节为 3 比特，以便使接口交换能力描述符子 TLV 能以 32 字节方式对齐。填充部分应在发送端被设为 0 并且被接收端忽略。

为了支持有多个接口交换描述符的接口，接口交换能力描述符子 TLV 在链路 TLV 中可出现多次。

F.4　LSA 的处理方法

在 LSA 的内容发生变化或者 OSPF 要求（例如由于 LSA 刷新的需要）的情况下，路由器都应当产生 TE LSA。注意，这并不表示任何变化都要求立即泛洪；在具体实现时，可以设置阈值（例如带宽变化的阈值）来触发泛洪，还可以设置其他的定时器来启动泛洪其他变化内容。无论采用哪种方式，都应当保证 TE LSA 的产生频率被限制在最小间隔以下。

一旦收到变化的 TE LSA 或者网络 LSA（这些 LSA 都用于 TE 计算），路由器应立即更新其 TED。此过程无须 SPF 或者其他的路由计算参与。

F.5　正常重起

重起的节点应当遵循 OSPF 和 RSVP-TE 关于重起的规范。

当正在重起的节点生成 TE LSA 时，该 TE LSA 中的链路 TLV 中的未预留带宽应设为 0，TE 代价值应设为 0xffffffff。另外，如果该链路拥有 LSC 或 FSC 的交换能力，其最大 LSP 带宽应设为 0。在重起的节点能够确定重起过程中仍被保持的 LSP 所预留的资源，并据此确定其为预留资源的总数后，该限制才被解除。一旦重起的节点确定了其未预留资源，其应在 TE LSA 中通告这些资源。

更进一步，如果节点的重起是事先计划好的，则该节点应在重起之前产生 TE LSA，其 TE 代价值应设为 0xffffffff。另外，如果该链路拥有 LSC 或 FSC 的交换能力，其最大 LSP 带宽应设为 0。这样做可以阻止新建立的 LSP 经过重起的节点。

重起节点的邻居节点应继续通告其与邻居节点之间的 TE 链路的实际未预留带宽。

普通的正常重起不应当也不需要因为 TE LSA 或者 TE 拓扑发生变化而取消。

附 录 G
（规范性附录）
E-NNI 路由

E-NNI 接口的路由技术主要采用 OIF ENNI OSPF1.0 规范的 E-NNI 接口的路由技术要求，也可以采用 IETF 规范的路径计算单元（PCE）等其他技术。

OIF 规范的 E-NNI 路由满足 GB/T 21645.1—2008 中 7.4.2 和本部分 4.2.3 对 ASON 路由分级结构的要求。OIF E-NNI 路由可以支持单层路由结构，或者多层路由结构。在每一个路由层次中，路由协议独立运行，不会影响其他路由层次中路由协议的正常工作。在一个特定的路由层次的相关路由信息，可以传送给其上层或下层的路由层次。OIF ENNI 路由提供了一种可建立大规模网络的路由机制。

OIF E-NNI 路由协议是基于 IETF 的 GMPLS OSPF-TE 协议的扩展。OIF E-NNI 路由协议不需要改变基本的 OSPF 协议，以及 OSPF-TE 和 GMPLS OSPF-TE。为了满足 GB/T 21645.1—2008 和 ITU-T G.7715、ITU-T G.7715.1 的要求，只是增加了部分 TLV 和 sub-TLV。OIF ENNI 路由仅规范了单一等级路由的协议扩展，对多等级路由的协议支持待研究。

基于 IETF PCE 技术的 E-NNI 路由技术待研究。

ICS 33.180.01
M 33

中华人民共和国国家标准

GB/T 21645.9—2012

自动交换光网络(ASON)技术要求 第9部分:外部网络-网络接口(E-NNI)

Technical requirements for automatically switched optical network (ASON)—
Part 9: External network to network interface (E-NNI)

2012-12-31 发布 2013-06-01 实施

中华人民共和国国家质量监督检验检疫总局
中国国家标准化管理委员会 发布

前　言

GB/T 21645《自动交换光网络(ASON)技术要求》分为以下几个部分：

——第1部分:体系结构与总体要求

——第2部分:术语和定义

——第3部分:数据通信网(DCN)

——第4部分:信令技术

——第5部分:用户网络接口(UNI)

——第6部分:管理平面

——第7部分:自动发现

——第8部分:路由

——第9部分:外部网络-网络接口(E-NNI)

本部分为GB/T 21645的第9部分。

本部分按照GB/T 1.1—2009给出的规则起草。

本部分主要技术内容参考了OIF E-NNI接口的信令和路由规定,包括OIF E-NNI1.0、OIF E-NNI2.0、OIF E-NNI-OSPF-01.0,此外还参考了IETF基于GMPLS的域间接口规定和协议,包括IETF RFC4726、IETF RFC4874、IETF RFC5151、IETF RFC5152、IETF RFC4974、IETF RFC5298等。

本部分各章节与上述标准的对应关系如下：

——第4、5章对应了OIF E-NNI1.0第3～9章,OIF E-NNI2.0第6～9章的内容；

——第6章对应了OIF E-NNI2.0第10章的内容；

——第7章对应了OIF E-NNI2.0第12章的内容；

——第8章对应了OIF E-NNI2.0第13章的内容；

——第9章对应了OIF E-NNI-OSPF-01.0第3章的内容；

——第10章对应了OIF E-NNI-OSPF-01.0第9章的内容；

——第11章对应了OIF E-NNI-OSPF-01.0第10章的内容；

——第12章对应了RFC4726第2～5章的内容；

——第13章对应了OIF E-NNI2.0第11章的内容；

——附录A.2.1对应了IETF RFC5151的内容；

——附录A.2.2对应了IETF RFC4874的内容；

——附录A.2.3对应了IETF RFC4974的内容；

——附录B.2对应了IETF RFC4655的内容；

——附录B.3对应了IETF RFC5441的内容；

——附录B.4对应了IETF RFC5520的内容。

本部分由中华人民共和国工业和信息化部提出。

本部分由中国通信标准化协会归口。

本部分起草单位:工业和信息化部电信研究院、中国电信集团公司、华为技术有限公司、中兴通讯股份有限公司、武汉邮电科学研究院、上海贝尔股份有限公司、中国移动通信集团公司。

本部分主要起草人:张国颖、荆瑞泉、蔡军州、徐云斌、汤瑞、柯明、朱冰、许宗幸、李晗。

自动交换光网络(ASON)技术要求 第9部分:外部网络-网络接口(E-NNI)

1 范围

GB/T 21645 的本部分规定了用于运营商内 ASON 网络的 E-NNI 接口的技术要求。主要包括基于 OIF 的 E-NNI 接口规范,如:E-NNI 信令功能、支持的业务、信令参考配置、基于 RSVP-TE 的信令协议、E-NNI 路由架构、基于 OSPF-TE 的路由协议扩展等;以及基于 IETF GMPLS 的 E-NNI 规范,如:IETF GMPLS 的域间信令架构、域间信令协议扩展、域间路由要求等。本部分不包括自动发现、策略等内容。

本部分适用于基于 SDH 和 OTN 的自动交换光网络(ASON)中 E-NNI 接口。

2 规范性引用文件

下列文件对于本文件的应用是必不可少的。凡是注日期的引用文件,仅注日期的版本适用于本文件。凡是不注日期的引用文件,其最新版本(包括所有的修改单)适用于本文件。

GB/T 21645.1—2008 自动交换光网络(ASON)技术要求 第1部分:体系结构与总体要求

GB/T 21645.2—2010 自动交换光网络(ASON)技术要求 第2部分:术语和定义

GB/T 21645.3—2009 自动交换光网络(ASON)技术要求 第3部分:数据通信网(DCN)

GB/T 21645.5—2012 自动交换光网络(ASON)技术要求 第5部分:用户-网络接口(UNI)

GB/T 21645.8—2012 自动交换光网络(ASON)技术要求 第8部分:路由

ITU-T G.7713—2006 分布式呼叫和连接管理[Distributed Connection Management (DCM)]

ITU-T G.7713.2 采用 GMPLS RSVP-TE 的 DCM 信令[DCM Signalling Mechanism Using GMPLS RSVP-TE (DCM GMPLS RSVP-TE)]

ITU-T G.7715.1 链路状态路由协议的要求(ASON Routing Architecture and Requirements for Link State Protocols)

ITU-T G.8080 自动交换光网络结构[Architecture of the Automatic Switched Optical Network (ASON)]

OIF UNI1.0 UNI1.0 信令规范[User Network Interface (UNI) 1.0 Signaling Specification]

OIF E-NNI-Sig-01.0 运营商内 E-NNI1.0 信令规范(OIF Implementation Agreement OIF-E-NNI-Sig-01.0-Intra-Carrier E-NNI Signaling Specification)

OIF SEP-02.1 UNI 和 E-NNI 的安全性扩展规范(Addendum to the Security Extension for UNI and NNI)

OIF SLG-01.0 OIF 采用 SysLog 的控制平面日志和审查功能(OIF Implementation Agreement OIF Control Plane Logging and Auditing with Syslog)

IETF RFC2205 资源预留协议(RSVP) 版本1 功能规范(Resource ReSerVation Protocol (RSVP)-Version 1 Functional Specification)

IETF RFC2328 OSPF 版本2(OSPF Version 2)

IETF RFC2961 RSVP 刷新开销减少扩展(RSVP Refresh Overhead Reduction Extensions)

IETF RFC3209 RSVP-TE:RSVP 支持 LSP 隧道的扩展(RSVP-TE: Extensions to RSVP for

LSP Tunnels)

IETF RFC3471 通用标记交换协议 信令功能描述[Generalized Multi-Protocol Label Switching (GMPLS) Signaling Functional Description]

IETF RFC3473 通用标记交换信令 RSVP-TE 扩展[Generalized Multi-Protocol Label Switching (GMPLS) Signaling Resource ReserVation Protocol-Traffic Engineering (RSVP-TE) Extensions]

IETF RFC3474 用于 ASON 的 GMPLS RSVP-TE 的使用和扩展 IANA 分配文件[Documentation of IANA assignments for Generalized MultiProtocol Label Switching (GMPLS) Resource Reservation Protocol-Traffic Engineering (RSVP-TE) Usage and Extensions for Automatically Switched Optical Network (ASON)]

IETF RFC3477 用于无编号信令 RSVP-TE 信令[Signalling Unnumbered Links in Resource ReSerVation Protocol-Traffic Engineering (RSVP-TE)]

IETF RFC3630 OSPF 流量工程扩展版本 2[Traffic Engineering (TE) Extensions to OSPF Version 2]

IETF RFC4203 支持通用标记交换协议的 OSPF 扩展[OSPF Extensions in Support of Generalized Multi-Protocol Label Switching (GMPLS)]

IETF RFC4328 用于 G.709 OTN 网络控制的 GMPLS 信令扩展[Generalized Multi-Protocol Label Switching (GMPLS) Signaling Extensions for G.709 Optical Transport Networks Control]

IETF RFC4606 用于 SONET&SDH 控制的 GMPLS 信令扩展[Generalized Multi-Protocol Label Switching (GMPLS) Extensions for Synchronous Optical Network (SONET) and Synchronous Digital Hierarchy (SDH) Control]

IETF RFC4655 PCE 架构[A Path Computation Element (PCE)-Based Architecture]

IETF RFC4726 MPLS-TE 的域间体系架构(A Framework for Inter-Domain Multiprotocol Label Switching Traffic Engineering)

IETF RFC4874 排斥路由-RSVP-TE 协议扩展[Exclude Routes-Extension to Resource ReserVation Protocol-Traffic Engineering (RSVP-TE)]

IETF RFC4974 支持呼叫的 MPLS (GMPLS) RSVP-TE 信令扩展[Generalized MPLS (GMPLS) RSVP-TE Signaling Extensions in Support of Calls]

IETF RFC5151 域间 MPLS 和 GMPLS 流量工程 RSVP-TE 扩展[Inter-Domain MPLS and GMPLS Traffic Engineering—Resource Reservation Protocol-Traffic Engineering (RSVP-TE) Extensions]

IETF RFC5298 域间 LSP 恢复分析[Analysis of Inter-Domain Label Switched Path (LSP) Recovery]

IETF RFC5441 PCE 后向递归多域路径计算[A Backward-Recursive PCE-Based Computation (BRPC) Procedure to Compute Shortest Constrained Inter-Domain Traffic Engineering Label Switched Paths]

IETF RFC5520 PCE 域间路径保密(Preserving Topology Confidentiality in Inter-Domain Path Computation Using a Path-Key-Based Mechanism)

3 术语和定义、缩略语

3.1 术语和定义

GB/T 21645.2—2010 界定的以及下列术语和定义适用于本文件。

3.1.1

域间链路　inter-domain link

一条链路的两端位于一个特定路由层次内的不同路由区。

3.1.2

域内链路　intra-domain link

一条链路的两端位于某个特定路由层次中的相同路由区内。

3.1.3

层次/等级　level

路由区和包含它的路由区或它所包含的路由区。在同一个路由层次深度的路由区被认为处于相同路由等级。

3.1.4

节点标识　node ID

标识传送拓扑图中的一个节点。节点还可以表示一个路由区或一个子网。

3.1.5

协议控制器　protocol controller

提供抽象接口参数与接口上实际承载协议消息映射的功能元件。

3.1.6

路由控制器　routing controller；RC

提供路由服务接口，负责路由信息的协调和发布的功能元件。

3.1.7

路由控制器标识　RC ID

唯一标识一个RC实例。该标识符可能用于数据库同步功能。

3.1.8

路由控制器协议控制器标识　RC PC ID

唯一标识一个RC的协议控制器。每个协议控制器获取一或多个控制平面元件的原语，并把接口复用到一个协议实例中。

3.1.9

RC PC SCN 地址　RC PC SCN address

RC通过协议控制器所关联IP SCN的SCN地址。一个RC可以有多个PC关联到SCN，分别支持特定的协议的过程和格式。本部分中该地址标识RC的OSPF PC。

3.1.10

路由控制域　routing control domain；RCD

一个传送域是根据运营商策略建立的规则所组合起来的一组传送资源。一个RCD是一类传送域，是为了传送资源发布的目的所组成的一个RC联邦。

3.1.11

流量工程链路　TE link

一个具有流量工程属性的逻辑链路。TE链路是逻辑的概念，因为它可以把特定物理资源信息进行组合/映射，用于基于约束的最短路径算法的路由计算。

3.2　缩略语

下列缩略语适用于本文件。

AGC：接入组容器(Access Group Container)

AS：自治系统(Autonomous System)

ASBR:自治系统边界路由器(Autonomous System Boundary Router)
ASON:自动交换光网络(Automatically Switched Optical Network)
BRPC:后向递归的PCE路径计算(Backward-Recursive PCE-Based Computation)
CC:连接控制器(Connection Controller)
CCC:呼叫方/被叫方呼叫控制器(Calling/Called Party Call Controller)
CD:控制域(Control Domain)
CI:特征信息(Characteristic Information)
CPS:机密路径信息(Confidential Path Segment)
CSPF:基于约束的最短路径优先(Constraint-based Shortest Path First)
DCN:数据通信网(Data Communication Network)
ECC:嵌入控制通道(Embedded Control Channels)
EMS:网元管理系统(Element Management System)
E-NNI:外部网络-网络接口(Exterior Network-Network Interface)
eNNI-D:下游E-NNI逻辑控制平面实体(E-NNI Downstream)
eNNI-U:上游E-NNI逻辑控制平面实体(E-NNI Upstream)
ERO:显式路由对象(Explicit Route Object)
FRR:快速重路由(Fast ReRoute)
GMPLS:通用多协议标签交换(Generalized MPLS)
GRE:通用路由封装(Generic Routing Encapsulation)
IETF:因特网工程任务组(Internet Engineering Task Force)
ID:标识(Identifier)
ITU-T:国际电信联盟-电信(International Telecommunications Union-Telecommunications)
I-NNI:内部网络-网络接口(Interior Network-Network Interface)
LC:链路连接(Link Connection)
LSA:链路状态通告(Link State Advertisement)
LSP:标签交换路径(Label Switched Path)
MCN:管理通信网(Management Communications Network)
MPLS:多协议标记交换(Multi-protocol Label Switching)
NCC:网络呼叫控制器(Network Call Controller)
NMS:网络管理系统(Network Management System)
NNI:网络-网络接口(Network-to-network interface)
Node ID:节点标识(Node Identifier)
NCC:网络呼叫控制器(Network Call Controller)
NE:网元(Network Element)
OIF:光因特网论坛(Optical Internet Forum)
OSPF:开放最短路径优先(Open Shortest Path First)
OTN:光传送网(Optical Transport Network)
PC:协议控制器(Protocol Controller)
PCC:路径计算请求客户端(Path Computation Client)
PCE:路径计算单元(Path Computation Element)
PCReq:路径计算请求(Path Computation Request)
PCRep:路径计算响应(Path Computation Respond)
PDU:协议数据单元(Protocol Data Unit)

RA:路由域(Routing Area)
RC:路由控制器(Routing Controller)
RCD:路由控制域(Routing Control Domain)
RRO:记录路由对象(Record Route Object)
RSVP:资源预留协议(Resource Reservation Protocol)
RSVP-TE:RSVP 流量工程扩展(RSVP Traffic Engineering)
SRLG:共享风险链路组(Shared Risk Link Group)
SC:交换连接(Switched Connection)
SC PC ID:信令控制器协议控制器标识(Signaling Controller Protocol Controller Identifier)
SCN:信令通信网(Signaling Communications Network)
SDH:同步数字体系(Synchronous Digital Hierarchy)
SONET:同步光网络(Synchronous Optical Network)
SN:子网(Subnetwork)
SNC:子网连接(Sub-Network Connection)
SNP:子网点(Sub-Network Point)
SNPP:子网点池(Sub-Network Point Pool)
SNPP Link:子网点池链路(Sub-Network Point Pool Link)
SPC:软永久连接(Soft Permanent Connection)
SPF:最短路径优先(Shortest Path First)
TE:流量工程(Traffic Engineering)
TLV:类型/长度/值(Type/Length/Value)
TNA:传送网络分配地址(Transport Network Assigned Address)
TNE:传送网络单元(Transport Network Element)
TRI:传送资源标识(Transport Resource Identifier)
TTL:生存时间(Time To Live)
UNI:用户-网络接口(User-network Interface)
UNI-C:用户-网络接口客户侧(Client Side of a UNI)
UNI-N:用户-网络接口网络侧(Network Side of a UNI)
VLAN:虚拟局域网(Virtual Local Area Network)
VSPT:虚拟最短路径树(Virtual Shortest Path Tree)

4 E-NNI 信令功能定义

4.1 E-NNI 提供的信令功能

自动交换光网络(ASON)体系架构支持按照管理、策略、传送网络的内在差异等因素,将网络分割成不同的控制域,用来区分不同行政上或者管理上的职责、信任关系、地址方案、基础设施能力、生存性技术、控制功能的分布等。控制域之间的参考点称为 E-NNI,表示支持多域连接建立的业务划分点。通过 E-NNI 参考点交换的域间信息具有公共的语义,而控制域内允许具有不同的语义表示。

E-NNI 信令主要完成跨不同控制域的连接控制。E-NNI 信令与 UNI、NNI 信令协议一起实现端到端传送业务连接的建立。从信令角度来看,运营商内和运营商间 E-NNI 没有区别,其主要区别体现在策略、路由、编址和安全等方面。

图 1 给出了一个多运营商、多设备厂商传送网络的控制域划分的示例。

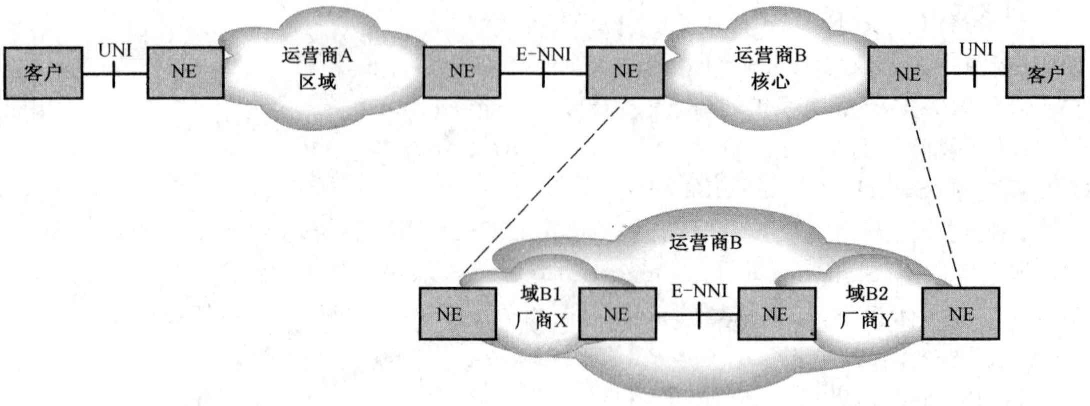

图1　控制平面划分控制域的示例

E-NNI 信令应支持以下功能：

a)　E-NNI 接口应支持 RSVP-TE 信令协议。

b)　提供跨不同控制域的端到端呼叫(业务)的建立、修改和删除。其中,呼叫修改主要通过增加、删除已建呼叫的连接,或通过修改已建连接的带宽来实现。

c)　提供跨一个或多个域的端到端业务所需的连接建立、删除。

d)　E-NNI 信令应支持 SDH、OTN 和以太网连接业务：

　1)　SDH 连接业务：其中 VC4 连接为必选支持,VC12、VC3、连续级联 VC-4-Xc,(X=4,16,64,256)、虚级联 VC-3/4-Xv,(X=1,2,…,256)为可选支持；

　2)　OTN 连接业务：其中 ODU_k(k=1,2)、OCh 连接为必选支持,ODU_k(k=0,3,4)以及级联业务为可选支持；

　3)　以太网连接业务：支持以太网业务适配到服务层网络传输,E-NNI 接口不支持以太网交换。

e)　本部分规定的 E-NNI 信令仅支持单层网络(即单层的客户和服务层关系),E-NNI 支持以太网业务交换和多层网络的信令规范待研究。

本部分规定的基于 OIF 的 E-NNI 信令符合 OIF E-NNI2.0 的要求,OIF E-NNI1.0 和 2.0 的兼容性说明参见附录 D。基于 IETF 的域间信令见附录 A。

4.2　E-NNI 支持的连接类型

4.2.1　连接类型

GB/T 21645.1—2008 定义了 ASON 支持的 3 种连接类型：

a)　PC(永久连接)：PC 是由管理系统指配的连接类型。

b)　SC(交换连接)：SC 是由终端用户发出请求,在终端用户之间以信令方式建立的连接。

c)　SPC(软永久连接)：SPC 由网络边缘的 PC 和网络内部的 SC 一起构成端到端的连接。另外,端到端业务的一侧用户-网络部分可能由网络管理系统配置,称为 SPC/SC 混合业务。

E-NNI 信令应支持跨越多个控制域提供 SPC、SC 业务或 SPC/SC 混合业务,如图 2 所示。

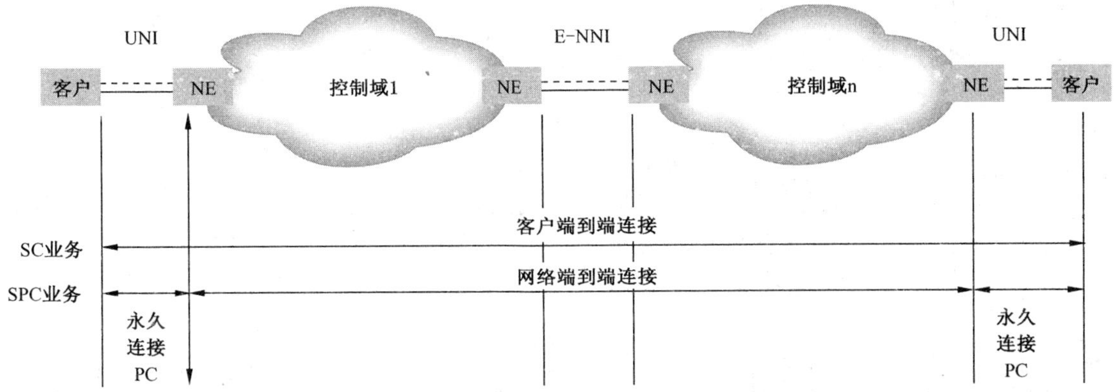

图2 跨多个控制域的SC和SPC业务

4.2.2 支持交换连接

当经过一个或多个E-NNI接口提供端到端SC时，源呼叫方的呼叫参数应在E-NNI接口被保存和传递。例如，E-NNI信令消息中应传递业务相关属性（例如与路由多样性相关的属性）。业务可能在不同域内具有不同的实现方式。此外，在E-NNI信令消息中应支持传递显式路由信息。

4.2.3 支持软交换连接

通过一个或多个E-NNI接口提供软永久连接SPC时，源端网络呼叫参数应在E-NNI接口被保存和传递。例如，在E-NNI信令消息中应传递业务相关属性（例如与路由多样性相关的属性）。同样，业务可能在不同域内具有不同的实现方式。此外，在E-NNI信令消息中应支持传递显式路由信息。

4.2.4 支持混合交换连接/软永久连接业务

一条连接的两个端点中的一端支持信令，另一端不支持信令，这样的连接称为混合交换连接/软永久连接。源端信令控制器不能确定连接的宿端被配置为软永久连接操作，仅宿端网络信令控制器能够根据出口配置确定出口接口类型。

通过一个或多个E-NNI接口提供混合SC/SPC连接时，源端网络呼叫参数应在E-NNI接口被保存和传递。在E-NNI信令消息中应传递业务相关属性（例如与路由多样性相关的属性）。同样，业务可能在不同域内具有不同的实现方式。此外，在E-NNI信令消息中应支持传递显式路由信息。

4.3 E-NNI呼叫和连接分离功能

呼叫和连接分离是ASON的基本要求，这保证了业务请求本身与网络实现手段的分离。由于呼叫是端到端的业务关联，呼叫状态不仅保存在终端点，还应保存在策略应用点（E-NNI接口）中。

呼叫和连接分离可以采用以下两种信令方式实现：

——方法一：呼叫操作和连接操作完全分离，即采用独立的呼叫和连接消息；

——方法二：呼叫和连接操作逻辑分离，即采用已有的连接协议完成呼叫控制。

本部分规定的基于OIF的E-NNI信令采用方法二，即呼叫建立和删除与连接建立和删除的信令同时进行，呼叫控制信息被承载在连接控制信息中。本部分附录A规定的基于IETF的域间信令采用方法一，即呼叫和连接控制采用独立的信令消息。

图3给出跨越多域的呼叫和连接分离的示例。跨越多个控制域的呼叫由呼叫控制点之间的多个呼

叫段组成。连接控制仅限于单个呼叫段内部(例如由于每个域的生存性方案不同,一个业务可以在不同域中采用不同的保护恢复实现)。为支持一个呼叫段,可以建立一个或多个连接。在一个端到端呼叫中,每个呼叫段关联的连接数量可以不同。在图3示例中,UNI呼叫段包含1个链路连接,而控制域1呼叫段包含2个子网连接。

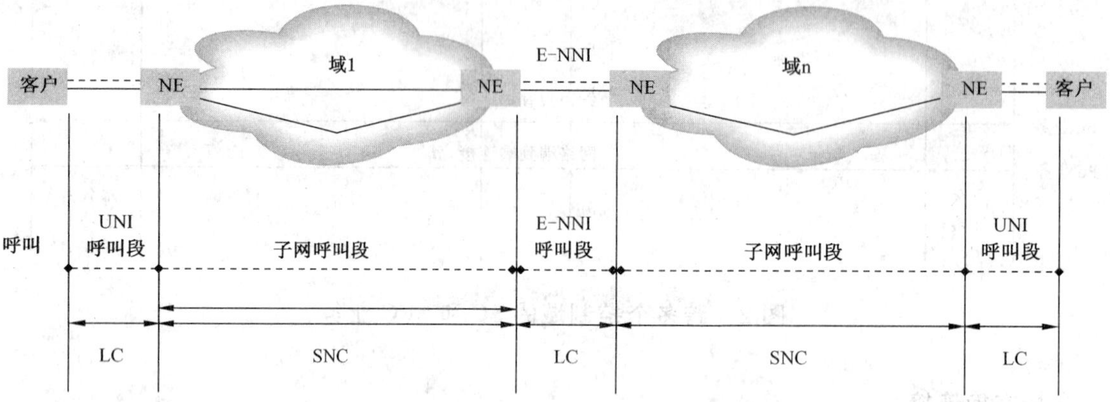

图3 经过多信令控制域的呼叫和连接分离

呼叫和连接分离的架构,允许不同的域灵活选择信令,例如UNI和E-NNI呼叫段使用GMPLS RSVP-TE信令,而I-NNI呼叫段使用其他信令协议。

5 E-NNI信令参考配置

5.1 E-NNI支持的控制平面元件

E-NNI信令接口主要包含以下控制平面元件:

a) 连接控制器(CC):连接控制器元件互相协作完成连接建立。
b) 主叫/被叫方呼叫控制器(CCC-a/CCC-z)和网络呼叫控制器(NCC):主叫、被叫方呼叫控制器负责控制呼叫的建立、释放和修改。呼叫控制器与业务划分点关联,即CCC-a/CCC-z与UNI-C关联,NCC与UNI-N和E-NNI关联。
c) 协议控制器(PC):协议控制器负责把控制元件(例如CC、CCC、NCC)的参数映射到具体的协议消息中。

图4描述了跨域的呼叫控制器之间的交互关系。

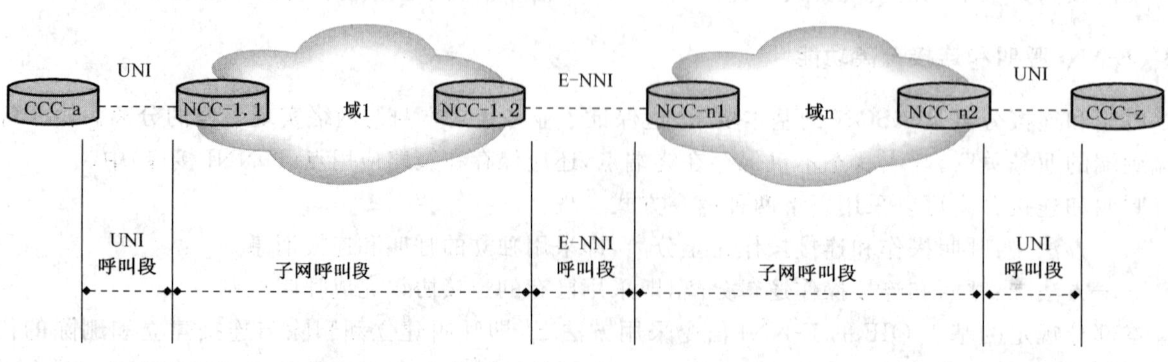

图4 跨域多个控制域的呼叫控制器交互

主叫方呼叫控制器(CCC-a)与被叫方呼叫控制器(CCC-z)通过中间的一或多个网络呼叫控制器

NCC 通信。

网络边界(即 UNI-N)和控制域之间的网关提供 NCC 功能，NCC 执行的功能由 UNI 和 E-NNI 参考点上的策略定义。网络呼叫控制器(NCC)负责以下功能：

a) 在每个控制域内负责关联 SNC 和呼叫(NCC-1 入口和出口负责控制域 1，NCC-n 入口和出口负责控制域 n)；

b) 与 CCC-a 和 CCC-z 交互(入口 NCC-1 与 CCC-a 交互，出口 NCC-n 与 CCC-z 交互)来关联链路连接(LC)和呼叫；

c) 在 E-NNI 控制域边界与对等 NCC 交互，来关联 LC 和呼叫(出口 NCC-1 和入口 NCC-n)。

连接控制器 CC 负责建立与每个呼叫段关联的连接。

5.2 E-NNI 信令参考配置

E-NNI 参考配置如图 5 所示，E-NNI 位于两个控制域之间，上游协议控制器(eNNI-U)发送呼叫请求，下游协议控制器(eNNI-D)接收请求。上游/下游协议控制器包括网络呼叫控制器(NCC)和连接控制器(CC)功能。

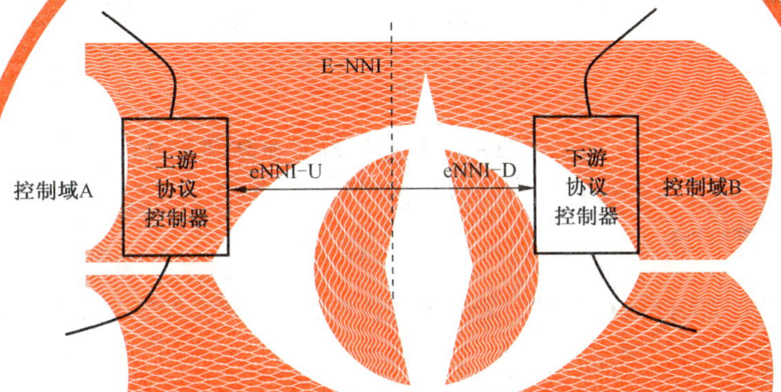

图 5 E-NNI 参考配置

两个控制域之间可以由不支持 ASON 的传送网相连，如图 6 所示。这时，协议控制器将固定连接子网看作一个简单的链路，该链路可能有一定的限制或属性(如只有部分时隙可用)。

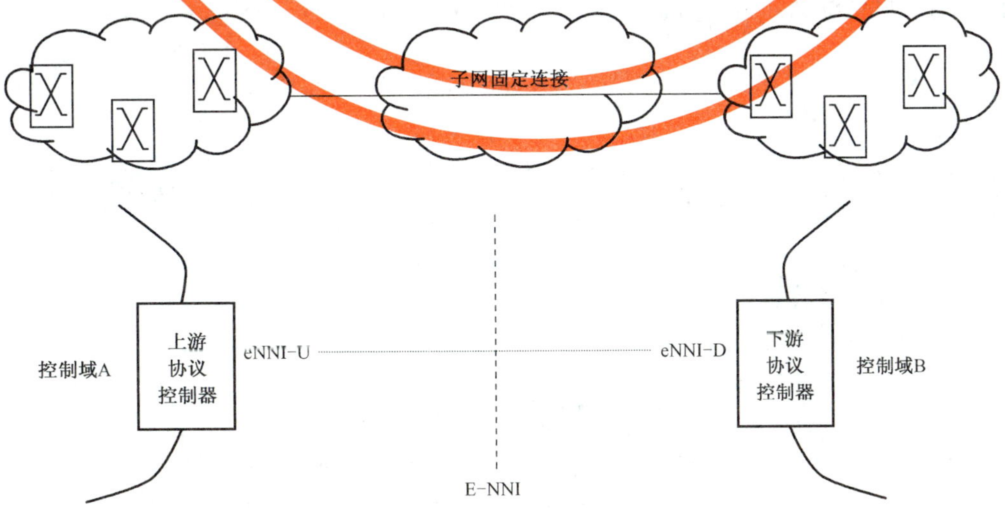

图 6 经过固定连接子网的 E-NNI 参考配置

5.3 E-NNI 信令调用模型

与 UNI 信令调用模型相似，E-NNI 信令调用模型包含直接调用和间接调用两种模型。对于直接调用模型，NCC PC 集成在网元内部；对于非直接调用模型，NCC PC 不与 NE 集成，并可以支持一个或者多个网元的 E-NNI 功能。图 7 给出了调用模型的示例。

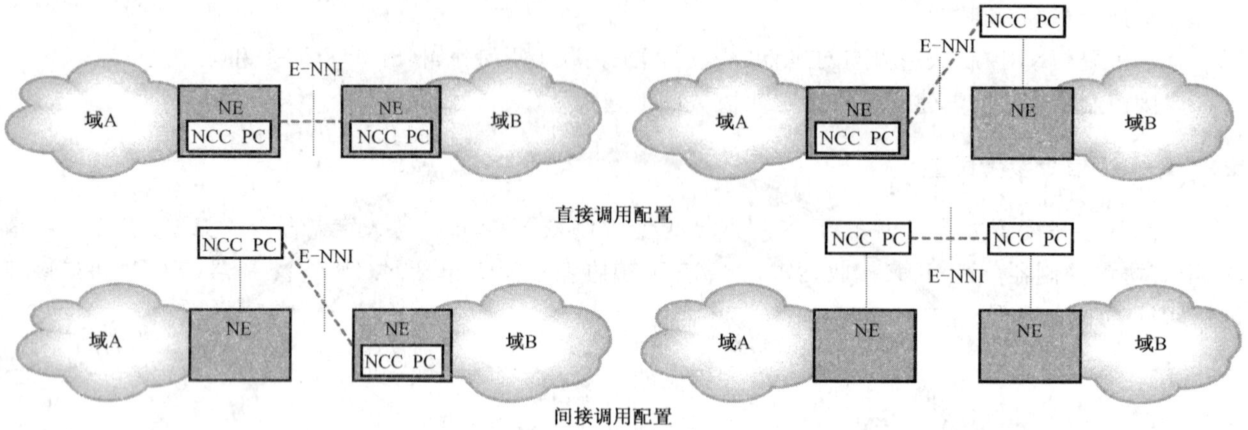

图 7 E-NNI 信令调用参考模型

5.4 用于信令的标识符

E-NNI 信令相关的标识符包括 3 类：传送资源名称、信令协议控制器标识符和 SCN 地址。

5.4.1 传送资源名称

传送资源标识(TRI)用于 ASON 控制平面元件标识 ITU-T G.805 的传送平面资源，包括传送网络分配地址(TNA)和子网点池(SNPP)标识。

a) TNA 地址用于标识位于 UNI 参考点上的传送资源。在 E-NNI 参考点上，传送资源标识标识网络控制域之间的资源，如图 8 所示。CCC 和 NCC 使用 UNI 和 E-NNI 的 TRI 标识，为呼叫控制消息提供源端和宿端信息。

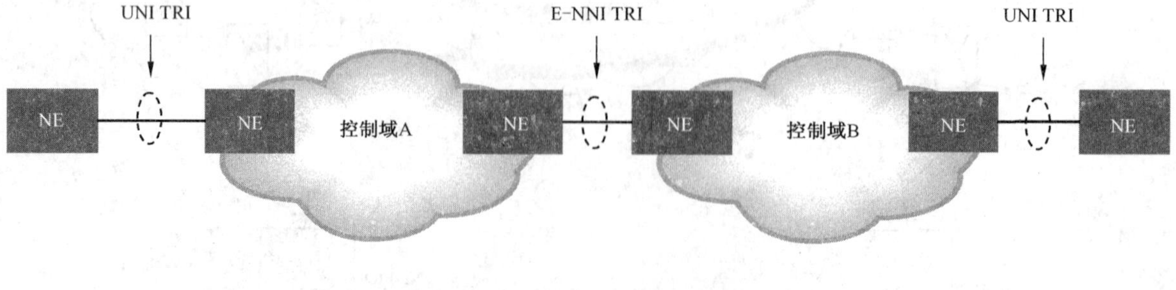

图 8 ASON 传送资源标识

b) SNPP 表示用于路由的一组子网点集合。一条 SNPP 链路表示了位于不同子网或路由域的 SNPP 的关联关系。SNPP 链路标识用于区分这些链路。SNPP 链路的两端通过自动发现或者人工配置的方法进行关联。SNPP ID 标识了这些 SNPP 链路的端点，如图 9 所示。

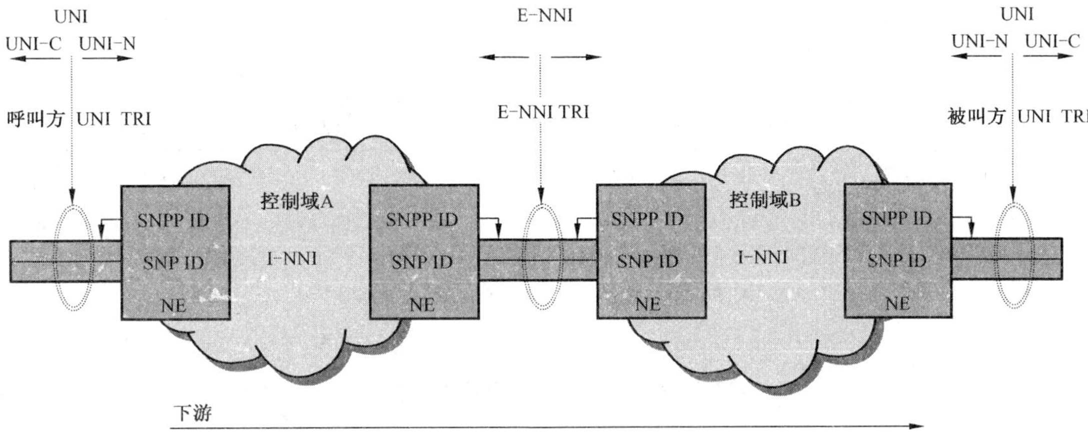

图 9 **SNP 和 SNPP ID 示例**

UNI/E-NNI 传送资源标识(TRI)与 SNPP 链路标识可以具有 1∶N 或者 N∶1 的关系。这种关系允许传送资源使用别名(对于相同的资源给予多个名字),也允许接入相同资源的一组链路使用同一个 TRI 来标识。图 10 给出了每个 E-NNI 传送资源对应一个或多个 SNPP 链路的例子。

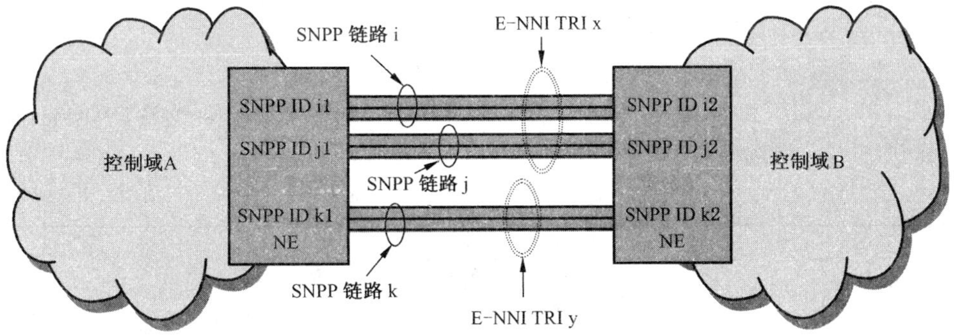

图 10 **SNPP ID 和 E-NNI TRI 的关系**

表 1 给出 ITU-T、OIF UNI 2.0、OIF E-NNI 2.0 在 E-NNI 中使用的 TRI 的关系和映射。

表 1 传送资源标识符映射表

ITU-T		OIF		说 明
G.8080/G.7713	范围	OIF UNI 2.0	OIF E-NNI 信令 2.0	
SNPP ID	本地	节点 ID(Node ID)/逻辑端口 ID(Logical Port ID)	Node ID/Logical Port ID	G.7713—2006 的表 7-3 在下游节点的一条链路可以支持多个 SNPP ID
[E-NNI 上游上下文]SNPP ID	本地	N/A	Node ID/源 Logical Port ID	G.7713 未规范
[E-NNI 下游上下文]SNPP ID	本地	N/A	Node ID/宿 Logical Port ID	G.7713 未规范

表 1（续）

ITU-T		OIF		说　明
G. 8080/G. 7713	范围	OIF UNI 2.0	OIF E-NNI 信令 2.0	
SNP ID	本地	通用标签	通用标签	通用标签应从一个逻辑端口 ID 获得
[E-NNI 上游上下文] SNP ID	本地	N/A	源端通用标签	
[E-NNI 下游上下文] SNP ID	本地	N/A	宿端通用标签	
[UNI-N] 目的 SNP ID	远端	SPC 宿端通用标签	N/A	范围是 SNPP（可能不在 UNI TRI 范围内）或者 UNI TRI
UNI 传送资源 ID（TRI）	端到端	TNA 名字	N/A	E-NNI 行为：端到端或透明承载
呼叫方 UNI TRI		源 TNA		G. 7713—2006 的表 7-1
被叫方 UNI TRI		宿 TNA		G. 7713—2006 的表 7-1
E-NNI 传送资源 ID	端到端	N/A	TNA	当 E-NNI 链路的任何一端不希望暴露内部路由地址给对方时，可以使用 E-NNI TRI

UNI 和 E-NNI 中 TRI、SNPP 和 SNP ID 的术语如图 11 所示。

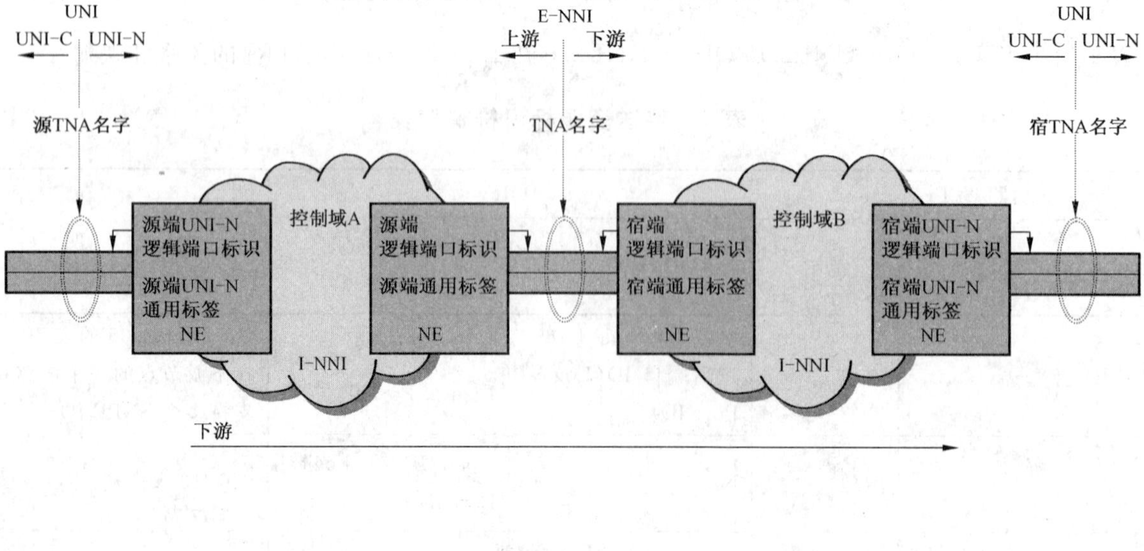

图 11　**OIF UNI** 2.0 和 **OIF E-NNI** 2.0 术语的示例

5.4.2 信令协议控制器标识符

在 E-NNI 中,上游节点 NCC PC(eNNI-U)标识符称为发起方 NCC PC ID,下游节点 NCC PC(eNNI-D)标识符称为终结方 NCC PC ID。为了能够标明一个特定的 E-NNI 信令通道,信令 PC(eNNI-U 和 eNNI-D)的标识符应是唯一的。本部分要求信令 PC 使用 IPv4 或 IPv6 作为标识符。

PC 用于特定协议的通信,NCC 和 CCC PC 应具有标识符,允许它们与对端保持呼叫信令关系。在 E-NNI 的本地上下文中,上游节点 NCC PC 标识称为发起方 NCC PC ID,下游方向的 NCC PC 标识称为终结方 NCC PC ID,如图 12 所示。这些标识符应唯一标识一个特定 E-NNI 信道。

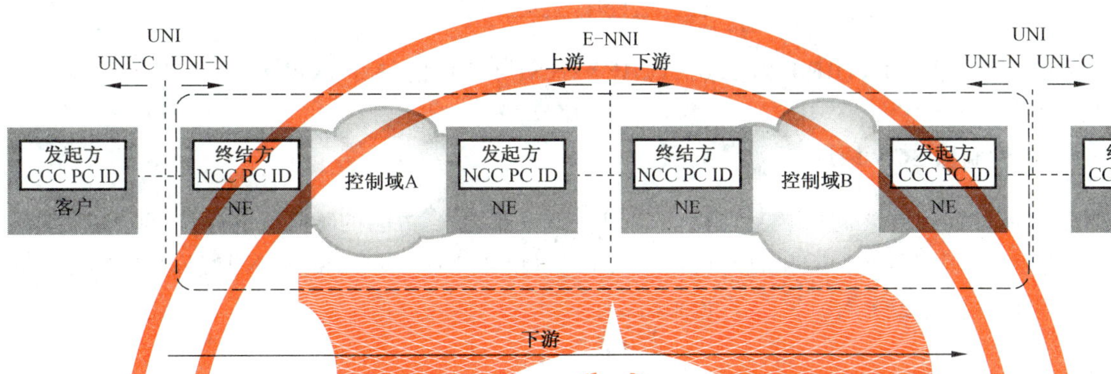

图 12 上游和下游 NCC PC ID

表 2 给出了 UNI-N 和 E-NNI 信令 PC ID 的关系。

表 2 信令协议控制器标识关系(下游上下文)

ITU-T		OIF	
G.8080/G.7713	范围	OIF UNI 2.0	OIF E-NNI 2.0
NCC PC ID	全局	UNI-N SC PC ID	ENNI SC PC ID
发起方 NCC PC ID	全局	位于宿 UNI 的宿端 UNI-N SC PC ID	eNNI-U SC PC ID
终结方 NCC PC ID	全局	位于源 UNI 的源端 UNI-N SC PC ID	eNNI-D SC PC ID
CC PC ID	全局	UNI SC PC ID	eNNI SC PC ID
发起方 CC PC ID	全局	位于宿 UNI 的宿端 UNI-N SC PC ID	与 eNNI-U SC PC ID 共享
终结方 CC PC ID	全局	位于源 UNI-N 的 UNI-N SC PC ID	与 eNNI-D SC PC ID 共享

SC PC ID 的全局范围使用 SC PC ID 提供运营商域内的呼叫 ID。对于跨运营商的呼叫,用于呼叫 ID 的 SC PC ID,还应包含运营商 ID。

在 OIF E-NNI 2.0 中,NCC PC ID 和 CC PC ID 共享相同的标识符,为了实现呼叫和控制的完全分离,需要不同的标识符,有待进一步研究。

图 13 描述了 UNI 和 E-NNI 中的相关术语。

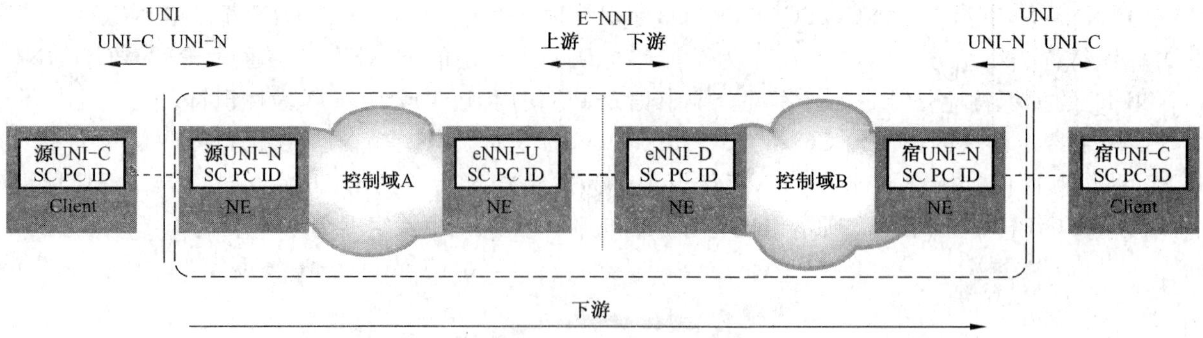

图 13 OIF UNI 2.0 和 OIF E-NNI 2.0 中的信令 PC ID

5.4.3 信令协议控制器 SCN 地址

SCN 用于控制平面组件之间的相互通信。实现控制平面通信功能的 PC 需要使用 SCN 地址。信令 PC SCN 地址表示信令 PC 与 SCN 的连接点，如图 14 所示。因此信令 PC SCN 地址基于承载信令消息的 SCN 拓扑，而不是传送平面或控制平面的拓扑。

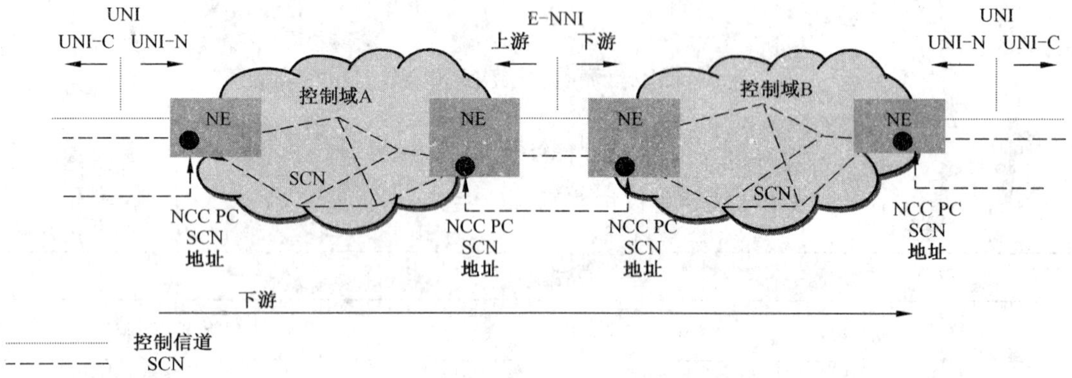

图 14 NCC PC SCN 地址

虽然协议控制器 ID 与协议控制器 SCN 地址不同，但它们可以分配相同的值以便于管理。表 3 给出了 ITU-T、OIF UNI、OIF E-NNI 中信令 PC SCN 地址的关系。

表 3 信令协议控制器 SCN 地址关系

ITU-T		OIF UNI 2.0	OIF E-NNI 2.0	说　明
G.8080/ G.7713	范围			
NCC PC SCN 地址	本地	UNI-N SC PC SCN 地址	eNNI SC PC SCN 地址	
发起方 NCC PC SCN 地址	本地	宿端 UNI-N SC PC SCN 地址(位于宿 UNI)	eNNI-U SC PC SCN 地址	
发起方 NCC PC SCN 地址	本地	源 UNI-N SC PC SCN 地址(位于源 UNI)	eNNI-D SC PC SCN 地址	

表 3(续)

ITU-T G.8080/G.7713	范围	OIF UNI 2.0	OIF E-NNI 2.0	说　明
CC PC SCN 地址	本地	与 UNI SC PC SCN 地址共享	与 NCC PC SCN 地址共享	为了支持呼叫和链接完全分离,可能需要独立的地址
发起方 CC PC SCN 地址	本地	源 UNI:与源 UNI-C SC PC SCN 地址共享。宿 UNI:与宿 UNI-N SC PC SCN 地址共享	与发起方 NCC PC SCN 地址共享	为了支持呼叫和链接完全分离,可能需要独立的地址
终结方 CC PC SCN 地址	本地	源 UNI:与源 UNI-C SC PC SCN 地址共享。宿 UNI:与宿 UNI-N SC PC SCN 地址共享	与终结方 NCC PC SCN 地址共享	为了支持呼叫和链接完全分离,可能需要独立的地址

5.5　信令通信网要求

E-NNI 接口应使用可靠的信令通信网来传送控制信息。本部分规定的 E-NNI 接口应支持 GB/T 21645.3—2009 定义的 DCN 体系结构和功能要求。

根据是运营商内或运营商间的 E-NNI,E-NNI 的 SCN 可以有不同的选项,例如:

a)　不同 SCN 路由区相互独立,在路由区之间人工配置可达地址;

b)　为不同的 SCN 构建一个公共的父 SCN 路由区,由 0 层路由器进行 SCN 之间的互联。

图 15 给出了 E-NNI SCN 结构的示例。

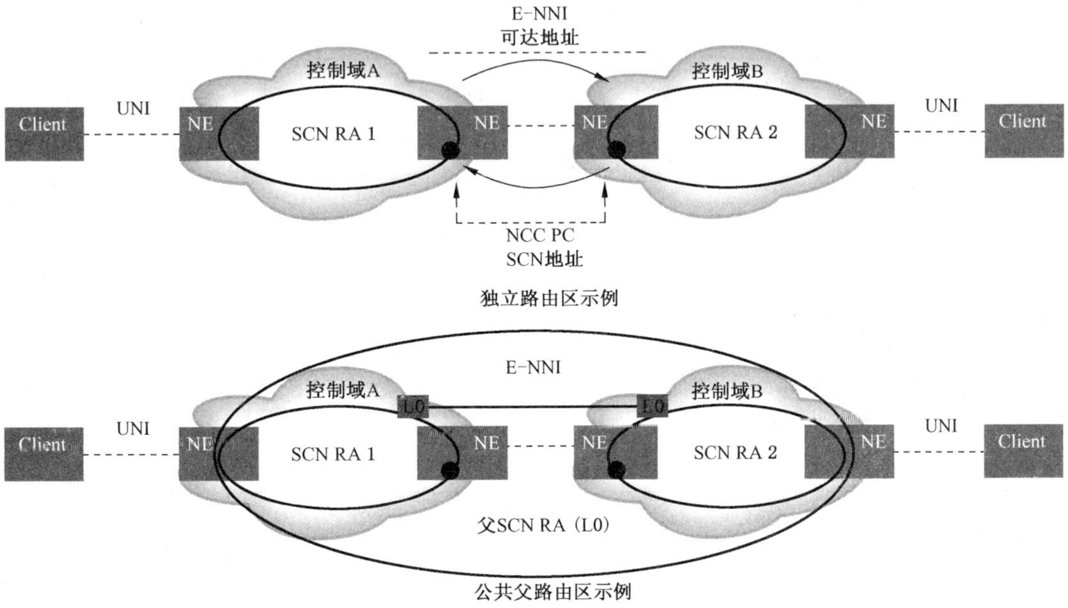

图 15　E-NNI SCN 结构示例

6 E-NNI 信令抽象消息和属性

6.1 抽象消息和错误编码

6.1.1 抽象消息类型

E-NNI 信令用于在控制域接口之间交换消息，进行连接管理。本章给出 E-NNI 信令需要使用的抽象消息，即不依赖于所使用的具体协议。本章规定的 E-NNI 信令抽象消息和属性主要依据 OIF E-NNI 2.0 规范。

E-NNI 抽象呼叫消息属性包含在连接消息中。表 4 给出了 E-NNI 支持的抽象呼叫消息，这些消息分为 5 类，包括连接建立消息、连接释放消息、连接查询消息、通知消息和修改消息。抽象呼叫消息不适用于采用 OIF E-NNI 1.0 规范的实现。

表 4 E-NNI 抽象呼叫消息

抽象消息	所属的信令消息
呼叫建立请求	属于呼叫的第一个连接的连接建立请求消息
呼叫建立指示	属于呼叫的第一个连接的连接建立指示消息
呼叫建立确认	属于呼叫的第一个连接的连接建立确认消息
呼叫释放请求	属于呼叫的最后一个连接的连接释放请求消息
呼叫释放指示	属于呼叫的最后一个连接的连接释放指示消息
呼叫查询请求	属于呼叫中每一个连接的连接查询请求消息
呼叫查询指示	对于呼叫的每一个连接，此呼叫信息搭载在连接查询请求指示信息中
呼叫修改请求	如果现存连接的带宽变化引起呼叫的修改，呼叫修改请求可以暗含在连接修改请求中。 如果呼叫的修改由于连接的添加引起，呼叫修改请求可以暗含在连接建立请求中。 如果呼叫的修改由于移除连接引起，呼叫修改请求可以暗含在连接释放请求中
呼叫修改指示	如果现存连接的带宽变化引起呼叫的修改，呼叫修改指示可以暗含在连接修改指示中。 如果呼叫的修改由于连接的添加引起，呼叫修改指示可以暗含在连接建立指示中。 如果呼叫的修改由于移除连接引起，呼叫修改指示可以暗含在连接释放指示中
呼叫修改确认	如果现存连接的带宽变化引起呼叫的修改，呼叫修改确认可以暗含在连接修改确认中。 如果呼叫的修改由于连接的添加引起，呼叫修改确认可以暗含在连接建立确认中。 如果呼叫的修改由于移除连接引起，呼叫修改确认可以暗含在连接释放确认中

表 5 在 ITU-T G.7713 的基础上，给出了 E-NNI 支持的抽象连接消息，这些消息分为 5 类，包括连接建立消息、连接释放消息、连接查询消息、连接通知消息和连接修改消息。其中连接修改消息不适用于采用 OIF E-NNI 1.0 规范的实现。

表 5 E-NNI 信令抽象消息

抽象消息			版本
连接建立消息	ConnectionSetupRequest	连接建立请求	OIF E-NNI 1.0/OIF E-NNI 2.0
	ConnectionSetupIndication	连接建立指示	OIF E-NNI 1.0/OIF E-NNI 2.0
	ConnectionSetupConfirm（可选）	连接建立确认(可选)	OIF E-NNI 1.0/OIF E-NNI 2.0
连接释放消息	ConnectionReleaseRequest	连接释放请求	OIF E-NNI 1.0/OIF E-NNI 2.0
	ConnectionReleaseIndication	连接释放指示	OIF E-NNI 1.0/OIF E-NNI 2.0
连接查询消息	ConnectionQueryRequest	连接查询请求	OIF E-NNI 1.0/OIF E-NNI 2.0
	ConnectionQueryIndication	连接查询指示	OIF E-NNI 1.0/OIF E-NNI 2.0
连接通知消息	ConnectionNotify	连接通知	OIF E-NNI 1.0/OIF E-NNI 2.0
连接修改消息	ConnectionModifyRequest	连接修改请求	OIF E-NNI 2.0
	ConnectionModifyIndication	连接修改指示	OIF E-NNI 2.0
	ConnectionModifyConfirm	连接修改确认	OIF E-NNI 2.0

6.1.2 连接建立消息

6.1.2.1 连接建立请求

eNNI-U 向 eNNI-D 发送 ConnectionSetupRequest 消息请求建立连接。此消息提供在 E-NNI 上建立连接的信息，还提供下游 CC 完成端到端连接所使用的信息。此消息为全局范围，即消息被端到端传递用于指示业务请求。此消息不承载错误代码。表 6 给出了抽象消息和内容。

表 6 连接建立请求(ConnectionSetupRequest)抽象消息

消息：ConnectionSetupRequest 范围：全局 方向：eNNI-U→eNNI-D			
属　　性	类型	范围	呼叫/连接
源 TNA	强制	全局	呼叫
目的 TNA	强制	全局	呼叫
发起方 NCC PC ID	强制	局部	连接
终结方 NCC PC ID	强制	局部	连接
连接名称	强制	局部	连接
呼叫名称	强制	全局	呼叫
SNP ID[a]	可选	局部	连接
SNPP ID	强制	局部	连接
方向性	可选	全局	连接
目的 SNP ID[b]	可选	局部[c]	呼叫
路由	可选	全局[d]	

表 6（续）

消息：ConnectionSetupRequest 范围：全局 方向：eNNI-U→eNNI-D			
属　　性	类型	范围	呼叫/连接
业务级别	强制[e]	局部[f]	呼叫
合同号	可选	全局	呼叫
编码类型	强制	全局	呼叫/连接
交换类型	强制	全局	呼叫/连接
SDH、OTN 或 以太网流量参数	强制	全局	呼叫/连接
通用负荷标识	可选	全局	呼叫

[a] SNP 和 SNPP ID 为分配给本地链路的资源的标识符。它们是一系列 ID 的列表。对一个双向连接请求，SNP 和 SNPP ID 列表包含上游和下游的 ID 信息。SNP ID 和目的 SNP ID 作为可选信息。

[b] 宿 SNP ID 指连接或呼叫的最终地址的 SNP ID，可以是一个 UNI-C 或者 UNI-N 的 SNP。

[c] 此属性只在 SPC 连接的目的节点有意义，在所有中间节点透传此 ID。

[d] 此属性提供跨多控制域的路由信息，并可提供具体节点路由（如果策略允许）。因此，此路由信息可以跨多个E-NNI。

[e] 业务级别是一个强制属性。如果此属性不存在，需要使用一个默认的业务级别属性。

[f] 此属性在单个运营商内唯一。它允许在不同的控制域之间转换等价的业务级别信息

6.1.2.2　连接建立指示

此消息由 eNNI-D 发送给 eNNI-U，用于响应连接建立请求。此消息提供在 E-NNI 上建立连接的信息，还提供可能用于 eNNI-U 完成端到端请求的附加信息，例如使用为请求分配的 SNP。当建立被拒绝时，此消息包括有关拒绝的错误代码。此消息为全局消息，即此消息被端到端传送。表 7 显示了此消息和内容。

表 7　连接建立指示(ConnectionSetupIndication)抽象消息

消息：ConnectionSetupIndication 范围：全局 方向：eNNI-D→eNNI-U			
属　　性	类型	范围	呼叫/连接
发起方 NCC PC ID	强制	局部	连接
终结方 NCC PC ID	强制	局部	连接
连接名称	强制	局部	连接
呼叫名称	强制	全局	呼叫
SNP ID	强制	局部	连接
连接状态	强制	局部	连接
方向性	可选	全局	连接
错误代码	可选	局部/全局	连接
是否支持带宽修改	强制	全局	连接

此消息包含如下错误代码：

a） 被叫方忙；
b） 未认证发送者（策略错误）；
c） 未认证接收者（策略错误）；
d） 无效连接 ID；
e） 无效呼叫 ID；
f） 无效 SNP；
g） 不可用 SNP；
h） 无效 SNPP；
i） 不可用 SNPP；
j） 不可用方向性；
k） 无效 SPC SNP；
l） 无效路由；
m） 不可用业务级别。

6.1.2.3 连接建立确认

此消息为可选消息，用于 eNNI-U 向 eNNI-D 发送建立指示的响应。如果在连接建立指示中请求了确认消息，此消息是一个强制消息。此消息提供了在 E-NNI 上，对端到端连接建立的最终确认。当建立被拒绝时，此消息包含有关拒绝的错误代码。此消息为全局范围，即此消息被端到端传送。表 8 显示了此消息和内容。

表 8 连接建立确认（ConnectionSetupConfirm）抽象消息

消息：ConnectionSetupConfirm 范围：全局 方向：eNNI-U→eNNI-D			
属　性	类型	范围	呼叫/连接
发起方 NCC PC ID	强制	局部	连接
终结方 NCC PC ID	强制	局部	连接
连接名称	强制	局部	连接
连接状态	强制	局部	连接
呼叫名称	强制	全局	呼叫
错误代码	可选	局部	连接

此消息包括如下错误代码：

a） 未认证发送者（策略错误）；
b） 未认证接收者（策略错误）；
c） 无效连接 ID；
d） 无效呼叫 ID；
e） 无效 SNP；
f） 不可用 SNP。

6.1.3 连接释放消息

6.1.3.1 连接释放请求

此消息由 eNNI-D 或 eNNI-U 发送,用于向相关协议控制器(eNNI-D 或 eNNI-U)发起连接释放请求。此消息提供了用于释放端到端连接的 E-NNI 部分的信息,以及可能用于 eNNI-U 或 eNNI-D 完成端到端请求的附加信息。此消息不携带错误编码。此消息为全局消息。表 9 显示了此消息的内容。

表 9 连接释放请求(ConnectionReleaseRequest)抽象消息属性

消息:ConnectionReleaseRequest 范围:全局 方向:eNNI-D→eNNI-U 或 eNNI-U→eNNI-D			
属　　性	类型	范围	呼叫/连接
发起方 NCC PC ID	强制	局部	连接
终结方 NCC PC ID	强制	局部	连接
连接名称	强制	局部	连接
呼叫名称	强制	全局	呼叫

释放请求可以由一条连接的中间节点产生,使用连接通知消息用来通知源或目的节点发起释放请求。在此情况下,中间 CC 发送请求触发源或目的 CC 发起释放请求,并可能包含附加信息指示此请求是中间节点产生的。此消息不包括错误代码。

6.1.3.2 连接释放指示

此消息由 eNNI-D 或 eNNI-U 发送给相关协议控制器(eNNI-U 或 eNNI-D),用于对连接释放请求的响应。此消息提供了端到端连接中 E-NNI 部分的最终释放确认。此消息为全局消息,消息被端到端地传递。表 10 为此消息内容。

表 10 连接释放指示(ConnectionReleaseIndication)抽象消息属性

消息:ConnectionSetupIndication 范围:全局 方向:eNNI-D→eNNI-U 或 eNNI-U→eNNI-D			
属　　性	类型	范围	呼叫/连接
发起方 NCC PC ID	强制	局部	连接
终结方 NCC PC ID	强制	局部	连接
连接名称	强制	局部	连接
连接状态	强制	局部	连接
呼叫名称	强制	全局	呼叫
错误代码	可选	局部	连接

此消息包括如下错误代码：

a) 未认证发送者(策略错误)；

b) 未认证接收者(策略错误)；

c) 无效连接 ID；

d) 无效呼叫 ID。

6.1.4 连接查询消息

6.1.4.1 连接查询请求

此消息用于 eNNI-U 或 eNNI-D 向相应协议控制器(eNNI-D 或 eNNI-U)发起查询请求。此消息用于请求同一呼叫中的一或多个已建连接的连接状态信息。如果没有指定连接或者呼叫名称，则返回所有由 eNNI-D 或者 eNNI-U 管理的连接信息。如果只指定了呼叫名称，则返回此呼叫所包含的所有连接信息。此消息为局部消息，表 11 为此消息内容。

表 11 连接查询请求(ConnectionQueryRequest)抽象消息属性

消息:ConnectionQueryRequest 范围:局部 方向:eNNI-D→eNNI-U 或 eNNI-U→eNNI-D			
属 性	类型	范围	呼叫/连接
发起方 NCC PC ID	可选	局部	连接
终结方 NCC PC ID	可选	局部	连接
连接名称	可选	局部	连接
呼叫名称	可选	全局	呼叫

6.1.4.2 连接查询指示

此消息由 eNNI-D 或 eNNI-U 发送，用于响应相关协议控制器(eNNI-D 或 eNNI-U)的查询请求。此消息提供同一呼叫内已建的一或多个连接的描述信息。如果请求多个连接的状态，对每个连接都需要提供以下内容：

——连接名称；

——连接详细信息。

此消息为局部消息。表 12 为此消息内容。

表 12 连接查询指示(ConnectionQueryIndication)抽象消息属性

消息:ConnectionQueryIndication 范围:局部 方向:eNNI-D→eNNI-U 或 eNNI-U→eNNI-D			
属 性	类型	范围	呼叫/连接
发起方 NCC PC ID	强制	局部	连接
终结方 NCC PC ID	强制	局部	连接
连接名称	强制	局部	连接

表 12（续）

消息：ConnectionQueryIndication 范围：局部 方向：eNNI-D→eNNI-U 或 eNNI-U→eNNI-D			
属　　性	类型	范围	呼叫/连接
呼叫名称	强制	全局	呼叫
错误代码	可选	局部	连接
连接详细信息如下：			
连接状态	强制	局部	连接
源 TNA 名称	可选	局部	连接
目的 TNA 名称	可选	局部	连接
本地逻辑端口标识符	可选	局部	连接
本地通用标签	可选	局部	连接
合约 ID	可选	局部	连接
编码类型	可选	局部	连接
交换类型	可选	局部	连接
SDH、OTN 或以太网业务参数	可选	局部	连接
方向	可选	局部	连接
路由	可选	局部	连接
通用静荷标识符	可选	局部	连接
业务级别	可选	局部	连接
分级	可选	局部	连接

“连接详细信息”属性可包含此连接的任何属性，如使用的 SNP、使用的特定恢复机制等，“连接详细信息”属性所包含的信息类型参见属性定义部分。此属性可以包含一个或多个连接的状态信息。例如，此属性可包括所使用的 SNP，特定的恢复机制等。

此消息包括如下错误代码：

a) 未认证发送者(策略错误)；

b) 未认证接收者(策略错误)；

c) 无效/未知连接 ID；

d) 无效/未知呼叫 ID。

6.1.5 连接通知消息

此消息由 eNNI-U 或 eNNI-D 发送，用于通知相关协议控制器(eNNI-D 或 eNNI-U)一个或多个连接的状态。此消息通知需要删除连接的源和目的地址，用于触发连接释放请求。此消息是局部消息，表 13显示了此消息的内容。

表 13 连接通知(ConnectionNotification)抽象消息属性

消息:ConnectionNotification 范围:局部 方向:eNNI-D→eNNI-U 或 eNNI-U→eNNI-D			
属性	类型	范围	呼叫/连接
发起方 NCC PC ID	强制	局部	连接
终结方 NCC PC ID	强制	局部	连接
连接名称(列表)	强制	局部	连接
呼叫名称	强制	全局	呼叫
错误代码	可选	局部	连接
连接状态	可选	局部	连接

此消息包括如下错误代码:

a) 影响业务的缺陷(导致连接失效);

b) 不影响业务的缺陷(不导致连接失效)。

6.1.6 连接修改消息

6.1.6.1 连接修改请求

此消息由 eNNI-U 发送给 eNNI-D,请求对已建立连接的修改。E-NNI 2.0 支持连接带宽修改功能(在 UNI 2.0 中,带宽和标签相关属性可以被修改。例如对于以太网 EVPL 业务,表示 CE-VLAN 标识的通用标签可以被修改。而 E-NNI 仅需要支持带宽修改)。此消息不承载错误代码。表 14 为此消息内容。

表 14 连接修改请求(ConnectionModifyRequest)抽象消息属性

消息:ConnectionModifyRequest 范围:全局 方向:eNNI-D→eNNI-U				
属性	类型	范围	呼叫/连接	是否可修改
源 TNA	强制	全局	呼叫	否
目的 TNA	强制	全局	呼叫	否
发起方 NCCPCID	强制	局部	呼叫	否
终结方 NCCPCID	强制	局部	呼叫	否
连接名称	强制	局部	连接	否
呼叫名称	强制	全局	呼叫	否
SNP ID	可选	局部	连接	是
SNPP ID	强制	局部	连接	否
目的 SNP ID	可选	局部	连接	是
显式路由	可选	全局	连接	是
SDH、OTN 或以太网流量参数	强制	全局	呼叫/连接	是

6.1.6.2 连接修改指示

此消息由 eNNI-D 发送给 eNNI-U，用于确认 eNNI-U 发起的连接修改请求。OIF E-NNI 2.0 支持连接带宽修改指示消息。表 15 为此消息内容。

表 15 连接修改指示(ConnectionModifyIndication)抽象消息属性

消息:ConnectionModifyIndication 范围:全局 方向:eNNI-D→eNNI-U			
属性	类型	范围	呼叫/连接
发起方 NCC PC ID	强制	局部	呼叫
终结方 NCC PC ID	强制	局部	呼叫
连接名称	强制	局部	连接
呼叫名称	强制	全局	呼叫
SNP ID	可选	局部	连接
SNPP ID	强制	局部	连接
连接状态	强制	局部	连接
错误代码	可选	局部	呼叫/连接

6.1.6.3 连接修改确认

此消息用于 eNNI-U 向 eNNI-D 发送修改指示的响应。此消息提供了在 E-NNI 上，对端到端连接修改的最终确认。此消息为全局范围，即此消息被端到端传送。OIF E-NNI 2.0 支持连接修改确认消息。表 16 显示了此消息和内容。

表 16 连接修改确认(ConnectionModifyConfirm)抽象消息属性

消息:ConnectionModifyConfirm 范围:全局 方向:eNNI-U→eNNI-D			
属性	类型	范围	呼叫/连接
发起方 NCC PC ID	强制	局部	呼叫
终结方 NCC PC ID	强制	局部	呼叫
连接名称	强制	局部	连接
连接状态	强制	局部	连接
呼叫名称	强制	全局	呼叫
错误代码	可选	局部	呼叫/连接

6.2 抽象属性

6.2.1 抽象属性类型

表 17 提供了支持 E-NNI 信令的抽象属性列表。

表 17 E-NNI 信令抽象属性

抽象属性	
标识属性	源 TNA
	目的 TNA
	源协议控制器地址
	目的协议控制器地址
	连接名称
	呼叫名称
	SNP ID
	SNPP ID
	目的 SNP ID
业务属性	方向
	编码类型
	交换类型
	SDH、OTN 或以太网业务参数
路由属性	显式路由
策略属性	业务级别
其他属性	连接状态
	错误编码

6.2.2 与标识相关的属性

与标识相关的属性如下：

a) 源 TNA

此属性代表发起业务请求的源端用户 TNA 地址。此属性由源控制域验证，承载在跨 E-NNI 的信令消息中。关于 TNA 地址的具体要求见 GB/T 21645.5—2012。

b) 目的 TNA

此属性代表连接目的端用户 TNA 地址，在出口控制域中可以用来确定到达用户的显式路由。

c) 发起方 NCC PC ID

此属性表示上游节点 NCC PC 的标识符。

d) 终结方 NCC PC ID

此属性表示下游节点 NCC PC 的标识符。

e) 连接名

此属性代表某连接的名称，本地唯一。由发起请求的协议控制器分配此连接名。

f) 呼叫名

此属性为某个呼叫的名称，全局变量。此名在 UNI 呼叫边界点由网络分配；E-NNI 不参与分配，仅进行呼叫名称验证。此名一直保留到呼叫被删除。

g) SNP ID

此属性表示用于支持跨 E-NNI 业务请求的传送平面链路连接资源（即子网点，用于建立子网连接，从 SNPP 中选取)。eNNI-U 可以选择使用一个 SNP ID,而 eNNI-D 可以选择另外的 SNP ID 来替代。

h) SNPP ID

此属性表示用于支持跨 E-NNI 业务请求的传送链路资源。SNPP ID 表示了一条 SNPP 链路的发送端(请求端)。由于 SNPP 链路的两端是互相关联的(通过自动发现或者人工配置),因此指定一侧的 SNPP 端点可以表示所要使用的 SNPP 链路。此属性可以采用不同的地址格式实现。例如对于 IP,可以采用编号或者无编号链路,编号或者无编号链路捆束。

i) 目的 SNP ID

此属性表示在目的端网络—用户连接中所使用的 SNP。此地址对目的端来说是局部唯一,并由外部代理(例如发起 SPC 请求的网管系统)提供给控制平面。对于 SPC,源和目的两端的用户—网络连接是指配的,因此需要指定目的 SNP,来保证控制平面将网络中的交换连接与目的端的指配连接正确连接起来。

6.2.3 与业务相关的属性

与业务相关的属性如下:

a) 方向性

此属性表示请求的业务是单向还是双向连接。

b) 编码类型

编码类型经过 UNI 接口时的信号编码格式。编码类型包括:

1) SDH;
2) ODUk 层;
3) OCh 层;
4) 以太网业务。

c) 交换类型

指示一条特定链路上的交换类型。交换类型包括:

1) 二层以太网;
2) TDM(SDH、OTN ODUk);
3) 波长(OTN OCh);
4) 数据通路交换能力(DCSC)。

d) 业务参数

业务参数包括 SDH、OTN 和以太网。

6.2.4 与路由相关的属性

显式路由:此属性表示连接所经过的一系列链路和子网。根据所交换的路由信息数量的不同,此属性可以包含详细的路由信息或抽象视图。不同的信令协议实现此属性的方式可以不同,如 RSVP-TE 使用 ERO 和 RRO 来表示显式路由。

6.2.5 与策略相关属性

业务级别:此属性包含业务级别消息。不同控制域之间对业务级别消息的解释应一致。

6.2.6 其他属性

其他属性如下:

a) 连接状态:表示连接状态。

b) 错误代码:错误代码用于表示连接动作所引起的错误,包括:

1) 呼叫方忙(Calling party busy);
2) 被叫方忙(Called party busy);
3) 未鉴权的发送者(策略错误)[Unauthorized sender(policy error)];
4) 未鉴权的接收者(策略错误)[Unauthorized receiver(policy error)];
5) 无效/未知连接 IDInvalid/unknown connection ID;
6) 无效/未知呼叫 IDInvalid/unknown Call ID;
7) 无效 SNP(Invalid SNP);
8) 不可用 SNP(Unavailable SNP);
9) 无效 SNPP(Invalid SNPP);
10) 不可用 SNPP(Unavailable SNPP);
11) 不可用网络资源(Unavailable network resource);
12) 不可用方向(Unavailable directionality);
13) 无效 SPC SNP(Invalid SPC SNP);
14) 无效路由(Invalid route);
15) 不可用业务等级业务影响缺陷(引起连接失效);
16) 无业务影响缺陷(无失效连接)。

7 E-NNI 信令流程

7.1 概述

本部分描述 E-NNI 接口的信令流程,包括 SC、SPC 正常和异常建立和释放的过程,该信令流程与具体协议无关,也与 UNI 和 I-NNI 接口的协议无关。在下述描述中,只表示 E-NNI 运行所需要的信息交换,并不描述 UNI 和 I-NNI 接口实际的信令流程。

7.2 正常操作

7.2.1 正常建立请求

当建立 SPC 时,假定用户与网络之间的连接已经配置完成,控制平面只是在网络中负责建立连接。网络部分连接建立的请求由网管系统发起并传送到控制域的入口节点,由 E-NNI 接口向下游传播,直到目的控制域的出口节点。在 E-NNI 接口建立跨域的连接需要 3 个消息交换过程(第 3 个消息是可选的)。注意第 3 个消息(建立确认)是可选消息,但是如果目的方请求就应包含此消息。信令流程如图 16 所示。

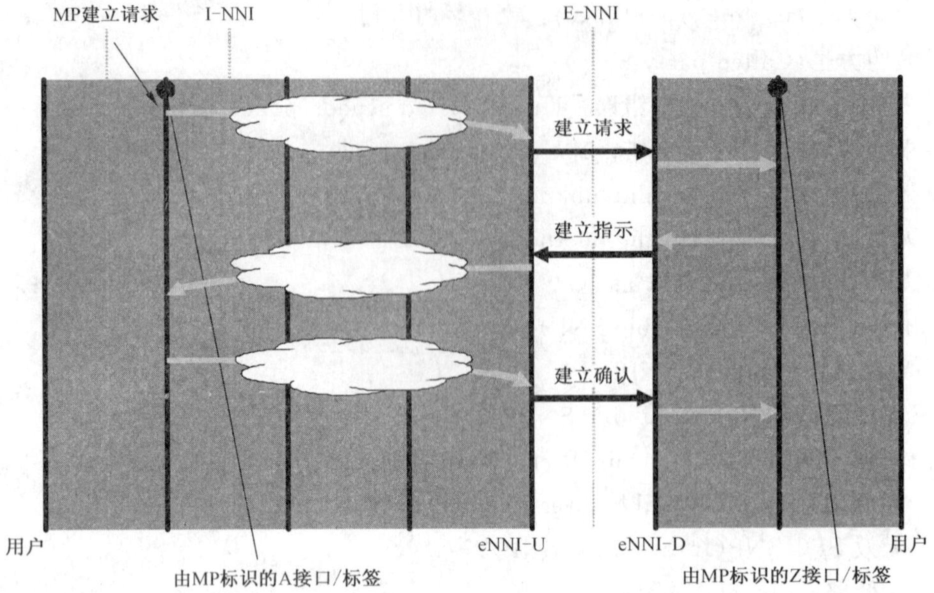

图 16 SPC 建立信令流程

当请求 SC 时，控制平面负责端到端连接的建立，由 UNI 发起连接建立请求。信令流程如图 17 所示。

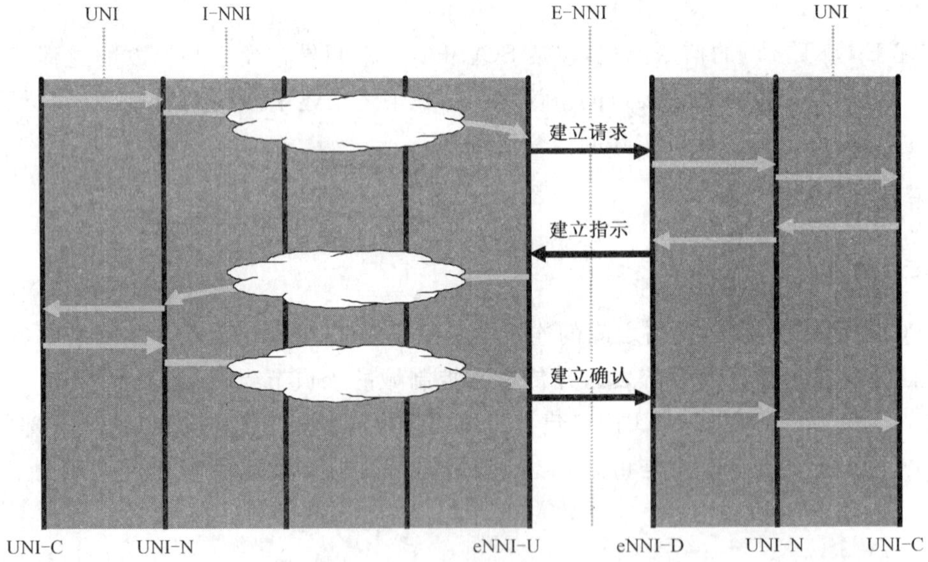

图 17 基本 SC 建立信令流程

7.2.2 正常释放请求

对于 SPC，由网管系统向控制平面发起网络部分连接释放的请求，并且与配置部分(用户与网络之间)连接的释放与否无关。释放网络部分的连接在 E-NNI 接口需要有 2 个消息交换过程。信令流程如图 18 所示。

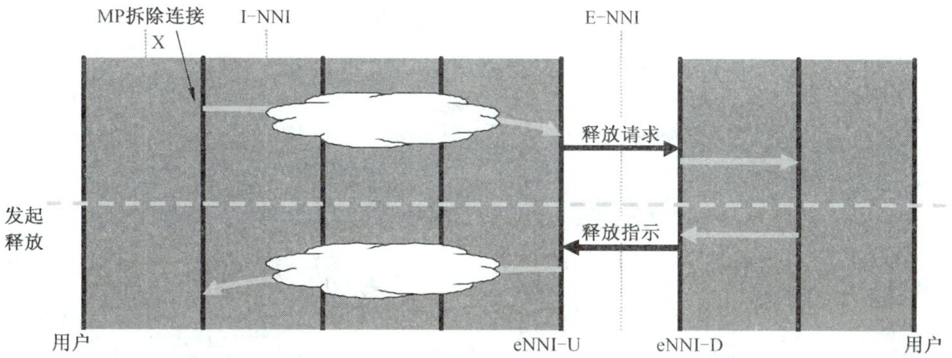

图 18　基本 SPC 释放

释放一个 SC，根据由谁发起释放请求可以有几个信令流程。释放 E-NNI 部分的网络连接在 E-NNI 接口需要有 2 个消息交换。图 19 和图 20 分别表示由源 UNI-C 和宿 UNI-C 发起释放请求的信令流程。

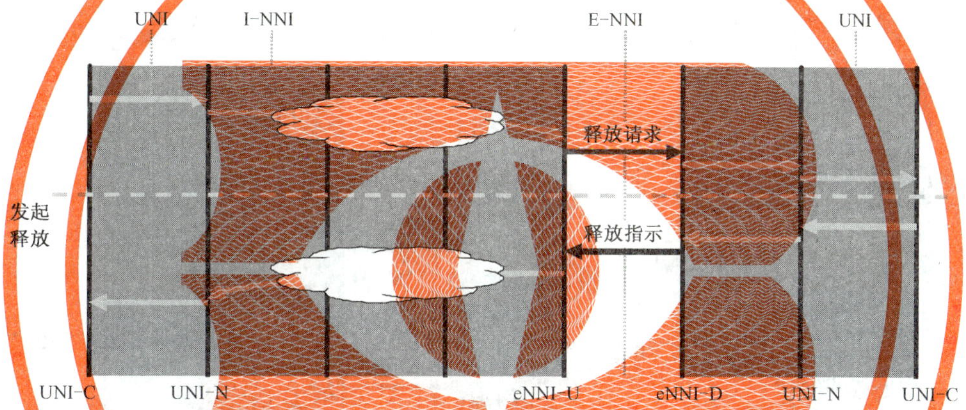

图 19　基本 SC 释放信令流程：源 UNI-C 发起

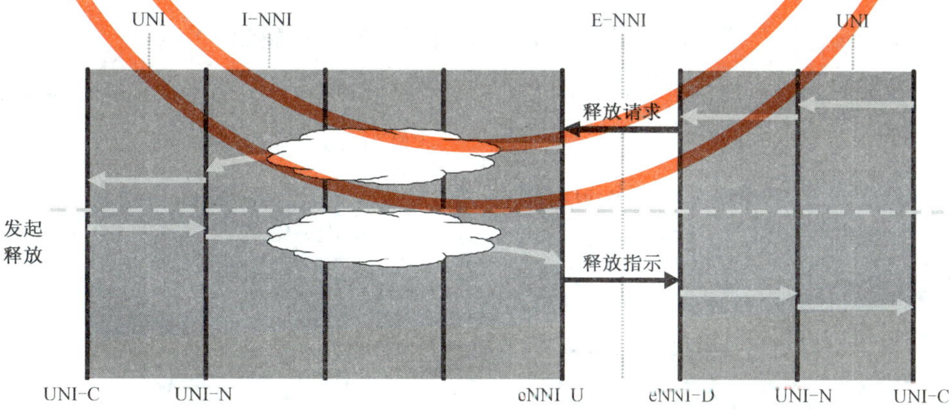

图 20　基本 SC 释放信令流程：宿 UNI-C 发起

由于网络故障或策略原因，网络中间节点也可以发起 SC 连接的释放请求。在这种情况下，网络中间控制平面节点(CC)通过发送释放通知发起连接释放。对于 E-NNI 2.0，eNNI-U 或 eNNI-D 发起的释放通知总是向上游方向发送。中间节点发起的连接释放信令流程如图 21～图 24 所示。

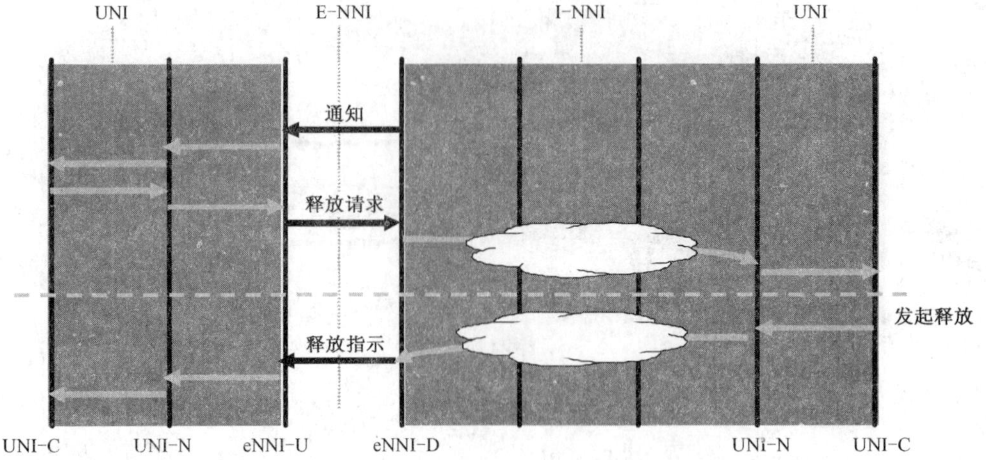

图 21　删除/释放:中间节点 eNNI-D 发起

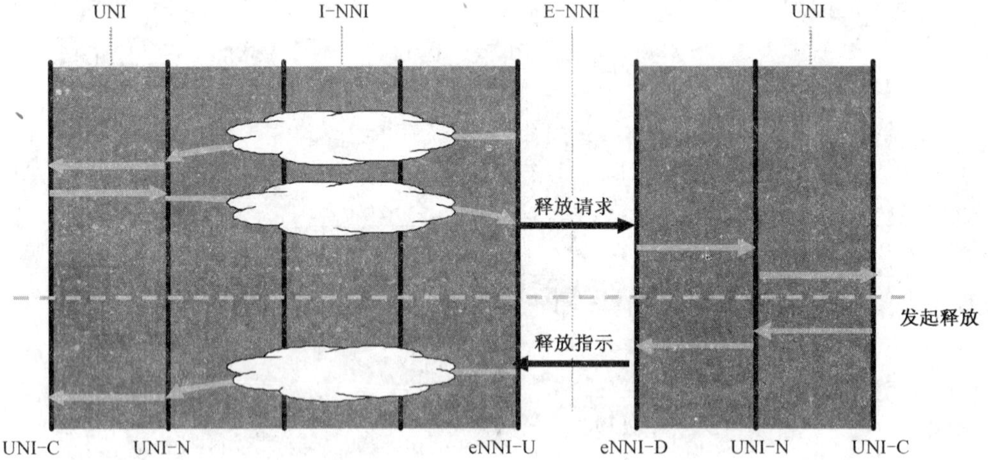

图 22　删除/释放:中间节点 eNNI-U 发起

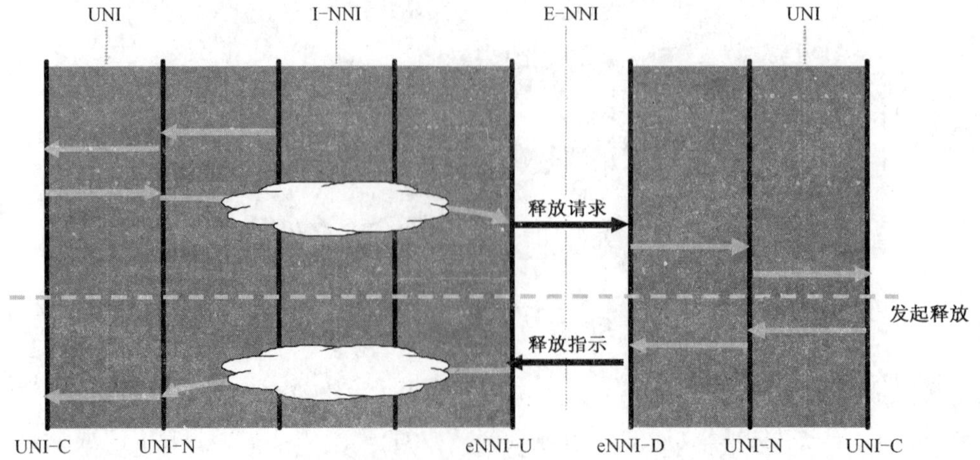

图 23　删除/释放:上游网络节点发起

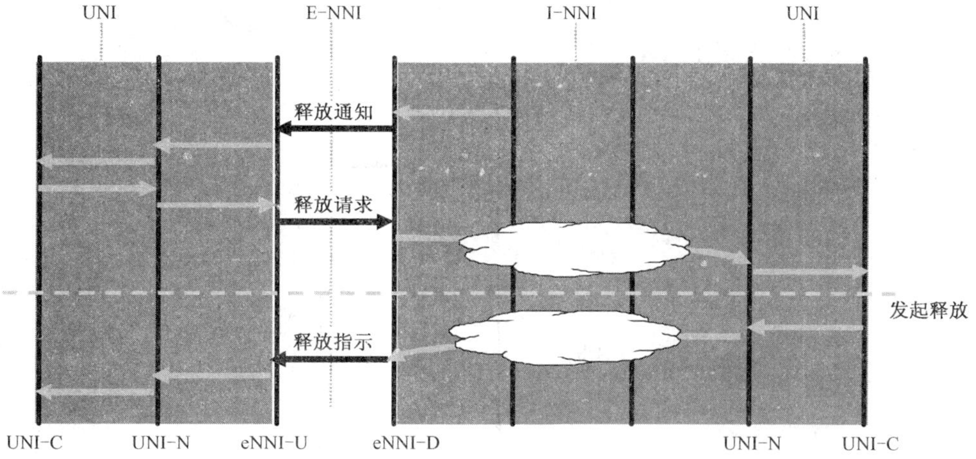

图 24　删除/释放:下游网络节点发起

网络也可能向下游方向发起释放通知,支持 OIF E-NNI 1.0 的 eNNI-U 或 eNNI-D 可能存在这种情况。此时,OIF E-NNI 2.0 接口应把释放通知转发到目的节点。一旦释放通知达到目的节点,则信令行为将与图 20 宿 UNI-C 发起的释放相同,该信令流程如图 25 所示。

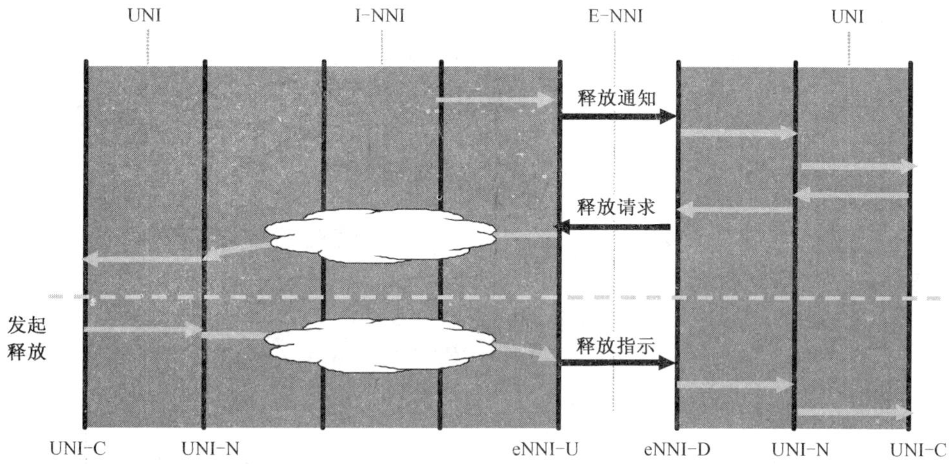

图 25　中间节点向下游方向发起的删除/释放

7.2.3　连接修改请求

OIF E-NNI 2.0 支持对已建呼叫和连接的修改。呼叫修改通过增加或删除已建呼叫中的连接来实现。连接修改通过修改已建连接的带宽来实现。UNI2.0 支持对 EVPL 业务 CE-VLAN 标识的修改,但这对于 E-NNI 是透明的。图 26 描述了连接修改的信令流程。

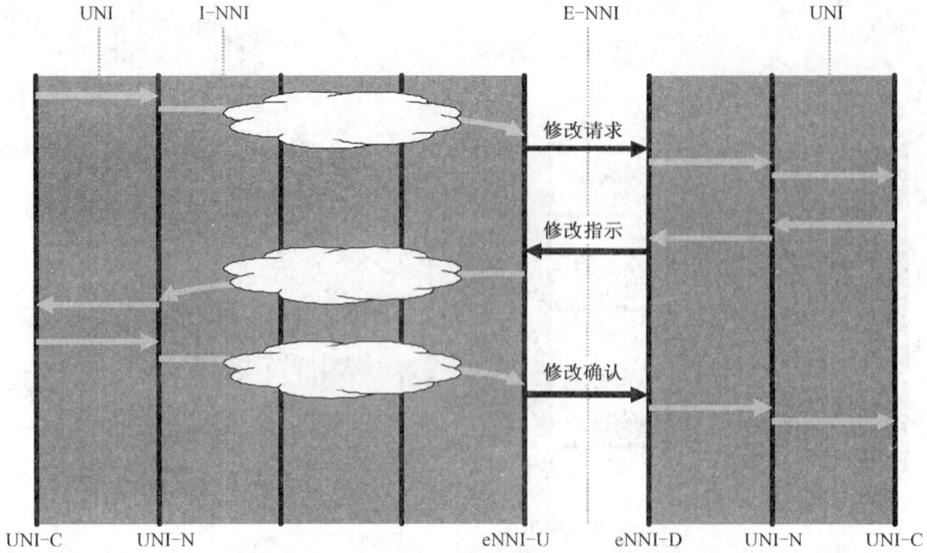

图 26 连接修改请求

7.3 异常情况操作

以下描述异常情况和故障处理时 E-NNI 接口的信令流程。需要注意的是,这里并不提供拒绝请求的原因(如资源冲突、策略决定等),而是描述拒绝请求以后的信令流程。

7.3.1 建立请求拒绝

一个请求可能在信令流程的不同阶段被拒绝。当决定拒绝一个请求后,应遵循一定的信令流程。当处理请求或指示消息时可能发生请求拒绝:

a) 在请求消息传送的过程中,其经过的任意节点都有可能拒绝该请求。决定拒绝的节点向源端发送一个释放消息,以便释放任何可能已经占用的资源。

b) 在指示消息传送的过程中,其经过的任意节点都有可能拒绝该请求。决定拒绝的节点发送一个包含错误消息的建立指示消息给源节点(NCC);此外,向下游发送一个包含错误代码的确认消息,释放已经预留的资源。

图 27 表示建立请求被拒绝时的信令流程。

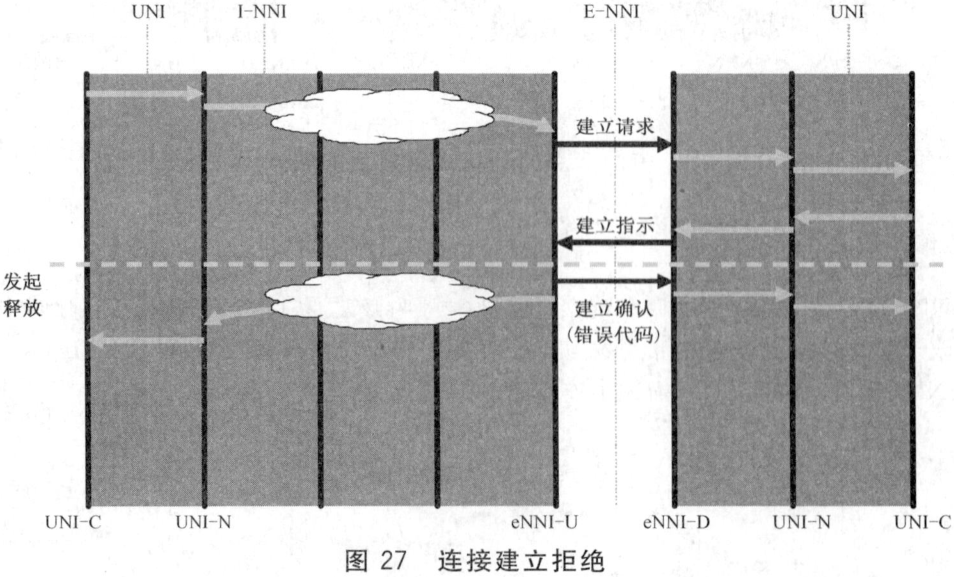

图 27 连接建立拒绝

7.3.2 释放请求拒绝

只有当释放请求无效时才会产生释放请求拒绝，如请求未认证。对于其他所有情况，释放请求应执行。如果在释放过程中产生了错误，导致连接没有释放，则应向外部控制器(如网管系统)发送错误消息。但是对该释放请求的响应应该是成功的，因为此时需要停止对用户的计费，并释放与该连接相关的资源。

因此，对于有效的释放请求，可以使用正常的释放请求信令流程；对于未经认证的释放请求，可以发送一个“未经认证释放请求”响应消息。对于因为错误而无法完成的释放请求，可以产生一个告警。

7.3.3 修改请求拒绝

呼叫修改包括添加一条新的连接或者修改现存的连接。对于现存连接的修改，采用“先建后拆”方式建立新的连接，然后删除原有的连接。在呼叫修改过程中如果出现故障，就会返回修改前的初始状态。

修改请求失败的原因包括无效的修改请求、分配额外带宽失败或者信令故障造成。E-NNI 节点拒绝修改请求后应发送连接建立指示消息(对添加一条新的连接引起的呼叫修改)或者连接修改指示(对修改现存连接引起的呼叫修改)，同时携带错误编码，指示故障原因。

呼叫修改故障告警由源 UNI-N 或 UNI-C 发起。

7.3.4 信令通道失效

信令通道失效不应导致已经建立连接的释放。可以删除没有完成的建立请求(在失效时或是失效恢复后)。已经发起释放请求的连接应被释放(在失效时或是失效恢复后)。

7.3.5 控制平面节点失效

控制平面节点失效不应导致已经建立连接的释放。可以删除没有完成的建立请求(在失效时或是失效恢复后)。已经发起释放请求的连接应被释放(在失效时或是失效恢复后)。

7.3.6 传送平面资源失效

传送平面资源失效(例如链路或网元)可能导致已经建立连接的释放，这与连接类型和业务等级相关。例如当传送资源失效时，“无保护”连接可以被释放，而“保护”连接应根据业务等级进行恢复，并可以根据保护类型决定是否释放初始的连接。

8 RSVP-TE 扩展

8.1 RSVP-TE 概述

支持 E-NNI 信令的 RSVP-TE 扩展基于 IETF 中 RFC2205、RFC2961、RFC3209、RFC3473、RFC3474、RFC3476、RFC4328 和 RFC4606 规范的协议功能。关于 RSVP-TE 基本运行方式参见 IETF RFC3209 和 IETF RFC3474。以下描述与 E-NNI 相关的消息、对象和错误码。

在本部分中，当 eNNI-U(eNNI-D)发送一个 RSVP 消息时，应直接发送给其对端的 eNNI-D(eNNI-U)，发送消息时将使用对等节点的 SCN 地址。节点应该使用 RSVP 消息的 IP 封装，任何 RSVP 消息中不应包含路由器告警的选项。在 IETF RFC2205 的 3.1.1 定义了 RSVP＜通用包头＞对象的格式，如表 18 所示。

表 18 E-NNIRSVP 消息的 IP 包头值

版本	4
头长	5
TOS	RFC 791 定义
总长	消息长度
标记	RFC 791 定义
分段偏移量	RFC 791 定义
TTL	≥1
协议	46
头校验	定义在 RFC 791
源地址	eNNI-U/eNNI-D 的 SC PC SCN IP 地址
目的地址	eNNI-D/eNNI-U 的 SC PC SCN IP 地址

RSVP 通用包头的标记域应设置为 1,表示支持消息绑定和消息刷新。因此 eNNI-U(eNNI-D)应支持处理来自邻居的绑定和刷新的消息,并且在发送消息时可以选择是否使用绑定或刷新消息。

8.2 消息和错误码

8.2.1 与抽象消息和错误码的对应关系

表 19 给出了 E-NNI 抽象消息和 RSVP-TE 消息之间的对应关系。

表 19 抽象消息和 RSVP-TE 消息之间的对应关系

抽象消息	RSVP-TE 消息
ConnectionSetupRequest	Path
ConnectionSetupIndication	Resv 或 PathErr(发生错误时)
ConnectionSetupConfirm	ResvConf 或 PathTear(发生错误时)
ConnectionReleaseRequest	Path 或 Resv(w/D&R bits) Path 或 Resv(w/A&R bits)(仅用于 UNI/OIF E-NNI 1.0)
ConnectionReleaseIndication	PathTear 或 PathErr(w/Path_State_Removed flag)
ConnectionQueryRequest	隐含
ConnectionQueryIndication	隐含
ConnectionNotification	Notify(w/D 比特设置)或 PathErr
ConnectionModifyRequest	Path
ConnectionModifyIndication	Resv,PathErr(发生错误时)
ConnectionModifyConfirm	ResvConf,PathTear(发生错误时)
Signaling Adjacency Maintenance	Hello

表 20 给出了 RSVP-TE 消息和 E-NNI 抽象消息之间的对应关系。

表 20　RSVP-TE 消息和抽象消息之间的对应关系

RSVP-TE 消息	抽象消息
Path	ConnectionSetupRequest ConnectionReleaseRequest ConnectionModifyRequest
Resv	ConnectionSetupIndication ConnectionReleaseRequest ConnectionModifyIndication
PathErr	ConnectionSetupIndication ConnectionReleaseIndication ConnectionNotification ConnectionModifyIndication
ResvConf	ConnectionSetupConfirm ConnectionModifyConfirm
PathTear	ConnectionSetupConfirm ConnectionReleaseIndication
Notify(w/D bit set)	ConnectionNotification
Hello	SignalingAdjacencyMaintenance

表 21 给出了 E-NNI 抽象错误码和 RSVP-TE 错误码及取值之间的对应关系。这些错误码由 IETF 的 RFC 2205、RFC 3209 和 RFC4974 规定。

表 21　抽象错误码和 RSVP-TE 错误码及取值之间的对应关系

抽象错误	RSVP-TE 错误代码/错误值
呼叫方忙	ERROR_SPEC 24/5
被叫方忙	ERROR_SPEC 24/103
未认证发送方(策略错误)	ERROR_SPEC 2/100
未认证接收方(策略错误)	ERROR_SPEC 2/101
无效连接 ID	ERROR_SPEC 24/102
无效呼叫 ID	ERROR_SPEC 24/105
无效 SNP	ERROR_SPEC 24/6 or 24/11 or 24/12 or 24/14
不可用 SNP	ERROR_SPEC 24/6 or 24/11 or 24/12 or 24/14
无效 SNPP	ERROR_SPEC 24/104
不可用 SNPP	ERROR_SPEC 24/104
不可用方向性	ERROR_SPEC 24/6 or 24/11
无效 SPC SNP	ERROR_SPEC 24/106
无效路由	ERROR_SPEC 24/1,24/2,24/3,or 24/7
无效恢复	ERROR_SPEC 24/15 or 24/100

表 21（续）

抽象错误	RSVP-TE 错误代码/错误值
不可用恢复	ERROR_SPEC 24/15 or 24/100
不可用业务级别	ERROR_SPEC 24/101 or 2/{any}
影响业务缺陷	ERROR_SPEC 24/5,24/9,24/100,24/101 or 24/103
不影响业务缺陷	一般协议错误：一般 RSVP-TE 错误码/错误值

8.2.2 Hello 消息（消息类型＝20）

Hello 消息由 IETF RFC3209 规定，该消息用于建立邻接关系和通信失效检测。

Hello 消息的格式如下：

〈Hello message〉：：＝

〈Common Header〉

〈HELLO〉

〈RESTART_CAP〉

Hello 消息在邻接 E-NNI 信令实体之间周期性传送。重传间隔可以配置，缺省间隔时间为 5 s。

8.2.3 Path 消息（消息类型＝1）

Path 消息由 IETF RFC 2205 规定，并由 IETF 的 RFC2961、RFC3209 和 RFC3473 进行了扩展。

Path 消息的格式如下：

〈Path Message〉：：＝

〈Common Header〉

[[〈MESSAGE_ID_ACK〉|〈MESSAGE_ID_NACK〉]...]

〈MESSAGE_ID〉

〈SESSION〉〈RSVP_HOP〉

〈TIME_VALUES〉

〈GENERALIZED_LABEL_REQUEST〉

〈CALL_ID〉

[〈LABEL_SET〉...]

[〈SESSION_ATTRIBUTE〉]

[〈EXPLICIT_ROUTE〉]

〈NOTIFY_REQUEST〉

[〈ADMIN_STATUS〉]

〈Generalized UNI〉

[〈POLICY_DATA〉...]

〈sender descriptor〉

注：无论连接由 UNI 客户发起，增加或删除；还是作为 SPC 由入口域发起，或者携带源宿 TNA 的混合连接，都需要 GENERALIZED_UNI 对象及可选的 GENERALIZED_UNI 子对象，对于 SPC 需要使用该对象承载 SPC_LABEL。中间 NNI 节点不需要处理 GENERALIZED_UNI 对象，仅需要在连接的源和宿之间转发该对象。GENERALIZED_UNI 对象和 Sender Descriptor 对象的格式参见 OIF-UNI-02.0-RSVP 文档的 9.1.3 的“Path 消息”的规范。

例如对于 SONET/SDH 呼叫，格式如下：

〈sender descriptor〉::=
〈SENDER_TEMPLATE〉〈SENDER_TSPEC〉
[〈RECORD_ROUTE〉]
[〈UPSTREAM_LABEL〉]

建立单向连接的 Path 消息，不需要包含 UPSTREAM_LABEL 对象。

8.2.4 Resv 消息(消息类型=2)

Resv 消息由 RFC2205 规定，并由 IETF 的 RFC2961、RFC3209 和 RFC3473 进行了扩展。Resv 消息用于连接的建立以及呼叫/连接的修改。Resv 消息中可以包含 RESV_CONFIRM 对象用于请求 ResvConf 消息来确认连接的建立。只有将 Resv 消息中的 RESV_CONFIRM 对象删除，并在下一个 Resv 消息中插入新的 RESV_CONFIRM 对象，才会触发产生新的 ResvConf 消息。

E-NNI Resv 消息的格式如下：

〈Resv Message〉::=〈Common Header〉
[[〈MESSAGE_ID_ACK〉|〈MESSAGE_ID_NACK〉]...]
〈MESSAGE_ID〉
〈SESSION〉〈RSVP_HOP〉
〈TIME_VALUES〉
〈CALL_ID〉
〈NOTIFY_REQUEST〉
[〈ADMIN_STATUS〉]
[〈POLICY_DATA〉...]
[〈RESV_CONFIRM〉]
〈STYLE〉
〈FF flow descriptor〉|〈SE flow descriptor〉

〈FF flow descriptor〉::=
〈SONET/SDH_FLOWSPEC〉|〈G.709 FLOWSPEC〉|〈ETHFLOWSPEC〉
〈FILTER_SPEC〉
〈GENERALIZED_LABEL〉
[〈RECORD_ROUTE〉]

〈SE flow descriptor〉::=
〈SONET/SDH_FLOWSPEC〉|〈G.709 FLOWSPEC〉|〈ETHFLOWSPEC〉
〈FILTER_SPEC〉
〈GENERALIZED_LABEL〉
[〈RECORD_ROUTE〉]

8.2.5 ResvConf 消息(消息类型=7)

ResvConf 消息由 IETF RFC2205 规定，并由 IETF 的 RFC2961、RFC3209 和 RFC3473 进行了扩展。依据 IETF RFC3474，ResvConf 消息不包含呼叫名称(呼叫 ID)，因此与抽象连接建立确认消息不一致。但可以利用 SESSION 和流描述符实现 RescConf 与 Resv 状态的关联。

UNI-C产生一个包含RESV_CONFIRM对象ResvConf消息来告知已收到Resv消息，ResvConf消息由源UNI-C发往相关联的UNI-N，以及宿UNI-N发往宿UNI-C。ENNI逐跳处理ResvConf消息，但ResvConf消息是端到端的，因此网络应能够在源UNI-N到宿UNI-N之间中继ResvConf消息。

ResvConf消息的格式如下：

〈ResvConf message〉∷=〈Common Header〉

　　[[〈MESSAGE_ID_ACK〉|〈MESSAGE_ID_NACK〉]...]

　　〈MESSAGE_ID〉

　　〈SESSION〉〈ERROR_SPEC〉

　　〈RESV_CONFIRM〉

　　〈STYLE〉

　　〈FLOW_SPEC〉|〈FILTER_SPEC〉

8.2.6 PathTear消息（消息类型=5）

PathTear消息由IETF RFC2205规定，并由IETF的RFC2961、RFC3209和RFC3473进行了扩展。ITU-TG.7713.2做了进一步扩展以支持跨E-NNI的多种业务。

PathTear消息格式如下：

〈Path Tear Message〉∷=〈Common Header〉

　　[[〈MESSAGE_ID_ACK〉|〈MESSAGE_ID_NACK〉]...]

　　〈MESSAGE_ID〉

　　〈SESSION〉

　　　　〈CALL_ID〉

　　　　〈RSVP_HOP〉

8.2.7 PathErr消息（消息类型=3）

PathErr消息由IETF RFC2205规定，并由IETF的RFC2961、RFC3209和RFC3473进行了扩展。PathErr消息用于报告错误或连接删除失败。

E-NNI PathErr消息格式如下：

〈PathErr message〉∷=〈Common Header〉

　　[[〈MESSAGE_ID_ACK〉|〈MESSAGE_ID_NACK〉]...]

　　〈MESSAGE_ID〉

　　〈SESSION〉

　　〈CALL_ID〉

　　〈ERROR_SPEC〉

　　[〈ACCEPTABLE_LABEL_SET〉]

　　[〈POLICY_DATA〉…]

　　　〈sender descriptor〉

8.2.8 Notify消息（消息类型=21）

Notify消息由IETF RFC3473规定。

Notify消息格式如下：

〈Notify message〉∷=〈Common Header〉

[[〈MESSAGE_ID_ACK〉|〈MESSAGE_ID_NACK〉]...]

〈MESSAGE_ID〉

〈ERROR_SPEC〉

〈notify session lists〉/ * 1 或多 notify sessions * /

〈notify session lists〉∷=[〈notify session lists〉]

〈upstream notify session〉|〈downstream notifysession〉

〈upstream notify session〉∷=〈SESSION〉〈CALL_ID〉〈ADMIN_STATUS〉

[〈POLICY_DATA〉...]〈sender descriptor〉

〈downstream notify session〉∷=〈SESSION〉〈CALL_ID〉〈ADMIN_STATUS〉

[〈POLICY_DATA〉...]〈flow descriptor list〉

〈flow descriptor list〉∷=

〈FF flow descriptor〉|〈SE flow descriptor〉/ * 1 或多个 flow descriptor * /

在下游 notify session 中加入了 ADMIN_STATUS 对象，适用于以下两种情形：

a) UNI/ENNI 1.0 节点允许从上游或下游发起网络删除。如果 ENNI 2.0 接口的上游为 UNI/ENNI 1.0 节点，ENNI 2.0 接口可以接收来自 UNI/ENNI 1.0 节点的下游网络删除请求。

b) 网络 I-NNI 域发起下游正常删除。

注：在 OIF E-NNI 2.0 规定，为支持中间节点发起的删除，要求 Notify 消息中的 ADMIN_STATUS 为必选。

在 IETF 模型中允许向任何接收者发送 Notify 消息。在 OIF E-NNI 2.0 中规定仅在中间节点发起正常删除时使用 Notify 消息，因此 Notify 消息只能向与其相邻的上游或下游节点发送。虽然 Notify 消息逐跳处理，但也是一类端到端的消息，因此网络应转发来完成中间节点的删除消息流。

8.2.9 Srefresh 消息

该消息在 IETF RFC2961 中规定，ITU-T G.7713.2 做了进一步扩展以支持跨 E-NNI 的多种业务。

功能：

刷新 RSVP-TE 状态而不需要传输 Path 或 Resv 消息，减少维持呼叫和连接状态所需要传送和处理的信息。

格式：

〈Srefresh Message〉∷=

〈Common Header〉

[〈INTEGRITY〉]

[[〈MESSAGE_ID_ACK〉|〈MESSAGE_ID_NACK〉]...]

[〈MESSAGE_ID〉]

〈srefresh list〉|〈source srefresh list〉

〈srefresh list〉∷=

〈MESSAGE_IDLIST〉|〈MESSAGE_ID MCAST_LIST〉

[〈srefresh list〉]

〈source srefresh list〉∷=

〈MESSAGE_ID SRC_LIST〉

[〈source srefresh list〉]

8.2.10 Ack 消息

该消息在 IETF RFC2961 中规定，ITU-T G.7713.2 做了进一步扩展以支持跨 E-NNI 的多种业务。

功能：

提供对已发送消息的确认。确认功能可以直接由 Ack 消息提供，也可以由其他消息间接提供，即当发送的消息有响应消息时(如 Resv 是 Path 的响应消息)。在后一种情况时，通过在响应消息中包含 MESSAGE_ID_ACK 对象提供 ACK 功能。

格式：

〈ACK Message〉::=
  〈Common Header〉
  [〈INTEGRITY〉]
  〈MESSAGE_ID_ACK〉|〈MESSAGE_ID_NACK〉
  [[〈MESSAGE_ID_ACK〉|〈MESSAGE_ID_NACK〉]...]

8.3 属性和对象

8.3.1 与抽象属性和对象的对应关系

表 22 给出了 E-NNI 接口抽象属性和 RSVP-TE 对象之间的对应关系。

表 22 抽象属性和 RSVP-TE 对象之间的对应关系

抽象属性	抽象属性名称	RSVP-TE 对象
Source TNA Name	源 TNA	GENERALIZED_UNI/Source_TNA
Destination TNA Name	目的 TNA	GENERALIZED_UNI/Destination_TNA
DEST SNP ID	DEST SNP ID	GENERALIZED_UNI/SPC_LABEL
Initiating NCC PC ID	发起 NCC PC ID	SENDER_TEMPLATE
Terminating NCC PC ID	终结 NCC PC ID	SESSION
Connection Name	连接名称	SESSION+SENDER_TEMPLATE
Connection Name	连接名称	SESSION+SENDER_TEMPLATE
Call Name	呼叫名称	CALL_ID
SNP ID	SNP ID	SENDER_TSPEC, RSVP_HOP, LABEL, GENERALIZED_UNI/EGRESS_LABEL
SNPP ID	SNPP ID	Source/destination TNA,RSVP_HOP,LABEL_SET
Directionality	方向性	UPSTREAM_LABEL 隐含
Explicit Route	显式路由	EXPLICIT_ROUTE,RECORD_ROUTE
Recovery	恢复	PROTECTION
Service Level	业务等级	GENERALIZED_UNI/DIVERSITY, GENERALIZED_UNI/SERVICE_LEVEL,POLICY_DATA, SESSION_ATTRIBUTE
Contract ID	合同 ID	POLICY_DATA
Encoding Type	编码类型	GENERALIZED_LABEL_REQUEST/LSP_ENC_TYPE

表 22（续）

抽象属性	抽象属性名称	RSVP-TE 对象
Switching Type	交换类型	GENERALIZED_LABEL_REQUEST/SWITCHING_TYPE
SONET/SDH,OTN or Ethernet Traffic Parameters	SONET/SDH，OTN 或以太网流量参数	SONET/SDH_SENDER_TSPEC, SONET/SDH_FLOWSPEC G.709 TSPEC,G.709FLOWSPEC ETHERNET SENDER_TSPEC,ETHERNETFLOWSPEC
Generalized Payload Identifier	通用净荷标识符	GENERALIZED_LABEL_REQUEST/G-PID
Connection Status	连接状态	ADMIN_STATUS

表 23 列出了支持 E-NNI 接口信令功能所需要的 RSVP-TE 对象，以及与 E-NNI 相关的编码点。需要注意的是，该表只列出了与 E-NNI 相关的编码点，而不是所有的编码点。另外，除了在这里特别给出的对象格式以外，其他的对象格式参见相关引用文件。

表 23　RSVP-TEE-NNI 对象汇总

RSVP-TE 对象	Class-Num/C-type[/Type/[Sub-type]]	参考
ACCEPTABLE_LABEL_SET	130/{同 label_set}[a]	IETFRFC3473,IETF RFC4328
ADMIN_STATUS[b]	196/1	IETF RFC3473
CALL_ID	230/⟨1,2⟩	IETF RFC3474
ERROR_SPEC	6/3/{同 RSVP_HOP}	IETF RFC2205, IETF RFC3209, IETF RFC3471, IETF RFC3473 参考 8.3.2
EXPLICIT_ROUTE	20/1/⟨3,4⟩[c]	IETF RFC3209,IETF RFC3473,IETF RFC3477 参考 8.3.3
FILTER_SPEC	10/{同 SENDER_TEMPLATE}	IETF RFC2205,IETF RFC3209,IETF RFC3473
SONET/SDH_FLOWSPEC	9/4	IETF RFC4606
G.709 FLOWSPEC	9/5	IETF RFC4328
ETHERNET FLOWSPEC	9/6	ETH_PARAM
GENERALIZED_UNI/DESTINATION_TNA	229/1/2/⟨1,2,3⟩	OIF-UNI-02.0
GENERALIZED_UNI/DIVERSITY	229/1/3/1	OIF-UNI-02.0
GENERALIZED_UNI/EGRESS_LABEL	229/1/4/1	OIF-UNI-02.0
GENERALIZED_UNI/SERVICE_LEVEL	229/1/5/1	OIF-UNI-02.0

表 23（续）

RSVP-TE 对象	Class-Num/C-type[/Type/[Sub-type]]	参考
GENERALIZED_UNI/SOURCE_TNA	229/1/1/〈1,2,3〉	OIF-UNI-02.0
GENERALIZED_UNI/SPC_LABEL[d]	229/4/2	IETF RFC3474
HELLO_REQUEST/HELLO_ACK	22/〈1,2〉	IETF RFC3209,IETF RFC3473
RSVP_LABEL (GENERALIZED_LABEL)[e]	16/2	IETF RFC3473,IETF RFC4328
GENERALIZED_LABEL_REQUEST	19/4	IETF RFC3473,IETF RFC4328
LABEL_SET[f]	36/1	IETF RFC3473,IETF RFC4328
MESSAGE_ID	23/1	IETF RFC2961
MESSAGE_ID_ACK/MESSAGE_ID_NACK	24/〈1,2〉[g]	IETF RFC2961
MESSAGE_ID_LIST	25/1	IETF RFC2961
NOTIFY_REQUEST	195/1	IETF RFC3473
POLICY_DATA	14/1	IETF RFC2205
PROTECTION	37/1	IETF RFC3473
RECORD_ROUTE	21/{同 ERO}	IETF RFC3209,IETF RFC3473,IETF RFC3477
RECOVERY_LABEL	34/{同 RSVP_LABEL}	IETF RFC3473,IETF RFC4328
RESTART_CAP	131/1	IETF RFC3473
RESV_CONFIRM	15/1	IETF RFC2205 参考 10.3.5
RSVP_HOP	3/3/〈3,4,5〉[h]	IETF RFC2205,IETF RFC3471,IETF RFC3473 参考 10.3.6
SENDER_TEMPLATE	11/7	IETF RFC2205,IETF RFC3209,IETF RFC3473 参考 10.3.7
SONET/SDH_TSPEC	12/4	IETF RFC4606
G.709 TSPEC	12/5	IETF RFC4328
ETHERNET TSPEC	12/6	ETH_PARAM
SESSION	1/15	IETF RFC2205,IETF RFC3209, 参考 10.3.8
SESSION_ATTRIBUTE	207/〈1,7〉	IETF RFC3209

表 23（续）

RSVP-TE 对象	Class-Num/C-type[/Type/[Sub-type]]	参考
STYLE[i]	8/1	IETF RFC2205
SUGGESTED_LABEL	129/{同 RSVP_LABEL}	IETF RFC3473
TIME_VALUES[j]	5/1	IETF RFC2205
UPSTREAM_LABEL	35/{同 RSVP LABEL}	IETF RFC3473,IETF RFC4328

[a] { }里面的文字是说明。

[b] ADMIN_STATUS 缺失与收到值均设为 0 的对象等效。

[c] 〈…〉表示该对象包含的不同的 C-type 或 sub-type。

[d] SPC_Label 子对象中的端口标识符在目的端 UNI-N 中指定的逻辑端口标识符，EGRESS_LABEL 子对象中的端口标识符是在目的端 UNI-C 中指定的逻辑端口标识符。

[e] LABEL 的格式依赖于 LABEL_REQUEST 对象定义的信号类型。

[f] 一个 LABEL_SET 对象包含一个“子信道(sub-channel)”的列表，每个子信道表示一个 label。子信道的类型从标记类型字段获得，每个 LABEL_SET 对象只能包含一种标记类型。对标记的解释依赖于链路的类型，因此每个子信道不需要自己的信头。

[g] MESSAGE_ID_NACK 是 MESSAGE_ID_ACK 的一个 sub-type。

[h] 为支持 OIF E-NNI 1.0 后向兼容性，RSVP_HOP 应支持类型 4 和 5 但不应产生该值。

[i] OIF E-NNI 1.0 只使用“fixed filter”。OIF E-NNI 2.0 同时使用“fixed filter”和“shared explict”方式。

[j] 该值应与 Srefresh 间隔相协调，以确保对状态信息的刷新。

8.3.2 ERROR_SPEC

IPv4 IF_ID_ERROR_SPEC(Class=6,C-Type=1)和 IPv6 IF_ID_ERROR_SPEC(Class=6,C-Type=2(OIF E-NNI 1.0)/4(OIF E-NNI 2.0))在 IETF RFC3473 中定义。应支持 IPv4 IF_ID_ERROR_SPEC。在 E-NNI 信令中，报告错误的节点地址应设置为该节点的 SC PC ID(eNNI-U 或 eNNI-D 标识符)。在正常删除时，应该设置 Path_State_Remove 标志，并使用 Error code 0(确认)和 Error Value 0。

当 Error code 不为 0 时，依据 RFC3471，IPv4 IF_ID_ERROR_SPEC 应包含一个 IPv4(类型为 1)或 IPv4 IF_INDEX(类型为 3)的子对象，其中的内容主要用于路由广播，用于广播的标识符也是在 E-NNI 2.0 中规定广播路由和信令的 ERO 对象。IF_INDEX 子对象与 ERO 中的跳数相关联。除了类型 1 和 3 的子对象外，还可依据 RFC4920 使用更多的对象。

类型为 1 的对象报告整个传输节点的故障。IPv4 地址就是故障节点的 ID。类型为 3 的子对象还携带了一个接口 ID，指定故障节点的某个链路故障。

依据 RFC3473，IF_ID ERROR_SPEC，Class 为 6，C-Type 为 3 的子对象描述如下：

```
 0                   1                   2                   3
 0 1 2 3 4 5 6 7 8 9 0 1 2 3 4 5 6 7 8 9 0 1 2 3 4 5 6 7 8 9 0 1
+-+-+-+-+-+-+-+-+-+-+-+-+-+-+-+-+-+-+-+-+-+-+-+-+-+-+-+-+-+-+-+-+
|            Length             | Class-Num (6) |  C-Type (3)   |
+-+-+-+-+-+-+-+-+-+-+-+-+-+-+-+-+-+-+-+-+-+-+-+-+-+-+-+-+-+-+-+-+
|                   IPv4 Error Node Address                     |
+-+-+-+-+-+-+-+-+-+-+-+-+-+-+-+-+-+-+-+-+-+-+-+-+-+-+-+-+-+-+-+-+
|    Flags      |  Error Code   |         Error Value           |
+-+-+-+-+-+-+-+-+-+-+-+-+-+-+-+-+-+-+-+-+-+-+-+-+-+-+-+-+-+-+-+-+
|                                                               |
//                         (Subobjects)                        //
|                                                               |
+-+-+-+-+-+-+-+-+-+-+-+-+-+-+-+-+-+-+-+-+-+-+-+-+-+-+-+-+-+-+-+-+
```

依据 RFC3473，IF_IDERROR_SPEC，类型为 1 的子对象描述如下：

```
 0                   1                   2                   3
 0 1 2 3 4 5 6 7 8 9 0 1 2 3 4 5 6 7 8 9 0 1 2 3 4 5 6 7 8 9 0 1
+-+-+-+-+-+-+-+-+-+-+-+-+-+-+-+-+-+-+-+-+-+-+-+-+-+-+-+-+-+-+-+-+
|            Type (1)           |          Length (8)           |
+-+-+-+-+-+-+-+-+-+-+-+-+-+-+-+-+-+-+-+-+-+-+-+-+-+-+-+-+-+-+-+-+
|                          IP Address                           |
+-+-+-+-+-+-+-+-+-+-+-+-+-+-+-+-+-+-+-+-+-+-+-+-+-+-+-+-+-+-+-+-+
```

依据 RFC3473，IF_IDERROR_SPEC，类型为 3 的子对象描述如下：

```
 0                   1                   2                   3
 0 1 2 3 4 5 6 7 8 9 0 1 2 3 4 5 6 7 8 9 0 1 2 3 4 5 6 7 8 9 0 1
+-+-+-+-+-+-+-+-+-+-+-+-+-+-+-+-+-+-+-+-+-+-+-+-+-+-+-+-+-+-+-+-+
|            Type (3)           |          Length (12)          |
+-+-+-+-+-+-+-+-+-+-+-+-+-+-+-+-+-+-+-+-+-+-+-+-+-+-+-+-+-+-+-+-+
|                          IP Address                           |
+-+-+-+-+-+-+-+-+-+-+-+-+-+-+-+-+-+-+-+-+-+-+-+-+-+-+-+-+-+-+-+-+
|                         Interface ID                          |
+-+-+-+-+-+-+-+-+-+-+-+-+-+-+-+-+-+-+-+-+-+-+-+-+-+-+-+-+-+-+-+-+
```

8.3.3 EXPLICIT_ROUTE

EXPLICIT_ROUTE 对象(Class＝20，C_Type＝1)格式如下，参见 IETFRFC3209：

```
 0                   1                   2                   3
 0 1 2 3 4 5 6 7 8 9 0 1 2 3 4 5 6 7 8 9 0 1 2 3 4 5 6 7 8 9 0 1
+-+-+-+-+-+-+-+-+-+-+-+-+-+-+-+-+-+-+-+-+-+-+-+-+-+-+-+-+-+-+-+-+
|                                                               |
//                         (Subobjects)                        //
|                                                               |
+-+-+-+-+-+-+-+-+-+-+-+-+-+-+-+-+-+-+-+-+-+-+-+-+-+-+-+-+-+-+-+-+
```

ERO 中的子对象应用来选择连接通过的传送链路。E-NNI 应支持子对象 IETF RFC3473 中的 Type 3(Label)和 IETF RFC3477 中的 Type4(Unnumbered interface ID)。对子对象 Type1，2，32 的支持需要进一步研究。OIF E-NNI2.0 把 ASON SNPPid 映射为〈RA ID，NodeID，IfIndex〉，因此 OIF E-

NNI2.0 不需要支持 ERO hop 类型 1,2,32。

```
 0                   1                   2                   3
 0 1 2 3 4 5 6 7 8 9 0 1 2 3 4 5 6 7 8 9 0 1 2 3 4 5 6 7 8 9 0 1
+-+-+-+-+-+-+-+-+-+-+-+-+-+-+-+-+-+-+-+-+-+-+-+-+-+-+-+-+-+-+-+-+
|L|    Type     |    Length     |    Reserved (MUST be zero)    |
+-+-+-+-+-+-+-+-+-+-+-+-+-+-+-+-+-+-+-+-+-+-+-+-+-+-+-+-+-+-+-+-+
|                           Router ID                           |
+-+-+-+-+-+-+-+-+-+-+-+-+-+-+-+-+-+-+-+-+-+-+-+-+-+-+-+-+-+-+-+-+
|                     Interface ID (32 bits)                    |
+-+-+-+-+-+-+-+-+-+-+-+-+-+-+-+-+-+-+-+-+-+-+-+-+-+-+-+-+-+-+-+-+
```

在上面描述的 Type 4(Unnumbered interface ID)的子对象中,所有 ERO 子对象中的 L 比特都不设置,因为在分级路由中认为经过 E-NNI 的 ERO 属于高一等级的路由域。路由器 ID 应设置为传送节点 ID,即是一传送平面名称。接口 ID 是由传送节点分配给链路的标识符,可以表示一条单一链路或绑定链路。节点 ID 和接口 ID 都是指上游节点。

节点 ID 可以使用 IP 地址或名称,对名称的支持需要进一步研究。图 28 给出了 Path 消息中的 ERO 具体内容的示例。

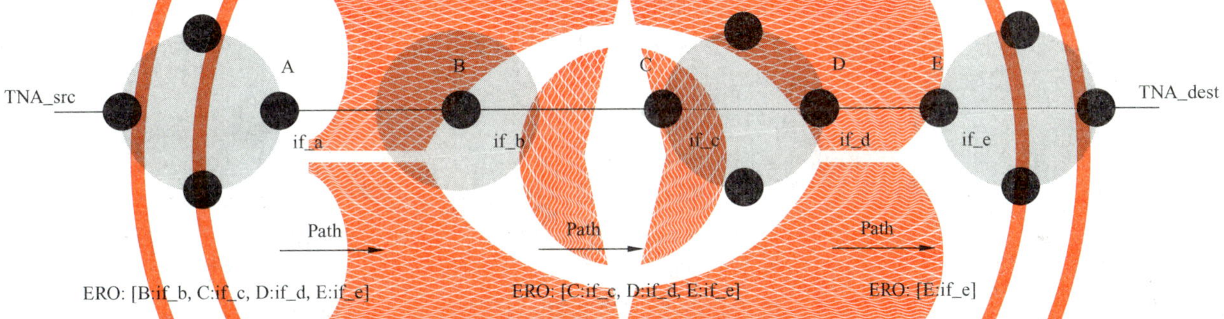

图 28　ERO 示例

8.3.4　RECORD_ROUTE

记录路由对象由 IETF RFC3209 定义。对象包含了一系列长度可变的子对象。IETF 为 RRO 定义的两个子对象(见表 24),可用于 E-NNI 2.0 信令。

表 24　RRO 子对象

子对象	类型值	内容
Label	0x03	RFC3209 规定了应用,并由 RFC3473 作进一步扩展
Unnumbered IPv4	0x04	RFC3477 规定了应用,NodeID 用于 RouterID

所有其他的 RRO 子对象都不能用于 OIF E-NNI2.0 信令。

对 RRO 对象的语法设计稍作改变即可将其用于显式路由对象。因此,RRO 对象可以用于识别上下游链路终端。

8.3.5　Generalized UNI 对象

该对象用来确定呼叫方和被叫方标识符,以及其他的呼叫属性。可以由用户通过控制平面请求

(UNI 信令),或由管理平面在网络侧发起请求。被叫方呼叫控制器使用该呼叫属性,目的网络呼叫控制器也可以使用该呼叫属性对呼叫进行验证。E-NNI 信令只对该对象进行传送,而不能改变其内容。当在运营商之间使用 E-NNI 信令时,E-NNI 信令可以对大部分子对象进行传送,而对剩余的一些子对象重新赋值。例如,当从一个域进入另一个域时,改变服务级别的值。

GENERALIZED_UNI 的内容是一系列可变长度的子对象。考虑未来的兼容性,Type 和 Sub-Type 的值根据 RFC2205 中 RSVP 对象的规定来赋值。对于 Type 和 Sub-Type 值的处理分别与对 RSVP 的 Class-Num 和 C-Type 的处理一致。如果 Type 或 SubType 值不可识别而需发送一个错误消息时,节点应该使用 error code“未知 Class-Number”或“未知 Class-Number,未知的 C-Type Class-Number”,并将 GENERALIZED_UNI 对象的 Class-Number 和 C-Type 设为相应的值。

注:E-NNI2.0 规定,当 label 值不需要时,EGRESS_LABEL(Type 4 子对象)或者 SPC_LABEL 的值将设为 0。特定的出口标签类型不指定是否在出口处激活信令协议。

8.3.6 RESV_CONFIRM

IPv4 RESV_CONFIRM(Class=15,C-Type=1)和 IPv6 RESV_CONFIRM(Class=15,C-Type=2)在 IETF RFC2205 中定义,应支持 IPv4 RESV_CONFIRM。在 E-NNI 信令中,接收方地址应设置为下游 SC PC ID(即 eNNI-D 标识符)。

8.3.7 RSVP_HOP

IF_ID RSVP_HOP 对象的格式如下,参见 IETF RFC3473:

```
 0                   1                   2                   3
 0 1 2 3 4 5 6 7 8 9 0 1 2 3 4 5 6 7 8 9 0 1 2 3 4 5 6 7 8 9 0 1
+-+-+-+-+-+-+-+-+-+-+-+-+-+-+-+-+-+-+-+-+-+-+-+-+-+-+-+-+-+-+-+-+
|            Length             | Class-Num (3) |  C-Type (3)   |
+-+-+-+-+-+-+-+-+-+-+-+-+-+-+-+-+-+-+-+-+-+-+-+-+-+-+-+-+-+-+-+-+
|             IPv4 Next / Previous Hop Address                  |
+-+-+-+-+-+-+-+-+-+-+-+-+-+-+-+-+-+-+-+-+-+-+-+-+-+-+-+-+-+-+-+-+
|                 Logical Interface Handle                      |
+-+-+-+-+-+-+-+-+-+-+-+-+-+-+-+-+-+-+-+-+-+-+-+-+-+-+-+-+-+-+-+-+
|                                                               |
~                            TLVs                               ~
|                                                               |
+-+-+-+-+-+-+-+-+-+-+-+-+-+-+-+-+-+-+-+-+-+-+-+-+-+-+-+-+-+-+-+-+
```

IPv4 Next/Previous Hop Address 应该设置为与该链路对应的 SC PC ID(eNNI-U 或 eNNI-D 标识符)。在 Path 消息中,该对象包含上游域的 SC PC ID,在 Resv 消息中包含下游域 SC PC ID。

TLV 的格式如下,参见 IETF RFC 3471:

```
 0                   1                   2                   3
 0 1 2 3 4 5 6 7 8 9 0 1 2 3 4 5 6 7 8 9 0 1 2 3 4 5 6 7 8 9 0 1
+-+-+-+-+-+-+-+-+-+-+-+-+-+-+-+-+-+-+-+-+-+-+-+-+-+-+-+-+-+-+-+-+
|             Type              |             Length            |
+-+-+-+-+-+-+-+-+-+-+-+-+-+-+-+-+-+-+-+-+-+-+-+-+-+-+-+-+-+-+-+-+
|                                                               |
~                             Value                             ~
|                                                               |
+-+-+-+-+-+-+-+-+-+-+-+-+-+-+-+-+-+-+-+-+-+-+-+-+-+-+-+-+-+-+-+-+
```

应支持 Type 3:

```
Type    Length    Format         Description
--------------------------------------------------------------------------
3       12        见下           If_INDEX                 (Interface Index)|
```

在传送网中的应用不支持 Type 1 和 2TLV，需要进一步研究。Type3 的 Value 字段格式如下：

```
 0                   1                   2                   3
 0 1 2 3 4 5 6 7 8 9 0 1 2 3 4 5 6 7 8 9 0 1 2 3 4 5 6 7 8 9 0 1
+-+-+-+-+-+-+-+-+-+-+-+-+-+-+-+-+-+-+-+-+-+-+-+-+-+-+-+-+-+-+-+-+
|                           IP Address                          |
+-+-+-+-+-+-+-+-+-+-+-+-+-+-+-+-+-+-+-+-+-+-+-+-+-+-+-+-+-+-+-+-+
|                          Interface ID                         |
+-+-+-+-+-+-+-+-+-+-+-+-+-+-+-+-+-+-+-+-+-+-+-+-+-+-+-+-+-+-+-+-+
```

应使用 IF_ID_RSVP_HOP 对象来选择用于分配连接资源的传送链路，IP 地址字段应设置为与该链路对应的节点 ID。

a) 对于单向 LSP，应指出下游数据链路；
b) 对于双向 LSP，应指出上下游的数据链路。特别是当双向 LSP 经过绑定链路时，需要分别指出上游数据链路和下游数据链路。当需要两个 RSVP_HOP 子对象时，类型为 3 的子对象按如下方法使用：
   1) 第一个子对象应用于表示下游数据链路；
   2) 第二个子对象应用于表示上游数据链路。

接口 ID 表示单一链路或一绑定链路的组成链路。eNNI-U 和 eNNI-D 维护接口 ID 的映射，即本地和远端的接口 ID 可以不一样。对非 IP 地址格式的节点 ID 的支持需要进一步研究。

8.3.8 SENDER_TEMPLATE

LSP_TUNNEL_IPv4 对象(Class=11，C-Type=7)在 IETF RFC3209 中定义。应支持 LSP_TUNNEL_IPv4，且应在 E-NNI 的 SENDER_TEMPLATE 和 FILTER_SPEC 中使用。LSP_TUNNEL_IPv4 对象的格式如下，参见 IETF RFC3209：

```
 0                   1                   2                   3
 0 1 2 3 4 5 6 7 8 9 0 1 2 3 4 5 6 7 8 9 0 1 2 3 4 5 6 7 8 9 0 1
+-+-+-+-+-+-+-+-+-+-+-+-+-+-+-+-+-+-+-+-+-+-+-+-+-+-+-+-+-+-+-+-+
|                         IPv4 Address                          |
+-+-+-+-+-+-+-+-+-+-+-+-+-+-+-+-+-+-+-+-+-+-+-+-+-+-+-+-+-+-+-+-+
|         MUST be zero          |            LSP ID             |
+-+-+-+-+-+-+-+-+-+-+-+-+-+-+-+-+-+-+-+-+-+-+-+-+-+-+-+-+-+-+-+-+
```

IPv4 Address：应设置为上游 SC PC ID(eNNI-U)。

LSP ID：用于 SENDER_TEMPLATE 和 FILTER_SPEC 的 16-bit 标识符。

LSP_TUNNEL_IPv4_SENDER_TEMPLATE 和 E-NNI_IPv4_SESSION 对象的组合应能够在 E-NNI 唯一标识一条连接，并在连接期间保持不变。只有当应用 make-before-break 步骤修改连接带宽时，SP_TUNNEL_IPv4_SENDER_TEMPLATE_LSPID 才会改变。一个无法识别的连接 ID 将产生一个错误消息，错误码="Routing Problem：Invalid/Unknown ConnectionID"。

8.3.9 SESSION

E-NNI_IPv4 SESSION 对象(Class＝1,C-Type＝15)和 E-NNI_IPv6 SESSION 对象(C-Type＝16)在 ITU-TG.7713.2 中定义。应支持 E-NNI_IPv4 SESSION,其格式如下:

```
 0                   1                   2                   3
 0 1 2 3 4 5 6 7 8 9 0 1 2 3 4 5 6 7 8 9 0 1 2 3 4 5 6 7 8 9 0 1
+-+-+-+-+-+-+-+-+-+-+-+-+-+-+-+-+-+-+-+-+-+-+-+-+-+-+-+-+-+-+-+-+
|         Length (16)           | Class-Num (1) |  C-Type (15)  |
+-+-+-+-+-+-+-+-+-+-+-+-+-+-+-+-+-+-+-+-+-+-+-+-+-+-+-+-+-+-+-+-+
|                         IPv4 Address                          |
+-+-+-+-+-+-+-+-+-+-+-+-+-+-+-+-+-+-+-+-+-+-+-+-+-+-+-+-+-+-+-+-+
|         MUST be zero          |           Tunnel ID           |
+-+-+-+-+-+-+-+-+-+-+-+-+-+-+-+-+-+-+-+-+-+-+-+-+-+-+-+-+-+-+-+-+
|                     Extended IPv4 Address                     |
+-+-+-+-+-+-+-+-+-+-+-+-+-+-+-+-+-+-+-+-+-+-+-+-+-+-+-+-+-+-+-+-+
```

IPv4 Address:应设置为下游信令控制 ID(eNNI-D)。

Tunnel ID:由 Path 消息的发送方分配的一个 16-bit 标识符,在连接期间保持不变。

Extended IPv4 address:应设置为上游信令控制 ID(eNNI-U)。

LSP_TUNNEL_IPv4_SENDER_TEMPLATE 和 E-NNI_IPv4_SESSION 对象的组合应能够在 E-NNI 唯一标识一条连接,并在连接期间保持不变。只有当应用 make-before-break 步骤修改连接带宽时,SP_TUNNEL_IPv4_SENDER_TEMPLATE_LSPID 才会改变。一个无法识别的连接 ID 将产生一个错误消息,错误码＝“Routing Problem:Invalid/Unknown ConnectionID”。

8.3.10 NOTIFY_REQUEST

Notify Node Address 域包含了产生该对象的 E-NNI 节点的 SC PC ID。其格式如下:

```
 0                   1                   2                   3
 0 1 2 3 4 5 6 7 8 9 0 1 2 3 4 5 6 7 8 9 0 1 2 3 4 5 6 7 8 9 0 1
+-+-+-+-+-+-+-+-+-+-+-+-+-+-+-+-+-+-+-+-+-+-+-+-+-+-+-+-+-+-+-+-+
|            Length             | Class-Num (195)|  C-Type (1)  |
+-+-+-+-+-+-+-+-+-+-+-+-+-+-+-+-+-+-+-+-+-+-+-+-+-+-+-+-+-+-+-+-+
|                   IPv4 Notify Node Address                    |
+-+-+-+-+-+-+-+-+-+-+-+-+-+-+-+-+-+-+-+-+-+-+-+-+-+-+-+-+-+-+-+-+
```

8.3.11 CALL ID

CALL_ID 的格式由 IETF RFC3474 规定,并在 OIF-UNI-02.0-RSVP 中有进一步的解释。为了保证穿过多个域后 CALL ID 的唯一性,源 LSR 的地址应设为产生 Call ID 的源节点的 SCPCID。

8.4 RSVP-TE 信令流程

8.4.1 连接建立

用于 E-NNI 的 RSVP-TE 协议应遵循第 7 章描述的 E-NNI 信令流程。图 29 描述了在 E-NNI 接口之间建立连接的信令流程。收到来自网络的连接请求时,eNNI-U 向 eNNI-D 发送 Path 消息。eNNI-D 继续向下游发送建立请求。eNNI-D 收到网络的连接建立回应时,向 eNNI-U 发送 Resv 消息。

出口节点可以通过连接建立指示请求一个可选的确认消息。如果eNNI-U收到了网络连接的确认，则向eNNI-D回送一个ResvConf消息。eNNI-D继续向出口转发确认信息。

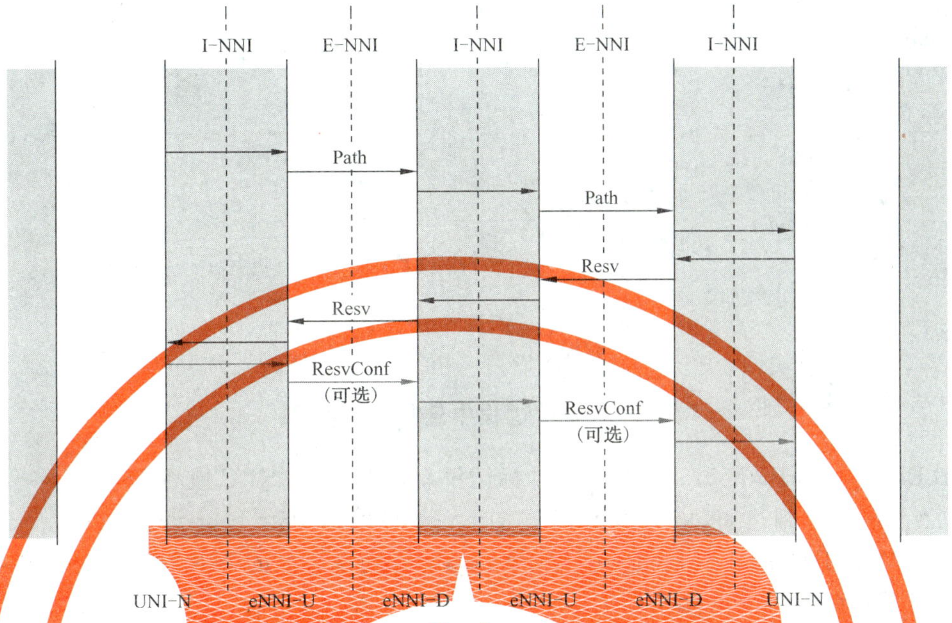

图29 使用RSVP-TE建立基本连接

连接建立可能由于策略控制、资源不足或目的节点不可达等原因建立失败。eNNI-D建立连接失败或收到连接建立失败的指示时，应删除自己的Path状态并向eNNI-U发送删除Path状态的PathErr消息。eNNI-U向入口节点转发连接建立失败指示。图30描述了连接建立失败时的信令流程。

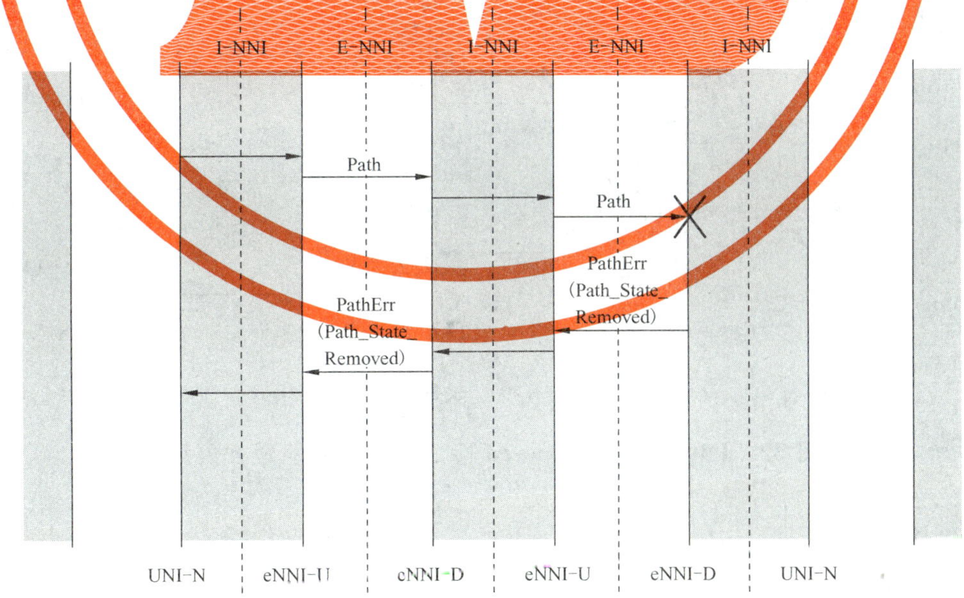

图30 连接建立失败

连接建立时也可能在指示(Resv)过程中失败，见图31。例如，可能由于两个连接同时建立时标签分配失败。这种情况下，eNNI删除自己的Path State并向上游方向发送删除Path State的PathErr消息，向下游方向发送删除Path State的PathTear消息。

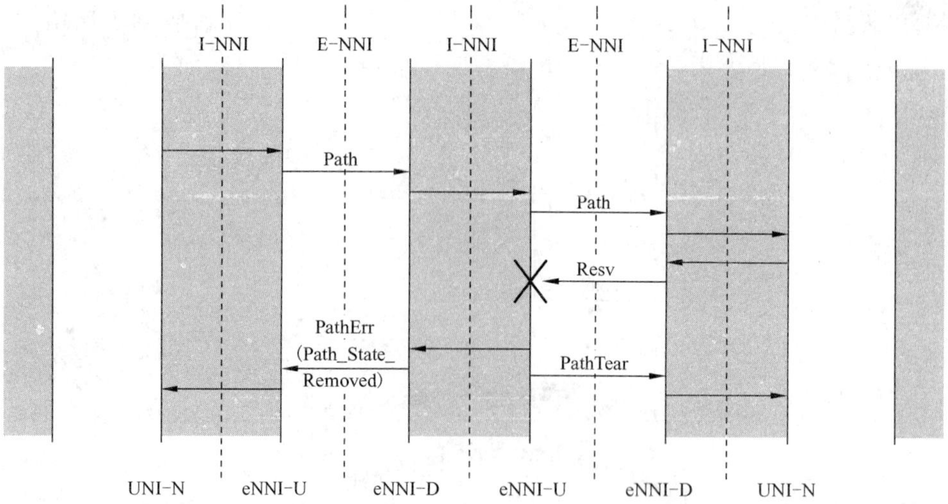

图 31 指示过程中连接建立失败

如果 PathErr 消息中 Path_State_Removed 标记没有设置，源 UNI-C 或者 UNI-N 将会显式删除连接，见图 32。当删除请求到达 eNNI 时，eNNI-U 向 eNNI-D 发送 PathTear 消息。如果 PathTear 消息中携带了 MESSAGE_ID，并且 Ack_Desired flag 已设置，收到该消息的节点如果不满足任何 Path State 则接收到该消息后抛弃。

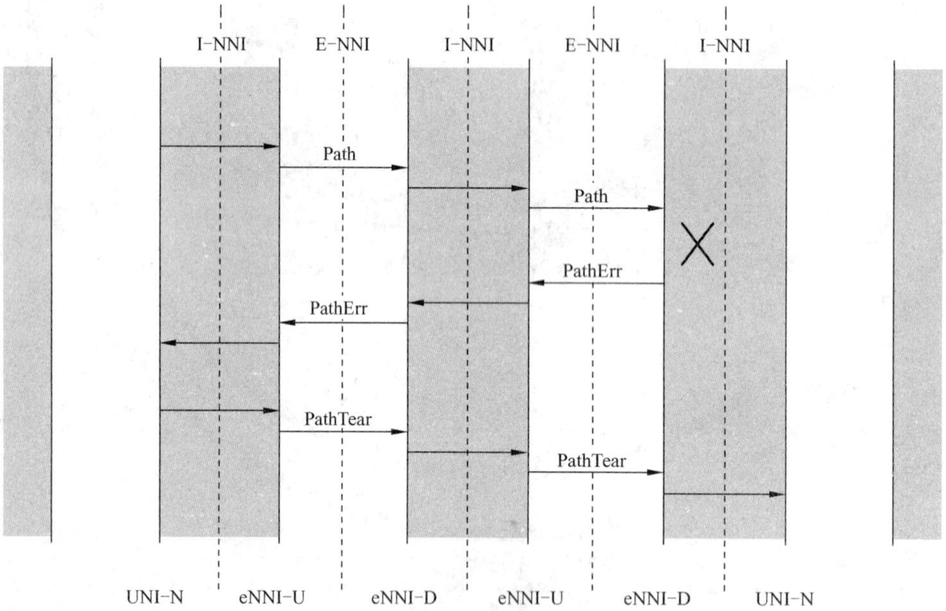

图 32 Path_State_Removed 标记未设置时的建立失败

8.4.2 连接修改

8.4.2.1 连接修改方式

连接的修改有两种方式：

a) 增加或删除已有呼叫的一个连接，这种情况下无需连接修改流程，而是发送一个新的连接建立或删除请求。增加的连接可以使用与已有连接相同或不同的路由。使用不同路由的情况仅适用于对已有呼叫增加连接。

b） 对呼叫的已有连接进行修改。

8.4.2.2 对呼叫增加或删除连接的修改

对已存在的呼叫增加或删除连接可以用于修改呼叫的带宽。每条连接都有自己的 RSVP 状态，因此增减连接失败不会对呼叫的其他的连接产生影响。

图 33 显示了对已存在的呼叫成功增加一条连接。呼叫与连接同时建立，接下来如果源想要修改该呼叫如增加另外一条连接，可以产生一个新的 Path 消息，携带与已有连接相同的 CALL_ID。该 CALL_ID 用来指示在特定的呼叫中增加一条新的连接，CALL_ID 也用于将 E-NNI 节点间的不同连接相关联。当收到呼叫修改请求时，eNNI-U 会产生一个具有相同 CALL_ID 的 Path 消息。该 Path 消息包含一个不同的连接标识符(TUNNEL_ID)和一个新的 MESSAGE_ID。如果 E-NNI 节点没有对应该 CALL_ID 的呼叫状态，那么 E-NNI 则会将它作为一个新的呼叫而不是呼叫修改来处理。

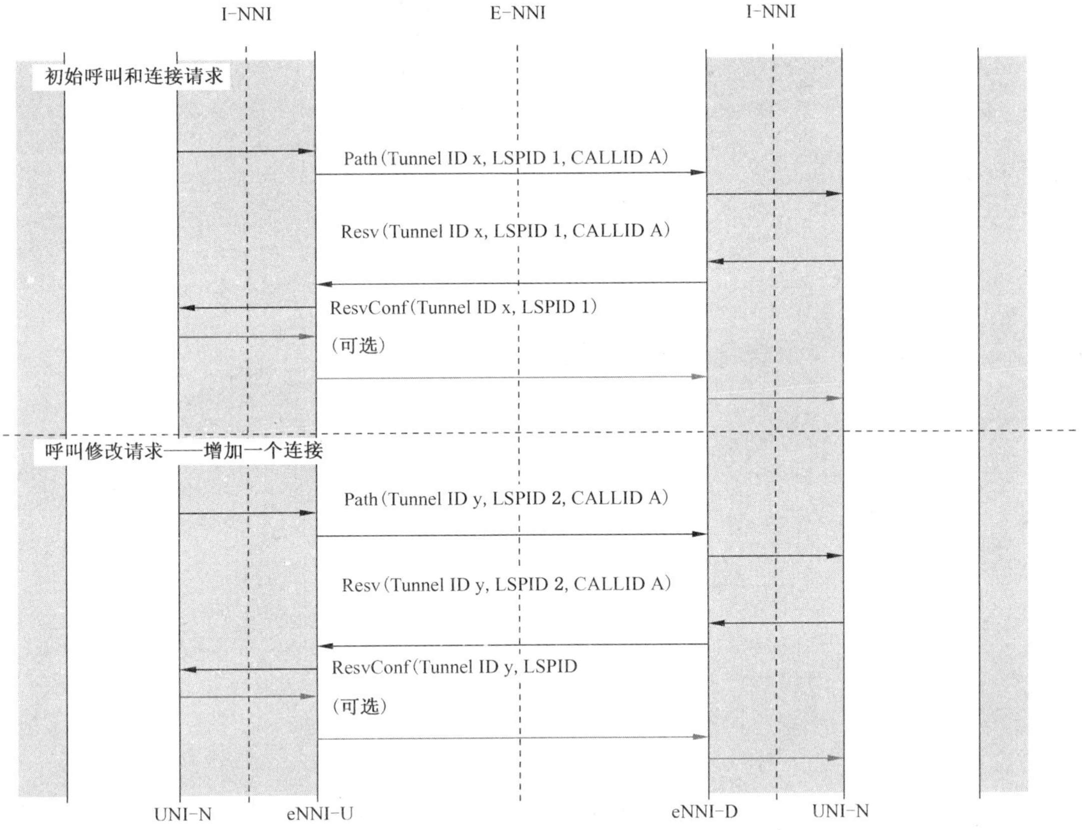

图 33 呼叫修改成功——增加一条连接

连接删除消息在 8.4.3 中描述。呼叫中的连接可以由源、宿，或者网络中的 E-NNI 节点删除。连接删除的过程相互独立。不支持没有连接的呼叫。呼叫的最后一条连接删除也意味着呼叫状态的删除。

8.4.2.3 对呼叫中已有连接的修改

E-NNI 信令可支持对呼叫中以下服务参数进行无损修改：

a） 以太网 SENDER_TSPEC/FLOWSPEC(CIR，CBS，EIR，orEBS)或 CE-VLANID 映射信息中带宽域；

b） SONET 或 OTN SENDER_TSPEC/FLOWSPEC 复用字段。

为了支持连接修改，原始连接应以共享显示预留的方式建立原始的连接，以允许两个或多个RSVP路由状态共享相同的资源（如带宽或CE-VLANID信息）。使用E-NNI2.0中规定进行服务参数无损修改时应使用原始Resv消息中的SESSION_ATTRIBUTE请求SE预留方式。E-NNI2.0节点不能转发无损修改请求时应产生一个错误指示，携带error code"Traffic Control Error:ServiceUnsupported"。

图34显示了对服务参数的无损连接修改。可以使用相同的消息流对已存在连接的带宽或CE-VLANID映射信息的修改。

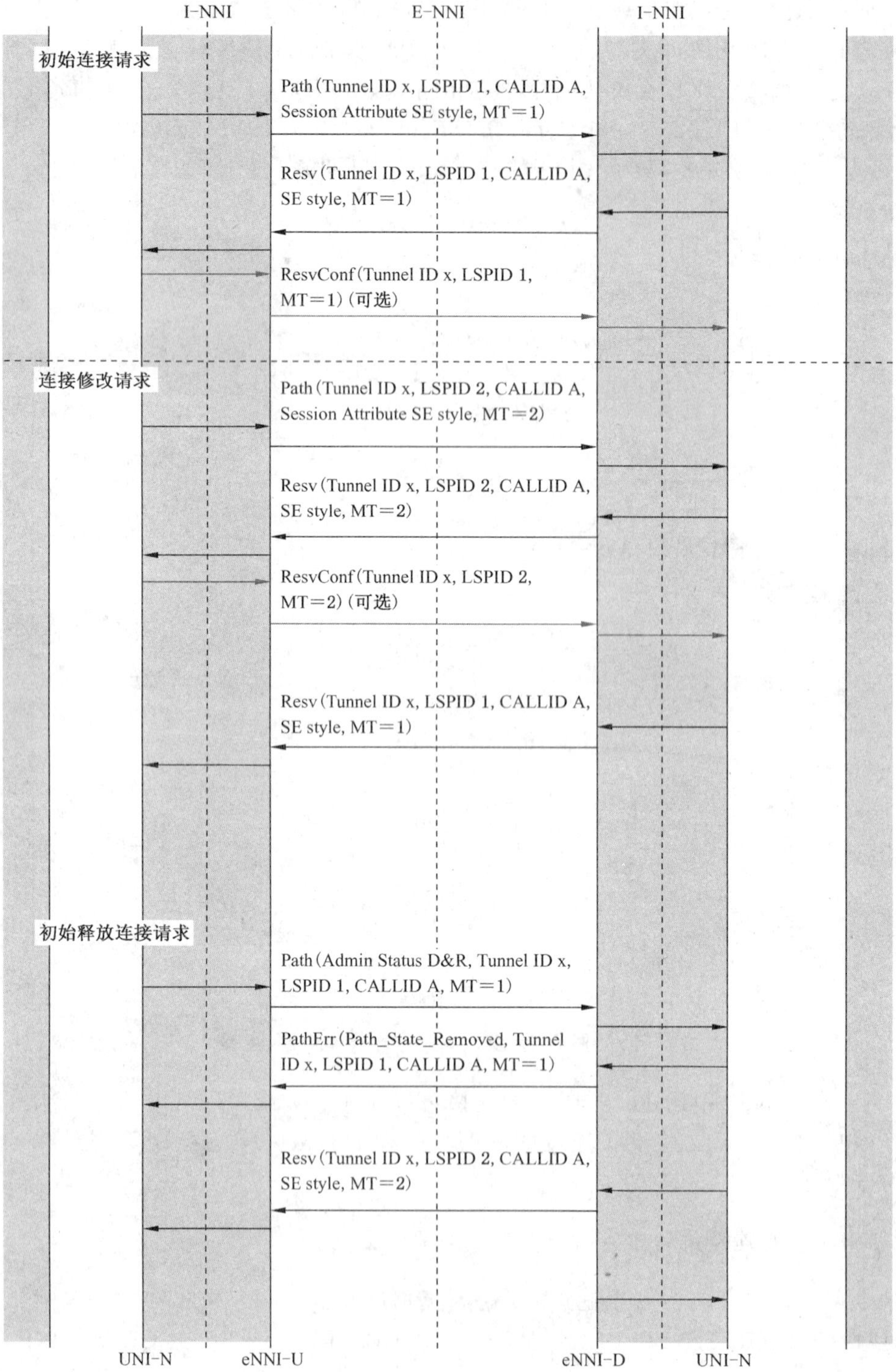

图34　连接修改成功

建立呼叫及相应的连接时，eNNI-U 向 eNNI-D 发送 Path 消息请求建立呼叫和连接。Path 请求包含了一个 SESSION_ATTRIBUTE 对象，其中 SEStyle request 标记已设。如果连接建立请求中没有 CALL_ID，eNNI-U 会在 Path 消息中指定一个唯一的 CALL_ID 对象。eNNI-U 也会为连接指定一个本地唯一的 SESSION 对象和 LSPID。

如果没有呼叫状态与 eNNI-U 接收到的连接修改请求中的 CALL ID 相关联，eNNI-U 应发送错误指示"invalid/unknown call ID"。同样，如果没有相应的连接状态，eNNI-U 应发送错误指示"invalid/unknown connection ID"。eNNI-U 可以进行连接修改时，eNNI-U 会产生一个新的与原始连接具有相同 SESSION 对象，不同 LSP_ID 的 Path 消息。这使得新的连接与原始连接可以共享相同的连接资源。

当接收到连接修改指示时，eNNI-D 反向发送一个新的 Resv 消息，其中包含 FILTER_SPEC 及与 Path 消息对应的标签。

eNNI-U 接收到来自网络的修改确认请求时应发送一个新的 ResvConf 消息。此时网络中应该出现对应原始连接的删除请求，eNNI-U 收到该请求后应该产生一个 Path 消息，并设置 ADMIN_STATUS 对象中的 Delete 和 Reflect(D&R)比特。

在收到 PATH_STATE_REMOVED 标记已设的 PathErr 消息后，源连接 Path 状态的清除将会导致 Resv 状态的清除，继而与被删除状态相关的 Resv 停止刷新。

对连接带宽修改的失败结果是发送 Path 消息请求更多的带宽，并且不能影响到其他的 Path 消息，或 RSVP 状态。图 35 显示了增加连接带宽失败的情形。

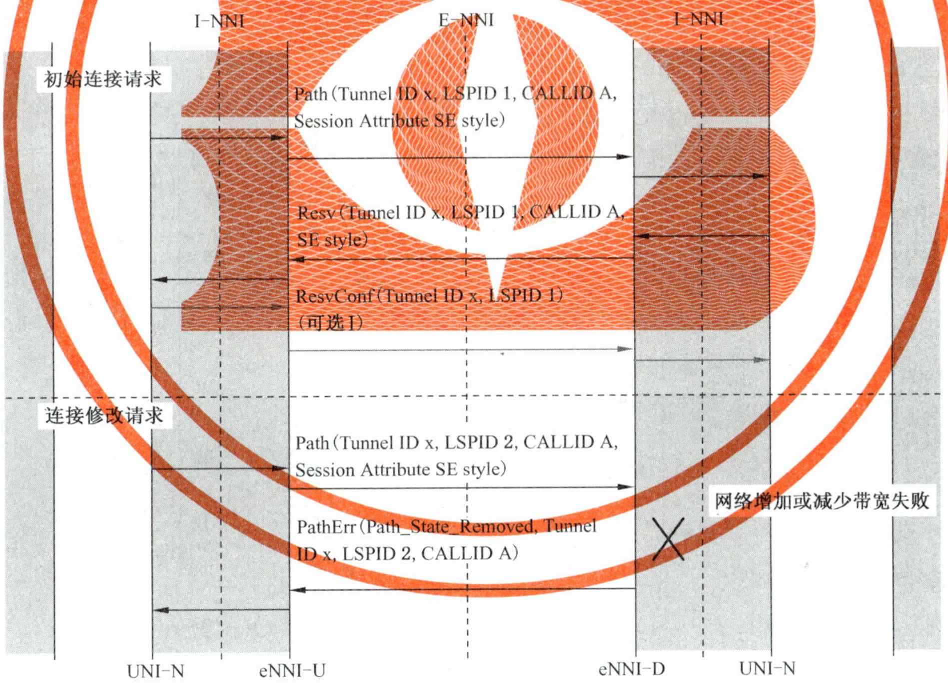

图 35　连接修改失败

这种情况下，ResvConf 消息不是必需的，增加带宽可以通过同一个消息流来实现。连接带宽增加失败会导致发送 PathErr 消息，该操作不能影响到其他的 Path 消息，或 RSVP 状态。

8.4.3　连接删除

8.4.3.1　源或宿发起的正常删除

RSVP 允许使用 PathTear 消息或 ResvTear 与 PathTear 消息的结合实现连接删除。节点收到

PathTear 消息后，删除连接状态并转发该消息。在光网络中连接的删除（如删除交叉连接）可能导致下游节点认为连接出现故障（如 LOS 等）从而触发网络的保护倒换。

为避免该情况，应该遵循以下的正常删除连接的流程。在实际删除之前，通过设置 Path 或 Resv 消息中 ADMIN_STATUS 对象的 D-bit 向连接路径上的各节点发出通知。IETF RFC3473 描述了该流程，见图 36 和图 37。

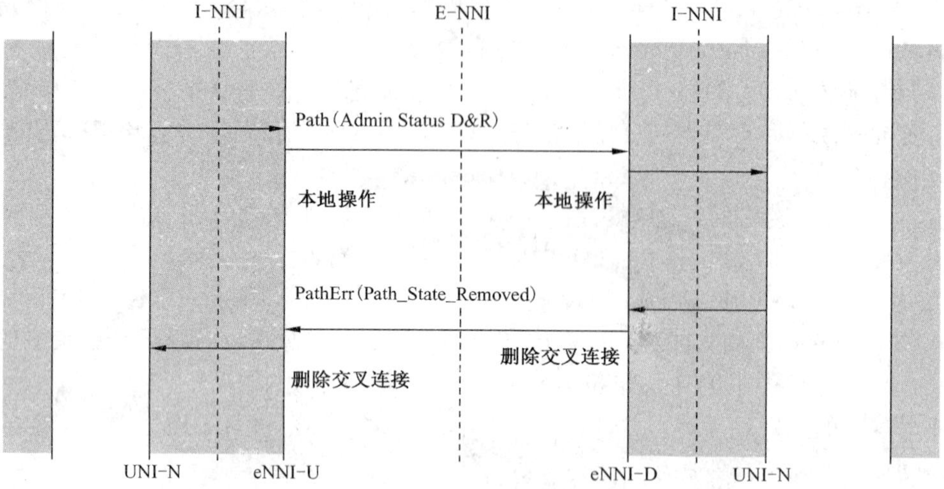

图 36　源发起的连接删除

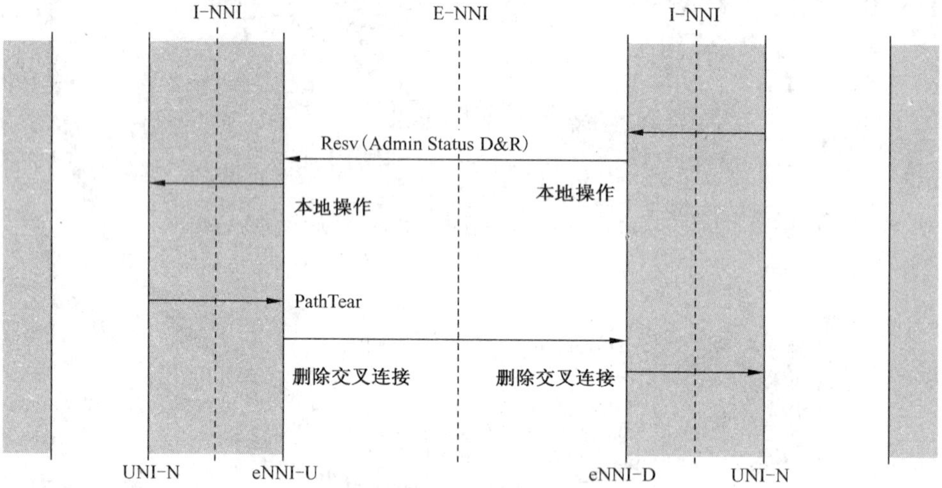

图 37　宿发起的连接删除

8.4.3.2　网络发起的连接正常删除

OIF E-NNI1.0 和 OIF E-NNI2.0 规定要求支持从 E-NNI 接口或从网络节点发起的连接正常删除。在 OIF E-NNI1.0 中信令规定，正常删除通知采用 A&R 比特置位的 Path 或 Resv 消息实现。在 OIF E-NNI2.0 中，为了保持与 IETFRFC3473 的一致性，改用 Notify 消息发起正常删除。

8.4.3.3　支持 Notify 消息

OIF E-NNI2.0 要求应支持 Notify 消息，该消息仅用于从 E-NNI 接口或网络节点发起连接删除。

eNNI-U 节点应在向 eNNI-D 发送的 Path 对象中包含 NOTIFY_REQUEST 对象。同样，eNNI-D 节点应在向 eNNI-U 发送的 Resv 对象中包含 NOTIFY_REQUEST 对象。NOTIFY_REQUEST 对象中的 Notify Node Address 域，应设置为发送节点的 SCPCID。

当 E-NNI 接口需要产生一个 Notify 消息时，它根据接收到的 Path 或 Resv 消息中的 Notify Node Address，将把消息传递给相应的节点。对于每个 E-NNI 连接段，需要设置相关会话的对象。

如果一个 E-NNI 节点没有收到 NOTIFY_REQUEST 对象，它不应产生 Notify 消息。此外，如果 E-NNI 节点收到的 Notify Node Address 域其邻居的 SCPCID 不符，它不应产生 Notify 消息。

8.4.3.4 网络发起的正常删除

E-NNI 接口应支持转发网络发起的正常删除通知的能力。此外，E-NNI 接口可以支持产生一个正常删除通知的能力。在 OIF E-NNI2.0 规范中，网络发起的正常删除采用 Notify 消息，替代采用 A&R 比特置位的 Path 或 Resv 消息的实现机制。

eNNI-D 节点向 eNNI-U 发送 Notify 消息来发起一个正常删除通知。正常删除通知消息包含 D 比特置位的 ADMIN_STATUS 对象。eNNI-D 收到网络发出的正常删除通知消息后，也将发送正常删除通知消息。

eNNI-U 节点可以发起正常删除通知，或者在收到正常删除通知后，在网络中转发正常删除通知消息。

在 OIF E-NNI2.0 中规定，正常删除通知应向上游发送到源节点。收到删除通知后，源节点将发起正常的正常删除过程。如图 38 所示。

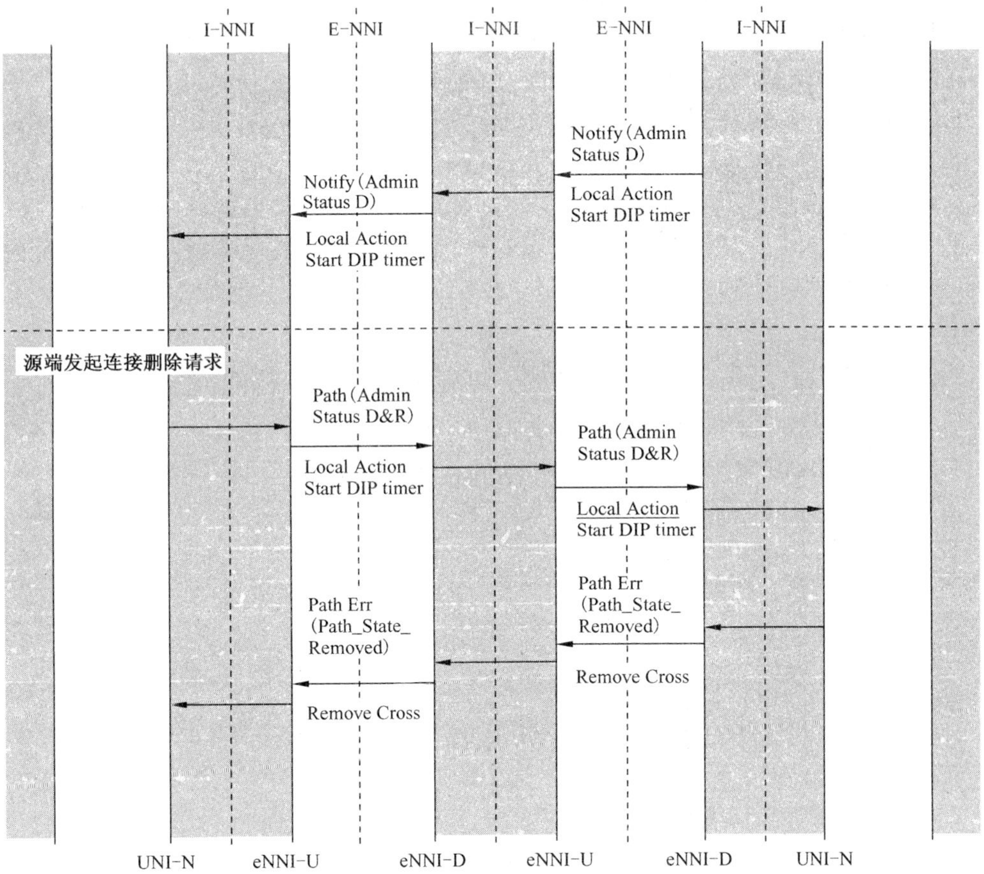

图 38 网络发起的正常删除：eNNI-D 发起连接删除

8.4.3.5 正常删除过程中 OIF E-NNI2.0 与 OIF E-NNI1.0 的兼容性

如果 OIF E-NNI2.0 节点的邻居节点仅支持 OIF E-NNI1.0 信令，则不应发送 Notify 消息用于正常删除通知。OIF E-NNI2.0 节点应发送包含 A&R 比特置位的 ADMIN_STATUS 对象的 Path 或 Resv 消息，来启动网络正常删除。

OIF E-NNI2.0 节点通过手工配置或者自动发现确定其邻居 E-NNI 的版本。如果未接收到 NOTIFY_REQUEST 对象，或者虽然接收到 NOTIFY_REQUEST 对象但 Notify Node Address 不等于邻居 SC PCID，则 E-NNI 接口假设邻居节点运行 OIF E-NNI1.0 信令。

OIF E-NNI1.0 信令还允许向下游发送正常删除通知。这时，如果 eNNI-D 采用 OIF E-NNI2.0 信令，eNNI-U 应使用包含 ADMIN_STATUS 对象的 Notify 消息，向下游 eNNI-D 发送正常删除通知。如果 eNNI-D 采用 OIF E-NNI1.0 信令，则应发送包含 A&R 比特置位的 ADMIN_STATUS 对象的 Path 消息，来转发正常删除通知。

8.4.3.6 强制删除

E-NNI 接口应支持发起连接的强制删除。强制删除主要用于以下情况：

——内部网络失效，强制网络拆除连接；

——ADMIN_STATUS 对象的“删除进行中”计时器超时。

eNNI-U 节点通过删除其 RSVP 状态并拆除交叉连接来发起强制删除。然后，eNNI-U 节点向下游 eNNI-D 发送 PathTear 消息，同时向上游发送强制删除信令。eNNI-D 收到 PathTear 消息后，删除其 RSVP 状态，并拆除交叉。eNNI-D 节点继续向下游转发强制删除信令。

图 39 和图 40 描述了 eNNI-D 节点发起的强制删除。eNNI-D 删除其 RSVP 状态和交叉连接，然后向 eNNI-U 发送包含“Path_State_Removed”标记置位的 PathErr 消息，同时向下游发送强制删除信令。eNNI-U 收到 PathErr 消息后，将删除其 RSVP 状态并拆除交叉连接。eNNI-U 将向上游转发强制删除信令。

网络也有可能发起强制删除信令。当 eNNI-U 收到上游网络发出的强制删除信令时，它将删除 RSVP 状态和交叉连接，并向 eNNI-D 发送 PathTear 消息。同样，如果 eNNI-D 收到下游网络发出的强制删除信令，它也将删除其 RSVP 状态和交叉连接，并向 eNNI-U 发送包含“Path_State_Removed”标记置位的 PathErr 消息。

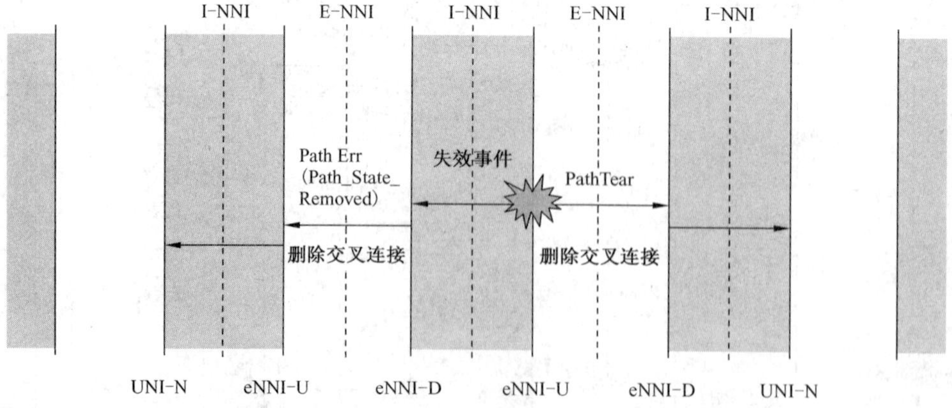

图 39 eNNI-U 发起强制删除

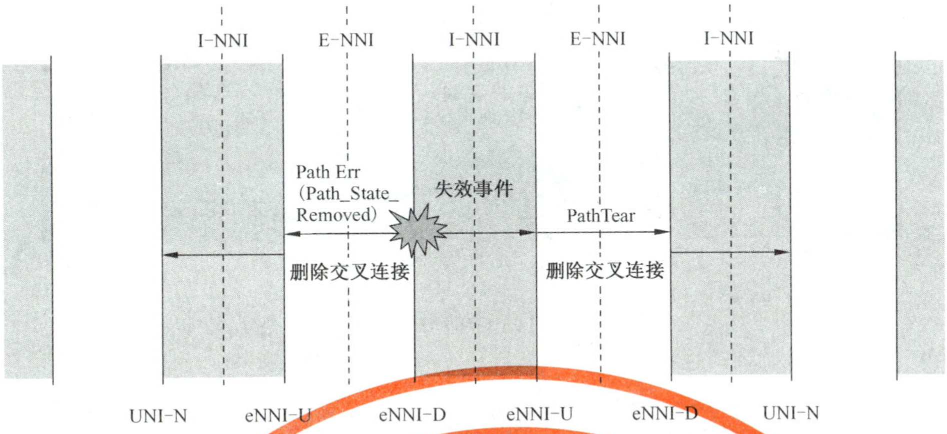

图 40 eNNI-D 发起强制删除

8.4.4 其他 RSVP-TE 消息

RSVP-TE 定义了 ACK 消息，且只在 eNNI-U 和 eNNI-D 之间传送。ACK 消息可以用来对发送的消息进行直接确认，确认功能也可以通过该消息的响应消息中的 MESSAGE_ID_ACK 来间接实现。图 41 描述了连接建立时使用 ACK 消息的信令流程。

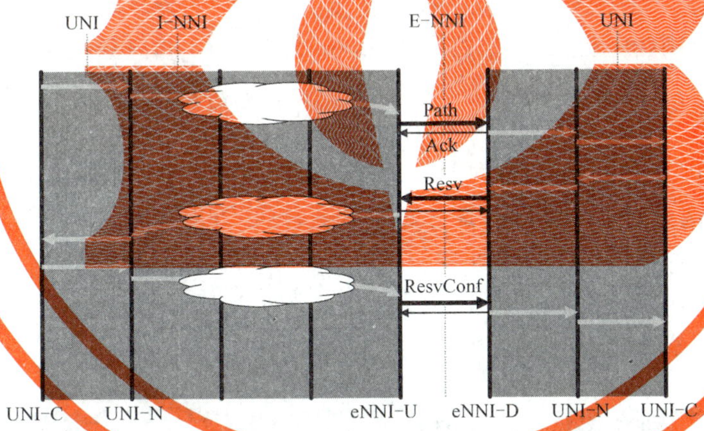

图 41 使用 RSVP-TE 建立基本 SC

RSVP-TE 还定义了 Hello 和 Srefresh 消息。

Hello 消息用于：

——保证 RSVP 会话激活(使用请求和确认对象)；

——通过交换 recovery 和 restart timers，发起重启动进程。

Srefresh 消息用于刷新 RSVP-TE 状态而不需要传输 Path 或 Resv 消息，可以减少维持呼叫和连接状态所需要传送和处理的信息。

图 42 描述了使用 Srefresh 消息刷新 Path 和 Resv 状态的例子。

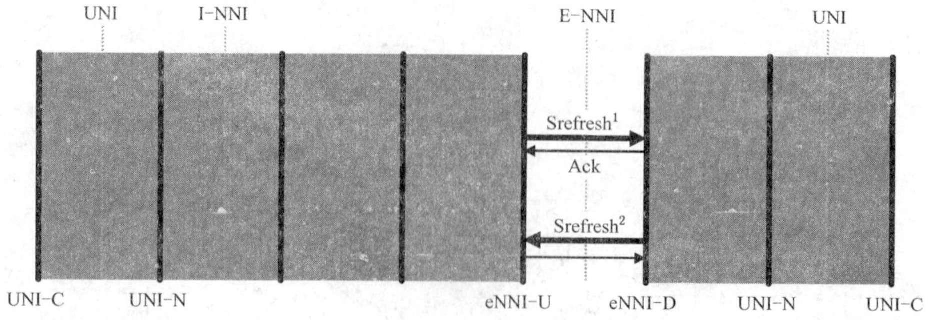

注 1：Srefresh 消息可以用于从 eNNI-U 向 eNNI-D 刷新所有连接的 Path 和 Resv 状态信息。

注 2：Srefresh 可以用于从 eNNI-D 向 eNNI-U 刷新所有连接的 Path 和 Resv 状态信息。

图 42 基本 Srefresh 信令流程

需要注意的是，Srefresh 消息不能再对其他 Srefresh 消息进行汇总。

8.5 RSVP 控制平面失效

8.5.1 RSVP-TE 信令通道失效

信令通道和控制协议实体的失效不应引起已建立连接的删除。IETF RFC3473 描述了控制状态失效(但没有丢失转发状态)的处理机制，使用了 Hello 消息中的 RESTART_CAP 对象。此外，节点应支持 IETF RFC3473 中第 9 章规定的故障处理流程。

RSVP-TE 需要进行消息交换来同步已建立连接的状态。当发生信令通道失效时，为了防止状态信息超时，需要执行“自刷新”程序。当失效恢复后，相邻的控制实体开始交换 Hello 消息，并使用 Hello 消息触发状态同步程序，见图 43。这样可以确保已经建立连接状态的一致。受到信令通道失效影响的节点应遵循以下本地行为：

a) 检测到信令通道失效的节点应向管理系统请求进一步的行为(如维持自刷新或释放部分连接等)。缺省行为是进入呼叫和连接状态的自刷新模式。

b) 当一个节点检测到无法对部分连接的状态与邻居进行同步时，应向管理系统请求进一步的行为。缺省行为是保留连接，除非有明确的指示要求释放连接。

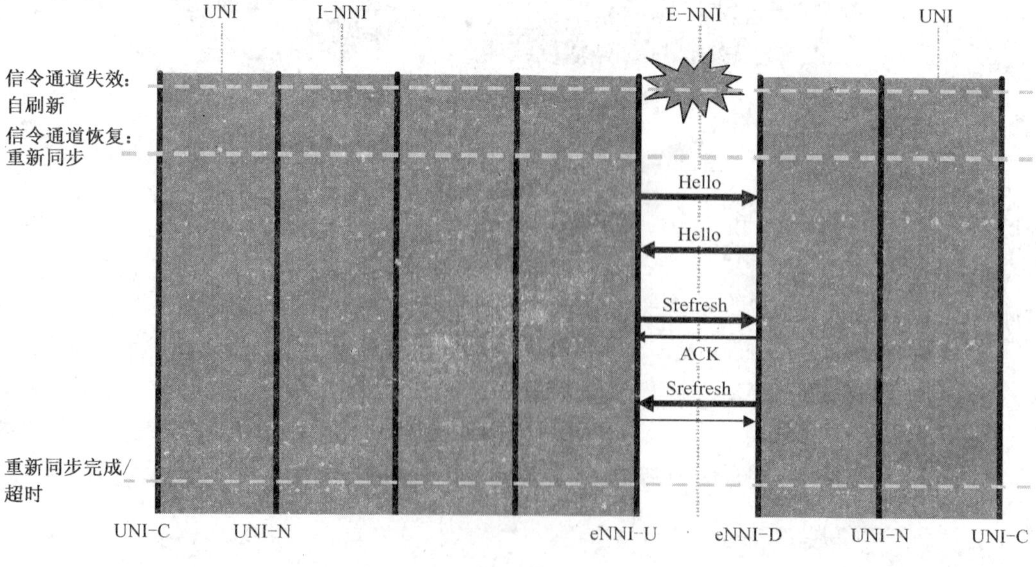

图 43 从信令通道失效恢复

在控制邻接被成功建立以前,节点不应接受任何呼叫请求。从不能发出任何 Hello 消息的节点收到的 Path 消息,可以用于重新触发 Hello 进程。对于未预期的或错误的 Hello 消息,节点通过设置 Hello Request 或 HelloAck 中的 Dst_Instance 为 0 来进行响应,表示收到的消息未被接受。

8.5.2 RSVP-TE 控制平面失效

RSVP-TE 需要进行消息交换来同步已建立连接的状态。当发生信令通道失效时,为了防止状态信息超时,需要执行"自刷新"程序。当失效恢复后,恢复节点应尝试从其本地永久存储器中的信息重建已经建立连接的状态信息。之后,相邻的控制实体开始交换 Hello 消息,并使用 Hello 消息触发状态同步程序。这样可以确保已经建立连接状态的一致。因此,受到控制平面节点失效影响的节点应遵循以下本地行为:

——控制平面节点应提供永久保存呼叫和连接状态信息的能力。尽管重启机制允许相邻控制平面节点自动恢复呼叫和连接状态,当永久存储器提供本地状态的恢复时,也可以用这种机制来验证邻居状态。在这种情况下,依据 RFC3473,如果在 Hello 同步过程中,重启节点检测到邻居节点不支持状态恢复,并且重启节点维持其状态,重启节点应该立刻认为恢复过程已经完成。

——当一个节点检测到无法对部分连接的状态与邻居进行同步时,应向管理系统请求进一步的行为。缺省行为是保留连接和状态,除非有明确的指示要求释放连接。

——失效恢复后的节点可能无法从本地永久存储器中恢复邻居转发邻接信息。在这种情况下,节点应向外部控制系统(如管理系统)请求恢复转发邻接的信息。

9 基于 OSPF 的 E-NNI 路由架构

9.1 概述

本部分规定的 E-NNI 路由满足 GB/T 21645.1 和 GB/T 21645.8—2012 中的要求,可以支持单层路由结构或多层路由结构。在每一个路由层次中,路由协议独立运行,不影响其他路由层次中路由协议的运行。某一路由层次的路由信息,可传送给其上层或下层的路由层次,这种层次路由机制允保证了路由协议在大规模网络中的扩展性。

图 44 表示由多个路由控制域(RCD)组成的 ASON 网络,RCD 之间通过 E-NNI 接口连接。

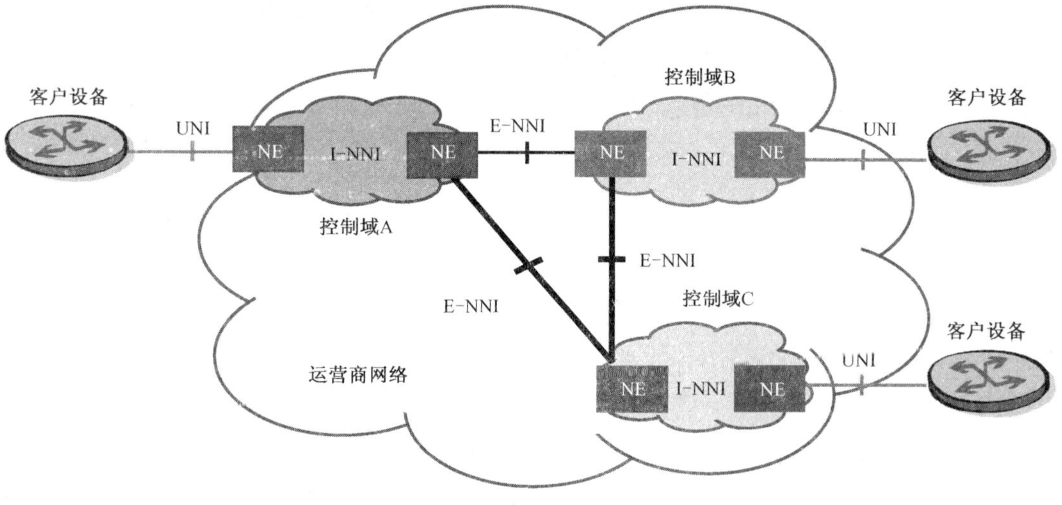

图 44 由多个路由控制域(RCD)组成的控制平面网络

本部分规定的 E-NNI 路由协议是基于 IETF GMPLS OSPF 协议的扩展。在每个路由等级存在一个单一的 OSPF 域，即路由区(RA)。E-NNI 路由通过层次结构来实现扩展性机制，而不需要使用 OSPF 的多域运行模式，OSPF 多域运行模式的应用有待进一步研究。本部分规定了基于 OSPF 的 E-NNI 路由单级路由的协议扩展，对多等级路由的协议支持待研究。

本部分规定的 E-NNI 路由不包括在 DCN 中使用 OSPF 的内容，因此不包含 OSPF(1～4)类的 LSA，以及用于 IP 路由的路径计算。只参与 E-NNI 路由的 RC 不允许向邻接 RC 发送与光网络无关的 LSA，如用于 IP 网络的 Type 1(Router LSAs)和 Type 3(Summary Network LSAs)。

9.2 路由信息的传送

本部分假定存在满足 GB/T 21645.3—2009 中的 DCN，在不同的路由控制器(RC)之间提供控制信息的传送。

在 ASON 中，构成邻接关系的 RC 节点，在控制平面一般不是物理相邻的，而且在 SCN 拓扑中也不是一跳路由。E-NNI 路由建立邻接关系方式存在以下两种方式：

a) 点到多点方式

在 OSPF 点到多点方式中，RC 之间的邻接关系由人工配置，不使用 OSPF Hello 消息进行发现。为了在大于一跳的 RC 之间创建 OSPF 邻接关系，E-NNI OSPF PDU 的 IP 包的 TTL 初始值应大于 1，并建议设置为 255。此外，OSPF Hello PDU 的网络掩码应设置为 0x00000000，从而允许非直接邻居的节点建立邻接关系。

b) 隧道方式

隧道是用于非邻接节点的一个常用技术。E-NNI 使用的隧道方式是利用隧道技术为非相邻 RC 之间建立 SCN 直联链路。为了避免非法的路由和业务成环，需要额外的管理机制来保证隧道仅用于 E-NNI 消息。隧道方式要求在 RC 之间建立适合的隧道，并使用这些隧道作为 E-NNI 相关的 OSPF-TE 实例的接口。

本部分推荐使用点到多点方式建立路由邻接关系。

9.3 路由域拓扑的抽象

ASON 路由结构允许对路由域拓扑进行抽象，拓扑抽象可以减少域间路由协议承载的信息。采用路由层次和拓扑抽象后，对外发布的拓扑是域内路由区实际拓扑的抽象视图。

拓扑抽象视图表示为一些链路和相关的链路代价，主要用于进行跨路由区的通道计算。拓扑抽象视图根据路由区内的情况、所使用的提供附加路由信息的工具(例如路由计算单元 PCE)的不同，会对路由性能产生不同的影响。如果域内的可用带宽相对于平均的业务请求较大，节点层次的抽象对于计算的路由质量将不会有很大的负面影响。

E-NNI 路由支持两种抽象方式：

a) 单节点抽象：是指将一个路由域抽象为一个节点。

b) 多节点抽象：是指将一个路由域抽象为多个边界节点，以及连接边界节点的抽象链路。

本部分要求 E-NNI 应支持采用多节点抽象方式。

此外，域间路由计算也可以通过查询路径计算单元(PCE)实现，这种方式能够得到比 E-NNI 路由协议发布更精确的路由信息。PCE 可以通过多种方式支持，包括管理平面。PCE 的相关要求待研究。

9.4 安全性考虑

E-NNI 路由的安全性要求应符合 OIF SEP-02.1。

10 单级 OSPF E-NNI 路由

10.1 配置

10.1.1 基本配置

实现 OSPF 等级路由的前提条件是每个 RCD 应至少有一个代言者(speaker),即路由控制器(RC)。这个 RC 的工作范围是一个路由区(RA)。一个 RC 有一个 RC ID 和一个用于 OSPF 协议通信的 SCN 地址。

通过发现或配置,每个 RC 发现其在传送平面的邻居 RC,这些 RC 应在同一 RA 内。RCID 和对应的 SCN 地址可以通过发现或配置得到。本部分不包含发现过程。如果通过配置,可以人工决定与特定的邻居 RC 建立邻接关系,以便交换路由信息。

为了启动 OSPF RCD 的第一级路由层次,需要对一系列参数进行配置。图 45 表示一个具有 3 个 RCD 的 ASON 网络。

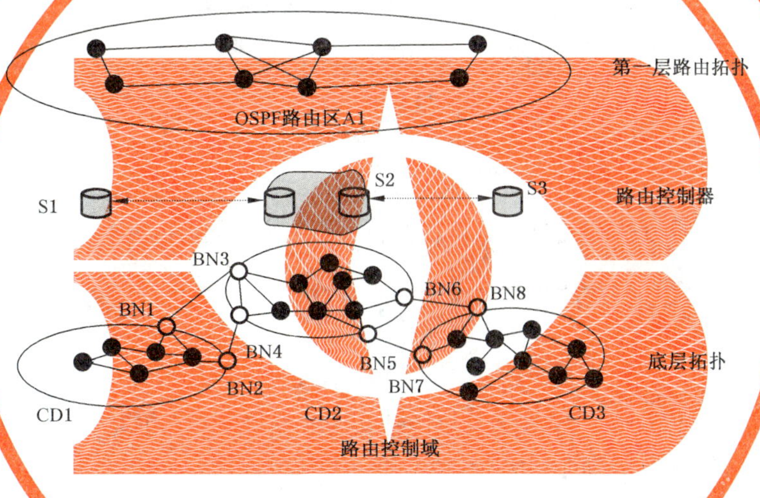

图 45 单级 OSPF-TE 运行示例

单级 E-NNI OSPF 的基本参考配置如下:

Level 1 area:0.0.0.0

IP TTL:255

OSPF Hello Message:

Subnet Mask:0.0.0.0.

HelloInterval:30 s

RouterDeadInterval:120 s

10.1.2 路由控制器

每个 RCD 应至少指定一个 RC,由 RC ID(OSPF Router ID)来识别。如图 45 中 CD2 中的 S2 是多个 RC 联邦,用于在 A1 中发布 CD2 的路由信息。S2 多个 RC 联邦的实现方式,不在本部分范围内。

10.1.3 邻接 RCD 中的路由控制器

对于一个 RCD 中的每个 RC,在邻接 RCD 中至少存在一个 RC,并具有以下信息:

a) 邻接 RC 的 RC ID;

b） 邻接 RC 的 SCN 地址。

例如，S2 的邻接 RCD 信息配置如表 25 所示。

表 25 RC S2 的邻接 RC 节点

邻居 RC	RC ID	SCN 地址
S1	S1 的 Router ID	S1 的 SCN 地址
S3	S3 的 Router ID	S3 的 SCN 地址

10.1.4 域间 TE 链路

在 RC 节点上可配置域间链路信息，域间 TE 链路反映了与邻接 RCD 互连的情况，以及从本地节点到远端节点出口方向的流量参数。

例如 S2 上总共配置了 4 条域间链路，如表 26 所示。

表 26 S2 上配置的域间链路

域间 TE 链路	本地边界节点	远端边界节点
BN3-BN1	BN3	BN1
BN4-BN2	BN4	BN2
BN5-BN7	BN5	BN7
BN6-BN8	BN6	BN8

10.1.5 域内链路

域内链路反映多节点抽象时边界节点之间的抽象 TE 链路，包含了从入口节点到出口节点单方向的流量参数。域内 TE 链路具有抽象的特性，它反映一个 RCD 拓扑的聚合。可以在 RC 上人工配置一条或多条域内链路，或者 RC 也可以根据域内路由信息自动推断出域内链路。域内 TE 链路的配置数量由该 RCD 决定。

在图 45 的例子中，S2 上总共配置了 12 条域内链路，如表 27 所示。

表 27 S2 上配置的域内 TE 链路

域内链路	本地边界节点	远端边界节点
BN3-BN4	BN3	BN4
BN4-BN3	BN4	BN3
BN3-BN5	BN3	BN5
BN5-BN3	BN5	BN3
BN3-BN6	BN3	BN6
BN6-BN3	BN6	BN3
BN4-BN5	BN4	BN5
BN5-BN4	BN5	BN4
BN4-BN6	BN4	BN6

表 27（续）

域内链路	本地边界节点	远端边界节点
BN6-BN4	BN6	BN4
BN5-BN6	BN5	BN6
BN6-BN5	BN6	BN5

10.1.6 可达 TNA 地址

连接到一个给定 RA 中的 NE 的 TNA 地址由上一等级 RA 中的 RC 进行发布。为了具有可扩展性，在发布之前可以对这些地址进行摘要。

例如，在 CD2 中的可达性 TNA 地址由 S2 广播，这些 TNA 地址可以在 S2 上进行配置，或者由内部路由信息推断出来。

10.2 运行

以上配置目的是启动 RCD 中 OSPF-TE 的第一级路由层次。配置完成后，具有邻接关系的 RC 通过交换 OSPF 消息形成第一级路由层次。RCD 边界节点之间并不建立邻接关系，除非它们也是其 RCD 的 RC。

属于同一路由层次的 RC 节点将在控制平面形成路由邻接。同时，每个 RC 将发布其相关 RCD 的域间链路和域内链路，以及可达 TNA 地址。

例如，图 45 中 RCS1、S2、S3 在控制平面上形成 OSPF 路由邻接。S2 发布表 26 所列的抽象链路，作为第一层次路由区（OSPF 路由区 A1）的部分拓扑。表 26 中所列的抽象链路包含了 CD2 到 CD1、CD2 到 CD3 的链路属性。而 CD1 到 CD2 以及 CD3 到 CD2 的相应链路属性将分别被 RCS1 和 S3 发布。表 27 中的链路表示了与 CD2 相关的路由信息，用于穿越 CD2 域连接的通道选择。此外，S2 将在整个 OSPF 路由区 A1 发布 CD2 的可达 TNA 地址。

路由协议的运行遵循 IETF RFC2328 和本部分第 12 章定义的程序。运营商应配置产生 LSA 的定时器，以免发生发送和接收的失配。

11 多级路由层次的运行结构

11.1 配置

11.1.1 多级路由层次

路由层次通过路由区的垂直堆叠形成。E-NNI 的多级路由层次符合 GB/T 21645.8—2012 中的需求。在一个路由区内，独立运行一种路由协议，每个路由区通过配置或者选举的方式产生至少一个 RC，这个 RC 在上级路由层次中代表了该路由区。通常在路由层次中第 N 层的 RC 和它对应的控制域路由实体之间存在一定的通信机制，保证双向的路由信息交换，即路由信息的上行和下行，这些信息交换在控制域内进行。

建立路由层次需要进行一定的配置。由运营商决定路由区的层次结构，即路由区的包含结构。路由层次结构通常反映了运营商网络的组织架构。

图 46 中，网络被分为 2 个路由层次。在层次 N 中，有 3 个独立的路由区 A1、A2 和 A3。在这些区域内部，不需要通过 RC 进行路由信息交换，RC 仅负责找到跨区域的路由。这 3 个路由区被上一级路由层次中的 A4 路由区所包含。在 A4 中，RCS8、S9 和 S10 分别发布 A1、A2 和 A3 的路由信息。

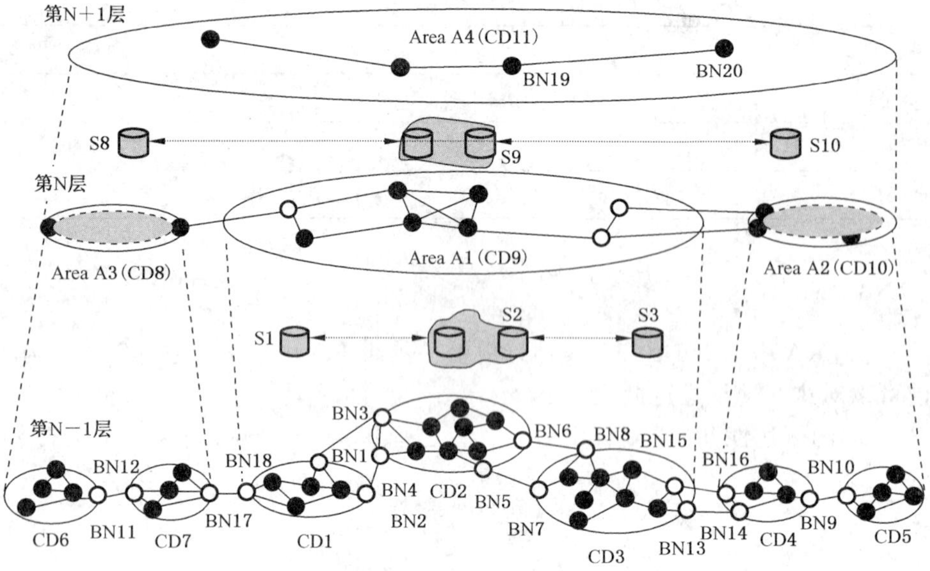

图 46　多级路由层次示例

11.1.2　路由控制器和路由区

位于路由层次中第 N 级的路由区 RAn,至少在第 N+1 层存在一个对应的 RC,直到路由层次的最高级。在路由层次模型中,每个层次中各个路由区的操作是独立的。在一个层次中运行链路状态路由所得到的路由信息,可以上行(最高层除外)和下行(最低层除外),或者在该层的 RC 上进行配置。

通过信息上行可以把一个路由区的路由信息发布给其他路由区,用于确定跨区域连接建立的路由。上行的路由信息在节点上被逐层处理。为了满足网络可扩展性要求,上行的信息可以进行一定的信息聚合和汇总。从层次 N 上行的路由信息,由 N+1 层的 RCn+1 进行发布。因此,上级 RC 不需要了解下级的标识(RCID,RAID)。信息上行还可以减少配置的压力,例如低层的 RC 可以自动聚合一些信息。

通过信息下行,可以把其他路由区的路由信息发布给本地路由区,使本地路由区可以计算跨越或者达到其他路由区的连接路由。LSA 所发布的路由信息,是从高层路由区发出的在本地路由区以外的路由信息,这些信息经过了聚合和汇总,可以用于连接选路过程。在本部分中,路由信息下行是可选的。

11.1.3　邻接 RCD 的路由控制器(每个 RC)

配置邻接 RCD 的 RC 的方法见 10.1.3。图 46 中,S9 是路由区 A1 中 RC 的联邦,S10 和 S8 分别是 A3 和 A2 的 RC。在 S9 上配置 S8 和 S10 的 RC ID 和 SCN 地址,同样在 S8 和 S10 上配置 S9 的 RC ID和 SCN 地址。

11.1.4　域间链路(每个 RC)

域间链路反映控制域之间的抽象 TE 链路。域间链路的配置可能不同于 10.1.4 的描述,因为路由层次中的更高级别的路由区,可能需要对边界节点和域间链路进行额外的聚合。

例如控制域 CD9 和 CD10 互连时,存在两条物理链路(BN13-BN14 和 BN15-BN16),边界节点和链路在高层路由层次中被聚合,S9 和 S10 的配置如表 28 和表 29 所示。

表 28 图 46 中 S9 上配置的域间链路

域间链路	本地边界节点	远端边界节点
BN19-BN20	BN19	BN20

表 29 图 46 中 S10 上配置的域间链路

域间链路	本地边界节点	远端边界节点
BN20-BN19	BN20	BN19

11.2 运行

11.2.1 控制平面邻接

对于在路由层次 N 的一个路由区 RAn，在路由层次 N+1 有一个对应的路由控制器 RCn+1。在图 46 中，在路由区 A4（即控制域 CD11）中，RC S8、S9、S10 分别代表控制域 CD9、CD10 和 CD8，并构成路由邻接用于交换路由区 A4 的 OSPF 路由信息。

11.2.2 拓扑聚合和上行

1 层以上的控制域拓扑可以被 RC 聚合，并且自动在上一级路由层次进行发布，或者通过配置实现。其他的拓扑聚合方法待研究。

a) 域间链路

如 10.1.3 所述，域间链路信息可在包含链路两个端点的路由层次的 RC 上配置完成。

b) 域内链路

在一个多等级路由层次结构中，域内链路可以采用 10.1.5 描述的方法进行配置，同时也可以自动发现和产生。当一个路由区对外发布至少两个边界节点时，域内拓扑可以通过计算虚拟域内链路的方式来进行抽象。域内链路一旦被聚合，将通过上级路由层次中对应该控制域的 RC 发布。

11.2.3 TNA 地址汇总和上行

在路由层次 N 中的路由区内，每个节点在区域内可以发布一个或者多个 TNA 地址。该路由区内的 RC 在向上级路由层次发布可达 TNA 地址之前，可以对所有可达的 TNA 地址进行汇总。

11.2.4 从层次 N 到 N－1 的路由信息下行

路由层次 N 的节点记录的路由信息，可以下行到 N－1 层的节点，采用如下所述的标准机制。用来减少下层 RC 信息存储需求的下行机制待研究。

路由信息的下行由层次 N 的 RC 执行，层次 N 的 RC 转发路由信息到相关的 RC 或者 N－1 层的 RC，这些路由信息被发布到该 RC 所属的整个路由区中。

下行的路由信息包括：

a) 包含域间链路的 LSA；

b) 包含域内链路的 LSA；

c) 包含可达 TNA 地址的 LSA。

N 层下行的 LSA，可被 N－1 层 RC 发布。同样的信息可能以同样方式继续下行到 N－2 层。

路由信息下行的目的是在低层路由层次中，向控制域的所有节点发布流量工程信息，甚至到0层的所有节点，这样端到端的路径选择就可以采用分布方式实现。

12 E-NNI 路由的 OSPF 协议扩展

12.1 新增与扩展的 Sub-TLV

12.1.1 本地节点 ID Sub-TLV

域间或域内 TE 链路使用本地节点 ID Sub-TLV(Type 32773)来指示 TE 链路的本地末端。该 Sub-TLV 可以用来支持控制平面和传送平面的分离，以及拓扑提取。格式如下：

```
 0                   1                   2                   3
 0 1 2 3 4 5 6 7 8 9 0 1 2 3 4 5 6 7 8 9 0 1 2 3 4 5 6 7 8 9 0 1
+-+-+-+-+-+-+-+-+-+-+-+-+-+-+-+-+-+-+-+-+-+-+-+-+-+-+-+-+-+-+-+-+
|         Type (32773)          |            Length             |
+-+-+-+-+-+-+-+-+-+-+-+-+-+-+-+-+-+-+-+-+-+-+-+-+-+-+-+-+-+-+-+-+
|                         Local Node ID                         |
+-+-+-+-+-+-+-+-+-+-+-+-+-+-+-+-+-+-+-+-+-+-+-+-+-+-+-+-+-+-+-+-+
```

12.1.2 远端节点 ID Sub-TLV

域间或域内 TE 链路使用远端节点 ID Sub-TLV(Type 32773)来指示 TE 链路的远端末端。该 Sub-TLV 可以用来支持控制平面和传送平面的分离，以及拓扑提取。格式如下：

```
 0                   1                   2                   3
 0 1 2 3 4 5 6 7 8 9 0 1 2 3 4 5 6 7 8 9 0 1 2 3 4 5 6 7 8 9 0 1
+-+-+-+-+-+-+-+-+-+-+-+-+-+-+-+-+-+-+-+-+-+-+-+-+-+-+-+-+-+-+-+-+
|         Type (32774)          |            Length             |
+-+-+-+-+-+-+-+-+-+-+-+-+-+-+-+-+-+-+-+-+-+-+-+-+-+-+-+-+-+-+-+-+
|                        Remote Node ID                         |
+-+-+-+-+-+-+-+-+-+-+-+-+-+-+-+-+-+-+-+-+-+-+-+-+-+-+-+-+-+-+-+-+
```

12.1.3 SDH 接口交换能力描述符 Sub-TLV

这个 Sub-TLV[Type 32775，长度(4+n * 4)字节]用来表示 SDH 的带宽信息，格式如下：

```
 0 1 2 3 4 5 6 7 8 9 0 1 2 3 4 5 6 7 8 9 0 1 2 3 4 5 6 7 8 9 0 1
+-+-+-+-+-+-+-+-+-+-+-+-+-+-+-+-+-+-+-+-+-+-+-+-+-+-+-+-+-+-+-+-+
|          Type (32775)         |        Length=4+n*4           |
+-+-+-+-+-+-+-+-+-+-+-+-+-+-+-+-+-+-+-+-+-+-+-+-+-+-+-+-+-+-+-+-+
| Switching Cap |   Encoding    |           Reserved            |
+-+-+-+-+-+-+-+-+-+-+-+-+-+-+-+-+-+-+-+-+-+-+-+-+-+-+-+-+-+-+-+-+
|  Signal Type  |         Number of Unallocated Timeslots       |
+-+-+-+-+-+-+-+-+-+-+-+-+-+-+-+-+-+-+-+-+-+-+-+-+-+-+-+-+-+-+-+-+
|  Signal Type  |         Number of Unallocated Timeslots       |
+-+-+-+-+-+-+-+-+-+-+-+-+-+-+-+-+-+-+-+-+-+-+-+-+-+-+-+-+-+-+-+-+
|                                                               |
//                             ...                             //
|                                                               |
+-+-+-+-+-+-+-+-+-+-+-+-+-+-+-+-+-+-+-+-+-+-+-+-+-+-+-+-+-+-+-+-+
|  Signal Type  |         Number of Unallocated Timeslots       |
+-+-+-+-+-+-+-+-+-+-+-+-+-+-+-+-+-+-+-+-+-+-+-+-+-+-+-+-+-+-+-+-+
```

注：n表示该链路支持的信号类型的数量，大于或等于1。

根据IETF RFC4203（GMPLS-OSPF）的定义，用于SDH接口的交换能力和编码字段应取下面的值：

交换能力（8 bit）：100（TDM）

编码（8 bits）：5（SDH）

保留（16 bits）：0

信号类型（8 bits）：如表30所示。

表30 信号类型

取值	信号类型
1	VT1.5 SPE/VC-11
2	VT2 SPE/VC-12
3	VT3 SPE
4	VT6 SPE/VC-2
5	STS-1 SPE/VC-3
6	STS-3c SPE/VC-4
21	STS-12c SPE/VC-4-4c
22	STS-48c SPE/VC-4-16c
23	STS-192c SPE/VC-4-64c

未分配时隙数量（24 bits）：表示一条TE链路具有的相同信号类型的未分配时隙数量。

12.1.4 TNA地址Sub-TLV

TNA地址Sub-TLV表示一个TNA地址。TNA地址有3种可能的格式：IPv4、IPv6和NSAP。TNA地址TLV除了包括一个TNA地址Sub-TLV外，还可以包括至少一个节点ID Sub-TLV。也可以包括多个节点 ID Sub-TLV 和 TNA 地址 Sub-TLV。IPv4 TNA 地址 Sub-TLV(Type 32776,长度可变)的格式如下:

```
 0                   1                   2                   3
 0 1 2 3 4 5 6 7 8 9 0 1 2 3 4 5 6 7 8 9 0 1 2 3 4 5 6 7 8 9 0 1
+-+-+-+-+-+-+-+-+-+-+-+-+-+-+-+-+-+-+-+-+-+-+-+-+-+-+-+-+-+-+-+-+
|         Type (32776)          |       Length (variable)       |
+-+-+-+-+-+-+-+-+-+-+-+-+-+-+-+-+-+-+-+-+-+-+-+-+-+-+-+-+-+-+-+-+
|  Addr length  |                   Reserved                    |
+-+-+-+-+-+-+-+-+-+-+-+-+-+-+-+-+-+-+-+-+-+-+-+-+-+-+-+-+-+-+-+-+
|                            One TNA                            |
+-+-+-+-+-+-+-+-+-+-+-+-+-+-+-+-+-+-+-+-+-+-+-+-+-+-+-+-+-+-+-+-+
```

其他格式的 Sub-Type 的值如下:

a) IPv6 TNA-32778;

b) NSAP TNA-32779。

addr_length 规定 TNA 地址的长度(单位:bit)。

可以使用地址前缀汇聚 TNA 地址,此时 addr_length 表示 TNA 地址前缀的长度。例如,地址前缀 192.10.3.0/24 可以表示为 TNA=193.10.3,addr_length=24。

12.1.5 节点 ID Sub-TLV

节点 ID Sub-TLV(Type 32777)包含在 TNA 地址 TLV 中,它包含拥有该 TNA 地址的节点。该 Sub-TLV 的格式如下:

```
 0                   1                   2                   3
 0 1 2 3 4 5 6 7 8 9 0 1 2 3 4 5 6 7 8 9 0 1 2 3 4 5 6 7 8 9 0 1
+-+-+-+-+-+-+-+-+-+-+-+-+-+-+-+-+-+-+-+-+-+-+-+-+-+-+-+-+-+-+-+-+
|         Type (32777)          |            Length             |
+-+-+-+-+-+-+-+-+-+-+-+-+-+-+-+-+-+-+-+-+-+-+-+-+-+-+-+-+-+-+-+-+
|                            Node ID                            |
+-+-+-+-+-+-+-+-+-+-+-+-+-+-+-+-+-+-+-+-+-+-+-+-+-+-+-+-+-+-+-+-+
```

12.2 不透明 TE LSA

12.2.1 不透明 TE LSA 类型

GMPLS-OSPF 定义了两类顶级 TLV,即节点级 TLV 和链路级 TLV。OIF ENNI-OSPF1.0 增加了一类新的顶级 TLV:地址 TLV(TNA 地址 TLV)。地址 TLV 的目的是在一个给定的路由域内广播 TNA 地址。

对于 E-NNI 路由,路由器地址 TLV 和 TE 链路 TLV 的广播是必选的。TNA 地址 TLV 的广播依赖运营商的网络。如果一个 RC 收到 TNA 地址 TLV,应存储并向相邻的 RC 发布。

根据 IETF RFC3630(OSPF-TE)的规定(如表 31 所示),路由器地址 TLV 应出现在由一个 RC 发出的一个 TE LSA 中。一个 RC 发出的一个 TELSA 中只能包含一个 TE 链路 TLV 和一个 TNA 地址 TLV。

表 31　不透明 TELSA

类型	顶级 TLV	语义	参考	范围
1	路由器地址 TLV	RC ID	IETF RFC3630	由 RA 中的任意 RC 发送。为与 IETF RFC3630 保持一致，为必选
2	TE 链路 TLV	点到点链路	IETF RFC3630	由任意发布一条或多条 TE 链路的 RC 发送。NNI 路由必选
3	TNA 地址 TLV	可达 TNA		由任意发布 TNA 可达性的 RC 发送。与运营商相关

12.2.2　RC 不透明 TE LSA

一个 RC 代表一个路由控制域(RCD)，ITU-TG.7715.1 描述了 RC 不透明 TE LSA 应包含的信息，详见表 32。其中顶级 TLV 是路由器地址 TLV，格式在 IETF RFC4203 中定义。

表 32　路由控制器信息

No	TLV	语义	参考	选择性
1	路由器地址顶级 TLV	顶级 TLV	IETF RFC3630	必选

12.2.3　TE 链路不透明 LSA

TE 链路不透明 LSA 用来表示一条域内或域间的 TE 链路。OSPF 分组头的 RC 字段携带广播的 RC ID。链路 ID Sub-TLV 携带域内/域间 TE 链路的对端 RC ID；或者对域间 TE 链路携带对端 RC ID，对域内 TE 链路携带未知值。当一个抽象 RC 发起的 TE 链路不透明 LSA 代表域内 TE 链路时，采用后一种情况。

TE 链路包含的信息如表 33 所示。

表 33　域内和域间 TE 链路信息

No	TLV	语义	参考	选择性(M 为必选)
1	链路顶级 TLV	顶级 TLV	IETF RFC3630	M
2	链路类型 Sub-TLV	点到点链路	IETF RFC3630	M
3	链路 ID Sub-TLV	对端 RC-ID (对于域间链路应设置为对端 RC-ID。对于域内链路，如果只有一个 RC，应设置为 0.0.0.0(未知)；如果有多个 RC，应设置为对端 RC-ID)	IETF RFC3630	M
4	链路成本 Sub-TLV	链路成本	IETF RFC3630	M(缺省值:1)
5	链路资源类型 Sub-TLV	链路资源类型	IETF RFC3630	M(缺省比特掩码：0…0)

表 33（续）

No	TLV	语义	参考	选择性(M 为必选)
6	链路本地/远端 ID Sub-TLV 中的本地 ID	本地接口 ID	IETF RFC4203	M
7	链路本地/远端 ID Sub-TLV 中的远端 ID	远端接口 ID	IETF RFC4203	M(如未知应设 0.0.0.0)
8	链路保护类型 Sub-TLV	链路保护类型	IETF RFC4203	O(缺省:无保护链路)
9	SRLG Sub-TLV	共享风险链路组	IETF RFC4203	O(缺省:链路 ID 是 SRLG)
10	本地节点 ID Sub-TLV	本地末端(如本地边界节点 ID)	12.1.1	M
11	远端节点 ID Sub-TLV	远端末端(如远端边界节点 ID)	13.1.2	M
12	SONET/SDH 接口交换能力描述符 TLV	描述 TE 链路的带宽信息	12.1.3	M

注：根据 IETF RFC3630，链路类型和链路 ID Sub-TLV 应且只能出现 1 次。远端节点 ID，链路成本和接口 ID Sub-TLV最多只能出现 1 次。

本地 ID 和远端 ID 都是 IETF RFC4203(GMPLS-OSPF)定义的链路本地/远端 ID Sub-TLV(Type 11)的一部分，格式如下：

```
0                   1                   2                   3
0 1 2 3 4 5 6 7 8 9 0 1 2 3 4 5 6 7 8 9 0 1 2 3 4 5 6 7 8 9 0 1
+-+-+-+-+-+-+-+-+-+-+-+-+-+-+-+-+-+-+-+-+-+-+-+-+-+-+-+-+-+-+-+-+
|                    Link Local Identifier                      |
+-+-+-+-+-+-+-+-+-+-+-+-+-+-+-+-+-+-+-+-+-+-+-+-+-+-+-+-+-+-+-+-+
|                    Link Remote Identifier                     |
+-+-+-+-+-+-+-+-+-+-+-+-+-+-+-+-+-+-+-+-+-+-+-+-+-+-+-+-+-+-+-+-+
```

注 1：某些情况下，链路远端 ID 可能未知(值为 0)，此时该 LSA 不用于路径计算。

注 2：某些情况下，链路 ID 和远端节点 ID 可能包含重复信息，此时使用远端节点 ID。

12.2.4 可达 TNA 不透明 LSA

路由控制器信息见表 34。

表 34　路由控制器信息

No	TLV	语义	参考	选择性
1	可达 TNA 顶级 TLV	顶级 TLV	本节	M
2	节点 ID Sub-TLV	规定与该 TNA 相关的节点	12.1.5	O
3	TNA 地址 Sub-TLV	规定 TNA 地址	12.1.4	M

在单一路由域内的多 RCD 环境中，可以采用 TNA 地址顶级 TLV 交换连接端点的可达性信息。这个 TLV 源自类型 1 TELSA，遵循类型 10 不透明 LSA 的泛洪规则。该 TLV 由某个 RCD 的 RC 向其他 RCD 的 RC 广播。

TNA 地址 TLV(Type 32768，长度可变)的格式如下：

```
 0                   1                   2                   3
 0 1 2 3 4 5 6 7 8 9 0 1 2 3 4 5 6 7 8 9 0 1 2 3 4 5 6 7 8 9 0 1
+-+-+-+-+-+-+-+-+-+-+-+-+-+-+-+-+-+-+-+-+-+-+-+-+-+-+-+-+-+-+-+-+
|             Type              |       Length (variable)       |
+-+-+-+-+-+-+-+-+-+-+-+-+-+-+-+-+-+-+-+-+-+-+-+-+-+-+-+-+-+-+-+-+
|                        Node_Id Sub-TLV                        |
+-+-+-+-+-+-+-+-+-+-+-+-+-+-+-+-+-+-+-+-+-+-+-+-+-+-+-+-+-+-+-+-+
|                      TNA Address Sub-TLV                      |
+-+-+-+-+-+-+-+-+-+-+-+-+-+-+-+-+-+-+-+-+-+-+-+-+-+-+-+-+-+-+-+-
|                                                               |
//                              ...                            //
|                                                               |
+-+-+-+-+-+-+-+-+-+-+-+-+-+-+-+-+-+-+-+-+-+-+-+-+-+-+-+-+-+-+-+-+
|                      TNA Address Sub-TLV                      |
+-+-+-+-+-+-+-+-+-+-+-+-+-+-+-+-+-+-+-+-+-+-+-+-+-+-+-+-+-+-+-+-+
|                                                               |
//                              ...                            //
|                                                               |
+-+-+-+-+-+-+-+-+-+-+-+-+-+-+-+-+-+-+-+-+-+-+-+-+-+-+-+-+-+-+-+-+
|                        Node_Id Sub-TLV                        |
+-+-+-+-+-+-+-+-+-+-+-+-+-+-+-+-+-+-+-+-+-+-+-+-+-+-+-+-+-+-+-+-+
|                      TNA Address Sub-TLV                      |
+-+-+-+-+-+-+-+-+-+-+-+-+-+-+-+-+-+-+-+-+-+-+-+-+-+-+-+-+-+-+-+-+
//                              ...                            //
+-+-+-+-+-+-+-+-+-+-+-+-+-+-+-+-+-+-+-+-+-+-+-+-+-+-+-+-+-+-+-+-+
|                      TNA Address Sub-TLV                      |
+-+-+-+-+-+-+-+-+-+-+-+-+-+-+-+-+-+-+-+-+-+-+-+-+-+-+-+-+-+-+-+-+
```

Node_ID Sub-TLV 表示紧随其后的 TNA 地址 TLV(s)中的 TNA 地址所附着的节点。Node_ID TLV 应出现在 TNA 地址 TLV 之前。后续的 Node_ID Sub-TLV 表示一个节点的 TNA 地址列表的结束，并表示紧随其后的 TNA Address TLV(s)所附着的节点。

一个顶级 TLV 对于相同的节点可能包含多个 Node_ID Sub-TLV。一个 RC 可能发送多个针对同一节点的 Node_ID Sub-TLV。

13 E-NNI 安全和日志(可选)

13.1 安全

由于光传送网络呼叫和连接承载高速数据并消耗大量网络资源，因此需要一定的安全措施保证传送网不受到危及控制平面的攻击，并避免未经鉴权使用网络资源或者获得网络配置信息等。

E-NNI的安全功能需求见GB/T 21645.5—2012中9.4。满足这些需求的安全机制实现细节见GB/T 21645.5—2012中9.5和9.6,其中描述了对经过控制平面接口交换信息的实体进行鉴权的机制、保证信息的完整性、信息的保密机制等可选机制。

13.2 日志

支持安全扩展的E-NNI实现还应支持OIF SLG-01.0规定的控制平面日志功能。日志功能包括配置、控制和安全的记录。不支持安全扩展的实现也可以支持日志功能。

附 录 A
（规范性附录）
IETF GMPLS 的域间信令技术

A.1 域间信令要求

A.1.1 域间信令模型

在 GMPLS 中，域表示在同一个地址管理空间或者路由计算控制下的一组网元，划分多域的目的包括管理、可扩展性、保护域的组建等。

IETF 跨域建立 TE LSP 存在三种信令机制，包括连续域间信令、拼接域间信令和嵌套域间信令：

a） 连续域间信令

在连续域间信令模型中，通过 IETF RFC 3209 和 IETF RFC 3473 中描述的 RSVP-TE 信令方法和过程建立一条端到端的跨越多个域的 LSP，在 LSP 经过的每个节点上，会话(Session)和 LSP ID 都是相同的，这与单域中的做法相同。

b） 拼接域间信令

拼接域间信令是把多个域内的 LSP 段(Segement)拼接成一条跨域的端到端的 LSP。LSP 段可以是单域内的一条 LSP，也可以是一条跨越多域的 LSP。在数据平面，通过拼接，形成一条端到端的 LSP。在控制平面中，LSP 段是作为独立的 TE LSP 通过信令建立的，不同的 LSP 段的会话(Session)是不相同的，并且与跨域的 LSP 的会话也没有关系。

TE LSP 段的建立可由前一条 TE LSP 段或者由管理操作触发。LSP 段也可以作为 TE 连路被管理和发布。

c） 嵌套域间信令

嵌套域间信令是把一条或多条 TE LSP 嵌套在一个嵌套 LSP 中。在一个 TE LSP 中承载另一个 LSP 的技术，称为 LSP 嵌套。嵌套 LSP 是 GMPLS 的基本功能，IETF RFC 4206 中详细规定了嵌套 LSP 的概念。嵌套 LSP(H-LSP)可以作为 TE 链路进行扩散。嵌套 LSP 可以用于支持域间 TE LSP，嵌套 LSP 可以在一个域内任意 LSR 之间建立连接，嵌套 LSP 的入口和出口可以是同一个域的一对边界节点，或者同一个域的一对域内节点。

建立嵌套 LSP 的信令触发条件包括：

1） 收到它承载的一条 TE LSP 的信令请求；

2） 管理操作，用于为嵌套 LSP 预配置需要经过的网络。

嵌套和被嵌套 LSP 的属性(包括带宽)的映射关系(继承规则)，可以静态配置。对于按需的嵌套 LSP 可以根据嵌套 LSP 的属性动态继承。在动态情况下，从嵌套 LSP 属性的继承可以由本地或者域的策略规则完成。

嵌套 LSP 可以跨越多个域或者域的一些部分。在一条嵌套 LSP 经过多个域时，该 LSP 不能被发布为 TE 链路。路由协议不会通过嵌套 LSP 交换信息，LSP 不会用于创建路由器之间的路由邻接关系。

d） 混合方式

在建立一个端到端跨域 TE LSP 时，可以将上述信令方式混合使用。在采用混合方式时，可通过 RRO 对象报告整个路径上使用的各种信令方式。

建立跨域的端到端的 TE LSP，可以采用上述的一种或多种信令方式。信令方式的选择由首节点的策略以及每个域边界节点的策略决定。通过对 LSP_ATTRIBUTES 对象进行扩展，携带相关的信息来识别信令方式。

A.1.2 域间呼叫模型

呼叫是端节点之间，也可能是关键传送节点（如网络边界节点）之间的一种关联关系，一个呼叫用来支持一个用户业务实例。呼叫本身不提供传送用户业务的连通性，仅用来构建后续一个或多个 LSP 之间的关联关系。呼叫是端节点之间的一种合约关系，用于简单、方便地管理一组提供端到端的数据传送的连接。呼叫的建立包括：策略验证、鉴权、网络安全认证以及端节点之间的能力协商等处理。

呼叫可以用来管理一组连接，这组连接共同为客户提供端到端的网络连接服务。一个呼叫可以与一个或多个连接关联，也可以不与任何连接关联；一个连接可以与一个呼叫关联，也可以不与任何呼叫关联，但不能与多个呼叫关联。因此，呼叫和连接之间要在逻辑上完全分离。呼叫的建立和维护可以独立于关联的 LSP 连接的建立和维护处理。

在多域场景下，同一条业务需要经过多个域，业务经过的每个域都需要处理该业务对应的呼叫。因此，在呼叫发起方发起呼叫时，可以在呼叫建立请求消息中显式指定各域需要处理该呼叫的节点及其顺序，并将呼叫建立请求消息发往下一个处理该呼叫的节点。

下一个处理该呼叫的节点处理该呼叫之后，可以根据消息中指定的处理该呼叫的节点信息继续转发，从而每个指定需要处理该呼叫的节点都可以接收到该消息，并进行呼叫处理。如果处理呼叫的全部节点同意建立该呼叫，则从呼叫目的地依次返回呼叫建立成功响应，呼叫发起方收到成功响应，呼叫建立成功。否则，只要有一个呼叫处理节点不允许建立该呼叫，则立即返回呼叫建立失败响应，呼叫发起方收到失败响应，呼叫建立失败。

A.1.3 域间保护恢复

域间保护恢复存在多种机制，IETF RFC4872 中规范了端到端恢复、本地保护（如 FRR）和区段恢复。跨域的端到端保护恢复机制，包括：

a） 单向 1+1 保护：建立两条端到端的相互分离的 LSP，一条为工作路径，一条为保护路径，在发端同时往两条 LSP 上发送业务，在收端从工作路径上选收业务。当工作路径发生故障时，只检测到故障的端点切换到保护路径上，从保护路径上接收业务，即只实施单端倒换。

b） 双向 1+1 保护：与单向 1+1 保护的区别是，一端检测到故障时，会通知另一端进行协商，两端都倒换到保护路径上，即实施双端倒换。

c） 1∶1 保护：建立两条端到端的相互分离的 LSP，一条为工作路径，一条为保护路径。正常情况下，由工作路径传送业务，保护路径可传送额外业务。当工作路径故障时，两端都切换到保护路径上传送业务，额外业务中断。

d） 1∶N 保护：由一条保护路径为 N(N>1)条工作路径提供保护，这些工作路径相互分离，同时与保护路径也是分离的。正常情况下，保护路径可以传送额外业务。在工作路径故障时，两端都切换到保护路径上传送业务，额外业务中断。

e） 预计划重路由(Pre-planned rerouting)：预先建立一条与工作路径分离的保护路径，为该保护路径预留好资源，但数据平面没有建立好，因此保护路径不能传送额外业务，其资源也可被其他 LSP 占用。在工作路径故障时，需要通过传递信令来将保护路径的传送平面建好，然后将业务切换到保护路径上，恢复业务。

f） 共享网状网恢复：由一条保护路径为多条相互分离的工作路径提供保护，保护路径与这些工作路径也是分离的。为保护路径事先预留好资源，但没有建立好数据平面。在工作路径故障时，需要通过传递信令来将保护路径的传送平面建好，然后将业务切换到保护路径上，恢复业务。

g) LSP 重路由：在工作路径故障后，建立一条端到端的新路径，然后将业务切换到新路径上，从而恢复业务。在重路由时，新路径可以重用老路径的资源。

IETF RFC4873 中定义了基于 GMPLS 的区段恢复(segment recovery)机制，可用于保护节点故障、链路故障、LSP 的多点故障。在区段恢复中，如果主、备路径存在松散跳，则需要关注主、备路径的分离问题。如果路径采用的是增量计算方式，则可以采用 IETF RFC4874 中描述的路由排斥机制来达到路径分离的目的；否则，需要采用同时计算两条分离路径的技术，如 IETF RFC4655 中的 PCE 技术。区段恢复能够在单域内为 LSP 提供较好的保护，如果是跨越多域且这些域由不同的厂家的设备组成，要提供跨域的区段恢复就比较困难了，那样会涉及复杂的信令互通等问题。

对于分组交换网络，还可以采用 MPLS-TE FRR 技术实现域内链路和节点、域间链路和域边界节点的保护。

基于 GMPLS 的域间保护恢复应满足以下要求：

a) 域间端到端保护恢复机制应至少支持 1+1 保护和 LSP 重路由。
b) 端到端保护恢复应满足工作和保护恢复路由分离的要求，应支持节点分离、链路分离、SRLG 分离和域分离。域分离是指选择的路径只有相同的域出口和域入口，可以提供更强的故障恢复能力。
c) 端到端保护恢复应支持返回功能，即在工作路径上的故障消失后，业务切换回工作路径，重新从工作路径上传送业务。如果是采用重路由方式进行的恢复，则在业务恢复到原路径后，应删除恢复路径，释放资源。在返回的过程中应尽量减少业务中断和重配置。
d) 跨域 LSP 可以在每个域内采用不同的保护恢复机制。例如域边界的保护由域间链路提供，域内通过区段恢复提供等。

A.1.4 跨域的路径重优化

重优化是把 TE LSP 从一个路由移到另一个路由。通常采用先建后拆的技术来保证业务损伤尽可能的小。

对于跨域 LSP 的优化可以提供两种方式：

a) 只在单个域内进行优化，这种优化不改变域边界节点；
b) 端到端的优化，即从首节点重新计算出一条新的路径到末节点，这种优化可能会改变 LSP 经过的域或者域边界节点。

优化可以通过操作人员的请求、定时器、网络资源的可用信息改变或者 LSP 的一些运作因素的改变(例如带宽)触发。

A.1.5 LSP 建立失败处理

当一个域间 LSP 在除了首域之外的其他域建立失败时，可以采用以下方法报告和重试 LSP：

a) 在失败的域进行重试。重试可以由域内的节点进行，或者可以返回到域边界节点进行。
b) 如果该失败无法在本域内解决(例如没有合适的替代路由，或者域策略不允许重路由，或者 PATH 消息禁止该操作)，应向上一个域或者首节点域报告该失败。后续的修复尝试可以由上游域执行，但是条件是应向上游提供足够的建立失败和修复尝试失败的信息(Crankback)。进一步尝试可以把失败信息作为路由计算的约束条件，或者在信令协议中作为排斥路由信息。

A.2 IETF GMPLS 的域间信令协议扩展

A.2.1 域间信令协议

建立跨域的端到端的 TE LSP，可以采用上一章所述的一种或多种信令方式，信令方式的选择由首节点的策略以及每个域边界节点的策略决定。LSP 段和 H-LSP 可以预先配置，也可以由信令动态驱动建立。信令方式的识别可通过对 LSP_ATTRIBUTES 对象进行扩展，携带相关的信息来完成。

A.2.1.1 域边界节点的处理

跨域 LSP 采用哪种信令方式主要由经过的节点(一般是域边界节点)所支持的方式来决定，也依赖于首节点的信令参数。

域边界节点接收到跨域 LSP 建立请求时，需要做如下处理：

a) 进行本地策略校验：如果校验失败，应发出 PathErr 消息报错。
b) 检查信令方式：如果首节点限制了信令方式，则应按首节点指定的信令方式建立 LSP；如果首节点没有显示指定信令方式，则按本地的配置或策略选择相应的信令方式。如果不支持首节点指定的信令方式，则应发出 PathErr 消息报错。
c) 对 ERO 进行处理，具体请见 A.2.1.2。
d) 计算跨越本域的路径，即扩展 ERO。如果计算失败，应发出 PathErr 消息报错。
e) 当从本域或下一个域收到报错的 PathErr 消息时，域边界节点可以进行 Crankback(回溯)处理。如果不进行 Crankback 或者 Crankback 也失败，则域边界节点应继续进行 PathErr 处理，其处理过程应遵循 IETF RFC3209 和 IETF RFC3473 中的定义。具体见 A.2.1.3。
f) 进行 RRO 的处理，具体见 A.2.1.4。

A.2.1.2 跨域 ER 的处理

域边界节点接收到跨域 LSP 建立请求时，需要对其中的 ERO 进行处理，包括：

a) 如果有相关的 ERO 策略，则应进行策略处理。例如，一种策略出于保密性考虑，如果 ERO 中包含本域内的节点，则拒绝。如果策略处理失败，则应发出 PathErr 消息报错，或者根据本地配置的策略进行处理——将该 Path 消息丢弃或出于安全考虑，返回另外一个错误码。
b) 对嵌套 LSP 和拼接 LSP，在边界节点，查找 H-LSP 或触发建立一条新的 H-LSP，应遵循 IETF RFC 4206 中的定义的过程。
c) 如果 ERO 中子对象标识的 TE LINK 是 H-LSP 或 LSP 段，则不能使用连续信令方式，应使用嵌套或拼接方式。如果冲突，则应发出 PathErr 消息报错，或者根据本地配置的策略进行处理——将该 Path 消息丢弃或出于安全考虑，返回另外一个错误码。
d) 如果 ERO 中指定的下一跳是松散节点，则应计算到达下一跳的路径，扩展 ERO，计算得到的路径也可能包含松散节点。
e) 如果没有 ERO 子对象，则应该将目的节点作为下一跳的松散路由，按照 d)进行处理。
f) 遇到其他任何处理 ERO 失败的情况，则都应该按照 IETF RFC3209 和 IETF RFC3473 中的定义过程发出 PathErr 消息报错，域边界节点也可以根据本地配置的策略进行处理，如，将 Path 消息丢弃或出于安全考虑，返回另外一个错误码。

A.2.1.3 LSP 建立失败和回溯

在跨域 LSP 建立失败后，需要通过 PathErr 消息向首节点通告错误信息，这样 PathErr 消息就需要跨越多个域，就会涉及到域内信息的保密问题，这可以通过策略进行控制。域边界节点可根据本地的策略，对通告的错误信息进行控制，如对 PathErr 消息中的信息进行替换。LSP 建立失败的处理应满足：

a) 域边界节点不能阻止 PathErr 消息进一步向上游节点通告，除非按后面描述的方式进行重路由；
b) 除域边界节点外，其他节点不能修改 PathErr 消息的内容；
c) 域边界节点一般应不修改 PathErr 消息的内容，除非出于机密、安全考虑。

在收到建立 LSP 失败的 PathErr 消息后，如果本地策略和 Path 消息中的相关参数允许，则域边界节点可以暂缓将 PathErr 消息进一步向上游通告，进行回溯(Crankback)，尝试重新建立 LSP。如果建立 LSP 成功，则域边界节点应丢掉暂缓通告的 PathErr 消息。如果尝试建立 LSP 仍然失败，则域边界节点应继续向首节点方向通告暂缓的 PathErr 消息，但可以根据本地的策略对 PathErr 消息的内容进行修改，如出于安全、保密考虑，改变其携带的错误码或者将报错的节点地址修改为域边界节点的地址。

A.2.1.4 跨域 RRO 的处理

RRO 的主要作用是进行环路检测和记录 LSP 经过的每一跳。但在跨域时，出于信息保密性，可能有些内部信息(如节点 ID)不允许跨域传输。边界节点可以根据本地的策略对 RRO 中携带的信息进行过滤或修改，如将经过本域的所有路径信息替换成本域的标识 ID(如 AS 号)或只让 RRO 中包含本域的边界节点信息。

A.2.1.5 Notify 消息的处理

Notify 消息是直接发向目的地，而不是采用 hop-by-hop 的方式进行传送，以加快对错误信息的通告。如果域边界节点需要看到该消息(如通过它来提供保护倒换)，则可将 Path 和 Resv 消息中的 Notify Request 对象修改为携带域边界节点的地址，该处理过程应遵循 IETF RFC3473 中定义的规范。

出于安全性和保密的目的，域边界节点可根据本地策略对 Notify 消息进行过滤或修改。

A.2.1.6 控制下游节点选择信令方式

通过信令扩展，可以支持建立跨域 LSP 时控制下游节点选择信令方式。在 LSP_ATTRIBUTES 对象的 Attributes Flags TLV 中增加一个新的标志位 Contiguous LSP 标志，用于首节点指示是否需要采用端到端的连续信令方式建立跨域 LSP。如果设置了该标志位，则域边界节点应使用连续方式，不能选择嵌套或拼接方式。如果没有设置该标志位，则可以选择嵌套或拼接方式。除首节点外，其他任何节点都不能修改该标志位。

中间节点接收到设置了 Contiguous LSP 标志位的 Path 消息，如果该节点能识别该对象及该标志位，并且支持连续 LSP 方式，则应以连续信令方式进行处理。如果该节点是域边界节点或者该节点在 ERO 中增加了一个松散跳(loose hop)，则它应在相应的 Resv 消息的 RRO 对象的 RRO Attributes 子对象中设置"Contiguous LSP signaled"标志位。

如果中间节点支持 LSP_ATTRIBUTES 对象，但不支持 Attributes Flags TLV 或支持 Attributes Flags TLV 但不支持 Contiguous LSP 标志位，则应毫无修改地转发该对象。

A.2.1.7 域内拓扑信息安全性

RSVP-TE Path Key 子对象(其格式应遵循 IETF RFC5553 中的定义)用于保证域内的拓扑信息不会扩散到其他域。对该子对象的处理包括：

a) ERO 中携带 Path Key Subobject(PKS)
   1) 如果发现 Path 消息携带的 ERO 中的第一个子对象是 PKS，则应发出 PathErr 消息报错。
   2) 如果发现 ERO 中的下一跳子对象是 PKS，则应能够通过 PKS 转换得到机密路径信息(CPS，即不希望暴露给其他域的路径)。如何从 PKS 转换得到 CPS，可以根据本地的策略和网络的实现方法采取合适的方式。在得到 CPS 后，相应的路径信息应插入到 ERO 中，替换掉 PKS。余下的处理应遵循 IETF RFC3209 中的规定。如果不能通过 PKS 转换得到相应的 CPS，则应产生 PathErr 消息报错。
   3) 如果节点不支持 PKS 子对象，则应发出 PathErr 消息报错。

b) RRO 中携带 PKS

当信令消息跨越域边界时，如果需要隐藏 LSP 经过本域的路径信息(CPS)，则可以将 RRO 中的该段路径信息使用 PKS 替换。如果是 Resv 消息，则 RRO 中的 PKS 应是对应的 Path 消息中的 ERO 中携带的那个 PKS。在 Path 消息中，PKS 应能够标识由哪个节点来转换 CPS，并且提供 Path Key，根据该 Path Key 可以得到 CPS 路径。

A.2.2 排斥路由约束扩展

为了在多域网络中建立两条分离路径(如保护恢复、双归属的情况)，需要扩展信令来支持排斥路由约束。排斥路由分两种类型：

a) 在 LSP 的整条路径上排除某些抽象节点或资源，这种排斥方式称为排斥路由表(Exclude Route List)。通过增加一个 RSVP 对象 EXCLUDE_ROUTE 对象(XRO)来携带排斥的信息。
b) 在一个 ERO 里的两个抽象节点之间排除某些抽象节点或资源，这种排斥方式称为显式排斥路由(Explicit Exclusion Route)。通过增加一个 ERO 子对象 Explicit Exclusion Route 子对象(EXRS)来携带两个节点间要排斥的信息。

A.2.2.1 EXCLUDE_ROUTE 对象(XRO)

通过 XRO 对象携带多个子对象来标识需要排斥的节点、端口、AS 或 SRLG。XRO 应能够支持：

a) 排斥节点、端口、AS、SRLG；
b) 排斥(应避开所指定的节点/端口/AS/SRLG)、尽量排斥(尽量避开所指定的节点/端口/AS/SRLG)。

对 XRO 的处理应遵循如下规则：

a) 收到 Path 消息时，检测本节点是否是 XRO 中应排除的对象。如果是，则应产生 PathErr 消息报错。
b) 如果 XRO 中含有 SRLG，则应检查本节点使用的资源的 SRLG 属性和 XRO 中强制排除的 SRLG 是否相同，如果相同，则应产生 PathErr 消息报错。
c) 校验子对象的一致性。发现不一致时，应产生 PathErr 消息报错。
d) ERO 和 XRO 中的子对象不应相互冲突，在冲突时应按如下原则处理：
    1) 如果子对象在 XRO 中是应排斥属性，其又在 ERO(应包含)中，则应拒绝该 Path 消息，产生 PathErr 消息报错；
    2) 如果子对象在 XRO 中是尽量排斥属性，其又在 ERO(应包含)中，则可以拒绝该 Path 消息，也可以忽略 XRO 中的该子对象，继续 LSP 的建立。
e) 当选择下一跳或扩展路由时，节点：
    1) 不能选择被 XRO 中指定为应排斥的节点或抽象节点，应尽量不选择被 XRO 中指定为尽量排斥的节点或抽象节点；
    2) 不能选择被 XRO 中指定为应排斥的 SRLG 所代表的链路、节点或资源，应尽量不选择被 XRO 中指定为尽量排斥的 SRLG 所代表的链路、节点或资源。
f) 如果 XRO 超大或过于复杂以至本节点不能解析和处理，则应产生 PathErr 消息报错，收到该错误信息的首节点应减少 XRO 的复杂性或绕开报错的节点。
g) 如果本节点不支持 XRO，则应毫无改变地转发该对象，不需要做其他的处理。
h) 如果本节点支持 XRO，但不支持里面的某个或某些子对象，则应忽略对这些子对象的处理。
i) 在转发 Path 消息时，节点还可做如下的处理：
    1) 如果没有 XRO 对象，则可以根据需要，增加 XRO 对象；
    2) 如果有 XRO 对象，但本节点确定下一跳不再需要这些信息，则可以删除该 XRO 对象；

3） 如果有 XRO 对象，本节点可以对该对象的内容进行修改，增加或删除子对象。

上述操作不能导致 XRO 和 ERO 发生冲突。

A.2.2.2 Explicit Exclusion Route 子对象（EXRS）

通过 EXRS 子对象来标识 ERO 中某两个抽象节点间要排除的节点（如显示节点、抽象节点、AS）或资源（如链路、标签）。EXRS 中的子对象和 XRO 中的一致，对应的处理也一致。

A.2.2.3 同时存在 XRO 和 EXRS 的处理

如果同时存在 XRO 和 EXRS，节点在扩展路由时，应按如下规则处理：

a） 应排除 XRO 和 EXRS 中列出的所有 SRLG、节点、链路和资源；

b） 如果某种排斥条件在 XRO 和 EXRS 中都存在，则应按排斥条件更严格的处理，如，XRO 中要求应排斥某个节点，而在 EXRS 中要求尽量排斥该节点，则在扩展路由时，应排斥该节点。

A.2.3 域间呼叫协议扩展

A.2.3.1 Notify 消息的扩展

IETF RFC4974 规定了支持呼叫的信令扩展。呼叫的建立和拆除与连接的建立和拆除分离，GMPLS 不支持同时建立呼叫和连接。通过对 Notify 消息进行扩展，来支持呼叫的建立和拆除。

a） 扩展支持携带呼叫 ID(Call ID)

呼叫 ID 用于唯一标识一个呼叫，分为 Long Call ID（长呼叫 ID）和 Short Call ID（短呼叫 ID）。

Long Call ID 用于标识全局唯一的呼叫，通过 Notify 消息中的 SESSION_ATTRIBUTE 对象里的“Session Name”字段携带。

Short Call ID 用于标识连接（LSP）属于哪个呼叫，在 SESSION 对象中增加 Call_ID 字段携带，其格式如下：

```
 0                   1                   2                   3
 0 1 2 3 4 5 6 7 8 9 0 1 2 3 4 5 6 7 8 9 0 1 2 3 4 5 6 7 8 9 0 1
+-+-+-+-+-+-+-+-+-+-+-+-+-+-+-+-+-+-+-+-+-+-+-+-+-+-+-+-+-+-+-+-+
~                IPv4/IPv6 Tunnel End Point Address              ~
+-+-+-+-+-+-+-+-+-+-+-+-+-+-+-+-+-+-+-+-+-+-+-+-+-+-+-+-+-+-+-+-+
|            Call_ID            |           Tunnel ID           |
+-+-+-+-+-+-+-+-+-+-+-+-+-+-+-+-+-+-+-+-+-+-+-+-+-+-+-+-+-+-+-+-+
|                       Extended Tunnel ID                      |
+-+-+-+-+-+-+-+-+-+-+-+-+-+-+-+-+-+-+-+-+-+-+-+-+-+-+-+-+-+-+-+-+
```

用于建立和管理呼叫的 Notify 消息中的 SESSION 对象里的 Call_ID 用于标识哪些 LSP 属于该呼叫，其值不能为 0；如果 LSP 属于某个呼叫，则该 LSP 中携带的 SESSION 对象里的 Call_ID 应与该呼叫的 SESSION 对象里的 Call_ID 一致；如果 LSP 不属于任何呼叫，则其携带的 SESSION 对象里的 Call_ID 字段应设置为 0。

b） 增加 LINK_CAPABILITY 对象

为了支持在呼叫建立时，交换连接呼叫发起节点（或呼叫终结节点）与网络的链路的能力（包括链路的IP地址、接口索引、最大预留带宽、接口的交换能力等），增加LINK_CAPABILITY对象，其格式如下：

Class-Num＝133（form 10bbbbbb），c-Type＝1

```
 0                   1                   2                   3
 0 1 2 3 4 5 6 7 8 9 0 1 2 3 4 5 6 7 8 9 0 1 2 3 4 5 6 7 8 9 0 1
+-+-+-+-+-+-+-+-+-+-+-+-+-+-+-+-+-+-+-+-+-+-+-+-+-+-+-+-+-+-+-+-+
|                                                               |
//                         (Subobjects)                        //
|                                                               |
+-+-+-+-+-+-+-+-+-+-+-+-+-+-+-+-+-+-+-+-+-+-+-+-+-+-+-+-+-+-+-+-+
```

支持的子对象参见IETF RFC4974。

c) 在ADMIN_STATUS对象中增加呼叫管理位

在ADMIN_STATUS对象中增加呼叫管理比特位，用于标识携带该对象的Notify消息是用于呼叫的控制和管理的，其格式如下：

```
 0                   1                   2                   3
 0 1 2 3 4 5 6 7 8 9 0 1 2 3 4 5 6 7 8 9 0 1 2 3 4 5 6 7 8 9 0 1
+-+-+-+-+-+-+-+-+-+-+-+-+-+-+-+-+-+-+-+-+-+-+-+-+-+-+-+-+-+-+-+-+
|R|                        Reserved                     |C|T|A|D|
+-+-+-+-+-+-+-+-+-+-+-+-+-+-+-+-+-+-+-+-+-+-+-+-+-+-+-+-+-+-+-+-+
```

Reflect (R)：1 bit——其含义参见IETF RFC3471；

Testing (T)：1 bit——其含义参见IETF RFC3471；

Administratively down (A)：1 bit——其含义参见IETF RFC3471；

Deletion in progress (D)：1 bit——其含义参见IETF RFC3471；

Call Management (C)：1 bit——当消息用于呼叫的控制和管理时，设置该位。

d) 对Notify消息的扩展

在Notify消息中增加可选对象LINK_CAPABILITY，以支持交换链路的能力；在notify session中增加SESSION_ATTRIBUTE对象，用于携带Long Call ID；一个Notify消息中可通过携带〈notify session list〉来支持同时创建多个呼叫；在ADMIN_STATUS对象中增加呼叫管理比特位，用于标识该Notify消息是用于呼叫的控制和管理的；每个呼叫可以携带ERO/RRO对象，具体格式见IETF RFC3209、IETF RFC3473、IETF RFC3477，前者用于指定需要处理该呼叫的节点编号，后者沿途记录处理该呼叫的节点编号。扩展后的Notify消息格式如下：

```
〈Notify message〉∷＝〈Common Header〉[〈INTEGRITY〉]
                     [[〈MESSAGE_ID_ACK〉|〈MESSAGE_ID_NACK〉]...]
                     [〈MESSAGE_ID〉]
                     〈ERROR_SPEC〉
                     〈notify session list〉
〈notify session list〉∷＝[〈notify session list〉]〈notify session〉
```

〈notify session〉 ::= 〈SESSION〉 [〈ADMIN_STATUS〉]
[〈POLICY_DATA〉...]
[〈LINK_CAPABILITY〉]
[〈SESSION_ATTRIBUTE〉]
[〈ERO〉]
[〈RRO〉]
[〈sender descriptor〉 | 〈flow descriptor〉]

〈sender descriptor〉 ::= 见 IETF RFC3473

〈flow descriptor〉 ::= 见 IETF RFC3473

A.2.3.2 呼叫和连接的建立过程

呼叫和连接的建议过程如下：

a) 呼叫和连接的建立要求
   1) 呼叫建立时，不需要与任何连接关联。在呼叫建立后，可以将连接加入到呼叫中；
   2) 一个连接可以被加入到一个已经存在的呼叫，该呼叫可以是已经有一个或者多个连接与它关联，或者没有连接与它关联；
   3) 连接建立时，可以不必与任何呼叫关联。

b) 呼叫的建立

   如图 A.1 所示，建立呼叫时，Ingress(发起端)向 Egress(终结端)发出 Notify 消息，发起呼叫建立请求。Notify 消息中需要携带如下信息：
   1) 将 ADMIN_STATUS 对象里的 R、C 比特置位，表示该 Notify 消息需要回送响应，且为呼叫管理消息；
   2) 在 SESSION_ATTRIBUTE 对象中的 Session Name 里携带 Long Call ID；
   3) 〈notify session list〉中应至少有一个 SESSION 对象(即至少创建一个呼叫)。在 SESSION 中携带非 0 的 Call_ID，其值将作为与该呼叫关联的所有 LSP 的 Short Call ID；Tunnel_ID 应设置为 0；Extended_Tunnel_ID 可以设置为 0 或者设置为 Ingress 节点的地址；
   4) SENDER_TEMPLATE 对象中包含呼叫发起者的 IP 地址，LSP_ID 填为 0；
   5) 在 LINK_CAPABILITY 对象中携带 Ingress 端链路能力及 Ingress 节点的本地策略(可选)；
   6) ERROR_SPEC 对象中的错误码设置为 0。

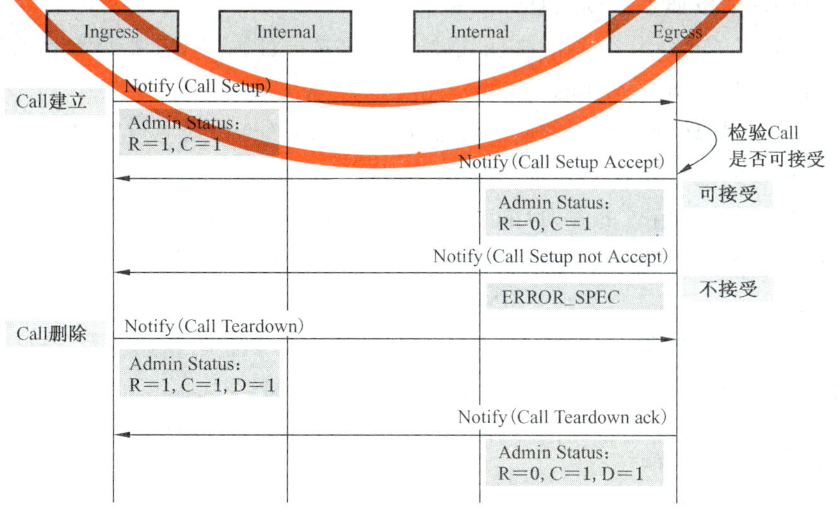

图 A.1 呼叫建立过程

Egress 节点收到 Notify 消息后，进行安全、认证和策略等校验。如果校验通过，则回送 Notify 消息接受呼叫的建立，该 Notify 消息中的 ADMIN_STATUS 对象里的 C 比特置位，其他比特位都置为零，且 Notify 消息中可选择地携带 Egress 节点的链路能力；如果校验不通过，则在 Notify 消息中回送相应的错误码。

为了确保 Notify 消息的可靠传送，需要在 Notify 消息中携带 Message ID，通过 Message ID 机制进行保证（具体参见 IETF RFC2961）。如果 Ingress 在一定的时间内没有收到 Message ID 确认，则要重发该 Notify 消息，如果重发超过了一定的次数（根据本地的策略配置）仍没有收到确认，则宣告呼叫建立失败，并发出呼叫删除请求。

如果虽然收到了 Message ID 确认，但没有收到进行呼叫响应的 Notify 消息，则 Ingress 根据配置的呼叫尝试次数，重新发出呼叫建立请求。在所有尝试失败后，宣告呼叫建立失败，并发出呼叫删除请求。

如果 Egress 节点根据本地的策略，不接受呼叫建立请求，则应在发出的 Notify 响应消息中携带相应的错误码。

c） 将一个连接加入到呼叫中。

可以将连接（LSP）加入到一个已建立好的呼叫中。由于属于同一呼叫的 LSP 在 SESSION 对象中具有相同的 Short Call ID，建立呼叫时，Notify 消息中携带的 SESSION 对象中的 CALL_ID 与相关联的 LSP 中的 Short Call ID 是一样的，因此关联的 LSP 在建立时，就自动加入到了呼叫中了。不与呼叫关联的 LSP 的 Short Call ID 应设置为 0；与呼叫关联的 LSP 的 Short Call ID 不能设置为 0。从 Ingress 和 Egress 节点都可将 LSP 加入到呼叫。

d） 连接的建立

连接的建立应该与呼叫无关。如果 LSP 不与呼叫关联，在建立时，SESSION 对象中的呼叫 ID 应设置为 0，SESSION_ATTRIBUTE 对象中的 Session Name 字段应作为 Session 的名称进行解释。用于 LSP 控制的消息（包括 Notify 消息）中携带的 ADMIN_STATUS 对象里的 C 比特应设置为 0。

e） 呼叫冲突处理

由于呼叫的两个端点可能使用相同的 Long Call ID 同时发起呼叫建立请求，从而产生冲突。如果发出了呼叫建立请求，在还没有收到呼叫建立响应前，收到了具有相同的 Long Call ID 的呼叫建立请求，则按如下规则处理：

1） 如果本节点的地址比收到的呼叫建立请求的源地址大，则应丢弃收到的呼叫建立请求消息，继续等待本节点发起的呼叫建立请求的响应；

2） 如果本节点的地址比收到的呼叫建立请求的源地址小，则应放弃本节点发起的呼叫建立请求，对收到的呼叫建立请求进行响应。

如果收到的呼叫建立请求的源、目的地址及 Long Call ID 都与本节点一个已经存在的呼叫的目的、源地址及 Long Call ID 相同，则应发出 Notify 消息，携带相应的错误码报错，已存在的呼叫应不受任何影响。

当具有相同的源、目的节点，但 Long Call ID 不同的两个呼叫使用了相同的 Short Call ID 同时发起建立请求时，也会产生冲突，应按照如下规则处理：

1） 如果本节点的地址比收到的呼叫建立请求的源地址大，则应发出 Notify 消息，携带相应的错误码报错；

2） 如果本节点的地址比收到的呼叫建立请求的源地址小，则接受呼叫建立请求，做相应的处理。随后，本节点会收到一条拒绝呼叫建立的消息[如 a）中描述的]，那时，本节点可以选择一个新的 Short Call ID，重新发起呼叫建立请求。

A.2.3.3 呼叫和连接的删除

对不属于任何呼叫的LSP的删除与常规的LSP删除一样，应遵循IETF RFC 3473中定义的过程。下面主要描述与呼叫相关的删除：

a） 从一个呼叫中删除一个连接。从一个呼叫中删除一条LSP，按照IETF RFC 3473中定义的过程删除该LSP即可。不能从一个呼叫中移出一条LSP，但不删除该LSP，因为不删除该LSP的话，就应将它的Short Call ID修改为0，而修改Short Call ID就应修改SESSION对象，但修改SESSION对象是不允许的。

b） 从一个呼叫中删除最后一条连接。在删除与呼叫相关联的最后一条LSP后，不一定就意味着需要将该呼叫也删除，因为呼叫可以没有相关联的LSP而存在，这种呼叫如何处理，参见下面c）的描述。

c） 删除没有关联连接的呼叫。与一个呼叫相关联的所有LSP都被删除后，可以删除该呼叫，也可以继续保留该呼叫以便以后使用，根据本地的策略而定。通过发送Notify消息来删除呼叫。在删除呼叫请求的Notify消息中，ADMIN_STATUS对象的R、D、C比特位设置为1，在Notify响应消息中，ADMIN_STATUS对象的D、C比特位设置为1，其他位都设置为0。在没有收到Message ID Ack或者没有收到Notify响应消息时，呼叫删除发起者应进行重试，在所有的重试都失败后，则可以认为该呼叫被删除，但该节点应至少在5个Notify刷新周期内不能将该呼叫使用的Long Call ID和Short Call ID重新用于其他的呼叫。

d） 删除还存在关联的LSP的呼叫。如果收到删除呼叫请求的Notify消息，发现该呼叫还存在与它关联的LSP，则应回送Notify响应消息报错，该呼叫不能被删除或改变。

e） 从Egress发起删除呼叫。可以从Ingress发起删除呼叫，也可以从Egress发起删除，删除过程与上面的描述一致。当Ingress和Egress同时发起删除同一个呼叫时，则收到的删除呼叫请求的Notify消息可以作为删除呼叫的响应消息处理，但对该请求的Notify消息，还应回Notify消息进行响应。在收到删除呼叫的Notify请求消息后，如果发现相应的呼叫已不存在，则也要回响应。

A.2.3.4 控制平面的生存性

A.2.3.4.1 呼叫的刷新。呼叫的Ingress和Egress应周期性地发送Notify消息，以对呼叫的状态进行维护。刷新周全由本地策略而定，建议刷新周期是与该呼叫相关联的LSP中刷新周期最短的周期值的两倍。在没有关联的LSP时，建议呼叫的刷新周期为不小于1 min。除LINK_CAPABILITY对象外，Notify刷新消息与第一次新建呼叫时的Notify消息一样。

A.2.3.4.2 呼叫刷新中断。当收不到Notify刷新请求消息时，本节点可以主动发出Notify刷新请求消息。如果收不到Notify刷新响应或者收不到Message ID Ack，则可以断定远端已不可达，此时，可以删除与呼叫相关联的所有LSP和该呼叫，根据本地策略而定。

A.2.3.4.3 节点重启。在Ingress或Egress发生重启后，如果没有保存状态，则可以通过从邻居节点和呼叫的远端节点重新学习，恢复LSP的状态和呼叫的状态。

附 录 B
（资料性附录）
IETF GMPLS 的域间路由技术

B.1 域间路由基本要求

基于 IETF GMPLS 的域间路由主要采用 PCE 技术。路径计算单元 PCE(Path Computation Element)是一种能够基于网络视图和限制条件完成网络路由计算的实体。PCE 实体可以位于网元内部或者位于网络之外的服务器中。路径计算请求者(PCC,Path Computation Client)向 PCE 发送路径计算请求,PCE 向 PCC 返回路径计算结果。路径计算可以由单个 PCE(集中架构)完成,也可以由多个 PCE 协同完成(分布式架构)。PCE 之间使用 PCEP(PCE 通讯协议)通信。

在多域的应用场景中,域之间相互不信任,因此域拓扑信息不会发往其他域。即每个域只有自己的拓扑信息,没有其他域的拓扑信息。此时,为了计算跨域的路径,需要各个域的 PCE 利用通讯协议,联合起来才能计算出端到端的跨域路径。

同时,由于域之间互不信任,各个域需要向其他域隐藏其域内路径信息。即,在 PCE 联合计算跨域路径的情况下,某个域的 PCE 计算出一条域内路径,不能将详细的路径信息发送给其他域的 PCE,需要通过某种保密机制来隐藏其路径信息。

以下各章内容以 IETF 相关标准为基础,给出 PCE 在跨域接口 ENNI 中的应用。在国内 PCE 相关标准的标准化之后,应遵循国内 PCE 标准。

B.2 PCE 多域应用场景

图 B.1 给出了一种 PCE 多域应用场景。每个域都有相应的 PCE 负责计算域内路径。PCE 功能可以部署在一个独立的服务器,也可以部署在某个计算能力较强的节点上。上述两种情况,PCE 都需要收集相应域的拓扑信息。这可以通过路由协议(如 OSPF-TE)实现,也可以通过网管注入网络拓扑的方式来实现。同时,PCE 采用相应的 CSPF 算法,可以计算域内的最优约束路径。多个 PCE 可以联合起来,利用 PCE 通讯协议,协同计算跨域最优路径。PCE 的多域应用还可以采用其他模式。

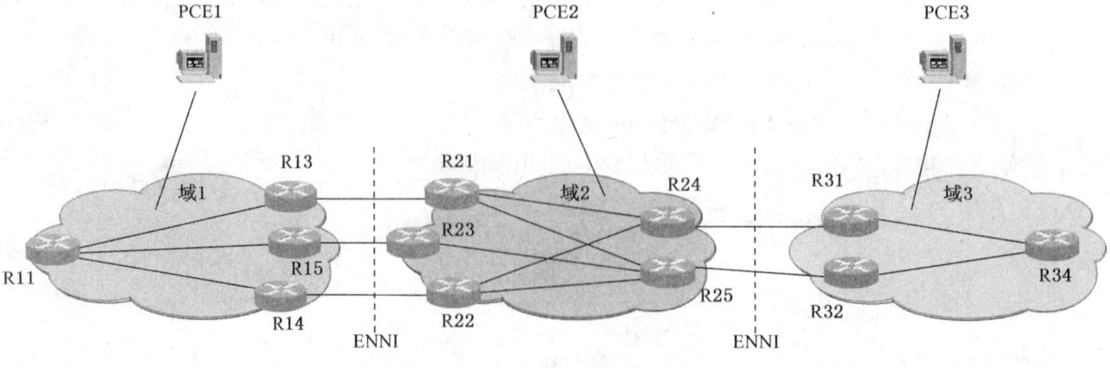

图 B.1 PCE 多域应用场景

B.3 PCE 联合计算跨域最优路径

可以采用后向递归路径计算(Backward-Recursive PCE-Based Computation BRPC)方法,由多 PCE 的交互计算得到跨域的最优路径。

在利用 BRPC 计算跨域最优路径之前,需要确定域序列(即源节点所属域和目的节点所属域之间经过的域)。域序列的确定,可以人工指定或通过其他方式发现。

确定域序列之后,PCC 在请求计算跨域路径时,将路径计算请求通过 PCReq 消息发送给本域的 PCE。本域的 PCE 再将路径计算请求转发给下一个域的 PCE。依次转发,直到目的地所属域的 PCE 接收到路径计算请求。目的地所属域的 PCE 计算潜在路径(与上一个域相邻的边界节点到目的节点的路径),生成虚拟最短路径树 VSPT(Virtual Shortest Path Tree),并利用 PCRep 消息发送给上一个域的 PCE。上一个域的 PCE 根据域拓扑信息,以及 VSPT,计算潜在的路径(与上一个域相邻的边界节点到目的节点的路径),生成新的 VSPT,并利用 PCRep 消息发送给上一个域的 PCE。其他 PCE 继续上述过程,直到源节点所属域的 PCE 收到 PCRep 消息,根据域拓扑信息,以及 VSPT 信息,计算得到源节点到目的节点的路径。

BRPC 的协议扩展遵循 IETF RFC5441。根据 IETF RFC5441,以图 B.2 为例说明 PCE 计算跨域最优路径的方法。

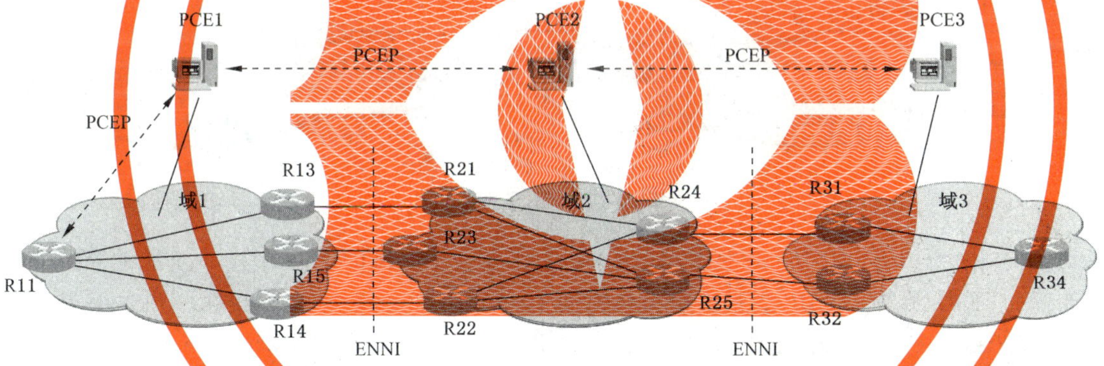

图 B.2 BRPC 路径计算

假设需要计算 R11 到 R34 的路径,过程如下:

a) R11 发送 PCReq 消息给 PCE1,请求计算 R11 到 R34 的路径,并指定域序列为域 1-域 2-域 3;
b) PCE1 发现目的节点不在域 1,转发 PCReq 消息给下一个域的 PCE(PCE2);
c) PCE1 发现目的节点不在域 2,转发 PCReq 消息给下一个域的 PCE(PCE3);
d) PCE3 发现目的节点在域 3,计算与域 2 相邻的边界节点到目的节点的路径,即 R31/R32 到 R34 的路径,分别为 R31-R34/R32-R34;
e) PCE3 将上述两条路径分别放入两个 ERO,并携带 METRIC 对象指示相应路径的代价,通过 PCRep 消息返回给 PCE2;
f) PCE2 根据 PCE3 返回的路径信息,以及本域拓扑信息,计算与域 1 相邻的边界节点到目的节点的路径,假设为 R21-R24-R31-R34/R23-R25-R32-R34/R22-R24-R31-R34;
g) PCE2 将上述三条路径分别放入 3 个 ERO,并携带 METRIC 对象指示相应路径的代价,通过 PCRep 消息返回给 PCE1;
h) PCE1 根据 PCE2 返回的路径信息,以及本域拓扑信息,计算源节点到目的节点的路径,假设为 R11-R13-R21-R24-R31-R34;

i) PCE1 返回上述路径给 R11。

上述过程中，VSPT 由一个或多个 ERO 对象组成，指示一个或多个边界节点到目的节点的路径。

B.4 域间路径保密

在多域路径计算的过程中，如果域之间不是互相信任的，则需要对其他域隐藏自己内部的路径信息，即需要路径保密。

在 PCE 采用上述 BRPC 过程实现跨域路径计算时，路径保密通过 PATH-KEY 的机制来实现。PCE 计算域内的一段路径，在返回路径结果给 PCC 或其他域的 PCE 之前，可以用一个 PATH-KEY 子对象替代详细的域内路径。信令建路过程中，到达入边界节点时，入边界节点再向相应的 PCE 请求获取 PATH-KEY 对应的域内路径。域间路径保密应遵循 IETF RFC5520。

根据 IETF RFC5520，以图 B.2 为例说明路径保密的实现过程。图 B.3 中包含两个互不信任的网络域。假设需要从入口节点建立一条 LSP 到出口节点。入口节点和出口节点在两个不同的 AS，两个 AS 分别由 PCE1 和 PCE2 负责各自 AS 内的路径计算。

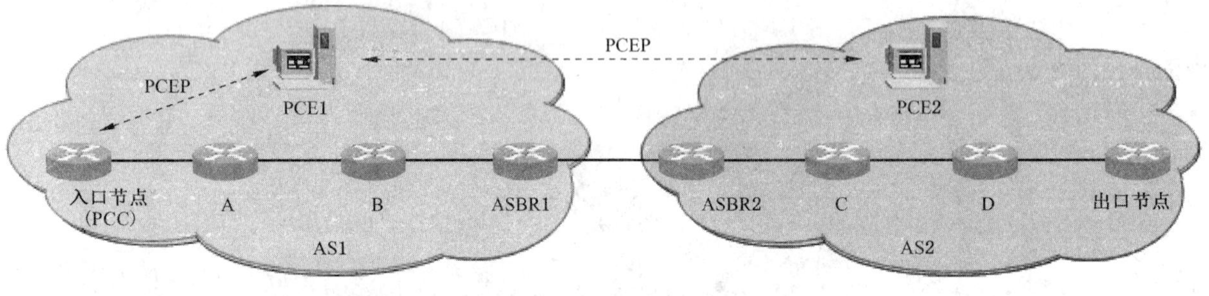

图 B.3 路径保密域

入口节点作为 PCC，向 PCE1 发送路径计算请求消息。PCE1 不能计算端到端的路径，因此请求 PCE2 计算。PCE2 计算 ASBR-2 到出口节点的路径（ASBR-2->C->D->出口），并生成 Path Key 信息，将路径以（ASBR-2，PKS，出口）的形式返回给 PCE1。其中 PKS 表示 Path Key 子对象。PCE1 再计算端到端路径，得到路径（入口，A，B，ASBR-1，ASBR-2，PKS，出口），并返回给 PCC。

PCC 得到路径，开始信令建立 LSP 的过程。信令在第一个 AS 的处理过程没什么特别的地方。当 Path 消息到达 ASBR-2 时，ERO 中下一跳是 PKS，因此需要对其进行扩展。ASBR-2 从 PKS 中获取 PCE2 的地址信息，并向其请求 Path Key 对应的路径。PCE-2 返回详细路径（ASBR-2->C->D->出口）给 ASBR-2，ASBR-2 继续正常的信令处理过程。

附 录 C
（资料性附录）
单级路由举例

本附录给出一个单级结构的E-NNI路由/信令的示例。本示例中，控制域拓扑发布使用一个RC节点表示一个控制域。实际中，一个控制域可以与多个RC关联。

本示例包含了以下内容：

a） 控制平面拓扑；

b） 数据平面拓扑；

c） 连接路由计算和ERO结构；

d） 域边界的呼叫过程。

C.1 控制域

本部分定义的TCE状态机可溯源自IETF RFC1661“点到点协议”定义的链路控制协议（LCP）状态机。PPP使用该状态机上来协商配置细节，包括一个终端点的能力，以提供分组层协议在一个点到点连接的运行。在使用多个不同互操作实现的系统中，该状态机被广泛应用了。本附录定义了源自LCP状态机的修改。

在如图C.1所示的路由结构中，一个RA被划分为一些低等级的RA和互连的SNPP链路。RA的内部结构对RA内部可知，对外不可知。（即在RA1中，通过两条SNPP链路互连的3个子RA了解其拓扑，而对外是不透明的）。

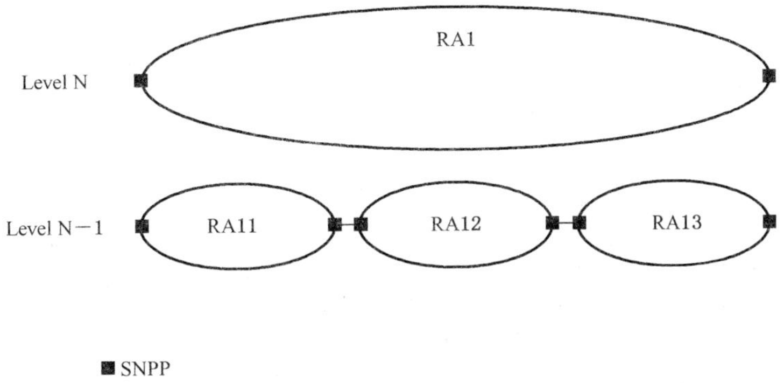

图C.1 ASON路由结构

在某个路由层次，两个RCD通过一条SNPP互连（见图C.2）。

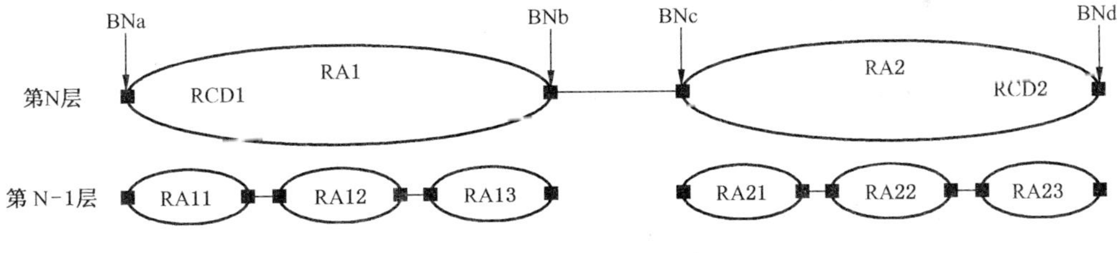

图C.2 路由控制域

要发布穿越一个RCD的代价有多种方法，下面给出了两种方法：

a) 抽象节点：把一个 RCD 描述为一个单节点，不存在内在结构。E-NNI 路由协议中发布的第 N 层拓扑包含两个节点(AN1 和 AN2)，以及 1 条域间链路(如图 C.3 所示)。

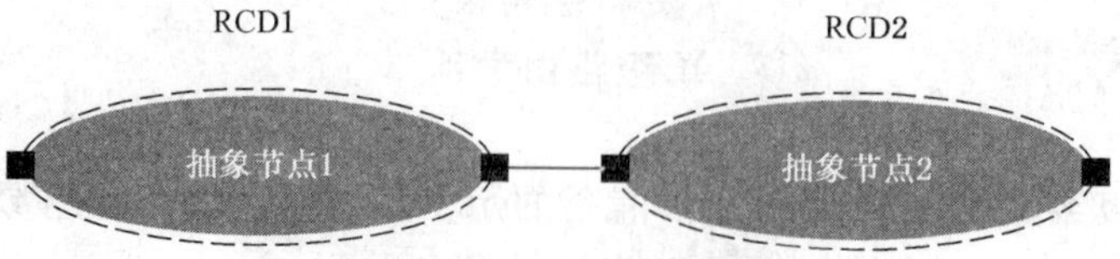

图 C.3　抽象节点表示

b) 抽象链路：把一个 RCD 用其边缘节点和域内部的抽象 SNPP 链路来表示。E-NNI 路由协议发布的第 N 层拓扑包含 4 个节点(BNa、BNb、BNc 和 BNd)和 3 条 SNPP 链路(如图 C.4 所示)。

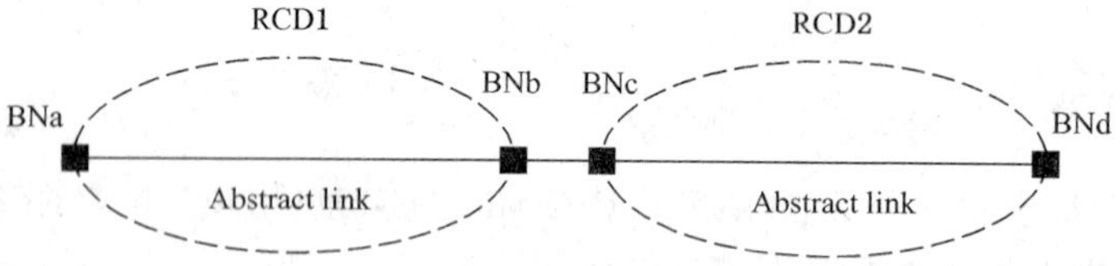

图 C.4　抽象链路表示

在图 C.5 中，在一个路由层次上有 4 个路由控制域，即 CD1、CD2、CD3 和 CD4。

在这个例子中，对于 CD1 和 CD2 采用抽象链路模型，对于 CD3 和 CD4 采用抽象节点模型。

C.2　控制平面

如图 C.5 所示，有 4 个 OSPF 节点 RC1、RC2、RC3 和 RC4，构成控制邻接关系，在图中用红色表示。这 4 个 OSPF 节点分别代表了 4 个控制域。同样，本例中使用一个 RC 代表一个域，也可以使用多个 RC 代表一个域。

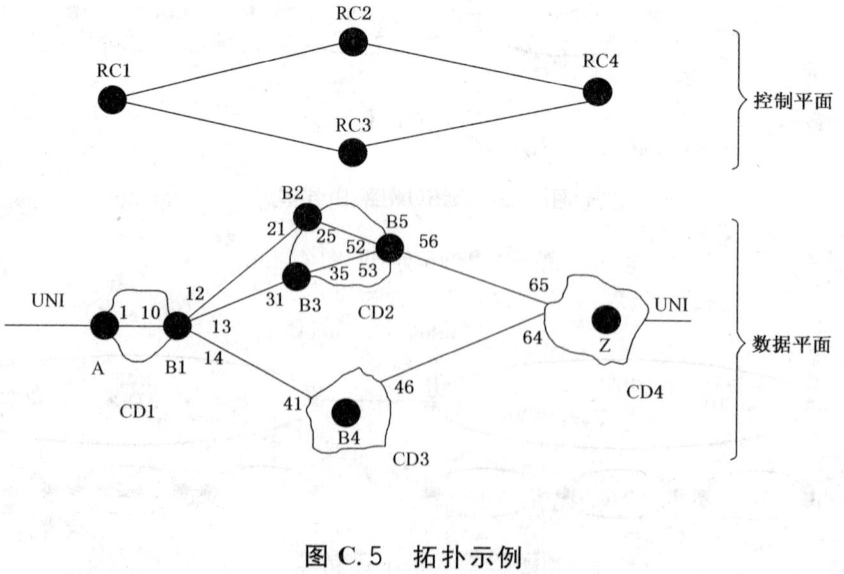

图 C.5　拓扑示例

C.3 数据平面

图 C.5 给出了这些控制域的数据平面和拓扑，拓扑中包含边界节点、域间链路和域内链路。图中标出了边界节点(B1、B2 等)和链路接口 ID(13、31 等)。

C.4 RC1 发布的链路

RC1 发布的链路如下：

a) B1->B2(域间链路)
   1) 发布路由器是 RC1；
   2) 本地节点 ID 子 TLV 包含 B1；
   3) 远程节点 ID 子 TLV 包含 B2；
   4) 本地接口 ID 子 TLV 包含 12；
   5) 远程接口 ID 子 TLV 包含 21；
   6) 链路 ID 子 TLV 包含 RC2。
b) B1->B3 (域间链路)
   1) 发布路由器是 RC1；
   2) 本地节点 ID 子 TLV 包含 B1；
   3) 远程节点 ID 子 TLV 包含 B3；
   4) 本地接口 ID 子 TLV 包含 13；
   5) 远程接口 ID 子 TLV 包含 31；
   6) 链路 ID 子 TLV 包含 RC2。
c) B1->B4 (域间链路)
   1) 发布路由器是 RC1；
   2) 本地节点 ID 子 TLV 包含 B1；
   3) 远程节点 ID 子 TLV 包含 B4；
   4) 本地接口 ID 子 TLV 包含 14；
   5) 远程接口 ID 子 TLV 包含 11；
   6) 链路 ID 子 TLV 包含 RC3。
d) A->B1 (域内链路)
   1) 发布路由器是 RC1；
   2) 本地节点 ID 子 TLV 包含 A；
   3) 远程节点 ID 子 TLV 包含 B1；
   4) 本地接口 ID 子 TLV 包含 1；
   5) 远程接口 ID 子 TLV 包含 10；
   6) 链路 ID 子 TLV 被设置为 0.0.0.0。
e) B1->A (域内链路)
   1) 发布路由器是 RC1；
   2) 本地节点 ID 子 TLV 包含 B1；
   3) 远程节点 ID 子 TLV 包含 A；
   4) 本地接口 ID 子 TLV 包含 10；
   5) 远程接口 ID 子 TLV 包含 1；

6） 链路ID子TLV被设置为0.0.0.0。

C.5 RC2发布的链路

RC2发布的链路如下：

a） B2->B1（域间链路）
   1） 发布路由器是RC2；
   2） 本地节点ID子TLV包含B2；
   3） 远程节点ID子TLV包含B1；
   4） 本地接口ID子TLV包含21；
   5） 远程接口ID子TLV包含12；
   6） 链路ID子TLV包含RC1。

b） B3->B1（域间链路）
   1） 发布路由器是RC2；
   2） 本地节点ID子TLV包含B3；
   3） 远程节点ID子TLV包含B1；
   4） 本地接口ID子TLV包含31；
   5） 远程接口ID子TLV包含13；
   6） 链路ID子TLV包含RC1。

c） B5->Z（域间链路）
   1） 发布路由器是RC2；
   2） 本地节点ID子TLV包含B5；
   3） 远程节点ID子TLV包含Z；
   4） 本地接口ID子TLV包含56；
   5） 远程接口ID子TLV包含65；
   6） 链路ID子TLV包含RC4。

d） B2->B5（域内链路）
   1） 发布路由器是RC2；
   2） 本地节点ID子TLV包含B2；
   3） 远程节点ID子TLV包含B5；
   4） 本地接口ID子TLV包含25；
   5） 远程接口ID子TLV包含52；
   6） 链路ID子TLV被设置为0.0.0.0。

e） B5->B2（域内链路）
   1） 发布路由器是RC2；
   2） 本地节点ID子TLV包含B5；
   3） 远程节点ID子TLV包含B2；
   4） 本地接口ID子TLV包含52；
   5） 远程接口ID子TLV包含25；
   6） 链路ID子TLV被设置为0.0.0.0。

f） B3->B5（域内链路）
   1） 发布路由器是RC2；
   2） 本地节点ID子TLV包含B3；

3） 远程节点 ID 子 TLV 包含 B5；
4） 本地接口 ID 子 TLV 包含 35；
5） 远程接口 ID 子 TLV 包含 53；
6） 链路 ID 子 TLV 被设置为 0.0.0.0。

g） B5->B3（域内链路）
1） 发布路由器是 RC2；
2） 本地节点 ID 子 TLV 包含 B5；
3） 远程节点 ID 子 TLV 包含 B3；
4） 本地接口 ID 子 TLV 包含 53；
5） 远程接口 ID 子 TLV 包含 35；
6） 链路 ID 子 TLV 被设置为 0.0.0.0。

C.6 RC3 发布的链路

RC3 发布的链路如下：

a） B4->B1（域间链路）
1） 发布路由器是 RC3；
2） 本地节点 ID 子 TLV 包含 B4；
3） 远程节点 ID 子 TLV 包含 B1；
4） 本地接口 ID 子 TLV 包含 41；
5） 远程接口 ID 子 TLV 包含 14；
6） 链路 ID 子 TLV 包含 RC1。

b） B4->Z（域间链路）
1） 发布路由器是 RC3；
2） 本地节点 ID 子 TLV 包含 B4；
3） 远程节点 ID 子 TLV 包含 Z；
4） 本地接口 ID 子 TLV 包含 46；
5） 远程接口 ID 子 TLV 包含 64；
6） 链路 ID 子 TLV 包含 RC4。

C.7 RC4 发布的链路

RC4 发布的链路如下：

a） Z->B5（域间链路）
1） 发布路由器是 RC4；
2） 本地节点 ID 子 TLV 包含 Z；
3） 远程节点 ID 子 TLV 包含 B5；
4） 本地接口 ID 子 TLV 包含 65；
5） 远程接口 ID 子 TLV 包含 56；
6） 链路 ID 子 TLV 包含 RC2。

b） Z->B4（域间链路）
1） 发布路由器是 RC4；
2） 本地节点 ID 子 TLV 包含 Z；

3） 远程节点 ID 子 TLV 包含 B4；

4） 本地接口 ID 子 TLV 包含 64；

5） 远程接口 ID 子 TLV 包含 46；

6） 链路 ID 子 TLV 包含 RC3。

C.8 UNI-N 的通道计算和 ERO

假设需要建立从 A 到 Z 的连接，源节点 A 知道 3 条可能路径：

a） A->B1->B2->B5->Z；

b） A->B1->B3->B5->Z；

c） A->B1->B4->Z。

假设选择路径 1，则 A 节点发出的 ERO 为：A：1->B1：12->B2：25->B5：56->Z。

假设选择路径 3，则 A 节点发出的 ERO 为：A：1->B1：14->B4：46->Z。

C.9 通道扩展

如果 CD 内部拓扑不对外广播，需要对接收到的 ERO 进行映射或者扩展，来适应 CD 内部的真实拓扑。例如如果 CD3 包含多个节点，ERO 列项{B4：46}在其内部被扩展来适应真实的入口边缘节点和到达目的 TNA 的内部路径。

附 录 D
（资料性附录）
OIF E-NNI 的兼容性

D.1 OIF E-NNI2.0 与 UNI 的兼容

OIF E-NNI2.0 信令应与 OIF UNI2.0 兼容，以支持呼叫和连接建立。

ASON 架构同时支持单层和多层场景。支持多层涉及到一个 CI 到另外一个 CI 的适配功能。OIF E-NNI2.0 仅限于在单层网络中的操作。

OIF E-NNI2.0 可以在网络服务层连接上建立以太网 UNI 业务，但不支持以太网承载接口。在 OIF E-NNI2.0 协议中，以太网信令只在客户层提供消息和对象的转发功能以支持 OIF UNI 2.0。

D.2 OIF E-NNI2.0 与 OIF E-NNI1.0 的兼容

OIF E-NNI1.0 的实现仅要求支持 SDH 业务，OIF E-NNI2.0 还支持以太网业务、OTN 业务。OIF E-NNI2.0 支持 OIF E-NNI1.0 规定的全部 RSVP 消息和信令过程。OIF E-NNI2.0 还支持以下 OIF UNI2.0 中规范的特征：

——呼叫控制；

——子 STS-1 速率连接；

——以太网业务传输；

——OTN 接口传输；

——扩展的安全性；

——呼叫修改。

OIF E-NNI 2.0 还修改了 OIF E-NNI1.0 中的部分信令过程，包括：

a) 网络发起的正常删除；

b) Node ID 和 SC PC ID 的地址分离；

c) 握手过程声明；

d) RSVP-HOP 的注释。

本附录包含了这些特征的后向兼容要求。OIF E-NNI 实现可以对邻居节点的版本进行人工配置。

a) 呼叫控制

呼叫控制使用 RSVP 的 CALL_ID 对象，该对象包含在 Path、PathErr、PathTear 和 Resv 消息中。CALL_ID 对象格式参见 IETF RFC3474，在 OIF UNI2.0 中包含了对该对象的特别声明。

CALL_ID 对象在 OIF E-NNI2.0 中为强制要求。OIF E-NNI1.0 规定要求 CALL_ID 对象为可选，因此发送给 OIF E-NNI1.0 接口的消息中如包含 CALL_ID 对象，也不应引起任何问题。此外，CALL_ID 的类型号为 11bbbbbb，根据 IETF RFC2205，任何信令实例收到这种类型的未知对象，应予以忽略并原样转发。

如果 OIF E-NNI2.0 信令实例收到了不带 CALL-ID 对象的 Path 消息，应在该消息中插入 CALL-ID 对象，并在所有与该呼叫相关联的消息中使用该对象。

b) 子 STS-1 速率连接

这个功能在 OIF E-NNI2.0 是可选的。子 STS-1 速率连接要求使用 IETF RFC4606 规定的 SONET/SDH SENDER_TSPEC 格式，这与 OIF E-NNI1.0 一致。为支持此功能不需要新的对象。但是要求路径上的所有 E-NNI 接口都应支持 OIF E-NNI2.0，且节点应支持子速率交换，才能提供这种业务。

c) 以太网业务传输

OIF E-NNI2.0 不支持经过以太网承载的业务接口，但支持以太网业务映射到 TDM 服务层传送，并由 OIF E-NNI2.0 信令控制。以太网业务需要一个新的 SENDER_TSPEC/FLOWSPEC 类型，以及两种新的标签格式来支持 OIF UNI2.0 规定的以太网专线和以太网虚拟专线业务。为了支持以太网业务请求，所有 E-NNI 节点都应支持 OIF E-NNI2.0。

d) OTN 接口传输

为支持 OTN 接口，需要支持 IETF RFC4328 规定的 SENDER_TSPEC/FLOWSPEC 和新的标签格式。为支持 OTN 业务请求，所有 E-NNI 接口都应支持 OIF E-NNI2.0 和 OTN (G.709)接口 ODUk 层的交换。

e) 扩展的安全性

扩展的安全性对本部分没有直接的影响，对于信令实现并不引入任何后向兼容性。

f) 呼叫修改

为支持呼叫修改，所有 E-NNI 接口应支持 OIF E-NNI2.0 和可选的呼叫修改扩展机制。

呼叫修改的一种机制是增加或删除已建呼叫的连接。这种机制仅要求支持 CALL_ID 对象。另一种机制是通过修改已建连接的带宽，这种机制依赖于 make-before-break 的信令机制，需要使用 SESSION_ATTRIBUTE 对象中的 Shared-Explicit (SE)预留方式，如果 Resv 消息选择了该方式则可以使用 make-before-break 步骤。这种新的预留方式和对象的使用，参见 GB/T 21645.5—2012。

与 GB/T 21645.5—2012 中的 Resv 消息支持一个或两个 FILTER_SPEC 对象相反，OIF E-NNI2.0的呼叫修改机制建议使用两个 Resv 消息，每个携带单独的 FILTER_SPEC 对象。用于 Path 状态的 Resv 消息只包含与 Path 消息相关的 FILTER_SPEC 和 label 对象，并建议只在收到 PathErr 中 Path_State_Removed 标记设置后停止刷新与 Path 状态相关的 Resv 消息。

g) 网络发起的正常删除

OIF UNI2.0 规定使用 Notify 消息而不是 Path/Resv 消息中 ADMIN_STATUS 对象的 A+D 比特发起网络侧正常删除。网络侧删除包含从源 UNI-N 或宿 UNI-N 发起的删除。

源或宿 UNI-C 发起的 SC 业务正常删除以及源或宿 UNI-N 发起的 SPC 业务的正常删除与 OIF E-NNI1.0 保持一致。正常删除与 OIF E-NNI1.0 信令规定的兼容性见 8.4.3。

h) Node ID 和 SC PC ID 的地址分离

OIF E-NNI2.0 引入了 Node ID，SC PC ID 以及 SC PC SCN 地址标识符。在 OIF E-NNI1.0 中，所有这些标识符一起构成 Node ID。为后向兼容性，OIF E-NNI2.0 应该使用与之相同的 Node ID，SC PC ID，和 SC PC SCN 地址。标识符分离在 OIFE-NNI-Sig-01.0 的 6.1 中描述。

i) 握手过程声明

OIF E-NNI2.0 规定，应在接收新的 Path 消息前，交换 Hello 消息。为了与 OIF UNI1.0 实现进行互连，需满足以下要求：

——OIF E-NNI1.0 实现支持在接收新的 Path 消息前，交换 Hello 消息，或者；

——OIF E-NNI2.0 实现允许配置 Hello 消息行为来支持 OIF E-NNI1.0 实现。

OIF E-NNI2.0 要求 Hello 消息的 RESTART_CAP 对象中的 RESTART_TIME 的值为

0xFFFFFFFF，RECOVERY_TIME 为非零值。当 OIF E-NNI2.0 与 OIF E-NNI1.0 互连时，如果 RESTART_TIME 值非 0xFFFFFFFF，OIF E-NNI2.0 实现可以忽略 RESTART_TIME。如果恢复 Hello 邻接后，OIF E-NNI1.0 发送的 RECOVERY_TIME 为 0，OIF E-NNI2.0可以删除到 OIF E-NNI1.0 的连接。RFC3209 相一致，OIF E-NNI2.0 不允许在 Hello 消息中使用 MESSAGE_ID_ACK 或者 MESSAGE_ID_NACK 对象。收到包含 MESSAGE_ID_ACK 对象的 Hello 消息后，信令实例应该接收 MESSAGE_ID_ACK 对象而忽略 MESSAGE_ID_NACK 对象。

j) RSVP_HOP 的注释

为支持 OIF E-NNI1.0 的后向兼容性，应支持类型为 4 和 5 的 RSVP_HOP，但不应主动产生这种 RSVP_HOP。